计算流体力学网格生成技术

张来平　常兴华　赵　钟　赫　新　著

科学出版社
北　京

内 容 简 介

网格生成技术是计算流体力学（CFD）的重要组成部分，也是 CFD 走向工程应用的瓶颈技术。本书对 CFD 网格生成技术进行了比较系统全面的介绍，内容包括：各种数值计算方法对网格的需求，静动态结构网格、非结构网格和混合网格生成技术，网格自适应技术和优化技术，多重网格计算所需的多级粗网格生成技术，并行网格生成及网格分区技术，复杂外形的描述与表面网格生成等，附录还简要介绍了几款常用的商业网格生成软件。鉴于作者的研究领域有限，本书重点介绍了非结构、混合网格生成技术；为了本书的完整性，对结构网格也进行了简要的介绍。本书的内容主要源于作者的研究工作，少部分内容取材于参考文献和同事的论文或报告。

本书主要面向广泛应用 CFD 技术的航空航天领域，可供高等院校和科研单位相关专业的研究生、科技人员参考。对从事计算数学、计算物理等相关领域研究的读者亦有一定的参考价值。

图书在版编目（CIP）数据

计算流体力学网格生成技术/张来平等著. —北京：科学出版社， 2017.4
ISBN 978-7-03-052315-0

Ⅰ. ①计… Ⅱ. ①张… Ⅲ. ①计算流体力学-网格-研究
Ⅳ. ①O35②O243

中国版本图书馆 CIP 数据核字 (2017) 第 052781 号

责任编辑：赵敬伟／责任校对：邹慧卿
责任印制：赵 博／封面设计：耕者工作室

科学出版社 出版
北京东黄城根北街 16 号
邮政编码：100717
http://www.sciencep.com
北京虎彩文化传播有限公司印刷
科学出版社发行 各地新华书店经销
*
2017 年 4 月第 一 版 开本：720 × 1000 1/16
2024 年 4 月第六次印刷 印张：21 1/2 插页：16
字数：410 000
定价：148.00 元
(如有印装质量问题，我社负责调换)

献给我们的家人

To Our Family

序

计算流体力学 (computational fluid dynamics, CFD) 自 20 世纪 60 年代诞生以来，经历了从初创起步到蓬勃发展的辉煌历程。尤其是随着现代计算机技术的迅猛发展，CFD 已经成为以航空航天为代表的诸多工业应用领域的设计工具，并发挥着越来越重要的作用。

我把 CFD 的研究内容概括为五个 "M" 和一个 "A"。五个 "M" 分别是 Machine, Mesh, Method, Mechanism 和 Mapping。Machine，即计算机，它是 CFD 研究的硬件基础；Mesh，即计算网格，网格划分是整个数值计算的基础和前提；Method，即计算方法，这是 CFD 中最为活跃的领域；Mechanism，即流动机理，CFD 的最终目的是获得飞行器的气动特性和与之相应的流动机理；Mapping，即流动显示。一个 "A" 指 Application，即应用，CFD 研究的最终目的是在以航空航天为代表的众多工业领域得到良好的应用，解决研制中存在的关键气动问题。CFD 诞生以来，始终围绕这五个 "M" 和一个 "A" 向前发展，在发展过程中，越来越体现出网格生成技术是 CFD 走向工程应用的重要方面，并且是一个技术瓶颈。

张来平博士 20 世纪 90 年代初开始跟随我从事 CFD 研究。由于他在中国科学技术大学毕业设计中从事的是流体力学有限元计算方法研究，因此很自然地在攻读硕士学位阶段选定了非结构网格生成技术及相应非结构计算方法作为今后的研究方向。经过硕博士阶段的努力，他建立了有特色的非结构网格和混合网格生成技术，构造了能自动捕捉激波的无振荡无自由参量耗散差分 (NND) 有限体积算法。在后续的研究中，又相继发展了动态混合网格生成技术及非定常计算方法、气动/运动/控制耦合的一体化计算方法等。这些方法在复杂飞行器的静、动态气动特性模拟，多体分离和机动过程的模拟，以及分离流动机理分析等方面发挥了良好的作用。

张来平博士的这部著作有自己的风格，他从 CFD 的基本算法出发，系统地阐述了 CFD 对网格生成技术的要求，以及他对发展网格生成技术的看法。他从结构网格到非结构网格再到混合网格，从网格自适应技术到多重网格技术，从静态网格到动态网格，从网格生成优化技术到网格生成技术的应用都给出了自己的研究结果。这部著作内容系统严整、图文并茂，相信能为从事 CFD 研究与应用的工作者提供良好的参考。

我认为网格生成技术经过几十年的发展已取得巨大成功，国内外已经出版了不少优秀的著作，但仍需围绕自适应、并行化、自动化、智能化、高精度等方面开展持续研究。我们期待张来平博士及其带领的研究团队，能在今后的研究工作中取得更多的成果呈现给读者，为计算流体力学学科发展和工程应用做出更大的贡献。

张涵信

2016 年 7 月于北京

前　言

随着计算机技术的迅猛发展，计算流体力学 (CFD) 已经成为流体力学、空气动力学研究的重要手段，以及航空航天飞行器设计的重要工具。网格生成技术作为 CFD 的重要研究领域，亦已成为 CFD 的重要学科分支，对 CFD 的研究与应用起着至关重要的作用。

作者自 20 世纪 90 年代初开始，有幸跟随我国著名空气动力学家、计算流体力学家张涵信院士开展计算流体力学研究。最先选定的研究方向即为非结构网格生成技术及基于非结构网格的数值计算方法。在学习国内外网格生成技术的基础上，综合各种方法的优势，于 20 世纪 90 年代中期发展了二维/三维非结构网格生成方法。在非结构网格技术基础上，提出了笛卡儿 (Cartesian)/四面体混合网格生成方案。为了模拟复杂黏性流动，随后发展了三棱柱 (物面附近边界层内)/非结构 (过渡区)/Cartesian 网格 (远场) 的混合网格技术。近年来，进一步发展了基于“各向异性”四面体网格聚合的三棱柱网格生成方法，提高了复杂外形边界层内三棱柱网格的生成质量和效率。21 世纪初以来，着眼于运动物体的非定常数值模拟，进一步发展了一种综合弹簧松弛法、Delaunay 背景网格插值法、径向基函数法和局部网格重构法等优势的动态混合网格生成方法。

在网格生成技术的基础上，作者同时开展了高分辨率计算方法研究。先后取得如下进展：①基于张涵信院士提出的无振荡无自由参量耗散差分 (NND) 格式的构造思想，构造了适用于任意网格类型的 NND 有限体积格式。②为了加速收敛，发展了基于混合网格的隐式格式和基于 METIS 的分区并行计算方法，极大地提高了计算效率，使计算方法更加实用化。③通过分析黏性流动特征，发展了基于“各向异性”粗网格聚合的多重网格方法。根据边界层流动特性，限定粗网格聚合的方向为物面法向，由此提高了聚合后的“粗网格”质量；同时发展了一种更为鲁棒的插值算子，提高了多重网格计算的稳定性和收敛性。④基于动态混合网格技术，建立了时空二阶精度的非定常计算方法。提出了一种简便的动网格非定常计算的几何守恒算法；发展了基于双时间步的块 LU-SGS(BLU-SGS) 隐式非定常计算方法。⑤研发了动态混合网格自动生成/非定常流场计算/六自由度运动耦合的一体化计算方法和大规模并行计算软件平台 HyperFLOW，为复杂多体分离轨迹预测和动态气动特性分析提供了有效的分析手段。⑥通过比较有限体积法 (FV) 和间断 Galerkin(DG) 有限元等方法，提出了“静态重构”和“动态重构”的概念，并提出了静动态“混合重构”的思想，构造了一类基于非结构/混合网格的高阶精度 DG/FV

混合格式。以上网格生成技术和计算方法在复杂飞行器气动特性数值模拟和流动机理分析中得到良好的应用。

为了总结二十余年来的研究工作，同时将自己的经验和体会与刚刚踏入计算流体力学研究领域的青年学者分享，作者于 2012 年年初开始筹划本书的编写。为了能使初学者对网格生成技术有一个全面的了解，作者力图对网格生成技术进行全面的介绍，主要内容涉及静动态结构网格、非结构网格和混合网格生成技术，网格自适应技术，多重网格计算的多级粗网格生成技术，并行计算的网格自动分区技术，基于数模的曲线、曲面生成，网格生成商业软件简介等。由于作者的研究领域主要集中于非结构/混合网格，因此本书仅对结构网格进行简要的介绍。本书的主要内容来源于作者的研究工作，其间亦综述了国内外进展，并在最后对网格生成技术进行了展望。

全书共分为 17 章。第 1 章是绪论，简要介绍了 CFD 的作用和地位，并概括介绍了 CFD 网格生成技术的发展历程、CFD 对网格技术的基本要求。由于网格生成技术与计算方法密切相关，为了使读者更好地理解网格生成技术，在第 2 章中简要介绍了 CFD 数值模拟中常用的流动控制方程和主要的计算方法，包括有限差分法、有限体积法和有限元方法。第 3 章至第 5 章简要介绍了结构网格生成技术，其中第 3 章为结构网格生成方法概述，第 4 章为常用的代数网格生成方法，第 5 章则重点介绍了复杂外形的多块结构网格技术，主要包括多块对接和拼接网格技术、重叠网格技术。关于求解微分方程的结构网格生成方法等，由于作者没有开展相关的研究，因此未作介绍。第 6 章至第 9 章重点介绍了非结构网格生成技术，包括方法的概述、阵面推进法、Delaunay 方法、四叉树/八叉树 (quadtree/octree) 方法等，其间还介绍了一些常用的数据结构。第 10 章重点介绍了结构/非结构混合网格生成方法，主要包括各种网格混合策略、层推进方法、基于“各向异性”四面体网格聚合的三棱柱网格生成方法等。第 11 章和第 12 章介绍了网格自适应技术和优化技术，这些技术对于提高网格质量和效率具有重要意义。第 13 章重点介绍了动态网格生成技术。从网格拓扑的角度，分为动态结构网格和动态非结构/混合网格两个部分。在动态结构网格中主要介绍了弹簧松弛法、超限插值法和动态重叠结构网格方法；在动态非结构/混合网格中主要介绍了弹簧松弛法、Delaunay 背景网格映射法、动态重叠网格方法、基于径向基函数的网格变形法以及变形/重构耦合方法等。第 14 章和第 15 章分别介绍了分区并行计算方法和多重网格方法，这些方法对提高计算效率、求解大规模计算问题具有重要意义。第 16 章简要介绍了与网格生成技术密切相关的几何外形定义和物面网格生成技术。第 17 章是本书的总结，对网格生成技术的未来发展趋势进行了探讨，提出了网格生成技术中的若干关键科学问题，并对未来的网格生成技术进行了展望。为了使读者对网格生成软件有所了解，在附录中还简要介绍了几款有代表性的网格生成商业软件。

历时四年有余，本书终于迎来了出版之日。回望这二十余年的科研工作以及本书的编写过程，作者内心真是百感交集！在本书的编写过程中，凝聚了太多人的帮助和关心，作者在此表示深深的感谢！

衷心感谢张涵信院士二十多年来的培养、关怀和帮助！从最初的二维三角形网格生成到三维混合网格思想的提出，从基于非结构网格的 NND 有限体积算法到现在的基于动态混合网格的非定常计算方法，从二阶精度计算软件的成熟应用到高阶精度 DG/FV 混合格式的构造，作者成长的每一步无不凝聚着张涵信院士的心血。他不仅教给作者丰富的科学知识，而且教给作者受用一生的科研方法，并培养了作者作为一名科研工作者所应具备的道德品质。在本书的编写过程中，张涵信院士也给予了细心的指导，并亲自为本书作序。在此，作者谨向他表示崇高的敬意，并致以深深的祝福。

在长期的研究过程中，高树椿研究员曾给予无私的关怀与厚爱，他一丝不苟、精益求精的科研作风使作者受益匪浅。他曾经逐字逐句地修改作者的博士学位论文，甚至连标点符号也不放过。正是他的严格要求使作者养成了严谨求实的科研作风，并将这种品质传递给自己的学生。

感谢已故的庄逢甘院士和崔尔杰院士的长期关心与鼓励！他们一直鼓励作者深入开展网格技术和相关数值模拟方法的研究，并努力应用于复杂飞行器的数值模拟，解决实际的工程问题。感谢童秉纲院士的指导和关怀！他一直鼓励作者将网格技术，尤其是动态混合网格技术和非定常计算方法，应用于复杂流动机理的研究，力争在流体力学的基础理论方面有所建树。正是在这些前辈的指导和鼓励下，作者才能坚守这一研究领域，并取得了一些可喜的进展。

在二十余年的研究过程中，作者亦得到邓小刚、王志坚、叶友达、沈清、耿湘人、刘君、刘伟、袁湘江、毛枚良、黎作武、贺国宏、陈坚强、张树海等众多学长的帮助；呙超、杨永健、贺立新、赫新、王振亚等同学先后参与相关工作；常兴华、段旭鹏、郭秋亭、刘伟、赵钟、李明、张扬、孙杭义、马戎、何先耀、何磊、李泽禹、王年华等学生也对本书的工作做出了重要贡献，书中的很多网格生成实例是由这些学生提供的。特别是与赫新合作完成了基于混合网格的通用流场解算器 HyperFLOW 的研制，常兴华参与完成了第 13 章主要内容的编写，赵钟参与完成了第 10 章、第 12 章和第 15 章的编写，张扬参与完成了第 11 章主要内容的编写。李明和赵钟对全书初稿进行了认真的校对。中国空气动力研究与发展中心及下属的计算空气动力研究所的领导和同事们给予了大力支持和帮助，特别是王运涛、袁先旭、洪俊武、周乃春、肖涵山、陈琦等同志还提供了大量网格生成实例，闵耀兵同志提供了结构网格质量检测方法。协作单位北京荣泰创想科技有限公司的管志勇和乔岳同志提供了网格生成软件 Gridpro 的相关资料。在写作过程中，我们还引用了大量文献中的应用实例。在此一并表示诚挚的感谢！

感谢国家自然科学基金委员会的长期支持！自 20 世纪 90 年代中期以来，作者的工作一直得到国家自然科学基金委员会的资助，作者先后承担或参与的国家自然科学基金重点项目 (19882009、11532016)、集成项目 (91530325)、面上项目 (19772072、10472012、10872023、11272339)、培育项目 (90405014、91016011、91130029)、青年基金项目 (11202227)、创新群体项目 (10321002、10621062) 等有十余项。同时感谢国家重点研发计划“数值飞行器原型系统开发”(2016YFB0200700) 的资助。正是在这些项目的支持之下，作者才能二十余年长期坚守在这一领域开展研究，也才有机会将研究成果集结成书。

感谢科学出版社的同仁！在本书的编写过程中，他们给予了大量的帮助，是他们卓有成效的编辑工作才使得本书能够顺利出版。

最后，作者要对家人致以深深的谢意！在几十年的求学和工作中，家人给予作者默默的支持。很多时候，作者因为工作忙碌而没有尽到一个儿子的孝心、一个丈夫的关心和一个父亲的爱心，而他们却给予了理解，毫无怨言。本书的出版，算是对他们辛勤付出的一点回报。

感谢所有对作者给予关心和支持的朋友们！

总之，作者希望对网格生成技术，尤其是静动态的非结构/混合网格技术，进行比较全面系统的介绍。但是由于作者水平有限，对网格生成技术的理解难免有一些偏颇之处，因此相关内容难免有不当之处，敬请读者谅解和批评指正。

张来平

2016 年元月于绵阳

目　　录

第1章　绪　　论

1.1　计算流体力学的重要作用

21 世纪初，美国的第四代战斗机 F-22(猛禽) 的出现令世界瞩目，随后成功应用其上的先进技术研制出了更为经济的多用途战斗机 F-35；2010 年年底，俄罗斯的新一代战斗机 T-50 横空出世；2011 年年初，美国的舰载无人战机 X-43B 揭开了神秘的面纱。与此同时，世界主要航空航天大国均在加紧开展临近空间飞行器的研制，如美国国家航空航天局 (NASA) 正在开展 X 系列 (X-37、X-43 和 X-51 等) 验证机的研制，同时还在开展 HyFly 计划和 FALCON 计划；欧盟、俄罗斯、印度、日本和澳大利亚等也正大力开展高超声速飞行器技术研究，启动了相应的高超声速技术研究项目。凡此总总，21 世纪的天空注定会是暗潮汹涌。

当前和未来 5~20 年内，我国航空航天飞行器研制也将迎来又一蓬勃发展时期。四代机 (J20) 和大型运输机 (Y20) 已成功首飞，舰载预警机正在研发，五代机已提上议事日程；支线客机 (ARJ21) 已交付使用，大型客机 (C919) 已经总装下线准备首飞，宽体客机已启动预研；新型高超声速飞行器取得重大突破，探月工程圆满完成首期"绕、落、回"任务，深空探测工程正式启动；新型大推力火箭、一批战略战术导弹正在紧锣密鼓地研制或试飞过程中 …… 毋庸置疑，未来我国航空航天事业将更加繁荣，而自主创新将成为主流。所有这些均需要空气动力学作为重要基础和支撑。

风洞试验、数值模拟和飞行试验是空气动力学研究的三大手段。三种手段相互支撑、相互验证、缺一不可。由于飞行试验的高昂成本和巨大风险，各种航空航天飞行器设计中涉及的大量气动力/热问题主要依靠地面风洞试验与计算流体力学 (computational fluid dynamics，CFD) 数值模拟技术来解决。风洞试验目前仍是飞行器气动设计的主要手段，但是风洞试验模拟的参数范围有限，往往不能完全模拟真实的飞行状态，而且风洞试验只能对特定设计方案作出评估，不能直接给出多学科协同优化的设计方案，因而新飞行器往往带着隐含的技术风险就上天试飞了，其性能指标显然仍有较大的提升空间。计算流体动力学的发展与应用，既可以提供真实飞行参数条件下的气动数据，又可以对设计方案开展多物理场协同优化，还可以进行数值飞行，从而有效降低技术风险并优化设计方案。计算流体动力学的优势和可预期的应用潜能，引起了世界各国的高度重视。从当前国内外飞行器研制的现状和趋势可以看出，面对复杂气动问题研究和飞行器精细化设计需求，飞行器设计中空气动力学研究的总体工作量以及 CFD 数值模拟研究占比均呈现出同步激增的发展态势。CFD 已经成为一种不可或缺的空气动力学研究手段，并发挥着越来越重要的作用。

另一方面，随着计算机技术的飞速发展，我们将在不久的将来迈入 E 级 (百亿亿次/秒) 计算时代，计算科学将发生翻天覆地的变革。计算科学在科学探索、技术和工程领域内的作用与影响将越来越突出，已经成为世界各国高度关注和重点发展的领域。2005 年，美国总统信息技术咨询委员会在《计算科学：确保美国竞争力》报告中指出[1]：计算科学是提升国家竞争力的关键技术之一；计算科学等同于理论、实验，已成为科学探索的第三支柱；21 世纪最伟大的科学突破将是大型计算科学所获得的成就。

计算流体力学是计算科学的重要分支，也是研究和应用最为活跃的一个分支。由于流体力学是航空、航天、常规兵器和水中武器研发的公用技术和主干学科，因此计算流体力学发展不仅对武器系统研发具有全局和牵引的作用，而且对国民经济相关领域，如高速列车、风能和风工程、大型水利工程、海洋工程等也具有重要的推动作用。

计算流体力学是以计算机为工具，利用离散化的网格技术和数值计算方法求解流体运动方程，从而揭示流动机理和流动规律的新兴交叉学科。张涵信院士将计算流体力学的研究内容概括为 5 个 “M” 和一个 “A”[2]。五个 “M” 分别是 Machine, Mesh, Method, Mechanism 和 Mapping。Machine，即计算机，它是 CFD 研究的硬件基础，而并行计算技术，尤其是针对大型异构并行计算机的高效并行算法是 CFD 与计算机硬件系统密切相关的研究内容；Mesh，即计算网格 (或者称 Grid)，网格划分是整个数值计算的基础和前提，已成为 CFD 的重要研究领域，并逐步形成为一个重要的学科分支；Method，即计算方法，流体力学控制方程的求解方法是 CFD 中最为活跃的领域，目前已经发展了各种各样的求解方法，如有限差分法 (finite difference method, FDM)、有限体积法 (finite volume method, FVM)、有限元法 (finite element method, FEM) 等；Mechanism，即流动机理，CFD 的最终目的是获得飞行器的气动特性和与之相应的流动机理，如何从数值计算的 “数据海洋” 中分析流动机理至关重要；Mapping，即流动显示，计算结果以静、动态的图形展示出来，更加方便分析流动机理，揭示流动规律。一个 “A” 指 Application，即应用，CFD 研究的目的是在以航空航天为代表的众多工业领域得到良好的应用，解决航空航天飞行器研制中的关键气动问题。自 CFD 诞生以来，始终围绕这五个 “M” 向前发展，并在实际工程中得到越来越广泛的应用 (“A”)。

自 20 世纪 60 年代以来，计算流体力学得到了迅猛发展。如果从控制方程角度和飞行器研制中工程实用程度出发，可以将 CFD 划分为五个层次：第一个层次约在 20 世纪 60 年代，主要求解无黏、线性位势流模型。第二个层次约从 20 世纪 70

年代起，求解非线性位势流模型。20 世纪 80 年代以后，计算机软硬件技术发展迅速，尤其是巨型计算机和并行算法的出现，使得求解三维 Euler/Navier-Stokes(N-S) 方程成为可能。第三个层次约在 20 世纪 90 年代，CFD 从求解层流 N-S 方程发展到雷诺 (Reynolds) 平均 N-S 方程 (RANS)，并在西方发达国家进入实用阶段，进而成为当前飞行器设计的主力工具之一。第四个层次是求解大涡模拟方程 (LES)，获得小尺度的流动细节。第五个层次是在极密网格下开展 N-S 方程直接数值模拟 (DNS)，获得所有尺度的流动细节。目前，第四、五尤其是第五层次尚无法达到工程实用；近年来迅速发展的以脱体涡模拟 (DES) 为代表的 RANS/LES 混合模拟位于第三、四层次之间，在西方发达国家已开始工业和军事应用。

随着计算机软硬件技术和 CFD 本身的发展，CFD 在飞行器设计中的作用越来越重要，其已贯穿于飞行器设计的全过程，从最初的概念设计、初样设计，到最终的详细设计和优化设计，CFD 均已发挥重要的作用。CFD 的地位和作用主要体现在如下几个方面：

(1) 由 CFD 软件和高性能计算机相结合而形成的“数值风洞”能够快速提供飞行器气动性能分析、结构/飞控设计所需要的基础数据，进而节省研究费用，缩短设计周期；

(2) 高精度 CFD 软件可以提供流场细节数据，便于流动机理分析，在空气动力学基础研究及飞行器关键气动技术研究方面可以发挥重要作用；

(3) 精细的 CFD 数值模拟可以为风洞试验及试验技术发展提供支撑，如为天平和支架设计提供载荷估计，研究更加精细的洞壁和支架干扰修正方法，对风洞试验结果进行天地换算等；

(4) 以 CFD 为核心的飞行器多学科多目标优化设计是未来飞行器设计的重要发展方向，“数值优化设计”的实现将全面提升飞行器综合设计能力和水平；

(5) CFD 与飞行力学和飞行控制等学科的耦合，将可以实现基于 CFD 的“虚拟飞行试验”，或又称为“数值虚拟飞行”，有利于在设计初期即对控制系统进行一体化优化设计。

1.2 网格生成技术的发展历程

数值计算的第一步是生成合适的计算网格，即将连续的计算域离散为网格单元，如二维时的三角形、四边形、多边形；三维情况下的四面体、三棱柱、六面体、金字塔、多面体等[3]。网格生成技术在 CFD 中扮演着极为重要的角色[2−5]，张涵信院士将其列为 CFD 研究的五个“M”之一，而在 NASA 的*CFD vision 2030 study: A path to revolutionary computational aerosciences* 研究报告[6] 中，“网格生成与自适应技术”被列为未来六大重要研究领域之一，由此可见网格生成技术的重要性。

在现代 CFD 中，网格生成往往要占据整个计算周期人力时间的 60%左右，而且网格质量的好坏直接关系到计算结果的精度，尤其是随着高精度、高分辨率格式的提出，计算格式对网格质量的要求越来越高。例如，在复杂外形湍流数值模拟中，需要在流动参数梯度大的区域加密网格，尤其在边界层内、激波附近、大范围分离区需要高质量的网格。随着 CFD 应用复杂度的增加，人们逐步意识到网格生成的局限性严重制约了复杂外形的数值模拟能力，开始投入很大精力开展网格生成技术研究，从此网格生成技术成为 CFD 的一个重要分支学科。

在 CFD 发展初期，由于所求解的问题和几何外形均比较简单，因此 CFD 工作者多采用如图 1.1 所示的拓扑结构简单的“结构”网格 (structured grid)。结构网格的“结构”意指网格节点之间的连接关系存在隐含的顺序，其可以在几何空间进行维度分解，并可以通过各方向的指标 (i, j, k) 增减直接得到对应的连接关系。其网格节点的存储 (即数据结构) 可以直接采用常用的多维数组，如 $x(i, j, k)$，$y(i, j, k)$，$z(i, j, k)$。

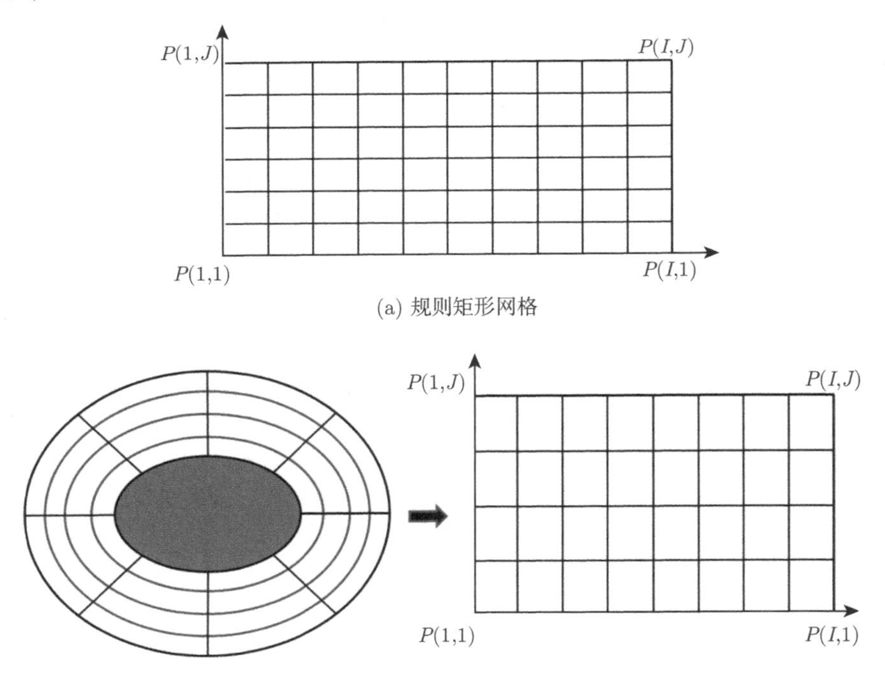

(a) 规则矩形网格

(b) 贴体结构网格及坐标变换

图 1.1 结构网格示意图

最简单的结构网格是规则的等距或非等距矩形网格 (图 1.1(a))。对于曲线/曲面边界，一般采用贴体的结构网格 (boundary-fitted structured grid)，如图 1.1(b)

所示，并通过坐标变换 $(x,y,z) \leftrightarrow (\xi,\eta,\zeta)$，将物理空间的贴体网格转换为计算空间的等距网格。其变换关系一般可以用 (1.1) 式表示。

$$\begin{aligned} \xi &= \xi(x,y,z) \\ \eta &= \eta(x,y,z) \\ \zeta &= \zeta(x,y,z) \end{aligned} \quad \text{或} \quad \begin{aligned} x &= x(\xi,\eta,\zeta) \\ y &= y(\xi,\eta,\zeta) \\ z &= z(\xi,\eta,\zeta) \end{aligned} \tag{1.1}$$

关于贴体结构网格的生成，CFD 工作者相继发展了各种方法，如代数网格生成方法[7,8]，求解椭圆型、双曲型或抛物型方程的网格生成方法[9,10]。但是，随着我们所面对的外形越来越复杂，传统的统一 (unified) 贴体结构网格技术已无法满足实际需求，为此 CFD 工作者发展了多块对接结构网格 (multiblock structured grids)[11,12]、多块拼接结构网格 (patched structured grids)[13,14] 和重叠结构网格技术 (overlapping/Chimera structured grids)[15,16] 等。

随着我们所计算问题的几何外形越来越复杂，传统的结构网格逐渐显示出它的不足，而非结构网格 (unstructured grid) 能很好地处理复杂外形[3−5](图 1.2)。这里的 "非结构" 意指网格节点间的关联不再存在直接的顺序关系，其节点和单元编号在空间随机分布。节点和单元信息必须通过特定的数据结构存储 (其数据结构将在后续章节详细介绍)。传统意义上的非结构网格单元特指三角形 (二维) 和四面体 (三维)；一般意义上的非结构网格单元还包括四边形、多边形 (二维) 和三棱柱、六面体和金字塔 (三维)，甚至还包括多面体。这类网格的混合又进一步称为 "混合网格"(hybrid grid 或 mixed grid)。事实上，结构网格是一种特殊形式的非结构网格，其也可以转换为非结构网格形式进行计算。

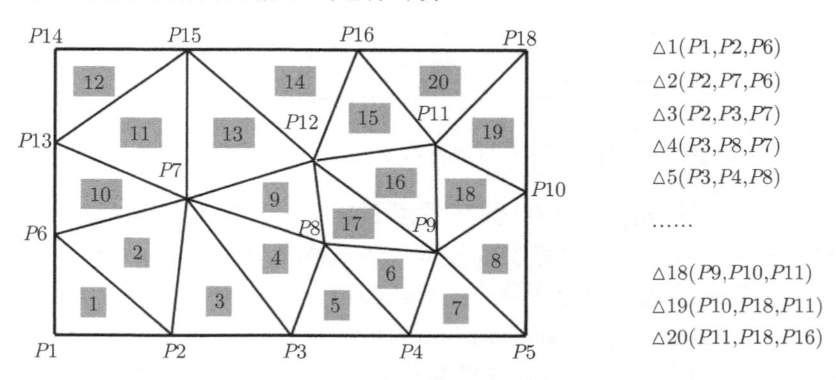

图 1.2 非结构网格示意图

相比于结构网格，非结构网格舍去了网格节点间的结构性限制，可以任意布置网格节点和单元，很容易控制网格的大小，所以理论上它可以适用于任意形状的计算域。另一方面，非结构网格随机的数据结构有利于网格自适应技术 (adaptive mesh refinement, AMR) 的实现，而且在进行分区并行计算时易于保证分区间的负载平衡。当前，比较成熟的非结构网格生成方法有 Delaunay 方法[17−19]、阵面推进法 (advancing front method)[20−22]、四叉树/八叉树 (quadtree/octree) 方法[23,24] 等。

非结构网格没有结构网格的规则性限制，数据的存储和调用不能预见，使得非结构网格的数据结构非常复杂。非结构网格的无序性也带来了隐式求解时的稀疏矩阵带宽大和本身的非线性等问题，由此导致需要大量的计算机内存，隐式计算的效率也有待持续改进。

对于上述各种网格技术，都有其优缺点 [3−5,25]。结构网格计算高效准确，但是网格自适应能力差，复杂外形的结构网格生成比较困难；非结构网格自适应能力强，可以处理复杂外形，但是计算精度稍差，而且鲁棒性较弱。图 1.3(取自文献 [5]) 从易用性和黏性模拟精度的角度分析了各种网格技术的优缺点，可以看到，混合网格较好地综合了结构网格和非结构网格的优势，因此其代表了未来网格技术的发展趋势。

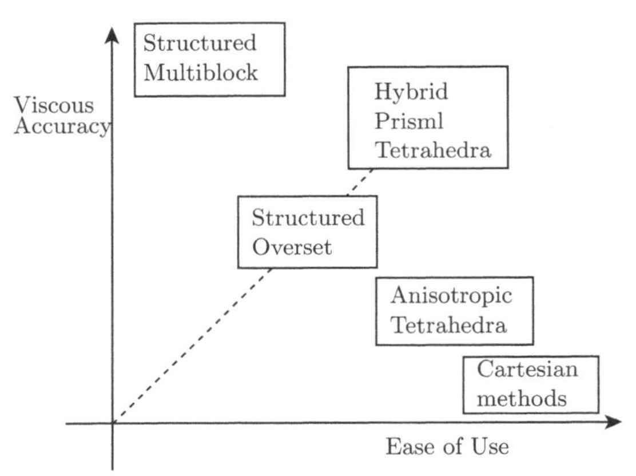

图 1.3 各种网格生成技术特点对比 (取自文献 [5])

近年来，综合结构网格和非结构网格优势的混合网格技术得到蓬勃发展，CFD 工作者相继发展了各种混合网格生成技术，如三棱柱/四面体混合网格[26]、四面体/三棱柱/金字塔/六面体混合网格[27]、自适应笛卡儿 (Cartesian) 网格[28,29] 以及 Cartesian/四面体混合网格[30] 和 Cartesian/四面体/三棱柱混合网格[31] 等各种混合网格生成方法。关于网格生成技术的综述成果，读者可以参见 CRC Press 出版的*Handbook of Grid Generation*(《网格生成手册》) 一书[4] 和其他专著[32−37]。

对于三维复杂外形的黏性绕流计算问题，目前主要采用先以三角形覆盖整个物面然后向外推出若干层三棱柱[38,39] 或压缩比较大的四面体网格，在外场生成四面体或 Cartesian 网格。与结构网格相比，混合网格对几何外形的适应性相对较强，并且混合网格的离散效率也较结构网格要高得多。然而，对于实际工程中的复杂外形而言，生成混合网格也绝非易事，尤其是在高雷诺数 (Re) 计算时需要生成高质量的边界层内网格，并且要求其和外场网格过渡光滑，这一点对于某些曲率变化剧烈的复杂外形来说亦很难实现。因此，如果能发展一种自动化程度高、网格质量好的混合网格生成方法，将极大地减少网格生成过程中的人工工作量，有效地缩短数值模拟周期，大大提高工作效率。

图 1.4 和图 1.5(取自文献 [5]) 分别列出了结构网格和非结构/混合网格的发展历程。从图中可以看出，随着网格生成技术的持续发展，于 20 世纪 90 年代中期开始，相继出现了关于网格生成的商业软件，如 Gridgen、ICEM-CFD、Gambit、IGG 等。这些软件通过引入交互式的图形操作界面，同时开发了强大的 CAD 数模处理功能，使得网格生成的易用性大幅提高，复杂外形的网格生成周期大幅缩减，从而有力地推动了 CFD 在实际工程中的应用。21 世纪以来，网格生成技术主要围绕提高网格生成的质量、鲁棒性、易用性等开展研究，并逐步向动态网格技术和与流场解算器的一体化耦合方向发展。

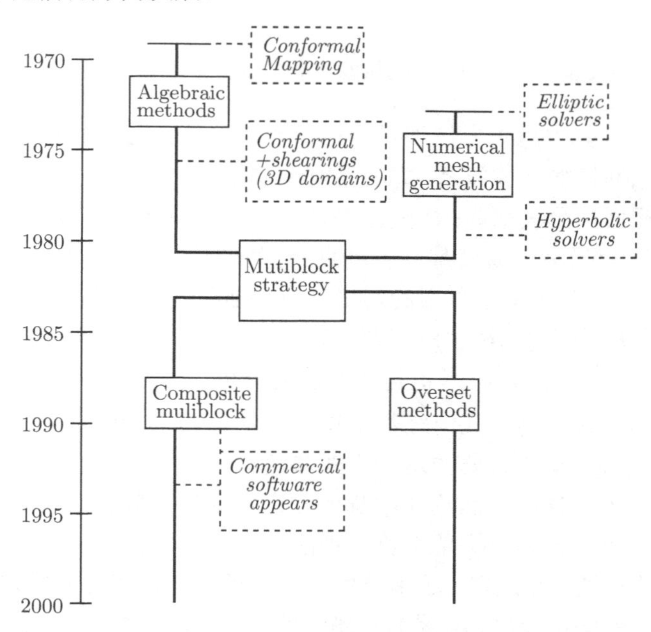

图 1.4 结构网格发展历程示意图 (取自文献 [5])

CFD 在实际工程应用中的另一个关键问题是计算效率。随着 CFD 在实际工程中的应用越来越广泛，网格规模也越来越大，计算效率问题也越来越突出，迫切需要发展加速收敛技术以提高计算效率。为此，CFD 工作者提出并发展了多种加速收敛技术，如隐式计算方法、局部时间步长法、多重网格 (multigrid) 方法、分区

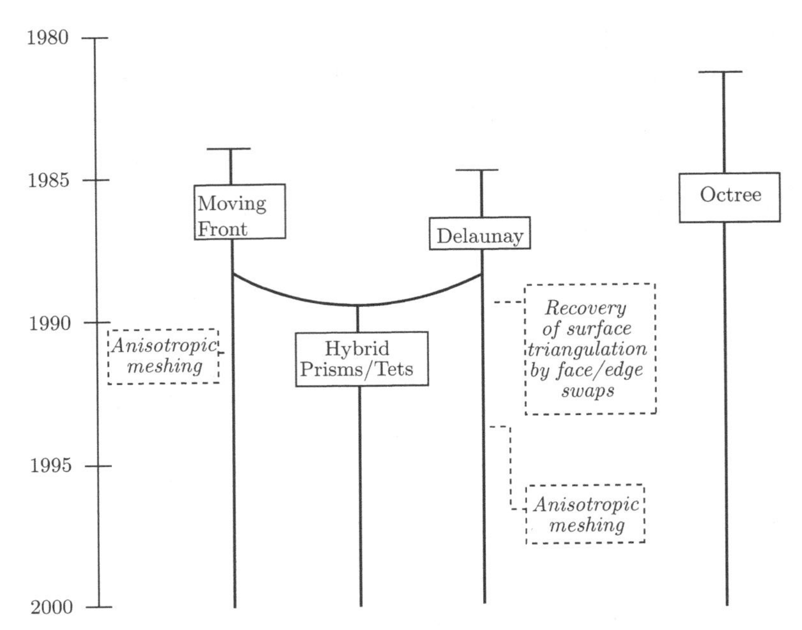

图 1.5　非结构/混合网格发展历程示意图 (取自文献 [5])

并行计算方法等。其中隐式方法涉及网格节点和单元的优化排序问题；多重网格方法涉及多级粗网格的生成问题，尤其是对于非结构网格和混合网格而言，如何生成合适的稀疏粗网格至关重要；而分区并行计算涉及整体网格的自动分区问题，分区间的负载平衡和极小化通信是需要重点研究的问题。这些问题均与网格生成技术相关。与此同时，对于复杂外形的网格生成，网格总数有可能达到数千万甚至数千亿。对于如此大规模的网格生成问题，单机串行网格生成的效率显然不能满足要求，因此发展并行网格生成技术也是当前研究的热点问题之一。

随着计算机运算能力的几何级数增长，CFD 求解的流动问题逐步由定常问题过渡到非定常问题。从飞行器的运动方式和流动特征来看，非定常流动问题可以分为以下三类：①物体静止而流动本身为非定常的流动问题，如大攻角飞行的细长体背风区的分离流动等；②单个物体做刚性运动的非定常流动问题，如飞行器的俯仰、摇滚及其耦合运动等；③多体做相对运动或变形运动的非定常问题，如子母弹分离、飞机外挂物投放、机翼的气动弹性振动、鱼类的摆动、昆虫和鸟类的扑动等。

对于第一类非定常问题，我们可以直接采用静态的计算网格；对于第二类非定常问题，我们仍然可以采用刚性的运动网格；但是对于第三类非定常问题，则必须采用动态网格技术，即在运动过程中，计算网格随着物体的运动或变形实时调整，以适应新状态的计算。因此，动态网格技术成为当前非定常数值模拟的研究重点。

根据网格拓扑结构 (结构网格、非结构网格和混合网格) 的不同，对应的动态网格技术主要包括动态结构网格技术和动态非结构/混合网格技术。对于动态结构网格生成技术而言，目前常用的方法包括超限插值 (transfinite interpolation, TFI) 动网格生成技术[40−43]、重叠结构动网格技术[44−47]、滑移结构动网格技术[48,49] 等。与动态结构网格类似，将非结构网格和混合网格推广应用于运动物体非定常运动的方法主要有重叠非结构动网格技术[50,51]、重构非结构动网格技术[52,53]、变形非结构动网格技术 [54−60] 以及变形/重构耦合混合网格生成技术[61−64] 等。

总之，网格生成技术涉及计算几何学、计算机图形学、计算力学 (包括计算流体力学、计算固体力学等) 及其他相关学科，是“科学”与“艺术”的集中体现[5]。发展具有良好适应性的高质量网格生成技术，是 CFD 工作者长期努力的目标[6]。

1.3 计算流体力学对计算网格的基本要求[2]

利用数值计算方法得到的离散解是否比较满意地逼近原偏微分方程组定解问题的解，不仅取决于对原偏微分方程组所采用的离散化方法 (即内点计算格式) 及边界条件的离散化方法 (即边界点计算格式)，而且取决于离散点的分布情况。

例如，当用差分方法求解导数的近似值时，在某点处的导数近似值的计算精度不仅取决于所采用的差分格式，还与该离散点本身的位置以及邻近离散点的分布情况有关。以一维函数 $f = f(x)$ 为例，如果对自变量 x 取步长为 Δx 的均匀间隔 (或称均匀网格)，并用中心差分来逼近某点 $x = x_i$ 处的一阶导数，则有

$$\left(\frac{\mathrm{d}f}{\mathrm{d}x}\right)_i = \frac{f_{i+1} - f_{i-1}}{2\Delta x} - \frac{\Delta x^2}{6}\left(\frac{\mathrm{d}^3 f}{\mathrm{d}x^3}\right)_i + \cdots \tag{1.2}$$

若用 (1.2) 式右端第一项 (中心差分) 作为一阶导数近似，那么 (1.2) 式右端第二项以及以后各项之和即为截断误差。显然，此截断误差的大小与网格点 $x = x_i$ 的位置以及网格步长 Δx 有关。若 $f(x)$ 代表某一流动参数分布，则在流动参数变化剧烈的区域 $(\mathrm{d}^3 f/\mathrm{d}x^3)$ 的绝对值可能很大，因此，为了保证一定的计算精度就要求采用很密的网格。如果对整个流场采用均匀网格，那么就会有很多计算点，从而需要很大的计算机内存和计算时间。因此，CFD 应用者希望发展一种自适应的网格技术，即在流场参数变化大的区域 (如激波和边界层) 生成较密的网格，而在流场参数变化平缓的区域生成较稀的网格。这种网格生成技术既可以保证所需要的计算精度，又可以节省计算机内存和计算时间。

另一方面，许多流体力学实际问题的边界几何形状是非常复杂的，如战斗机、运输机全机构型。要得到高精度的数值解，边界条件处理本身应保证适当的计算精度。而在边界处理中，往往有些物理量是通过插值方法求得的。插值的精度直接

影响边界条件处理的精度，为此一般要求边界附近的网格线尽可能与边界正交，而且在物面边界附近还需保证一定的网格节点密度，过稀的网格将导致计算精度的降低。

由此可知，对于数值求解偏微分方程 (PDE) 的定解问题而言，网格分布是十分重要的。在达到相同解的精度的前提下，合理的网格分布往往可以大大减少网格点的数目，从而大大节省所需要的计算机内存和计算时间。计算经验表明，在某些问题中，不合适的网格分布有可能导致计算过程的不稳定或不收敛。这就是近二三十年来，网格生成技术成为计算流体力学中前沿研究课题的主要原因之一。

网格质量是网格生成技术重点关注的研究领域。就结构网格而言，网格质量一般包括网格的光滑性、正交性、分布合理性等。对于非结构网格而言，网格的光滑性和分布合理性也是需要关注的重要方面，虽然不存在所谓的网格正交性，但也一般要求网格的形状要尽量“正规”，即尽可能为正三角形或正四面体。对于黏性流动计算问题，如在边界层内采用“纯”非结构网格 (各向异性四面体)，其计算精度和离散效率均有不足，此时一般在边界层内采用结构 (六面体) 或半结构 (三棱柱) 网格，因此网格的法向正交性也是需要关注的问题。以下进行简要的分析说明。

1.3.1　网格光滑性要求

就结构网格而言，通常计算空间中的均匀网格对应于物理空间中的非均匀网格。为了得到高精度的计算结果，我们要求物理空间中的网格不均匀的变化是逐渐过渡的，而不是突然过渡的。

以一维问题为例，考察某一具有连续一阶导数的函数 $f = f(x)$，如网格变换 $x = x(\xi)$ 将物理空间 x 变换到计算空间 ξ，为了求得 $\mathrm{d}f/\mathrm{d}x$，利用上述变换关系，可以得到

$$\frac{\mathrm{d}f}{\mathrm{d}x} = \frac{\mathrm{d}f/\mathrm{d}\xi}{\mathrm{d}x/\mathrm{d}\xi} \tag{1.3}$$

一般来说，由计算空间计算的 $\mathrm{d}f/\mathrm{d}\xi$ 是连续的，如果 $\mathrm{d}x/\mathrm{d}\xi$ 不连续，则由 (1.3) 式求出的 $\mathrm{d}f/\mathrm{d}x$ 将是不连续的，但原问题中的 $\mathrm{d}f/\mathrm{d}x$ 却是连续的。之所以会出现这一现象，正是因为变换关系式 $x = x(\xi)$ 的一阶导数不连续。$\mathrm{d}x/\mathrm{d}\xi$ 在某一网格点不连续意味着计算空间中的均匀网格对应于物理空间的相应点处网格密度的变化太突然，于是导致该点附近的计算结果有较大误差。同样，如问题中涉及某流动参数的二阶导数，则要求变换关系式 $x = x(\xi)$ 的二阶导数是连续的。当然，对于实际的复杂外形，要做到严格意义上的网格变换连续是不现实的，而且，即便变换关系式是足够光滑的，变换关系的不均匀性也会带来附加的截断误差[2]。因此，在实际应用过程中，我们只能尽可能地保证网格的光滑过渡。

对于非结构网格而言，如果采用有限体积法，虽然不必进行从物理空间到计算

空间的网格变换，但是由于现有的计算方法一般采用多项式分布来近似流场物理量的分布，非均匀的网格分布将导致重构多项式分布的“奇异”性，从而影响计算过程的稳定性和计算结果的精确度。因此，网格分布的光滑性也是一个重要的质量指标。

网格的光滑性一般由相邻单元的特征尺度之比来表征。对于结构网格而言，可以用一条网格线上相邻网格点的距离之比表示。对于非结构网格而言，一般可以用相邻单元的体积之比、外接圆 (二维) 或外接球 (三维) 的半径之比等来表征。数值计算的经验表明，一般要求相邻网格的尺度之比小于 2。

1.3.2 网格正交性要求

网格正交性指多维情况时结构网格的线 (面) 要尽可能正交。将此概念推广至半结构的三棱柱网格，即要求棱柱的上下三角形面与其他面尽可能正交。其原因是正交性差的歪斜网格往往会带来较大的计算误差。

以二维问题为例，考察如下的坐标变换：

$$\begin{cases} x = \xi\cos\theta \\ y = \eta + \xi\sin\theta \end{cases} \Leftrightarrow \begin{cases} \xi = x/\cos\theta \\ \eta = y - x\tan\theta \end{cases} \tag{1.4}$$

其中，θ=const。物理平面 (x, y) 与计算平面 (ξ, η) 上网格间对应的示意图如图 1.6 所示。

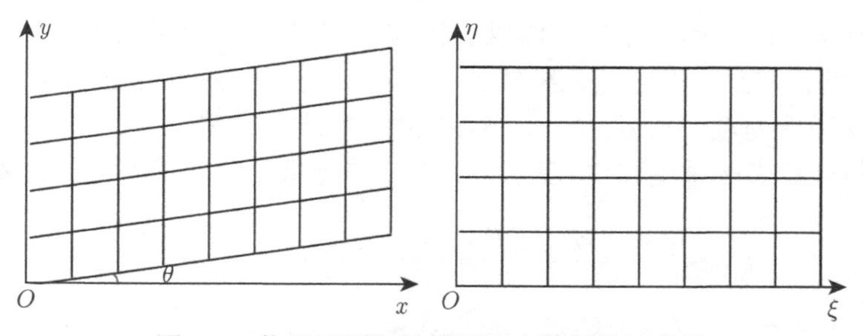

图 1.6 物理平面与计算平面上的网格示意图

由图 1.6 可知，当 $\theta = 0°$ 时，计算平面上的矩形网格单元对应的物理平面上也是正交的；θ 越接近 90°，则对应在物理平面上的网格歪斜越严重。以二维函数 $f(x, y)$ 的偏导数 $\partial f/\partial x$ 为例，有

$$\frac{\partial f}{\partial x} = \frac{\partial f}{\partial \xi}\frac{\partial \xi}{\partial x} + \frac{\partial f}{\partial \eta}\frac{\partial \eta}{\partial x} \tag{1.5}$$

由 (1.4) 式知，当 $\theta \to 90°$ 时，$\partial\xi/\partial x \to \infty$，$\partial\eta/\partial x \to \infty$。因此由 (1.5) 式知，当 θ 越接近 90° 时，右端两项的绝对值都很大，但通常 $\partial f/\partial x$ 不会特别大，故根据 (1.5) 式来计算时，将是两个绝对值很大的数求和时大部分互相抵消的结果，因而

由此算出的 $\partial f/\partial x$ 的误差可能较大。应该强调的是，在物面边界附近，网格的正交使得边界条件的处理更加直截了当和精确，从而更有利于提高计算精度。同时，对于非线性问题，一般采用迭代方法求解，实践表明，网格的正交性对收敛历程有较大影响，一般采用正交性好的网格计算收敛性更好，收敛速度更快；对于含激波的流场模拟，一般要求网格线与激波面正交，在波系结构非常复杂的情况下，要做到全场网格与激波正交是很不现实的，此时可以重点关注主激波的形状。

1.3.3 网格分布要求

如前所述，为了保证计算精度同时又节省计算机内存和计算时间，必须在流场参数变化大的区域分布较密的网格。在某些问题中，在求解流场之前就大致知道流场的哪些区域流动参数变化大，如机翼前后缘、翼身结合部等几何曲率变化较大的区域，再如高 Re 黏性流动的边界层区域。对于这类问题，我们可以事先在该区域布置较密的网格。但是，在大多数情况下，我们事先并不清楚流场的哪些区域流动参数会发生剧烈变化，如超声速情况下流场中会出现激波，而激波导致物理量的强间断，为了得到清晰的流场结构，就必须在激波区域加密网格。然而我们事先并不知道激波的准确位置，为此必须根据流场解的结果自动地布置网格，这就是所谓的网格自适应技术。

正如前述，随着计算机技术和 CFD 方法的发展，目前的 CFD 应用已全面进入 RANS 方程的模拟，并逐步向 LES 和 DNS 发展。

对于高 Re 黏性流动问题，目前我们一般采用 RANS 计算方法。在高 Re 情况下，黏性项的贡献是一个小量。若要用差分正确计算这些小量的贡献，必须要求离散方程的截断误差项的贡献远小于黏性项的贡献[2]。文献 [65] 进一步阐述了计算网格尺度与计算格式精度和 Re 的关系。以二维无量纲化的 N-S 方程为例，其可以写为

$$\frac{\partial \boldsymbol{Q}}{\partial t}+\frac{\partial \boldsymbol{E}}{\partial x}+\frac{\partial \boldsymbol{F}}{\partial y}=\frac{1}{Re_L}\left(\frac{\partial \boldsymbol{E}_{\mathrm{v}}}{\partial x}+\frac{\partial \boldsymbol{F}_{\mathrm{v}}}{\partial y}\right) \tag{1.6}$$

其中，$\boldsymbol{Q}$ 为守恒变量；$\boldsymbol{E}$ 和 $\boldsymbol{F}$ 为无黏矢通量；$\boldsymbol{E}_{\mathrm{v}}$ 和 $\boldsymbol{F}_{\mathrm{v}}$ 为黏性矢通量 (其具体定义见 2.2.1 节)；x 和 y 分别代表流向和法向坐标；Re_L 是以物体长度 L 为特征长度的雷诺数。如果采用 m 阶精度的计算格式离散该方程，与 m 阶精度差分格式等价的修正方程为

$$\frac{\partial \boldsymbol{Q}}{\partial t}+\frac{\partial \boldsymbol{E}}{\partial x}+\frac{\partial \boldsymbol{F}}{\partial y}=\frac{1}{Re_L}\left(\frac{\partial \boldsymbol{E}_{\mathrm{v}}}{\partial x}+\frac{\partial \boldsymbol{F}_{\mathrm{v}}}{\partial y}\right)+O\left(\Delta x^m,\Delta y^m,\cdots\right) \tag{1.7}$$

式中，Δx 和 Δy 是网格尺度；$O(\Delta x^m,\Delta y^m,\cdots)$ 为截断误差，它们是 m 阶以上的小量。(1.7) 式可以进一步写为

$$\frac{\partial \boldsymbol{Q}}{\partial t}+\frac{\partial \boldsymbol{E}}{\partial x}+\frac{\partial \boldsymbol{F}}{\partial y}=\frac{\Delta x^{\alpha}}{Re_L\Delta x^{\alpha}}\frac{\partial \boldsymbol{E}_{\mathrm{v}}}{\partial x}+\frac{\Delta y^{\beta}}{Re_L\Delta y^{\beta}}\frac{\partial \boldsymbol{F}_{\mathrm{v}}}{\partial x}+O\left(\Delta x^m,\Delta y^m,\cdots\right) \tag{1.8}$$

令 α 和 β 满足

$$\alpha=-\frac{\lg Re_L}{\lg(\Delta x)},\quad \beta=-\frac{\lg Re_L}{\lg(\Delta y)} \tag{1.9}$$

于是 $Re_L(\Delta x)^{\alpha}=Re_L(\Delta y)^{\beta}=1$，则 (1.9) 式可写为

$$\frac{\partial \boldsymbol{Q}}{\partial t}+\frac{\partial \boldsymbol{E}}{\partial x}+\frac{\partial \boldsymbol{F}}{\partial y}=\Delta x^{\alpha}\frac{\partial \boldsymbol{E}_{\mathrm{v}}}{\partial x}+\Delta y^{\beta}\frac{\partial \boldsymbol{F}_{\mathrm{v}}}{\partial x}+O\left(\Delta x^{m},\Delta y^{m},\cdots\right) \tag{1.10}$$

从 (1.10) 式可以看出，在所讨论的流动区域内，若采用的网格尺度和计算格式使得 $\alpha>m$，则 x 方向的黏性项贡献落入截断误差的范围；同样，如果 $\beta>m$，则 y 方向的黏性项贡献落入截断误差的范围。这就是所谓的 “数值黏性 (格式耗散)” 掩盖了真实的 “物理黏性”，此时将无法准确地模拟真实的黏性效应。只有当 α 和 β 远小于或至少小于 m 时，所采用的网格尺度和计算格式才能比较正确地计算各个方向的黏性项贡献，反映真实的物理黏性。由此，可以确定 x 和 y 方向的临界网格尺度 Δx^* 和 Δy^*。显然，临界网格尺度 Δx^* 和 Δy^* 与计算格式精度 m 和雷诺数相关。对于黏性流动，一般起主导作用的是物面附近 (边界层内) 法向的黏性贡献，因此我们要求法向的网格尺度 Δy 小于或远小于临界网格尺度 Δy^*。所以，在实际的数值模拟过程中，我们一般在物面法向采用较密的网格。以 $Re_L=10^6$ 为例，如采用通常使用的二阶格式 (m=2)，则由 (1.9) 式可知，其法向的临界网格尺度 Δy^*=0.001。所以，在实际的计算过程中，物面法向的计算网格尺度要远小于该临界网格尺度，一般取 $\Delta y=1.0\times10^{-4}\sim1.0\times10^{-5}$，甚至更小。如果流场中存在流动分离现象，在分离区内，各方向的黏性项的贡献都要准确模拟，因此在该区域亦需要采用较密的计算网格，否则将无法模拟真实的物理黏性。如果采用高阶精度计算格式 (m >2)，则网格尺度可以适当加大。

RANS 方法主要对壁面附近的边界层附着流动模拟较为可靠，对自由剪切流动、分离流动等的模拟能力较差。工程实际中许多重要问题，如飞行器大攻角飞行时的大范围分离流动、气动声学问题等，RANS 方法难以给出准确模拟。由于湍流脉动从积分尺度到最小耗散尺度所涵盖的尺度范围很大，如要精细模拟这些小尺度的脉动量，必须采用湍流的 DNS 或 LES 方法，此时需要采用非常密的计算网格。假设问题的积分尺度为 L，相应的雷诺数为 Re_L，则 DNS 要求的空间网格步长至少要达到 $O(Re_L^{9/4})$[66]。工程实际中遇到的问题通常 $Re_L>1.0\times10^6$，因此要求的网格点数应满足 $N_{\mathrm{g}}>1.0\times10^{13}$。例如，文献 [66] 提到，商业飞机边界层流动的直接数值模拟要求 $N_{\mathrm{g}}>1.0\times10^{15}$。

LES 方法能够在网格量不显著增加的情况下，较为准确地模拟远离壁面的自由剪切流动，但在壁面附近网格量需求增加到与 DNS 相当的量级 ($O(Re_\tau^2)$，这里 Re_τ 为基于壁面摩擦速度的雷诺数)。对于远离壁面的流动输运和混合的模拟是影响模拟精度的主要因素，而壁面附近的模拟则相对不那么重要的情形，RANS/LES

混合算法 (包括 DES、DDES、IDDES 等) 是一个有效的途径。实际问题中常见的大攻角分离流动、底部流动以及发动机燃烧室内流等情形都属于这种情况，因而 RANS/LES 混合算法有望改善目前对这些重要情形无可奈何的局面。

1.4 网格生成技术国内研究与应用现状

由于国内 CFD 研究本身起步较晚，因此关于 CFD 网格生成技术的研究相对更晚。早期针对结构网格的研究主要集中在以超限插值为代表的代数网格生成方法。随着国外商用网格生成软件 (如 Gridgen 及后来的 Pointwise、ICEM-CFD、Gridpro 等) 的问世，国内的应用市场基本上被这些商业软件所垄断，因为这些软件提供了良好的交互式图形操作界面，为 CFD 应用人员生成网格提供了极大的便利。针对复杂外形的结构网格生成，国内学者在学习国际先进经验的基础上，也先后发展了多块对接网格、拼接网格和重叠网格等技术。目前，这些技术在实际应用中已发挥重要作用，并趋于成熟。在空气动力学预研基金项目的支持下，中国空气动力研究与发展中心计算空气动力研究所开展了相关的结构网格生成软件的研制，2015 年年底在中心内部推出了测试版，并计划后续在国内发布正式版。

借助于商业网格生成软件及 CFD 计算软件的推广，非结构网格和混合网格的应用在国内也同步发展，在实际工程中的应用已非常普遍。就 CFD 非结构网格和混合网格生成技术本身的研究而言，据作者所知，浙江大学、南京航空航天大学、北京大学、西北工业大学、大连理工大学、中国空气动力研究与发展中心等单位开展了相对较多的研究工作。

在动态网格生成方面，无论是结构网格、还是非结构/混合网格，国内均有众多学者根据实际应用的需要，发展相应的动态网格生成技术，如北京航空航天大学、中国航天空气动力技术研究院、中国空气动力研究与发展中心等单位各自发展了动态重叠网格技术，南京航空航天大学、中国空气动力研究与发展中心等单位发展了动态重叠非结构网格技术，大连理工大学、中国空气动力研究与发展中心等单位发展了变形/重构耦合动态非结构/混合网格技术等。这些网格技术在复杂多体分离、飞行器动态响应等非定常数值模拟中得到广泛的应用。

总之，我国的网格生成技术在众多 CFD 工作者的努力下，已取得了长足的进展，尤其是在工程应用方面，借助于国外商业网格生成软件，我们已经能生成非常复杂的几何构型的网格。然而，对比西方发达国家，我们在网格生成技术本身的研究方面仍有较大的差距，其主要表现为：①缺乏自主提出的网格生成新方法；②缺乏与国外商业网格生成软件抗衡的自主品牌软件；③缺乏该领域的专门论著。为了能够吸引年轻的 CFD 工作者投身网格技术的研究，作者对二十余年来关于网格生成技术的研究工作进行了总结，希望能将自己的经验与年轻的朋友们分享，并期待更多的年轻朋友能致力于网格生成技术的研究，打造具有自主知识产权的国产品牌网格生成软件，打破国外商业软件的垄断地位，更有力地支撑我国 CFD 学科和航空航天事业的发展。

参 考 文 献

[1] President's Information Technology Advisory Committee. Computational science: Ensuring America's competitiveness. Report to the President, 2005.

[2] 张涵信，沈孟育. 计算流体力学 —— 差分方法的原理和应用. 北京：国防工业出版社, 2003.

[3] Frey P J, George P L. Mesh Generation—Application to Finite Elements. 2nd ed. Hoboken: John Wiley& Sons Inc., 2008.

[4] Thompson J F, Soni B K, Weatherill N P. Handbook of Grid Generation. Boca Raton: CRC Press, 1998.

[5] Baker T J. Mesh generation: Art or science? Progress in Aerospace Science, 2015, 41: 29-63.

[6] Slotnick J, Khodadoust A, Alonso J, et al. CFD vision 2030 study: A path to revolutionary computational aerosciences. NASA/CR–2014-218178, 2014.

[7] Cook W A. Body oriented coordinates for generating 3-dimensional meshes. Int. J. Numer. Methods Eng., 1974, 8: 27-43.

[8] Eriksson L E. Generation of boundary conforming grids around wing-body configurations using transfinite interpolation. AIAA J., 1982, 20: 1313-1320.

[9] Spekreijse S P. Elliptic grid generation based on Laplace equations and algebraic transformations. J. Comput. Phys., 1995, 118: 38-61.

[10] Chan W M, Steger J L. Enhancements of a three-dimensional hyperbolic grid generation scheme. Appl. Math. Comput., 1992, 51: 181-205.

[11] Steinthorson E, Liou M S, Povinelli L A. Development of an explicit multiblock/multigrid flow solver for viscous flows in complex geometries. AIAA paper, 93-2380, 1993.

[12] Sheng C, Taylor L, Whitfield D. Multiblock multigrid solution of three dimensional incompressible turbulent flows about appended submarine configuration. AIAA paper, 95-0203, 1995.

[13] Flores J, Reznick S G, Holst T L, et al. Transonic Navier-Stokes solution for a fighter-like configuration. AIAA paper, 87-0032, 1987.

[14] Sorenson R L. Three-dimensional elliptic grid generation for an F-16//Steger J L, Thompson J F. Three-dimensional Grid Generation for Complex Configurations: Recent Progress. AGARD graph No.309, 1988.

[15] Benek J A, Buning P G, Steger J L. A 3D Chimera grid embedding technique. AIAA Seventh CFD Conference, AIAA paper, 85-1523, 1985.

[16] Pearce D G, Atanley S, Martin F, et al. Development of a large Chimera grid system for space shuttle. AIAA paper, 93-0533, 1993.

[17] Bowyer A. Computing Dirichlet tessellations. Comput. J., 1981, 24: 162-166.

[18] Watson D. Computing the n-dimensional Delaunay tessellation with application to Voronoi polytopes. Comput. J., 1981, 24: 167-173.

[19] Weatherill N P, Hassan O. Efficient three dimensional Delaunay triangulation with automatic point creation and imposed boundary constraints. Int. J. Num. Meth. Eng., 1994, 37: 2005-2039.

[20] Parikh P, Pirzadeh S, Löhner R. A package for 3d unstructured grid generation, finite element flow solution and flow field visualization. NACA CR-182090, 1990.

[21] Löhner R, Parikh P. Generation of three-dimensional unstructured grids by the advancing-front method. AIAA paper, 88-0515, 1988.

[22] Löhner R. Extensions andimprovements of the advancingfront gridgeneration technique. Comm. Num. Meth. Eng., 1996, 12: 683-702.

[23] Merry M A, Shephard M S. Automatic three-dimensional mesh generation by the modified-octree technique. Int. J. Num. Meth. Eng., 1984, 20: 1965-1990.

[24] Merry M A, Shephard M S. Finite element mesh generation based on a modified-quadtree approach. IEEE Computer Graphics and Applications, 1983, 3(1): 36-46.

[25] 张来平. 非结构网格、矩形/非结构混合网格复杂无黏流场的数值模拟. 绵阳: 中国空气动力研究与发展中心, 1996.

[26] Kallinderis Y, Khawaja A, McMorris H. Hybrid prismatic/tetrahedral grid generation for complex geometries. AIAA. J, 1996, 34: 291-298.

[27] Coirier W J, Jorgenson P C E. A mixed volume grid approach for the Euler and Navier-Stokes equations. AIAA paper, 96-0762, 1996.

[28] Karman S L. SPLITFLOW: A 3D unstructured Cartesian/prismatic grid CFD code for complete geometries. AIAA paper, 95-0343, 1995.

[29] Wang Z J. A quadtree-based adaptive Cartesian/quad grid flow solver for Navier-Stokes equations. Computers & Fluids, 1998, 27(4): 529-549.

[30] Zhang L P, Zhang H X, Gao S C. A Cartesian/unstructured hybrid grid solver and its applications to 2D/3D complex inviscid flow fields. Proceedings of the 7th International Symposium on CFD, Beijing, China, 1997: 347-352.

[31] Zhang L P, Yang Y J, Zhang H X. Numerical simulations of 3D inviscid/viscous flow fields on Cartesian/unstructured/prismatic hybrid grids. Proceedings of the 4th Asian CFD Conference, Mianyang, China, 2000: 93-101.

[32] Thompson J F, Warsi Z U A, Mastin C W. Numerical grids generation, foundations and applications. Amsterdam: North Holland, 1985.

[33] George P L. Automatic Mesh Generation: Applications to Finite Element Methods. Wiley, 1991.

[34] KnuppeP, SteinbergS. The Fundamentals of Grid Generation. Boca Raton: CRC Press, 1993.

[35] Liseikin V D. Grid Generation Methods Scientific Computation. Berlin: Springer, 2000.

[36] George P L, Borouchaki H. Delaunay Triangulation and Meshing. Applications to Finite Elements. Paris: Hermgs, 1998.

[37] Carey G F. Computational Grids: Generation, Adaptation and Solution Strategies. Taylor and Francis, 1997.

[38] Pirzadeh S. Three-dimensional unstructured viscous grids by the advancing-layers method. AIAA Journal, 1996, 34(1): 43-49.

[39] Kallinderis Y, Khawaja A, McMorris H. Hybrid prismatic/tetrahedral grid generation for complex geometries. AIAA Journal, 1996, 34: 291-298.

[40] Nakamichi J. Calculations of unsteady Navier-Stokes equations around an oscillating 3D wing using moving grid system. AIAA paper, 87-1158, 1987.

[41] Rumsey C L, Anderson W K. Some numerical and physical aspects of unsteady Navier-Stokes computations over airfoils using dynamic meshes. AIAA paper, 88-0329, 1988.

[42] Morton S A, Melville R B, Visbal M R. Accuracy and coupling issues of aeroelastic Navier-Stokes solution on deforming meshes. J. Aircraft, 1998, 35(5): 798-805.

[43] 袁先旭. 非定常流动数值模拟及飞行器动态特性分析研究. 绵阳: 中国空气动力研究与发展中心，2004.

[44] Maple R C, Belk D M. Automated set up of blocked, patched, and embedded grids in the BEGGAR flow solver//Weatherill N P, et al. Numerical Grid Generation in Computational Fluid Dynamics and Related Fields. Pine Ridge Press, 1994: 305-314.

[45] Lijewski L E. Comparison of transonic store separation trajectory predictions using the Pegasus/DXEAGLE and Begger Codes. AIAA paper, 97-2202, 1997.

[46] Wang Z J, Parthasarathy V. A fully automated Chimera methodology for multiple moving body problems. Int. J. Numer. Meth. Fluids, 2000, 33: 919-938.

[47] Yen G W, Baysal O. Dynamic-overlapped-grid simulation of aerodynamically determined relative motion. AIAA paper, 93-3018, 1993.

[48] Krist S L. CFL3D User's Manual (Version 5.0). NASA/TM-1998-208444.

[49] Henshaw W D. Automatic grid generation. Acta Numerica, 1996, 5: 121-148.

[50] Nakahashi K, Togashi F. An intergrid-boundary definition method for overset unstructured grid approach. AIAA paper, 99-3304, 1999.

[51] Lohner R, Sharoy D, Luo H, et al. Overlapping unstructured grids. AIAA paper, 01-0439, 2001.

[52] Grübe B, Carstens V. Computational of unsteady transonic flow in harmonically oscillating turbine cascades taking into account viscous effects. ASME J. Turbomachinery, 1998, 120(1): 104-111.

[53] Schulze S. Transonic aeroelatic simulation of a flexible wing section. AGARD Structures and Materials Panel Workshop on Numerical Unsteady Aerodynamics and Aeroelastics Simulation. AGARD R-822, 10:1-10:20.

[54] Frederic J B. Consideration on the spring analogy. Int. J. Numer. Meth. Fluids, 2000, 32: 647-668.

[55] Batina J T. Unsteady Euler airfoil using unstructured dynamic meshes. AIAA J., 1990, 28(8): 1381-1388.

[56] Slikkeveer P J, van Loohuizen E P, O'Brien S B G. An implicit surface tension algorithm for Picard solvers of surface-tension-dominated free and moving boundary problems. Int. J. Numer. Meth. Fluids, 1996, 22: 851-865.

[57] Hassan O, Probert E J, Morgan K. Unstructured mesh procedures for the simulation of three-dimensional transient compressible inviscid flows with moving boundary components. Int. J. Numer. Meth. Fluids, 1998, 27: 41-55.

[58] Blom F J, Leyland P. Analysis of fluid-structure interaction on moving airfoils by means of an improved ALE method. AIAA paper, 97-1770, 1997.

[59] Farhat C, Lesoinne M, Maman N. Mixed explicit/implicit time integration of coupled aeroelastic problems: Free-field formulation, geometric conservation and distributed solution. Int. J. Numer. Meth. Fluids, 1995, 21: 807-835.

[60] Piperno S. Explicit/implicit fluid/structured staggered procedures with a structural prediction and fluid subcycling for 2D inviscid aeroelastic simulation. Int. J. Numer. Meth. Fluids, 1997, 25: 1207-1226.

[61] 张来平，王振亚，杨永健. 复杂外形的动态混合网格生成方法，空气动力学学报，2004, 22(2): 231-236.

[62] Zhang L P, Chang X H, Duan X P, et al. Applications of dynamic hybrid grid method for three-dimensional moving/deforming boundary problems. Computers & Fluids, 2012, 62: 45-63.

[63] Zhang L P, Chang X H, Duan X P, et al. A block LU-SGS implicit dual time-stepping algorithm on hybrid dynamic meshes for bio-fluid simulations. Computers & Fluids, 2009, 38: 290-308.

[64] 张来平，邓小刚，张涵信. 动网格生成技术及非定常计算方法进展综述. 力学进展，2010, 40(4): 424-447.

[65] 张涵信，呙超，宗文刚. 网格和高精度差分计算问题，力学学报，1999, 31(4): 398-405.

[66] Lesieur M, Metais O, Comte P. Large-eddy Simulations of Turbulence. Cambridge: Cambridge University Press, 2005.

第2章 流动控制方程及计算流体力学计算方法概述

2.1 引　　言

众所周知，计算方法与计算网格是密不可分的。对于偏微分方程的计算，计算数学工作者首先想到的是有限差分方法 (FDM)。其基本思想是将偏微分算子离散为有限网格尺度的差分，如最常见的一阶前差

$$\frac{\partial f}{\partial x} \approx \frac{f_{i+1} - f_i}{\Delta x} \tag{2.1}$$

和二阶中心差分

$$\frac{\partial f}{\partial x} \approx \frac{f_{i+1} - f_{i-1}}{2\Delta x} \tag{2.2}$$

其中，Δx 是网格步长，f 为任意物理量，而下标 i 代表网格的节点编号。由此可以看出，采用有限差分方法，必须采用结构网格。

对于有限体积 (FV) 方法和有限元 (FE) 方法，其求解的是积分形式的微分方程。不管是节点型 (cell-vertex) 的有限体积方法，还是格心型 (cell-centered) 的有限体积方法，也不管是传统连续有限元方法，还是间断 Galerkin(discontinues Galerkin, DG) 有限元方法，其都是在某种网格单元上的加权积分。有限体积方法的权函数 W 为最特殊的情况，即 $W=1$。积分过程对网格单元的形状没有特殊要求，因此可以直接应用于非结构网格和混合网格，尽管对于有限元方法而言，不同单元内的权函数 (或基函数) 可能不同。

为了使读者更好地理解网格生成技术，我们在本章中将简要介绍 CFD 数值模拟中常用的计算方法，包括有限差分法、有限体积法、有限元方法，以及最近发展的有限谱体积 (finite spectral volume) 方法、有限谱差分 (finite spectral difference) 方法和 DG/FV 混合算法等高精度计算方法。在介绍计算方法之前，将简要介绍流动控制方程。在介绍各种计算方法时，仅介绍空间离散格式，即流动控制方程的无黏项和黏性项的离散方法。关于时间离散方法，读者可以参阅相关的教科书或文献，这里不再介绍。

2.2　流动控制方程

2.2.1　直角坐标下微分形式的雷诺平均 Navier-Stokes 方程

目前成熟的 CFD 方法和软件基本上是求解雷诺平均 Navier-Stokes (N-S) 方程，简称为 RANS 方程。在三维直角坐标 (x,y,z) 下，微分形式的无量纲化 RANS 方程可以写为如下守恒形式：

$$\frac{\partial \boldsymbol{Q}}{\partial t^*}+\frac{\partial \boldsymbol{E}}{\partial x}+\frac{\partial \boldsymbol{F}}{\partial y}+\frac{\partial \boldsymbol{G}}{\partial z}=\frac{1}{Re_\infty}\left(\frac{\partial \boldsymbol{E}_{\mathrm{v}}}{\partial x}+\frac{\partial \boldsymbol{F}_{\mathrm{v}}}{\partial y}+\frac{\partial \boldsymbol{G}_{\mathrm{v}}}{\partial z}\right) \tag{2.3}$$

如果不考虑方程右端的黏性项，则 (2.3) 式退化为 Euler 方程。其中 $\boldsymbol{Q}$ 为守恒变量，$\boldsymbol{E}$，$\boldsymbol{F}$ 和 $\boldsymbol{G}$ 为无黏矢通量，$\boldsymbol{E}_{\mathrm{v}}$，$\boldsymbol{F}_{\mathrm{v}}$ 和 $\boldsymbol{G}_{\mathrm{v}}$ 为黏性矢通量，其具体形式分别为

$$\boldsymbol{Q}=\begin{bmatrix}\rho & \rho u & \rho v & \rho w & \rho e\end{bmatrix}^{\mathrm{T}} \tag{2.4}$$

$$\boldsymbol{E}=\begin{pmatrix}\rho u\\ \rho u^2+p\\ \rho uv\\ \rho uw\\ (\rho e+p)u\end{pmatrix},\quad \boldsymbol{E}_{\mathrm{v}}=\begin{pmatrix}0\\ \tau_{xx}\\ \tau_{xy}\\ \tau_{xz}\\ u\tau_{xx}+v\tau_{xy}+w\tau_{xz}-\dot{q}_x\end{pmatrix} \tag{2.5}$$

$$\boldsymbol{F}=\begin{pmatrix}\rho v\\ \rho vu\\ \rho v^2+p\\ \rho vw\\ (\rho e+p)v\end{pmatrix},\quad \boldsymbol{F}_{\mathrm{v}}=\begin{pmatrix}0\\ \tau_{yx}\\ \tau_{yy}\\ \tau_{yz}\\ u\tau_{yx}+v\tau_{yy}+w\tau_{yz}-\dot{q}_y\end{pmatrix} \tag{2.6}$$

$$\boldsymbol{G}=\begin{pmatrix}\rho w\\ \rho wu\\ \rho wv\\ \rho w^2+p\\ (\rho e+p)w\end{pmatrix},\quad \boldsymbol{G}_{\mathrm{v}}=\begin{pmatrix}0\\ \tau_{zx}\\ \tau_{zy}\\ \tau_{zz}\\ u\tau_{zx}+v\tau_{zy}+w\tau_{zz}-\dot{q}_z\end{pmatrix} \tag{2.7}$$

式中，ρ 为流体密度，u，v 和 w 分别为 Cartesian 坐标系下的速度分量，p 为流体压力，e 为单位体积的总内能，具体公式如下：

$$e=\frac{1}{\gamma-1}\frac{p}{\rho}+\frac{1}{2}(u^2+v^2+w^2) \tag{2.8}$$

$$\tau_{xx}=\lambda(\nabla\cdot\boldsymbol{V})+2\mu\frac{\partial u}{\partial x}=\mu\left(\frac{4}{3}\frac{\partial u}{\partial x}-\frac{2}{3}\left(\frac{\partial v}{\partial y}+\frac{\partial w}{\partial z}\right)\right),\quad \tau_{xy}=\tau_{yx}=\mu\left(\frac{\partial u}{\partial y}+\frac{\partial v}{\partial x}\right)$$
$$\tau_{yy}=\lambda(\nabla\cdot\boldsymbol{V})+2\mu\frac{\partial v}{\partial y}=\mu\left(\frac{4}{3}\frac{\partial v}{\partial y}-\frac{2}{3}\left(\frac{\partial u}{\partial x}+\frac{\partial w}{\partial z}\right)\right),\quad \tau_{xz}=\tau_{zx}=\mu\left(\frac{\partial u}{\partial z}+\frac{\partial w}{\partial x}\right)$$
$$\tau_{zz}=\lambda(\nabla\cdot\boldsymbol{V})+2\mu\frac{\partial w}{\partial z}=\mu\left(\frac{4}{3}\frac{\partial w}{\partial z}-\frac{2}{3}\left(\frac{\partial u}{\partial x}+\frac{\partial v}{\partial y}\right)\right),\quad \tau_{yz}=\tau_{zy}=\mu\left(\frac{\partial v}{\partial z}+\frac{\partial w}{\partial y}\right) \tag{2.9}$$

$$\nabla\cdot\boldsymbol{V}=\frac{\partial u}{\partial x}+\frac{\partial v}{\partial y}+\frac{\partial w}{\partial z} \tag{2.10}$$

$$\dot{q}_x=-k\frac{\partial T}{\partial x},\quad \dot{q}_y=-k\frac{\partial T}{\partial y},\quad \dot{q}_z=-k\frac{\partial T}{\partial z} \tag{2.11}$$

$$\mu=\mu_{\rm l}+\mu_{\rm t} \tag{2.12}$$

$$k=\frac{1}{(\gamma-1)M_\infty^2}\left(\frac{\mu_{\rm l}}{Pr_{\rm l}}+\frac{\mu_{\rm t}}{Pr_{\rm t}}\right) \tag{2.13}$$

在上面的表达式中，Re_∞ 是基于特征长度 ($L_{\rm ref}$) 的来流雷诺数，M_∞ 为来流马赫 (Mach) 数，$Pr_{\rm l}$ 为层流普朗特 (Prandtl) 数，$Pr_{\rm t}$ 为湍流 Prandtl 数，γ 为比热比。对于空气，$Pr_{\rm l}=0.72$，$Pr_{\rm t}=0.90$，$\gamma=1.4$。$\mu_{\rm l}$ 为分子黏性系数，一般采用 Sutherland 公式求得，即

$$\frac{\mu_{\rm l}}{\mu_0}=\left(\frac{T}{T_0}\right)^{\frac{3}{2}}\frac{T_0+S}{T+S} \tag{2.14}$$

其中，$S=110.4{\rm K}$，μ_0 和 T_0 为参考参数 (对于空气，$T_0=273.16{\rm K}$，$\mu_0=1.711\times10^{-5}{\rm kg\cdot m^{-1}\cdot s^{-1}}$)。$\mu_{\rm t}$ 为湍流黏性系数，采用湍流模型方程求解，如代数湍流模型[1]、一方程 SA 模型[2]、二方程 $\kappa\varepsilon$ 模型[3]、二方程 $\kappa\omega$[4] 和 SST 模型[5]。关于湍流模型方程的具体形式，读者可以参阅 *Turbulence Modeling for CFD* 一书[3]。

上述各物理量是用如下方式进行无量纲化的：

$$\begin{gathered}(x,y,z)=(\bar{x},\bar{y},\bar{z})/\bar{L}_{\rm ref},\quad t=\bar{t}/(\bar{L}_{\rm ref}/\bar{V}_\infty),\quad (u,v,w)=(\bar{u},\bar{v},\bar{w})/\bar{V}_\infty\\ a=\bar{a}/\bar{V}_\infty,\rho=\bar{\rho}/\bar{\rho}_\infty,\quad p=\bar{p}/(\bar{\rho}_\infty\bar{V}_\infty^2)\\ e=\bar{e}/\bar{V}_\infty^2,\quad T=\bar{T}/\bar{T}_\infty,\quad \mu=\bar{\mu}/\bar{\mu}_\infty,k=\bar{k}/\bar{k}_\infty\end{gathered} \tag{2.15}$$

其中，上标 “—” 表示有量纲量，下标 “∞” 表示无穷远处的来流值。

2.2.2 贴体曲线坐标下微分形式的雷诺平均 Navier-Stokes 方程

对于曲面边界，一般采用贴体的结构网格，利用有限差分方法进行数值计算时，通常采用贴体曲线坐标系下的 RANS 方程。引入与时间相关的坐标变换：

$$\begin{cases}t=\tau\\ \xi=\xi(x,y,z;\tau)\\ \eta=\eta(x,y,z;\tau)\\ \zeta=\zeta(x,y,z;\tau)\end{cases} \tag{2.16}$$

将物理平面中的网格转换至计算平面中的正交网格，则在一般曲线坐标系中，无量纲化的三维非定常 RANS 方程可写成如下守恒形式：

$$\frac{\partial(J^{-1}\cdot\boldsymbol{Q})}{\partial t}+\frac{\partial\hat{\boldsymbol{E}}}{\partial\xi}+\frac{\partial\hat{\boldsymbol{F}}}{\partial\eta}+\frac{\partial\hat{\boldsymbol{G}}}{\partial\zeta}=\frac{1}{Re_\infty}\left(\frac{\partial\hat{\boldsymbol{E}}_\mathrm{v}}{\partial\xi}+\frac{\partial\hat{\boldsymbol{F}}_\mathrm{v}}{\partial\eta}+\frac{\partial\hat{\boldsymbol{G}}_\mathrm{v}}{\partial\zeta}\right) \tag{2.17}$$

值得注意的是，在动网格非定常计算中，变换中必须保留时间导数项。方程 (2.17) 中各变量的定义如下：

$$\boldsymbol{Q}=\begin{bmatrix}\rho, & \rho u, & \rho v, & \rho w, & \rho e\end{bmatrix}^\mathrm{T} \tag{2.18}$$

$$\begin{gathered}\hat{\boldsymbol{F}}^*=\hat{k}_\mathrm{t}\boldsymbol{Q}+\hat{k}_x\boldsymbol{E}+\hat{k}_y\boldsymbol{F}+\hat{k}_z\boldsymbol{G}=\begin{bmatrix}\rho\hat{\theta}\\ \rho\hat{\theta}u+\hat{k}_xp\\ \rho\hat{\theta}v+\hat{k}_yp\\ \rho\hat{\theta}w+\hat{k}_zp\\ \rho\hat{\theta}h-\hat{k}_\mathrm{t}p\end{bmatrix}\\ \hat{\boldsymbol{F}}_\mathrm{v}^*=\hat{k}_x\boldsymbol{E}_\mathrm{v}+\hat{k}_y\boldsymbol{F}_\mathrm{v}+\hat{k}_z\boldsymbol{G}_\mathrm{v}=\begin{bmatrix}0\\ \hat{k}_x\tau_{xx}+\hat{k}_y\tau_{xy}+\hat{k}_z\tau_{xz}\\ \hat{k}_x\tau_{yx}+\hat{k}_y\tau_{yy}+\hat{k}_z\tau_{yz}\\ \hat{k}_x\tau_{zx}+\hat{k}_y\tau_{zy}+\hat{k}_z\tau_{zz}\\ \hat{k}_x\beta_x+\hat{k}_y\beta_y+\hat{k}_z\beta_z\end{bmatrix}\end{gathered} \tag{2.19}$$

$$h=e+p/\rho \tag{2.20}$$

$$\hat{\theta}=\hat{k}_\mathrm{t}+\hat{k}_xu+\hat{k}_yv+\hat{k}_zw=\hat{k}_x(u-x_\mathrm{t})+\hat{k}_y(v-y_\mathrm{t})+\hat{k}_z(w-z_\mathrm{t}) \tag{2.21}$$

$$\begin{aligned}\beta_x&=u\tau_{xx}+v\tau_{xy}+w\tau_{xz}+k\frac{\partial T}{\partial x}\\ \beta_y&=u\tau_{yx}+v\tau_{yy}+w\tau_{yz}+k\frac{\partial T}{\partial y}\\ \beta_z&=u\tau_{zx}+v\tau_{zy}+w\tau_{zz}+k\frac{\partial T}{\partial z}\end{aligned} \tag{2.22}$$

另外，上述表达式中的时间依赖的坐标变换导数定义如下：

$$\hat{\xi}_x=y_\eta z_\zeta-y_\zeta z_\eta,\quad \hat{\xi}_y=z_\eta x_\zeta-z_\zeta x_\eta,\quad \hat{\xi}_z=x_\eta y_\zeta-x_\zeta y_\eta$$

$$\hat{\eta}_x=z_\xi y_\zeta-z_\zeta y_\xi,\quad \hat{\eta}_y=x_\xi z_\zeta-x_\zeta z_\xi,\quad \hat{\eta}_z=y_\xi x_\zeta-y_\zeta x_\xi$$

$$\begin{aligned}\hat{\zeta}_x = y_\xi z_\eta - y_\eta z_\xi, \quad \hat{\zeta}_y = x_\eta z_\xi - x_\xi z_\eta, \quad \hat{\zeta}_z = x_\xi y_\eta - x_\eta y_\xi \\ \hat{\xi}_{\mathrm{t}} = -(\hat{\xi}_x x_\tau + \hat{\xi}_y y_\tau + \hat{\xi}_z z_\tau) \\ \widehat{\eta}_{\mathrm{t}} = -(\hat{\eta}_x x_\tau + \hat{\eta}_y y_\tau + \hat{\eta}_z z_\tau) \\ \hat{\zeta}_{\mathrm{t}} = -(\hat{\zeta}_x x_\tau + \hat{\zeta}_y y_\tau + \hat{\zeta}_z z_\tau) \\ J^{-1} = x_\xi \hat{\xi}_x + x_\eta \hat{\eta}_x + x_\zeta \hat{\zeta}_x\end{aligned} \tag{2.23}$$

2.2.3 直角坐标下积分形式的雷诺平均 Navier-Stokes 方程

在非结构/混合网格上，一般采用积分形式的控制方程。通过在方程两端乘以权函数 W，并在控制体 (control volume, CV)Ω 上积分，我们可以得到如下方程：

$$\begin{aligned}\oint_{\Omega} \left[\frac{\partial \boldsymbol{Q}}{\partial t} + \nabla \cdot \boldsymbol{H}(\boldsymbol{Q}, \nabla \boldsymbol{Q})\right] W \mathrm{d}V = & \oint_{\Omega} \frac{\partial \boldsymbol{Q}}{\partial t} W \mathrm{d}V + \oint_{\partial\Omega} W \boldsymbol{H}(\boldsymbol{Q}, \nabla \boldsymbol{Q}) \cdot \boldsymbol{n} \mathrm{d}S \\ & - \oint_{\Omega} \nabla W \cdot \boldsymbol{H}(\boldsymbol{Q}, \nabla \boldsymbol{Q}) \mathrm{d}V = 0\end{aligned} \tag{2.24}$$

式中，$\boldsymbol{H}$ 为总通量，包含了无黏通量 $\boldsymbol{H}_{\mathrm{i}} = (\boldsymbol{E}, \boldsymbol{F}, \boldsymbol{G})$ 和黏性通量 $\boldsymbol{H}_{\mathrm{v}} = (\boldsymbol{E}_{\mathrm{v}}, \boldsymbol{F}_{\mathrm{v}}, \boldsymbol{G}_{\mathrm{v}})$；$\boldsymbol{n} = (\hat{n}_x, \hat{n}_y, \hat{n}_z)^{\mathrm{T}}$ 是控制体边界 $\partial\Omega$ 的单位外法向。W=1 时，方程退化为有限体积形式的积分方程。

$$\oint_{\Omega} \frac{\partial \boldsymbol{Q}}{\partial t} \mathrm{d}V + \oint_{\partial\Omega} \boldsymbol{H}(\boldsymbol{Q}, \nabla \boldsymbol{Q}) \cdot \boldsymbol{n} \mathrm{d}S = 0 \tag{2.25}$$

2.2.4 直角坐标系下运动网格积分形式的雷诺平均 Navier-Stokes 方程

在运动非结构/混合网格上，一般采用任意拉格朗日-欧拉 (arbitrary Lagrange-Euler, ALE) 体系描述流动控制方面，即可以将非定常 RANS 方程写成如下的积分形式：

$$\oint_{\Omega} \frac{\partial \boldsymbol{Q}}{\partial t} \mathrm{d}V + \oint_{\partial\Omega} (\boldsymbol{H}_{\mathrm{i}}(\boldsymbol{Q}, \nabla \boldsymbol{Q}) \cdot \boldsymbol{n} - \boldsymbol{Q}(\boldsymbol{V}_{\mathrm{g}} \cdot \boldsymbol{n})) \mathrm{d}S = \oint_{\partial\Omega} \boldsymbol{H}_{\mathrm{v}}(\boldsymbol{Q}, \nabla \boldsymbol{Q}) \cdot \boldsymbol{n} \mathrm{d}S \tag{2.26}$$

其中，$\boldsymbol{V}_{\mathrm{g}}$ 是网格面的运动速度，其他物理量的定义与 2.2.1 节相同。

2.3 有限差分方法

在 CFD 发展初期，由于所研究问题的几何外形简单，容易生成规则的结构网格，可以直接利用有限差分方法 (FDM) 来近似微分方程的偏导数，因此有限差分方法得到了蓬勃发展。基于 Taylor 级数展开的有限差分方法理论分析简单，计算速度快，数据存储量少，最先成为计算流体力学的主流方法。

Courant-Friedrichs-Lewy 于 1967 年证明了连续的椭圆型、抛物型和双曲型方程解的存在性和唯一性定理[6]，并建立了数值计算的稳定性条件 ——CFL 条件，为 CFD 的有限差分法奠定了理论基础。历史上首先在数值求解 Euler/Navier-Stokes 方程中获得较大成功的是中心型格式，Lax-Wendroff、MacCormack、Beam-Warming、Jameson 等都是著名的二阶中心型格式，特别是 Jameson 等构造的附加二阶、四阶人工黏性的中心型格式，已经从各向同性标量人工黏性模型发展到矩阵人工黏性模型，计算效率比较高，也有较高的精度，在跨声速流场的计算中得到广泛应用[7−9]。

与中心型格式相对应的另一大类是迎风型格式，这类格式考虑了流场中特征传播的性质，不依赖经验的人工参数。在迎风型格式的构造上，Godunov 做了开创性的工作，他基于一维 Riemann 问题的精确解构造了著名的一阶非线性 Godunov 格式[10]。后来，van Leer 引入 MUSCL (monotonic upstream-centered scheme for conservation laws) 方法，将 Godunov 格式推广到二阶精度[11]。Osher、Roe 等也构造了各自基于 Riemann 问题近似解的通量差分分裂格式[12−14]。Steger-Warming 和 van Leer 的通量矢量分裂格式也是应用广泛的迎风型格式[15,16]。自 1983 年 Harten[17] 提出 “总变差减小”(TVD) 的概念以来，TVD 类格式得到很快发展，在计算包含强间断如激波的流场中占据主导地位，Harten、Roe 和 Sweby、Osher 和 Chakravarthy、Harten 和 Yee 等都构造了以各自名字命名的 TVD 格式[18−20]。20 世纪 90 年代，又先后出现了其他一些有名的迎风型格式，如 Liou 等提出的 AUSM 系列格式[21]，Jameson 等提出的 CUSP 和 H-CUSP 格式[22]，Chang 等提出的时空守恒元/解元格式 (CE/SE 格式)[23]。正是这些著名的计算格式的出现和广泛应用，促成了计算流体力学的巨大发展。

尽管二阶精度格式已在复杂外形的复杂流动数值模拟中取得了巨大成功，但是二阶精度计算格式具有较大的数值耗散与色散，因此对一些非常复杂的流动现象 (如旋涡、分离、湍流等)，二阶精度格式仍难以给出精细的流场结构，尤其是对于湍流的大涡模拟 (LES)、直接模拟 (DNS)，必须采用高阶精度格式；在计算气动声学 (computational aero-acoustics，CAA) 领域，由于声波具有小扰动、宽频特性和长距离传播特点，二阶精度格式无法准确模拟流场的声学特性，必须采用耗散和色散小的高阶精度计算格式。

众所周知，在规则网格上进行一个光滑函数的数值近似，利用二阶精度格式的计算误差与 h^2 成正比 (这里 h 为网格的尺度)；而利用 n 阶精度的计算格式，计算误差与 h^n 成正比。如果我们二分计算网格，利用二阶精度格式计算的误差将以 1/4 的因子下降，而利用四阶精度的格式则可以 1/16 的因子下降。由此可见，高阶精度格式具有非常突出的优势，其非常适合求解多尺度流动问题，如湍流、旋涡、分离、气动声学问题等。因此，近年来，高阶精度计算方法越来越受到 CFD 工作者的重视[24,25]。

为了改进 TVD 格式在局部极值点降阶等缺陷，1986 年，Harten 等又提出了一致高阶精度的本质无波动 (essentially non-oscillatory，ENO) 格式[26]，但 ENO 格式在向多维推广的过程中遇到了很大的困难。之后，Liu 等[27] 和 Jiang 等[28] 基于 ENO 格式的思想，提出了加权 ENO(weighted ENO，WENO) 格式，使得 ENO/WENO 格式成功向多维问题推广。

与此同时，为了减少高阶精度格式的计算网格模板，Lele 首先提出了 "紧致"(compact) 格式的概念[29]，由此构造了一类线性紧致格式，并通过 Fourier 分析，证明其具有良好的耗散和色散特性。随后，许多 CFD 学者发展了各种改进的紧致格式，例如，Zhong 通过引入迎风技术 (upwind) 提出了一种迎风偏置紧致格式[30]，Tam 和 Webb 提出了色散关系保持格式 (dispersion relation preserving, DRP)[31]，Cockburn 和 Shu 借鉴 TVD 和 TVB 的概念，提出了四阶精度的非线性紧致格式[32] 等。

在国内，张涵信在数值计算格式的研究中独辟蹊径，通过分析差分方程的修正方程，提出了设计差分格式的通用原则[33−38]。在这些原则的指导下，张涵信及其研究团队[38−46] 构造了系列二阶精度的 NND 格式，三阶和四阶精度的本质不波动无自由参数 (ENN) 格式，以及系列二阶、高阶混合的加权紧致 NND(WCNND)、加权紧致 ENN(WCENN) 格式。这些格式在复杂流场的数值模拟和流动机理的研究中已得到广泛应用。

除此之外，很多国内学者也开展了高阶精度差分格式研究，例如，傅德薰、马延文分析了产生振荡的原因是群速度传播的不一致，构造了直接群速度控制的紧致格式[47]；近年来，邓小刚等在高精度紧致格式方面开展了卓有成效的研究工作，先后构造了系列线性和非线性精致格式 (DCS 和 CNS)[48,49]，随后借鉴 WENO 格式的加权技术，构造了系列高精度加权非线性紧致格式 (WCNS) [50]；任玉新等[51] 构造了一种紧致的 WENO 格式；张树海等研究了 WENO 格式的收敛性问题，提出了一种优化的光滑测试因子，改进了其模拟间断解的收敛特性[52,53]，并成功应用于激波/旋涡干扰的气动声学特性数值模拟[54,55]。最近，邓小刚等进一步发展了在复杂结构网格上的几何守恒网格导数高精度计算方法[56] 和简化的多块对接网格交界面特征处理方法[57]，大幅提高了高阶精度格式对复杂结构网格的适应性。关于结构网格上的高阶精度格式研究进展，可以参见 Ekaterinaris 的综述文章[24]。

以下简要介绍张涵信提出的差分格式构造四原则[33−38]，并以 NND 格式为例，简要介绍差分格式的构造方法。

2.3.1 计算格式的构造原则

1) 耗散控制原则

$$\alpha = \sum_n (-1)^n v_{2n} k^{2n} < 0 \quad (\mathrm{W}) \tag{2.27}$$

此原则保证计算格式的稳定性。

2) 色散控制原则

$$\beta = \sum_n (-1)^n v_{2n+1} k^{2n} \begin{cases} < 0 & (\mathrm{L}) \\ > 0 & (\mathrm{R}) \end{cases} \tag{2.28}$$

此原则可保证在物理量间断的左、右两侧特征信号的正确传播，因而在连续区不因差分解而产生新的非物理的波动。

3) 激波控制原则

仅当使用具有正耗散项的一阶差分格式或具有如下三阶色散项：

$$v_3 \begin{cases} > 0 & (\mathrm{L}) \\ < 0 & (\mathrm{R}) \end{cases} \tag{2.29}$$

的二阶格式时，才可光滑地捕捉激波。由于二阶 NND 格式捕捉的激波宽度小，激波区可采用二阶 NND 格式。由此可以构造混合格式，即在激波区用二阶 NND 格式，在激波区外用二阶或更高阶格式。

4) 频谱控制原则

对非定常流，根据萨可夫斯基定理和李天岩、约克的“周期三就意味着混沌”的定理，以下条件是必要的：

$$\left| F(\omega) - \bar{F}(\omega) \right| = \min \tag{2.30}$$

其中，$F(\omega)$ 为原问题中物理量的频谱，$\bar{F}(\omega)$ 为差分解中同一物理量的频谱。由此可得

$$\alpha^2 + \omega^2 \beta^2 = \min \tag{2.31}$$

这表明，计算非定常多频率的流动，耗散和色散项都要小，因此采用高阶格式或二阶格式、密网格是非常必要的。

(2.27) 式~(2.29) 式中，v_{2n}，v_{2n+1} 分别为差分格式截断误差的耗散项和色散项的系数，W 表示全流场，L 表示激波上游，R 表示激波下游，k 表示误差的波数且 $\omega = k$。

2.3.2 二阶 NND 差分格式

为了使读者对有限差分方法有一个直观的了解，这里以二阶 NND 格式为例简要说明有限差分格式的基本形式。在结构网格上，有限差分格式可以按维度进行分解，以流向为例：

$$\left(\frac{\partial \hat{\boldsymbol{E}}}{\partial \xi}\right)_i^n = \boldsymbol{H}_{i+\frac{1}{2}} - \boldsymbol{H}_{i-\frac{1}{2}} \tag{2.32}$$

1) 通量型 NND 格式

这是最初的 NND 格式，数值通量公式如下：

$$\boldsymbol{H}_{i+\frac{1}{2}} = \hat{\boldsymbol{E}}_i^+ + \hat{\boldsymbol{E}}_{i+1}^- + \frac{1}{2}\text{minmod}\left(\Delta\hat{\boldsymbol{E}}_{i-\frac{1}{2}}^+, \Delta\hat{\boldsymbol{E}}_{i+\frac{1}{2}}^+\right) - \frac{1}{2}\text{minmod}\left(\Delta\hat{\boldsymbol{E}}_{i+\frac{1}{2}}^-, \Delta\hat{\boldsymbol{E}}_{i+\frac{3}{2}}^-\right) \tag{2.33}$$

其中，minmod 为限制器 (limiter) 函数，其定义为

$$\text{minmod}(x,y) = \frac{1}{2}[\text{sign}(x) + \text{sign}(y)] \cdot \min(|x|, |y|) \tag{2.34}$$

2) 原始变量型 NND 格式

设 $\boldsymbol{U} = [\rho, u, v, w, p]^{\mathrm{T}}$ 为原始变量，则数值通量公式为

$$\boldsymbol{H}_{i+1/2} = \boldsymbol{H}_{i+1/2}^+(\boldsymbol{U}_{i+1/2}^{\mathrm{L}}) + \boldsymbol{H}_{i+1/2}^-(\boldsymbol{U}_{i+1/2}^{\mathrm{R}}) \tag{2.35}$$

$$\boldsymbol{U}_{i+1/2}^{\mathrm{L}} = \boldsymbol{U}_i + \frac{1}{2}\text{minmod}(\Delta\boldsymbol{U}_{i-1/2}, \Delta\boldsymbol{U}_{i+1/2}) \tag{2.36}$$

$$\boldsymbol{U}_{i+1/2}^{\mathrm{R}} = \boldsymbol{U}_{i+1} - \frac{1}{2}\text{minmod}(\Delta\boldsymbol{U}_{i+3/2}, \Delta\boldsymbol{U}_{i+1/2}) \tag{2.37}$$

3) 守恒变量型 NND 格式

设 $\boldsymbol{Q} = [\rho, \rho u, \rho v, \rho w, \rho e]^{\mathrm{T}}$ 为守恒变量，则数值通量公式为

$$\boldsymbol{H}_{i+1/2} = \boldsymbol{H}_{i+1/2}^+(\boldsymbol{Q}_{i+1/2}^{\mathrm{L}}) + \boldsymbol{H}_{i+1/2}^-(\boldsymbol{Q}_{i+1/2}^{\mathrm{R}}) \tag{2.38}$$

$$\boldsymbol{Q}_{i+1/2}^{\mathrm{L}} = \boldsymbol{Q}_i + \frac{1}{2}\text{minmod}(\Delta\boldsymbol{Q}_{i-1/2}, \Delta\boldsymbol{Q}_{i+1/2}) \tag{2.39}$$

$$\boldsymbol{Q}_{i+1/2}^{\mathrm{R}} = \boldsymbol{Q}_{i+1} - \frac{1}{2}\text{minmod}(\Delta\boldsymbol{Q}_{i+3/2}, \Delta\boldsymbol{Q}_{i+1/2}) \tag{2.40}$$

4) 特征变量型 NND 格式

特征变量型 NND 格式的数值通量公式为

$$\boldsymbol{H}_{i+1/2} = \boldsymbol{H}_{i+1/2}^+(\boldsymbol{Q}_{i+1/2}^{\mathrm{L}}) + \boldsymbol{H}_{i+1/2}^-(\boldsymbol{Q}_{i+1/2}^{\mathrm{R}}) \tag{2.41}$$

$$\boldsymbol{Q}_{i+1/2}^{\mathrm{L}} = \boldsymbol{Q}_i + \frac{1}{2}\boldsymbol{L}_{i+1/2}^{-1}\text{minmod}(\Delta\boldsymbol{W}_{i+1/2}, \Delta\boldsymbol{W}_{i-1/2}) \tag{2.42}$$

$$\boldsymbol{Q}^{\mathrm{R}}_{i+1/2} = \boldsymbol{Q}_{i+1} - \frac{1}{2}\boldsymbol{L}^{-1}_{i+1/2}\mathrm{minmod}(\Delta\boldsymbol{W}_{i+1/2}, \Delta\boldsymbol{W}_{i+3/2}) \tag{2.43}$$

式中，$\boldsymbol{L}^{-1}$ 为无黏雅可比系数矩阵的右特征向量矩阵，在三维情况下，设特征变量梯度 $\Delta\boldsymbol{W} = (\Delta w_1, \Delta w_2, \Delta w_3, \Delta w_4, \Delta w_5)^{\mathrm{T}}$，$(\boldsymbol{n}, \boldsymbol{\tau}_1, \boldsymbol{\tau}_2)$ 为界面上的法向和两个切向，a 为声速，则有

$$\begin{aligned} \Delta w_1 &= \Delta\rho - \frac{1}{a^2}\Delta p \\ \Delta w_2 &= \boldsymbol{\tau}_1 \cdot \Delta\boldsymbol{V} \\ \Delta w_3 &= \boldsymbol{\tau}_2 \cdot \Delta\boldsymbol{V} \\ \Delta w_4 &= \boldsymbol{n} \cdot \Delta\boldsymbol{V} + \frac{1}{\rho a}\Delta p \\ \Delta w_5 &= -\boldsymbol{n} \cdot \Delta\boldsymbol{V} + \frac{1}{\rho a}\Delta p \end{aligned} \tag{2.44}$$

5) 迎风型 NND 格式

这一格式最先由沈清从通量型 NND 格式推导出来[39]，具有数值耗散小、稳定性较好等优点，在高超声速流场计算中得到了广泛应用。数值通量公式具体如下：

$$\boldsymbol{H}_{i+\frac{1}{2}} = \frac{1}{2}\left(\hat{\boldsymbol{E}}_i + \hat{\boldsymbol{E}}_{i+1}\right) + \frac{1}{2}\left(\hat{\boldsymbol{A}}^{+}_{i+\frac{1}{2}}\Delta\boldsymbol{Q}^{\mathrm{L}}_{i+\frac{1}{2}} - \hat{\boldsymbol{A}}^{-}_{i+\frac{1}{2}}\Delta\boldsymbol{Q}^{\mathrm{R}}_{i+\frac{1}{2}}\right) \tag{2.45}$$

$$\Delta\boldsymbol{Q}^{\mathrm{L}}_{i+\frac{1}{2}} = -\Delta\boldsymbol{Q}_{i+\frac{1}{2}} + \mathrm{minmod}\left(\Delta\boldsymbol{Q}_{i+\frac{1}{2}}, \Delta\boldsymbol{Q}_{i-\frac{1}{2}}\right) \tag{2.46}$$

$$\Delta\boldsymbol{Q}^{\mathrm{R}}_{i+\frac{1}{2}} = -\Delta\boldsymbol{Q}_{i+\frac{1}{2}} + \mathrm{minmod}\left(\Delta\boldsymbol{Q}_{i+\frac{3}{2}}, \Delta\boldsymbol{Q}_{i+\frac{1}{2}}\right) \tag{2.47}$$

在计算 $\boldsymbol{A}^{\pm}_{i+1/2}$ 时需要 $i+1/2$ 半点上的流场物理变量和网格导数，物理变量可由代数平均或 Roe 平均得到，网格导数则由代数平均得到。

前文中提到，为了抑制激波等强间断处的非物理波动，一般引入限制器函数，如 minmod。事实上，这里也可以采用其他形式的限制器函数，如 van Leer 限制器、van Albada 限制器等。文献计算结果表明，minmod 限制器耗散较大，而稳定性很好，计算包含强激波的流场效果较好，但对黏性的分辨率稍差。另外，在定常流场的计算中，minmod 限制器导致残值不易收敛。文献 [58]、[59] 对不同的限制器进行了比较计算，使用者可以根据求解问题的不同选择适当的限制器。

2.4 有限体积方法

有限体积方法是通过对散度型方程在控制体上积分，将体积分转换为控制体表面法向通量面积分的一种计算方法。有限体积方法保持了有限差分在格式构造上的多样性，从而可以很方便地利用几乎所有的有限差分方法的设计思路和理论成果；同时，有限体积方法对网格剖分和单元形状没有限制，易于处理复杂外形，是目前大多数商业软件和工程软件常用的方法。

Jameson 等提出的中心型格式是最早推广应用于积分型控制方程的有限体积格式 [60] 之一，其通过引入四阶耗散项来处理“奇偶失联”带来的高频误差问题，并通过添加二阶耗散项来抑制激波前后出现的非物理振荡，即在格式中加入显式的人工黏性。人工黏性含有经验参数，在阻尼非物理振荡的同时可能引入过多耗散，甚至会掩盖真实的物理黏性，给格式的推广应用带来诸多不便。随着有限差分格式的发展，Desideri 和 Dervieux 建立了有限体积 MUSCL 格式[61]，该格式采用一维 MUSCL 型通量限制器，但在多维情况下不能严格满足保单调原则。为了抑制非物理波动，Barth 和 Jespersen 构造了多维情形下的保单调的 MUSCL 型有限体积格式[62]，并得到广泛应用。与此同时，TVD、NND 格式的构造思想也被有限体积方法采纳。在国内，作者[63,64] 将 NND 格式推广应用于非结构网格和混合网格，构造了空间二阶精度的 NND 有限体积格式。

2.4.1 二阶精度 NND 有限体积格式

对 (2.3) 式在控制单元内进行积分可以得到

$$V_{\mathrm{i}}\frac{\Delta \boldsymbol{Q}_{\mathrm{i}}}{\Delta t}=\oint \boldsymbol{n}\cdot(\boldsymbol{H}_{\mathrm{v}}-\boldsymbol{H}_{\mathrm{i}})\,\mathrm{d}s=\sum_{j=1}^{N(i)}(\boldsymbol{H}_{\mathrm{v}}-\boldsymbol{H}_{\mathrm{i}})\cdot\boldsymbol{S}_{ij} \tag{2.48}$$

其中，V_{i} 为单元体积，$\boldsymbol{n}$ 为单元表面外法向，N 为单元的表面总数 $(k=1,2,\cdots,N)$，$\boldsymbol{S}_{ij}$ 为单元面的方向面积，$\boldsymbol{H}_{\mathrm{i}}$ 和 $\boldsymbol{H}_{\mathrm{v}}$ 分别为表面法向无黏和黏性通量。注意到，这里的网格单元可以是任意形状的多边形 (二维) 或多面体 (三维)，因此其可以直接应用于非结构网格和混合网格。

对于无黏通量一般采用 MUSCL 型的通量分裂格式。首先将单元面左右两侧的单元 i 和单元 j 中心点的物理量通过 Taylor 级数展开至单元面中心，即

$$\begin{aligned}\boldsymbol{U}_{\mathrm{L}}&=\boldsymbol{U}_{i}+(\nabla\boldsymbol{U})_{i}\cdot\Delta\boldsymbol{r}_{i}\\ \boldsymbol{U}_{\mathrm{R}}&=\boldsymbol{U}_{j}+(\nabla\boldsymbol{U})_{j}\cdot\Delta\boldsymbol{r}_{j}\end{aligned} \tag{2.49}$$

(2.49) 式中各物理量的定义如图 2.1 所示，其中 $\boldsymbol{U}$ 为原始变量，$\nabla\boldsymbol{U}$ 为变量的梯度 (关于物理量梯度的计算将在后续章节介绍)。在求得 $\boldsymbol{U}_{\mathrm{L}}$ 和 $\boldsymbol{U}_{\mathrm{R}}$ 之后，可以利用近似 Riemann 解 (如 Roe 格式[65]、Steger-Warming 格式[66]、van Leer 格式[67]、AUSM 格式[68,69] 等) 求得单元面上的无黏通量 $\boldsymbol{H}_{\mathrm{i}}$。关于黏性通量的计算，可以采用常用的二阶中心格式。

1. 限制器

为了抑制数值波动，必须对 (2.49) 式进行修正，即

$$\begin{aligned}\boldsymbol{U}_{\mathrm{L}}&=\boldsymbol{U}_{i}+\phi_{i}(\nabla\boldsymbol{U})_{i}\cdot\Delta\boldsymbol{r}_{i}\\ \boldsymbol{U}_{\mathrm{R}}&=\boldsymbol{U}_{j}+\phi_{j}(\nabla\boldsymbol{U})_{j}\cdot\Delta\boldsymbol{r}_{j}\end{aligned} \tag{2.50}$$

其中，ϕ_i 和 ϕ_j 为左、右两侧的限制系数 (显然 $0 \leqslant \phi \leqslant 1$)。当 $\phi = 1$ 时，格式为二阶；ϕ=0 时，格式降为一阶。限制器函数有多种选择方法，例如，前述的 minmod 限制器是一种耗散比较大的限制器，在非结构有限体积算法中常用的有 Barth-Jespersen 限制器 [62]、Venkatarishnan 限制器 [70,71]。

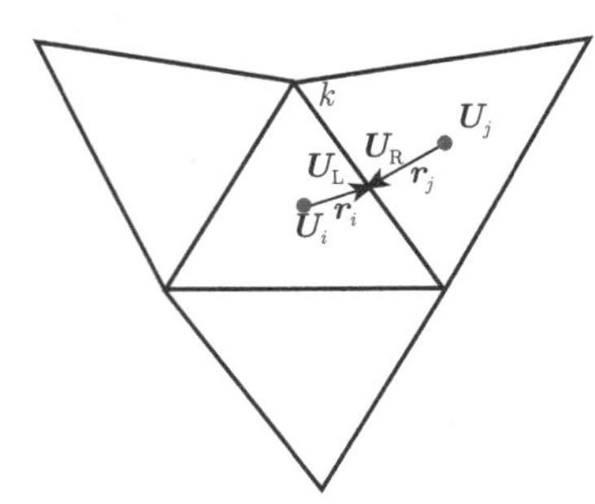

图 2.1　级数展开过程中各符号的物理意义

1) **Barth-Jespersen 限制器**

$$\phi_i = \min(\phi_{ij}), \quad j = 1, \cdots, N$$

$$\phi_{ij} = \begin{cases} \min\left(1.0, \dfrac{\varDelta_{i,\max}}{\varDelta_2}\right), & \varDelta_2 > 0.0 \\ \min\left(1.0, \dfrac{\varDelta_{i,\min}}{\varDelta_2}\right), & \varDelta_2 < 0.0 \\ 1.0, & \varDelta_2 = 0.0 \end{cases} \tag{2.51}$$

2) **Venkatakrishnan 限制器**

$$\phi_i = \min(\phi_{ij}), \quad j = 1, \cdots, N$$

$$\phi_{ij} = \begin{cases} \dfrac{1}{\varDelta_2}\left[\dfrac{(\varDelta_{i,\max}^2 + \varepsilon^2)\varDelta_2 + 2\varDelta_2^2\varDelta_{i,\max}}{\varDelta_{i,\max}^2 + 2\varDelta_2^2 + \varDelta_{i,\max}\varDelta_2 + \varepsilon^2}\right], & \varDelta_2 > 0 \\ \dfrac{1}{\varDelta_2}\left[\dfrac{(\varDelta_{i,\min}^2 + \varepsilon^2)\varDelta_2 + 2\varDelta_2^2\varDelta_{i,\min}}{\varDelta_{i,\min}^2 + 2\varDelta_2^2 + \varDelta_{i,\min}\varDelta_2 + \varepsilon^2}\right], & \varDelta_2 < 0 \\ 1.0, & \varDelta_2 = 0 \end{cases} \tag{2.52}$$

其中,

$$\varDelta_2 = (\nabla \boldsymbol{U})_i \cdot \varDelta \boldsymbol{r}_i$$
$$\varDelta_{i,\max} = \boldsymbol{U}_i^{\max} - \boldsymbol{U}_i, \qquad \varDelta_{i,\min} = \boldsymbol{U}_i^{\min} - \boldsymbol{U}_i$$
$$\boldsymbol{U}_i^{\max} = \max(\boldsymbol{U}_i, \boldsymbol{U}_j), \qquad \boldsymbol{U}_i^{\min} = \min(\boldsymbol{U}_i, \boldsymbol{U}_j), \quad j = 1, \cdots, N$$

在 (2.52) 式中，为了避免被极小值 Δ_2 除，修改 Δ_2 为 $\mathrm{sign}(\Delta_2)(|\Delta_2|+\omega)$，$\omega$ 是与计算机字长精度相关的小数。

Barth 限制器对于强间断附近单元的限制量较小，但是对于流场中的平缓区域则会引入不必要的限制，导致整体的计算精度下降。为解决这一问题，Venkatakrishnan 限制器在 Barth 限制器的基础上进行了改进，其通过引入二次多项式的形式，将限制器函数变得光滑，同时引入自由参数 ε^2，以避免对流场平缓区域的过度限制。参数 ε^2 是一个和当地网格尺度相关的量：

$$\varepsilon^2 = (K\Delta h)^n \tag{2.53}$$

其中，Δh 为当地网格特征长度，K 是 $O(1)$ 的常数，n 为大于 2 的常数，一般取为 3。在流场的平缓区域内，Δ_2 为一个小量，ε^2 起主导作用，因此在极值点附近（$\Delta_{i,\max}=0$ 或者 $\Delta_{i,\min}=0$）限制器函数 ϕ_{ij} 趋于 1。

对于复杂工程问题，特别对于黏流问题，由于存在网格局部加密，且存在各向异性的网格单元，计算网格单元的特征尺度差异较大，特别当流动问题的参考长度不一致时，网格单元特征长度会存在量级上的差异；此外，各物理量的参考值不同，导致各个物理量的振荡幅值差异也较大。因此对于复杂工程问题，如何确定自由参数 ε^2 是一个比较微妙也比较关键的问题。一般情况下，采用如下公式计算自由参数具有较好的通用性：

$$\varepsilon^2 = \left[K\left(\frac{V}{V_{\mathrm{Total}}}\right)^{\frac{1}{\mathrm{dimension}}}\right]^n \times q_{\mathrm{ref}}^2 \tag{2.54a}$$

其中，V_{Total} 是整个计算域的体积，V 是本单元的体积，dimension 是网格的维度，q_{ref} 是物理量的参考量。(2.54a) 式考虑了当地网格尺度对自由参数 ε^2 的影响，对于边界层内的网格单元，特别对于第一层物面单元，其体积非常小，因此会导致较小的 ε^2，有可能会在附面层内引入不必要的限制。因此，自由参数也可以在整个计算域内取成统一的值，以避免对附面层内的过度限制：

$$\varepsilon^2 = \left[K\left(\frac{1}{nT\mathrm{Cell}}\right)^{\frac{1}{\mathrm{dimension}}}\right]^n \times q_{\mathrm{ref}}^2 \tag{2.54b}$$

其中 $nT\mathrm{Cell}$ 为网格单元总数。

2. 流场变量梯度计算方法

在解的重构和黏性通量的计算过程中，都要计算流场变量的梯度，目前计算梯度的方法主要有两种：格林-高斯方法 (Green-Gauss approach) 和最小二乘方法 (least-squares approach)。

1) 格林-高斯方法

根据格林-高斯定理，单元的物理量梯度可以表述为

$$\nabla \boldsymbol{U}_i = \frac{1}{V_i}\sum_{j=1}^{N_F} \boldsymbol{U}_{ij}\boldsymbol{S}_{ij} = \frac{1}{V_i}\sum_{j=1}^{N_F}\frac{1}{2}(\boldsymbol{U}_i+\boldsymbol{U}_j)\boldsymbol{S}_{ij} \tag{2.55}$$

其中，V_i 是控制体 i 的体积；N_F 是控制体的总面数；$\boldsymbol{S}_{ij}$ 是第 j 个面的面积矢量，方向向外；$\boldsymbol{U}_{ij}$ 表示第 j 个面的面心值。

格林-高斯方法有几种改进措施，如第一种方法是采用距离权或者体积权，公式如下：

$$\boldsymbol{U}_{ij} = \delta_i \boldsymbol{U}_i + \delta_j \boldsymbol{U}_j \tag{2.56}$$

其中，δ_i 和 δ_j 是左边单元和右边单元的权，距离权为

$$\delta_i = \frac{|\boldsymbol{r}_j|}{|\boldsymbol{r}_i|+|\boldsymbol{r}_j|},\quad \delta_j = \frac{|\boldsymbol{r}_i|}{|\boldsymbol{r}_i|+|\boldsymbol{r}_j|} \tag{2.57}$$

此处亦可用距离的倒数或距离倒数的幂次方作为权系数。而体积权系数一般为

$$\delta_i = \frac{|V_j|}{|V_i|+|V_j|},\quad \delta_j = \frac{|V_i|}{|V_i|+|V_j|} \tag{2.58}$$

第二种是迭代方法。首先利用 (2.55) 式计算出梯度的初值，然后进行迭代：

$$\nabla \boldsymbol{U}_{i,n} = \frac{1}{V_i}\sum_{j=1}^{N_F}\frac{1}{2}(\boldsymbol{U}_i + \nabla \boldsymbol{U}_{i,n-1}\cdot \boldsymbol{r}_i + \boldsymbol{U}_j + \nabla \boldsymbol{U}_{j,n-1}\cdot \boldsymbol{r}_j)\boldsymbol{S}_{ij} \tag{2.59}$$

其中，n 为迭代指标。通过迭代，计算梯度的准确性会得到改进。格林-高斯方法最大的优点是它与计算通量的过程相似，因此不需要增加新的数据结构，可以提高计算效率。

第三种是节点型格林-高斯方法。格林-高斯方法的关键是求解面心的值，前面几种方法都是利用面左右单元体心的值来求面心值，这种做法虽然简单，但只使用了与当前单元共面的单元信息，周围其他单元的信息并没有用到，如图 2.1 所示。节点型格林-高斯方法的基本思想是面心的值用该面所有顶点的算术平均得到，而顶点的值又利用它周围所有单元的体心值通过距离加权平均等方式得到，这样就充分利用了周围控制体的所有已知信息，如图 2.2 所示。

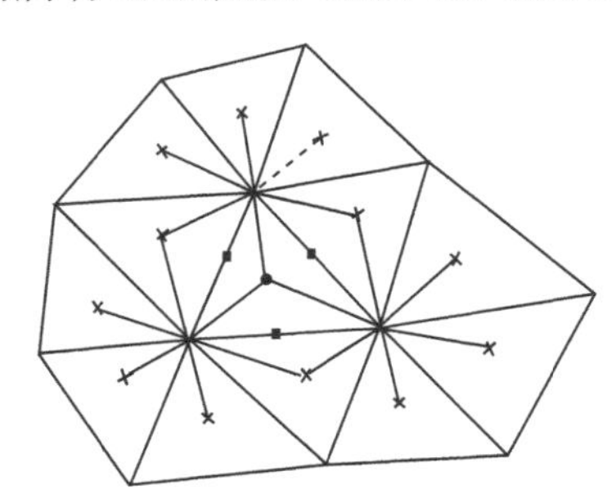

图 2.2　节点型格林-高斯方法网格模板

第四种是准 Laplacian(pseudo-Laplacian) 权方法[72]。该方法的计算量稍大，但是计算精度较优。pseudo-Laplacian 权方法要求权系数 w 满足

$$
\begin{aligned}
L(x_n) &= \sum_{i=1}^{N} w_{\mathrm{c},i}(x_{\mathrm{c},i} - x_n) = 0 \\
L(y_n) &= \sum_{i=1}^{N} w_{\mathrm{c},i}(y_{\mathrm{c},i} - y_n) = 0 \\
L(z_n) &= \sum_{i=1}^{N} w_{\mathrm{c},i}(z_{\mathrm{c},i} - z_n) = 0
\end{aligned} \tag{2.60}
$$

权系数定义为

$$
w_{\mathrm{c},i} = 1 + \Delta w_{\mathrm{c},i} \tag{2.61}
$$

并要求权系数的和最小：

$$
C = \sum_{i=1}^{N} (\Delta w_{\mathrm{c},i})^2 \tag{2.62}
$$

其中，$(x_\mathrm{c}, y_\mathrm{c}, z_\mathrm{c})$ 为单元中心坐标值，(x_n, y_n, z_n) 为单元节点坐标值。$\Delta w_{\mathrm{c},i}$ 可以写为如下形式：

$$
\Delta w_{\mathrm{c},i} = \lambda_x(x_{\mathrm{c},i} - x_n) + \lambda_y(y_{\mathrm{c},i} - y_n) + \lambda_z(z_{\mathrm{c},i} - z_n) \tag{2.63}
$$

经过推导，可以得到

$$
\begin{bmatrix} I_{xx} & I_{xy} & I_{xz} \\ I_{xy} & I_{yy} & I_{yz} \\ I_{xz} & I_{yz} & I_{zz} \end{bmatrix} \begin{bmatrix} \lambda_x \\ \lambda_y \\ \lambda_z \end{bmatrix} = \begin{bmatrix} R_x \\ R_y \\ R_z \end{bmatrix} \tag{2.64}
$$

其中，

$$
\begin{aligned}
I_{xx} &= \sum_{i=1}^{N} (x_{\mathrm{c},i} - x_n)^2, \quad I_{xy} = \sum_{i=1}^{N} (x_{\mathrm{c},i} - x_n)(y_{\mathrm{c},i} - y_n) \\
I_{yy} &= \sum_{i=1}^{N} (y_{\mathrm{c},i} - y_n)^2, \quad I_{xz} = \sum_{i=1}^{N} (x_{\mathrm{c},i} - x_n)(z_{\mathrm{c},i} - z_n) \\
I_{zz} &= \sum_{i=1}^{N} (z_{\mathrm{c},i} - z_n)^2, \quad I_{yz} = \sum_{i=1}^{N} (y_{\mathrm{c},i} - y_n)(z_{\mathrm{c},i} - z_n)
\end{aligned} \tag{2.65a}
$$

$$\begin{aligned} R_x &= \sum_{i=1}^{N} (x_{\mathrm{c},i} - x_n) \\ R_y &= \sum_{i=1}^{N} (y_{\mathrm{c},i} - y_n) \\ R_z &= \sum_{i=1}^{N} (z_{\mathrm{c},i} - z_n) \end{aligned} \tag{2.65b}$$

2) 最小二乘方法

基于体心值的一阶 Taylor 级数展开近似得到

$$(\nabla \boldsymbol{U}_i) \cdot \boldsymbol{r}_{ij} = \boldsymbol{U}_j - \boldsymbol{U}_i \tag{2.66}$$

将 (2.66) 式应用到与目标单元 i 相邻的所有单元，得到下面的超定约束线性方程组：

$$\begin{bmatrix} \theta_1 \Delta x_{i1} & \theta_1 \Delta y_{i1} & \theta_1 \Delta z_{i1} \\ \theta_2 \Delta x_{i2} & \theta_2 \Delta y_{i2} & \theta_2 \Delta z_{i2} \\ \vdots & \vdots & \vdots \\ \theta_j \Delta x_{ij} & \theta_j \Delta y_{ij} & \theta_j \Delta z_{ij} \\ \vdots & \vdots & \vdots \\ \theta_{N_A} \Delta x_{iN_A} & \theta_{N_A} \Delta y_{iN_A} & \theta_{N_A} \Delta z_{iN_A} \end{bmatrix} \begin{bmatrix} \dfrac{\partial \boldsymbol{U}}{\partial x} \\ \dfrac{\partial \boldsymbol{U}}{\partial y} \\ \dfrac{\partial \boldsymbol{U}}{\partial z} \end{bmatrix} = \begin{bmatrix} \theta_1 (\boldsymbol{U}_1 - \boldsymbol{U}_i) \\ \theta_2 (\boldsymbol{U}_2 - \boldsymbol{U}_i) \\ \vdots \\ \theta_j (\boldsymbol{U}_j - \boldsymbol{U}_i) \\ \vdots \\ \theta_{N_A} (\boldsymbol{U}_{N_A} - \boldsymbol{U}_i) \end{bmatrix} \tag{2.67}$$

其中，$\Delta(\cdot)_{ij} = (\cdot)_j - (\cdot)_i$; N_A 表示目标单元 i 的相邻单元数目; θ_j 表示权系数，如面积、体积或者距离，一般也可以取 1。解上述超定方程组，最后得到物理量的梯度，具体过程可以参见《数学手册》，这里不再详述。

2.4.2　*k*-exact 高阶精度重构方法

对于有限体积方法，由于每个单元内只有一个自由度 (即单元物理量的平均值)，因此提高重构精度必须通过扩充模板来实现，如对于二维情形，重构线性、二次、三次多项式分别需要 3 个、6 个、10 个单元信息；对于三维情形，则需要 4 个、10 个、20 个单元信息。我们知道，非结构网格的数据存储具有很强的随机性，这导致模板的搜寻扩展很不方便，不利于高维高阶精度格式的推广。但是，仍有一些 CFD 学者进行高阶精度有限体积格式构造的研究工作，如 Barth 等的 k-exact 重构方法[73]；Abgrall、Durlofsky 等、Ollivier-Gooch 和 Sonar 构造的基于非结构网格的 ENO 格式[74−77]；Friedrich 和 Hu 等发展的基于非结构网格的 WENO 格式[78,79]。以下简要介绍 k-exact 方法和 ENO/WENO 有限体积格式的构造思想。

在控制单元 V_i 上对流动控制方程积分，可以得到如下的半离散方程：

$$V_i\frac{\mathrm{d}\bar{\boldsymbol{Q}}_i}{\mathrm{d}t}+\oint\limits_{\partial V_i}\boldsymbol{H}\left(\boldsymbol{Q}\right)\cdot\boldsymbol{n}\mathrm{d}S=V_i\frac{\mathrm{d}\bar{\boldsymbol{Q}}_i}{\mathrm{d}t}+\sum_{f\in\partial V_i}\oint\limits_{f}\boldsymbol{H}\left(\bar{\boldsymbol{Q}}\right)\cdot\boldsymbol{n}\mathrm{d}S=0 \tag{2.68}$$

其中，$\bar{\boldsymbol{Q}}_i\equiv\dfrac{1}{V_i}\oint\limits_{V_i}\boldsymbol{Q}\mathrm{d}V$ 是守恒变量的单元平均值。定义单元表面 f 上的法向通量平均值 $\bar{\boldsymbol{H}}_f=\dfrac{\int\limits_f\boldsymbol{H}\left(\boldsymbol{Q}\right)\cdot\boldsymbol{n}\mathrm{d}S}{S_{ij}}$，则方程 (2.68) 可以进一步写为

$$V_i\frac{\mathrm{d}\bar{\boldsymbol{Q}}_i}{\mathrm{d}t}+\sum_{f\in\partial V_i}\bar{\boldsymbol{H}}_fS_{ij}=0 \tag{2.69}$$

在数值求解时，很难精确求得 $\bar{F}_f$。因此，一般用高斯积分近似单元交界面上的通量，即

$$\bar{\boldsymbol{H}}_f\approx\sum_q w_q\boldsymbol{H}\left(\boldsymbol{r}_{f,q}\right)\cdot\boldsymbol{n}_f \tag{2.70}$$

式中，$\boldsymbol{r}_{f,q}$ 是高斯积分点，w_q 是高斯积分的权系数。高斯积分点的个数与希望达到的积分精度相关。对于二阶精度的格式 (p=1)，即线性重构，仅需要一个高斯积分点 (单元面的中心点)；对于三阶 (p=2) 和四阶 (p=3) 精度格式，则需要两个高斯积分点 (积分权系数不同)。由于单元交界面左右两侧的物理量分布存在间断，所以一般采用前述的近似 Riemann 通量求得各高斯积分点的通量，即

$$\boldsymbol{H}\left(\boldsymbol{r}_{f,q}\right)\cdot\boldsymbol{n}_f\approx\hat{\boldsymbol{H}}\left(\boldsymbol{Q}_{\mathrm{L}}^{-}\left(\boldsymbol{r}_{f,q}\right),\boldsymbol{Q}_{\mathrm{R}}^{+}\left(\boldsymbol{r}_{f,q}\right),\boldsymbol{n}_f\right) \tag{2.71}$$

其中，L 代表目标单元，R 代表邻接的外侧单元。这里可以采用前面提到的各种通量近似计算方法计算高斯积分点的通量，如 Rusanov 格式[80]、Lax-Friedrich 格式[81]、Steger-Warming 格式[66]、van Leer 格式[67]、Roe 格式[65]、AUSM 系列格式[68,69]、HLL 系列格式[82] 等。

各种有限体积格式本质上是一致的，它们需要重构单元内的物理量分布，只是重构方法不同。如果要构造 $(k+1)$ 阶的计算格式，则需要根据局部网格模板 $S_i\left\{\bar{\boldsymbol{Q}}_j\right\}_{j\in S_j}$ 上的单元平均值构造 k 阶多项式 $\boldsymbol{P}_i\left(\boldsymbol{r}\right)$：

$$\boldsymbol{P}_i\left(\boldsymbol{r}\right)=\boldsymbol{Q}\left(\boldsymbol{r}\right)+O\left(h^{k+1}\right) \tag{2.72}$$

对于任意形式的重构，同时要求其满足守恒性，即在单元 V_i 内重构多项式的积分平均满足

$$\frac{\int\limits_{V_i}\boldsymbol{P}_i\left(\boldsymbol{r}\right)\mathrm{d}V}{V_i}=\frac{\int\limits_{V_i}\boldsymbol{Q}\left(\boldsymbol{r}\right)\mathrm{d}V}{V_i}\equiv\bar{\boldsymbol{Q}}_i \tag{2.73}$$

在二维情况下，令 V_i 的中心点为 $\boldsymbol{r}_i=(x_i,y_i)$，利用 Taylor 级数展开，可以得到

$$\begin{aligned}\boldsymbol{P}_i(\boldsymbol{r})=&\bar{\boldsymbol{Q}}_i+\frac{\partial \boldsymbol{Q}_i}{\partial x}(x-x_i)+\frac{\partial \boldsymbol{Q}_i}{\partial y}(y-y_i)+\frac{1}{2}\frac{\partial^2 \boldsymbol{Q}_i}{\partial x^2}\left[(x-x_i)^2-\bar{x}_i^2\right]\\&+\frac{\partial^2 \boldsymbol{Q}_i}{\partial x\partial y}\left[(x-x_i)(y-y_i)-\overline{x_iy_i}\right]+\frac{1}{2}\frac{\partial^2 \boldsymbol{Q}_i}{\partial y^2}\left[(y-y_i)^2-\bar{y}_i^2\right]+\cdots\end{aligned}\tag{2.74}$$

式中，

$$\begin{gathered}\bar{x}_i^2=\frac{1}{V_i}\int\limits_{V_i}(x-x_i)^2\,\mathrm{d}V,\quad \bar{y}_i^2=\frac{1}{V_i}\int\limits_{V_i}(y-y_i)^2\,\mathrm{d}V\\\overline{x_iy_i}=\frac{1}{V_i}\int\limits_{V_i}(x-x_i)(y-y_i)\,\mathrm{d}V\end{gathered}\tag{2.75}$$

(2.74) 式可以视为关于零阶平均值基函数 $\{\varphi_l(\boldsymbol{r})\}_{l=1}^{m-1}$ 的多项式展开，即

$$\boldsymbol{P}_i(\boldsymbol{r})-\bar{\boldsymbol{Q}}_i=\sum_{l=1}^{m-1}\boldsymbol{b}_l\varphi_l(\boldsymbol{r})\tag{2.76}$$

其中，b_l 为展开系数。因此，我们至少需要 $m-1$ 个相邻单元以确定这些系数，即要求在局部网格模板的所有单元上满足

$$\frac{\int\limits_{V_j}\boldsymbol{P}_i(\boldsymbol{r})\,\mathrm{d}V}{V_j}=\frac{\sum\limits_{l=1}^{m-1}\boldsymbol{b}_l\int\limits_{V_j}\varphi_l(\boldsymbol{r})\,\mathrm{d}V}{V_j}+\bar{\boldsymbol{Q}}_i=\bar{\boldsymbol{Q}}_j,\quad \forall j\in S_i\tag{2.77}$$

写成紧致的矩阵形式为

$$\boldsymbol{A}\boldsymbol{b}=\bar{\boldsymbol{Q}}\tag{2.78}$$

其中，矩阵 $\boldsymbol{A}$ 的元素 $a_{j.l}=\int\limits_{V_j}\varphi_l(\boldsymbol{r})\,\mathrm{d}V/V_j$，$\boldsymbol{b}=\{\boldsymbol{b}_l\}_{l=1}^{m-1}$，$\bar{\boldsymbol{Q}}=\left\{\bar{\boldsymbol{Q}}_j-\bar{\boldsymbol{Q}}_i\right\}_{j\in S_i}$。

求解 (2.78) 式至少需要 $m-1$ 个邻近单元。为了避免模板奇性，一般需要考虑更大的网格模板 (模板内的网格单元数大于 $m-1$)。为此，需要采用最小二乘法求解，由此可以得到

$$\boldsymbol{b}=\boldsymbol{A}^{+}\bar{\boldsymbol{Q}}\tag{2.79}$$

式中，$\boldsymbol{A}^{+}$ 为广义的逆矩阵。于是单元内的多项式分布可以写为

$$\boldsymbol{P}_i(\boldsymbol{r})=\bar{\boldsymbol{Q}}_i+\boldsymbol{\Theta}(\boldsymbol{r})\boldsymbol{b}=\bar{\boldsymbol{Q}}_i+\boldsymbol{\Theta}(\boldsymbol{r})\boldsymbol{A}^{+}\bar{\boldsymbol{Q}}\tag{2.80}$$

其中，$\boldsymbol{\Theta}(\boldsymbol{r})=\{\varphi_1(\boldsymbol{r}),\varphi_2(\boldsymbol{r}),\cdots,\varphi_{m-1}(\boldsymbol{r})\}$。

对于流场中存在间断的问题，高阶精度重构往往会导致物理量的振荡，因此需要引入限制器[24,25]，以保证物理量分布的单调性。常用的限制器即为所谓的坡度限制器 (slope limiter)[62,70,71]。关于高阶精度重构，则发展了 moment 限制器[83−85]，其主要思想是由高到低逐级限制各阶物理量的导数。读者可以参阅相关的文献[83−85]，这里不再详述。

2.4.3 ENO 和 WENO 高阶精度重构方法

不同于 k-exact 方法，ENO 的基本思想是从一组候选的局部重构模板中自适应选取最光滑的网格模板。如图 2.3 所示，对于单元 i，如构造二阶精度的计算格式，有如下三组候选模板：

$$
\begin{aligned}
S_{i,1} &= \{V_i, V_{1a}, V_{1b}, V_{1c}\} \\
S_{i,2} &= \{V_i, V_{2a}, V_{2b}, V_{2c}\} \\
S_{i,3} &= \{V_i, V_{3a}, V_{3b}, V_{3c}\}
\end{aligned}
$$

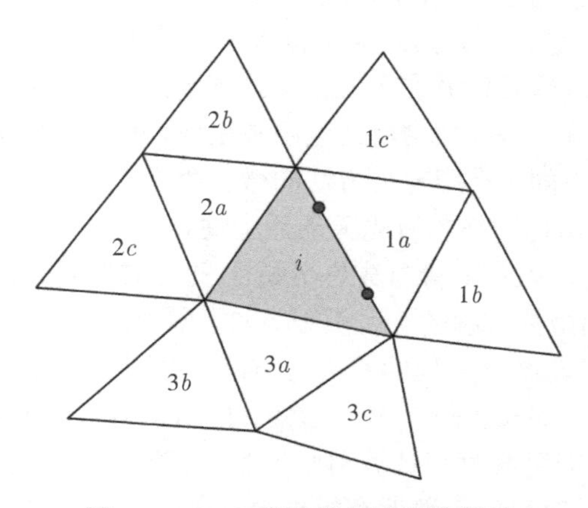

图 2.3 ENO 重构的候选网格模板

每个模板上可以独立地构造一个线性多项式分布，于是可以通过光滑测试因子判断应该选取哪一个多项式分布。对于更高阶的计算格式，则需要扩展模板，利用邻居的邻居单元重构高阶的多项式分布。

在 WENO 格式[79] 中，Hu 和 Shu 引入了加权平均的思想。如图 2.3 所示，可以有如下 9 个子模板：$P_{i,1}$(三角形 i，$1a$，$2a$)；$P_{i,2}$(三角形 i，$2a$，$3a$)；$P_{i,3}$(三角形 i，$3a$，$1a$)；$P_{i,4}$(三角形 i，$1a$，$1b$)；$P_{i,5}$(三角形 i，$1a$，$1c$)；$P_{i,6}$(三角形 i，$2a$，$2b$)；$P_{i,7}$(三角形 i，$2a$，$2c$)；$P_{i,8}$(三角形 i，$3a$，$3b$)；$P_{i,9}$(三角形 i，$3a$，$3c$)。对于每个高斯积分点 $\boldsymbol{r}_q$，可以得到一组线性权值 γ_j，其仅与网格的几何信息相关。

于是我们可以得到如下的多项式分布：

$$\boldsymbol{P}_i(\boldsymbol{r})=\sum_{j=1}^{9}\gamma_j\boldsymbol{P}_{i,j}(\boldsymbol{r}) \tag{2.81}$$

很显然，所有的权值之和应等于 1，而且要求所有的权值均是正定的。为了捕捉激波等强间断，一般采用非线性加权。非线性权值定义为

$$\omega_j=\frac{\tilde{\omega}_j}{\sum_l\tilde{\omega}_l},\quad \tilde{\omega}_l=\frac{\gamma_l}{(\varepsilon+\varXi_l)^2} \tag{2.82}$$

其中，$\varXi_l$ 为光滑测试因子；ε 为一正的小数，一般取为 10^{-6} 或者更小。关于光滑测试因子的计算方法，请参见文献 [79]。

2.5　有限元方法

有限元方法是在变分或加权余量的基础上，采用分块逼近思想形成的一种求解偏微分方程的数值方法[86]。其原理是将求解区域进行离散，划分为若干相互连接但不重叠的子区域 (单元)，并在单元中选择基函数，用单元基函数的线性组合来逼近单元中的真解，总体基函数由单元基函数组成，整个计算域上的积分由各个单元积分之和来合成。不同于有限差分方法的微分思想，有限元方法是一种积分型计算方法，因此其对非结构网格具有先天的适应性。

20 世纪 50 年代，Turner 等首先在分析飞机结构强度时使用了该方法[87]，并逐步发展成为求解偏微分方程的一种重要方法。国内的冯康院士于 1965 年独立于西方创立了数值求解偏微分方程的有限元方法。有限元方法把传统上对立而各具优点的差分法和能量法辩证统一，扬长避短，推陈出新，一举克服了上述两方面的困难。冯康院士在《应用数学与计算科学》上发表的《基于变分原理的差分格式》一文中[88]，将变分原理和剖分逼近有机结合，在极其广泛的条件下证明了方法的收敛性和稳定性，给出了误差估计，从而建立了有限元方法严格的数学理论基础，为其实际应用提供了可靠的理论保证。由于该方法对有限与无限、连续与离散、局部与整体、简单与复杂等各种矛盾的处理都比较得当，因此在解题能力和理论保证等方面都超过其他传统方法。

相对于在固体力学数值计算领域的成功应用，有限元方法在流体力学中的应用进展相对缓慢。有限元方法在流体力学中的应用始于 20 世纪 60 年代，初期主要用于求解不可压缩流和位势流等非线性较弱的问题[89−91]。后来才在高速可压缩流动问题的数值模拟中取得了一些进展。高速可压缩流场中常常会有激波、旋涡以及分离等现象，具有非常强的非线性特征，传统的有限元法已经不再适用。为此，CFD

工作者提出了很多修正方法，以便将有限元法应用于计算流体力学中，如 Heinrich 等最早提出了迎风有限元计算格式[92]，随后 Hughes 等提出了迎风流线 (streamline upwind petrov-Galerkin, SUPG) 有限元方法 [93]，其思想是通过在权函数中引入摄动函数来增加对流导数项的控制，相当于引入人工黏性来抑制间断附近的非物理振荡；Donea 等提出了一种 Taylor-Galerkin 有限元方法[94,95]，通过对时间方向作 Taylor 级数展开，针对对流方程在空间上构造了高阶精度有限元格式，并采用对角化技术，以迭代方法求解；Löhner 等在 Taylor-Galerkin 有限元方法基础上针对多维问题构造了二步 Lax-Wendroff 型 Taylor-Galerkin 有限元格式[96]，该格式首先对每个单元预估一局部平均量作为过渡值，然后进行标准的 Galerkin 近似；Argyris 等改进了该方法，并成功地模拟了航天飞机高超声速流动[97,98]。同时期，国内同行也进行了二阶格式加人工黏性的有限元计算方法的研究和应用[99−101]。另外，江伯南等采用修正的最小二乘有限元方法求解了高速可压缩流动问题[102]，蔡庆东等研究了无黏流的自适应流量修正有限元方法[103]。

在有限元方法的发展过程中，CFD 工作者不断地吸纳和借鉴有限差分格式的构造思想和成功经验，如 Hughes 等通过在权函数中引入修正函数而得到相当于 TVD 格式的有限元方法[93]，Arminjon 在有限元中引入了 TVD 型人工黏性[104]。国内学者先后将 NND 格式的构造思想引入到非结构网格有限元计算中，提出了 NND 型有限元计算方法[105,106]，得到了令人满意的计算结果，其中段占元等借助 NND 差分格式的构造思想，通过对一般贴体坐标系下的控制方程的积分，建立了空间二阶精度的 NND 有限差分/有限元混合格式；同时，利用有限元的特点，从质量守恒方程、动量守恒方程和能量守恒方程出发，提出了物面边界条件处理、热流和摩阻计算的一种新途径[106]，在一定程度上弥补了有限差分法计算热流和摩阻对网格依赖性大、计算精度不高的缺点，具有较强的应用价值。

上述流体力学有限元计算方法，如迎风流线有限元方法、Taylor-Galerkin 有限元方法、NND 有限元方法等，都延续了传统连续有限元法中的在整个计算域加权积分余量为零和单元边界连续的概念，仍然需要求解大型稀疏矩阵，计算量大，而且由于非结构网格带来的节点编号无序性，实现隐式格式比较困难。另外，由于单元边界连续性要求，无法应用于具有悬空点的混合网格计算，不便于进行网格自适应。

2.5.1 间断 Galerkin 有限元方法

在传统连续有限元发展的同时，具有更多优越性的间断有限元方法 (discontinuous FEM) 也取得了巨大进步。间断有限元方法最早可以追溯到 1973 年 Reed 和 Hill 关于中子输运方程问题的论文[107]。此后该方法得到了不断发展，特别是 20 世纪 80 年代以来，出现了丰富多样的间断 Galerkin(DG) 方法。20 世纪 90 年代前后，以 Cockburn 和 Shu 为代表提出的 Runge-Kutta 间断 Galerkin(RKDG) 有限元方法[108−110]，尤其引人注目，在许多方面显示了前所未有的优良特性。该方法融入了高分辨率有限差分法和有限体积法中如数值通量、Riemann 解、TVD 和限制器等思想和概念，在解决含间断现象的问题中发挥着越来越大的作用。关于 DG 方法的综述，可见 Cockburn 等的专著[111]。目前，RKDG 方法已广泛应用于溃坝问题[112]、弹性力学中的波的传播等复杂非线性问题[113,114]。RKDG 有限元方法在无黏流动 (Euler 方程) 的数值模拟，体现了其高阶精度的特点[115]，在黏性流动数值模拟方面也取得了巨大进展，尤其是在欧盟 ADIGMA[116] 和 IDIHOM[117] 等项目的支持下，DG 方法已经具备了复杂飞行器高精度湍流模拟能力；在计算气动声学方面，间断 Galerkin 有限元方法也取得了显著进展[118,119]。此外，不同的无反射的边界条件对 DG 格式计算结果的影响[120]，不同的数值通量对 DG 格式精度的影响[121]，隐式时间推进方法[122,123]，以及适用于 DG 格式的限制器[124−126]，适用于 DG 格式的 p-multigrid 加速收敛技术[127] 和自适应方法[128] 等方面，CFD 工作者都开展了相关研究，并取得了长足进展。

与其他数值方法相比，DG 方法具有以下突出的优势：

(1) 由于其对计算网格单元没有特殊的限制，所以 DG 方法非常适合于复杂几何外形的数值模拟。DG 方法对于非结构网格和混合网格具有天然的优势；而且，通过选取适当的基函数，其可以直接处理含有 “悬空” 节点的计算网格 (如多层次的 Cartesian 网格和自适应网格)。

(2) DG 方法具有良好的 “紧致” 特性。DG 方法精度的提高可以通过适当选取基函数，即提高单元内检验多项式的次数来实现，这克服了 FV 方法中通过扩大网格模板重构单元交界面处的数值通量的方法来实现高阶精度的不足，大大方便了编程和边界条件的处理。而且，在 DG 方法中，单元交界面的数值通量基于 Riemann 间断分解，基函数在单元交界处允许出现间断，单元的每一步计算只与其相邻单元有关，这有利于并行算法的实现。

(3) 在守恒性、稳定性和收敛性等方面，DG 方法具有良好的数学特性。

以下简述 DG 方法的基本思想。假设网格单元 i 内的物理量分布为

$$\boldsymbol{Q}(\boldsymbol{r},t) \approx \boldsymbol{P}(\boldsymbol{r},t) = \sum_{j=1}^{m} \boldsymbol{u}_j(t)\,\varphi_j(\boldsymbol{r}) \tag{2.83}$$

其中，$\{\varphi_j(\boldsymbol{r})\}_{j=1}^{m}$ 为基函数。于是，利用控制方程的弱形式可以写为

$$\oint_{V_i} \frac{\partial \boldsymbol{Q}}{\partial t}\varphi \mathrm{d}V + \oint_{\partial V_i} \varphi \boldsymbol{H}(\boldsymbol{Q},\nabla \boldsymbol{Q})\cdot \boldsymbol{n}\mathrm{d}S - \oint_{V_i} \nabla\varphi \cdot \boldsymbol{H}(\boldsymbol{Q},\nabla \boldsymbol{Q})\mathrm{d}V = 0 \tag{2.84}$$

由于单元多项式分布在边界上是间断的，因此可以采用前述的数值 Riemann 解近似单元边界的法向通量 (主要是无黏项，关于黏性项的计算将在后文介绍)。而

边界面积分和体积分一般采用高斯积分点的加权数值积分。通量的近似 Riemann 解可以写成如下的统一形式：

$$\boldsymbol{H}(\boldsymbol{Q}, \nabla \boldsymbol{Q}) \cdot \boldsymbol{n} \approx \hat{\boldsymbol{H}}\left(\boldsymbol{Q}^{-}, \nabla \boldsymbol{Q}^{-}, \boldsymbol{Q}^{+}, \nabla \boldsymbol{Q}^{+}, \boldsymbol{n}\right) \tag{2.85}$$

其中，$\boldsymbol{Q}^{-}, \nabla \boldsymbol{Q}^{-}$ 为目标单元 i 的解和梯度，而 $\boldsymbol{Q}^{+}, \nabla \boldsymbol{Q}^{+}$ 是相邻单元内的相应值。

2.5.2 基函数的选取

基函数的选取对于间断 Galerkin 方法尤为重要，传统的 DGM 针对三角形/四面体网格采用面积坐标/体积坐标构造基函数，矩形单元则采用双线性插值构造基函数。其他形状的单元则需要坐标变换至标准单元，如图 2.4~图 2.7 所示。

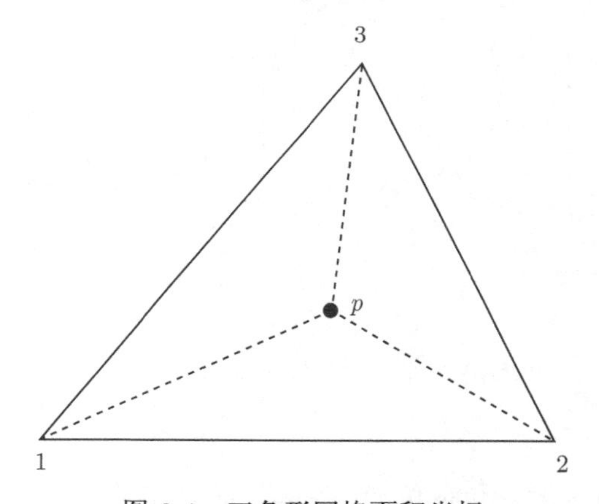

图 2.4 三角形网格面积坐标

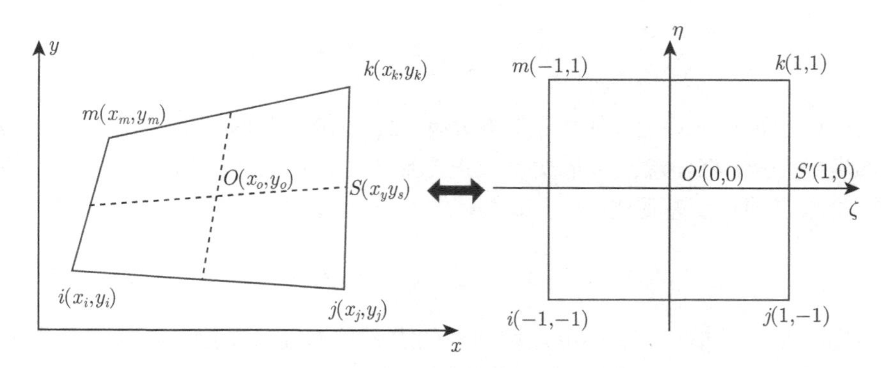

图 2.5 四边形网格局部坐标变换

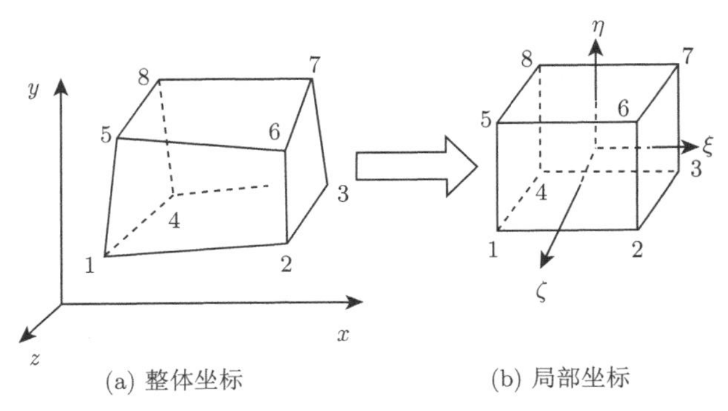

(a) 整体坐标　　　　(b) 局部坐标

图 2.6　六面体单元坐标变换

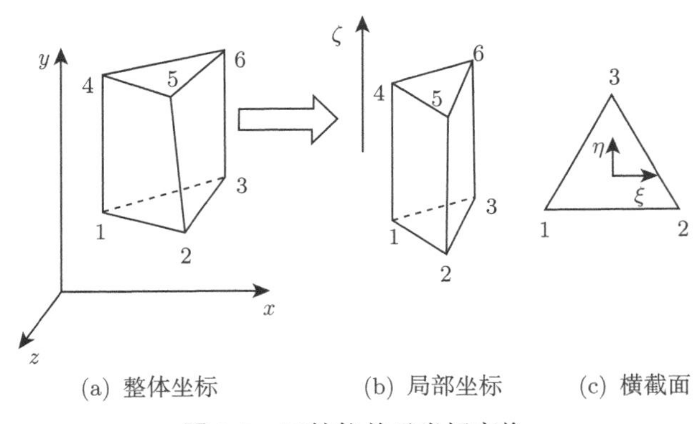

(a) 整体坐标　　　　(b) 局部坐标　　(c) 横截面

图 2.7　三棱柱单元坐标变换

对于如图 2.4 所示的三角形单元，空间二阶精度的基函数为

$$\varphi_1 = N_1 + N_2 - N_3, \quad \varphi_2 = N_2 + N_3 - N_1, \quad \varphi_3 = N_1 + N_3 - N_2$$
$$N_1 = \frac{S_{\Delta p23}}{S_{\Delta 123}}, \quad N_2 = \frac{S_{\Delta p13}}{S_{\Delta 123}}, \quad N_3 = \frac{S_{\Delta p12}}{S_{\Delta 123}} \tag{2.86}$$

对于四边形单元而言，往往不是矩形单元，而是任意四边形单元，此时需要进行局部坐标变换，将任意四边形变换成正方形 (图 2.5)。在变换后的正方形网格中，空间二阶精度的正交基函数为

$$\varphi_1 = 1, \quad \varphi_2 = \xi, \quad \varphi_3 = \eta \tag{2.87}$$

在高阶精度的情况下，亦可以按同样的方式构造高阶基函数，这里不再详述。

在三维情况下，对于四面体单元，基函数可以由体积坐标来构造，不需要进行坐标变换 (当然也可以选用其他形式的基函数，由此可能需要将一般单元变换为标准的单位元)。对于计算区域中任意大小和形状的六面体单元 (图 2.6(a)) 和三棱柱

单元 (图 2.7(a))，无法直接应用间断 Galerkin 有限元计算方法进行求解，因此要寻求一种坐标变换，使非正交单元变换为图 2.6(b) 和图 2.7(b) 所示的正交单元。其基函数的选取与二维情况类似，这里不再详述。

对于混合网格，格式中出现多种基函数，这使得限制器的构造、隐式时间推进、边界条件处理都存在诸多不便。Luo 等[129] 基于 Taylor 级数展开构造了一组 Taylor 基，其优势在于针对不同网格单元基函数的形式是一致的，能够简单方便地应用于带有 “悬空” 节点的混合网格，而这种情况在多层次的 Cartesian 网格和自适应网格中经常出现。

以二维问题为例，在单元的质心处，对 Q 进行 Taylor 展开，这里展开至二次项

$$
\begin{aligned}
\boldsymbol{Q}_{h,i} =& \boldsymbol{Q}_{\mathrm{c},i} + \left.\frac{\partial \boldsymbol{Q}_i}{\partial x}\right|_{\mathrm{c}} (x - x_{\mathrm{c},i}) + \left.\frac{\partial \boldsymbol{Q}_i}{\partial y}\right|_{\mathrm{c}} (y - y_{\mathrm{c},i}) + \frac{1}{2}\left.\frac{\partial^2 \boldsymbol{Q}_i}{\partial x^2}\right|_{\mathrm{c}} (x - x_{\mathrm{c},i})^2 \\
&+ \frac{1}{2}\left.\frac{\partial^2 \boldsymbol{Q}_i}{\partial y^2}\right|_{\mathrm{c}} (y - y_{\mathrm{c},i})^2 + \left.\frac{\partial^2 \boldsymbol{Q}_i}{\partial x \partial y}\right|_{\mathrm{c}} (x - x_{\mathrm{c},i})(y - y_{\mathrm{c},i})
\end{aligned} \tag{2.88}
$$

其中，$(x_{\mathrm{c},i}, y_{\mathrm{c},i})$ 为 Ω_i 的质心坐标。为了方便书写，我们令局部坐标

$$
\begin{aligned}
\xi &= \frac{x - x_{\mathrm{c},i}}{h} \\
\eta &= \frac{y - y_{\mathrm{c},i}}{h}
\end{aligned} \tag{2.89}
$$

其中，h 为单元 Ω_i 的网格尺度，可以取为内切圆或外接圆的半径，这里更简单地取 $h = \sqrt{|\Omega_i|}$。为了表达的方便，我们定义单元 Ω_i 的 $p-l$ 阶质心矩 $M_{pl}^{(i,i)}$ 如下:

$$
M_{pl}^{(i,i)} = \frac{1}{|V_i|} \int_{V_i} (\xi)^p (\eta)^l \mathrm{d}V = \frac{1}{|V_i|} \int_{V_i} \frac{(x - x_{\mathrm{c},i})^p (y - y_{\mathrm{c},i})^l}{(h)^{p+l}} \mathrm{d}V \tag{2.90}
$$

于是，(2.88) 式进一步可写为

$$
\begin{aligned}
\boldsymbol{Q}_{h,i} =& \sum_{l=0}^{5} \boldsymbol{Q}_{l,i} \boldsymbol{b}_l \\
=& \bar{\boldsymbol{Q}}_i + \frac{\partial \boldsymbol{Q}_i}{\partial \xi} \xi + \frac{\partial \boldsymbol{Q}_i}{\partial \eta} \eta + \frac{1}{2} \frac{\partial^2 \boldsymbol{Q}_i}{\partial \xi^2} \left(\xi^2 - M_{20}^{(i,i)} \right) \\
&+ \frac{1}{2} \frac{\partial^2 \boldsymbol{Q}_i}{\partial \eta^2} \left(\eta^2 - M_{02}^{(i,i)} \right) + \frac{\partial^2 \boldsymbol{Q}_i}{\partial \xi \partial \eta} \left(\xi\eta - M_{11}^{(i,i)} \right)
\end{aligned} \tag{2.91}
$$

由此得到一组 Taylor 基

$$
\begin{aligned}
\varphi_0 = 1, \quad \varphi_1 =& \xi, \quad \varphi_2 = \eta \\
\varphi_3 =& \frac{1}{2}\left(\xi^2 - M_{20}^{(i,i)}\right) \\
\varphi_4 =& \frac{1}{2}\left(\eta^2 - M_{02}^{(i,i)}\right) \\
\varphi_5 =& \left(\xi\eta - M_{11}^{(i,i)}\right)
\end{aligned}
\tag{2.92}
$$

2.5.3 黏性项的离散

关于黏性项的计算，许多学者开展了相关研究[130−133]，研究发现如果采用一般的处理方法，将导致精度降阶或相容性的丧失。这里介绍两种常用的黏性通量计算方法，一种是 Cockburn 和 Shu 提出的 LDG(local DG) 方法[130]，另一种是 Bassi 和 Rebay 提出的紧致方法[131−133]。

引入一个辅助变量 $\boldsymbol{R} = \nabla\boldsymbol{Q}$，则 N-S 方程可以写为如下两个一阶的方程组：

$$
\begin{aligned}
&\boldsymbol{R} = \nabla\boldsymbol{Q} \\
&\frac{\partial\boldsymbol{Q}}{\partial t} + \nabla\cdot\left[\boldsymbol{H}_{\mathrm{i}}\left(\boldsymbol{Q}\right) - \boldsymbol{H}_{\mathrm{v}}\left(\boldsymbol{Q},\boldsymbol{R}\right)\right] = 0
\end{aligned}
\tag{2.93}
$$

利用 DG 方法进行离散，可以得到

$$
\begin{aligned}
&\int\limits_{V_i}\varphi\boldsymbol{R}\mathrm{d}V = -\int\limits_{V_i}\boldsymbol{Q}\nabla\varphi\mathrm{d}V + \int\limits_{\partial V_i}\varphi\hat{\boldsymbol{Q}}\boldsymbol{n}\mathrm{d}S \\
&\frac{\mathrm{d}}{\mathrm{d}t}\int\limits_{V}\varphi\boldsymbol{Q}\mathrm{d}V + \int\limits_{\partial V_i}\varphi\hat{\boldsymbol{H}}_i\left(\boldsymbol{Q}^-,\boldsymbol{Q}^+,\boldsymbol{n}\right)\mathrm{d}S - \int\limits_{\partial V_i}\varphi\hat{\boldsymbol{H}}_{\mathrm{v}}\left(\boldsymbol{Q}^-,\boldsymbol{R}^-,\boldsymbol{Q}^+,\boldsymbol{R}^+,\boldsymbol{n}\right)\mathrm{d}S \\
&-\int\limits_{V_i}\nabla\varphi\cdot\boldsymbol{H}_i\left(\boldsymbol{Q}\right)\mathrm{d}V + \int\limits_{V_i}\nabla\varphi\cdot\boldsymbol{H}_{\mathrm{v}}\left(\boldsymbol{Q},\boldsymbol{R}\right)\mathrm{d}V = 0
\end{aligned}
\tag{2.94}
$$

由于 $\boldsymbol{Q}$ 和 $\boldsymbol{R}$ 在单元交界面上是间断的，因此用数值通量进行积分计算。在 Bassi 和 Rebay 最初的计算中采用了简单的几何平均方法[131]，简称为 BR1 方法，即

$$
\begin{aligned}
&\hat{\boldsymbol{Q}} = \left(\boldsymbol{Q}^- + \boldsymbol{Q}^+\right)/2 \\
&\hat{\boldsymbol{H}}_{\mathrm{v}} = \frac{1}{2}\left[\boldsymbol{H}_{\mathrm{v}}\left(\boldsymbol{Q}^-,\boldsymbol{R}^-,\boldsymbol{n}\right) + \boldsymbol{H}_{\mathrm{v}}\left(\boldsymbol{Q}^+\boldsymbol{R}^+,\boldsymbol{n}\right)\right]
\end{aligned}
\tag{2.95}
$$

Cockburn 和 Shu[130] 则采用了如下方法:

$$
\begin{aligned}
&\hat{\boldsymbol{Q}} = \boldsymbol{Q}^+ \\
&\hat{\boldsymbol{H}}_{\mathrm{v}} = \boldsymbol{H}_{\mathrm{v}}\left(\boldsymbol{Q}^+,\boldsymbol{R}^-,\boldsymbol{n}\right)
\end{aligned}
\tag{2.96}
$$

计算发现该方法具有更好的收敛性。之后，Bassi 和 Rebay 改进了原方法 (新方法简称为 BR2 方法[132,133])。将 (2.94) 式的第一式写成

$$\int_{V_i} \varphi (\boldsymbol{R} - \nabla \boldsymbol{Q}) \mathrm{d}V = \int_{\partial V_i} \varphi \left(\hat{\boldsymbol{Q}} - \boldsymbol{Q}^- \right) \boldsymbol{n} \mathrm{d}S \tag{2.97}$$

定义 “单元” 修正算子 $\boldsymbol{T} = \boldsymbol{R} - \nabla \boldsymbol{Q}$，则有

$$\int_{V_i} \varphi \boldsymbol{T} \mathrm{d}V = \int_{\partial V_i} \varphi \left(\hat{\boldsymbol{Q}} - \boldsymbol{Q}^- \right) \boldsymbol{n} \mathrm{d}S = \sum_{f \in \partial V_i} \int_f \varphi \left(\hat{\boldsymbol{Q}} - \boldsymbol{Q}^- \right) \boldsymbol{n} \mathrm{d}S \tag{2.98}$$

令面 f 的修正算子 $\boldsymbol{T}_f$ 为

$$\int_{V_i} \varphi \boldsymbol{T}_f \mathrm{d}V = \int_f \varphi \left(\hat{\boldsymbol{Q}} - \boldsymbol{Q}^- \right) \boldsymbol{n} \mathrm{d}S \tag{2.99}$$

则有

$$\boldsymbol{T} = \sum_{f \in \partial V_i} \boldsymbol{T}_f \tag{2.100}$$

最终的离散方程可以写为

$$\begin{aligned} & \frac{\mathrm{d}}{\mathrm{d}t} \int_V \varphi \boldsymbol{Q} \mathrm{d}V + \int_{\partial V_i} \varphi \hat{\boldsymbol{H}}_{\mathrm{i}} \left(\boldsymbol{Q}^-, \boldsymbol{Q}^+, \boldsymbol{n} \right) \mathrm{d}S \\ & - \sum_{f \in \partial V_i} \int_f \varphi \hat{\boldsymbol{H}}_{\mathrm{v}} \left(\boldsymbol{Q}^-, \nabla \boldsymbol{Q}^- + \boldsymbol{T}_f^-, \boldsymbol{Q}^+, \nabla \boldsymbol{Q}^+ + \boldsymbol{T}_f^+, \boldsymbol{n} \right) \mathrm{d}S \\ & - \int_{V_i} \nabla \varphi \cdot \boldsymbol{H}_{\mathrm{i}} (\boldsymbol{Q}) \mathrm{d}V + \int_{V_i} \nabla \varphi \cdot \boldsymbol{H}_{\mathrm{v}} (\boldsymbol{Q}, \nabla \boldsymbol{Q} + \boldsymbol{T}) \mathrm{d}V = 0 \end{aligned} \tag{2.101}$$

而黏性通量可以用下式计算:

$$\begin{aligned} & \hat{\boldsymbol{H}}_{\mathrm{v}} \left(\boldsymbol{Q}^-, \nabla \boldsymbol{Q}^- + \boldsymbol{T}_f^-, \boldsymbol{Q}^+, \nabla \boldsymbol{Q}^+ + \boldsymbol{T}_f^+, \boldsymbol{n} \right) \\ = & \frac{1}{2} \left[\boldsymbol{H}_{\mathrm{v}} \left(\boldsymbol{Q}^-, \nabla \boldsymbol{Q}^- + \boldsymbol{T}_f^- \right), \boldsymbol{H}_{\mathrm{v}} \left(\boldsymbol{Q}^+, \nabla \boldsymbol{Q}^+ + \boldsymbol{T}_f^+ \right) \right] \cdot \boldsymbol{n} \end{aligned} \tag{2.102}$$

2.6 其他方法

有限谱体积 (SV) 方法[134−141] 和有限谱差分 (SD) 方法[142−147] 是由华人学者 Wang(王志坚) 及其合作者发展的一类基于非结构/混合网格的高阶精度计算方法。与 DG 方法不同的是，SV 方法类似于有限体积法 (FV)，而 SD 方法类似于有限差分法 (FD)。它们与 DG 方法的相同之处在于选取了相同的解空间，即单元内的多项式空间。关于 DG 方法和 SV 方法的比较，可以参见文献 [148] 和 [149]。

2.6.1　有限谱体积方法

SV 方法的基本思想是将网格单元 V_i 划分为若干个 (m) 子单元，简称为控制体 (CV)$V_{j,i}$，如图 2.8 所示。而在每个 CV 内布置一个自由度 (单元平均值)，由 m 个子单元的所有自由度构造一个 V_i 内的高阶多项式分布。由此得到重构 V_i 内外边界上的高阶物理量分布，进而利用面积分得到高阶的物理通量。在 V_i 间的边界上，由于两侧单元值是间断的，所以采用近似 Riemann 解计算通量；而在 V_i 的内边界上，由于两侧的物理量是连续的，所以可以直接由原控制方程计算通量。

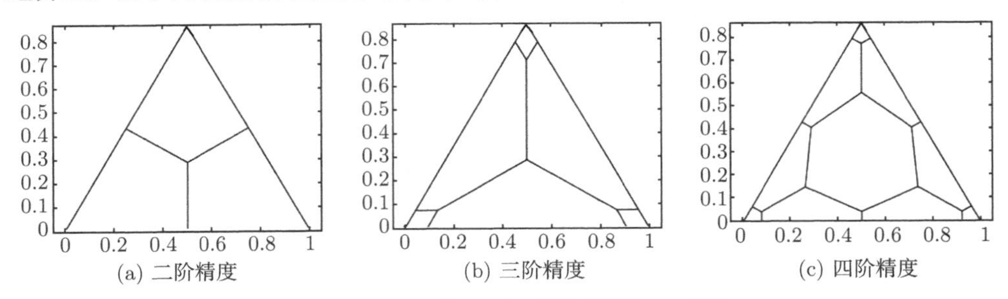

(a) 二阶精度　(b) 三阶精度　(c) 四阶精度

图 2.8　SV 方法中的子单元剖分示意图

在 $V_{j,i}$ 上对控制方程进行积分，可以得到

$$\frac{\mathrm{d}\bar{\boldsymbol{Q}}_{j,i}}{\mathrm{d}t}\left|V_{j,i}\right|+\int\limits_{\partial V_{j,i}}\boldsymbol{H}\left(\boldsymbol{Q}\right)\cdot\boldsymbol{n}\mathrm{d}S=0 \tag{2.103}$$

其中，$|V_{j,i}|$ 是控制体 $V_{j,i}$ 的体积，而 $\bar{\boldsymbol{Q}}_{j,i}$ 是守恒变量的平均值，其定义为

$$\bar{\boldsymbol{Q}}_{j,i}=\frac{1}{\left|V_{j,i}\right|}\int\limits_{V_{j,i}}\boldsymbol{Q}\mathrm{d}V \tag{2.104}$$

于是在目标单元 V_i 内，利用这些单元平均值 (或称自由度) 可以构造一个 k 阶多项式分布

$$\boldsymbol{P}_i\left(\boldsymbol{r}\right)=\sum_{j=1}^{m}\bar{L}_{j,i}\left(\boldsymbol{r}\right)\bar{\boldsymbol{Q}}_{j,i} \tag{2.105}$$

其中的 “形函数”$\bar{L}_{j,i}\left(\boldsymbol{r}\right)$ 满足以下关系式：

$$\frac{1}{\left|V_{j,i}\right|}\int\limits_{V_{j,i}}\bar{L}_{l,i}\left(\boldsymbol{r}\right)\mathrm{d}V=\delta_{jl} \tag{2.106}$$

式中，δ_{jl} 为 Kronecker delta 函数。很显然，(2.105) 式满足 k-exact 性质，其是目标单元内解的 $k+1$ 阶近似。于是可以得到

$$\frac{\mathrm{d}\bar{\boldsymbol{Q}}_{j,i}}{\mathrm{d}t}|V_{j,i}|+\sum_{f\in\partial V_{j,i}}\int_{f}\hat{\boldsymbol{H}}\left(\boldsymbol{Q}^{-},\boldsymbol{Q}^{+},\boldsymbol{n}\right)\mathrm{d}S=0 \tag{2.107}$$

由于在 CV 之间的边界上，解的分布是连续的，因此可以直接用解析的通量表达式。内外边界积分一般采用与精度相匹配的高阶高斯积分公式。由于仅在 V_i 间的边界上采用近似 Riemann 解计算通量，而在 V_i 的内边界上，直接由原控制方程计算通量，而且 SV 方法无需进行 DG 方法中的体积分，因此 SV 方法的计算量较同阶精度的 DG 方法少很多，计算效率更高[149]。

2.6.2 有限谱差分方法

与有限谱体积方法不同的是，有限谱差分 (SD) 方法在每个基本单元内定义两组点集，分别是解节点 (solution point，SP) 和通量节点 (flux point，FP)。如图 2.9 所示为三角形单元内的 SP(圆点) 和 FP(方块) 的分布情况。FP 一般是单元内的高斯积分点。

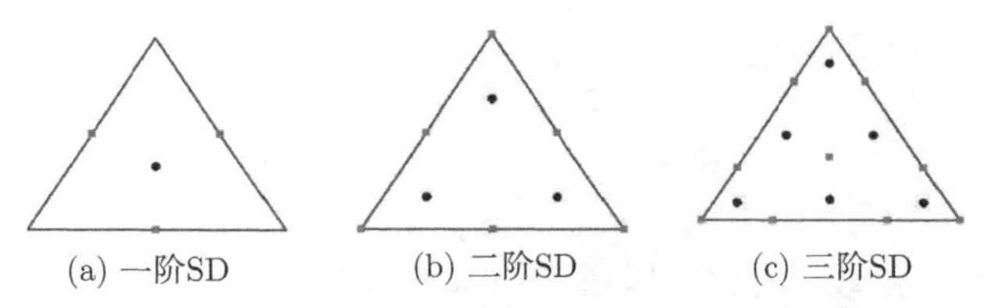

图 2.9 三角形单元内的 SP 和 FP 的分布示意图

记 $\boldsymbol{Q}_{j,i}$ 为节点 SP(记为 $\boldsymbol{r}_{j,i}$) 上的解，则可以利用 Lagrange 型的多项式构造单元内的物理量分布：

$$\boldsymbol{P}_i\left(\boldsymbol{r}\right)=\sum_{j=1}^{m}L_{j,i}\left(\boldsymbol{r}\right)\boldsymbol{Q}_{j,i} \tag{2.108}$$

其中，$L_{j,i}$ 为基函数。由此可以计算出 FP 点上的物理量。由于在 FP 点两侧的物理量可能是间断的，因此可以利用近似 Riemann 解求解该 FP 点的法向通量 (图 2.10)，即

$$\hat{\boldsymbol{H}}_n=\hat{\boldsymbol{H}}\left(\boldsymbol{Q}^{-},\boldsymbol{Q}^{+},\boldsymbol{n}\right) \tag{2.109}$$

而切向通量并不影响守恒律，因此可以用简单的算术平均求得，即

$$\boldsymbol{H}_l=\boldsymbol{H}_l\left(\boldsymbol{Q}^{-},\boldsymbol{Q}^{+},\boldsymbol{l}\right)=\frac{1}{2}\left\{\left[\boldsymbol{H}\left(\boldsymbol{Q}^{-}\right)+\boldsymbol{H}\left(\boldsymbol{Q}^{+}\right)\right]\cdot\boldsymbol{l}\right\} \tag{2.110}$$

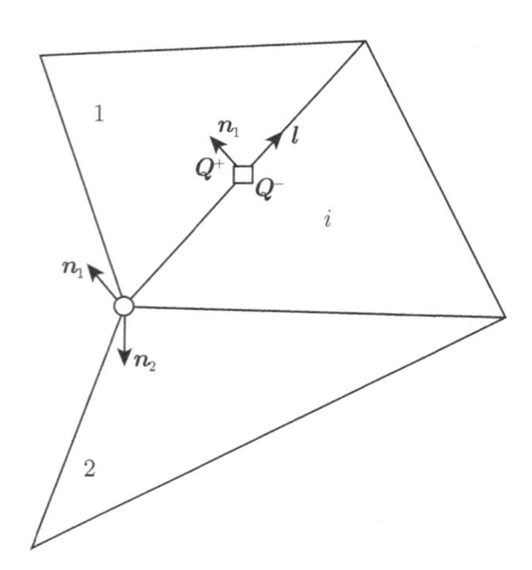

图 2.10　单元交界面和角点处的通量计算示意图

对于图 2.10 中所示的角点，因为其由多个单元共享，所以其通量在此点处不唯一，由单元 i 和单元 1 与 2 可以分别求得其 $\boldsymbol{n}_1$ 和 $\boldsymbol{n}_2$ 方向的通量：

$$\boldsymbol{H}\cdot\boldsymbol{n}_1=\hat{\boldsymbol{H}}_1,\quad \boldsymbol{H}\cdot\boldsymbol{n}_2=\hat{\boldsymbol{H}}_2 \tag{2.111}$$

这里可采用加权平均的方法进行计算：

$$\boldsymbol{P}_i\left(\boldsymbol{r}\right)=\sum_{l}^{m_{k+1}}Z_{l,i}\left(\boldsymbol{r}\right)\boldsymbol{H}_{l,i} \tag{2.112}$$

其中，$Z_{l,i}\left(\boldsymbol{r}\right)$ 为权函数。由此可以得到通量的散度为

$$\nabla\cdot\boldsymbol{P}_i\left(\boldsymbol{r}\right)=\sum_{l}^{m_{k+1}}\nabla Z_{l,i}\left(\boldsymbol{r}\right)\cdot\boldsymbol{H}_{l,i} \tag{2.113}$$

进一步，可以得到每个 SP 上的半离散格式：

$$\frac{\mathrm{d}\boldsymbol{Q}_{j,i}}{\mathrm{d}t}+\sum_{l}^{m_{k+1}}\nabla Z_{l,i}\left(\boldsymbol{r}_{j,i}\right)\cdot\boldsymbol{H}_{l,i}=0 \tag{2.114}$$

利用类似的方法，可以得到四边形单元内的 SD 格式，其不同之处在于 SP 和 FP 位置的不同。图 2.11 显示了三阶 SD 方法在四边形单元中 SP 和 FP 点的分布情况。关于四边形网格上的具体计算方法，这里不再详述，读者可以参阅文献 [25]。

从上述的方法介绍中可以看出，SD 方法采用微分 (差分) 形式的方程求解，无需进行复杂的高斯积分，因此计算量较 SV 方法更小，计算效率更高。但是，SD 方法存在与 SV 方法同样的稳定性问题，对于 SP 和 FP 的选取方式仍有待进一步研究[150]。

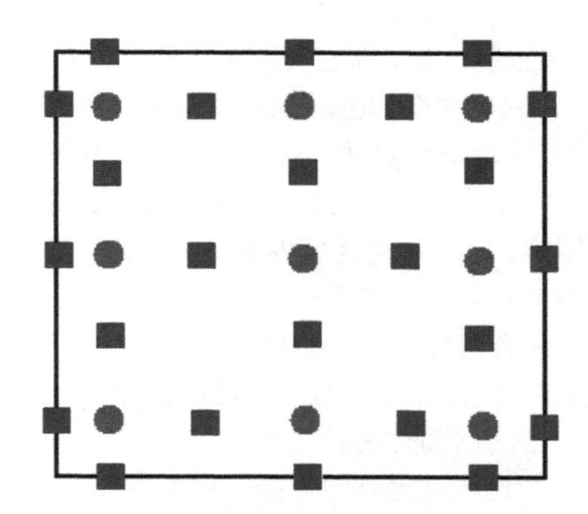

图 2.11 四边形网格上的 SP 和 FP 分布图 (三阶 SD)

2.6.3 间断 Galerkin 有限元/有限体积混合方法

如前所述，各种高精度计算方法具有各自的优势与不足。DG 方法因其提高精度不需要模板、计算精度很高的特点，已成为 CFD 领域卓有成效的数值方法之一。但其在复杂外形的大型数值模拟方面仍有许多不足，主要表现为计算量和内存需求量巨大。对于 d 维的 k 阶精度 DG 格式，每个单元均至少需要存储 $(ndof\times neqs)\times(ndof\times neqs)$ 个数据，计算 $ndof\times neqs$ 个物理量，$ndof=\mathrm{C}_{k+d-1}^{d}$ 为分段多项式的自由度，$neqs$ 为需求解物理量的个数，$nelems$ 为网格数。如对三维情形的四阶 DG 格式，求解三维 Euler 方程 ($neqs$=5)，则每个单元需要 10000 字节的存储量[129]！同时，每个单元需要计算 100 个变量；而且在每个变量的推进计算中，还要计算一次面积分和一次体积分，对于网格规模达到千万甚至数亿的大型实际复杂流动问题，这样的计算量和存储量恐怕现今的计算机也无能为力！

相比 DG 方法，传统的二阶精度 FV 方法的计算量和存储量均要小很多，但是 FV 方法提高精度需要扩展模板，如对于三维问题四阶精度的有限体积格式，至少需要 20 个单元的信息。由于非结构网格的数据存储方式是随机的，因此搜索邻近单元费时费力，同时扩展模板也导致边界条件的处理不便。因此，综合 FV 和 DG 的优势，建立二者的混合算法是一种必然也是自然的选择。

目前，DG/FV 混合算法主要有以下三种形式：第一，控制方程各项采用不同的计算方法的混合；第二，基于计算区域分解的混合；第三，单元分段多项式重构的混合。Thareja 等[151] 和 Luo 等[152] 采用第一种混合算法，即对无黏项采用有限体积方法，而黏性项采用有限元方法，对黏性流动问题进行了数值模拟，计算结果表明该混合算法是比较成功的。这种混合算法的不足之处在于仍然需要存储整个计算域有限元网格的信息，没有克服有限元方法对计算机内存需求大的缺点。贺立新等[153,154]采用了第二种方法，即在物面附近黏性占主导作用的区域采用二阶 DG 有限元进行计算，在远离物面的区域采用快速的二阶精度有限体积算法计算。数值计算结果表明，这种区域混合算法在保证物面附近热流计算精度的同时，降低了内存需求，提高了计算效率。但是此种混合算法并没有摆脱有限体积格式提高精度需要扩展模板的困难，而且计算区域内有两种格式，也使得限制器的构造、时间隐式推进的实现不统一，存在诸多不便。为此，Dumbser 和 Balsara 等[155−157]提出了一类新的有限元和有限体积混合算法，称之为 P_NP_M 方法，其属于第三类混合方法。P_NP_M 基于时空有限元方法，基函数采用面积坐标/体积坐标构造，在二维的三角形剖分和三维的四面体剖分进行了广泛的数值验证，特别是在计算效率上，与传统 DG 方法相比，有明显的优势。基于类似思想，Luo 等[158,159]提出了 reconstructed DG(RDG) 方法。事实上，Qiu 和 Shu[160,161]提出的将 Hermite WENO 重构作为 DG 格式限制器的方法也属于此类。

基于类似的思想，作者提出了构造高阶精度格式的“静态重构”和“动态重构”概念，进一步提出利用“静动态混合重构”构造高阶精度格式的思路，由此构造了一类高阶精度的 DG 有限元和有限体积混合格式，简称为 DG/FV 混合格式[162−164]。以下简要介绍 DG/FV 混合格式的构造思想。

本质上说，数值格式的构造过程就是离散和重构的过程。离散即利用网格技术将计算域分解为离散网格单元；离散是将问题解耦，有限化。重构可以看成离散的逆过程，它把解耦的信息进行耦合，将有限的信息，通过插值技术 (一般是多项式插值) 把丢失的信息“还原”，并通过适当的计算格式使其满足控制方程和初边值条件。不同的“还原”方式导致了不同的格式，因此重构技术对格式的构造起着至关重要的作用。

前文提到的基于非结构/混合网格的高阶精度数值方法，如 DG、k-exact FV 和 SV 方法，都是通过构造单元内的高阶分段多项式 (或称自由度，nDOFs) 来达到高阶精度。一般地，重构 p 次分段多项式可以达到 $p+1$ 阶精度。不同之处在于自由度所在的位置和重构过程，体现了方法的差异性。

(1) 在 DG 方法中，各阶导数的约束关系是时间相关的，随时间同步推进计算，因此我们称之为“动态重构”(或“时间相关重构”)。重构多项式的信息来源于控制方程，由控制方程经过 DG 方法“提炼”而来。

(2) 在 k-exact FV 方法的构造过程中，只有单元平均值随时间推进更新，高阶导数由邻近单元的单元平均值插值而来，不与单元平均值一起推进计算，是时间上的一种“后处理”的过程。重构多项式的信息来源于邻近单元。因此我们称之为“静态重构”(或“网格相关重构”)。

在基于“动态重构”的 DG 方法中，各自由度 (如采用 Taylor 基则为各阶导数) 都随时间推进计算，而且需要计算体积分，这正是其计算量和存储量比 FV 方法大的原因，特别是对于三维复杂外形，无法承受的计算量和存储量已经成为 DG 方法工程应用的突出问题。为此，我们借鉴 FV 方法中“静态重构”的思想，提出一种“混合重构”算法，构造 DG/FV 混合格式。这里我们采用了基于 Taylor 基的 DG 方法，由此其自由度为单元平均值和各阶物理量导数。“混合重构”的基本思想是通过 DG 方法计算较低阶导数，再通过邻近单元的信息重构出更高阶导数，从而在保证格式精度的同时，能够明显地减少计算量和存储量。

令与单元 Ω_e 有公共边的单元集合为 S_e，如图 2.12 所示，$S_e=\{a,b,c\}$。

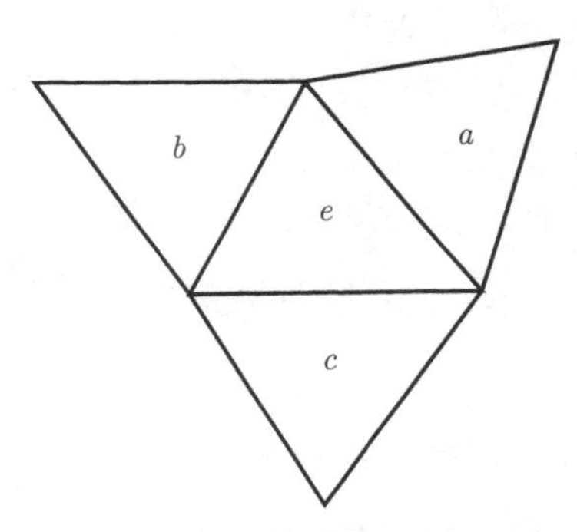

图 2.12 混合重构网格模板

假设已经通过 DG 方法计算得到单元信息 $\bar{\boldsymbol{Q}}_i, \dfrac{\partial \boldsymbol{Q}_i}{\partial \xi}, \dfrac{\partial \boldsymbol{Q}_i}{\partial \eta}$，$i$=$e,a,b,c$，则可以利用模板 S_i 中的信息，计算目标单元 Ω_i 中重构多项式的高阶导数 $\dfrac{\partial^2 \boldsymbol{Q}_i}{\partial \xi^2}, \dfrac{\partial^2 \boldsymbol{Q}_i}{\partial \eta^2}, \dfrac{\partial^2 \boldsymbol{Q}_i}{\partial \xi \partial \eta}$。$S_i$ 中备选的信息有多种，这里选取邻近单元的单元平均值。代入 $\boldsymbol{Q}_{h,i}$ 得

$$\frac{1}{|V_j|}\int_{\Omega_j} \boldsymbol{Q}_{h,i} \mathrm{d}\Omega = \bar{\boldsymbol{Q}}_j, \quad \forall j \in S_i \tag{2.115}$$

定义单元 $\Omega_i \to \Omega_k$ 的 $p-l$ 阶偏心矩 $M_{pl}^{(i,k)}$

$$M_{pl}^{(i,k)} = \frac{1}{|V_k|}\int_{\Omega_k} (\xi)^p (\eta)^l \mathrm{d}\Omega = \frac{1}{|V_k|}\int_{\Omega_k} \frac{(x-x_{\mathrm{c},i})^p (y-y_{\mathrm{c},i})^l}{(h)^{p+l}} \mathrm{d}\Omega \tag{2.116}$$

写成矩阵形式为

$$\boldsymbol{M}_R \begin{pmatrix} \dfrac{\partial^2 \boldsymbol{Q}_i}{\partial \xi^2} \\ \dfrac{\partial^2 \boldsymbol{Q}_i}{\partial \eta^2} \\ \dfrac{\partial^2 \boldsymbol{Q}_i}{\partial \xi \partial \eta} \end{pmatrix} = \begin{pmatrix} rhs_a \\ rhs_b \\ rhs_c \end{pmatrix} \tag{2.117}$$

这里矩阵 $\boldsymbol{M}_R$ 称为重构矩阵。重构矩阵 $\boldsymbol{M}_R$ 的元素由单元 Ω_i 的各阶质心矩 $M_{pl}^{(i,i)}$ 和偏心矩 $M_{pl}^{(i,i)}$ 构成，都是几何量，只与网格剖分相关，在程序初始化的步骤中将 $\boldsymbol{M}_R$ 求逆并保存起来，不需要随时间推进计算。质心矩和偏心矩中的被积函数都是多项式，可以用高阶的高斯积分公式精确求得。右端项 rhs_k 由单元平均值和一阶导数计算而得，为已知量。

$$rhs_k = \bar{\boldsymbol{Q}}_k - \left(\bar{\boldsymbol{Q}}_i + \frac{\partial \bar{\boldsymbol{Q}}_i}{\partial \xi} M_{10}^{(i,k)} + \frac{\partial \bar{\boldsymbol{Q}}_i}{\partial \eta} M_{01}^{(i,k)}\right), \quad k \in S_i \tag{2.118}$$

上述重构过程可以用最小二乘法求解。事实上，Luo 等提出的 RDG 方法[158,159] 正是基于最小二乘法而建立起来的。由此，基于上述“混合重构”思想构造的 DG/FV 混合算法的计算过程如下：

(1) 由 DG 方法的低阶简化形式 (略去二阶导数项)，利用标准的基于 Taylor 基的二阶 DG 方法 (p=1) 计算单元的低阶导数信息 $\bar{\boldsymbol{Q}}, \dfrac{\partial \boldsymbol{Q}}{\partial \xi}, \dfrac{\partial \boldsymbol{Q}}{\partial \eta}$，这个过程为“动态重构”。

(2) 由 (2.117) 式，通过邻近单元的单元平均值计算单元的更高阶导数 (这里为二阶导数项)$\dfrac{\partial^2 \boldsymbol{Q}}{\partial \xi^2}, \dfrac{\partial^2 \boldsymbol{Q}}{\partial \eta^2}, \dfrac{\partial^2 \boldsymbol{Q}}{\partial \xi \partial \eta}$，这个过程为“静态重构”。

(3) 将“混合重构”得到的各阶导数代入 (2.84) 式得到单元的二次分段多项式分布，由此可以计算各高斯积分点上的物理量。

(4) 利用间断侦测器侦测[165]“问题单元”(需要引入限制器的单元)。

(5) 对于“问题单元”，引入限制器 [62,70,71](对于光滑流场可以不用限制器)，由此得到经过限制器修正后的各高斯积分点上的物理量。

(6) 采用简单的 local Lax-Friedrichs 型通量格式或其他通量分裂格式，计算数值通量；同时计算 DG 中的体积分项，得到高阶的半离散形式的代数方程组。

(7) 采用 TVD Runge-Kutta 时间推进迭代或采用隐式格式求解。

如在重构过程中采用最小二乘法，则对于网格质量较差的单元，重构矩阵可能是“病态”的。尽管可以通过奇异值限制技术部分解决病态问题，但在复杂网格情况下，仍会出现不稳定的现象，因此在 Luo 等提出的 RDG 中，采用扩展网格模板的方式增强稳定性，但是这种方法又破坏了格式的“紧致”特性，也会增加额外的计算量。为此，我们由邻近单元的一阶导数信息，采用格林-高斯积分法计算二阶导数，即

$$\boldsymbol{Q}_{xx} = \frac{1}{|V_i|} \int\limits_{\Omega} \frac{\partial^2 \boldsymbol{Q}}{\partial x^2} \mathrm{d}\Omega = \frac{1}{|V_i|} \sum_{S_i \in \partial \Omega} \int\limits_{S_i} \frac{\partial \boldsymbol{Q}}{\partial x} n_x^{(i)} \mathrm{d}S \tag{2.119}$$

$$\boldsymbol{Q}_{yy} = \frac{1}{|V_i|} \int\limits_{\Omega} \frac{\partial^2 \boldsymbol{Q}}{\partial y^2} \mathrm{d}\Omega = \frac{1}{|V_i|} \sum_{S_i \in \partial \Omega} \int\limits_{S_i} \frac{\partial \boldsymbol{Q}}{\partial y} n_y^{(i)} \mathrm{d}S \tag{2.120}$$

$$Q_{xy} = \frac{1}{|V_i|}\int\limits_{\Omega} \frac{\partial^2 Q}{\partial x \partial y} \mathrm{d}\Omega = \frac{1}{|V_i|}\sum_{S_i \in \partial\Omega} \int\limits_{S_i} \frac{\partial Q}{\partial x} n_y^{(i)} \mathrm{d}S \tag{2.121}$$

$$Q_{yx} = \frac{1}{|V_i|}\int\limits_{\Omega} \frac{\partial^2 Q}{\partial x \partial y} \mathrm{d}\Omega = \frac{1}{|V_i|}\sum_{S_i \in \partial\Omega} \int\limits_{S_i} \frac{\partial Q}{\partial y} n_x^{(i)} \mathrm{d}S \tag{2.122}$$

关于交叉导数，有两种方式求解，这里采用取算术平均值的方法进行计算。与上述的最小二乘法不同的是，格林-高斯积分法可以摆脱矩阵运算的困扰，同时不需要计算和存储重构矩阵，能够减少存储量，进一步提高 DG/FV 混合格式的鲁棒性和稳定性。关于更高阶的格式，可以用类似方法求解。

由于 DG/FV 混合格式的高阶导数项是通过邻近单元的信息重构而来，因此相比于原始的 DG 方法，其优势是能够明显地减少计算量和存储量。典型二维问题的计算结果表明，与三阶精度 DG 方法相比，同样精度的 DG/FV 混合格式计算量节省约 53%，存储量也节省约 34%，由此表明 DG/FV 混合格式具有较强的工程应用价值。

2.7 小　结

本章简要介绍了流动控制方程和各种数值计算方法，其目的是使读者对 CFD 数值模拟过程及数值方法对计算网格的要求有一个初步的认识。本章重点介绍了空间离散方法，主要包括有限差分方法、有限体积方法、有限元方法、有限谱体积和有限谱差分方法以及近年来发展的 DG/FV 混合格式等。关于非结构网格高阶精度格式的研究进展，读者还可以参考作者在《力学进展》上的综述论文 [166]。应该指出的是，近年来还发展了很多其他基于非结构/混合网格的高阶精度格式，如 RD(residual distribution) 方法、CPR(correction procedure via reconstruction) 等，有兴趣的读者可以参阅王志坚教授等编辑出版的*Adaptive High-order Methods in Computational Fluid Dynamics*[167]。需要特别指出的是，不同的计算方法对计算网格的拓扑结构、单元类型、数据结构要求不同，有限差分方法仅适应结构网格，而其他类型的计算方法 (无论是积分类还是差分类) 却可以适应非结构/混合网格。

为了提高计算方法的效率，许多 CFD 工作者发展了各种加速收敛技术，如各种隐式计算方法，hp-multigrid 方法，基于 MPI、OpenMP 和 GPU 的大规模并行计算，网格自适应等。这些方法均与网格技术相关。关于时间离散格式已经超出了本书的范畴，因此不作介绍。而关于 h-multigrid 方法、并行计算技术和网格自适应技术，因与计算网格密切相关，将在后续的章节中分别予以介绍。

参考文献

[1] Baldwin B S, Lomax H. Thin-layer approximation and algebraic model for separated turbulent flows. AIAA paper, 78-0257, 1978.

[2] Spalart P R, Allmaras S R. A one equation turbulence model for aerodynamic flows. AIAA paper, 92-0439, 1992.

[3] Wilcox D. Turbulence Modeling for CFD. 2nd ed. DCW Industries, Inc., 1998.

[4] Menter F R. Zonal two equation κ-ω turbulence models for aerodynamic flows. AIAA paper, 93-2906, 1993.

[5] Hellesten A. Some improvements in Menter's κ-ω SST turbulence model. AIAA paper, 98-2554, 1998.

[6] Courant R, Friedrichs K O, Lewy H. On the partial difference equations of mathematical physics. IBM Journal of Research & Development, 1967, 11(2): 215-234.

[7] Jameson A. Time dependent calculations using multigrid with application to unsteady flows past airfoils and wings. AIAA paper, 91-1596, 1991.

[8] Alonso J, Martinelli L, Jameson A. Multigrid unsteady Navier-Stokes equations calculations with aeroelastic applications. AIAA paper, 95-0048, 1995.

[9] Belov A, Martinelli L, Jameson A. A new implicit algorithm with multigrid for unsteady incompressible flows calculations. AIAA paper, 95-0049, 1995.

[10] Godunov S K. A difference scheme for numerical computation of discontinuous solutions of equations of fluid dynamics. Math Sbornik, 1959, 47: 271-306 (In Russian).

[11] van Leer B. Towards the ultimate conservation difference scheme V. A second-order sequel to Godunov's method.J. Comput. Phys., 1979, 32: 101-136.

[12] Roe P L. Approximate Riemann solvers, parameter vectors, and difference schemes. J. Comput. Phys., 1981, 43: 357-372.

[13] van Leer B, Thomas J L, Roe P L. A comparison of numerical flux formulas for the Euler and Navier-Stokes equations. AIAA paper, 87-1104, 1987.

[14] Osher S, Chakravarthy S. Upwind schemes and boundary conditions with application to Euler equation in general geometries. J. Comput.Phys., 1983, 50: 447-481.

[15] Anderson W K, Thomas J L, van Leer B. A comparison of finite-volume flux vector splitting for Euler equations. AIAA paper, 85-0122, 1985.

[16] Steger J L, Warming R F. Flux vector splitting of the inviscid gasdynamic equations with application to finite-difference methods.J. Comput. Phys., 1981, 40: 263-293.

[17] Harten A. High resolution schemes for hyperbolic conservation laws. J. Comput. Phys., 1983, 49: 357-393.

[18] Yee H C. Sweby P K. Aspects of numerical uncertainties in time marching to steady-state numerical solutions. AIAA Journal, 1998, 36(5): 712-724.

[19] Yee H C, Klopfer G H, Montagne J L. High-resolution schock-capturing schemes for inviscid and viscous hypersonic flows. J. Comput. Phys., 1990, 88: 31-61.

[20] Yee H C. A class of high-resolution explicit and implicit shock-capturing methods.Von Karman Institutefor Fluid Dynamics, Lecture Series, 1989.

[21] Niu Y Y, Liou M S. Numerical simulation of dynamic stall using an improved advection upwind splitting method. AIAA Journal, 1999, 37(11): 1386-1392.

[22] Tatsumi S, Martinelli L, Jameson A. Design, implementation, and validation of flux limited schemes for the solution of the compressible Navier-Stokes equations. AIAA paper, 94-0647, 1994.

[23] Chang S C. The methods of space-time conservation element and solution element—A new approach for solving the Navier-Stokes and Euler equations. J. Comput. Phys., 1995, 119: 295-324.

[24] Ekaterinaris J A. High-order accurate, low numerical diffusion methods for aerodynamics. Progress in Aerospace Sciences, 2005, 41: 192-300.

[25] Wang Z J. High-order methods for the Euler and Navier-Stokes equations on unstructured grids. Progress in Aerospace Sciences, 2007, 43: 1-41.

[26] Harten A, Engquist B, Osher S, et al . Some results on uniformly high order accurate essentially non-oscillatory schemes. Applied Numerical Mathematics, 1986, 2: 347-377.

[27] Liu X D, Osher S. Convex ENO high order multi-dimensional schemes without field by field decomposition or staggered grids. J. Comput. Phys., 1998, 142: 304-308.

[28] Jiang G, Shu C W. Efficient implementation of weighted ENO schemes. J. Comput. Phys., 1996, 126(1): 202-228.

[29] Lele S K. Compact finite difference scheme with spectral-like resolution.J. Comput. Phys., 1992, 103(1): 16-42.

[30] Zhong X. High-order finite-difference schemes for numerical simulation of hypersonic boundary-layer transition. J. Comput. Phys., 1998, 144(2): 662-709.

[31] Tam C K W, Webb J C. Dispersion-relation-preserving finite difference schemes for computational acoustics. J. Comput. Phys., 1993, 107(1): 262-281.

[32] Cockburn B, Shu C W. Nonlinearly stable compact schemes for shock calculations. SIAM Journal on Numerical Analysis, 1994, 31(3): 607-630.

[33] 张涵信. 差分计算中激波上下游出现波动的探讨. 空气动力学学报，1984, 2: 12-19.

[34] 张涵信. 无波动、无自由参数的耗散差分格式. 空气动力学学报，1988, 6: 143-165.

[35] Zhang H X, Zhuang F G. NND schemes and their application to numerical simulation of two and three dimensional flows. Advances in Applied Mechanics, 1992, 29: 193-256.

[36] 张涵信. 网格与高精度差分计算问题. 第九届全国计算流体力学会议论文集，1998.

[37] 张涵信，庄逢甘. 与物理分析结合的计算流体力学// 庄逢甘，郑哲敏. 钱学森技术科学思想与力学. 北京: 国防工业出版社, 2001: 128-143.

[38] 李沁，张涵信，高树椿. 一种混合型四阶格式、基于特征的边界条件及其应用. 空气动力学学报,2000, 18(2): 146-155.

[39] Shen Q, Zhang H X. A new upwind NND scheme for Euler equations and its application to the supersonic flow. Proceedings of Asia Workshop on CFD, Sichuan, China, 1994.

[40] 沈清. 三维复杂高超声速黏性流场的数值模拟. 绵阳: 中国空气动力研究与发展中心，1991.

[41] 邓小刚. 黏性超声速发展气动干扰的数值模拟. 绵阳: 中国空气动力研究与发展中心，1991.

[42] 叶友达. 航天飞机简化外形无黏流场数值模拟. 长沙: 国防科技大学，1991.

[43] 黎作武. 含激波、旋涡和化学非平衡反映的高超声速复杂流场的数值模拟. 绵阳: 中国空气动力研究与发展中心，1994.

[44] 贺国宏. 三阶 ENN 格式及其在高超声速黏性复杂流场求解中的应用. 绵阳: 中国空气动力研究与发展中心，1994.

[45] 陈坚强. 超声速燃烧流场及旋涡流动的数值模拟. 绵阳: 中国空气动力研究与发展中心，1995.

[46] 宗文刚. 高阶紧致格式及其在复杂流场求解中的应用. 绵阳: 中国空气动力研究与发展中心，2000.

[47] Fu D X, Ma Y W. A high-order accurate difference scheme for complex flow fields. J. Comput. Phys., 1997, 134: 1-15.

[48] Deng X G，Maekawa H. Compact high-order accurate nonlinear schemes. J. Comput. Phys., 1997, 130: 77-91.

[49] Deng X G, Zhang H X. Developing high-order accurate nonlinear schemes. J. Comput. Phys.,2000, 165(1): 22-44.

[50] Deng X G. High-order accurate dissipative weighted compact nonlinear schemes. Science in China, Series A, 2001, 31(12): 1104-1117.

[51] Ren Y X, Liu M, Zhang H. A characteristic-wise hybrid compact-WENO scheme for solving hyperbolic conservation laws. J. Comput. Phys., 2003, 192(2): 365-386.

[52] Zhang S H, Shu C W. A new smoothness indicator for the WENO schemes and its effect on the convergence to steady state solutions. Journal of Scientific Computing, 2007, 31(1/2): 273-305.

[53] Zhang S H, Jiang S F, Shu C W. Improvement of convergence to steady state solutions of Euler equations with the WENO schemes. Journal of Scientific Computing, 2011, 47: 216-238.

[54] Zhang S H, Zhang H X, Shu C W. Topology structure of shock induced vortex breakdown. J. Fluid Mech., 2009, 639: 343-372.

[55] Zhang S H, Zhang Y T, Shu C W. Interaction of an oblique shock wave with a pair of parallel vortices: Shock dynamics and mechanism of sound generation. Phys. Fluids., 2006, 18(12), 126101: 1-21.

[56] Deng X G, Mao M L, Tu G H, et al. Geometric conservation law and applications to high-order finite difference schemes with stationary grids. J. Comput. Phys., 2011, 230:

1100-1115.

[57] Deng X G, Mao M L, Tu G H, et al. Extending weighted compact nonlinear schemes to complex grids with characteristic-based interface conditions. AIAA Journal, 2010, 48(12): 2840-2851.

[58] Anderson W K, Thomas J L, van Leer B. A comparison of finite-volume flux vector splitting for Euler equations. AIAA paper, 85-0122, 1985.

[59] Peyret R. Handbook of Computational Fluid Mechanics. Academic Press Limited, 1996.

[60] Jameson A, Schmidt W, Turkle E. Numerical solutions of the Euler equations by finite volume methods using Runge-Kutta time-stepping schemes. AIAA paper, 81-1259, 1981.

[61] Desideri J A, Dervieux A. Compressible flow solvers using unstructured grids. VKI Lecture Series, 1988-05, VAN Karman Inst. for Fluid Dynamics, Rhode St. Genese, Belgium, 1988: 1-115.

[62] Barth T J, Jespersen D C. The design and application of upwind schemes on unstructured meshes. AIAA paper, 89-0366, 1989.

[63] 张来平，张涵信. NND 格式在非结构网格中的推广. 力学学报，1996, 28(2): 135-142.

[64] 张来平. 非结构网格、矩形/非结构混合网格复杂无黏流场的数值模拟. 绵阳: 中国空气动力研究与发展中心，1996.

[65] Roe P L. Approximate Riemann solvers, parameter vectors, and difference schemes. J. Comput. Phys., 1981, 43: 357-372.

[66] Steger J L, Warming R F. Flux vector splitting of the inviscid gasdynamic equations with application to finite difference methods. J. Comput. Phys., 1981, 40: 264-293.

[67] van Leer B. Flux-vector splitting for the Euler equations. Lecture Notes in Physics, 1982, 170: 507.

[68] Liou M S. Mass flux schemes and connection to shock instability. J. Comput. Phys., 2000, 160: 623-648.

[69] Kim K, Hong L, Joon H, et al. An improvement of AUSM schemes by introducing the pressure-based weight functions. Computers & Fluids, 1997, 26(5): 505-524.

[70] Venkatakrishnan V. On the accuracy of limiters and convergence to steady state solutions. AIAA paper, 93-0880, 1993.

[71] Venkatakrishnan V. Convergence to steady-state solutions of the Euler equation on unstructured grids with limiters. J. Comput. Phys., 1995, 118: 120-130.

[72] Frink N T.Recent progress toward a three-dimensional unstructured Navier-Stokes flow solver. AIAA paper, 94-0061, 1994.

[73] Barth T J, Frederickson P O. High-order solution of the Euler equations on unstructured grids using quadratic reconstruction. AIAA paper, 90-0013, 1990.

[74] Abgrall R. On essentially non-oscillatory schemes on unstructured meshes: Analysis and implementation. J. Comput. Phys., 1994, 114: 45-58.

[75] Durlofsky L J, Enquist B, Osher S. Triangle based adaptive stencils for the solution of hyperbolic conservation laws. J. Comput. Phys., 1992, 98: 64.

[76] Ollivier-Gooch C F. Quasi-ENO schemes for unstructured meshes based on unlimited data-dependent least-squares reconstruction. J. Comput. Phys., 1997, 133: 6-17.

[77] Sonar T. On the construction of essentially non-oscillatory finite volume approximations to hyperbolic conservation laws on general triangulations: Polynomial recovery accuracy and stencil selection. Comput. Methods Appl. Mech. Eng., 1997, 140: 157.

[78] Friedrich O. Weighted essentially non-oscillatory schemes for the interpolation of mean values on unstructured grids. J. Comput. Phys.,1998, 144:194-212.

[79] Hu C, Shu C W. Weighted essentially non-oscillatory schemes on triangular meshes. J. Comput. Phys., 1999, 150: 97-127.

[80] Rusanov V V. Calculation of interaction of non-steady shock waves with obstacles. J. Comput. Math. Phys. USSR, 1961, 1: 261-279.

[81] Rider W J, Lowrie R B. The use of classical Lax-Friedrichs Riemann solvers with discontinuous Galerkin methods. Int. J. Num. Meth. Fluids, 2002, 40(3): 479-486.

[82] Harten A, Lax P D, van Leer B. On upstream differencing and Godunov-type schemes for hyperbolic conservation laws. SIAM Rev., 1983, 25: 35-61.

[83] Michael Y, Wang Z J. A parameter-free generalized moment limiter for high-order methods on unstructured grids. AIAA paper, 2009-605, 2009.

[84] Krivodonova L, Xin J, Remacle J F, et al. Shock detection and limiting with discontinuous Galerkin methods for hyperbolic conservation laws. Appl. Numer. Math., 2004, 48: 323-338.

[85] Krivodonova L. Limiters for high-order discontinuous Galerkin methods. J. Comput. Phys., 2007, 226: 879-896.

[86] 刘儒勋，舒其望. 计算流体力学若干新方法. 北京：科学出版社，2003.

[87] Turner M J, Clough R W, Martin H C, et al. Stiffness and deflection analysis of complex structures. J.Aeronat. Sci., 1956, 23(9): 805-823.

[88] 冯康. 基于变分原理的差分格式. 应用数学与计算科学，1965，2(4): 237-261.

[89] Zienkiewicz O C, Cheung Y K. Finite element method in the solution of field problems. The Engineer, 1965, 24: 501-510.

[90] Oden T J, Carey G F. Finite Elements: Mathematical Aspects. Englewood Cliffs, N.J.: Prentice-Hall, 1983.

[91] Vries de G, Norrie D H. The application of the finite element technique to potential flow problems. Transactions, ASME, Series E., J. of Applied Mechanics, 1971, 38: 798-802.

[92] Heinrich J C, Huyakorn P, Mitchel A. An upwind finite element schemes for two-dimensional convective transport equations. International Journal for Numerical Methods in Engineering, 1977, 11: 131-143.

[93] Hughes T J R, Brooks A. A multidimensional upwind scheme with no crosswind diffusion. Finite Element Methods for Convection Dominated Lows, ASME, New York,1979.

[94] Donea J. A Taylor-Galerkin method for convective transport problems. International Journal for Numerical Methods in Engineering, 1984, 20: 101-120.

[95] Donea J, Quartapelle L, Selmin V. An analysis of time discretization in the finite element solution of hyperbolic problems. J. Comput. Phys., 1987, 70: 463-499.

[96] Löhner R, Morgan K, Zienkiewicz O C. An adaptive finite element procedure for compressible high speed flows. Computer Methods in Applied Mechanics and Engineering, 1985, 7: 1093-1109.

[97] Argyris J, St. Doltsinis I, Friz H. Hermes shuttle: Exploration of reentry aerodynamics. Computer Methods in Applied Mechanics and Engineering, 1989, 73: 1-51.

[98] Argyris J, St. Doltsinis I, Friz H. Studies on computational reentry aerodynamics. Computer Methods in Applied Mechanics and Engineering, 1990, 81: 257-289.

[99] 徐守栋. 求解超/高超声速无黏绕流的自适应有限元方法. 北京: 北京大学，1993.

[100] 黄兆林, 李宏伟，毛国良. 再入飞行器高超声速绕流的一步和二步有限元计算. 空气动力学学报，1994, 12(2): 213-218.

[101] 朱刚，沈孟育. 跨声速叶栅黏流计算的多级 Taylor-Galerkin 有限元法. 空气动力学学报，1995, 13(4): 414-419.

[102] Jiang B N, Povinelli L A. Least-square finite element method for fluid dynamics. Computer Methods in Applied Mechanics and Engine ering, 1990, 81: 13-37.

[103] 蔡庆东，温功碧. 二维可压无黏流的自适应流量修正有限元解. 航空学报，1994, 15(11): 1291-1297.

[104] Arminjon P. Construction of TVD-like artificial viscosities on two-dimensional arbitrary FEM grids. J. Comput. Phys., 1993, 106: 176-198.

[105] 蔡庆东. 新型 NND 有限元方法和三维 FCT 有限元技术的研究. 北京: 北京大学，1996.

[106] 段占元. 童秉纲, 姜贵庆. 有限差分 —— 有限元混合方法及其在气动热计算中的应用. 空气动力学学报, 1997, 15(4): 5-10.

[107] Reed W H, Hill T R. Triangular mesh methods for the neutron transport equation, Technical Report LA-UR-73-479, Los Alamos Scientific Laboratory, 1973.

[108] Cockborn B, Hou S, Shu C W. TVD Runge-Kutta local projection discontinuous Galerkin finite element method for conservation laws Ⅳ: The multidimensional case. Math. Comp., 1990, 54: 545-581.

[109] Cockborn B, Lin S Y, Shu C W. TVD Runge-Kutta local projection discontinuous Galerkin finite element method for conservation laws Ⅲ: One dimensional systems. Journal of Computational Physics, 1989, 84: 90-113.

[110] Cockborn B, Shu C W. TVD Runge-Kutta local projection discontinuous Galerkin finite element method for scalar conservation laws Ⅱ: General framework. Math. Comp., 1989, 52: 411-435.

[111] Cockburn B, Karniadakis G E, Shu C W. Discontinuous Galerkin Methods. Berlin: Springer, 1999.

[112] 张飞，汪继文. 一维溃坝问题的间断 Galerkin 方法. 安徽大学学报 (自然科学版)，2005, 29(2): 5-8.

[113] 李锡，姚冬梅. 弹塑性体中波传播问题的间断 Galerkin 有限元法. 固体力学学报，2003, 24(4): 399-409.

[114] 李子然，吴长春. 弹性力学问题中的间断 Galerkin 有限元法. 上海交通大学学报，2003, 37(5): 770-773.

[115] PeschL, van der Vegt J J W. A discontinuous Galerkin finite element discretization of the Euler equations for compressible and incompressible fluids. Journal of Computational Physics, 2008, 227: 5426-5446.

[116] Kroll N, Bieler H, Deconinck H, et al. ADIGMA: A European initiative on the development of adaptive higher-order variational methods for aerospace applications//Notes on Numerical Fluid Mechanics and Multidisciplinary Design, Vol.113. Berlin: Springer, 2010.

[117] Kroll N, Hirsch C, Bassi F, et al. IDIHOM: Industrialization of high-order methods—A top-dwon approach// Notes on Numerical Fluid Mechanics and Multidisciplinary Design, Vol.128. Berlin: Springer, 2015.

[118] Remaki M, Habashi W G, Ait-Ali-Yahia D, et al. A 3D discontinuous Galerkin method for multiple puretone noise problem. The 40th Aerospace Sciences Meeting & Exhibit, Reno, Nevada, 2002.

[119] Atkins H L, Lockard D P. A high-order method using unstructured grids for the aeroacoustic analysis of realistic aircraft configurations.The 5th AIAA/CEAS Aeroacoustics Conference, Bellevue (Greater Seattle), WA, 1999.

[120] Hu F Q, Atkins H. A discrete analysis of non-reflecting boundary condition for discontinuous Galerkin method. AIAA paper, 2003.

[121] Qiu J X, Boo C K, Shu C W. A numerical study for performance of the Runge-Kutta discontinuous Galerkin method based on different numerical fluxes. Journal of Computational Physics, 2006, 212: 540-565.

[122] Wang L, Macriplis D J. Implicit solution of the unsteady Euler equations for high-order accurate discontinuous Galerkin discretizations. Journal of Computational Physics, 2007, 225: 1994-2015.

[123] Bassi F, Crivellini A, Di Pietro D A, et al. An implicit high-order discontinuous Galerkin method for steady and unsteady incompressible flows. Journal of Computational Physics, 2007, 225: 1529-1546.

[124] Luo H, Baum J D, Lohner R. A Hermit WENO-based limiter for discontinuous Galerkin method on unstructured grids. Journal of Computational Physics, 2007, 225: 686-713.

[125] Ni G X, Jiang S, Xu K. A DGBGK scheme based on WENO limiters for viscous and inviscid flows. Journal of Computational Physics, 2008, 227: 5799-5815.

[126] Qiu J X, Shu C W. Hermite WENO schemes and their application as limiters for Runge-Kutta discontinuous Galerkin method. Comput. & Fluids, 2005, 34: 642-663.

[127] Luo H, Baum J D, Lohner R. A p-multigrid discontinuous Galerkin method for Euler equations on unstructured grids. Journal of Computational Physics, 2006, 211: 767-783.

[128] Hartmann R, Houston P. Adaptive discontinuous Galerkin finite element methods for the compressible Euler equations. Journal of Computational Physics, 2002, 183: 508-532.

[129] Luo H, Baum J D, Lohner R. A discontinuous Galerkin method based on a Taylor basis for the compressible flows on arbitrary grids. Journal of Computational Physics, 2008, 227: 8875-8893.

[130] Cockburn B, Shu C W. The local discontinuous Galerkin method for time-dependent convection diffusion system. SIAM J. Numer. Anal., 1998, 35: 2440-2463.

[131] Bassi F, Rebay S. A high-order accurate discontinuous finite element method for the numerical solution of the compressible Navier-Stokes equations. Journal of Computational Physics, 1997, 131(1): 267-279.

[132] Bassi F, Rebay S. Numerical evaluation of two discontinuous Galerkin methods for the compressible Navier-Stokes equations. Int. J. Numer. Methods Fluids, 2002, 40(1): 197-207.

[133] Bassi F, Crivellini A, Rebay S, et al. Discontinuous Galerkin solutions of the Reynolds-averaged Navier-Stokes and kw turbulence model equations. Computers & Fluids, 2005, 34(4/5): 507-540.

[134] Wang Z J. Spectral (finite) volume method for conservation laws on unstructured grids: Basic formulation. Journal of Computational Physics, 2002, 178: 210-251.

[135] Wang Z J, Liu Y. Spectral (finite) volume method for conservation laws on unstructured grids Ⅱ: Extension to two-dimensional scalar equation. Journal of Computational Physics, 2002, 179(2): 665-697.

[136] Wang Z J, Liu Y. Spectral (finite) volume method for conservation laws on unstructured grids Ⅲ: One-dimensional systems and partition optimization. J. Sci. Comput., 2004, 20: 137-157.

[137] Wang Z J, Zhang L, Liu Y. Spectral finite volume method for conservation laws on unstructured grids Ⅳ: Extension to two dimensional systems. Journal of Computational Physics, 2004, 194(2): 716-741.

[138] Liu Y, Vinokur M, Wang Z J. Spectral (finite) volume method for conservation laws on unstructured grids Ⅴ: Extension to three-dimensional systems. Journal of Computational Physics, 2006, 212: 454-472.

[139] Sun Y, Wang Z J, Liu Y. Spectral (finite) volume method for conservation laws on

unstructured grids Ⅵ: Extension to viscous flow. Journal of Computational Physics, 2006, 215(1): 41-58.

[140] Chen Q Y. Partitions of a simplex leading to accurate spectral (finite) volume reconstruction. SIAM J. Sci. Comput., 2006, 27(4): 1458-1470.

[141] Chen Q Y. Partitions for spectral finite volume reconstruction in the tetrahedron.SIAM J. Sci. Comput., 2006, 29(3): 299-319.

[142] Liu Y, Vinokur M, Wang Z J. Discontinuous spectral difference method for conservation laws on unstructured grids. Proceedings of the 3rd International Conference on Computational Fluid Dynamics, Toronto, Canada, 2004.

[143] Liu Y, Vinokur M, Wang Z J. Discontinuous spectral difference method for conservation laws on unstructured grids. Journal of Computational Physics, 2006, 216: 780-801.

[144] Wang Z J, Liu Y. The spectral difference method for the 2D Euler equations on unstructured grids. AIAA paper, 2005-5112, 2005.

[145] Wang Z J, Liu Y, May G, et al. Spectral difference method for unstructured grids Ⅱ: Extension to the Euler equations. SIAM J. Sci. Comput., 2007, 32: 45-71.

[146] May G, Jameson A. A spectral difference method for the Euler and Navier-Stokes equations. AIAA paper, 2006-304, 2006.

[147] Wang Z J, Sun Y, Liang C, et al. Extension of the SD method to viscous flow on unstructured grids. Proceedings of the 4th International Conference on Computational Fluid Dynamics, Gent, Belgium, 2006.

[148] Zhang M, Shu C W. An analysis and a comparison between the discontinuous Galerkin method and the spectral finite volume methods. Computers & Fluids, 2005, 34(4/5): 581-592.

[149] Sun Y, Wang Z J. Evaluation of discontinuous Galerkin and spectral volume methods for scalar and system conservation laws on unstructured grid. Int. J. Numer. Methods Fluids, 2004, 45(8): 819-838.

[150] Balan A, May G, Schoberl J. A stable high-order spectral difference method for hyperbolic conservation laws on triangular elements. Journal of Computational Physics, 2012, 231: 2359-2375.

[151] Thareja R R, Stewart J R. A point implicit unstructured grid solver for the Euler and Navier-Stokes equations. International Journal for Numerical Methods in Fluids, 1989, 9: 405-425.

[152] Luo H, Baum J D, Löhner R. High-Reynolds number viscous computations using an unstructured-grid method. Journal of Aircraft, 2005, 42(2): 483-492.

[153] He L X, Zhang L P, Zhang H X. A finite element/finite volume mixed solver on hybrid grids. The Fourth International Conference on Computational Fluid Dynamics, Ghent, Belgium, 2006.

[154] 贺立新，张来平，张涵信. 间断 Galerkin 有限元和有限体积混合计算方法研究. 力学学报, 2007, 39(1): 15-21.

[155] Dumbser M, Balsara D S, Toro E F. A unified framework for the construction of one-step finite volume and discontinuous Galerkin schemes on unstructured meshes. Journal of Computational Physics, 2008, 227: 8209-8253.

[156] Dumbser M. Arbitrary high order $P_N P_M$ schemes on unstructured meshes for the compressible Navier-Stokes equations. Computers and Fluids, 2010, 39: 60-76.

[157] Dumbser M, Zanotti O. Very high order $P_N P_M$ schemes on unstructured meshes for the resistive relativistic MHD equations. Journal of Computational Physics, 2009, 228: 6991-7006.

[158] Luo H, Luo L P, Nourgaliev R, et al. A reconstructed discontinuous Galerkin method for the compressible Navier-Stokes equations on arbitrary grids. Journal of Computational Physics, 2010, 229: 6961-6978.

[159] Luo H, Luo L P, Ali A, et al. A parallel, reconstructed discontinuous Galerkin method for the compressible flows on arbitrary grids. Commun. Comput. Phy., 2011, 9(2): 363-389.

[160] Qiu J X, Shu C W. Hermite WENO schemes and their application as limiters for Runge-Kutta discontinuous Galerkin method: One-dimensional case Comput. Phys., 193, 115-135.

[161] Qiu J X, Shu C W. Hermite WENO schemes and their application as limiters for Runge-Kutta discontinuous Galerkin method Ⅱ: Two-dimensional case. Comp. & Fluids, 2005, 34: 642-663.

[162] Zhang L P, Liu W, He L X, et al. A class of hybrid DG/FV methods for conservation laws Ⅰ: Basic formulation and one-dimensional systems. Journal of Computational Physics, 2012, 231: 1081-1103.

[163] Zhang L P, Liu W, He L X, et al. A class of hybrid DG/FV methods for conservation laws Ⅱ: Two-dimensional cases. Journal of Computational Physics, 2011, 231: 1104-1120.

[164] Zhang L P, Liu W, He L X, et al. A class of hybrid DG/FV methods for conservation laws Ⅲ: Two-dimensional Euler equations. Communication in Computational Physics, 2012, 12(1): 284-314.

[165] 张来平，刘伟，贺立新，等. 一种新的间断侦测器及其在 DGM 中的应用. 空气动力学学报，2011, 29(4): 401-406.

[166] 张来平，贺立新，刘伟，等. 基于非结构/混合网格的高阶精度格式研究进展. 力学进展，2013，43(2): 202-236.

[167] Wang Z J. Adaptive High-order Methods in Computational Fluid Dynamics, Advances in Computational Fluid Dynamics, Vol.2. World Scientific Publishing, 2011.

第3章 结构网格生成方法概述

3.1 引　　言

顾名思义，结构网格在空间的三个方向可以进行维度分解，如图 1.1 所示。在三维空间的网格节点可以用 r_{ijk} 来表述：

$$\boldsymbol{r}_{ijk} = (x_{ijk}, y_{ijk}, z_{ijk}), \quad i=1,2,\cdots,I; j=1,2,\cdots,J; k=1,2,\cdots,K \tag{3.1}$$

式中，i，j，k 分别对应直角坐标的 x，y，z 三个方向或者曲线坐标的 ζ，η，ξ 三个方向。

结构网格生成技术最早可以追溯到 20 世纪 60 年代末期美国 Lawrence Livermore 国家实验室 Winslow 和 Crowley 的工作[1]，以及苏联 Godunov 和 Prokopov 的工作[2]。另外一个基础性的研究工作是 1982 年 Gordon 等提出的超限插值方法[3] (transfinite interpolation)。

在 CFD 发展初期，由于所计算的外形均非常简单，所以一般采用代数方法直接生成结构网格。事实上，超限插值方法就是一种代数网格生成方法。也有学者提出利用保角变换来生成结构网格[2]。随着网格生成技术的进一步发展，一些学者逐步提出了求解微分方程的结构网格生成方法，主要包括求解椭圆型方程[4−8]、抛物型方程、双曲型方程[9−11] 的网格生成方法。代数网格生成方法速度快，但是网格的光滑性相对较差。求解微分方程的方法通过引入适当的源项和控制函数，可以得到分布合理和光滑的结构网格，而且物面附近网格的正交性能得以保证。对于椭圆型方程而言，需要事先定义好网格块 (block) 的所有边界；而求解双曲型方程仅需定义物面网格即可，空间网格通过双曲推进获得。对于几何曲率变化剧烈的外形，特别是存在凹角的外形，双曲型方程由于其非线性特征，容易导致空间网格的相交 (其现象类似于流场中出现了 “激波”)，最终导致网格生成失败，因此需要在求解过程中引入必要的控制 (类似于数值计算含激波时流场必须引入必要的数值耗散)。

以上方法在单块结构网格生成中均得到了良好的应用。在实际网格生成过程中，还可以将以上方法有机结合，例如，可以首先用代数网格方法生成初始网格，然后利用求解椭圆型方程的方法进行优化，其类似于设定初始流场，然后通过迭代得到最终的收敛解，这样可以提高计算效率。

对于非常复杂的几何构型 (如含主翼、发动机短舱和吊挂、水平和垂直尾翼的民航飞机全机构型)，显然单块的结构网格已很难生成，为此，CFD 工作者发展了各种多块结构网格技术，主要包括多块对接网格 (multi-block composite grid)[12−14]、多块拼接网格 (multi-block patched grid)[15]、重叠结构网格 (overlapping or Chimera grid)[16−20]。

本章将简要介绍代数网格生成方法、求解微分方程的网格生成方法、复杂外形多块结构网格生成方法的基本概念，其目的是让读者对结构网格技术有一个整体的认识。

3.2 代数网格生成方法

代数网格生成方法的基本思想是利用一组坐标变换，将复杂的几何外形变换为简单的计算域 (二维正方形和三维正方体，亦称之为计算空间)，然后在计算空间内划分等距均匀网格，最后反变换至物理空间，形成计算网格。计算空间与物理空间的中间状态，称为参数空间。变换函数和参数空间内网格分布可以根据几何外形的特点任意选择，以控制物理空间的网格分布，如在曲率变化较大的区域和边界层内均需要适当地加密网格。关于代数网格生成方法，读者可以参考早期的文献[21,22]。

最具代表性的代数网格生成方法是超限插值法[3]，其最突出的特点是可以方便地控制网格点的分布和边界处网格的正交性[23]。插值函数的构造要求保证物理边界的保形性，即要求与边界的离散点 (边界网格点) 一一对应。

代数网格生成方法的主要优点是应用简便、计算量小以及能比较直观地控制网格的形状和密度。而它的主要缺点如下：

(1) 对于复杂的几何外形，有时很难找到合适的插值函数和插值方法。

(2) 一般来说由于缺乏固定的光滑机制，边界曲率的间断往往会传播到流场内部。

3.3 保角变换网格生成方法

保角变换网格生成方法与代数网格生成方法类似，不同之处是其利用解析的复变函数来完成物理空间到计算空间的映射。

保角变换方法的主要优点是能精确地保证网格的正交性，而它的主要缺点是：

(1) 对于比较复杂的边界形状，有时难以找到对应的映射关系式。

(2) 它的应用局限于二维问题。

当然，对于某些简单的三维问题，有时可以沿某一方向取若干截面，并在每个截面内用保角变换方法生成网格，然后沿垂直于截面的方向采用相应的插值方法来生成三维计算网格。

3.4 求解微分方程的网格生成方法

在 CFD 中，我们所求解的方程均为偏微分方程，因此人们自然联想到利用求解偏微分方程的方法来生成网格。在这类方法中，物理空间坐标和计算空间坐标之间是通过微分方程组联系起来的。如果物理空间的所有边界均已定义，则方程为椭圆型；而如果仅定义了部分边界，则方程为抛物型或双曲型。其中求解椭圆型方程的方法在网格生成软件中的应用最为广泛。关于求解微分方程的网格生成方法，读者可以参阅 Eiseman 和 Erlebacher 的综述文章[24]。

求解椭圆型方程方法的突出优势是能保证边界处的网格正交性，而且其固有特性是网格光滑性好，此外，物理边界的导数不连续不会传播至远离边界的区域。但是，椭圆型方程需要迭代求解，因此其效率较其他方法要低。最常见的椭圆型方程是 Laplace 方程，但使用的最广泛的是 Possion 方程，因为其中的非齐次项可以用于调节网格密度的分布。

如果在网格生成之初，仅给定了部分边界网格，则可以用求解抛物型方程或双曲型方程的方法生成网格。如果给定了两个相对应的边界，可以用求解抛物型方程的方法；如果仅给定了一个边界，则可以用求解双曲型方程的方法。求解双曲型方程方法的主要优势是能保证壁面网格的正交性，其主要不足是网格生成的稳定性较差。在几何构型存在较大凹角的情况下，有可能出现网格相交的现象 (类似于流场中出现了激波)，因此在求解时需要在局部引入必要的数值耗散，以提高其稳定性。

3.5 复杂外形结构网格生成方法

对于复杂几何外形 (如全机构型)，传统的统一贴体网格 (unified body-fitted grids) 技术已很难胜任。仅就简单几何体的组合构型，统一的贴体网格已难以生成。为此，CFD 工作者提出了多种分块结构网格 (multi-block) 生成技术，主要包括多块对接网格、多块拼接网格和多块重叠网格，如图 3.1 所示。而在每个子块中采用前述的单块结构网格生成方法。多块对接网格指块与块之间的共享面上网格点是一一对应的 (图 3.1(a))；多块拼接网格指在块与块之间的共享面上，网格点无需一一对应，交界面左右两侧的网格划分点数不同，如 $I_{\rm L} \neq I_{\rm R}$；$J_{\rm L} \neq J_{\rm R}$ (图 3.1(b))。多块重叠网格指在网格子块间存在网格重叠区域，子块 1 的一部分边界处的网格点分布于子块 2 的网格区域之内，反之亦然 (图 3.1(c))。

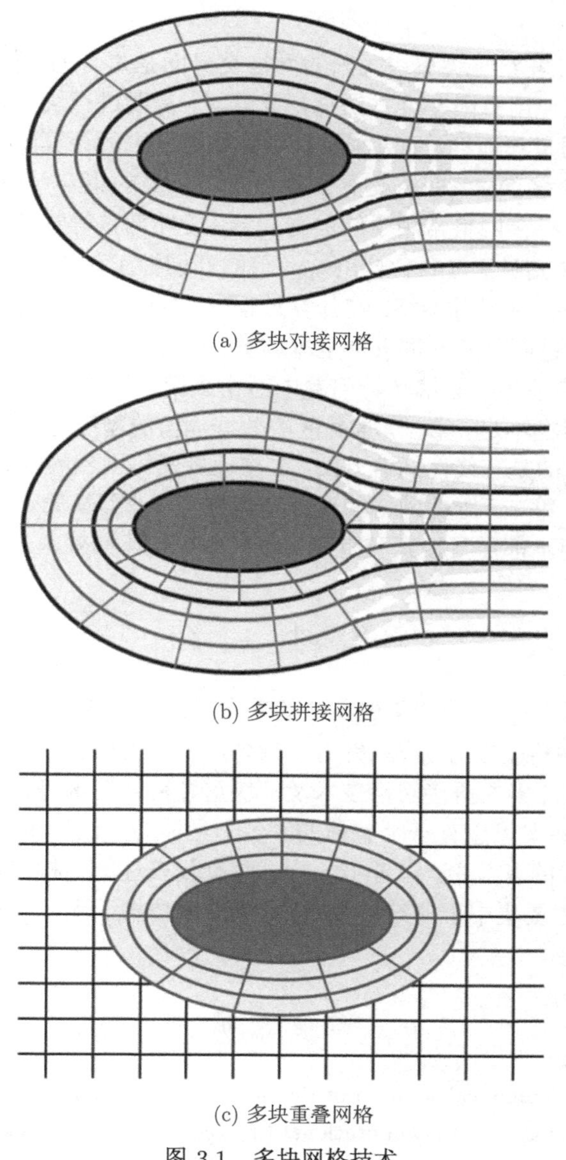

(a) 多块对接网格

(b) 多块拼接网格

(c) 多块重叠网格

图 3.1 多块网格技术

多块对接网格技术是单块结构网格的自然推广，也是目前最为常用的多块网格技术。由于块与块交界面上的网格点是一一对应的，因此在计算过程中无需插值，由此可以保证通量守恒性。但是，在某些极端复杂的三维情况下，尤其是在需要进行黏性流动计算时，要生成高质量的对接网格也并非易事。为了保证网格节点的一一对应，在壁面附近很密的网格分布有可能扩散至远场，由此导致网格的离散效率降低。

多块拼接网格虽然在块与块之间的网格交界面是重合的，但是网格节点并不一一对应，因此在使用有限差分方法进行计算时，需要进行块与块之间的插值，由此可能难以保证通量守恒性。如果采用有限体积方法进行计算，可以将交界面处的网格单元视为一个多面体 (即将交界面视为多个子面的集合)，通过分片积分保证通量守恒性。多块拼接网格常用于舵面剪刀缝、旋转部件等特殊问题的网格生成。

重叠网格方法始见于 1983 年 Steger 等的开创性工作[16]，其基本思想是对复杂外形的每个部件生成贴体网格。在计算过程中，通过数据插值交换更新各子块重叠区的边界信息，进而时间推进求得全流场解。目前该方法已广泛应用于复杂外形的数值模拟，尤其是在舵面偏转等问题中经常采用。尽管重叠网格方法已被广泛应用，但是其仍存在不足。第一，重叠区的数据插值的精度直接影响计算结果的精度。目前普遍采用的是三线性插值方法，在物理量变化剧烈的区域采用线性插值显然不能满足要求。第二，重叠网格的通量守恒性难以保证。第三，在网格运动的情况下，每一个时间步都需要搜索和重建插值关系，对计算效率也有较大影响。

3.6 小　　结

本章简要介绍了结构网格生成方法的基本概念，主要包括代数网格生成方法、求解微分方程的网格生成方法等。针对复杂外形的结构网格生成问题，重点介绍了多块对接网格技术、多块拼接网格技术及多块重叠网格技术等。本章的目的是使读者对这些方法的基本思想有一个整体的了解，具体的方法读者可以参阅相关的文献或专著。在后续的章节中，作者将介绍一些有代表性的结构网格生成方法。由于作者的研究工作主要集中于非结构/混合网格生成技术，因此对于结构网格生成方法仅作简要的介绍。

参考文献

[1] Winslow A M. Numerical solution of the quasilinear poisson equation in a nonuniform triangle mesh. Journal of Computational Physics, 1966, 1: 149-172.

[2] Godunov S K, Prokopov G P. On the computation of conformal transformations and the construction of difference meshes. Zh. Vychisk. Mat. Mat. Fiz., 1967, 7: 209.

[3] Gordon W J, Thiel L C. Transfinite mappings and their application to grid generation// Thompson J F. Numerical Grid Generation. North Holland, 1982.

[4] Thompson J F, Thames F C, Mastin C W. TOMCAT—A code for numerical generation of boundary fitted curvilinear coordinates systems on fields containing any number of aribitrary two-dimensional bodies. Journal of Computational Physics, 1977, 24: 274-

302.

[5] Thompson J F, Warsi E U A, Mastin C W. Numerical Grid Generation. North Holland: Elsevier Science Publishing Co., 1985.

[6] Sorenson R L. A computer program to generate two-dimensional grids about airfoils and other shapes by the use of Possion's equation. NASA TM 81198, 1980.

[7] Mastin C W, Thompson J F. Elliptic system and numerical transformation. J. Math. Anal. Application, 1978, 62: 52-62.

[8] Thompson J F, Warsi E U A. Boundary-fitted coordinates system for numerical solution of partial differential equations—A review. Journal of Computational Physics, 1982, 47: 1-108.

[9] Steger J L, Chaussee D S. Genration of body fitted coordinates using hyperbolic partial differential equations. SIAM J. Sci. Stat. Comput., 1980, 1: 431-437.

[10] Steger J L, Rizk Y M. Generation of three-dimensional body-fitted coordinates using hyperbolic partial differential equations. NASA RM 86753, 1985.

[11] Chan W M, Steger J L. A generated scheme for three-dimensional hyperbolic grid generation. AIAA paper, 91-1588, 1991.

[12] Weatherill N P, Forsey C R. Grid generation and flow calculations for complex aircraft geometries using a multi-block scheme. AIAA paper, 84-1665, 1984.

[13] Kim J K, Thompson J F. Three-dimensional solution-adaptive grid generation on a composite block configuration. AIAA Jounal, 1990, 28: 470-477.

[14] Thompson J F. A composite grid generation code for 3D regions—The EAGLE code. AIAA Journal, 1988, 26: 271-272.

[15] Rubbert P E, Lee K D. Patched coordinate systems// Thompson J F. Numerical Grid Generation. North-Holland, 1982.

[16] Steger J L, Dougherty F C, Benek J A. A chimera grid scheme. Presensed at Applied Mechanics, Bioengineering and Fluids Engineering Conference, Houston, Texas, 1983.

[17] Miki K, Takagi T. A domain decomposition and overlapping method for the generation of three-dimensional boundary-fitted coordinate systems. Journal of Computational Physics, 1984, 53: 319-330.

[18] Benek J A. A 3D Chimera grid embdedding technique. AIAA paper, 85-1523, 1985.

[19] Peace D G. Development of a large Chimera grid system for space shuttle. AIAA paper, 93-0533, 1993.

[20] Kao K H, Liou M S, Chow C Y. Grid adaption using Chimera composite overlapping meshes. AIAA paper, 93-3389, 1993.

[21] Shmit R E. Algebraic grid generation//Thompson J F. Numerical Grid Generation. North-Holland, 1982: 137.

[22] Eriksson L E. Generation of boundary-conforming grids around wing-body configurations using transfinite interpolation. AIAA Journal, 1982, 20: 1313-1320.

[23] Baker T J. Developments and trends in three-dimensional mesh generation. Appl. Num. Math., 1989, 5: 275-304.

[24] Eiseman P R, Erlebacher G. Grid generation for the solution of partial differential equations. ICASE report 87-57, 1989.

第 4 章　结构网格代数生成方法

4.1 引　　言

代数网格方法是最简单的结构网格生成方法。其利用已知的物理空间的边界值，通过一系列代数变换，将物理空间的不规则区域变换为计算空间的规则矩形区域。

以二维问题为例，假设通过适当的坐标变化，将物理空间变换为计算空间的一个正方形 $(\xi,\eta)\in[0,1]\times[0,1]$。令 $\phi_i(\xi,\eta)$，$i=1,2,3,4$，为物理空间的四个边界；a_i 为四边形的四个角点，如图 4.1 所示。在参数空间 (ξ,η) 内分布规则的结构网格，通过坐标反变换即可得到物理空间的计算网格。

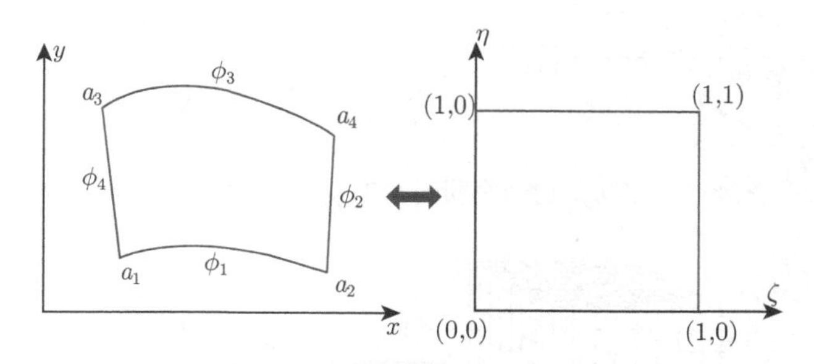

图 4.1　物理空间边界和角点定义及坐标变换

插值算法是代数网格生成方法的核心，不同的插值算法将生成不同性质的计算网格。在众多的插值算法中，超限插值 (TFI) 是使用得最广泛的方法。TFI 方法的突出优势在于网格步长可以直接控制，而且易于编程实现，网格生成效率高。本章将重点介绍以 TFI 为代表的代数网格生成方法，其中重点介绍插值算法，以及在实际应用中的网格步长控制方法。

4.2 变换与网格剖分

如图 4.2 所示，物理空间内任意点的坐标可以表述为 $\boldsymbol{X}(x,y,z)$，而计算空间内的对应点可以表述为 $\boldsymbol{X}'(\xi,\eta,\zeta)$。二者的对应关系可以表述为

$$\boldsymbol{X}(\xi,\eta,\zeta)=\begin{bmatrix} x(\xi,\eta,\zeta) \\ y(\xi,\eta,\zeta) \\ z(\xi,\eta,\zeta) \end{bmatrix},\quad 0\leqslant\xi\leqslant1, 0\leqslant\eta\leqslant1, 0\leqslant\zeta\leqslant1 \tag{4.1}$$

则结构网格的节点集可以表述为 $\boldsymbol{X}(\xi_i,\eta_j,\zeta_k)$，其中

$$0\leqslant\xi_i=\frac{i-1}{I-1}\leqslant1,\quad 0\leqslant\eta_j=\frac{j-1}{J-1}\leqslant1,\quad 0\leqslant\zeta_k=\frac{k-1}{K-1}\leqslant1 \tag{4.2}$$

式中，$i=1,2,3,\cdots,I$；$j=1,2,3,\cdots,J$；$k=1,2,3,\cdots,K$。i，j，k 分别代表 ξ，η，ζ 方向的网格指标，而 I，J，K 则代表各方向的网格总数。由此，在计算空间内的等距网格可以通过变换得到物理空间内的网格 (图 4.3)。

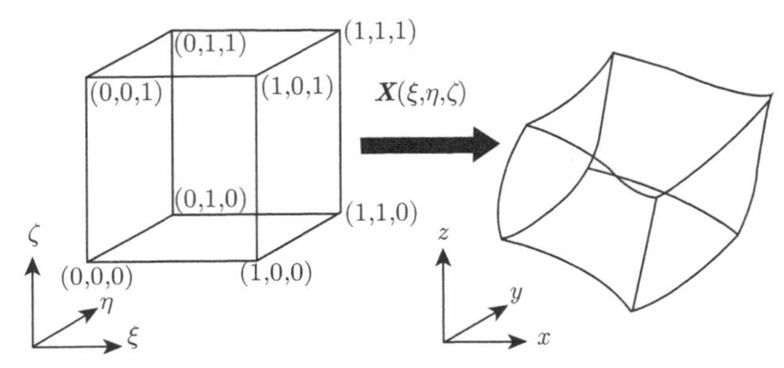

图 4.2　三维计算空间至物理空间的变换 (左：计算空间；右：物理空间)

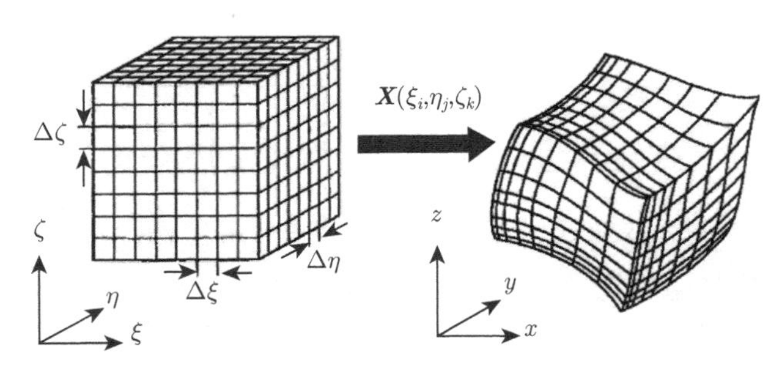

图 4.3　三维计算空间和物理空间的网格 (左：计算空间；右：物理空间)

4.3　超限插值方法

超限插值方法最早由 Golden 等于 1973 年提出 [1]。在 20 世纪 80 年代初期，Eriksson 等将其推广应用于 CFD 的结构网格生成 [2–4]，随后一些学者提出了各种形式的超限插值方法[5–9]。以下介绍两种常用的表述方法[9]。

4.3.1 Boolean 积形式

超限插值的本质是确定每个计算坐标方向的单变量插值关系，形成单变量插值关系的张量积，最终得到 Boolean 积。单变量插值函数是已知物理空间的信息 (几何离散点的位置及其导数) 的线性组合。其表达式可以写为如下的统一形式：

$$\begin{aligned}
\boldsymbol{U}(\xi,\eta,\zeta) &= \sum_{i=1}^{L}\sum_{n=0}^{P}\alpha_i^n\frac{\partial^n\boldsymbol{X}(\xi_i,\eta,\zeta)}{\partial\xi^n}\\
\boldsymbol{V}(\xi,\eta,\zeta) &= \sum_{j=1}^{M}\sum_{m=0}^{Q}\beta_j^m\frac{\partial^m\boldsymbol{X}(\xi,\eta_j,\zeta)}{\partial\eta^m}\\
\boldsymbol{W}(\xi,\eta,\zeta) &= \sum_{k=1}^{N}\sum_{l=0}^{R}\gamma_k^l\frac{\partial^l\boldsymbol{X}(\xi,\eta,\zeta_k)}{\partial\zeta^l}
\end{aligned}\tag{4.3}$$

其中的掺混函数 (blending function) α，β 和 γ 分别满足

$$\begin{aligned}
\frac{\partial^{\bar n}\alpha_{\bar i}^n(\xi_i)}{\partial\xi^{\bar n}} &= \delta_{i\bar i}\delta_{n\bar n},\quad \bar i=1,2,\cdots,L;\ \bar n=0,1,\cdots,P\\
\frac{\partial^{\bar m}\beta_{\bar j}^m(\eta_j)}{\partial\eta^{\bar m}} &= \delta_{j\bar j}\delta_{m\bar m},\quad \bar j=1,2,\cdots,M;\ \bar m=0,1,\cdots,Q\\
\frac{\partial^{\bar l}\gamma_{\bar k}^l(\zeta_k)}{\partial\zeta^{\bar l}} &= \delta_{k\bar k}\delta_{l\bar l},\quad \bar k=1,2,\cdots,N;\ \bar l=0,1,\cdots,R
\end{aligned}\tag{4.4}$$

δ_{ij} 是通常的 Kronecker delta 记号；L，M，N 分别为三个方向的离散点数；P，Q，R 为三个方向的导数阶数。

于是可以得到如下的张量积：

$$\begin{aligned}
\boldsymbol{UV}=\boldsymbol{VU} &= \sum_{i=1}^{L}\sum_{n=0}^{P}\sum_{j=1}^{M}\sum_{m=0}^{Q}\alpha_i^n\beta_j^m\frac{\partial^{nm}\boldsymbol{X}(\xi_i,\eta_j,\zeta)}{\partial\xi^n\partial\eta^m}\\
\boldsymbol{UW}=\boldsymbol{WU} &= \sum_{i=1}^{L}\sum_{n=0}^{P}\sum_{k=1}^{N}\sum_{l=0}^{R}\alpha_i^n\gamma_k^l\frac{\partial^{nl}\boldsymbol{X}(\xi_i,\eta,\zeta_k)}{\partial\xi^n\partial\zeta^l}\\
\boldsymbol{VW}=\boldsymbol{WV} &= \sum_{j=1}^{M}\sum_{m=0}^{Q}\sum_{k=1}^{N}\sum_{l=0}^{R}\beta_j^m\gamma_k^l\frac{\partial^{ml}\boldsymbol{X}(\xi,\eta_j,\zeta_k)}{\partial\eta^m\partial\zeta^l}\\
\boldsymbol{UVW} &= \sum_{i=1}^{L}\sum_{n=0}^{P}\sum_{j=1}^{M}\sum_{m=0}^{Q}\sum_{k=1}^{N}\sum_{l=0}^{R}\alpha_i^n\beta_j^m\gamma_k^l\frac{\partial^{nml}\boldsymbol{X}(\xi_i,\eta_j,\zeta_k)}{\partial\xi^n\partial\eta^m\partial\zeta^l}
\end{aligned}\tag{4.5}$$

则三个方向插值的 Boolean 积为

$$\boldsymbol{X}(\xi,\eta,\zeta)=\boldsymbol{U}\oplus\boldsymbol{V}\oplus\boldsymbol{W}=\boldsymbol{U}+\boldsymbol{V}+\boldsymbol{W}-\boldsymbol{UV}-\boldsymbol{UW}-\boldsymbol{VW}+\boldsymbol{UVW}\tag{4.6}$$

4.3.2　递归形式

另外一种表述形式是分三步的递归 (recursion) 运算。第一步是单个坐标方向的单变量插值:

$$\boldsymbol{X}_1(\xi,\eta,\zeta)=\sum_{i=1}^{L}\sum_{n=0}^{P}\alpha_i^n(\xi)\frac{\partial^n\boldsymbol{X}(\xi_i,\eta,\zeta)}{\partial\xi^n} \tag{4.7}$$

第二步和第三步表述为

$$\boldsymbol{X}_2(\xi,\eta,\zeta)=\boldsymbol{X}_1(\xi,\eta,\zeta)+\sum_{j=1}^{M}\sum_{m=0}^{Q}\beta_j^m(\eta)\left[\frac{\partial^m\boldsymbol{X}(\xi,\eta_j,\zeta)}{\partial\eta^m}-\frac{\partial^m\boldsymbol{X}_1(\xi,\eta_j,\zeta)}{\partial\eta^m}\right] \tag{4.8}$$

$$\boldsymbol{X}(\xi,\eta,\zeta)=\boldsymbol{X}_2(\xi,\eta,\zeta)+\sum_{k=1}^{N}\sum_{l=0}^{R}\gamma_k^l(\zeta)\left[\frac{\partial^l\boldsymbol{X}(\xi,\eta,\zeta_k)}{\partial\eta^l}-\frac{\partial^l\boldsymbol{X}_2(\xi,\eta,\zeta_k)}{\partial\eta^l}\right] \tag{4.9}$$

4.4　超限插值方法的实际应用

在实际的网格生成过程中，使用者当然希望利用最少的输入几何信息 (物面曲线曲面的离散点坐标和导数)，同时，要求网格的分布 (尤其是对于黏性流动计算，物面附近的网格分布) 具有良好的可控性。因此，在实际应用中，通常采用如下形式的插值函数。

4.4.1　线性插值

最简单的超限插值方法是在空间三个坐标方向均使用线性插值函数 (图 4.4)，此时 (4.3) 式中 $P=Q=R=0$，$L=M=N=2$，(4.4) 式中掺混函数为

$$\begin{aligned}&\alpha_1^0=1-\xi,\quad \alpha_2^0=\xi\\&\beta_1^0=1-\eta,\quad \beta_2^0=\eta\\&\gamma_1^0=1-\zeta,\quad \gamma_2^0=\zeta\end{aligned} \tag{4.10}$$

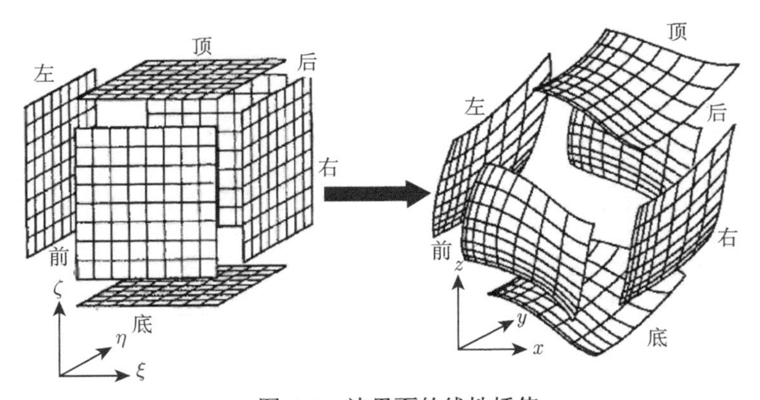

图 4.4　边界面的线性插值

单变量插值及其张量积为

$$
\begin{aligned}
\boldsymbol{U}(\xi_i,\eta_j,\zeta_k) &= (1-\xi_i)\boldsymbol{X}(0,\eta_j,\zeta_k)+\xi_i\boldsymbol{X}(1,\eta_j,\zeta_k)\\
\boldsymbol{V}(\xi_i,\eta_j,\zeta_k) &= (1-\eta_j)\boldsymbol{X}(\xi_i,0,\zeta_k)+\eta_j\boldsymbol{X}(\xi_i,1,\zeta_k)\\
\boldsymbol{W}(\xi_i,\eta_j,\zeta_k) &= (1-\zeta_k)\boldsymbol{X}(\xi_i,\eta_j,0)+\zeta_k\boldsymbol{X}(\xi_i,\eta_j,1)\\
\boldsymbol{UV}(\xi_i,\eta_j,\zeta_k) &= (1-\xi_i)(1-\eta_j)\boldsymbol{X}(0,0,\zeta_k)+\xi_i\eta_j\boldsymbol{X}(1,1,\zeta_k)\\
&\quad +\xi_i(1-\eta_j)\boldsymbol{X}(1,0,\zeta_k)+(1-\xi_i)\eta_j\boldsymbol{X}(0,1,\zeta_k)\\
\boldsymbol{UW}(\xi_i,\eta_j,\zeta_k) &= (1-\xi_i)(1-\zeta_k)\boldsymbol{X}(0,\eta_j,0)+\xi_i\zeta_k\boldsymbol{X}(1,\eta_j,1)\\
&\quad +\xi_i(1-\zeta_k)\boldsymbol{X}(1,\eta_j,0)+(1-\xi_i)\zeta_k\boldsymbol{X}(0,\eta_j,1)\\
\boldsymbol{VW}(\xi_i,\eta_j,\zeta_k) &= (1-\eta_j)(1-\zeta_k)\boldsymbol{X}(\xi_i,0,0)+\eta_j\zeta_k\boldsymbol{X}(\xi_i,1,1)\\
&\quad +\eta_j(1-\zeta_k)\boldsymbol{X}(\xi_i,1,0)+(1-\eta_j)\zeta_k\boldsymbol{X}(\xi_i,0,1)\\
\boldsymbol{UVW}(\xi_i,\eta_j,\zeta_k) &= (1-\xi_i)(1-\eta_j)(1-\zeta_k)\boldsymbol{X}(0,0,0)+\xi_i\eta_j\zeta_k\boldsymbol{X}(1,1,1)\\
&\quad +\xi_i(1-\eta_j)(1-\zeta_k)\boldsymbol{X}(1,0,0)+\xi_i\eta_j(1-\zeta_k)\boldsymbol{X}(1,1,0)\\
&\quad +(1-\xi_i)\eta_j(1-\zeta_k)\boldsymbol{X}(0,1,0)+(1-\xi_i)\eta_j\zeta_k\boldsymbol{X}(0,1,1)\\
&\quad +(1-\xi_i)(1-\eta_j)\zeta_k\boldsymbol{X}(0,0,1)+\xi_i(1-\eta_j)\zeta_k\boldsymbol{X}(1,0,1)
\end{aligned}
\tag{4.11}
$$

线性插值得到的网格坐标为

$$
\begin{aligned}
\boldsymbol{X}(\xi_i,\eta_j,\zeta_k) = {} & \boldsymbol{U}(\xi_i,\eta_j,\zeta_k)+\boldsymbol{V}(\xi_i,\eta_j,\zeta_k)+\boldsymbol{W}(\xi_i,\eta_j,\zeta_k)-\boldsymbol{UV}(\xi_i,\eta_j,\zeta_k)\\
& -\boldsymbol{UW}(\xi_i,\eta_j,\zeta_k)-\boldsymbol{VW}(\xi_i,\eta_j,\zeta_k)+\boldsymbol{UVW}(\xi_i,\eta_j,\zeta_k)
\end{aligned}
\tag{4.12}
$$

应当指出的是，上面的 ξ_i，η_j，ζ_k 一般而言并不一定是由 ξ，η，ζ 方向的区间等分得到的，因此 (ξ_I,η_j,ζ_k) 并不一定是计算空间内的网格点，$\boldsymbol{X}(\xi_I,\eta_j,\zeta_k)$ 也不一定是物理空间的网格点。但是插值公式确定了计算空间与物理空间的对应关系，物理空间内的任意点均可由插值公式获得。这正是“超限插值”的意义所在。

4.4.2 Lagrange 插值

当在对应的边界面之间已知内部面的分布时 (图 4.5)，可以采用 Lagrange 插值。以 ξ 方向为例，假设该方向有 L 个已知坐标点，则该坐标方向的掺混函数可以表述为

$$
\alpha_i^0(\xi)=\prod_{\substack{i=1\\ \bar{i}\neq i}}^{L}\frac{\xi-\xi_i}{\xi_L-\xi_i}
\tag{4.13}
$$

在 ξ 方向的单变量插值函数为

$$\boldsymbol{U}(\xi,\eta,\zeta)=\sum_{i=1}^{L}\alpha_i^0(\xi)\frac{\partial^0\boldsymbol{X}(\xi,\eta,\zeta)}{\partial\xi^0}=\sum_{i=1}^{L}\alpha_i^0(\xi)\boldsymbol{X}(\xi,\eta,\zeta) \tag{4.14}$$

很显然，在 $L=2$ 时退化为线性插值。

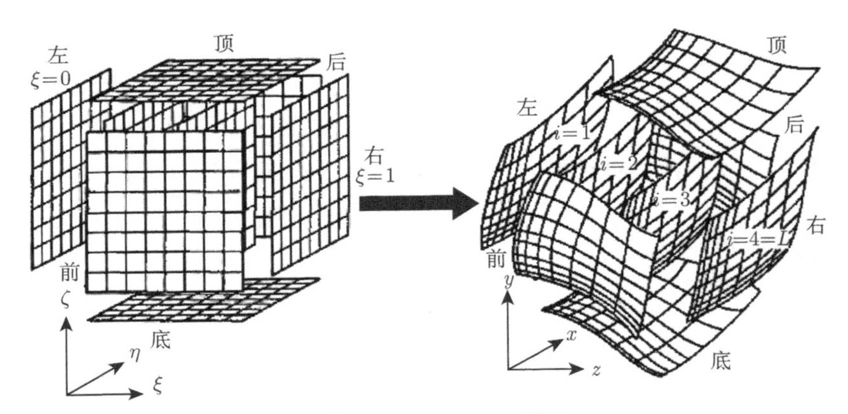

图 4.5　Lagrange 插值

4.4.3　Hermite 插值

在网格生成中，为了保证物面网格的正交性，一般会给定物面点的外法向方向。此时可以采用 Hermite 掺混函数 (图 4.6)。例如，假设在 ξ 方向给定两个外边界的导数 ($L=2$，$P=1$)，则 (4.3) 式可写为

$$\begin{aligned}\boldsymbol{U}(\xi,\eta,\zeta)&=\sum_{i=1}^{2}\sum_{n=0}^{1}\alpha_i^n(\xi)\frac{\partial^n\boldsymbol{X}(\xi,\eta,\zeta)}{\partial\xi^n}\\&=\alpha_1^0(\xi)\boldsymbol{X}(\xi_1,\eta,\zeta)+\alpha_1^1(\xi)\frac{\partial\boldsymbol{X}(\xi_1,\eta,\zeta)}{\partial\xi}\\&\quad+\alpha_2^0(\xi)\boldsymbol{X}(\xi_2,\eta,\zeta)+\alpha_2^1(\xi)\frac{\partial\boldsymbol{X}(\xi_2,\eta,\zeta)}{\partial\xi}\end{aligned} \tag{4.15}$$

其中，

$$\begin{aligned}\alpha_1^0(\xi)&=2\xi^3-3\xi^2+1\\\alpha_1^1(\xi)&=\xi^3-2\xi^2+\xi\\\alpha_2^0(\xi)&=-2\xi^3+3\xi^2\\\alpha_2^1(\xi)&=\xi^3-\xi^2\end{aligned} \tag{4.16}$$

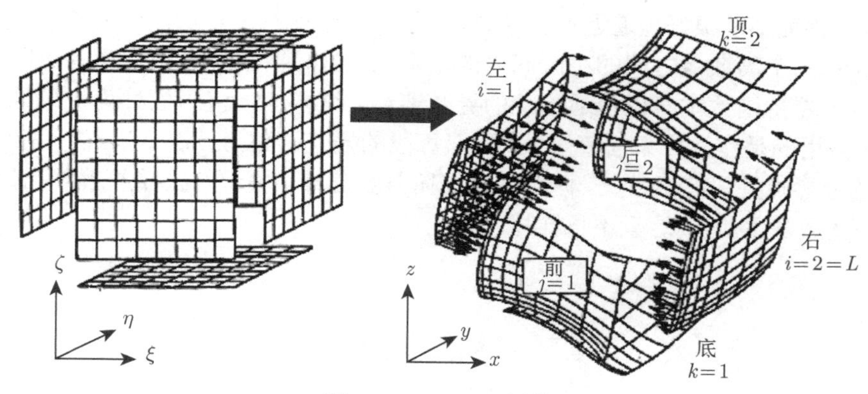

图 4.6　Hermite 插值

ξ 方向的外法向导数可以由其他两个切向方向 (η, ζ) 的导数的叉乘获得 (图 4.7)，即

$$
\begin{aligned}
\frac{\partial \boldsymbol{X}(\xi_1,\eta,\zeta)}{\partial \xi} &= \left[\frac{\partial \boldsymbol{X}(\xi_1,\eta,\zeta)}{\partial \eta} \times \frac{\partial \boldsymbol{X}(\xi_1,\eta,\zeta)}{\partial \zeta}\right] \Psi_1(\eta,\zeta) \\
\frac{\partial \boldsymbol{X}(\xi_2,\eta,\zeta)}{\partial \xi} &= \left[\frac{\partial \boldsymbol{X}(\xi_2,\eta,\zeta)}{\partial \eta} \times \frac{\partial \boldsymbol{X}(\xi_2,\eta,\zeta)}{\partial \zeta}\right] \Psi_2(\eta,\zeta)
\end{aligned} \tag{4.17}
$$

其中，标量函数 $\Psi_1(\eta,\zeta)$ 和 $\Psi_2(\eta,\zeta)$ 是在 $\boldsymbol{X}(\xi_1,\eta,\zeta)$ 和 $\boldsymbol{X}(\xi_2,\eta,\zeta)$ 处 ξ 方向的外法向导数的量值。$\Psi_1(\eta,\zeta)$ 和 $\Psi_2(\eta,\zeta)$ 可以是常数，亦可以是相应面的函数。增大该导数值将改进生成网格与对应边界面的正交性。但是，在物理空间比较复杂的情况下，过大的导数值将导致插值公式出现多值情况，即导致网格相交，因此在实际应用过程中，需根据情况选取合适的值。

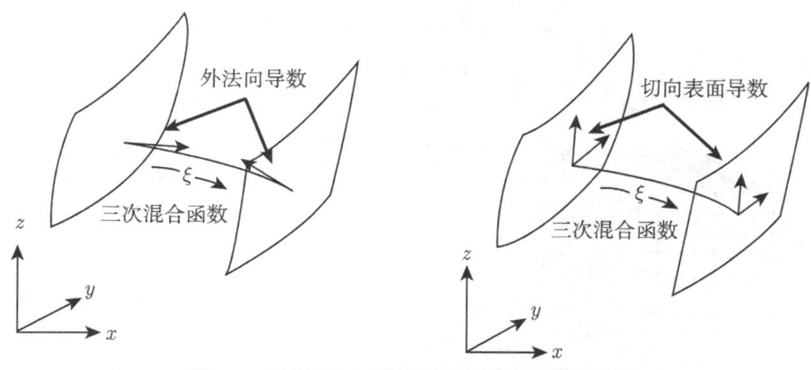

图 4.7　利用切向面的叉乘获得外法向导数

前面介绍的 Lagrange 插值和 Hermite 插值都是用多项式表示，因此插值函数在所有点处都是解析的 (不仅函数连续，而且各阶导数都是连续的)。然而，当离散点数目增加时，表示插值函数的多项式的次数也随之提高，而高次多项式函数会出

现波动，因而不能很好地逼近真实函数。所以人们宁愿利用较低次数的多项式来分别代表每两个离散点之间的小区间内的函数，并且只要求各段函数在各小区间的分界点处保持函数本身以及适当阶的导数连续。这样的插值函数称为样条插值函数。最常用的是三次样条插值函数，即取每段的插值函数为三次多项式，并要求在各段的分界点处保持函数、一阶导数和二阶导数连续。关于三次样条函数，读者可以参阅《数学手册》，这里不再详述。

4.5　网格步长控制

超限插值确立了计算空间的矩形区域至物理空间的非规则域的变换关系。在计算空间中，通过等分各方向可以得到均匀网格。通过变换，可以将计算空间的均匀网格变换为物理空间的实际计算网格。在物理空间中，需要根据所求解的物理问题，合理地分布网格密度，例如，在求解 N-S 方程时，需要在物面附近的边界层内分布较密的网格，并光滑过渡至外场的无黏区。物理空间的网格分布可以通过掺混函数 $\alpha(\xi)$，$\beta(\eta)$ 和 $\gamma(\zeta)$ 进行控制。一种方式是通过修改掺混参数直接进行控制，另一种方式是通过引入中间控制域 (图 4.8) 实现网格分布控制。

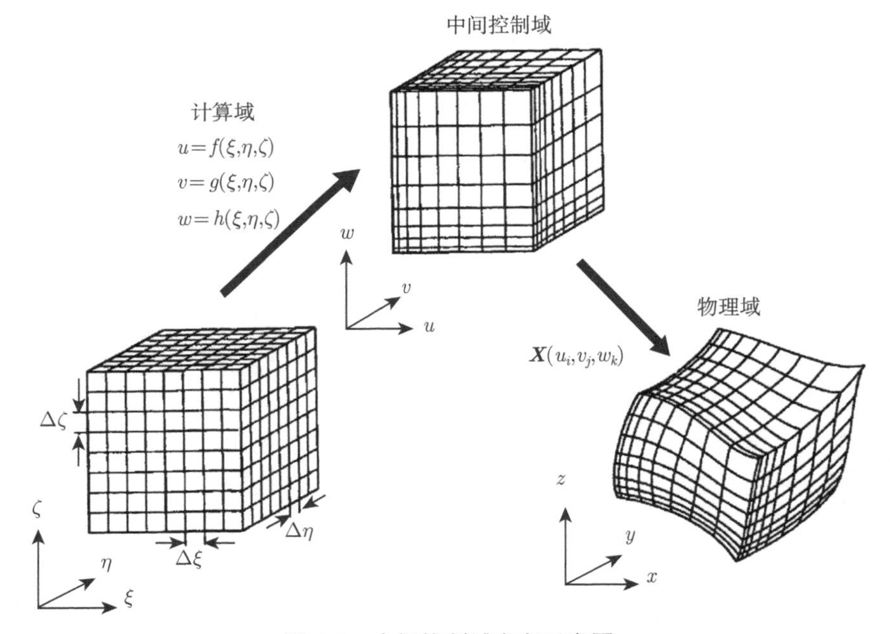

图 4.8　中间控制域定义示意图

中间控制域与计算空间的对应关系定义为

$$u = f(\xi,\eta,\zeta),\quad v = g(\xi,\eta,\zeta),\quad w = h(\xi,\eta,\zeta) \tag{4.18}$$

利用上式将计算空间的等距网格变换为中间控制域的非等距网格 (图 4.8)。由此，可以重新定义关于中间控制域坐标 u，v，w 的掺混函数 $\alpha(u)$，$\beta(v)$ 和 $\gamma(w)$ 以控制网格分布。以下介绍几种常用的控制函数。

4.5.1　指数函数

最常用的控制函数是指数函数，例如:

$$r = \frac{\mathrm{e}^{A\rho} - 1}{\mathrm{e}^{A} - 1} \tag{4.19}$$

假设 $\rho(0 \leqslant \rho \leqslant 1)$ 为计算坐标，$r(0 \leqslant r \leqslant 1)$ 为中间控制域变量，则 r 随 ρ 的变化规律如图 4.9 所示。在实际应用过程中，一般给定第一层和最末层的网格步长，由此可以采用 Newton-Raphson 迭代求得 A 值。

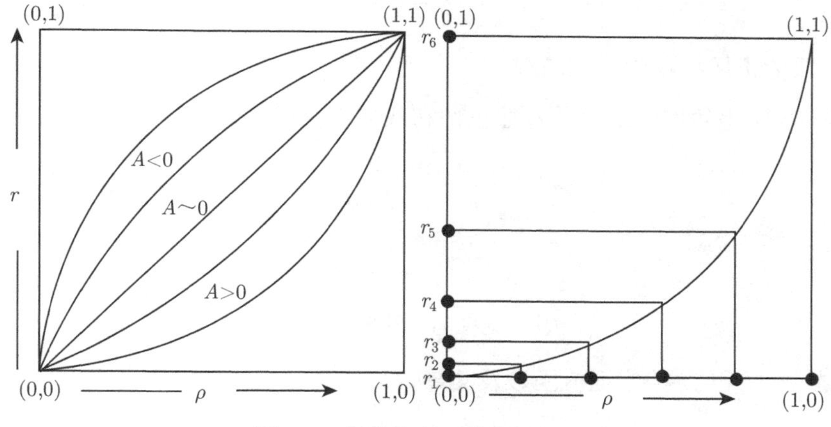

图 4.9　指数控制函数变化规律

4.5.2　双指数函数

插值公式亦可以采用如下的双指数函数:

$$\begin{aligned} &r = A_1 \frac{\mathrm{e}^{\frac{A_2}{A_3}\rho} - 1}{\mathrm{e}^{A_2} - 1},\quad 0 \leqslant \rho \leqslant A_3,\quad 0 \leqslant r \leqslant A_1 \\ &r = A_1 + (1 - A_1)\frac{\mathrm{e}^{A_4\frac{\rho - A_3}{1 - A_3}} - 1}{\mathrm{e}^{A_4} - 1},\quad A_3 \leqslant \rho \leqslant 1,\quad A_1 \leqslant r \leqslant 1 \\ &A_4 \ni \frac{Dr(A_3)}{D\rho} \subset C^1 \end{aligned} \tag{4.20}$$

其中，A_1，A_2 和 A_3 为给定参数，A_4 通过上述关系式计算出来。双指数函数除了可以控制起始点和终点的网格步长外，还可以控制空间点的分布。其分布形态如图 4.10 所示。

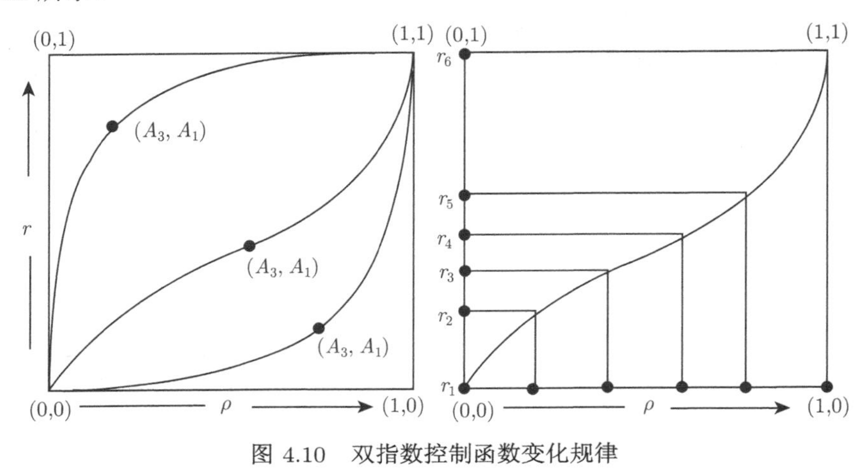

图 4.10　双指数控制函数变化规律

4.5.3　双曲正切和双曲正弦函数

另一种常用的控制函数是双曲正切和双曲正弦函数，其表达式为

$$
\begin{gathered}
r = 1 + \frac{\tanh\left(B(\rho - 1)\right)}{\tanh B} \\
r = 1 + \frac{\sinh\left(C(1 - \rho)\right)}{\sinh C} \\
0 \leqslant \rho \leqslant 1, \quad 0 \leqslant r \leqslant 1
\end{gathered}
\tag{4.21}
$$

其中，参数 B 和 C 控制插值函数及其导数。

4.6　小　　结

本章介绍了超限插值代数网格生成方法，其基本形式是单变量的 Boolean 积，亦可表述为一种递归形式。从理论上讲，任何满足 δ 条件的单变量插值函数均可用于网格生成，但是在实际应用过程中，一般仍采用低阶的插值函数。网格步长控制是实际应用中需要重点关注的问题。通过引入中间变量，选取合理的控制参数，可以较好地解决此问题。总之，超限插值方法是当前结构网格生成软件中普遍采用的方法，其网格生成效率高，易于实现。在求解椭圆型方程的网格生成方法中亦可利用该方法生成合适的初始网格，然后利用方程求解优化初始网格，以得到质量更高的计算网格。

参 考 文 献

[1] Gordon W N, Hall C A. Construction of curvilinear coordinate systems and application to mesh generation. International J. Num. Methods in Eng., 1973, 7: 461-477.

[2] Eriksson L E. Three-dimensional spline-generated coordinate transformations for grids around wing-body configurations. Numerical Grid Generation Techniques. NASA CP 2166, 1980.

[3] Eriksson L E. Genration of boundary conforming grids around wing-body configurations using transfinite interpolation. AIAA Journal, 1982, 20: 1313-1320.

[4] Eriksson L E. Transfinite mesh generation and computer-aided analysis of mesh effects. Sweden: University of Uppsala, 1984.

[5] Smith R E, Wiese M R. Interactive algebraic grid generation. NASA TP 2533, 1986.

[6] Eiseman P R, Smith R E. Applications of algebraic grid generation. AGARD Specialist Meeting Applications of Mesh Generation to Complex 3-D Configurations, 1989.

[7] Samareh-Abolhassani J, Sadrehaghighi I, Smith R E, et al. Applications of Lagrange blending functions for grid generation around airplane geometries. Journal of Aircraft, 1990, 27(10): 873-877.

[8] Soni B K. Two-and three-dimensional grid generation for internal flow applications. AIAA paper, 85-1526, 1985.

[9] Smith R E. Transfinite interpolation (TFI) generation systems//Thompson J F, Soni B K, Weatherill N P. Handbook of Grid Generation. Boca Raton: CRC Press, 1998.

第 5 章　复杂外形结构网格生成方法及应用

5.1　引　　言

在 CFD 实际工程应用中，我们面对的都是非常复杂的几何构型，如带弹飞行的战斗机、含有主翼/尾翼及吊舱的大型客机、包含多个助推器的捆绑火箭、带有助推器的航天飞机、带有进气道/压缩机/燃烧室/涡轮的航空发动机、考虑转向架和受电弓的高速列车组、高速奔驰的 F1 赛车等。针对上述的复杂构型，显然单块结构网格技术是无法满足要求的，必须采用多块网格技术，主要的多块网格技术包括多块对接网格[1−3]、多块拼接网格[4]、多块重叠网格[5−9]。

复杂外形结构网格生成的主要难点在于针对具体的几何构型，进行合理的网格分区，即构建合适的网格拓扑结构。尤其是对于黏性边界层的模拟，需要在物面附近采用压缩比很大的贴体网格，而这些网格又需要与外场的网格对接。如果选用不太合适的网格拓扑结构，就有可能导致整体的网格分布不合理，网格总数过大。尽管多块拼接网格和重叠网格降低了对于网格块的限制，但是为了得到好的计算结果，一般也要求拼接或重叠子块间的网格尺度大体相当。因此，网格分区是复杂构型结构网格生成 (甚至也包括非结构网格) 最为关键的环节[10,11]。

本章我们将针对复杂几何构型的结构网格生成，重点介绍多块对接网格和重叠网格方法。至于多块拼接网格，其拓扑结构介于多块对接网格和重叠网格方法之间，在实际应用中相对较少，因此我们在介绍多块对接网格时一并简要介绍。在本章的最后，我们给出了一些应用实例，以表明多块网格的实际应用能力。这些应用实例部分来源于作者的同事，部分来源于文献。

5.2　多块对接和拼接结构网格

无论是多块对接还是多块拼接网格，多块结构网格的关键是如何进行子块分解，只不过多块拼接网格无需子块交界面上的网格节点一一对应。从数值模拟的角度来看，多块拼接结构网格在交界面处边界处理时需要插值；从网格生成的角度来看，二者没有本质的差异。网格分区最理想的方法当然是希望能进行自动化的子块分解。为此，一些 CFD 工作者提出了多种方法。如 Allwright 从图形化的子块分解经验中总结出一些规律和策略，其基本思想是首先建立代表网格拓扑的框架[12]。Shaw 和 Weatherill 也提出了类似的想法，他们利用 H 型的 Cartesian 网格构成外场的网格拓扑，而在物面附近利用 C 型或 O 型的网格拓扑来进行框架的构造[13]。Stewart 发展了一种类似于气球充气式的从物面到远场的方向性搜索策略[14]。Dannenhoffer 则提出首先利用抽象的几何构型代表原始构型，然后对抽象构型划分网格拓扑[15]，最后通过一系列的变换生成合适的网格[16]。Park 和 Lee 进一步拓展了 Dannenhoffer 的思想，提出了一种 “超级立方体 ++”(HyperCube++) 的概念[17]，并应用于子块网格拓扑的构建。本节我们将简要介绍 HypeCube++ 方法，以便读者能对多块结构网格的拓扑结构有一个基本的认识。

5.2.1 HyperCube++结构

HyperCube++ 的基本思想如图 5.1 所示。首先将组合体进行分解 (图 5.1(a))，将每个部件抽象为立方体 (图 5.1(b))，然后对每个立方体构建网格拓扑 (图 5.1(b) 中的网格框架)，随后将抽象的立方体组合为原结构 (图 5.1(c))，通过合并等处理得到抽象组合立方体的网格拓扑结构 (图 5.1(c) 中的网格拓扑)，最后反变换还原为原始外形的网格拓扑结构 (图 5.1(d))。

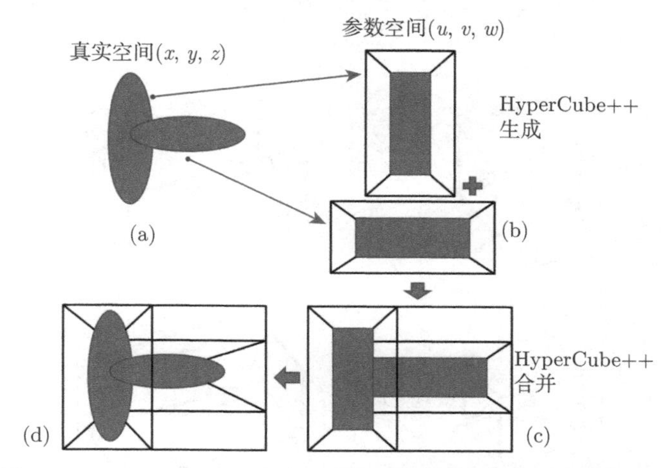

图 5.1 HyperCube++ 基本思想示意图 (由文献 [17] 重新绘制)

对于每个单块的立方体，Allwright 等早先提出了所谓的 HyperCube 结构 (图 5.2)。HyperCube 结构由七个子块构成，除了中心体 (C) 外，还包括东西南北前后 (E，W，S，N，F，B) 等六块 (图 5.2)。由这一基本构型，可以退化得到如图 5.3 所示的七种基本 HyperCube 构型。但是，这七种基本的 HyperCube 结构难以表述复杂的几何构型，如非凸外形或多体构型。为此，Park 和 Lee 提出了 HyperCube++ 结构[17]，其基本思想是利用这些基本构型的组合，构成一种多层次的结构，尤其是相关的 HyperCube 之间通过相对位置的合并 (如东西、南北或前后面的对接，也可能是其他面的对接)。图 5.4 给出了几种 HyperCube++ 结构实例。从图 5.4 可以看出，HyperCube++ 结构具有更加灵活的表征复合几何构型的能力。

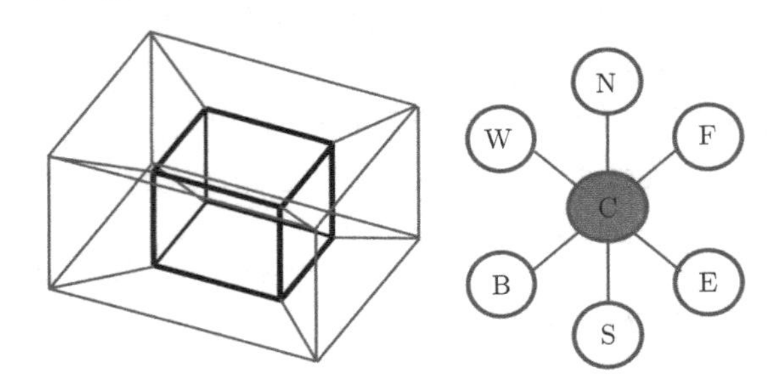

图 5.2　HyperCube 结构示意图 (由文献 [17] 重新绘制)

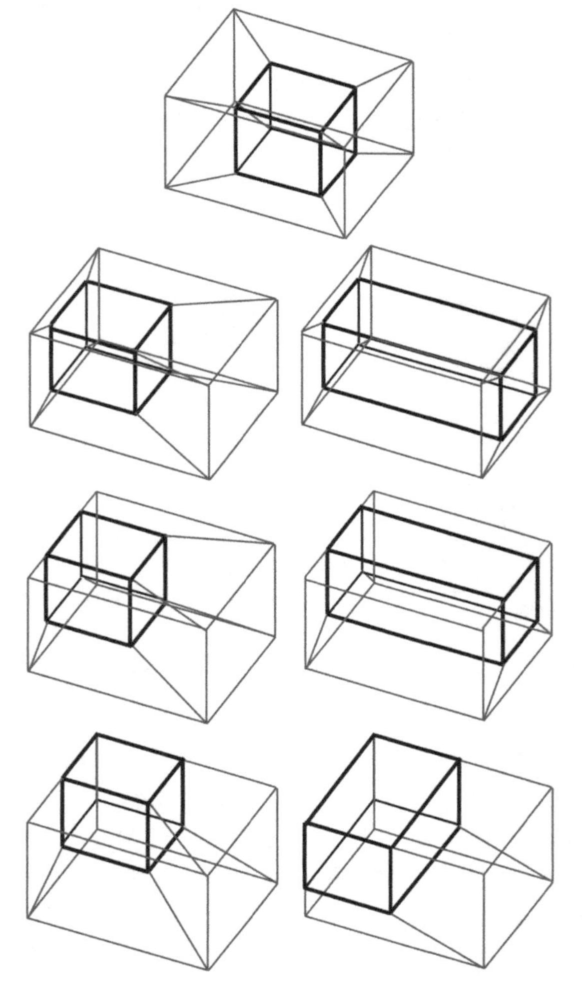

图 5.3　七种基本 HyperCube 构型 (由文献 [17] 重新绘制)

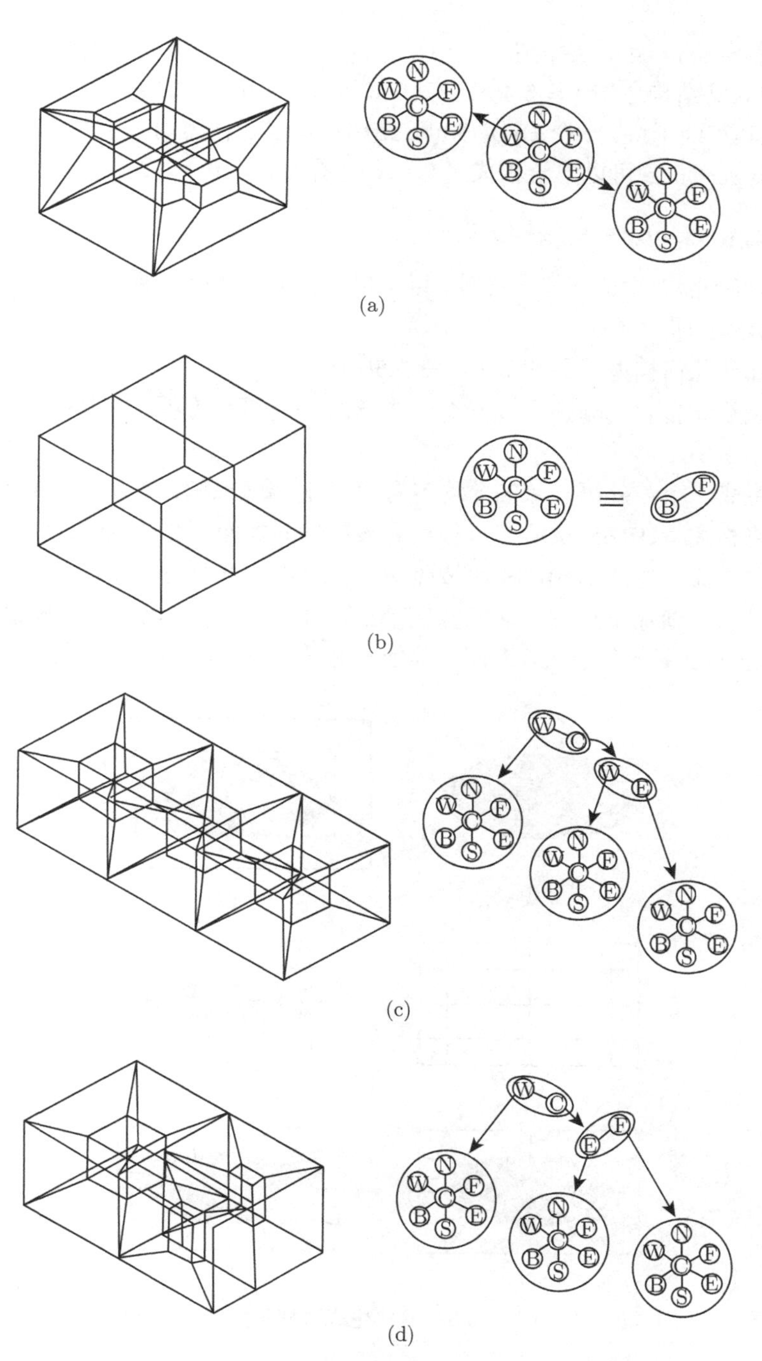

图 5.4 几种 HyperCube++ 结构实例 (取自文献 [17])

在 HyperCube++ 结构中，一个 HyperCube 子结构可以放置于一个相关的 HyperCube 父结构之中 (图 5.4(a))，其中的 HyperCube 父结构包含了两个子结构，分别对应其东西子块。一个 HyperCube 结构也可以退化为两个子块 (图 5.4(b))；同时多个 HyperCube 可以组合构成复合结构 (图 5.4(c) 和 (d))。

5.2.2 HyperCube++ 结构生成

对于每个需要生成网格的部件，以下以二维问题为例，讲述 HyperCube++ 结构的生成过程 (图 5.5)：

(1) 部件几何构型边界的输入 (图 5.5(a))；

(2) 围绕该部件，分别生成一个包含该组件的最小方框 (内框) 和一个较大的外框 (图 5.5(b))；

(3) 生成一个与外框一致的非均匀有理 B 样条 (NURBS) 块 (图 5.5(c))；

(4) 将相关 NURBS 块的节点移动到该部件的表面 (图 5.5(d))；

(5) 将该修正过的 NURBS 块按照图 5.5(e) 的方式划分为子块；

(6) 进一步增加 NURBS 块的控制节点 (图 5.5(f))，可以更精确地描述部件几何构型，也可以细分各子块，以便与其他相邻的 HyperCube 结构对接。

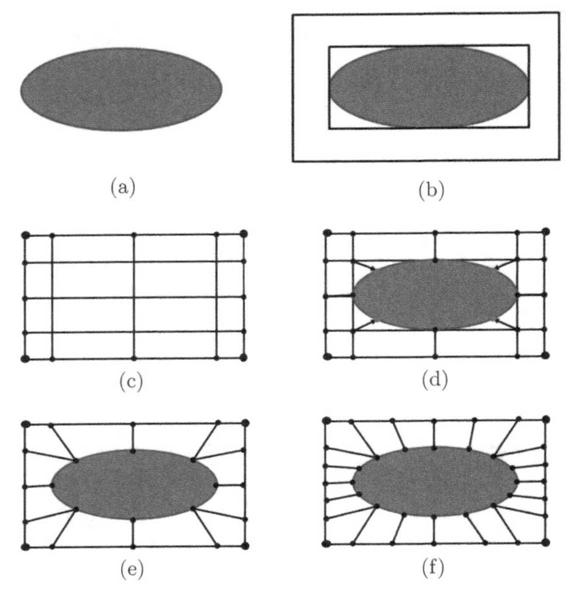

图 5.5　HyperCube++ 网格生成过程示意图 (后附彩图)

如果是单个部件，在执行到第 5 步之后，即可对每个子块利用第 4 章的代数方法或求解椭圆型方程的方法生成合适的结构网格。但是需要指出的是，在多个 HyperCube 组合体结构中，如果要求网格是多块对接的 (网格节点一一对应)，则单块网格的剖分维度要与相邻 HyperCube 子块的维度一致。因此为了操作简便，在 HyperCube++ 结构生成之后，需要进行 HyperCube++ 结构的合并 (HyperCube++ merging)。

5.2.3 HyperCube++ 结构合并

HyperCube++ 合并的目的是将多个基本 HyperCube 结构以层次结构的方式合并为单个 HyperCube 结构。不管是否 HyperCube++ 结构重叠，任意多个 HyperCube++ 结构均可以合并为一个复杂的单体 HyperCube++ 结构。根据相对位置的不同，两个 HyperCube++ 结构的合并可以分为以下三种情况：分离状态、包含状态和重叠状态。

图 5.6 给出了两个分离状态的 HyperCube++ 结构的合并示意图。从图中可以看出，其中的两个分离状态的基本 HyperCube++ 结构作为子结构合并至一个父结构之中。图 5.7 为两个具有包含关系的 HyperCube++ 结构的合并示意图，其中小的 HyperCube++ 结构作为大结构的子结构而融合在一起。图 5.8 为两个具有重叠关系的 HyperCube++ 结构的合并示意图，稍显复杂。在实际外形的生成过程中，涉及多个 HyperCube++ 结构更加复杂的合并情况。但是只要确定了相互的拓扑关系，即可以由计算机自动完成合并，具体的算法见文献 [17]，这里不再详述。

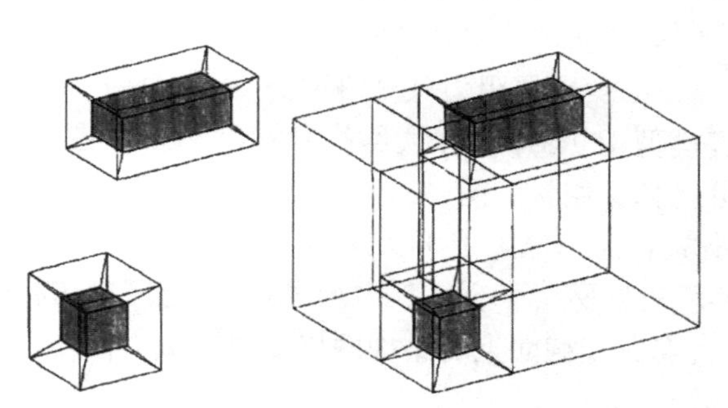

图 5.6 两个分离状态的 HyperCube++ 结构的合并 (取自文献 [17])

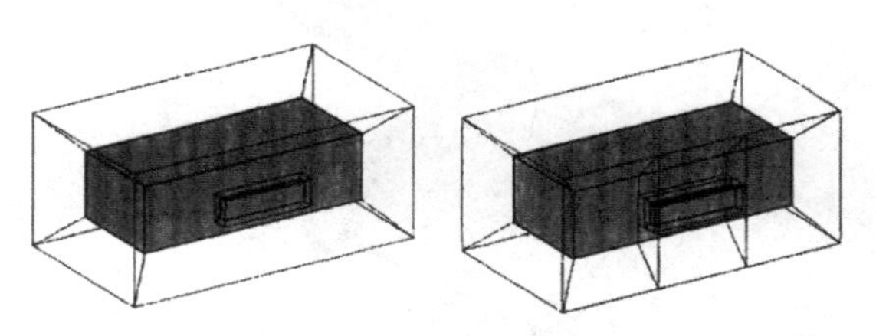

图 5.7 两个包含状态的 HyperCube++ 结构的合并 (取自文献 [17])

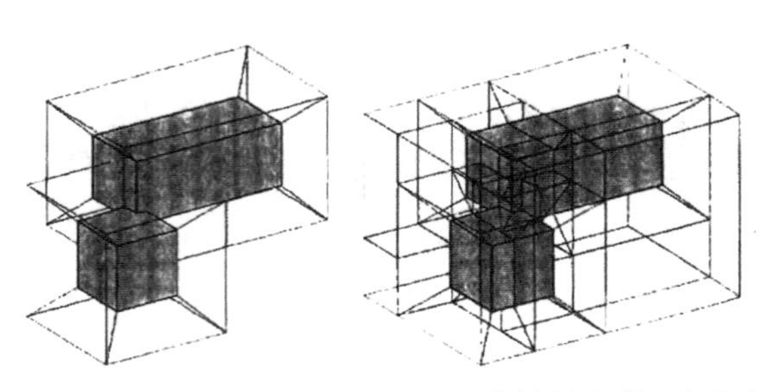

图 5.8 两个重叠状态的 HyperCube++ 结构的合并 (取自文献 [17])

需要指出的是，HyperCube++ 结构的构建只是确定了结构网格的整体拓扑结构，在具体网格生成过程中，直边的网格拓扑实际上可以对应曲线网格。至于曲线网格的实际形状需要根据具体情况而确定。值得强调的是，对于气动布局大体一致的几何构型，可以将已经生成的结构网格拓扑结构直接映射到新的几何构型上。大多数的网格生成商业软件均提供了相关的 “脚本” 功能，其主要目的也是复用以往已经生成的网格拓扑。这一功能在气动布局外形优化设计中的作用尤其突出。

5.2.4 多块对接和拼接结构网格应用实例

以下给出一些实际外形的多块对接或拼接结构网格的应用实例，以展示其模拟复杂构型的能力。这些应用实例由中国空气动力研究与发展中心计算空气动力研究所的王运涛研究员及其团队成员提供。

图 5.9 显示了 AIAA 第四届阻力预测研讨会 (Drag Prediction Workshop, DPW) 中选用的通用研究模型 (CRM) 的多块结构网格[18]，其中图 5.9(a) 给出了 CRM-WB 多块对接的分区拓扑结构，图 5.9(b) 中显示了 CRM-WBH 模型的整体和局部的结构网格。图 5.10 为 AIAA 高升力装置研讨会 (High Lift Workshop) 中采用的全展长构型的多块对接网格[19,20]，其中图 5.10(a) 为网格拓扑结构和表面网格，图 5.10(b)~(d) 为机翼典型截面上的结构网格和局部放大图。

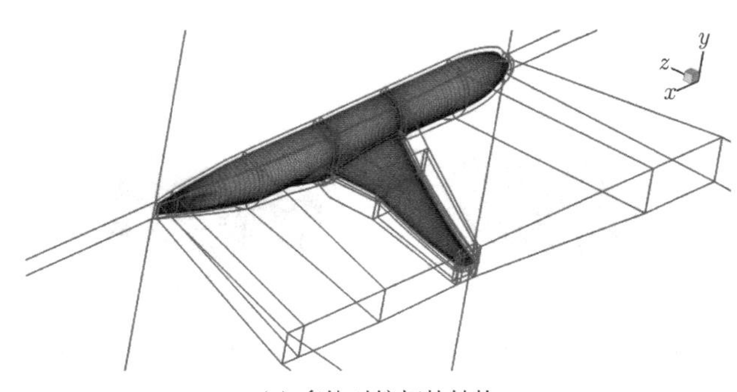

(a) 多块对接拓扑结构

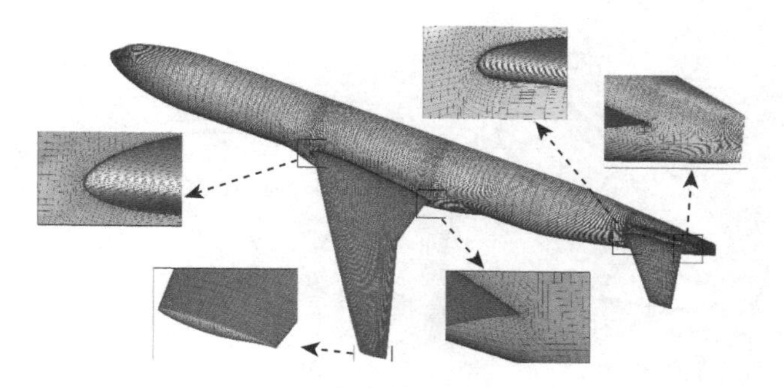

(b) 整体和局部结构网格

图 5.9 DPW-Ⅳ中 CRM 构型的多块对接网格 (取自文献 [18]) (后附彩图)

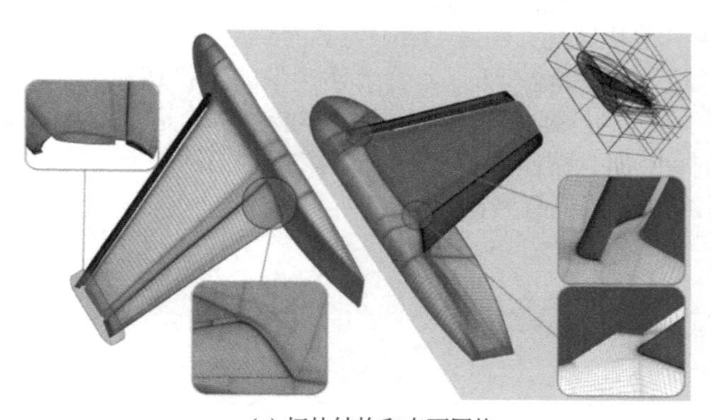

(a) 拓扑结构和表面网格

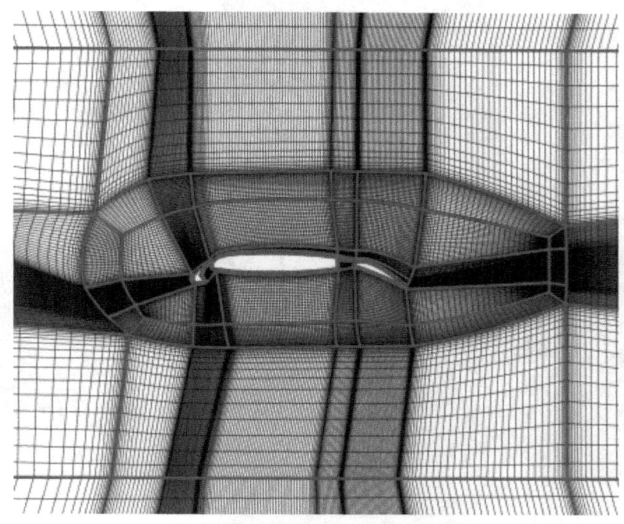

(b) 机翼某截面上的多块结构网格

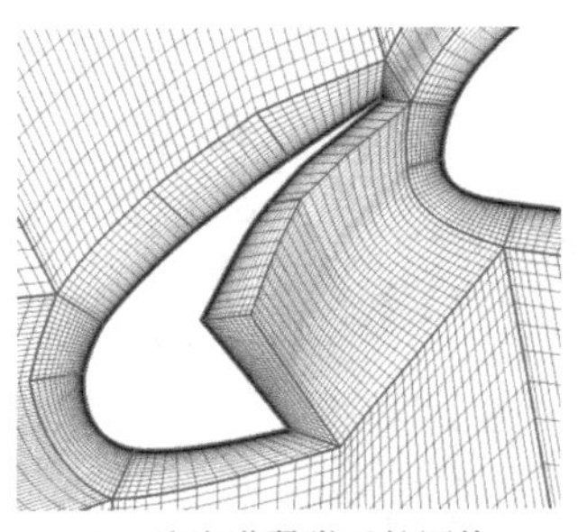

(c) 前缘襟翼附近的网格

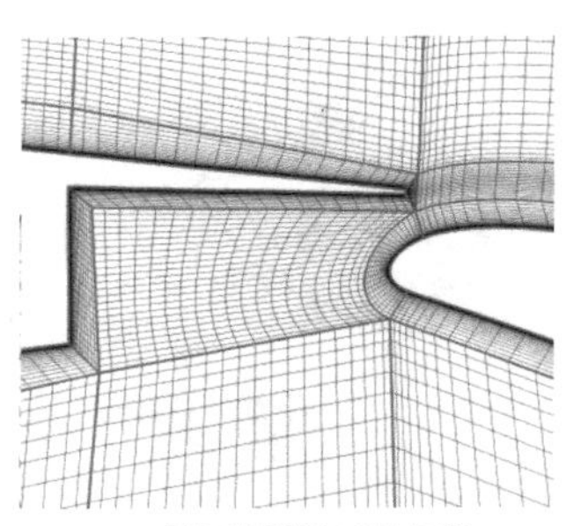

(d) 后缘副翼附近的网格

图 5.10　高升力装置多块结构网格 (取自文献 [19]、[20]) (后附彩图)

图 5.11 显示了大型客机 (不带发动机短舱) 巡航构型的多块对接网格，其中图 5.11(a) 为网格拓扑结构，图 5.11(b) 为翼身结合部和尾部的局部放大网格。图 5.12 则给出了带发动机短舱、高升力装置连接件的全机巡航构型的多块结构网格。对于如此复杂的全机飞行器，多块结构网格亦能生成合适的网格，只不过要花费较多的人工操作时间，而且空间网格的分布受拓扑结构的限制，在某些区域网格过密 (如与机翼前后缘对接的机身网格)。

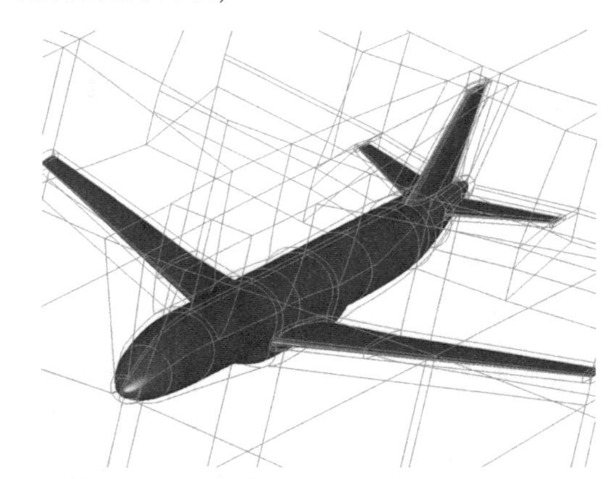

(a) 多块对接拓扑结构

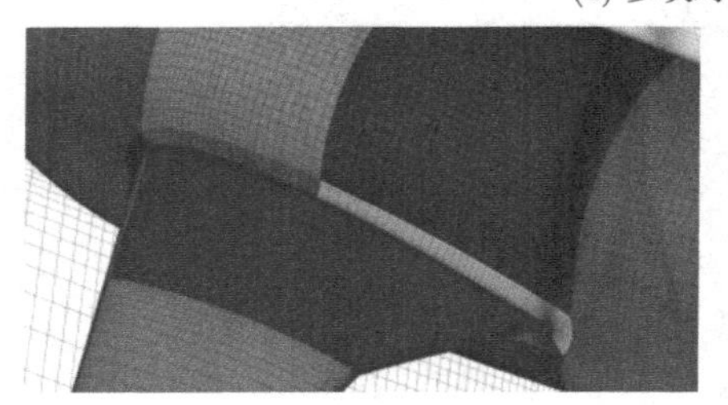

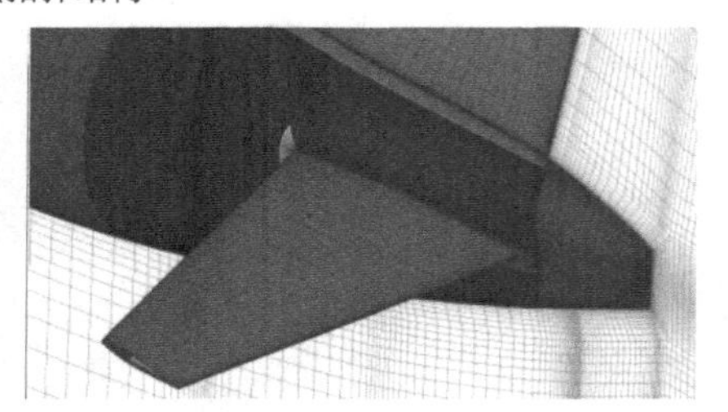

(b) 表面和空间网格(局部放大)

图 5.11　大型客机多块对接网格 (无发动机短舱) (后附彩图)

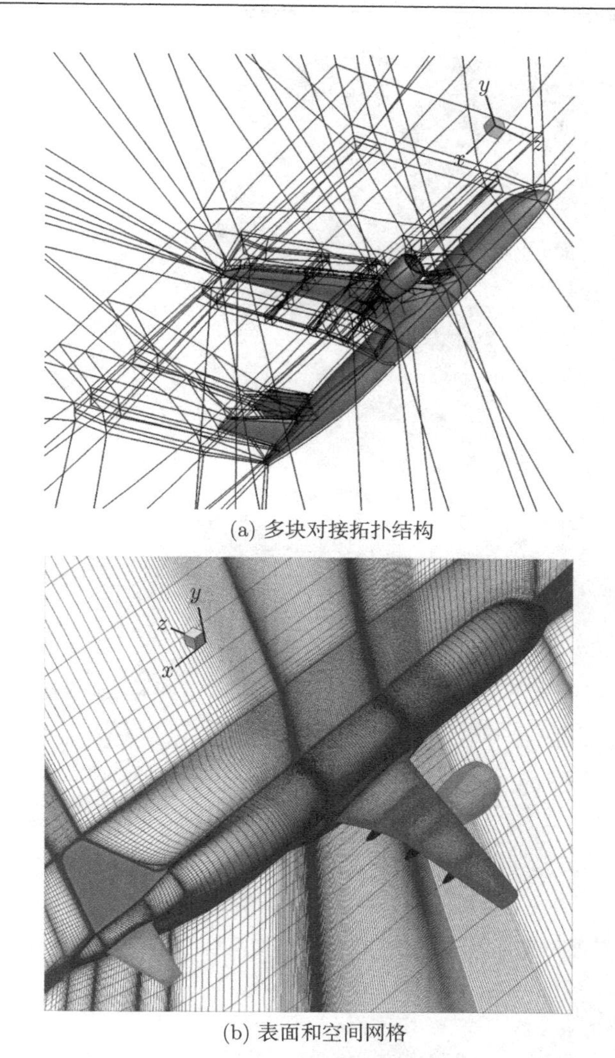

(a) 多块对接拓扑结构

(b) 表面和空间网格

图 5.12 大型客机全机巡航构型多块对接结构网格 (后附彩图)

对于某些有局部舵偏的情形，采用多块对接网格难以处理舵偏导致的“剪刀缝”，此时在“剪刀缝”平面上采用拼接网格是一种较好的选择。图 5.13 为半展长高升力装置的多块拼接网格[21]，其中图 5.13(a) 为表面和对称面上的网格，而图 5.13(b) 为“剪刀缝”平面上舵偏一侧的多块网格，与另一侧无舵偏的构型形成拼接网格。图 5.14 给出了大型客机在起飞或着陆状态 (高升力装置展开) 时的全机网格，在“剪刀缝”处也采用了拼接网格技术。事实上，拼接网格技术并不局限于“剪刀缝”这类构型，在空间网格分布中也可以采用 (图 5.15)，通过采用多块拼接网格技术，可以较好地控制远场的网格分布，提高结构网格离散效率。

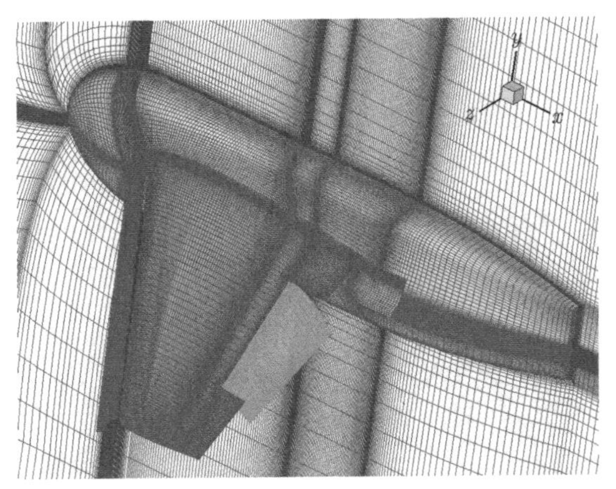

(a) 表面和对称面网格

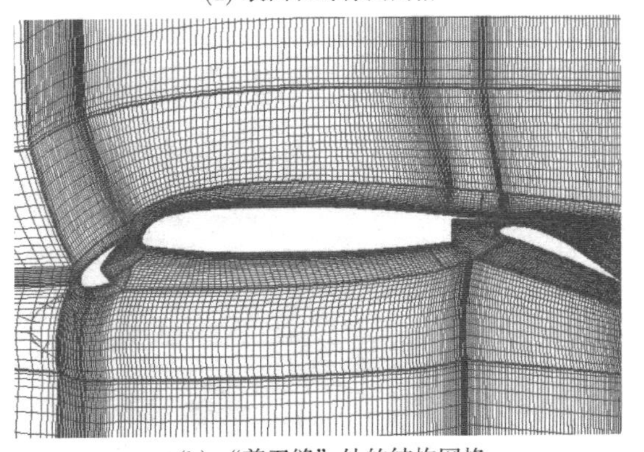

(b) “剪刀缝”处的结构网格

图 5.13　半展长高升力装置的多块拼接结构网格 (取自文献 [21]) (后附彩图)

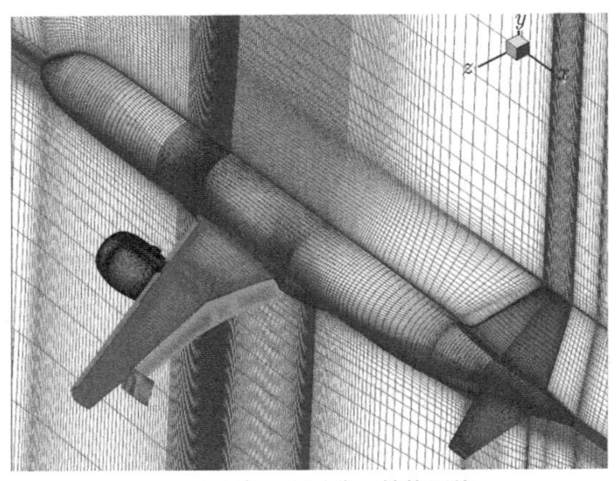

(a) 表面和对称面结构网格

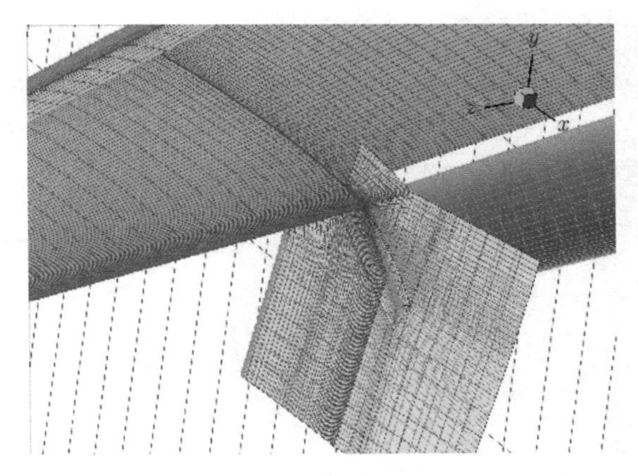

(b) “剪刀缝”处两侧的网格分布

图 5.14 大型客机起飞/着陆状态的多块拼接网格 (后附彩图)

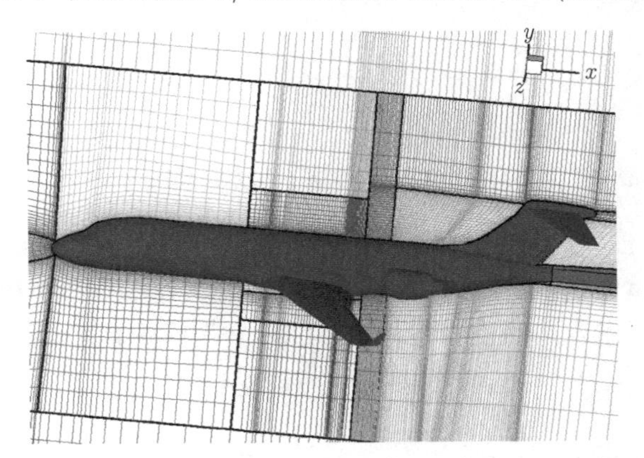

图 5.15 全机构型的多块拼接结构网格 (后附彩图)

5.3 重叠结构网格

在第 3 章中我们已经简要介绍了重叠结构网格的基本概念，本节我们重点介绍重叠网格技术的具体实现过程，主要包括子域的划分及网格重叠的拓扑结构、“洞”边界的生成方法及重叠区的插值方法等。

5.3.1 子域的划分和网格重叠拓扑结构

重叠网格首先要确定网格块 (或称“子域”) 之间的拓扑关系。在 Benek、Buning 和 Sterger[22] 最早提出的重叠网格技术中，要求各子域的重叠关系具有嵌入式的层次结构，即构成 I 层子域的网格系列 $G_{I,i}(i=1,2,\cdots)$ 全部嵌入在 $I-1$ 层的子域网格中，同时又包含 $I+1$ 层的子域网格，其拓扑关系如图 5.16(a) 所示。显然这种结构简化了各子域网格之间的关系，对应的插值关系搜索相对简单。但是，这种拓扑关系限定了子域间的嵌套关系，因此在实际应用中存在一定的局限性。为此，Benek、Donegan 和 Suhs[23] 进一步拓展了前述的嵌入式拓扑关系，而允许子域间的网格任意重叠，如图 5.16(b) 所示。

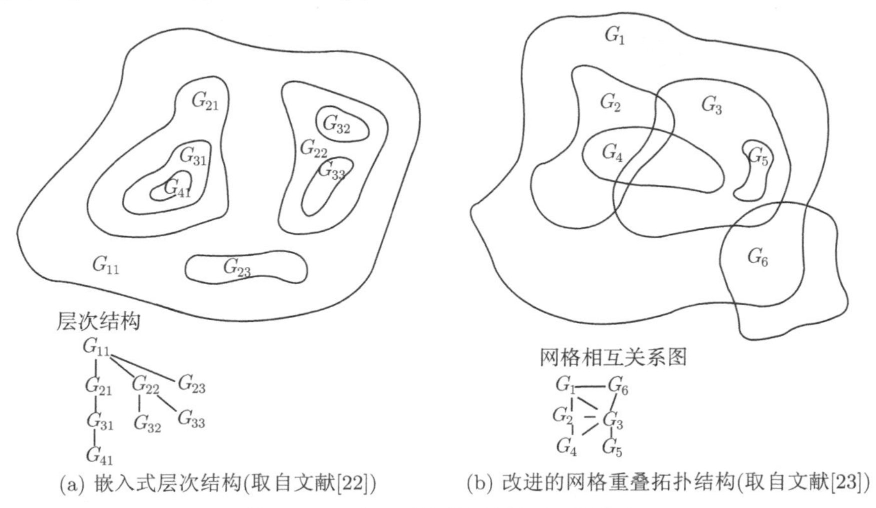

(a) 嵌入式层次结构(取自文献[22])　　(b) 改进的网格重叠拓扑结构(取自文献[23])

图 5.16　重叠网格的子域间拓扑关系

以翼身组合体为例，图 5.17 给出了原始的嵌入式拓扑结构和改进后的重叠拓扑结构的差异。在嵌入式层次结构 (图 5.17(a)) 中网格子域 G_3 的外边界仅与 G_2

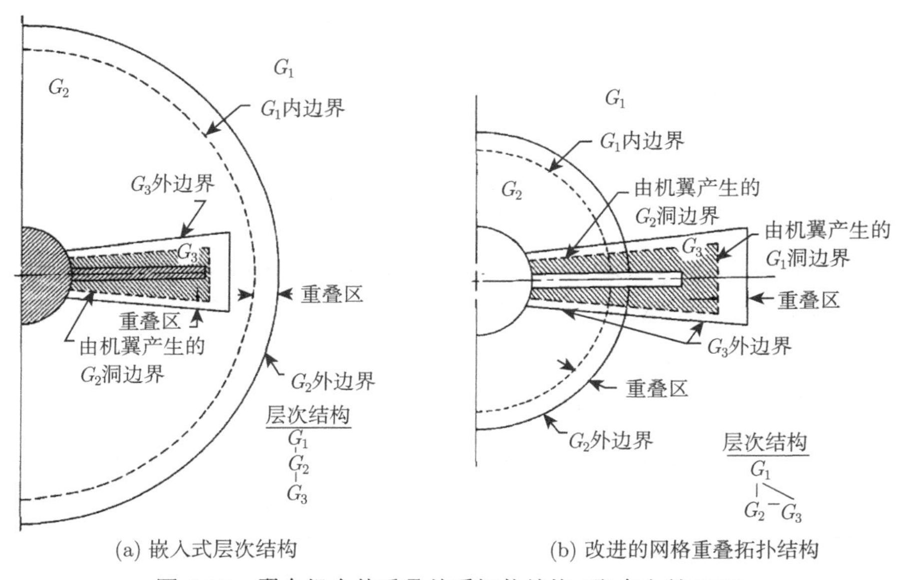

(a) 嵌入式层次结构　　(b) 改进的网格重叠拓扑结构

图 5.17　翼身组合体重叠关系拓扑结构 (取自文献 [23])

相关，而在图 5.17(b) 中，允许 G_3 的外边界与 G_1 和 G_2 同时相关。后者增强了拓扑关系的灵活性，但是也增加了拓扑关系搜索的复杂度。在实际的多部件 (如带多种外挂物的战斗机构型) 重叠网格生成过程中，子域间的重叠关系可能更加复杂，这些均可以根据实际情况选用合适的重叠拓扑关系，只要能建立子域间彼此的插值对应关系，任意复杂的重叠关系都是可行的。只是其对流场解算器的要求更高，需要其能处理这些复杂的重叠关系。

5.3.2 “洞” 边界的生成

由于每个部件的网格是独立生成的，因此需要在数值计算之前确定各子域网格间重叠区的大小和位置，确定每个重叠区的 “洞” 边界，并建立 “洞” 边界点在其他网格中的插值对应关系。以图 5.16(a) 中的嵌入式层次结构为例，对于落在某子域网格 (如 $G_{I+1,i}$) 中而且在其固壁边界之内的父子域 ($G_{I,i}$) 网格点，在数值模拟过程中将不参与计算，应予删除或标记为非有效点。显然，我们无需对所有 $G_{I,i}$ 和 $G_{I+1,i}$ 重叠区的网格点进行插值，只需根据计算格式模板的需要，在重叠区的若干层边界点上进行插值 (如 5 点网格模板的二阶精度差分格式，仅需进行两层边界点的插值，因为 $G_{I,i}$ 中网格点 $P_{b,i}$ 及相邻的 $P_{b,i-1}$ 和 $P_{b,i-2}$ 上的物理量在自身的子域中已经存在)。如图 5.18 所示，包含在子域 $G_{I+1,i}$ 内的那部分 $G_{I,i}$ 的网格

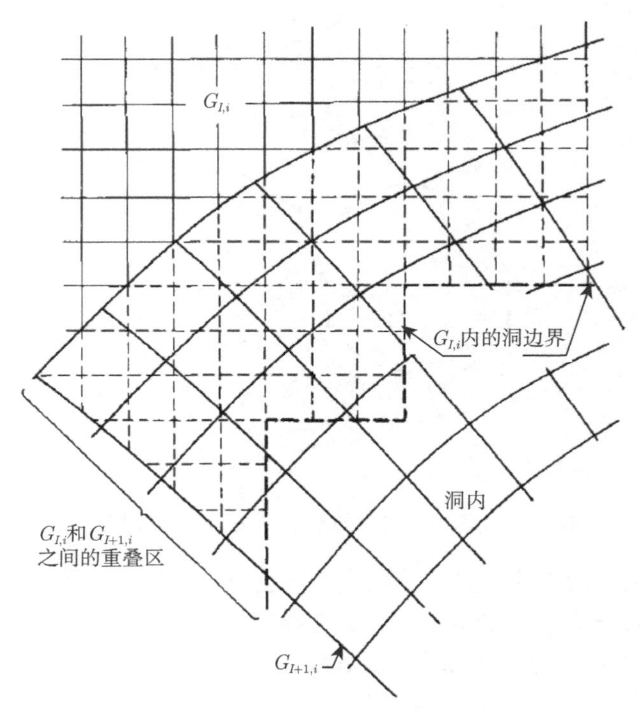

图 5.18 重叠区 “洞” 边界网格示意图 (取自文献 [22])

点将从 $G_{I,i}$ 中删除，从而形成 $G_{I,i}$ 的一个人工边界，或又称 “洞” 边界。为了保证能从 $G_{I+1,i}$ 上较准确地通过插值得到 “洞” 边界网格点上的物理量信息，需要在 $G_{I+1,i}$ 中 $G_{I,i}$ 的洞边界外提供足够大的覆盖区 (图 5.18)。

图 5.19 给出了确定 “洞” 边界点的具体过程[22]，其可以简单描述如下：

(1) 定义初始洞边界，即在 $G_{I+1,i}$ 中选一条曲线 C，最简单的方法是选一条自然的网格曲线。

(2) 计算曲线 C 上一个网格点的法向量 $\boldsymbol{N}$。

(3) 在曲线 C 内部确定一临时中心点 P_0。

(4) 定义搜索区域，一般取 P_0 为圆心，半径为 $R_{\max}$(P_0 到曲线 C 的最大距离) 的大圆内的区域。

(5) 相对于 P_0 计算 $G_{I,i}$ 中每个网格点 P 到 P_0 的距离 r，若 $r > R_{\max}$，则 P 点位于圆外，若 $r < R_{\max}$，则 P 点落在圆内。

(6) 计算 $\boldsymbol{N} \cdot \boldsymbol{R}_p$，$\boldsymbol{N}$ 为 C 上最靠近 P 点的 P_c 点处的法向量，$\boldsymbol{R}_p$ 为 P_c 至 P 点的距离向量。若 $\boldsymbol{N} \cdot \boldsymbol{R}_p > 0$，则 P 在 C 外；若 $\boldsymbol{N} \cdot \boldsymbol{R}_p < 0$，则 P 在 C 内。

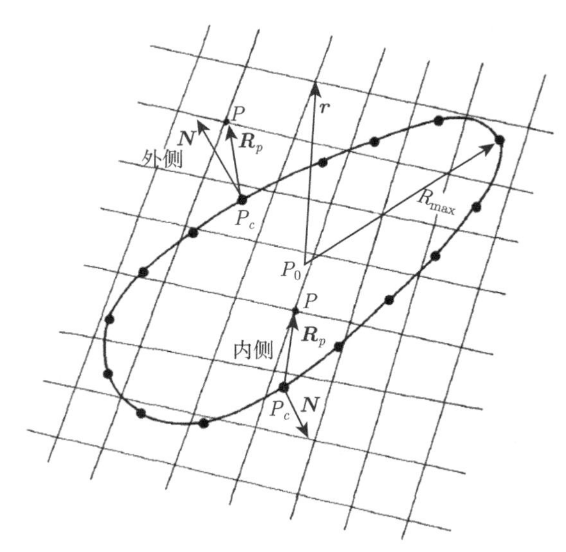

图 5.19　“洞” 边界点的搜索方法 (取自文献 [22])

假定在生成洞边界前给 $G_{I,i}$ 中的所有网格点赋一标记参数 IBLANK=1，则在洞内的网格点标记为 IBLANK=0，在数值模拟过程中令其不参与计算。而边界点则定义为 IBLANK=1 但是其邻居 IBLANK=0 的点 (图 5.20)。

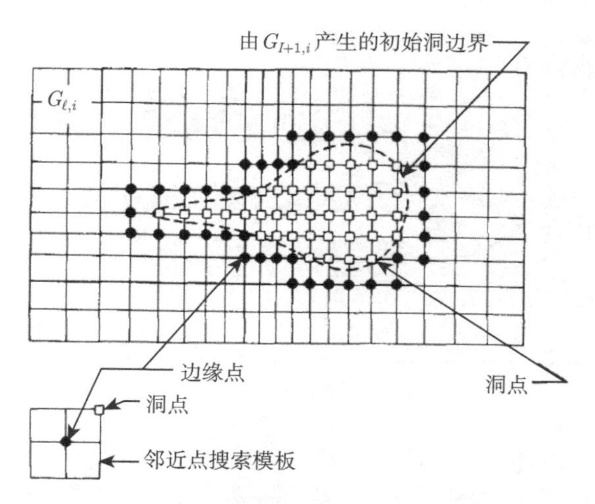

图 5.20 洞边界点和实际物理边界点的关系 (取自文献 [22])

事实上，边界点的搜索算法还有很多，之后的众多文献对前述方法进行了改进，其目的是提高洞边界的搜索速度。为此，一些高级的数据结构和搜索算法被引入至重叠网格的洞边界搜索之中。关于常用的数据结构我们将在第 6 章中介绍；在第 9 章中也将介绍一些判断某个网格节点在某一选定区域内的算法。

在建立了洞边界的对应关系之后，网格之间的信息传递就可以利用插值方法得到。最常用的插值方法是双线性 (二维) 或三线性 (三维) 插值法[22,23]。为了改进线性插值带来的守恒性问题，一些 CFD 工作者还发展了守恒性插值方法[24−27]，这里不再赘述。

5.3.3 重叠结构网格应用实例

以下给出几个重叠结构网格的应用实例，以展示其对于复杂外形的应用能力。图 5.21 为航天飞机与助推器简化组合体的重叠结构网格 (取自文献 [28])，其中图 5.21(a) 是纵向截面的重叠网格拓扑，图 5.21(b) 为某横向截面上各主要部件的网格，图中较好地展现了网格块之间的重叠关系。图 5.22 则给出了包含局部各种连接件的真实构型的重叠网格 (取自文献 [29])。对于如此复杂的组合体构型，重叠网格能生成各部件的高质量网格，然后通过重叠关系建立彼此的联系。

图 5.23 显示了某战斗机风洞试验模拟的重叠网格 (由作者的同事王运涛课题组提供)，其中图 5.23(a) 为各部件的表面网格，图 5.23(b) 为主翼、水平尾翼和立翼的洞边界网格，图 5.23(c) 为主翼和机身网格重叠的对应关系。

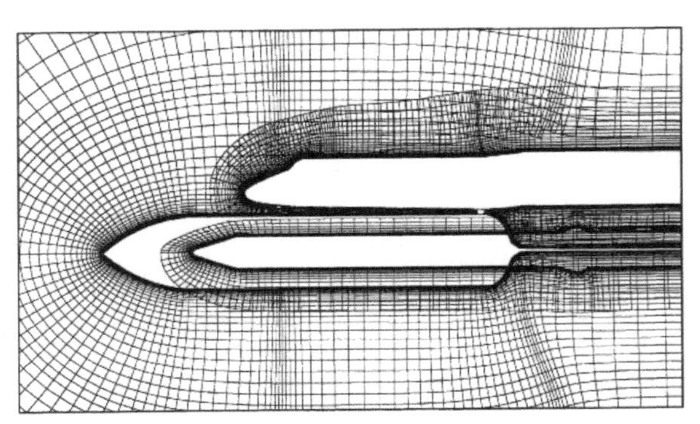

(a) 纵向截面的重叠网格

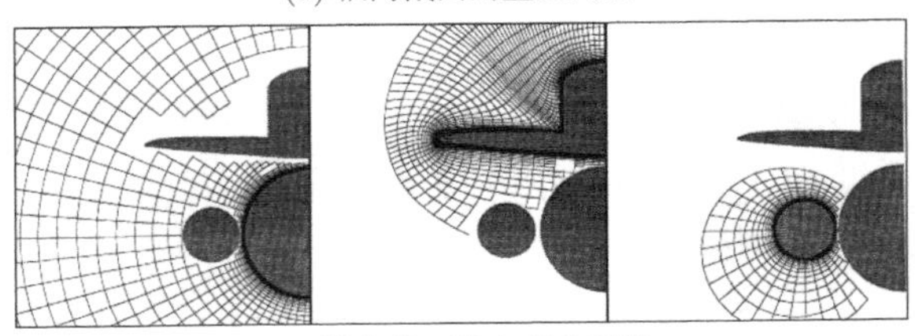

(b) 横向截面的各部分网格

图 5.21　航天飞机简化组合体重叠结构网格 (取自文献 [28])

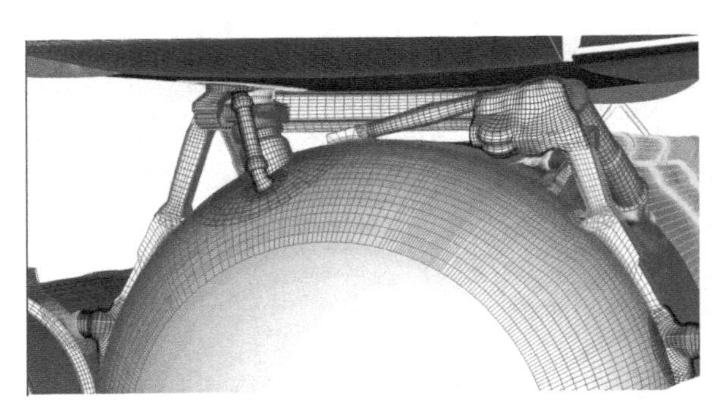

图 5.22　航天飞机/助推器组合体真实构型重叠结构网格 (取自文献 [29]) (后附彩图)

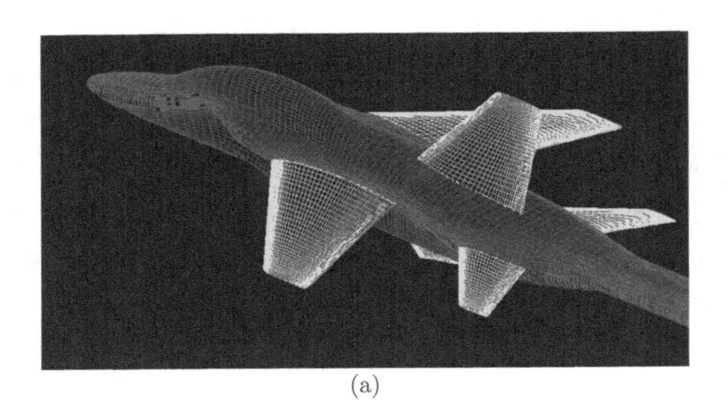

(a)

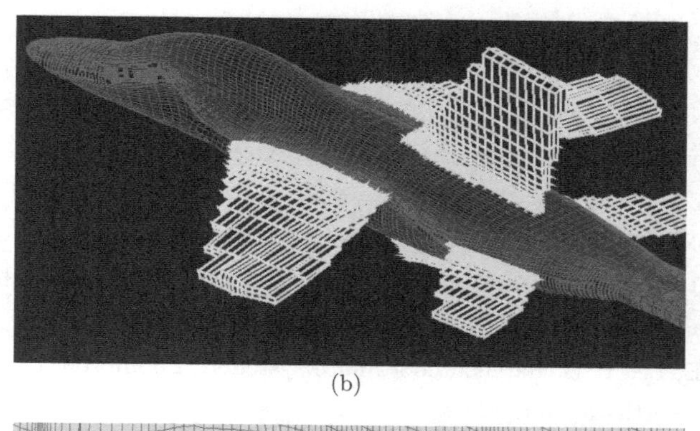

(b)

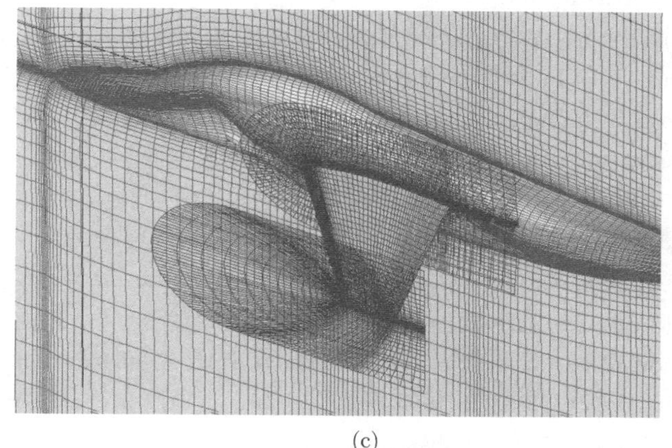

(c)

图 5.23　某战斗机风洞试验模型的重叠结构网格 (后附彩图)

5.4 小　结

本章介绍了针对复杂构型而发展起来的各种结构网格技术，重点介绍了基于 HyperCube++ 结构的多块对接网格以及重叠网格技术，这些技术已经在实际飞行器的气动特性模拟中成功地得到应用，本章中给出的应用实例已展示了这些技术的应用能力。

值得指出的是，重叠结构网格的思想后来被众多的 CFD 工作者推广应用于非结构网格，发展了非结构重叠网格技术，如文献 [30]~[33]。这样进一步提高了非结构网格生成的灵活性。尤其是在动态网格的生成中得到广泛应用[34,35]。关于动态网格技术，将在第 13 章中介绍。

参 考 文 献

[1] Weatherill N P, Forsey C R. Grid generation and flow calculations for complex aircraft geometries using a multi-block scheme. AIAA paper, 84-1665, 1984.

[2] Kim J K, Thompson J F. Three-dimensional solution-adaptive grid generation on a composite block configurations. AIAA Jounal, 1990, 28: 470-477.

[3] Thompson J F. A composite grid generation code for 3D regions—the EAGLE code. AIAA Journal, 1988, 26: 271, 272.

[4] Rubbert P E, Lee K D. Patched coordinate systems//Thompson J F. Numerical Grid Generation. North-Holland, 1982.

[5] Steger J L, Dougherty F C, Benek J A. A chimera grid scheme. Applied Mechanics, Bioengineering and Fluids Engineering Conference, Houston, Texas, 1983.

[6] Miki K, Takagi T. A domain decomposition and overlapping method for the generation of three-dimensional boundary-fitted coordinate systems. Journal of Computational Physics, 1984, 53: 319-330.

[7] Benek J A. A 3D Chimera grid embdedding technique. AIAA paper, 85-1523, 1985.

[8] Peace D G. Development of a large Chimera grid system for space shuttle. AIAA paper, 93-0533, 1993.

[9] Kao K H, Liou M S, Chow C Y. Grid adaption using Chimera composite overlapping meshes. AIAA paper, 93-3389, 1993.

[10] Soni B K, Huddleston D H, Arabshashi A, et al. A study of CFD algorithms applied to complete aircraft configurations. AIAA paper, 93-0784, 1993.

[11] Vatsa V N, Sanetrick M D, Parlette E B. Block-structured grids for complex aerodynamic configurations. Proceedings of the Surface Modeling Grid Generation and Related Issues in Computational Fluid Dynamics Workshop, NASA Conference Publication 3291, NASA Lewis Research Center, Cleveland, OH, May, 1995.

[12] Allwright S E. Techniques in multiblock domain decomposition and surface grid generation//Sengupta S, Thompson J F, Eiseman P R, et al. Numerical Grid Generation in Computational Fluid Mechanics'88. Miami, FL: Pineridge Press, 1988: 559-568.

[13] Shaw J A, Weatherill N P. Automatic topology generation for multiblock grids. Applied Mathematics and Computation, 1992, 53: 355-388.

[14] Stewart M E M. Domain-decomposition algorirthm applied to multielement airfoil grids. AIAA J., 1992, 30: 1457-1461.

[15] Dannenhoffer J F. A new method for creating grid abstractions for complex configurations. AIAA paper, 93-0428, 1993.

[16] Dannenhoffer J F. A block-structuring technique for general geometries. AIAA paper, 91-0145, 1991.

[17] Park S, Lee K. A new approach to automated multiblock decomposition for grid generation: A HyperCube++ approach// Thompson J F, Soni B F, Weatherill N P. Handbook of Grid Generation. Boca Raton: CRC Press, 1998: 321-342.

[18] 王运涛, 张书俊, 孟德虹. DPW4 翼/身/平尾组合体的数值模拟. 空气动力学学报, 2013, 31(6): 739-744.

[19] 王运涛，李松，孟德虹，等. 梯形翼高升力构型的数值模拟技术. 航空学报, 2014, 35(12): 3213-3221.

[20] Wang Y T, Zhang Y L, Meng D H, et al. Calibration of a transition model and its application in low-speed flows. Science China Physics, Mechanics & Astronomy, 2014, 57(12): 2357-2360.

[21] 洪俊武，王运涛，孟德虹. 结构网格方法对高升力构型的应用研究. 空气动力学学报，2013, 31(1): 75-81.

[22] Benek J A, Buning P G, Steger J L. A 3-D chimera grid embedding technique. AIAA paper, 85-1523, 1985.

[23] Benek J A, Donegan T L, Suhs N E. Extended chimera grid embedding scheme with application to viscous flows. AIAA paper, 87-1126, 1987.

[24] Moon Y J, Liou M S. Conservative treatment of boundary interfaces for overlaid grids and multi-level grid adaptations. AIAA paper, 89-1980, 1989.

[25] Wang Z J, Buning P, Benek J. Critical evaluation of conservative and non-conservative interface treatment for Chimera grids. AIAA paper, 95-0077, 1995.

[26] Part-Enander E, Sjoreen B. Conservative and non-conservative interpolation between overlapping grids for finite volume solutions of hyperbolic problems. Computers &Fluids, 1994, 23(3): 551-574.

[27] Farrell P E, Maddison J R. Conservative interpolation between volume meshes by local Galerkin projection. Comput. Methods Appl. Mech. Engrg., 2011, 200: 89-100.

[28] Buning P G, Chiu I T, Obayashi S, et al. Numerical simulation of the integrated space shuttle vehicle in ascent. AIAA paper, 88-4359, 1988.

[29] Mavriplis D J. Unstructured mesh related issues in CFD-based analysis and design. The 11th International Meshing Roundtable, Ithaca New York, USA, 2002.

[30] Duque E P N, Biswas R, Strawn R C. A solution adaptive structured/unstructured overset grid flowsolver with applications to helicopter rotor flows. AIAA paper, 95-1766, 1995.

[31] Lohner R, Sharov D, Luo H, et al. Overlapping unstructured grids. AIAA paper, 2001-0439, 2001.

[32] Luo H, Sharov D, Baum J D, et al. An overlapping unstructured grid method for viscous flows. AIAA paper, 2001-2603, 2001.

[33] Togashi F, Ito Y, Nakahashi K, et al. Overset unstructured grids method for viscous flow computations. AIAA Journal, 2006, 44(7): 1617-1623.

[34] Togashi F, Ito Y,Nakahashi K, et al. Extensions of overset unstructured grids to multiple bodies in contact. Journal of Aircraft, 2006, 43(1): 52-57.

[35] Togashi F, Fujita T, Ito Y, et al. CFD computations of NAL experimental airplane with rocket booster using overset unstructured grids. Int. J. Numer. Meth. Fluids., 2005, 48: 801-818.

第 6 章　非结构网格生成方法概述

6.1　引　　言

从字面意义上讲，相对于结构网格而言，“非结构网格”即指没有“方向”性隐含顺序结构的网格。非结构网格一般特指三角形 (二维) 和四面体 (三维)，或称之为基本单元 (simplex)；但是，从一般意义上讲，所有没有明确方向性定义的网格均可视为非结构网格，如二维情况下的三角形、四边形和多边形网格；三维情况下的四面体、三棱柱、金字塔、六面体，甚至多面体。由于三棱柱网格在某些情况下，在棱柱方向有一定的结构性，因此也称为“半结构”网格。事实上，结构网格亦可以称为非结构网格的一种特例；而各种单元耦合在一起的网格又称为“混合网格”。“混合”的含义可以有两种解释：① 结构网格和非结构网格的混合，其中结构网格保持原有的方向性，或又称为区域混合网格 (zonal hybrid grid)；② 多种形状计算网格的混合，又称为单元混合网格 (element hybrid grid)。

非结构网格的发展历史，最早可以追溯到 1850 年 Dirichlet 引入的由一系列点构造三角形的方法，即 Dirichlet tessellation[1]。非结构网格最早应用于固体力学的有限元结构计算，在 CFD 中的应用始于 20 世纪 80 年代。非结构网格具有以下突出的优势：一是其具有优越的几何灵活性，适应于模拟真实的复杂构型；二是其随机的数据结构有利于进行网格自适应，提高计算网格的离散效率。

由于非结构网格的突出优势，许多计算力学工作者提出了各种非结构网格生成方法，其中主要有阵面推进法[2−5]、Delaunay 方法[6−12] 和改进的四叉树/八叉树方法 (modified quadree/octree method)[13,14] 等。

本章将简要介绍上述三种非结构网格生成的基本思想，并结合非结构网格的数据存储特点，介绍非结构网格生成过程中常用的数据结构，主要包括线性列表、二叉树 (binary tree)、quadtree/octree 等，以及相关的多维搜索算法。

6.2　三种基本的非结构网格生成方法

6.2.1　阵面推进法

阵面推进法的基本思想是首先将计算域的边界划分为小的阵元 (fronts)，如二维情况下的线段、三维情况下的表面三角形。由此构成初始阵面，然后选定某一阵元，将某一在计算域中新插入的网格节点或原阵面上已经存在的点与该阵元相连构成基本单元 (二维时为三角形，三维时为四面体)。初始阵面不断向计算域中推进，逐步填充整个计算域。图 6.1 给出了阵面推进法的示意图。

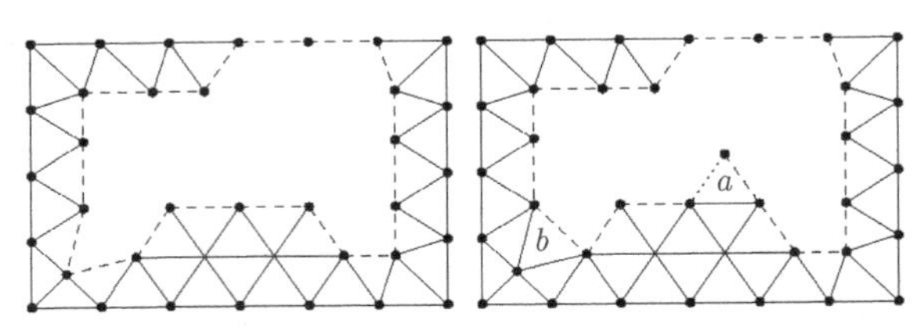

图 6.1 阵面推进法网格生成示意图

为了控制计算网格的分布，可以对推进步长进行适当的控制，即利用背景网格[15,16](background grid) 或在计算域中事先设定的一些控制 “点源” 和 “线源” 对新插入的网格节点位置或网格步长进行控制。在推进过程中，还可以根据需要，保持一定的推进方向性。如在黏性流动模拟中，边界层内的计算网格要保持一定的拉伸比，此时可以定义一个方向控制参数，限定推进的方向。关于阵面推进法的具体实现过程，将在第 7 章中详细介绍。

6.2.2 Delaunay 三角化方法

Delaunay 三角化方法[6] 最早可以追溯到 Dirichlet 的思想[1]，即在平面上给定一组点的分布，称之为 Voronoi 域 $\{V_k\}, k=1,\cdots,N$，每个 Dirichlet 子块上包含一个给定点 P_k，而且对应于 P_k 的 V_k 内的任意点 P 到 P_k 的距离较其他点最短。其数学描述为：$V_k=\{P:|P-P_k|<|P-P_j|,\forall j\neq k\}$。连接相邻的 Voronoi 域的包含点，即可构成唯一的 Delaunay 三角形网格。目前，实际用于 Delaunay 三角化的方法则来源于 Bowyer[7] 和 Waston[8] 的两篇经典论文。Bowyer 将上述 Dirichlet 思想简化为 Delaunay 准则，即在每一个三角形的外接圆内不存在其他节点，进而给出三角形的划分过程：给定一个人为构造的初始简单三角形网格系，根据网格步长的限制，引入一个新节点，标记并删除初始网格中不满足 Delaunay 准则的三角形单元，形成一个多边形 “空洞”，连接该点与多边形的顶点构成新的 Delaunay 网格系，重复上述过程，直至网格分布达到希望值。图 6.2 和图 6.3 给出了 Delaunay 方法三角形网格生成的示意图。关于 Delaunay 方法的具体实现过程，将在第 8 章中详细介绍。

Delaunay 方法的突出优势是：它能使给定点集构成的网格系中每个三角形单元的最小角尽可能最大，即尽可能得到等边的高质量三角形网格；而且其较阵面推进法的网格生成效率更高。目前商业网格生成软件中主要以 Delaunay 方法为基础。但是 Delaunay 方法可能生成计算域以外的单元或者与计算域边界相交的单元，即不能保证计算域边界的完整性。因此，需要在网格生成的过程中，引入一定的限制约束条件。常用的方法是在进行 Delaunay 准则判断时，对“空洞”边界的保形性进行判断。以二维问题为例，如果“空洞”的某条边本身即为计算域边界，则该边不能删除。

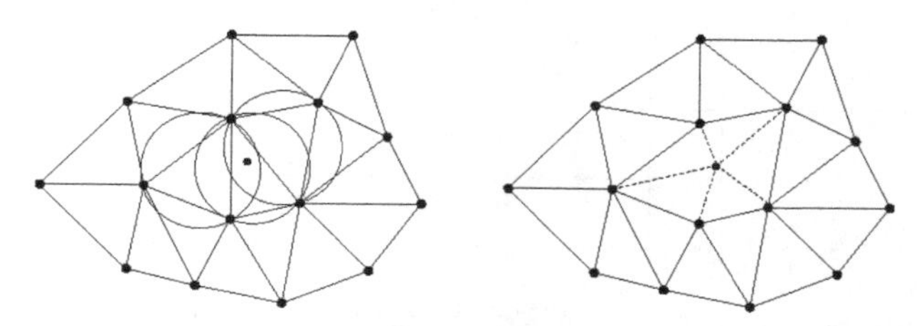

图 6.2 Delaunay 方法网格生成示意图 (Delaunay 准则与局部网格重构)

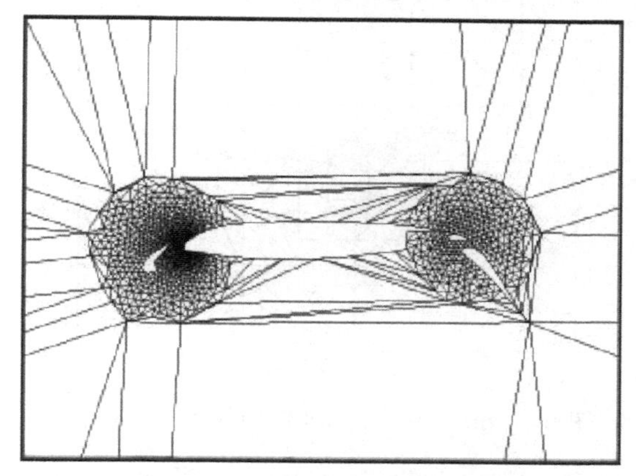

图 6.3 Delaunay 方法网格生成示意图 (三段翼型网格生成)

6.2.3 基于四叉树/八叉树的网格生成方法

另一类生成非结构网格的方法是基于“树”结构的生成方法，如二维时的“四叉树”(quadtree)[13] 和三维时的“八叉树”(octree) 方法[14]。基于类似思想，Wille 提出了一种三叉树 (tri-tree) 方法[17]，Wang 等提出了 2^N-tree 方法[18]，实际上这些也是一种“树”结构方法。这类方法的基本思想是先用多层次的矩形 (二维)/立方体 (三维) 树状结构覆盖整个计算域，根据计算外形特点和流场特性，在局部区域进行“树”结构层次细分，直到网格步长满足计算要求；然后将矩形/立方体划分为基本单元 (如二维时的三角形和三维时的四面体，在三维情况下要特别注意左右单元共享面的相容性)；对于物面附近被切割的矩形/立方体作特殊划分，或者进行网格点的投影处理，保证边界网格点尽可能地投影到真实的几何数模上。图 6.4 给出了 quadtree 非结构网格生成示意图。

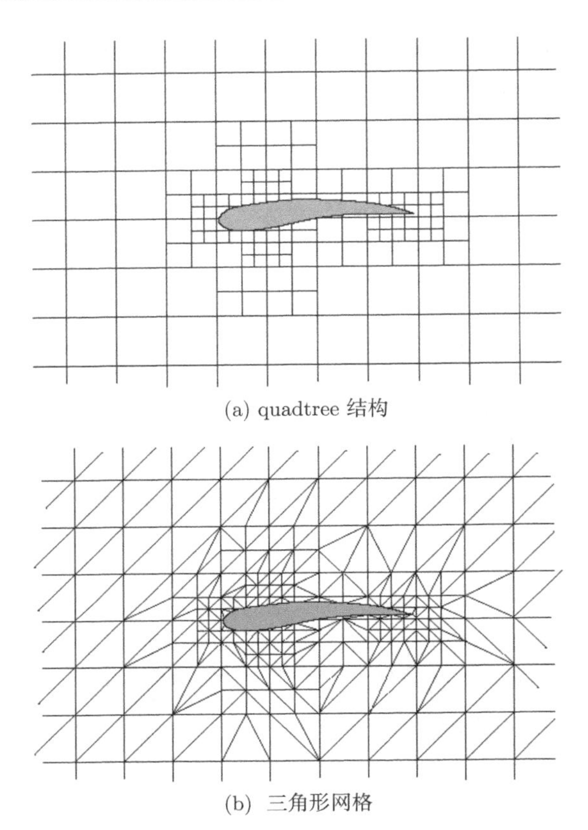

(a) quadtree 结构

(b) 三角形网格

图 6.4　quadtree 方法非结构网格生成示意图

由于这种方法采用了“树”结构，因此其效率较高。不足之处是物面附近可能生成质量较差的单元，而且生成黏性边界层内的贴体网格比较困难。因此该方法主要用于无黏流计算的网格快速生成。关于边界附近的特殊处理，将在第 9 章中详细介绍。当然，quadtree/octree 方法可以直接用于远场的空间离散，不必进一步划分为基本单元，然后与近场的非结构网格结合形成混合网格，这将在第 10 章中详细介绍。

6.3　非结构网格技术常用数据结构及搜索算法

数据结构在非结构网格生成和 CFD 计算软件的研发中占有重要的地位，其原因是非结构网格节点的编号是随机的，不再隐含结构网格的顺序结构，因此其网格信息必须采用专用的数据结构存储。在非结构网格生成和 CFD 计算过程中，往往涉及“点、线、面、体”的搜索操作，因此数据结构设计的好坏，直接影响到代码的运行效率[19−23]。如采用最简单的全局搜索，在 N 个节点的点集中搜索某个节点 P，其搜索速度为 $O(N)$ 量级；如果采用合理的数据结构，则搜索速度可以降低至 $O(\log_2(N))$ 量级，甚至更快，其运算速度将大幅提升。

关于非结构网格的存储，一般采用如下的层次结构，即 “点”(node 或 point)→“线”(edge) (或称 “棱” 或 “边”)→“面”(face)→“体”(cell)(或称 “单元”)，反之亦然。根据以上层次结构，一般会建立 cell-to-face、face-to-edge、edge-to-node 等数据结构。为了反向搜索的方便，有时也会建立 node-to-edge、edge-to-face、face-to-cell 等数据结构，或者跨层次的数据结构，如 cell-to-node、node-to-cell、face-to-node、node-to-face 等。为了加速这种搜索操作，如在指定区域内搜索满足限制条件的网格点、线、面、体，可以建立各种 “链表”“Hash 表”“堆”“栈” 等数据结构或 “二叉树”“四叉树”“八叉树”“alternating digital tree(ADT)” 等数据结构。

在具体代码编写过程中，到底选取哪种数据结构取决于很多因素，其实际上与希望实现的操作密切相关。一种数据结构可能对于某种操作是有效的，但是对于其他操作，其效率可能并非最优。关于数据结构的参考文献和教科书已有很多。在本节中，我们将重点介绍几种在非结构网格生成中常用的数据结构。

6.3.1 线性链表

所谓线性链表 (linear list) 是指一组记录 (record) 集中的所有记录的相对位置本质上是线性关系 (或一维关系)。在有 n 个记录的线性链表中，各记录的位置可以用一一对应的指标 i 定位，即 $1 < i < n$。关于线性链表的操作主要有以下三种：记录查找、记录插入、记录删除。

“栈” 和 “列” 是最常用的线性链表，其主要特征是在线性链表的两端进行插入和删除操作。对于 “栈”，插入和删除操作均在一端 (即所谓的 LIFO (last in and first out))。插入操作一般称为 “压栈”(push)，删除操作一般称为 “出栈”(pop)。对于 “列”，其主要特征是在一端插入记录，但是在另一端删除记录 (即所谓的 FIFO(first in and first out))。顺序地址分配 (sequential allocation) 是最常用的存储线性链表的方法，其存储方式表现为数组结构。另一种方式是利用链接地址分配 (linked allocation)，即对每一条记录 R，通过 R.next 或 R.prev 等数据结构记忆与其他记录的顺序关系。这种分配方式可以节省插入和删除操作时间。

在非结构网格生成、流场计算和后置处理过程中，经常需要通过已有的基础数据，生成其他需要的数据结构。由于非结构网格的存储方式是随机的，每个网格节点与相关的线、面、体的连接数量不固定，如果采用统一的多维数组存储，必然会导致很多存储空间的浪费，而且事先我们往往无法确定最大可能的连接 “带宽”。因此，此时常用链表结构来进行数据的存储。

以下以通过 face-to-point 结构来建立 point-to-face 结构为例，说明链表的使用方法。

为了建立链表，首先定义节点数组 LPOIN(1:NPOIN) 和另一数组 LFAPO(1:3, MFAPO)。这里 NPOIN 表示节点总数，MFAPO 表示最大存储空间。信息存储如表 6.1 所示。

表 6.1 链表数据结构存储信息说明

数组	存储信息描述
LPOIN(IPOIN)	在数组 LFAPO 中，从位置 IFAPO=LPOIN(IPOIN) 开始存储与节点 IPOIN 相连的边
LFAPO(3,IFAPO)	> 0，表示存储的边数
	< 0，表示在 JFAPO=−LFAPO(3,IFAPO) 位置继续存储与节点 IPOIN 相连的边
LFAPO(1:2,IFAPO)	= 0，表示该位置为空，暂时无与节点 IPOIN 相连的边
	> 0，表示与节点 IPOIN 相连的边

以上算法可以用图 6.5 描述。其中详细介绍了某个节点 IPOIN 在已经存储了与之相连的 $F1$ 和 $F2$ 之后，如何在链表中插入与之相连的 $F3$。

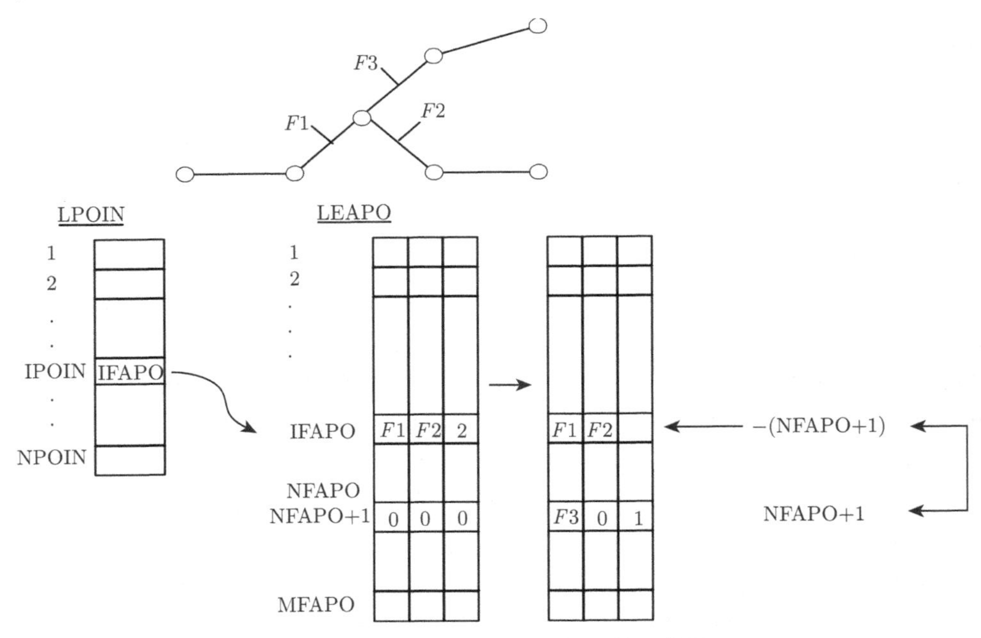

图 6.5 链表中插入新生成的面的示意图

6.3.2 二叉树

二叉树数据结构在非结构网格生成中经常使用，如在给定点集中搜索某个网格节点。其基本思想如图 6.6 所示，其根据每个网格节点的坐标，在 x，y，z 方向交替细分初始包含所有节点的计算区域，并建立网格节点之间的相对位置关系。利用二叉树进行网格节点的搜索，其操作次数为 $O(N\log_2 N)$ 量级。当然，如果插入点的顺序不同，将导致不同的树结构，其树结构的深度 (depth) 将呈现不同的形态，如图 6.7 所示。

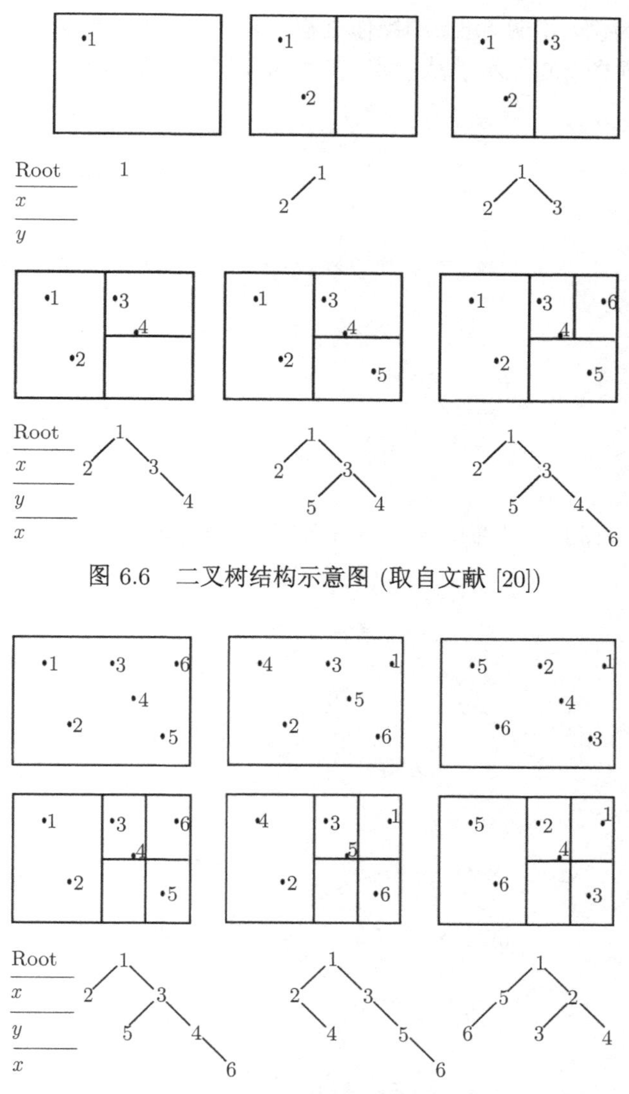

图 6.6 二叉树结构示意图 (取自文献 [20])

图 6.7 二叉树结构对插入点顺序的依赖性 (取自文献 [20])

堆是一种常用的二叉树结构，其主要特征是“父”或“根”记录的特征参数小于 (或大于) 两个“子”或“枝”记录的特征参数。如在阵面推进法生成非结构网格的过程中，我们一般从面积最小的单元开始推进，因此在建立初始阵面的“堆”结构时，需要将面积最小的“阵元”始终置于“堆”的顶部，即“根”的位置。由此可以始终从“堆”的顶端提取推进“阵元”。在该阵元推进生成网格之后，又需从“堆”结构中删除该记录，同时保证“堆”顶的新阵元面积最小。以下以字符串“EXAMPLE”为例，说明“堆”的操作过程。图 6.8 显示了根据字符排序依次压入“堆”的过程，而图 6.9 显示了从“堆”中删除顶端记录的过程。

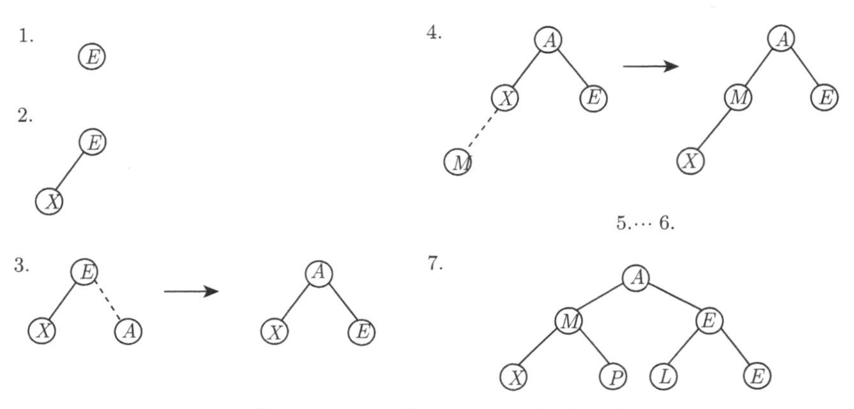

图 6.8　向堆中插入记录的过程示意图 (取自文献 [20])

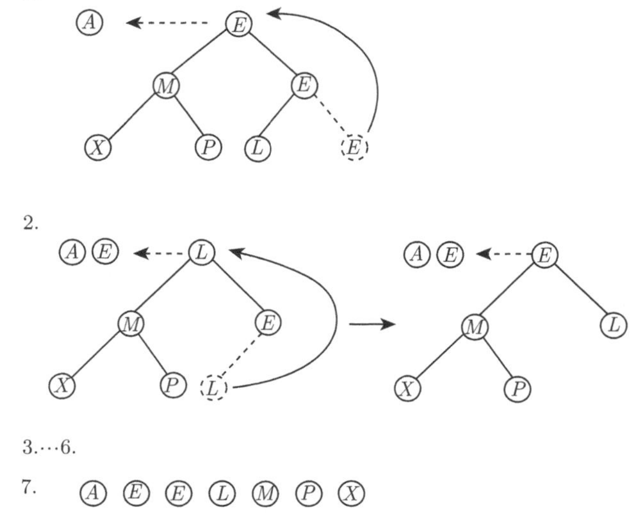

图 6.9　从堆顶删除记录的过程示意图 (取自文献 [20])

6.3.3 ADT 结构

ADT[22,23] 是一种特别适合于在几何不规则目标中进行搜索的数据结构，它提取这些几何不规则目标的部分几何信息，并依据这些几何信息与二叉树中的相应节点一一对应，从而将零散的不规则目标统一到标准的二叉树数据结构中，方便了对这些目标的相关搜索。其实际上是一种改型的二叉树结构。以下介绍 ADT 数据结构的建立以及信息的插入和搜索算法。

1) 构建二叉树节点与空间区域的一一对应

对于 N 个三维空间点 ($X_k^j, k=1,2,\cdots,N$；$j=1,2,3$)，二叉树的根节点对应于三维空间点的最大分布空间 (该空间区域包含了所有的点)，表述为 (C_0, D_0)，其中

$$C_0(X_j)=\min(X_k^j, k=1,2,\cdots,N; j=1,2,3)$$
$$D_0(X_j)=\max(X_k^j, k=1,2,\cdots,N; j=1,2,3)$$

从根结点开始，用垂直于坐标轴的平面二等分节点单元对应的空间区域，在每一层所用的平面循环垂直于 X、Y、Z 轴。在这循环划分的过程中，对于层级深度为 m 的节点 k(根节点层深为 0)，与空间区域 (C_k, D_k) 对应，对它进行二等分的平面垂直于第 J 坐标轴 ($J=1$ 时垂直于 X 轴，$J=2$ 时垂直于 Y 轴，$J=3$ 时垂直于 Z 轴)，其中 J 等于节点 k 的层深 m 对 3 取余加一，即 $J=\text{mod}(m,3)+1$。图 6.10 是二维情况的划分示意图。如此循环划分即可得到与空间区域一一对应的二叉树节点，但还未建立二叉树节点与 N 个三维空间点的一一对应，要构建它们之间的对应关系，必须将空间点一一插入 ADT 中。

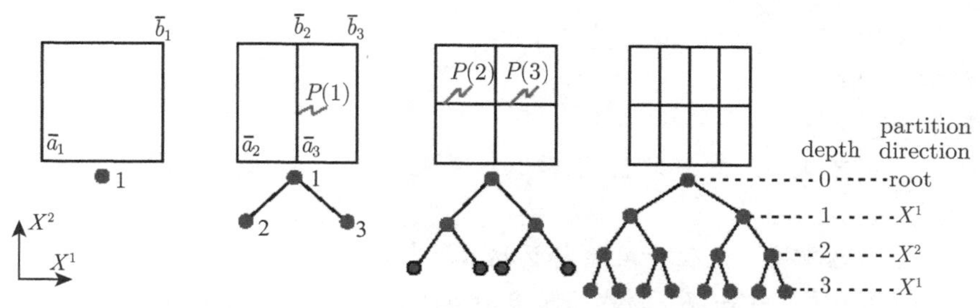

图 6.10 二维情况的二叉树结构示意图

2) 三维空间点的插入

对于第 n 个空间点 $X_n^j(j=1,2,3)$，首先从 ADT 的根节点 $K=0$ 开始判断，其插入算法如下：

```
Insert-Node-to-ADT(K)
{
    IF{ADT 节点 K 为空，即还没有空间点与其对应} THEN
```

```
        空间点 N 与 ADT 节点 K 对应，插入空间点 n 结束;
    ELSE IF {C_kl^j ≤ X_n^j ≤ D_kl^j (j = 1,2,3)} THEN
        Insert-Node-to-ADT(K-Left-Son-Node);
    ELSE {
        Insert-Node-to-ADT(K-Right-Son-Node);
    }
}
```

通过调用递归函数 Inert-Node-to-ADT(K)，将 N 个空间点与二叉树节点一一对应，至此，空间点的 ADT 构建完毕，为以后的查询操作提供了基础。图 6.11 为二维情况下点插入 ADT 中的示意图。

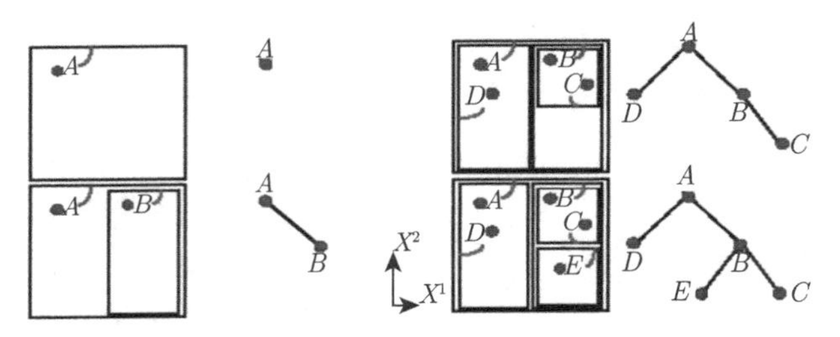

图 6.11　二维情况下点插入 ADT 数据结构示意图

3) 空间区域内点的查询

对于给定空间区域 $Q = [T_{\min}^j, T_{\max}^j]$，要求在空间点序列 ($X_k^j, k = 1, 2, \cdots, N$; $j = 1, 2, 3$) 中找出包含在空间区域 Q 中的点，其搜索算法如下 (从 ADT 根节点 $K = 0$ 开始)：

```
Search(K)
{
    IF {节点 K 对应的空间点 X_k^j 满足: T_min^j ≤ X_k^j ≤ T_max^j (j = 1,2,3)}
THEN
        该节点 K 位于在目标区域 Q 内;
    ELSE IF {节点 K 的左子节点存在并且左子节点对应区域与目标区域重
叠} THEN
        Search(K-Left-Son-Node);
    ELSE IF {节点 K 的右子节点存在并且右子节点对应区域与目标区域重
叠} THEN
        Search(K-Right-Son-Node);
    }
}
```

通过调用递归函数 Search(K)，可以很快地将在目标区域中的点搜索出来。

4) 三维空间中有限大小体的 ADT 构建、插入和查询

对于三维空间中有限大小体的 ADT 构建、插入和查询，可以转化为六维空间中点的 ADT 构建、插入和查询，具体方法如下：

在三维空间中 N 个有限大小体序列：$(X_k^{mj}, k=1,2,\cdots,N; m=1,2,\cdots; j=1,2,3)$，$j$ 为三维坐标轴方向 X、Y、Z，m 为有限大小体 k 的节点标号，有限大小体 k 的最大外轮廓如图 6.12 所示，表示为 $X_{k,\min}^j \leqslant X_k^{mj}$，$X_{k,\max}^j \geqslant X_k^{mj}$。

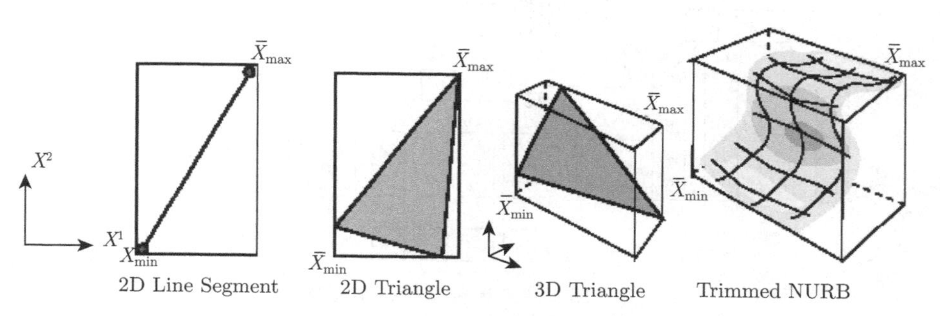

图 6.12 有限大小体的最大外轮廓

最大外轮廓在六维空间表示为一个点序列：$(Y_k^J, k=1,2,\cdots,N; J=1,2,3,4,5,6)$，其中 $Y_k^J=[X_{k,\min}^j, X_{k,\max}^j]$，$J=1,2,\cdots,6$；$j=1,2,3$。由此可以依照三维空间的 ADT 建立、信息插入和搜索算法在六维空间进行相应的操作，这里不再赘述。

6.3.4 四叉树/八叉树

四叉树和八叉树数据结构[21] 在二维和三维网格生成中已得到广泛应用，其目的是加速在一给定区域内相关信息 (如某个节点) 的搜索速度。如果采用全局搜索，将非常费时，操作次数为 $O(N)$ 量级；如果采用 quadtree 或 octree 数据结构，其操作次数分别为 $O(\log_4(N))$ 和 $O(\log_8(N))$ 量级。

下面以二维问题为例进行说明。首先利用一个四边形覆盖所有节点区域，随后依次将每个节点插入到 quadtree 结构。如果四边形内的节点数超过 4，则将该四边形一分为四，并依据各点所处的象限，进行分组存储 (图 6.13 和图 6.14)。其数据结构如下。

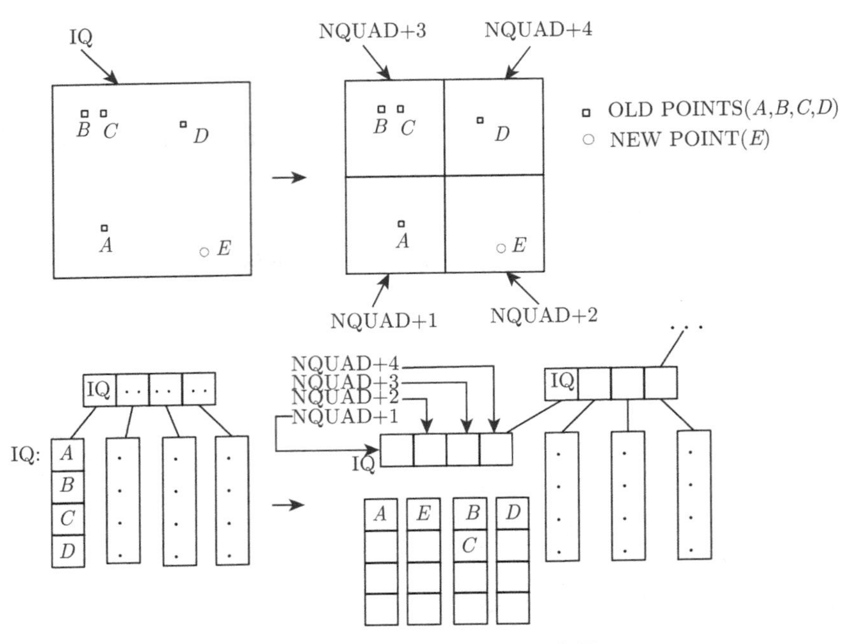

图 6.13　四叉树数据结构示意图

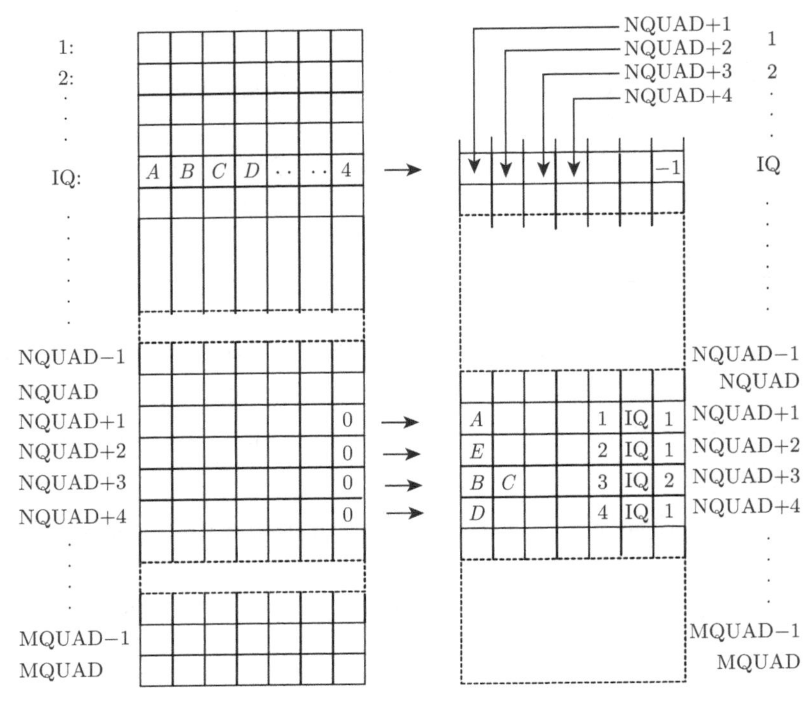

图 6.14　矩形 IQ 插入新生成的节点 E 后的存储方式

定义存储节点的数组 LQUAD(1:7,MQUAD)，MQUAD 表示四边形的最大数目。对于每个四边形 IQ，数组 LQUAD(1:7,IQ) 存储信息如表 6.2 所示。

表 6.2　四叉树存储信息说明

数组	存储信息描述
LQUAD(7,IQ)	< 0: 四边形已充满节点
	= 0: 四边形内无节点
	> 0: 四边形内存储的节点数
LQUAD(6,IQ)	> 0: 当前四边形的源
LQUAD(5,IQ)	> 0: 当前四边形在源四边形中的位置，值为 1，2，3，4
LQUAD(1:4,IQ)	对 LQUAD(7,IQ)>0，节点存储于该四边形内
	对 LQUAD(7,IQ)<0，从该入口进入将四边形 IQ 重新划分而得到的四边形 NQUAD + 1，···，NQUAD+4

6.4　小　　结

本章简要介绍了阵面推进法、Delaunay 三角化方法和 quadtree/octree 等三种非结构网格生成方法的基本思想。在后续的章节中，我们将详细介绍这三种非结构网格生成方法的实现过程，并给出一些应用实例。

数据结构对于非结构网格生成的效率至关重要，因此本章结合非结构网格的数据存储特点，简要介绍了非结构网格生成过程中常用的数据结构，主要包括线性链表、二叉树、ADT、quadtree/octree 等，以及相关的多维搜索算法。这些数据结构和搜索算法将有利于提高非结构网格的生成效率。

参 考 文 献

[1] Dirichlet G L. Uber die reduction der positven quadratischen formen mit drei underestimmten ganzen zahlen. Z. Reine Angew. Mathematics, 1850, 40(3): 209-227.

[2] Cavendish J C. Automatic triangulation of arbitrary planar domians for the finite element method. Int. J. Num. Meth. Eng., 1994, 48: 679-696.

[3] Lo S H. A new mesh generation scheme for arbitrary planar domians. Int. J. Num. Meth. Eng., 1985, 21: 1403-1406.

[4] Parikh P, Pirzadeh S, Lohner R. A package for 3D unstructured grid generation, finite-element flow solution and flow field visualization. NACA CR-182090, 1990.

[5] Nakahashi K, Sharov D. Direct surface triangulation using the advancing front method. AIAA paper, 95-1686, 1995.

[6] Delaunay B. Sur la sphere vide. Bulletin of Academic Science URSS, Class. Science National, 1934: 793-800.

[7] Bowyer A. Computing Dirichlet tessellation. The Computer J., 1981, 24(2): 162-166.

[8] Waston D F. Computing the N-dimensional tessellation with application to Voronoi polytopes. The Computer J., 1981, 24(2): 167-172.

[9] Mavriplis D J. Adaptive mesh generation for viscous flows using Delaunay triangulation. J. Comp. Phy., 1990, 90: 271-291.

[10] Blake K R, Spragle G S. Unstructured 3D Delaunay mesh generation applied to planes, trains and automobiles. AIAA paper, 93-0673, 1993.

[11] Anderson W K. A grid generation and flow solution method for the Euler equations on unstructured grids. J. Comp. Phys., 1994, 110: 23-38.

[12] Golias N A, Tsiboukis T D. An approach to refining three-dimensional tetrahedral meshes based on Delaunay transformations. Int. J. Num. Meth. Eng., 1994, 37: 793-812.

[13] Yerry M A, Shephard M S. A modified quadtree approach to finite element mesh generation. IEEE Computer Graphics Appl., 1983, 3(1): 39-46.

[14] Yerry M A, Shephard M S. Automatic three-dimensional mesh generation by the modified-Octree technique. Int. J. Num. Meth. Eng., 1984, 20: 1965-1990.

[15] Pirzadeh S. Recent progress in unstructured grid generation. AIAA paper, 92-0445, 1992.

[16] 张来平. 非结构网格、矩形/非结构混合网格复杂无黏流场的数值模拟. 绵阳：中国空气动力研究与发展中心，1996.

[17] Wille S O. A structured tri-tree search method for generation of optimal unstructured finite element grids in two and three dimensions. Int. J. Num. Meth. Fluids, 1992, 14: 861-881.

[18] Grove D V, Wang Z J. Computational fluid dynamics study of turbulence modeling for an ogive using Cobalt flow solver and a 2^N tree-based Cartesian grid generator. AIAA paper, 2005-1042, 2005.

[19] Lohner R. Some useful data structures for the generation of unstructured grids. Comm. Appl. Num. Meth., 1988, 4: 123-135.

[20] Lohner R. Applied CFD Techniques—An Introduction Based on Finite Element Methods. 2nd ed. John Wiley & Sons, Ltd., 2008.

[21] 杨永健. 多体干扰及多体分离数值模拟方法研究. 绵阳: 中国空气动力研究与发展中心, 2001.

[22] Bonet J. An alternation digital tree (ADT) algorithm for 3D geometric search and intersection problems. International Journal for Numerical Methods in Engineering, 1991, 31: 1-17.

[23] 肖涵山. 自适应笛卡儿网格在三维复杂外形流场及机弹分离数值模拟中的应用. 绵阳：中国空气动力研究与发展中心，2003.

第 7 章　非结构网格生成之阵面推进法

7.1 引　　言

阵面推进法最早是由 George[1] 于 1971 年在其博士学位论文中提出的一种非结构三角形网格生成方法，当时并没有得到广泛的关注。1985 年，Lo[2] 将该方法用于三角形网格的生成，并最早在期刊上正式发表。随后，Peraire 等[3] 对该方法进行了改进，同时生成网格节点和单元，并可以生成有较大拉伸比的三角形网格；更为重要的是，其引入了网格分布控制方法，可以根据几何特征和流场计算需求，灵活地控制网格步长。后来，该方法被成功推广应用于三维复杂外形的非结构网格生成[4−7]。为了提高网格生成效率和网格质量，一些学者亦提出了多种改进方法，如文献 [8]~[12]。此外，一些学者还将该方法推广应用于非结构的四边形和六面体网格的生成[13,14]。

阵面推进法生成复杂外形非结构网格的过程大致可以总结为以下步骤：

(1) 几何外形的定义和输入；

(2) 生成背景网格，设置合理的网格步长控制参数；

(3) 划分计算域边界，生成初始阵面 (二维时为离散线段，三维时为表面三角形)；

(4) 阵面推进生成覆盖全计算域的初始网格；

(5) 初始网格的优化。

本章将重点介绍背景网格控制技术、阵面推进法实现过程以及一些提高生成效率和网格生成可靠性的策略，关于几何外形的定义及表面网格的生成将在第 16 章中介绍；关于网格优化技术将在第 12 章中详细介绍。

7.2 网格分布控制 —— 背景网格法

建立背景网格的目的是控制计算网格空间步长的分布，以得到疏密有致而又过渡光滑的计算网格。控制参数主要包括网格空间步长 S，拉伸比 δ 和伸展方向 ω。各参数的定义如图 7.1 所示。后两个参数主要用于黏性流动模拟的各向异性非结构网格生成。

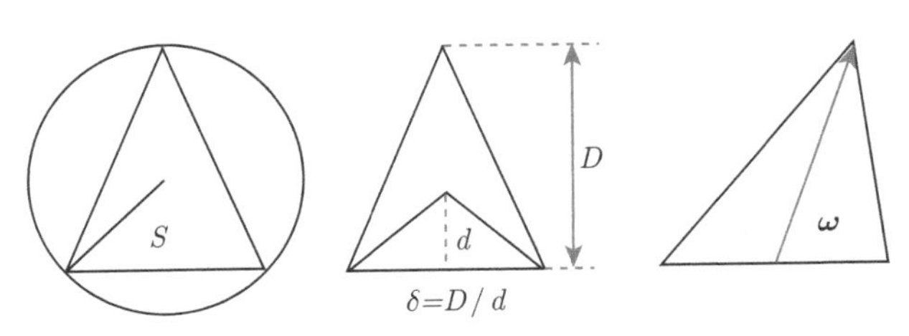

图 7.1　网格分布控制参数定义

传统的背景网格是采用非结构网格[15]。由于非结构网格的搜索插值比较费时，为了提高效率，Pirzadeh 提出利用规则的矩形结构网格作为背景网格[16]。其不仅易于构造和插值，而且调节修改参数特别方便。这一方法的基本思想是：利用矩形结构网格覆盖全流场，在流场中分布一定的“点源”“线源”或“面源”(局部网格分布控制参数)，将这些源视为离散的“热源”，求解热传导方程，所得的稳态解即为全流场的控制参数分布。以二维问题为例，考虑参数 S，其热传导方程描述如下：

$$\nabla^2 S = G \tag{7.1}$$

对于外流问题，一般使用 Dirichlet 边界条件，即 $S = S_{\mathrm{b}}$；内流问题一般使用 Neumann 边界条件，即 $\partial S/\partial n = C_{\mathrm{b}}$。其中 S_{b}、C_{b} 分别为边界值和边界值的法向梯度，G 为源项，定义如下：

$$G_{i,j} = \sum_{n=1}^{N} \varPsi_n (S_{i,j} J_n - I_n) \tag{7.2}$$

式中，下标 i，j 代表背景网格节点，N 为热源总数，$\varPsi_n$ 为第 n 个源的强度因子，函数 I_n 及 J_n 分别定义如下：

$$I_n = \begin{cases} S_n / r_n^2, & \text{点源} \\ \dfrac{1}{|l_n|} \displaystyle\int_{l_n} \dfrac{f(l)}{r^2(l)} \mathrm{d}l, & \text{线源} \end{cases} \tag{7.3}$$

$$J_n = \begin{cases} 1 / r_n^2, & \text{点源} \\ \dfrac{1}{|l_n|} \displaystyle\int_{l_n} \dfrac{1}{r^2(l)} \mathrm{d}l, & \text{线源} \end{cases} \tag{7.4}$$

其中，S 和 f 为在各源处的步长，r 为背景网格节点到源的距离，$|l_n|$ 为线源长度。方程 (7.1) 可以采用迭代法求解。

为了对参数分布实施更为灵活的控制，Pirzadeh 设计了如下的带有方向性的强度因子[16]：

$$\varPsi_n = a_n \beta + b_n |\varPhi|^k \tag{7.5}$$

其中

$$\Phi = \left(1 - \frac{|a|}{2}\right) \boldsymbol{v} \cdot \boldsymbol{u} + \frac{a}{2} |\boldsymbol{v} \cdot \boldsymbol{u}|$$

$$\boldsymbol{v} = \boldsymbol{r}_n / |\boldsymbol{r}_n| \tag{7.6}$$

$$\beta = \begin{cases} 0, & a(\boldsymbol{v} \cdot \boldsymbol{u}) < 0 \\ 1, & a(\boldsymbol{v} \cdot \boldsymbol{u}) \geqslant 0 \end{cases}$$

式中，$\boldsymbol{u}$ 为期待的强度因子作用方向，k 为常数 (一般取 10)，a 可取为 (1，0，−1)。当 $a=1$ 时，表示该源仅对 $\boldsymbol{u}$ 的正方向起作用；当 $a=-1$ 时反之；当 $a=0$ 时，表示双向作用。参数 a_n 控制该源的作用半径，而 b_n 为方向性强度因子，b_n 越大，对 $\boldsymbol{u}$ 方向的区域作用越强。

类似地，其他两个参数亦可用该方法进行控制。由于采用了矩形的背景网格，得到控制空间中某点的网格步长就变得非常容易。根据该点的坐标，可以快速找到该点所在的矩形背景单元，然后通过该单元的八个顶点上的 “步长” 线性插值即可得到该点处的空间步长。当然，矩形背景网格也可以是非等距的结构网格，或者更一般地，也可以是多层次的矩形网格 (又称 Cartesian 网格，详见第 9 章)。针对多层次的 Cartesian 网格，建立 quadtree 或 octree 数据结构 (6.3.4 节) 亦可以快速搜索到相应的背景网格。

7.3 阵面推进法

由表面网格及外场边界即构成初始阵面，初始阵面内的计算域由阵面推进法生成四面体网格来填充。阵面推进的过程如下：

(1) 在初始阵面中找寻面积最小的三角形 ABC (以下称阵元)。由面积最小的阵元开始推进可以生成质量较高的单元，并减小出现推进失败的可能性。为了缩短全局查询时间，这里可以采用堆数据结构 (详见 6.3.2 节)。在开始推进前，将各阵元按面积由大到小的顺序压入堆；推进过程中生成的新阵元也按同样方式压入堆，始终保持堆顶阵元的面积最小。

(2) 确定一**最佳点** P_{best} 作为候选点。P_{best} 的位置定义为 $\boldsymbol{X}_{\text{best}} = \boldsymbol{X}_m + S_p \times \boldsymbol{n}_{ab}$，其中 $\boldsymbol{X}_m$ 为阵元 ABC 的中心点，S_p 为 $\boldsymbol{X}_m$ 处的空间步长，$\boldsymbol{n}_{ab}$ 为阵元 ABC 指向流场的单位法向。在考虑网格拉伸的情况下，则 $\boldsymbol{X}_{\text{best}} = \boldsymbol{X}_m + S_p \times \delta \times (\boldsymbol{n}_{ab} \times \boldsymbol{\omega})$。

(3) 在 P_{best} 周围 $\alpha * S_p$ 的范围内 (一般取 $\alpha=3$)，查询阵面上的邻近点 (不包括点 A、B 和 C)，以备下一步筛选。其目的是尽可能利用现有点构成四面体。为了加速查询，这里可以利用 quadree/octree 数据结构 (详见 6.3.3 节)。关于邻近点的筛选，可以采用一些过滤器，尽可能删除一些不相关的点，以提高网格生成效率，其将在 7.4 节中介绍。

(4) 在阵元 ABC 的周围的 $\alpha \times S_p$ 范围内查询**邻近阵元**，以后将利用这些阵元进行相交性判断。由于推进是一个局部过程，故取一定范围内的阵元即可。为了加速查询，这里可以利用链表数据结构 (详见 6.3.1 节)。

(5) 将**最佳点**和**邻近点**按该点的质量参数 Q_p 由大到小的顺序排列。Q_p 的定义为四面体的内切球半径 r 与外接球半径 R 之比的三倍。考虑到当由现有点与阵元 ABC 构成的单元质量不太差时，尽可能取现有点，于是令 $Q_{\text{best}} = 0.6 \times Q_{\text{best}}$。实际应用中亦可采用其他的参数进行排序。

(6) 按质量参数的顺序，依次判断候选点 P_{cond} 是否与**邻近阵元**相交。

(a) 如果相交，则选下一点继续判断；

(b) 如果不相交，则由 P_{cond} 与阵元 ABC 构成新的四面体；

(c) 如果所有的候选点都不能通过相交性检测，即局部的推进过程失败，则在此局部区域删除一些已生成的单元，更新阵面信息，返回第 (1) 步。

(7) 更新阵面信息，即删去新阵面外的阵元，增补新生成的阵元。

(8) 重复 (1)~(7) 的过程，直至堆中没有阵元存在，初始网格生成结束。

7.4　相交性判断

在阵面推进过程中，相交性判断 (上述流程的第 (6) 步) 至关重要，其不仅关系到网格生成是否成功，而且其判断速度直接影响网格生成效率。经验表明，判断操作的微小变化将严重影响最终生成的网格结构。从计算几何的角度来看，人眼能够很快地判断两个三角形是否相交 (图 7.2)，但是编程实现是一项比较复杂的工作。

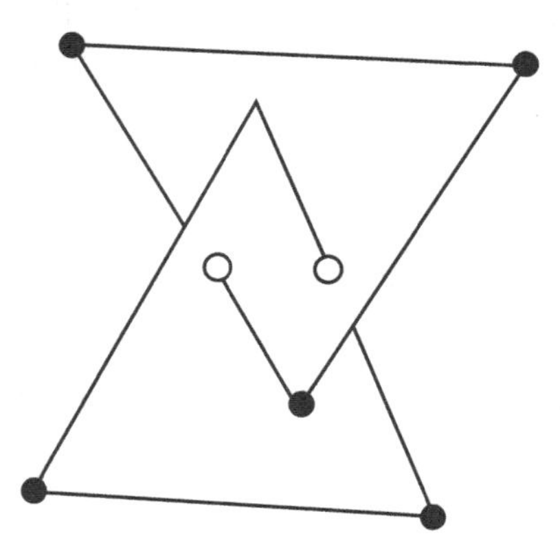

图 7.2　两个三角形的相交判断

从算法的角度讲，只要两个三角形的所有边不与另外一个三角形相交，则认为这两个三角形不相交。按照图 7.3 中的定义，由向量 $\boldsymbol{x}_{\mathrm{f}}$，$\boldsymbol{g}_1$ 和 $\boldsymbol{g}_2$ 定义的三角形与由 $\boldsymbol{x}_{\mathrm{s}}$，$\boldsymbol{g}_3$ 定义的边的交点为

$$\boldsymbol{x}_{\mathrm{f}}+\alpha^1\boldsymbol{g}_1+\alpha^2\boldsymbol{g}_2=\boldsymbol{x}_{\mathrm{s}}+\alpha^3\boldsymbol{g}_3 \tag{7.7}$$

定义

$$\boldsymbol{g}^i\boldsymbol{g}_j=\delta^i_j \tag{7.8}$$

其中，δ^i_j 为 Kronecker delta 函数，则有

$$\begin{aligned}\alpha^1&=(\boldsymbol{x}_{\mathrm{s}}-\boldsymbol{x}_{\mathrm{f}})\cdot\boldsymbol{g}_1\\ \alpha^2&=(\boldsymbol{x}_{\mathrm{s}}-\boldsymbol{x}_{\mathrm{f}})\cdot\boldsymbol{g}_2\\ \alpha^3&=(\boldsymbol{x}_{\mathrm{f}}-\boldsymbol{x}_{\mathrm{s}})\cdot\boldsymbol{g}_3\end{aligned} \tag{7.9}$$

定义

$$\alpha^4=1-\alpha^1-\alpha^2 \tag{7.10}$$

如果该边与三角形不相关，则要求至少一个 α^i 满足以下不等式：

$$t>\max(-\alpha^i,\alpha^i-1),\quad i=1,\cdots,4 \tag{7.11}$$

其中，t 为已给定阈值。如果三角形和边有公共点 (点重合)，则 α^i 为 0 或 1，此时需要特殊处理以识别其是否相交。

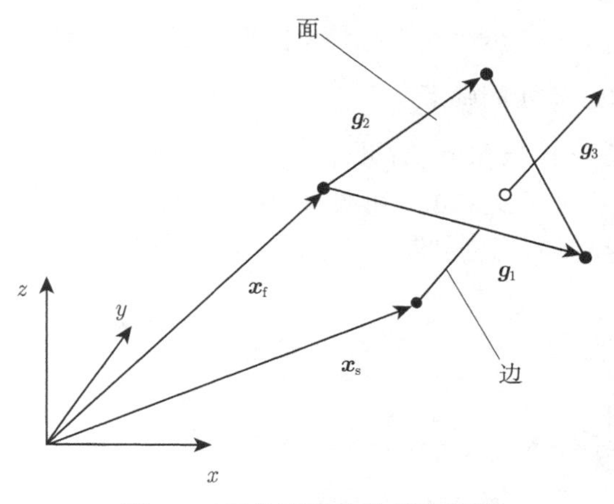

图 7.3 三角形和边的相交判断

7.5　提高网格生成效率和可靠性的方法 [17]

7.5.1　两个三角形相交预判

在阵面推进过程中，需要对两个三角形的六条边逐一进行判断，而且相邻的两三角形之间也需逐一判断，因此相交性判断是网格生成过程中最费时的操作。为了尽可能减少判断运算次数，可以采取如下的方式进行预判。

1) 最小/最大盒子法

其主要思想是过滤掉两个三角形的距离大于某个给定值的情况。具体实现过程如下：

$$
\begin{aligned}
&\max_{\text{face1}}(x_A^i, x_B^i, x_C^i) < \min_{\text{face2}}(x_A^i, x_B^i, x_C^i) - d \\
&\min_{\text{face1}}(x_A^i, x_B^i, x_C^i) > \max_{\text{face2}}(x_A^i, x_B^i, x_C^i) + d
\end{aligned} \tag{7.12}
$$

其中，$i = 1$，2，3 代表三维坐标；A，B 和 C 为三角形的三个顶点。

2) 同侧判断法

如果一个三角形的三个节点位于另一个三角形的同一侧，且有一定的距离，即

$$
\frac{(\boldsymbol{x}_i - \boldsymbol{x}_{\mathrm{m}}) \cdot (\boldsymbol{g}_1 \times \boldsymbol{g}_2)}{|\boldsymbol{x}_i - \boldsymbol{x}_{\mathrm{m}}|\,|\boldsymbol{g}_1 \times \boldsymbol{g}_2|} > t, \quad i = A, B, C \tag{7.13}
$$

或

$$
\frac{(\boldsymbol{x}_i - \boldsymbol{x}_{\mathrm{m}}) \cdot (\boldsymbol{g}_1 \times \boldsymbol{g}_2)}{|\boldsymbol{x}_i - \boldsymbol{x}_{\mathrm{m}}|\,|\boldsymbol{g}_1 \times \boldsymbol{g}_2|} < -t, \quad i = A, B, C \tag{7.14}
$$

则这两个三角形不会相交。其中 $\boldsymbol{x}_i (i = A, B, C)$ 为 face1 的三个顶点位置矢量；$\boldsymbol{x}_{\mathrm{m}}$ 为 face2 的中点，$\boldsymbol{g}_1 \times \boldsymbol{g}_2 / |\boldsymbol{g}_1 \times \boldsymbol{g}_2|$ 为 face2 的单位法向矢量。

7.5.2　邻近点和邻近阵元的筛选

在阵面推进的第 (3) 步和第 (4) 步中，需要在一定的区域范围内搜索“邻近点”和“邻近阵元”。根据几何关系的“可见性”(visibility) 原理，可以在邻近点和邻近阵元的筛选中采用类似的同侧判断法，如图 7.4 ~ 图 7.6 所示。

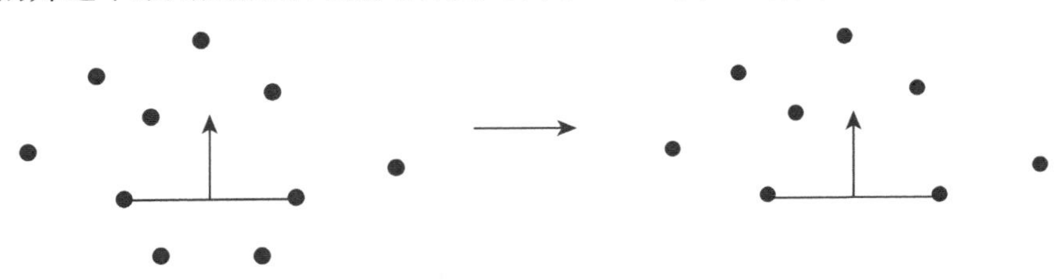

图 7.4　某一阵元邻近点的筛选 (下方不可见点的删除)

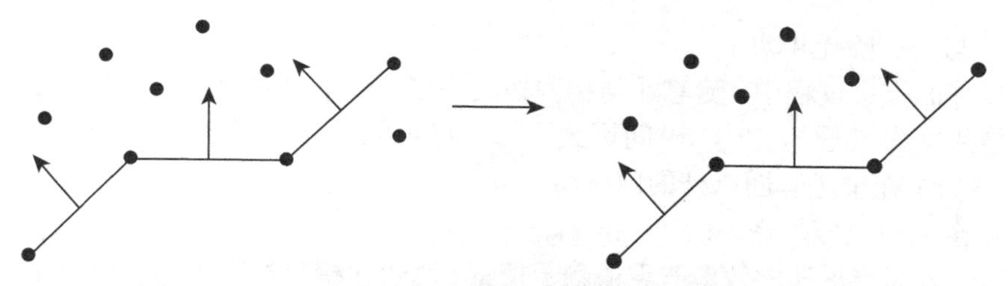

图 7.5 某一阵元邻近点的筛选 (相邻阵元不可见点的删除)

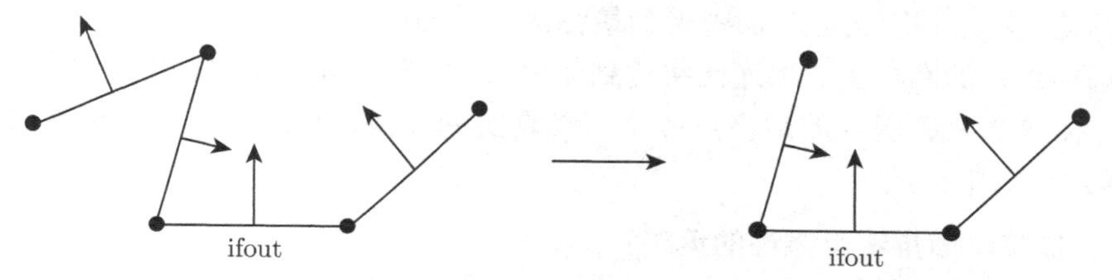

图 7.6 某一阵元邻近阵元的筛选 (邻近不可见阵元的删除)

7.5.3 提高推进效率的其他方法

1) 邻近点的排序

所有的邻近点都可作为候选点构成新的网格单元。为了减少不必要的检测，邻近点一般按照新构成的单元质量系数进行排序。实践中证明新插入的点与推进阵元所构成的角度大小是一种较为可靠的选择，如图 7.7 所示 (二维情况)。从图中可以看出，由 P_3 点构成有效三角形 (α_3 角度较小) 的概率明显小于由 P_1 点构成三角形 (α_1 角较大) 的概率。

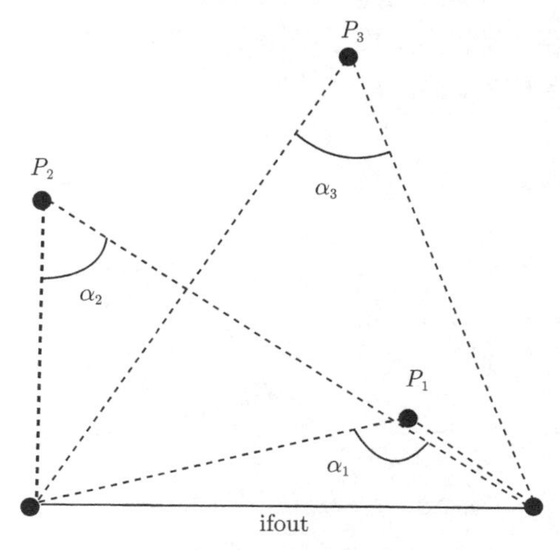

图 7.7 按照角度进行邻近点的排序

2) 自动删除无用点

在阵面推进过程中，随着非结构网格的生成，存储数据的“树”结构层级将增加，导致搜索过程的 CPU 时间增大。为了尽可能地减少搜索时间，应及时删除“树”结构中在推进阵面以外的网格节点。

3) 全局自适应加密 (h-refinement)

由于阵面推进法的效率严重依赖于搜索、比较和相交性判断等操作，因此利用全局自适应网格加密技术可以显著提高网格生成效率。我们可以首先生成一个较粗的网格，然后利用自适应加密得到最终需要的网格分布。实践表明，利用一次全局自适应加密的网格生成加速比将达到 1:6~1:7。需要指出的是，在自适应加密过程中，在物面上新引入的网格点应修正到真实的几何外形之上，其方法将在第 11 章和第 16 章中介绍。

7.5.4　提高阵面推进可靠性的策略

在几何构型非常复杂的情况下，阵面推进法极有可能推进失败。利用以下方法可以有效提高阵面推进的可靠性。

1) 避免“坏”单元的产生

在阵面推进过程中，应尽可能避免“坏”单元 (bad element，质量很差的单元) 产生。一旦在流场中出现质量很差的单元，后续的生成过程将难以继续。此时，可以跳过该阵元，改变推进次序，待其他阵元推进之后再进行处理。

2) 局部重构

如果对于某一阵元，所有的邻近点均无法构成有效单元，则可以在局部删除一些已生成的单元，改变推进顺序，重新在局部生成网格。实践证明这种方法能有效提高阵面推进的可靠性。在局部重构时，可以引入一些辅助点 (图 7.8)，以帮助阵面推进顺利进行。需要注意的是，由于删除了一些局部单元，因此应及时更新阵面信息，尤其是前述的各种数据结构。

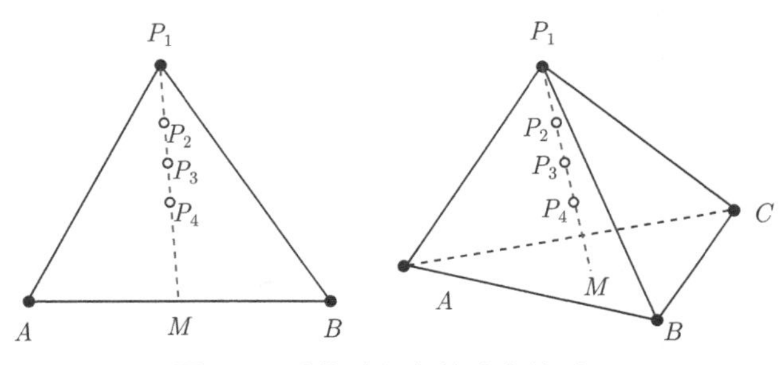

图 7.8　重构过程中辅助点的引入

7.6 各向异性非结构网格生成

在进行黏性流动的数值模拟时，要求在边界层内生成拉伸比较大的非结构网格 (即所谓的“各向异性”网格)。在前述的阵面推进过程中，可以利用背景网格上的拉伸比和伸展方向两个参数进行控制。

另一种方法是利用层推进方法 (advancing-layer method) 生成四边形 (二维) 和三棱柱 (三维)，然后将其剖分为“各向异性”的三角形或四面体。对于三维复杂外形，整体层推进生成三棱柱网格是比较困难的，因为在凹凸角结合部往往会出现网格相交的情况。为了避免网格相交，一般在局部采用四面体网格。因此，为了保证网格生成过程的算法和数据结构统一，一些商业网格生成软件直接在边界层内生成统一的各向异性四面体网格，如 Gridgen，VGRID 等。

利用层推进法生成棱柱和四面体的不同之处如图 7.9 所示。值得注意的是，在利用层推进法生成四面体时，从点 A，B，C 推出三个新点 A'，B'，C' 后，根据 A'，B'，C' 和 A，B，C 的不同连接方式，有六种划分方式，如图 7.10 所示。因此，在相邻棱柱的剖分过程中要特别注意两侧剖分的相容性，即两侧剖分方式一致，否则会出现棱边相交的情况。

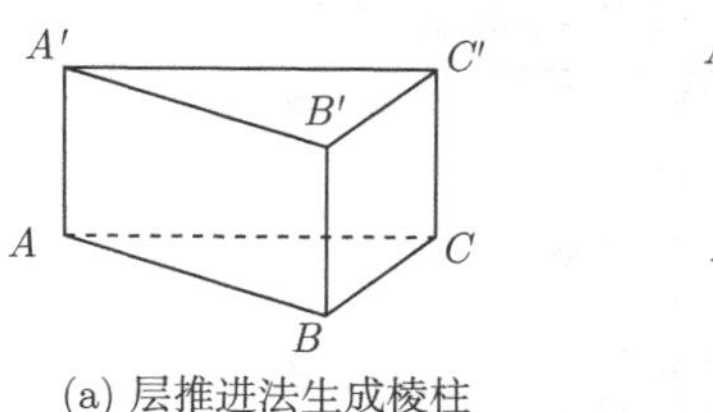

(a) 层推进法生成棱柱

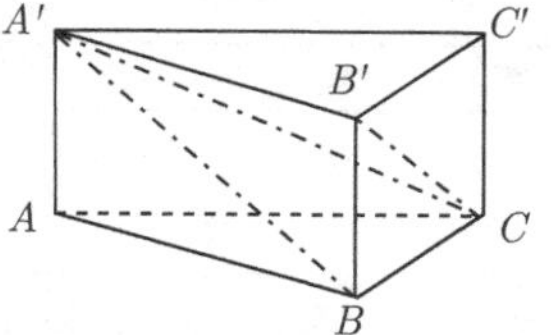

(b) 层推进法生成各向异性四面体

图 7.9 层推进法生成棱柱和四面体对比

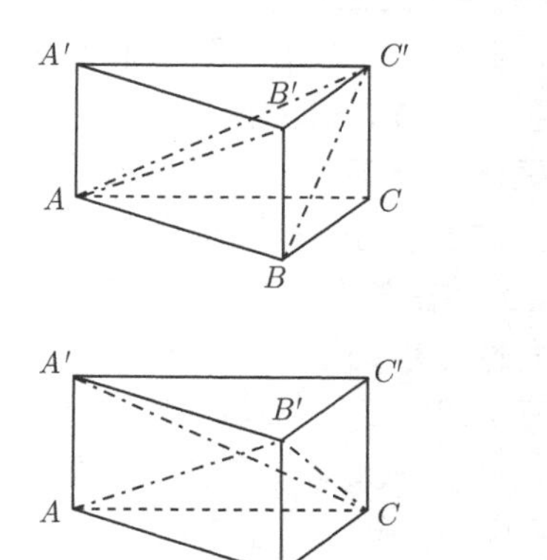

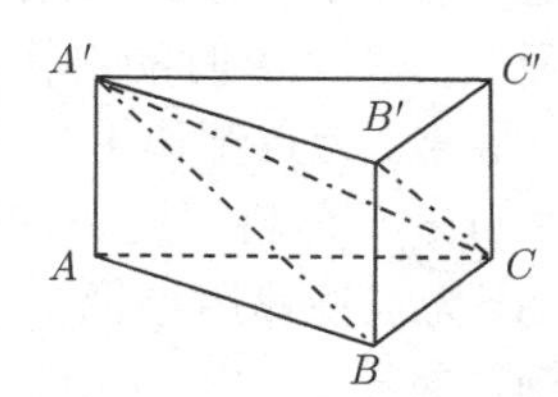

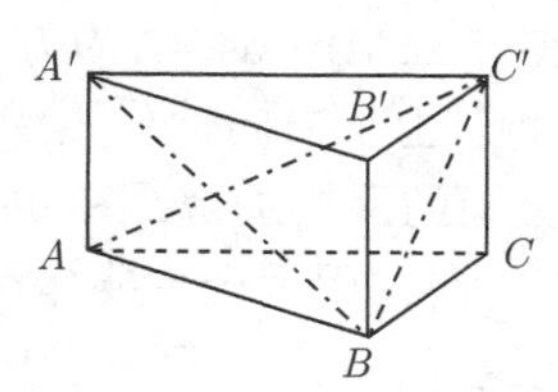

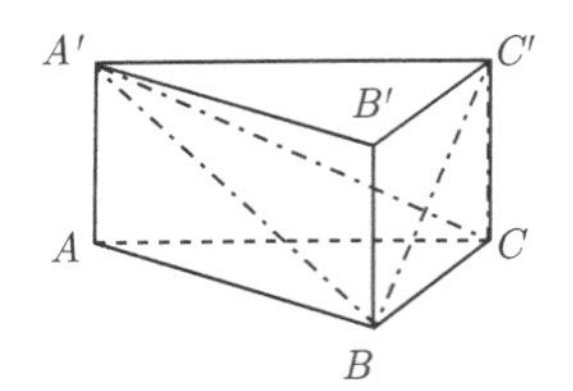

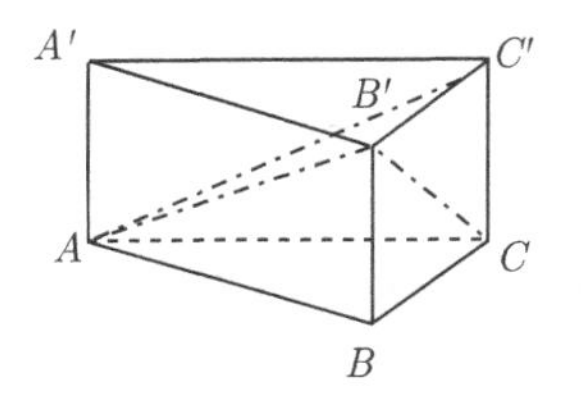

图 7.10　生成各向异性四面体单元时的不同连接方式

7.7　阵面推进法非结构网格生成实例

为了说明背景网格控制参数对网格分布的影响，这里我们以 NACA0012 翼型低速无黏流的数值模拟为例，通过调节背景网格中点源和线源的参数设置，以得到不同疏密度的三角形网格。NACA0012 翼型的网格生成区域取为半径为 10 的圆形区域，而背景网格区域为 $(-10.2，-10.2)\times(10.2，10.2)$ 的长方形区域，包含整个网格生成区域。在四个角点处均布置各向同性的点源，点源参数为 $S=1.8$，$a_n=8.0$，$b_n=0.0$，$u=(0，0)$，$\alpha=0$，在翼型的头部 $(x=0)$ 和尾部 $(x=1)$ 分别布上点源，强度为 $S=0.005$，其他参数的变化见表 7.1。

表 7.1　NACA0012 翼型头部和尾部点源参数

	a_n	b_n	α	u
Case1	4	0	0	(0, 0)
Case2	1	0	0	(0, 0)
Case3	2	0	1	(−1, 0)
Case4	2	5	0	(−1, 0)
Case5	2	5	−1	(−1, 0)

图 7.11 为对应表 7.1 中的参数组合所生成的三角形网格。其中图 7.11(a)(Case1) 为点源作用半径 $a_n=4.0$ 时的网格，此时 $b_n=0$，即各个方向的作用强度一致；图 7.11(b)(Case2) 为点源作用半径 $a_n=1.0$ 时的网格，由于点源的作用半径减小，对比图 7.11(a)，网格尺度小的区域明显减小，全场的网格尺度明显增大；图 7.11(c)(Case3) 为点源作用半径 $a_n=2.0$，同时点源作用方向为 $-x$ 轴方向的网格，可以看到，对比图 7.11(b)(Case2)，在翼型头部和尾部的 $-x$ 方向，网格进行了加密；图 7.11(d)(Case4) 为方向性作用因子 $b_n=5$ 时的网格分布，对比图 7.11(c)(Case3)，由于方向性作用因子加大，因此整体的网格加密，尤其是头部和尾部在 x 轴方向的网格加密；图 7.11(e) 为 (Case5) 点源作用方向在 x 正向时的网格分布，由于方向作用因子主要作用于 x 正向，对比图 7.11(c) 和 (d)，尾部的网格明显加密。通过以上实例，可以看出各参数的影响规律。

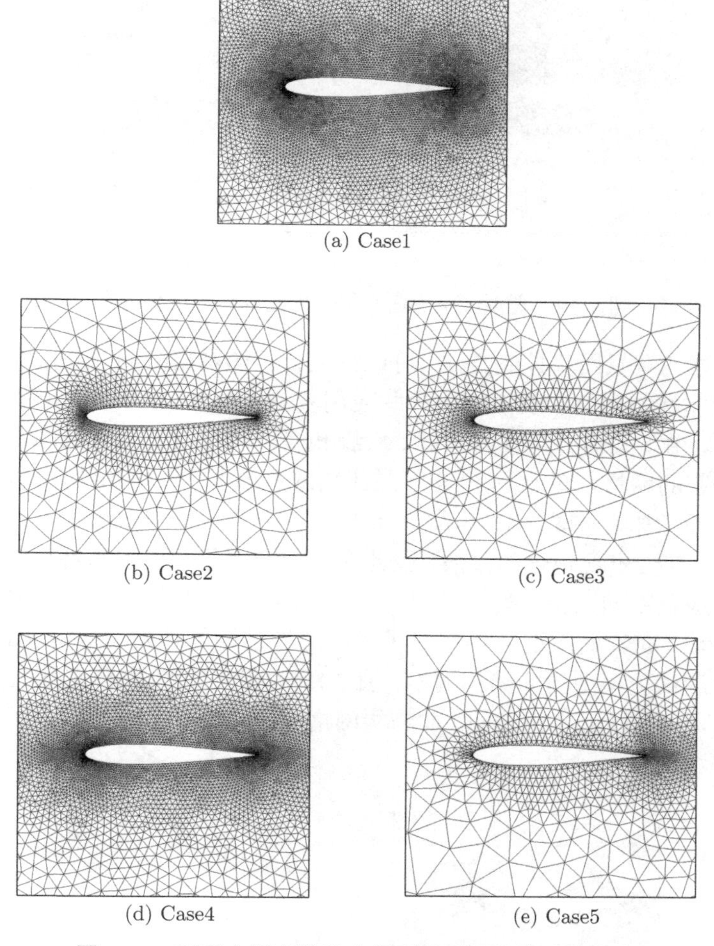

图 7.11 不同点源参数组合得到的不同计算网格分布

在跨声速绕流时，翼型上下表面会出现激波，为了较好地捕捉激波，需要在该区域进行网格加密，为此可以在激波区域布置适当的线源。图 7.12 即为在上下表面布置不同线源时的网格分布情况，参数组合为 $S = 0.005$，$a_n = 0.1$，$b_n = 1.0$，$u = (1,\ 0)$，$\alpha = 0$。其中图 7.12(a) 为在翼型上表面布置线源的情形，而图 7.12(b) 为翼型上下表面不同位置布置线源时的情形。由于布置了适当的线源，在上下表面线源布置处，网格分布明显加密，这样有利于捕捉该处的激波结构。当然，在不同的计算状态下，激波位置会发生变化，此时我们可以利用较稀网格的初场计算结果来进行线源设置，更为自动化的方法是采用第 11 章中将要介绍的网格自适应技术。

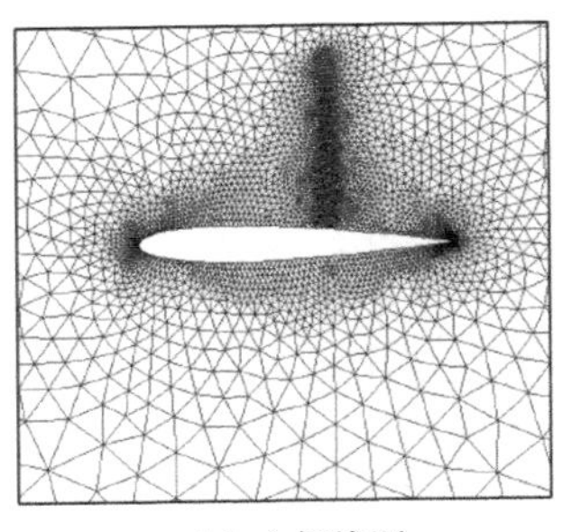

(a) 上侧线源

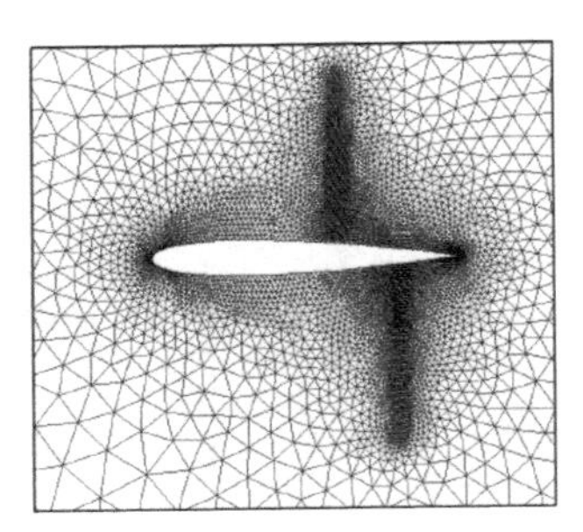

(b) 上下侧线源

图 7.12　翼型上下表面布置不同线源时的网格分布

利用上述的背景网格控制方法，可以得到合理的网格分布，由此可以生成任意复杂外形的非结构网格。以下给出一些应用实例。图 7.13 为 30P30N 三段翼型的非结构网格，由于几何外形在翼前缘、后缘和多段翼结合部变化较大，因此在这些区域采用较密的网格。图 7.14 给出了三维 M6 机翼构型的非结构网格，同样在机翼前后缘进行了加密。图 7.15 为航天飞机外形的无黏流计算网格，由于在高超声速飞行时，头部会出现很强的激波，因此在头部布置了相应的点源控制参数，以便在此区域生成较密的网格。图 7.16 为 YF-16 战斗机的黏性流动计算网格，为了模拟边界层流动，在物面附近区域生成了各向异性的四面体网格。图 7.17 和图 7.18 为战斗机风洞试验模型的非结构网格，图 7.19 ~ 图 7.22 为取自文献 [17] 中的复杂外形非结构网格。以上实例表明，非结构网格确实对复杂外形具有良好的适应性。

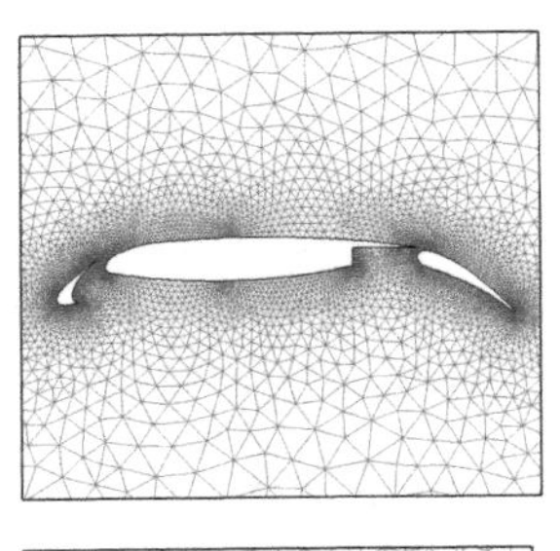

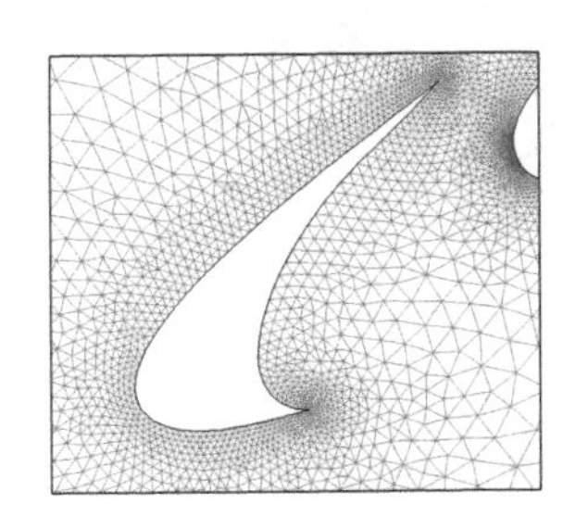

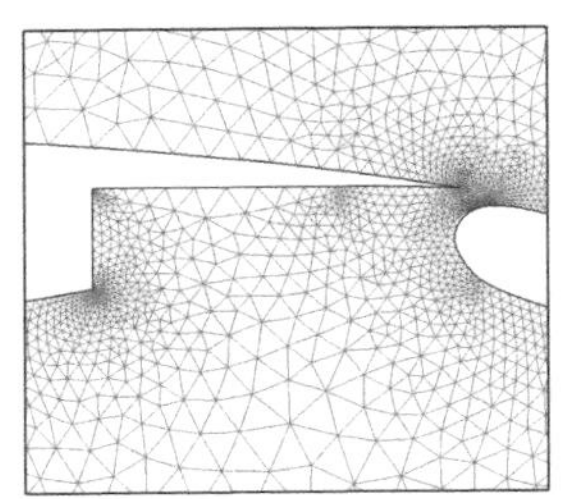

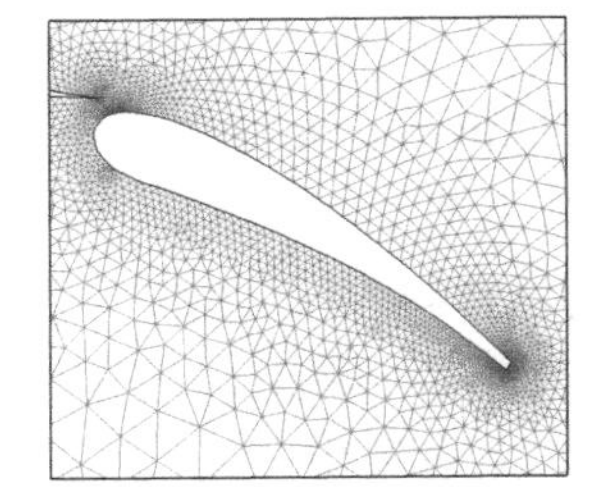

图 7.13　30P30N 三段翼型非结构网格 (阵面推进法)

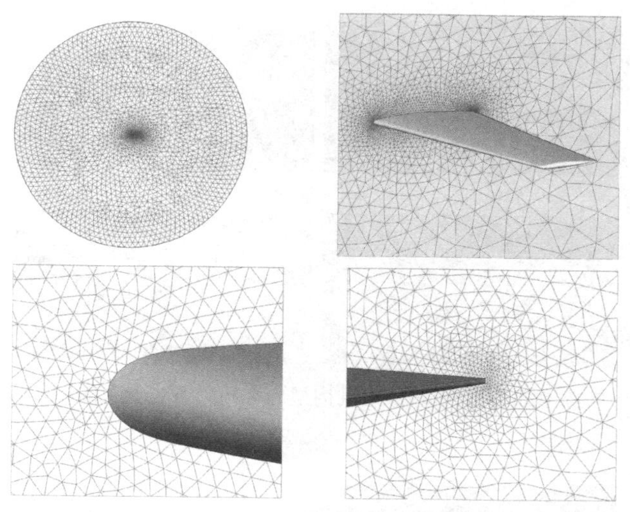

图 7.14 ONERA-M6 机翼型非结构网格 (阵面推进法)

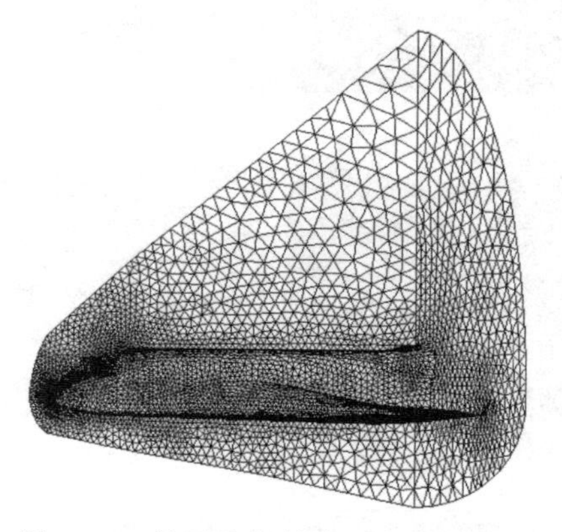

图 7.15 航天飞机的表面和空间网格

图 7.16 YF-16 战斗机黏性流计算网格 (后附彩图)

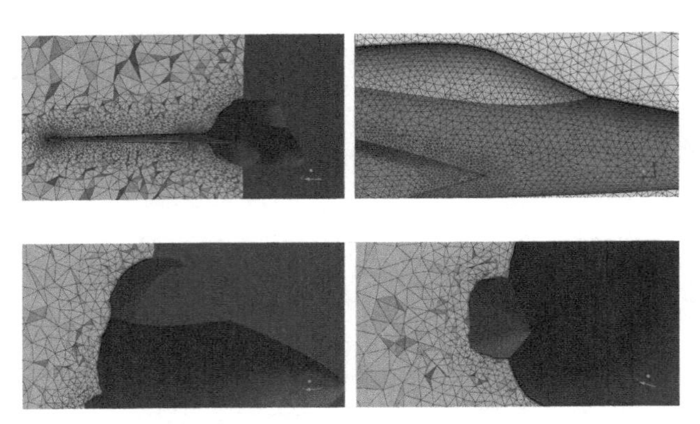

图 7.17　战斗机模型 1 全机构型无黏流计算网格 (后附彩图)

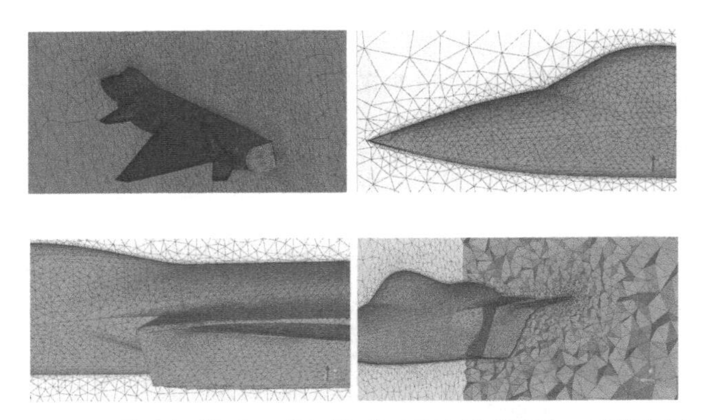

图 7.18　战斗机模型 2 全机构型无黏流计算网格 (后附彩图)

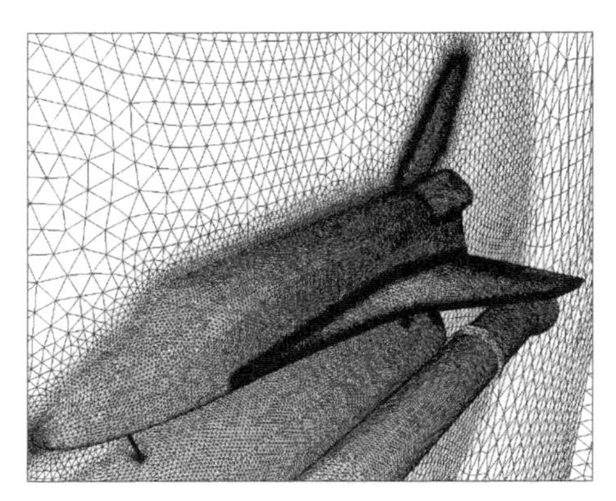

图 7.19　航天飞机/助推器组合体非结构网格 (取自文献 [17])

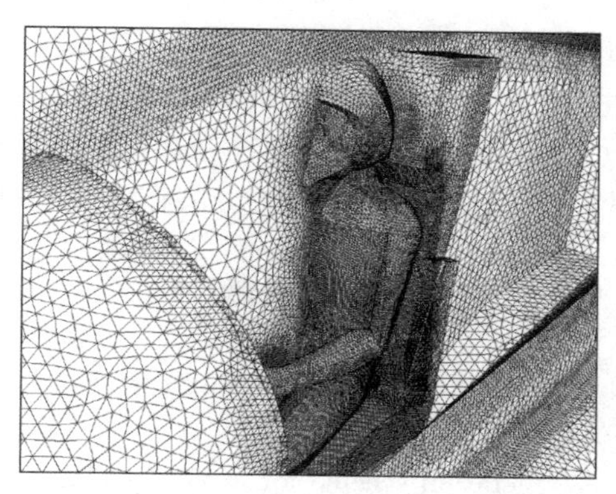

图 7.20 战斗机及座舱内的非结构网格 (取自文献 [17])

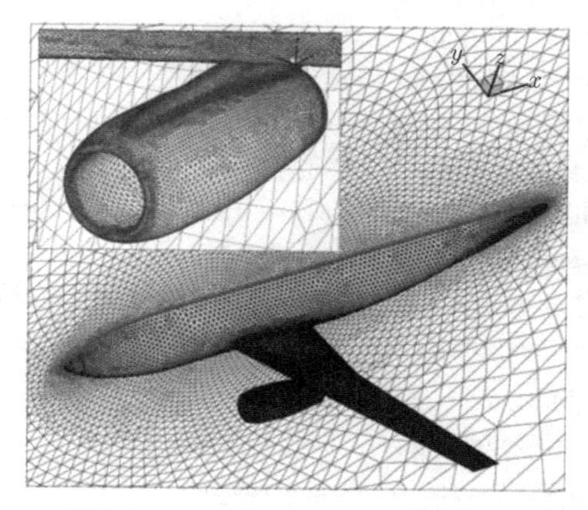

图 7.21 翼身组合体黏性流动计算网格 (取自文献 [17])

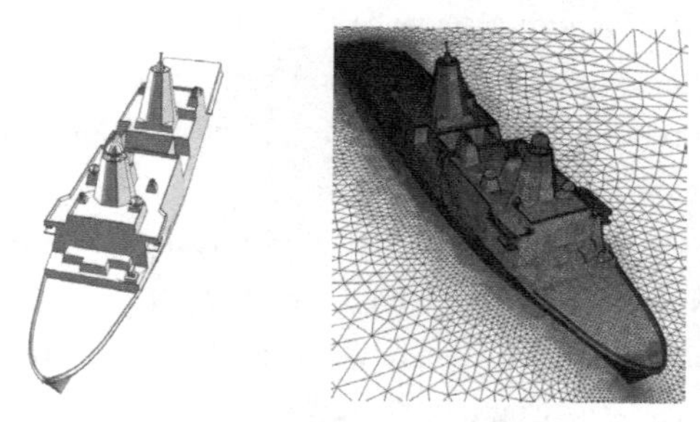

图 7.22 军舰绕流计算的非结构网格 (取自文献 [17])

7.8 小 结

本章详细介绍了阵面推进法生成非结构网格的过程，其中还介绍了矩形背景网格控制技术、各向异性四面体网格生成方法以及一些提高生成效率和网格生成可靠性的策略，并给出了一些复杂外形的非结构网格生成实例。经过 CFD 工作者的长期努力，阵面推进法生成复杂外形的非结构网格已比较成熟，在工程实际中已得到良好的应用。不过需要指出的是，阵面推进法生成的初始网格一定要经过优化才能得到高质量的网格，关于初始网格的优化，将在第 12 章中介绍。

参考文献

[1] George A J. Computer implementation of the finite element method. Palo Alto: Stanford University, STAN-CS-71-208, 1971.

[2] Lo S H. A new mesh generation scheme for arbitrary planar domians. Int. J. Num. Meth. Eng., 1985, 21: 1403-1406.

[3] Peraire J, Vahdati M, Morgan K, et al. Adaptive remeshing for compressible flow computations. J. Comput. Phys., 1987, 72: 449-466.

[4] Lohner R, Parikh P. Generation of three-dimensional unstructured grids by the advancing front method. AIAA paper, 88-0515, 1988.

[5] Lo S H. Volume discretization into tetrahedral— II, 3D triangulation by advancing front approach. Comp. Struct., 1991, 39: 501-511.

[6] Peraire J, Peiro J, Fromaggia L, et al. Fintie element Euler computations in three dimensions. Int. J. Num. Meth. Eng., 1988, 26: 2135-2159.

[7] Peraire J, Peiro J, Morgan K. Adaptive remeshing for three-dimensional compressible flow computations. J. Comp. Phys., 1992, 103: 269-285.

[8] Formaggia L. An unstructured mesh generation algorithm for three-dimensional aircraft configurations//Sanchez-Aecilla A, et al. Numerical Grid Generation in CFD and Related Fields. North Holland: Hsevier, 1991: 249-260.

[9] Frekestig J. Advancing front mesh generation techniques with application to the finite element method. Goteborg, Sweden: Dept. of Structural Mechanics Publication 94, 10, Chalmers University of Technology, 1994.

[10] Jin H, Tanner R I. Generation of unstructured tetrahedral meshes by advancing front technique. Int. J. Num. Meth. Eng., 1993, 36: 1805-1823.

[11] Lohner R. Extensions and improvements of the advancing front grid genreration technique. Comm. Num. Meth. Eng., 1996, 12: 683-702.

[12] Moller P, Hansbo P. On advancing front mesh generation in three dimensions. Int. J. Num. Meth. Eng., 1995, 38: 3551-3569.

[13] Zhu J Z, Zienkiewicz O C, Hinton E, et al. A new approach to the development of automatic quadrilateral mesh generation. Int. J. Num. Meth. Eng., 1991, 32: 894-866.

[14] Blacker T D, Sthepenson M B. Paving: A new approach to automated quadrilateral mesh generation. Int. J. Num. Meth. Eng., 1991, 32: 811-847.

[15] Parikh P, Pirzadeh S, Lohner R. A package for 3D unstructured grid generation, finite-element flow solution and flow field visualization. NACA CR-182090, 1990.

[16] Pirzadeh S. Recent progress in unstructured grid generation. AIAA paper, 92-0445, 1992.

[17] Lohner R. Applied CFD Techniques—An Introduction Based on Finite Element Methods. 2nd ed. John Willy & Sons, Ltd., 2008.

第 8 章　非结构网格生成之 Delaunay 方法

8.1　引　　言

正如第 6 章中所述，Delaunay 三角化方法最早可以追溯到 1850 年 Dirichlet 的思想[1]。1908 年，Voronoi 基于该思想，提出了 Voronoi 域的概念[2]，又称为 Voronoi 图 (Voronoi diagram)。1934 年，Delaunay 基于 Voronoi 图的思想，提出了平面域的 Delaunay 三角化方法[3]。直到 20 世纪 80 年代，Delaunay 三角化方法才被应用于数值模拟的网格生成。1981 年，Bowyer[4] 和 Waston[5] 分别独立提出了基于 Delaunay 三角化方法的非结构网格生成方法。随后，众多学者提出了各种改进方法，如 Cavendish 等[6]、Shenton 和 Cendes[7]、Baker[8]、George[9]、Weatherill 和 Hassen[10]、Sharov 和 Nakahashi[11] 等，使得 Delaunay 方法的自动化程度不断提高，并成功应用于复杂外形的非结构网格生成。

本章将详细介绍 Delaunay 三角化方法，包括 Delaunay 三角化方法的基本原理和实现过程、保证复杂几何边界完整性的边/面交换策略、边界约束 Delaunay 方法、空间网格点的插入分布控制等，最后给出一些应用实例。

8.2　Voronoi 图和 Delaunay 三角化

在平面上给定一组点的分布 $\{P_k\}$，$k=1,\cdots,N$，可以构造一个 Voronoi 图[2] (图 8.1，后附彩图)，包围每个节点的区域为该节点的 Voronoi 域 V_k(如图 8.1 中的蓝色阴影部分，实线为 Voronoi 图的边界)，对应于 P_k 的 V_k 内的任意点 P 到 P_k 的距离较其他点最短，其可由该点和其他点的连线的垂直平分线构成，其角点为对应的三个节点的外接圆的圆心。其数学描述为 $V_k=\{P:|P-P_k|<|P-P_j|,\forall j\neq k\}$。连接相邻的 Voronoi 域的包含点，即可构成唯一的 Delaunay 三角形网格 (如图 8.1 中的 PQ_4Q_5 三角形)。

根据以上数学定义，可以得到所谓的 “Delaunay 准则”，即在某个三角形的外接圆内，除包含在外接圆上的三个节点外，不包含其他节点。该概念可以推广至多维问题，即在三维情况下，四面体的外接球内不包含其他节点。可以证明，在二维情况下，Delaunay 三角化能使得满足 Delaunay 准则的三角形网格的最小角最大，即在给定网格节点分布的情况下，能得到质量最优的三角形网格。在三维情况下，虽然不存在等价的特性，但是利用 “Delaunay 准则” 仍能得到质量较优的网格。

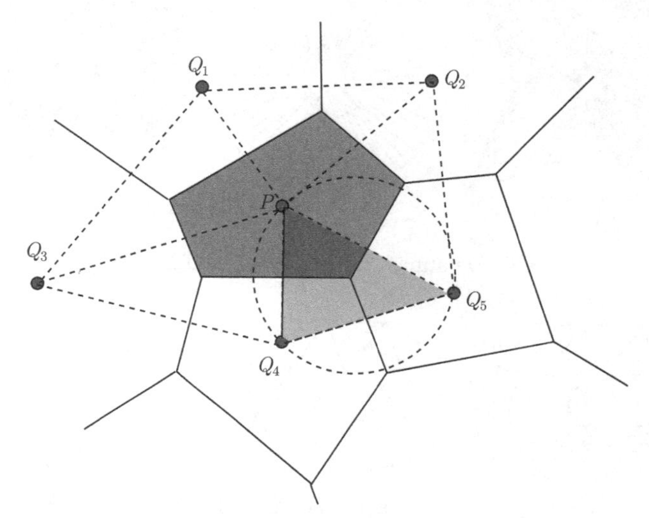

图 8.1 Voronoi 图示意图 (后附彩图)

8.3 Bowyer-Waston 方法

目前，实际用于 Delaunay 三角化的方法主要来源于 Bowyer[4] 和 Waston[5] 的两篇经典论文。以下以二维问题为例，介绍其具体执行过程：

(1) 构造初始三角形网格 (图 8.2(a) 和 (b))。初始网格需要满足以下要求：①覆盖整个计算域；②满足 Delaunay 准则；③尽可能描述物面特征。

(2) 在网格步长不满足计算要求的区域引入一个新的网格节点 (关于新点的插入将在 8.6 节中介绍)。

(3) 利用 Delaunay 准则，判断标记不满足 Delaunay 准则的三角形。如果初始网格中的某个三角形的外接圆包含新点，则该三角形标记为将要删除的三角形 (图 8.3(a))。

(4) 由所有要删除的三角形构成一个 Delaunay 空洞 (图 8.3(b))。

(5) 连接新点与 Delaunay 空洞的边界顶点，构成新的网格系 (图 8.3(c))

(6) 重复第 (2)~(5) 步，直到所有的三角形网格步长达到所希望的分布 (图 8.2(c))。

对于三维问题，情况更加复杂，这里进行详细说明。算法如下：

(1) 首先定义一个三维空间大的凸壳，这个凸壳区域应该覆盖所有将要插入的点。初始凸壳一般是一个长方体或正方体，由 8 个顶点构成，再将其划分为 5 个或 6 个四面体。并建立一些初始的数据结构。数据结构包括点、线、面、体之间的关系以及单元之间的相邻关系。

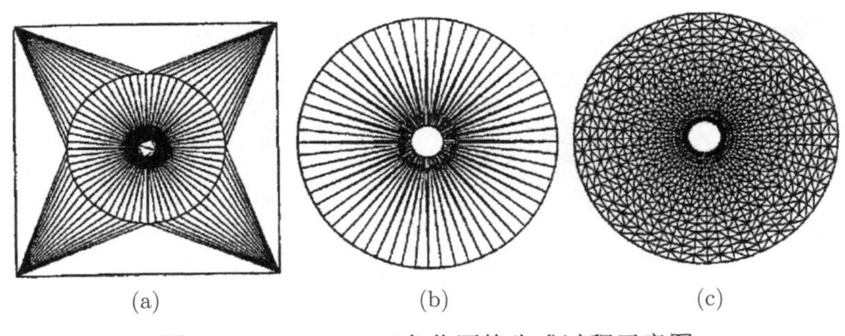

图 8.2　Delaunay 三角化网格生成过程示意图

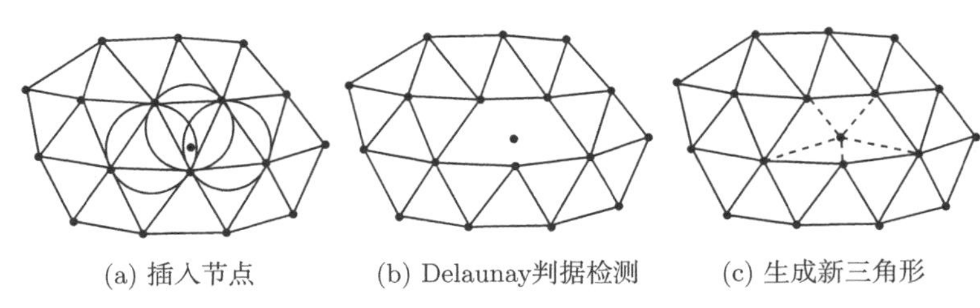

图 8.3　Delaunay 三角化中新点插入过程

(2) 根据网格步长分布要求，在凸壳之内引入一个新点。

(3) 标记将要被删除的四面体。依据 Delaunay 原则，其外接球包含新点的所有四面体都将被标记。

(4) 建立空洞边界。找到所有被标记的四面体，按照 Delaunay 几何性质可知，它们必然组成一个凸壳。找到该凸壳的外边界，此边界上的每一个三角形都将与新点构成新四面体。

(5) 在剩余四面体中查找被标记四面体的邻居。这些数据为建立有效的空间连续性提供必要信息。

(6) 利用第 (4) 步建立的空洞边界上每个三角形的三个顶点与新点组成新的四面体。

(7) 建立空洞外原四面体和新生成的四面体的邻居关系。该关系包含两类，一类是新四面体和新四面体之间的邻居关系；另一类是新四面体和原四面体之间的邻居关系。由于在第 (6) 步已经确定了所有顶点，容易通过顶点判断，有三个公共顶点的两个新四面体必然互为邻居，此即确定了第一类关系。在第 (5) 步确定了被删四面体的所有邻居，由于空间连续，这些邻居必然是新四面体的邻居，我们所要做的就是将这些邻居与新四面体进行一一对应，此即第二类关系，同样可以用公共顶点来确定。

(8) 更新数据结构，即删除标记的四面体，插入新生成的四面体，修改邻居关系。

(9) 重复第 (2)~(8) 步插入下一个点。

(10) 所有网格步长分布达到要求，网格生成结束。

从上述过程可以看出，影响 Delaunay 网格生成效率的因素主要有两个，一是搜索到第一个包含新点的三角形/四面体的时间；二是搜索邻近的包含新点的三角形/四面体的时间。为了提高网格生成效率，可以采用类似于第 6 章中介绍的数据结构，即首先建立所有单元的 quadtree/octree“树” 结构用于第一步搜索；建立网格单元与相邻单元的连接信息，利用 “walk through” 方法 (图 8.4) 搜索邻近单元是否满足 Delaunay 准则，以提高第二步搜索效率。

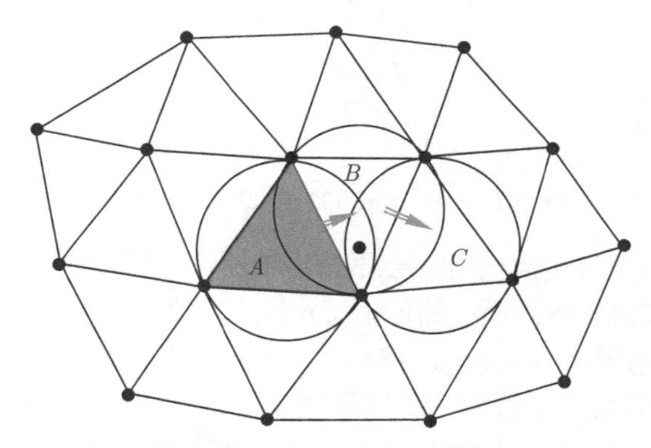

图 8.4 walk-through 示意图

由实际编写程序时的经验可以知道，上述算法中最困难的部分是第 (3) 步外接圆/外接球准则的判断。由于在编程过程中一般采用有限精度的浮点运算，如果新插入的点位于某个外接圆/外接球上 (或距离很近)，则有可能导致 Delaunay 准则的模糊判断，进而导致本不含新插入点的单元被误认为包含该点。

以二维问题为例，在网格生成过程中，很可能出现以下两种情况：

(1) 在上述第 (4) 步中生成的 “空洞” 实际并非空洞，即意味着该多边形中包含至少一个其他前期网格生成中生成的网格节点。例如，在图 8.5 中，由于模糊的误判，所有的三角形都认为包含新插入的节点 P(不满足 Delaunay 准则)，由此得到的多边形 $AFEDBC$ 中包含了另外一个网格节点 G。

(2) 在上述第 (4) 步中生成的 “空洞” 是一个非连续域。一般情况下，其代表相关三角形的外接圆重叠。例如，在图 8.5 中，由于模糊误断，认为三角形 ADB 满足 Delaunay 准则，而其他单元不满足 Delaunay 准则，于是就可能出现生成的多边形不连续的情况。

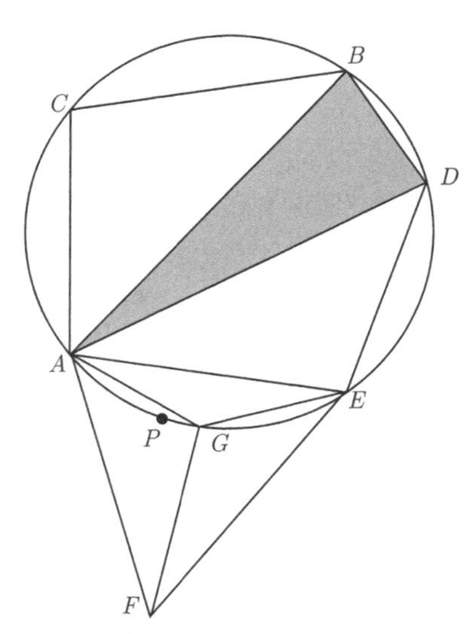

图 8.5　Delaunay 准则判断失效示意图

由此可见，一个错误的判断将会导致出现非凸“空洞”(即凹壳) 或非连续域，进而在新单元生成时出现线面交错的情况，最终导致 Delaunay 三角化的失败。为了避免这个问题，在进行 Delaunay 准则判断时，应尽可能采用双精度的浮点运算。同时，在程序运行过程中采取以下三项措施：①按照特定的顺序存储四面体的四个顶点 (一般为右手系)，使得按照特定的算法计算该四面体体积时，能够保证其值为正。那么在后面的检测过程中，一旦出现负体积则说明在浮点运算过程中出现了不相容性。②在生成四面体时要检测其拓扑有效性。这项措施能检测出空间不连续的问题。③检测邻居链表。很明显，两个互为邻居的四面体在邻居链表中应该互相指向对方。如果不满足上述条件，则说明空间不连续。为了更严格地进行 Delaunay 准则判断，可以引入一个误差容忍值 $\varepsilon(\varepsilon > 0)$。Delaunay 准则采用下式判断：

$$d(P,Q) < R_s - \varepsilon \tag{8.1}$$

其中，$d(P,Q)$ 为插入点 P 到单元外接圆的圆心或外接球的球心 Q 的距离，R_s 为外接圆或外接球的半径，ε 是一大于零的小值。经验证明，在一定范围内 ε 越大，新生成的四面体质量越好。当 $d(P,Q) - R_s$ 介于 ε 和 0 之间时，新点暂时不插入，将其移动到新点列表最后，然后插入下一个新点。这样再插入该点时，由于网格区域内的四面体拓扑结构已经发生了改变，基本上不会再出现刚才的临界情况。实际经验证明，选择适当的 ε 值，按照上述办法可以将全部物面节点一一插入。在实际操作过程中，可以事先根据所有物面节点间最小距离，取其 1/100 作为全局误差容忍值。

8.4 边界完整性保持及边/面交换

Delaunay 方法的最大困难在于如何保持边界完整性。Delaunay 三角化方法本质上是建立计算域中网格节点之间的连接关系，其实际上不考虑网格边或面是否与几何构型相交。因此，在网格生成过程中必须引入一定的限制条件，以保证几何构型的完整性。为了保证边界完整性，早期 Baker 提出首先将物面离散为一系列的点云[8,12]，并在边界附近的区域引入一层附加点[13]，由此可以提高网格生成过程中保持边界完整性的能力。但是，在某些极端复杂的情况下，该方法仍会生成与物面相交的单元，此时需要引入人工操作，以保证边界完整性。

另一类方法是通过在边界处的边/面连接方式的迭代交换 (edge/face swap) 以保证边界完整性[10,11]。该方法使得 Delaunay 方法自动化程度大大提升。其优势是将表面网格生成和体网格生成分解，表面网格生成可以耦合 CAD 系统，生成高质量的表面网格。而体网格依据事先生成好的表面网格生成，以此保证几何构型的完整性。

在二维情况下，上述方法能很好地生成保持物面几何形状的三角形网格。实践表明，平面域的任意点集，在 Delaunay 三角化过程中采用“对角线交换”策略 (图 8.6)，可以生成满足物面几何完整性要求和 Delaunay 准则的三角形网格。

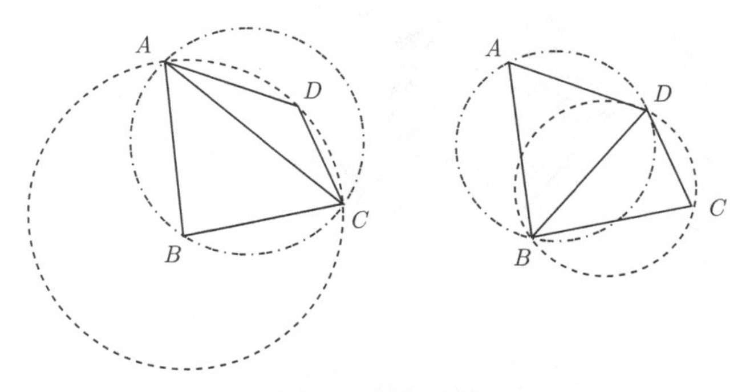

图 8.6 对角线交换

在三维情况下，仍存在一些问题，其主要难点体现为：①除非插入额外的点，物面附近很可能存在与已生成的四面体不相容的物理边界点和面。②尽管在三维情况下也可以进行类似于二维时的“对角线交换”操作，但是将任意的相邻四面体转换为满足 Delaunay 准则的四面体的变换可能不存在。③为了保证边界完整性而限制边界处的 Delaunay 三角化过程时，极有可能生成四点共面的“片状”(sliver) 网格。

在三维情况下，如果三个四面体共享一条边 (edge)，如图 8.7 所示，四面体 ABP_1P_2，ABP_2P_3，ABP_3P_1 共享边 AB，如果 AB 边与三角形 $P_1P_2P_3$ 相交，则可以将其变换为两个共面 $(P_1P_2P_3)$ 的四面体 $AP_1P_2P_3$ 和 $BP_1P_2P_3$。这样可以改进四面体网格的质量，同时不影响其他四面体单元。

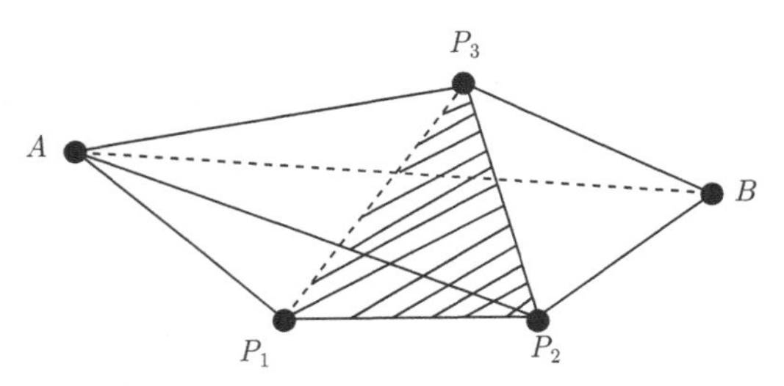

图 8.7　三个四面体共享一条边或两个四面体共享一个三角形的示意图

更一般的情形，当 n 个四面体共享一条边时 (图 8.8)，也可以进行类似的变换，将其变换为 $2(n-2)$ 个四面体，并保持四面体组合的 “凸壳” 性质。值得注意的是，当 $n \geqslant 4$ 时，这种变换是不唯一的。

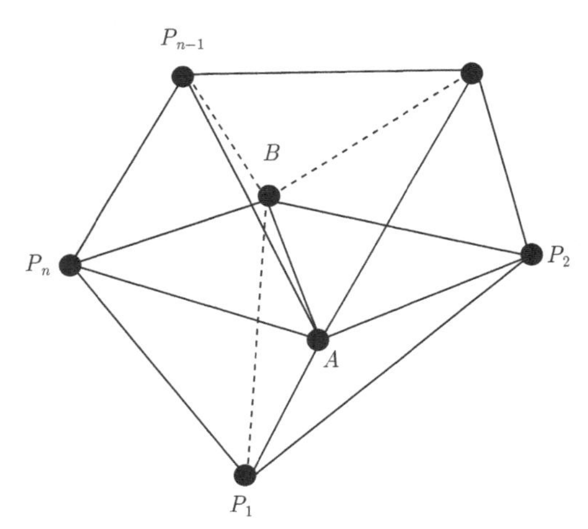

图 8.8　多个四面体共享一条边 AB 的情形

以上变换为保持事先离散好的物面边界完整性提供了可能。假设 AB 边在事先离散好的物面边界上，而不包含在体网格中，且与三角形 $P_1P_2P_3$ 相交，则可以通过图 8.7 所示的反变换以实现与事先离散好的边界的相容性。但是，AB 边有可能与三角形 AP_1P_2、AP_2P_3 或 AP_3P_1 共面，或者距离这些三角形很近。例如，假设 AB 边落在 AP_3P_1 所在的平面，因此其将与 P_3P_1 边相交。在这种畸形情况下，就需要将共享 P_3P_1 边的四面体标记出来，并利用 eage/face 交换策略，用 AB 边

替换 P_3P_1 边。如果共享 P_3P_1 边的四面体构成一个非凸域，则不能进行上述操作。事实上，这种情况会经常出现。在这种情况下，有必要在空间或物面上插入额外的节点。在插入物面点时，一般选取 AB 边的中点。读者可以参阅文献 [10]、[11]，以获得更为详细的讨论。

8.5　约束 Delaunay 方法

为了保证边界完整性，在 Delaunay 准则判断过程中，需要引入一定的限制条件，即所谓的约束 Delaunay 方法。在新点插入过程中，要求该点对于前述第 (4) 步生成的所有 “洞” 边界均是 “可见的”(图 8.9(a))，即要求该点位于所有 “洞” 边界的正法向方向，或者说由该点与 “洞” 边界构成的新三角形或四面体的面积或体积为正。如果某个 “洞” 边界单元不能看到新插入的点 (如图 8.9(b) 中的 AB 边，其为事先已经生成的几何外形边界)，则会出现负面积的三角形单元 (ABP)。因此，在生成 “洞” 边界的过程中，需要进行 “可见性” 检测，可见性即为一种约束条件。

处理上述问题的方法是在原 “洞” 边界集 B 的基础上，对每个边界单元逐一进行判断，删除相应的不可见 “洞边界”(图 8.9 中的 AB)，得到新的边界集 $B_1 \subset B$，然后删除 AB 边所在的原三角形 ABG 在 B 中的边 GA，得到对于 P 点均可见的新的封闭边界集 $B_2 \subset B_1$。然后执行前述的第 (6) 步即可得到所有面积为正的新三角形 (图 8.9(c))。

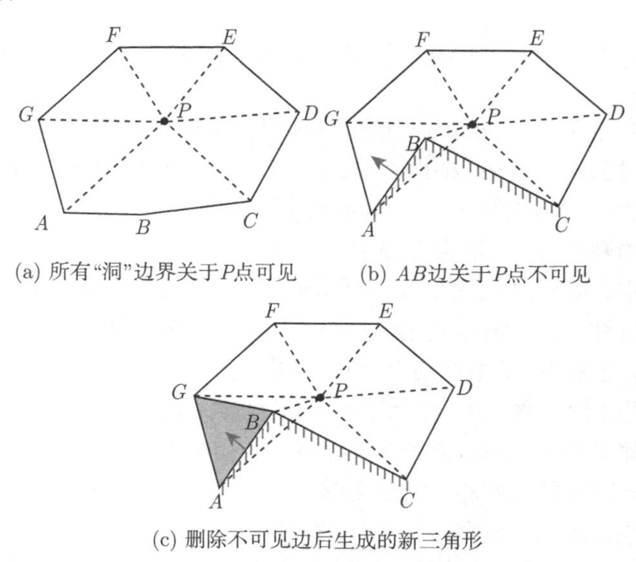

图 8.9　新插入点的 “可见性” 示意图

8.6 自动插入网格节点方法及控制

在 Delaunay 方法网格生成过程中，网格节点是生成过程中不断插入的。因此，网格节点的插入方式关系到最终的网格分布和网格质量，在外形非常复杂的情况下，还关系到网格生成的成败。在初始网格生成时，一般先将物面的离散点逐一插入，由此将得到与远场节点相连的非常细长的单元 (图 8.2(a) 和 (b))。显然这样的网格分布是不能满足流场计算的需求的。为此，可以利用 7.2 节中的背景网格技术对网格步长进行控制。

关于新点的插入，有很多种方式，例如：

(1) 将已有网格的中心点作为新点插入。

(2) 将已有网格的外接圆圆心作为新点插入。

(3) 利用第 7 章中的阵面推进法，由物面附近开始，根据网格步长要求插入新点。事实上，将 Delaunay 方法和阵面推进法有机结合，是一种很好的网格生成方法，其既可以很好地控制网格步长，更好地保证几何边界的完整性，又可以提高网格生成效率和网格质量[14,15]。

(4) 利用事先给定的空间点逐一插入。事先给定的网格节点插入可以有很多方法，如将在第 9 章中介绍的 quadtree/octree 方法等。

8.7 Delaunay 方法非结构网格生成实例

以下给出几个利用 Delaunay 方法生成的非结构网格实例。图 8.10 是一个绕二维多段翼型的三角形网格。根据计算的需要，在前缘襟翼和后缘副翼等区域进行了网格加密。图 8.11 为地球表面大洋环流计算网格，其中图 8.11(b) 为地中海及大西洋东岸区域的网格分布 (取自文献 [16])。该实例是通过曲面变换，直接生成球面上的三角形网格。图 8.12 为类伊尔 76 运输机构型的黏性流动计算网格，在边界层内采用的是三棱柱，而外场是利用 Delaunay 方法生成的四面体网格 (其实质是一种混合网格，将在第 10 章中详细介绍)；利用同样方法，生成了某机动导弹的黏性流计算网格 (图 8.13)。图 8.14 显示了 C-130 运输机后舱门开启并拖出重装投放引导伞构型的三维计算网格 (取自文献 [17])；图 8.15 为绕战斗机风洞试验构型 (带腹部支撑机构) 的非结构网格 (取自文献 [18])；图 8.16 给出了绕大型客机的表面和空间计算网格，为了模拟高 Re 流动，在物面附近采用了各向异性的四面体网格 (取自文献 [18])。可以看到，对于如此复杂的几何构型，Delaunay 方法亦能生成高质量的计算网格。

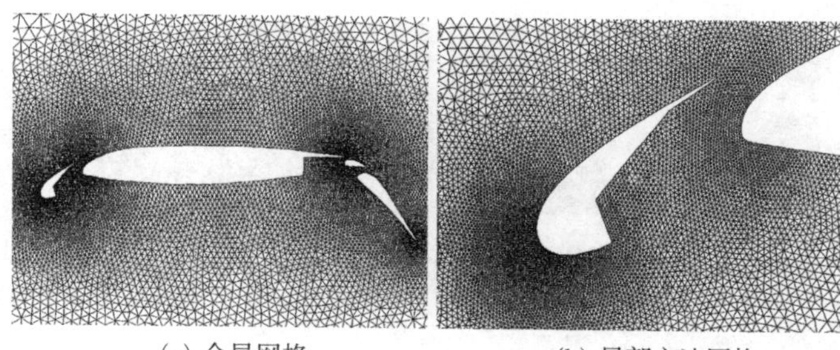

(a) 全局网格 (b) 局部方法网格

图 8.10 Delaunay 方法生成的多段翼型计算网格

(a) 全局网格 (b) 局部方法网格

图 8.11 地球环流模拟计算网格 (取自文献 [16])

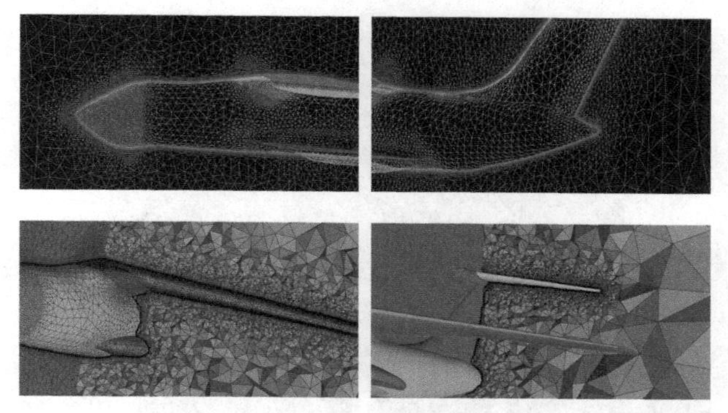

图 8.12 Delaunay 生成的运输机构型计算网格 (后附彩图)

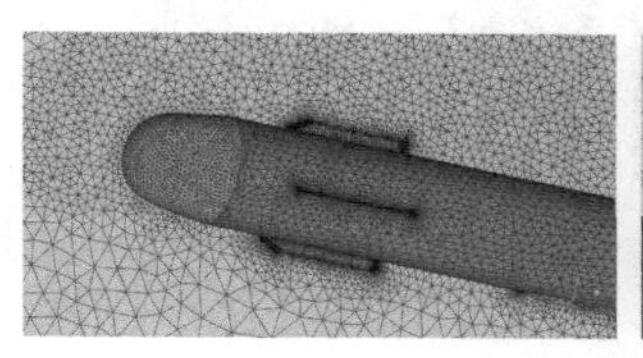

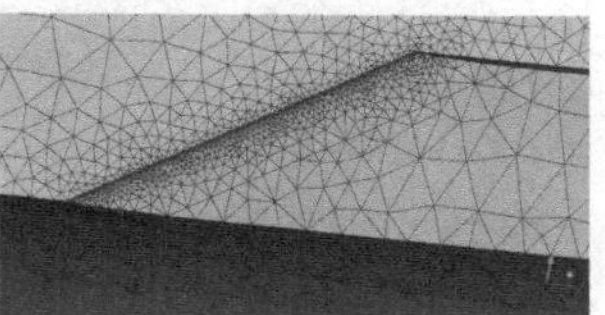

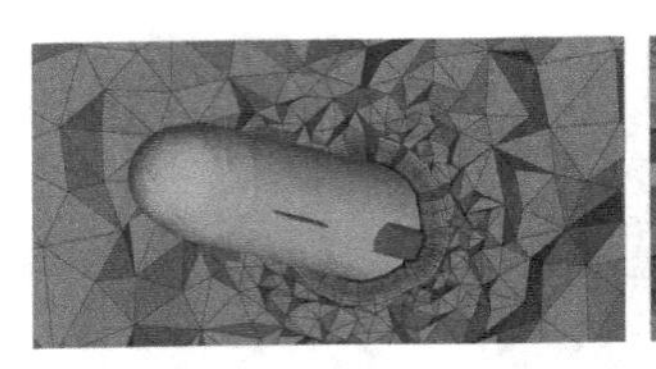 

图 8.13　Delaunay 生成方法的机动导弹构型计算网格 (后附彩图)

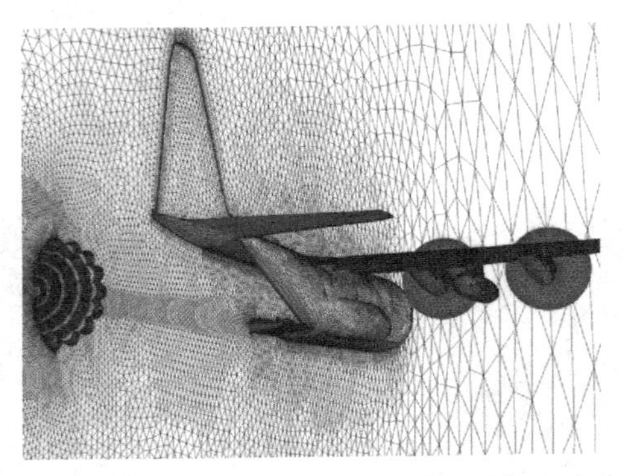

图 8.14　绕大型运输机 C-130 的非结构网格 (取自文献 [17])

图 8.15　绕战斗机风洞试验构型的非结构网格 (取自文献 [18])(后附彩图)

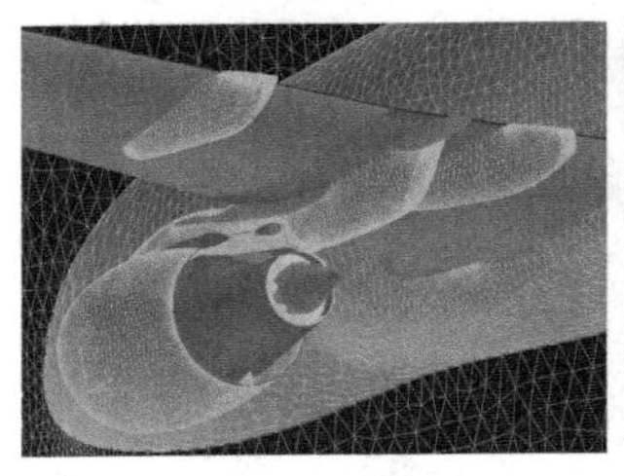 

图 8.16　绕大型客机的表面和空间非结构网格 (取自文献 [18])(后附彩图)

8.8 小　结

本章详细介绍了 Delaunay 非结构网格生成方法，重点包括 Delaunay 三角化方法的基本原理和实现过程、保证复杂几何边界完整性的边/面交换策略、边界约束 Delaunay 方法、空间网格点的插入分布控制等，并给出了一些实际复杂构型的非结构网格生成实例，表明该方法具有良好的几何适应性。

在实际应用过程中，Delaunay 方法可以与阵面推进法、quadtree/octree 方法等相互配合使用，这样既可以改进网格生成质量，又可以提高网格生成的鲁棒性。改进网格质量和提高网格生成的自动化程度一直是非结构网格生成技术追求的目标。关于网格质量优化的问题，将在第 12 章中介绍。而关于网格生成自动化问题，对于二维情形已能实现，但是对于三维复杂构型，实现完全的自动化并非易事。尽管经过 CFD 工作者的长期努力，三维 Delaunay 非结构网格生成方法和软件对于复杂构型的适应性大幅提升，但是仍有一些问题需要深入研究，例如：

(1) “片状” 单元的删除。在实际的复杂外形网格生成过程中，很有可能生成 “片状” 网格，这种网格显然是不利于流场计算的，因此应尽可能删除。一种可行的方法是利用前述的 edge/face 交换方法。但是在有物理边界存在的情况下，相邻的四面体网格可能构成一个 “非凸” 域。如果此时出现片状单元，则难以通过 edge/face 交换消除。

(2) 各向异性四面体网格的生成。在黏性流数值模拟时，在物面附近的边界层内一般要生成拉伸比较大的网格单元，即所谓的 “各向异性” 四面体单元。通常的方法是采用加权 Delaunay 方法 (weighted Delaunay triangulation) 来生成各向异性四面体网格，具体方法读者可以参阅文献 [19]。

参考文献

[1] Dirichlet G L. Uber die reduction der positven quadratischen formen mit drei underestimmten ganzen zahlen. Z. Reine Angew. Mathematics, 1850, 40(3): 209-227.

[2] Voronoi G. Nouvelles applications des parametres continues a la theorie des formes quadratiques dieuxieme memoire: Researches sur les parallelloedres primitive. J. Reine Angew. Math., 1908, 134: 198-287.

[3] Delaunay B. Sur la sphere vide. Bulletin of Academic Science URSS, Class. Science National, 1934: 793-800.

[4] Bowyer A. Computing Dirichlet tessellation. The Computer J., 1981, 24(2): 162-166.

[5] Waston D F. Computing the N-dimensional tessellation with application to Voronoi polytopes. The Computer J., 1981, 24(2): 167-172.

[6] Cavendish J C, Field D A, Frey W H. An approach to automatic three-dimensional finite element mesh generation. Meth. Eng., 1985, 21: 329.

[7] Shenton D N, Cendes Z J. Three-dimensional finite element mesh generation using Delaunay tessellation. IEEE Trans. Magnetics, 1985, MAG-21: 2535.

[8] Baker T J. Three-dimensional mesh generation by triangulation of arbitrary point sets//AIAA 8th Computational Fluid Dynamics Conference. AIAA paper, 87-1124, 1987.

[9] George P L. Constraint of the boundary and automatic mesh generation//Sengupta S. Proc. 2nd international Conference on Numerical Grid Generation in Computational Fluid Mechanics, Pineridge Press, 1988.

[10] Weatherill N P, Hassan O. Efficient three-dimensional grid generation using the Delaunay triangulation. Proc. First European Computational Fluid Dynamics Conference, Brussels, 1992.

[11] Sharov D, Nakahashi K. A boundary recovery algorithm for Delaunay tetrahedral meshing//Proc. 5th International Conference on Numerical Grid Generationn in Computational Field Simulations. Soni B K, Thompson J F. NSF Engineering Research Center for Computational Field Simulation, 1996.

[12] Baker T J. Automatic mesh generation for complex three-dimensional regions using a constrained Delaunay triangulation. Engineering with Computers, 1989, 5: 161.

[13] Boissonnat J D. Shape reconstruction from planar cross sections. Computer Vision, Graphics and Image Processing, 1988, 4: 1.

[14] Mavriplis D. An advancing front Delaunay triangulation algorithm designed for robustness. AIAA paper, 93-0671, 1993.

[15] Merriam M. An efficient advancing front algorithm for Delaunay triangulation. AIAA paper, 91-0792, 1991.

[16] Legrand S, Legat V, Deleersnijder E. Delaunay mesh generation for an unstructured-grid ocean general circulation model. Ocean Modelling, 2000, 2: 17-28.

[17] Morton S A, Tomaro R F, Noack R W. An overset unstructured grid methodology applied to a C-130 with a cargo pallet and extraction parachute, AIAA paper, 2006-0461, 2006.

[18] Melber S. 3D RANS-simulations for high-lift transport aircraft configurations with engines. DLR IB 124-2002/27, 2002.

[19] Frey P J, George P L. Mesh Generation—Application to Finite Elements. 2nd ed. John Wiley & Sons Inc., 2008.

第 9 章　四叉树/八叉树及 Cartesian 网格生成方法

9.1　引　　言

正如第 6 章所述，四叉树/八叉树 (quadtree/octree) 非结构网格的生成方法[1,2] 首先是利用 quadtree/octree 数据结构生成多层次的笛卡儿 (Cartesian) 网格，然后将 Cartesian 网格划分为基本单元，最后利用各种优化策略对初始网格进行光滑，以得到最终的计算网格。由此可见，其中的核心是 Cartesian 网格的生成。事实上，Cartesian 网格本身也可作为计算网格[3−10]。因此，本章将 quadtree/octree 非结构网格生成方法和 Cartesian 网格生成方法一并介绍。

Cartesian 网格，尤其是规则的等距 Cartesian 结构网格，在 CFD 计算中最早使用。其是一种最易生成的网格，然而在流场中存在曲面边界时，需对与曲面边界相交的单元进行特殊处理。为了提高绕流问题的网格离散效率，一般需要在物面附近采用较密的网格，而在远场采用较稀的网格，由此发展了多层次的 Cartesian 网格技术或自适应 Cartesian 网格技术[3−10]，即在原始的均匀 Cartesian 网格基础上，根据几何外形特点或流场特性在流场局部区域内不断进行网格细化，得到分布合理的非均匀 Cartesian 网格，达到准确模拟复杂外形和捕捉流场特征等目的。

相比于结构网格和非结构网格，自适应 Cartesian 网格具有以下优点：

(1) Cartesian 网格的生成不是从模型表面出发，而是采用先空间后物面的方式，模型表面网格仅仅用于物理外形的描述，因此对模型表面网格的要求不如结构网格和非结构网格严格，可以一次性生成计算所需的计算网格，使网格生成过程简单、省时。

(2) 继承了非结构网格易于自适应的优势，能够根据外形特点和流场特性在局部进行网格细分，更准确地捕捉流场结构；由于网格之间具有天然的层次性，更利于计算过程中随着流场结构的变化进行网格的动态自适应。

(3) Cartesian 网格不存在分区结构网格中不同外形需有不同的网格拓扑结构的要求，网格生成过程容易统一，对模型表面处理的依赖程度较低，因而容易编写通用的网格生成软件，网格生成过程中无需人为干预，因而可以实现网格生成的自动化。

然而 Cartesian 网格亦存在固有的不足。“纯粹” 的 Cartesian 网格无法模拟曲面边界，因为其在曲面边界附近会出现所谓的 “台阶效应”(staircasing effects)。为了消除 “台阶效应”，可以对曲面边界切割的 Cartesian 网格单元进行特殊处理。一种方法是保留切割后的网格单元形状，即切割出形状各异的多边形 (二维) 或多面体 (三维) 单元；另一种方法是采用投影方法，将物面附近的网格节点按照一定规则投影到物面上，得到改进的 Cartesian 网格[11−13]；还有一种方法是将切割后的多边形/多面体划分为三角形/四面体，形成所谓的 Cartesian/非结构混合网格[14−17]。关于 Cartesian/非结构混合网格将在第 10 章介绍。无论采用何种方式，由于外形的复杂性，切割后的网格尺度差异都会较大，过渡不光滑，不利于流场计算，因此仍需进行优化处理。Cartesian 网格更突出的不足是难以生成高 Re 数黏性流动模拟所需的高质量网格。因此，Cartesian 网格大多应用于无黏流的数值模拟。针对复杂构型的黏性流动数值模拟，一种可行的方法是首先利用投影算法在物面附近生成与物面正交的四边形 (二维)/六面体 (三维) 大单元，然后将这些单元沿法向进一步细分为有较大压缩比的边界层网格[18]。后来，众多 CFD 学者发展了 Cartesian/四面体/三棱柱混合网格技术[19−26]，此部分内容将在第 10 章介绍。

本章将以 Cartesian 网格生成方法为重点，介绍 Cartesian 网格的边界处理方法、针对黏性流的边界层网格生成方法等，同时介绍基于 Cartesian 网格再划分的非结构网格生成方法。最后给出一些网格生成实例。

9.2 Cartesian 网格生成方法

9.2.1 总体框架

Cartesian 网格的生成过程是利用 quadtree(二维) 或 octree(三维) 不断细分计算域的过程，如图 9.1 所示。利用 quadtree 和 octree 生成 Cartesian 网格的整体框架可以描述为以下过程 (图 9.2)：

(1) 读入模型几何数据，数据可以采用 STL 等数据格式。

(2) 输入网格步长控制参数。关于网格步长控制，可以采用 7.2 节中的背景网格控制方法。

(3) 初始网格生成。利用较粗的矩形网格覆盖包括模型在内的整个计算域，同时建立 quadtree 或 octree 数据结构。

(4) 根据网格步长要求对 Cartesian 网格进行层次细分。

(5) Cartesian 网格分布优化 (细分过程中要求相邻网格的层级差小于 2，详见 9.2.4 节)。

(6) 删除模型内部和与模型相交的单元。如何判断，将在 9.2.5 节介绍。

(7) 删除模型内部和与模型相交单元后的前锋面光滑 (详见 9.2.6 节)。

(8) 前锋面网格节点向模型表面的投影及模型物面附近网格的生成 (详见 9.2.6 节)。

(9) 物面网格的优化。

(10) 网格数据输出。

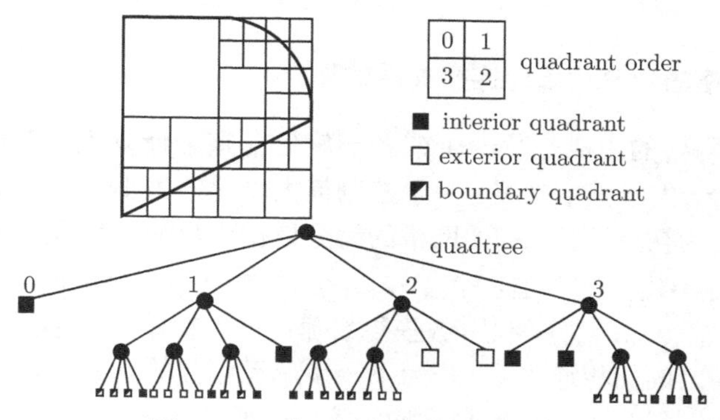

图 9.1 二维 quadtree 结构示意图

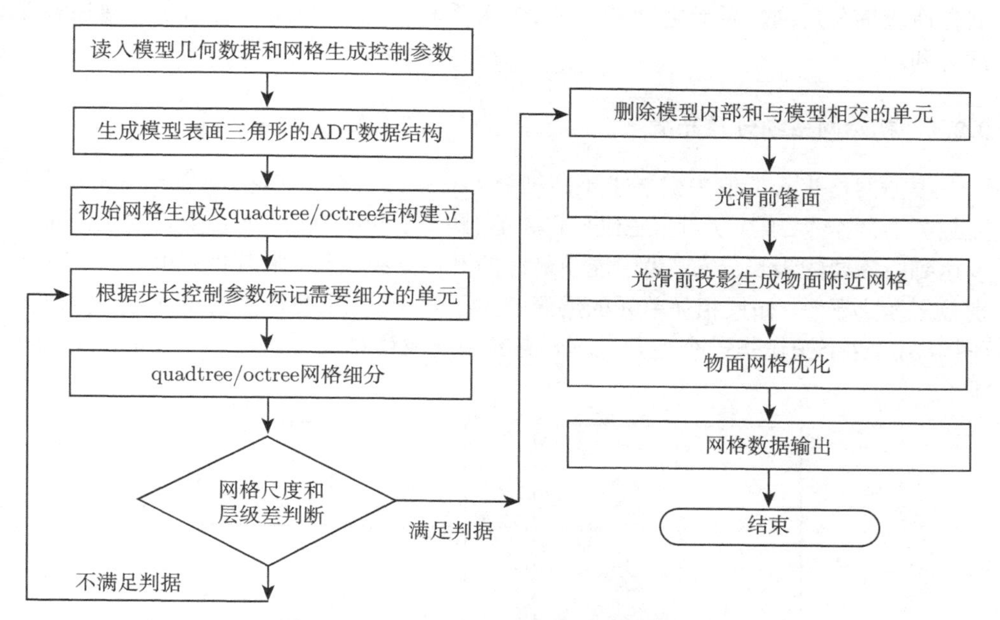

图 9.2 Cartesian 网格生成过程总体框架

9.2.2　模型表面网格数据输入与 ADT 数据结构的建立

Cartesian 网格生成的出发点是模型表面三角形网格数据和空间网格步长分布控制参数。模型表面网格数据文件格式一般采用 STL 通用数据格式，当然也可采用其他的数据格式。关于表面离散方法将在第 16 章介绍，这里不再赘述。

读入数据后采用 6.3.3 节中介绍的空间有限大小体的 ADT 数据结构，建立表面三角形的 ADT 数据结构，以便于后续对模型表面进行操作。

9.2.3　初始网格的划分和单元连接关系的建立

Cartesian 网格的生成是从一个或者一族包含整个计算流场的网格单元出发，经过自适应划分，生成基本网格。为了控制最大单元的大小，往往采用均匀分布的矩形结构网格作为初始网格。初始网格的划分依据用户输入参数，包括计算流场的大小 ($X_{\min}$，$Y_{\min}$，$Z_{\min}$，$X_{\max}$，$Y_{\max}$，$Z_{\max}$)，初始网格在 X，Y，Z 三方向上的分布点数 ($I_{\max}$，$J_{\max}$，$K_{\max}$)，利用这些参数确定每个初始网格单元的中心点位置、单元大小和单元之间的相连关系，作为下一步单元划分的基础。初始网格的单元对应关系相对简单，但是为了后续自适应加密，需要采用 quadtree/octree 数据结构进行单元关系的存储 (详见 6.3.4 节)。quadtree/octree 数据结构的重点是高效地存储自适应细分后网格单元之间的“父子”关系和“邻居”关系，这对于加速搜索非常有利。

9.2.4　初始网格细分及光滑

根据网格步长控制参数要求不断细分 Cartesian 网格，即将每个需要细分的单元划分为四个 (二维)/八个 (三维) 子单元 (图 9.3 和图 9.4)，循环操作直至网格尺度达到所需要的步长分布。为了能使最终的网格分布光滑，限制相邻单元的层次级别数之差小于 2。如果相邻单元的层级差大于等于 2，则将较大的单元进一步细分 (图 9.5)。这个操作是一个递归过程，需要循环检测直至所有相邻单元的层级差小于 2。

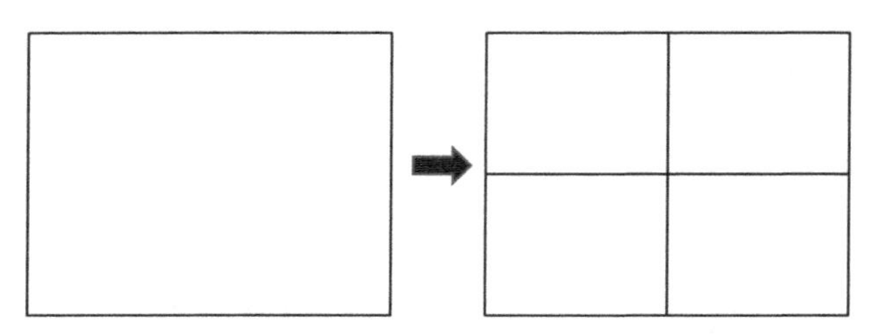

图 9.3　二维 quadtree 细分示意图

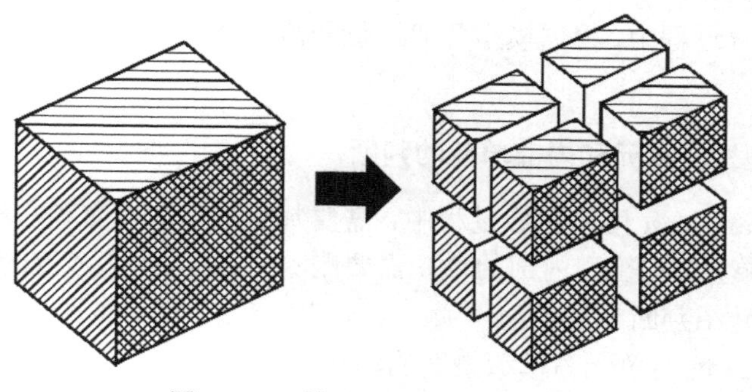

图 9.4 三维 octree 细分示意图

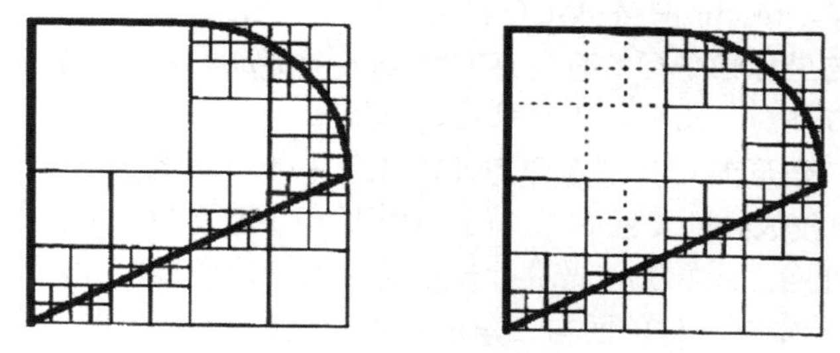

图 9.5 层级差限制示意图

在实际应用过程中，极有可能出现如图 9.6 所示的情况 (以二维问题为例，三维时情况更加复杂)，对于这些情况，一般要将相关的单元进一步细分，尤其是在模型表面附近的单元，这样才能保持网格的光滑过渡。

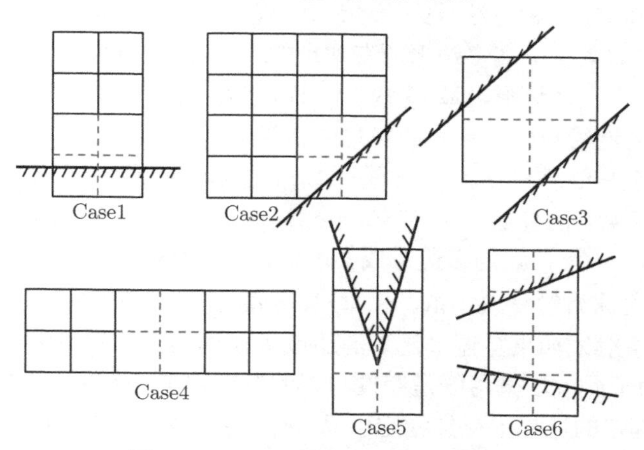

图 9.6 需要细分的各种情况示意图

以上介绍的是各向同性的细分方法。事实上，为了提高网格的离散效率，还可以采用所谓的 "2^N-tree" 方法[23,27]。该方法是由华人学者王志坚提出的，其基本思想是在单元细分过程中，根据模型几何特征和流场特性，仅在某一个或两个方向进行细分。

9.2.5 与模型相交单元和内部单元的判断

在全场 Cartesian 网格生成过程中，需要判断与模型相交和在模型内部 (计算域外) 的网格单元。在模型内部的单元需要删除，而与模型相交的单元需要特殊处理。以下分别介绍判断方法。

1)Cartesian 网格单元与模型表面的相交判断

模型的表面是由许许多多的三角形拼接而成，Cartesian 网格单元与表面的相交最后归结为 Cartesian 网格单元与表面三角形的相交判定，而 Cartesian 网格单元都是标准的与坐标轴平行的有界立方体 (axis-aligned bounding box, AABB)，因此这里仅对立方体与三角形的相交判定加以描述。

立方体与三角形的相交判定作为计算几何中的一个经典问题，有许多人对其进行过研究。比较成熟的算法有 Voorhies[28] 关于中心点位于原点的单元立方体与三角形的相交判定。该方法首先进行一些简单的 “最小/最大盒子” 等判断 (详见 7.5.1 节)；然后判定立方体的面与三角形是否相交 (详见 7.4 节)，最后判定立方体是否穿过三角形内部。

2) 模型内部单元的判定

在 Cartesian 网格单元的生成过程中，需要删除在模型内部的网格单元，网格单元是否在模型表面内部的判定，最终归结为空间点是否在多面体内部的判定[30]。

对于此类判定，一种方法是采用卷绕角度法 (winding number)，如图 9.7(a) 所示二维情况下，如果点 p 和多边形所有顶点的连线与同一直线的夹角之和等于 2π，则 $p \in Q$，即 p 点在多边形区域 Q 内，否则 $p \notin Q$；对于三维情况，如果点 p 和多面体所有顶点的连线与同一直线的夹角之和等于 4π，则 $p \in Q$，否则 $p \notin Q$。该方法的缺点在于它是依靠与 2π 或 4π 进行数值的比较进行判定，在计算小夹角的过程中，由于计算误差的叠加，可能产生不确定情形；另一个缺点是在计算夹角的过程中，对于包含 N 个顶点的多边形或多面体，其计算耗费时间为 $O(N)$ 量级。

另一种方法称为射线法 (ray-casting approach)，如图 9.7(b) 所示：对于点 p，从它发出的一条射线如果穿过多边形的边或多面体的面的次数为偶数，则 $p \notin Q$，否则 $p \in Q$。由于此方法采用的是穿过与否的逻辑判定，避免了计算误差的叠加带来的问题，在判定的过程中更加稳定可靠，而且它对射线的方向没有限制，在实际应用过程中可以灵活运用。由于采用射线法的基础是射线是否穿过线 (二维为多边形) 或面 (三维为多面体) 的逻辑判定，因此解决点在三维多面体 (由三角形拼接而成) 内外的问题就归结为射线与三角形相交问题。

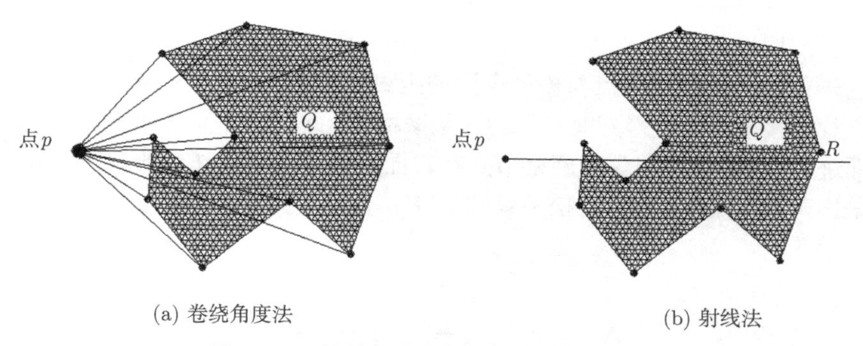

(a) 卷绕角度法　　(b) 射线法

图 9.7　二维情况下点与多边形的内外关系

由于模型表面是由众多的三角形拼接而成的封闭体，因此任意穿过模型表面的直线都会穿过偶数次，只是差别在于：当点 p 在模型表面之外时，通过 p 点的射线与模型表面的交点 (如果存在) 的局部坐标值 t 值同正负；当点 p 在模型表面内部时，t 值有正有负，因此在判断过程中利用 t 值的正负判定，以此来实现内外的正确判定。

由于模型表面的三角形数量往往较多，为了提高计算效率，可以利用前述的 ADT 数据结构存储模型表面三角形。在进行网格单元的内外判定时，在极少数情况下会出现射线与表面三角形的交点恰好位于三角形的边上或顶点等情形。由于相邻表面三角形之间共享同一条边或顶点，因此可能出现点在模型内或者外的错误判定，为避免这种情况的出现，可以采用 x，y，z 三向求交法来保证判定的可靠性，或者在判断时引入微小的坐标平移进行判断。

9.2.6　投影算法及模型特征恢复技术

基于上述判断，模型内部的单元应该删除，与模型表面相交的单元需要进行特殊处理。对于与模型相交的单元，最简单的处理方法是将切割后的多边形 (二维) 或多面体 (三维) 划分为基本单元 (三角形或四面体)。由于切割后的相邻多边形或多面体的面积/体积比可能较大，导致网格过渡不光滑，不利于流场计算，因此一般对非常靠近物面的网格点直接投影修正到模型表面之上，这一修正的目的是防止在模型表面附近出现非常畸形的切割单元。为了更好地改进网格质量，目前文献中比较通用的方法是首先删除与模型相交的网格单元，然后提取所有内边界面形成前锋面，随后对前锋面进行光滑，最后利用投影算法生成物面层网格。以下简要介绍前锋面光滑、前锋面投影以及与之相关的模型特征恢复技术[29]。

1) 前锋面光滑

在删除内部单元和与模型相交的单元后，提取所有内边界面形成前锋面，如图 9.8(a) 所示，为某弹翼模型网格的前锋面，此时在前锋面与模型表面之间有一层薄的空间，这一层薄的空间利用前锋面向表面投影来填充，这一层投影产生的网格称为物面层网格。

由于前锋面的网格节点与模型表面的距离大小不一，在某些情况下差异很大，由此进行直接投影可能得到畸形的物面层网格，因此在进行前锋面投影前，需要对前锋面进行光滑处理，以保证网格节点在表面的投影有比较理想的分布。光滑算法可以采用基于"弹簧原理"的松弛算法，即

$$\boldsymbol{X}_i^{n+1}=\frac{\sum\limits_{j=1}^{N}[\alpha\boldsymbol{X}_i^n+(1-\alpha)\boldsymbol{X}_j^n]}{N}$$

其中，N 为与前锋面上的某个网格节点 i 相关联的所有其他网格节点 $(j=1,\cdots,N)$ 的总数；α 为权重因子；n 代表迭代指标。一般迭代有限的次数即可得到较为光滑的前锋面，如图 9.8(b) 所示，为某弹翼模型经过光滑后的前锋面。

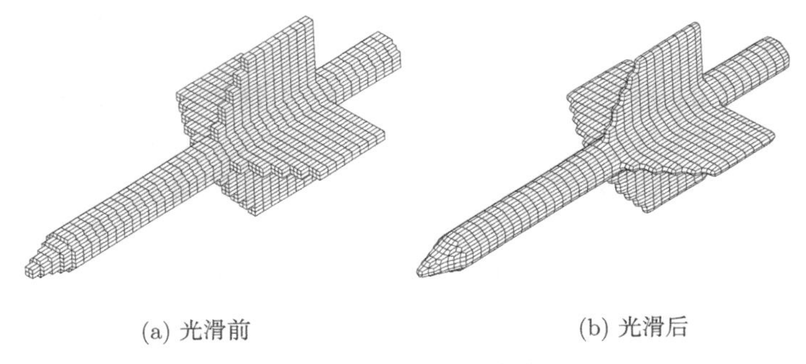

(a) 光滑前　　(b) 光滑后

图 9.8　弹翼模型的前锋面

由于前锋面与前锋面在模型表面的投影具有点之间的一一对应关系和相似的拓扑结构，因此将二者之间的相应点连接，即可构成物面层网格单元，然后按照物面层网格单元之间的固有连接特性，确定物面层网格单元之间的连接关系。

2) 前锋面投影

在 Cartesian 网格生成过程中，需要计算网格节点在模型表面的"投影"，一般采用在模型表面上与网格节点的最近点作为它在模型表面上的"投影"点，由于模型表面是由众多的三角形拼接而成，因此网格节点在模型表面的投影问题就归结为求解三维空间点到三角形的最近点问题。

三维空间中点到三角形的最近点问题看似简单，实际上最近点的分布可能在三角形内部，可能在顶点，也可能在棱边上，因而程序实现相对复杂。当描述模型几何的表面三角形数量巨大时，其计算效率是影响网格生成的关键。文献 [30] 中提出了一种迭代近似求解方法，具体思路如下：如图 9.9 所示，三角形 $A(123)$ 三顶点为 1、2、3，三条边的中点为 $P01$，$P02$，$P03$，连接中点将原始三角形划分

为四个三角形，$P1$，$P2$，$P3$ 和 $P4$ 为四个新三角形的中心点。计算空间点 $P0$ 与 $P1$，$P2$，$P3$ 和 $P4$ 的距离，将距离最短的点对应的新三角形代替原始三角形进行下一轮迭代，直到满足要求 (如新三角形的周长是原始三角形周长的 0.001 或者迭代次数等于 10)，此时取最后一次得到的新三角形的中心点作为空间点 $P0$ 与三角形 $A(123)$ 的近似最近距离点。由于在求解网格节点至模型表面的投影时，并不严格要求计算理论最近点，因此该方法是一种有效的计算方法。图 9.10 为该方法得到的前述弹翼模型的表面投影网格。

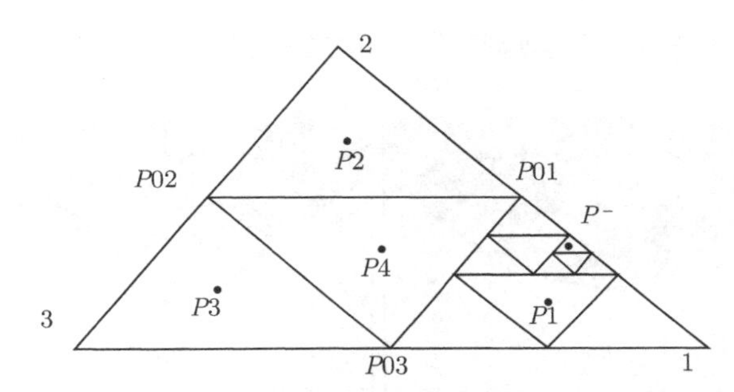

图 9.9 三维空间中点到三角形的最近点迭代近似求解法

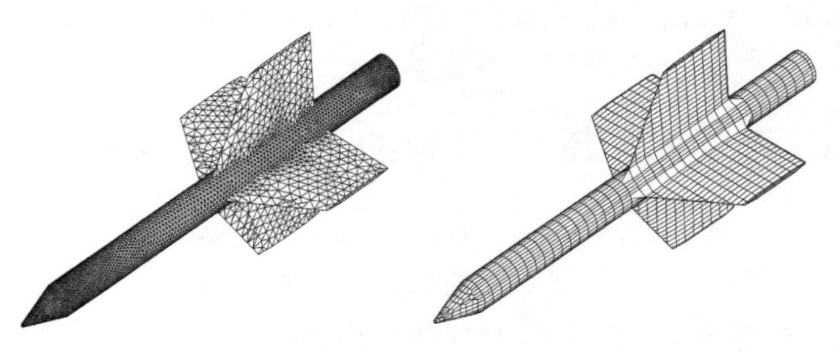

(a) 描述模型的表面三角形网格 (b) 投影法生成的表面网格

图 9.10 前锋面在模型表面上的投影网格

3) 模型特征恢复

在前锋面向物面投影生成物面层网格时，在模型的几何曲率突变区域 (如图 9.11 所示的凹凸折角处，尤其是在凹角处) 很容易被抹平。这显然不利于模拟真实的几何构型。为保持模型的几何特征，需要采用相关的模型几何特征恢复技术。

首先搜索出模型表面具有凹凸特征的区域，提取出凹凸区域的特征线，然后在进行前锋面向物面投影生成物面层网格的时候，将邻近这些特征线的投影点修正到特征线上，从而使凹凸处的几何特征得以保持。图 9.11(b) 是采用该技术处理后的物面网格，图 9.12 是某截面上采用模型几何特征恢复技术前后的变化。

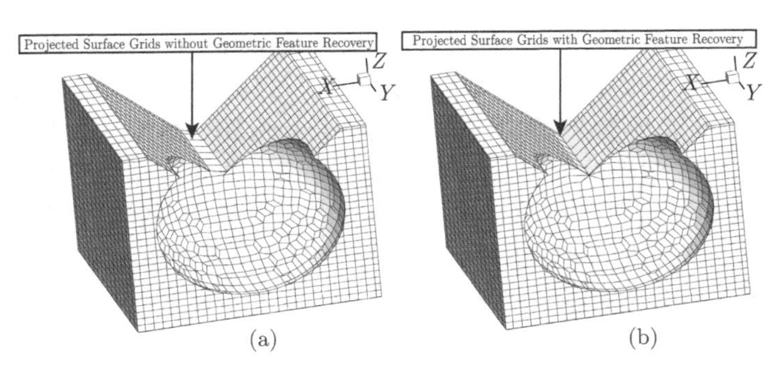

图 9.11 采用模型几何特征恢复技术前后的物面网格

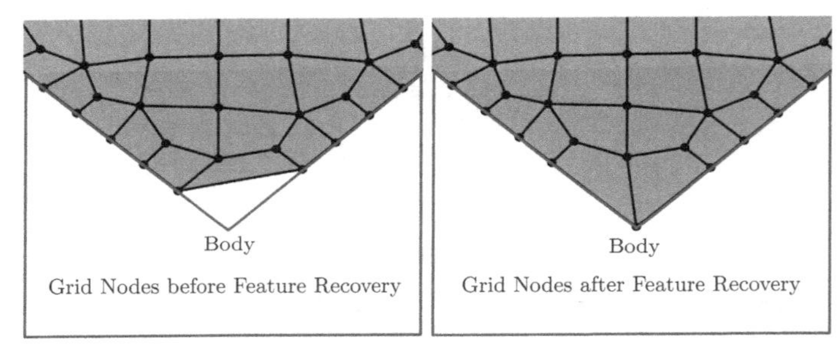

图 9.12 凹形物面投影中外形特征的恢复 (图 9.11 纵向截面)

9.3 基于四叉树/八叉树的非结构网格生成方法

利用 quadtree/octree 结构可以生成 Cartesian 网格，进一步可以在所生成的 Cartesian 网格的基础上，通过子单元的划分，生成由三角形 (二维)/四面体 (三维) 构成的 “纯” 非结构网格。事实上，在前述的 Cartesian 网格生成过程中，亦可省去物面层网格投影过程，直接对物面切割后的多面体进行细分。

对于二维问题，可能存在以下情形 (图 9.13)：

(1) 如果 Cartesian 四边形单元的四个角点都在计算域内，且在 quadtree 细分过程中其边界没有得到分割，即四边形的棱边上没有细分点 (以后称边中点)，则将其直接划分为两个三角形，对角线的连接方式可随机选取 (图 9.13 中 Case A)。

(2) 如果四个角点都在计算域内，且棱边上存在边中点，则在四边形的中心引入一个内部节点，连接该点与四边形的角点和边中点即可构成细分三角形。如此操作可以消除 “悬空节点”，并可以改善网格的均匀性 (图 9.13 中 Case B)。

(3) 如果物面边界切割四边形，对切割后余下的部分 (其一般为多边形)，若仅有三个角点，则直接构成一个三角形单元；若仅有四个顶点，根据 Delaunay 准则，连接距离较短的对角线构成两个三角形 (图 9.13 中 Case C)；如果多边形的顶点数多于 4，为了简化细分过程，可以采用第二种情形中引入中心点的方式细分该多边形。

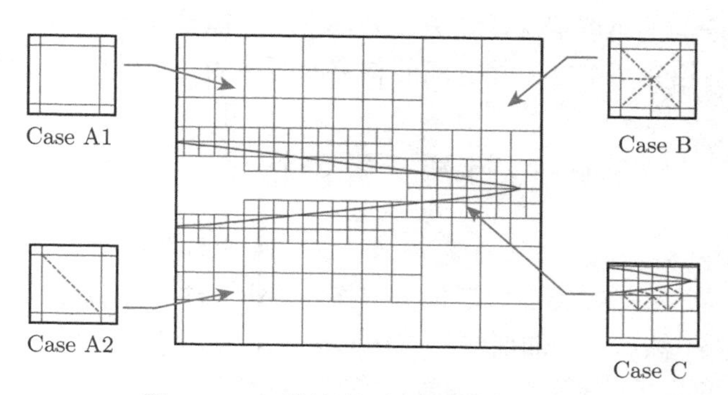

图 9.13 二维情况下可能的划分方式

对于三维问题，可以直接推广上述二维方法，但是有两个问题需要注意：

(1) 曲面切割 Cartesian 立方体的可能性较二维情形复杂得多，尽管在 9.2.4 节中已引入了各种光滑策略，但是可能的组合情况仍将有几十种。显然要按各种可能的组合逐一编程是不现实的。因此，需要发展一种简便实用的细分方法。

(2) 相容性问题。所谓相容性，是指相邻的两个单元在交接面上共享同样的界面。对于二维情形，要求两个相邻的三角形共线段；对于三维情况，则要求两个相邻的四面体共享同一个三角形，如图 9.14 所示。对于二维问题，相容性容易保证，而对于三维问题则需要谨慎处理，否则可能出现如图 9.14 中的不相容情形。

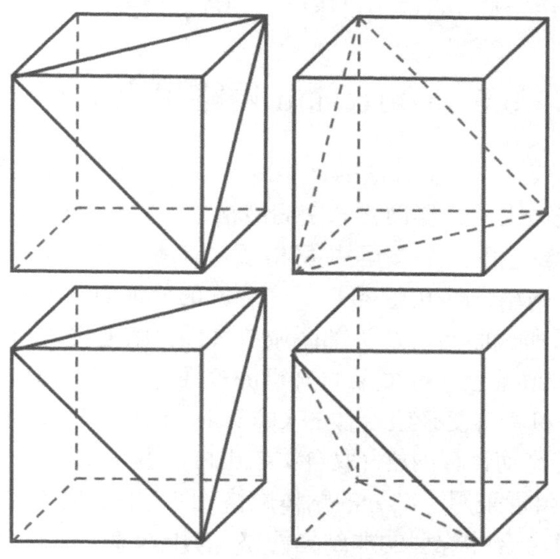

图 9.14 相容性定义 (上：相容；下：不相容)

解决上述问题的一种简单方法是：首先将立方体的各表面划分为三角形，然后在立方体的几何中心引入一个额外节点，连接该点与表面三角形构成四面体单元。划分立方体各表面的可能情况比划分立方体本身要简单得多。同时，各表面的划分方式一旦确定，相邻两个立方体之间的相邻四面体的相容性就能自然得到保证。

9.4　黏性流计算网格生成问题

Cartesian 网格一般应用于无黏流的计算。对于黏性流动，一种方法是利用各向异性的自适应方法，在物面附近加密网格。另外一种可行的途径是，首先生成无黏流的计算网格，然后对物面层沿物面切向进行细分。细分时可以采用指数压缩方法控制网格法向步长分布。一般而言，这些方法生成的物面附近贴体网格质量较差。从国内外的发展趋势来看，目前大多采用层推进方法先生成贴体的三棱柱或六面体网格，然后过渡到外场的 Cartesian 网格，这便是所谓的混合网格技术，其将在第 10 章中介绍。

文献中亦有直接利用 Cartesian 网格进行黏性流计算的方法，即所谓的浸入边界法 (immersed boundary method，IB 方法)。IB 方法的思想最早由 Peskin 提出[30,31]，并应用于模拟心脏的跳动及血液流动，后来通过结合网格自适应加密技术，逐渐推广应用于动边界问题的数值模拟。采用 IB 方法时，物面边界条件的影响通过在控制方程中引入源项等方式来体现。但是 IB 方法最大的缺点是难以满足高 Re 数黏性流动数值模拟的要求，对于可压缩 (尤其是超声速) 流动的模拟也存在困难，目前一般用于低 Re 数不可压缩流的数值模拟。

9.5　Cartesian 网格生成实例

本节给出一些 Cartesian 方法网格生成实例。图 9.15 为某飞机标模的空间网格前锋面在模型表面上的投影网格和空间网格；图 9.16 给出了典型截面上的网格，可以看到，经过投影光滑之后，物面层网格质量有所改善。图 9.17 为某民机全机构型典型截面的空间网格；图 9.18 给出了在头部的前锋面网格和物面网格。图 9.19 为航天飞机的物面和截面网格及头部区域放大图。以上实例由作者的同事肖涵山博士提供[29]。图 9.20 显示了某武装直升机的截面网格和局部放大图；而图 9.21 给出了战斗机和直升机机群复杂组合体的 Cartesian 网格 (取自文献 [32])。图 9.22 显示了 M6 机翼黏性流动计算网格 (取自文献 [18])，其中 (a) 为初始网格，(b) 为自适应网格，在物面附近采用了细分的贴体网格。图 9.23 则给出了利用 Cartesian 方法生成的航天飞机组合体构型的非结构网格 (取自文献 [33])。通过以上实例可以看出，Cartesian 方法能够快速地生成复杂外形的无黏流计算网格；利用该方法生成非结构网格，其网格的光滑性较阵面推进法和 Delaunay 方法稍差，需要进行进一步的优化。

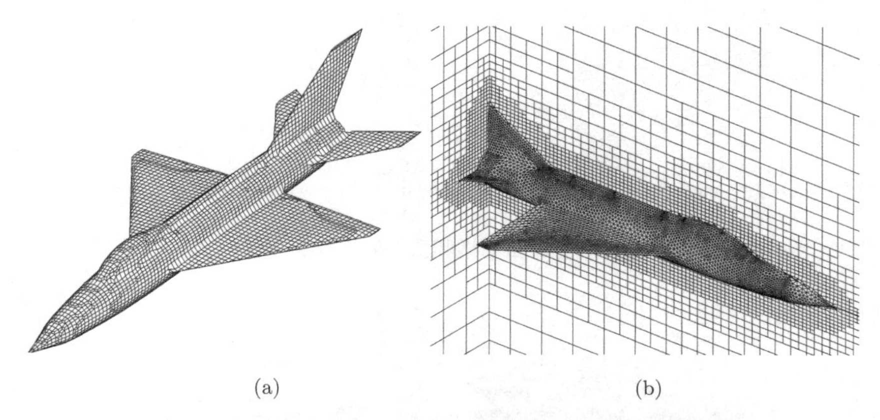

(a) (b)

图 9.15 某飞机标模的空间网格前锋面在模型表面上的投影网格 (a) 和空间网格 (b)(取自文献 [29])

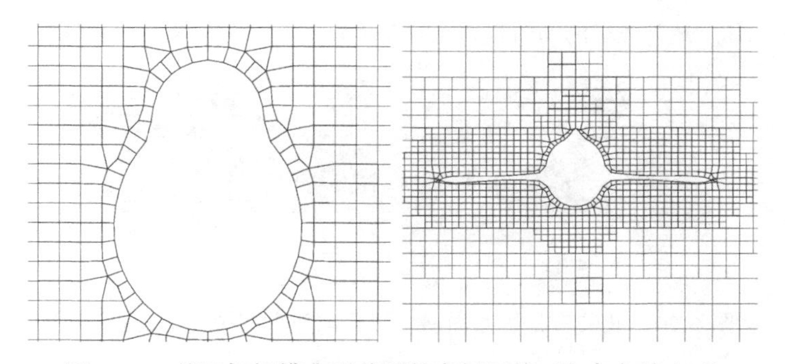

图 9.16 某飞机标模典型截面的空间网格 (取自文献 [29])

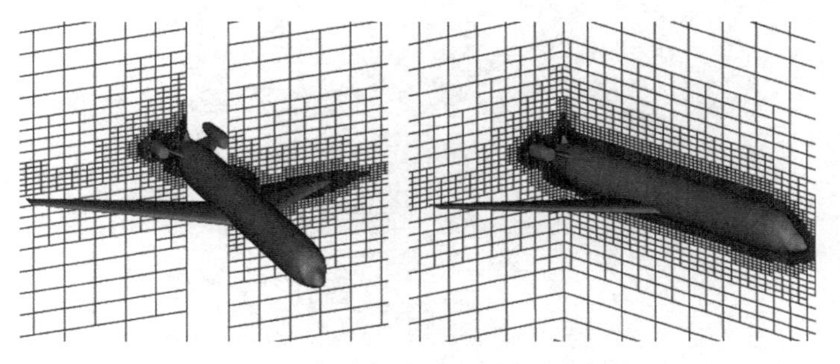

图 9.17 全机构型典型截面的空间网格 (取自文献 [29])

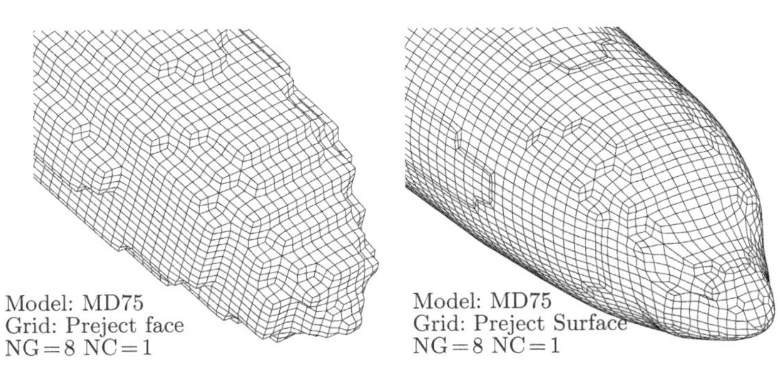

图 9.18　民机头部前锋面网格和头部物面网格 (取自文献 [29])

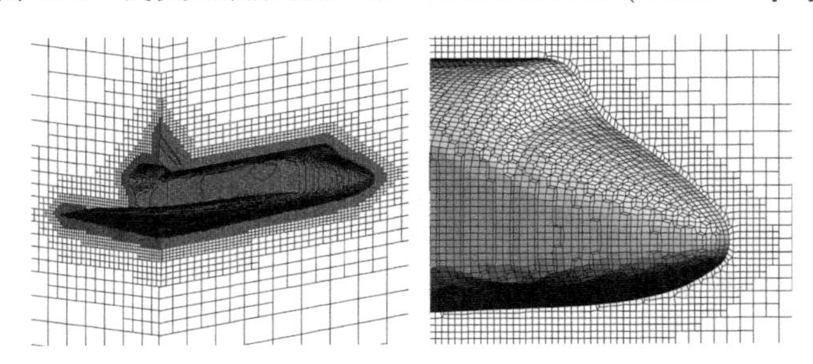

图 9.19　航天飞机的物面和截面网格及头部区域放大图 (取自文献 [29])

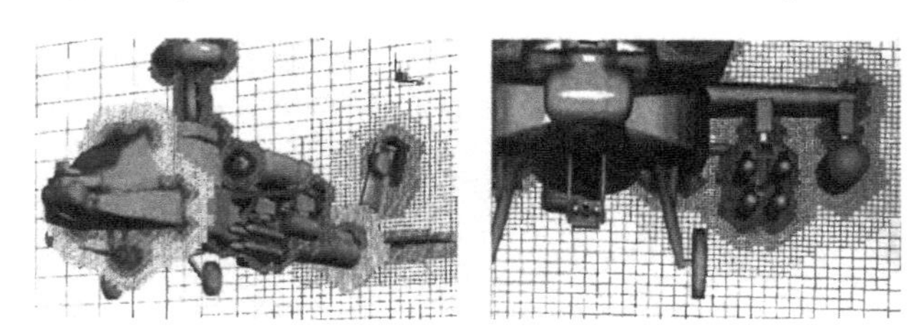

图 9.20　武装直升机截面网格及局部放大图 (取自文献 [32])

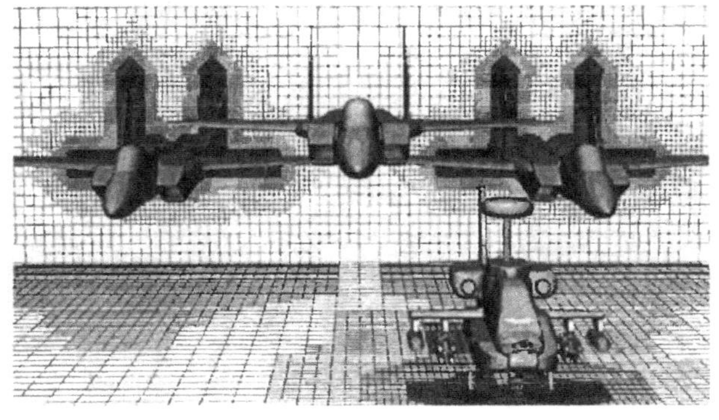

图 9.21　战斗机与直升机集群复杂组合体空间网格 (取自文献 [32])

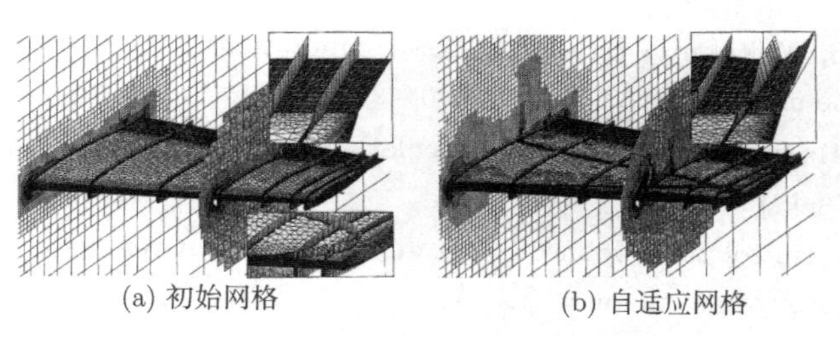

(a) 初始网格　　(b) 自适应网格

图 9.22　M6 机翼黏性流动计算网格 (取自文献 [18])

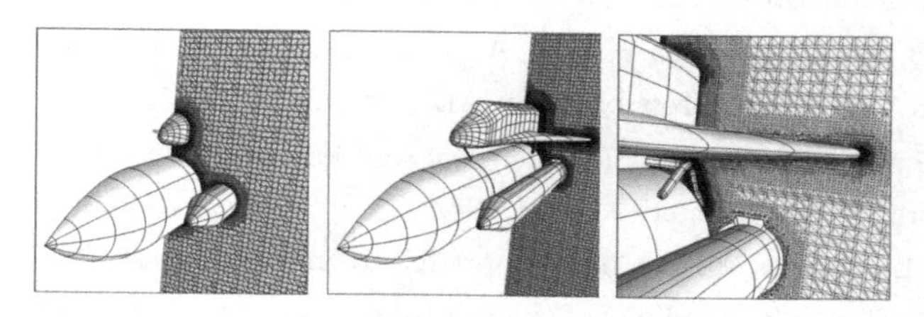

图 9.23　利用 Cartesian 方法生成的航天飞机组合体非结构网格 (取自文献 [33])

9.6 小　结

本章介绍了基于 quadtree 和 octree 的 Cartesian 网格和非结构网格生成方法。该方法经过二十多年的发展，在工程设计过程中得到了成功的应用。相关研究机构研发了比较成熟的应用软件，如 CART3D、MGAERO 等。因 Cartesian 网格技术的自动化程度和网格生成效率高，其在飞行器概念设计与初样选型等方面得到良好应用，对于一些可以忽略黏性影响的复杂流动问题，其也能发挥很好的作用。但是其在复杂外形黏性流动数值模拟方面仍有不足，在飞行器详细设计阶段广泛应用的是第 10 章中将要介绍的混合网格技术。

参 考 文 献

[1] Yerry M A, Shephard M S. A modified quadtree approach to finite element mesh generation. IEEE Computer Graphics Appl., 1983, 3(1): 39-46.

[2] Yerry M A, Shephard M S. Automatic three-dimensional mesh generation by the modified—Octree technique. Int. J. Num. Meth. Eng., 1984, 20: 1965-1990.

[3] Reyhner T A. Cartesian mesh solution for axisymmetric transonic potential flow around inlets. AIAA Journal, 1977, 15(5): 624-631.

[4] Clarke D, Salas M, Hassan H. Euler calculations for multi-element airfoils using Cartesian grids. AIAA Journal, 1986, 24: 353-358.

[5] Grossman B, Whitaker D. Supersonic flow computations using a rectangular-coordinate finite-volume method. AIAA paper, 86-0442, 1986.

[6] Gaffney R, Hassan H, Salas M. Euler calculations for wings using Cartesian grids. AIAA paper, 87-0356, 1987.

[7] Samant S S, Bussoletti J, Johnson F, et al. TRANAIR: A computer code for transonic analyses of arbitrary configurations. AIAA paper, 87-0034, 1987.

[8] Berger M, LeVeque R. An adaptive Cartesian mesh algorithm for the Euler equations in arbitrary geometries. AIAA paper, 89-1930, 1989.

[9] Pember R B, Bell J B, Colella P, et al. Adaptive Cartesian grid methods for representing geometry in inviscid compressible flow. AIAA paper, 93-3385, 1993.

[10] Melton J, Pandya S, Steger J. 3D Euler flow solutions using unstructured Cartesian and prismatic grids. AIAA paper, 93-0331, 1993.

[11] Smith R J, Leschziner M A. A novel approach to engineering computations for complex aerodynamic flows. Proceedings of the 5th International Conference on Numerical Grid Generation in Computational Field Simulations，Mississippi State University, 1996.

[12] Tchon K F, Hirsch C, Schneiders R. Octree-based hexahedral mesh generation for viscous flow simulations.AIAA paper, 97-1980, 1997.

[13] Wang Z J. An automatic viscous adaptive Cartesian grid generation method for complex geometries.Proceedings of the 6th International Conference on Numerical Grid Generation in Computational Field Simulations, University of Greenwich, London, England, 1998.

[14] 张来平. 非结构网格、矩形/非结构混合网格复杂无黏流场的数值模拟. 绵阳：中国空气动力研究与发展中心，1996.

[15] Zhang L P, Zhang H X, Gao S C. A Cartesian/unstructured hybrid grid solver and its applications to 2D/3D complex inviscid flow fields. The 7th International Symposium on CFD, Beijing, China, 1997, 9: 347-352.

[16] 张来平，张涵信. 复杂无黏流场数值模拟的矩形/三角形混合网格技术. 力学学报，1998, 30(1): 104-108.

[17] 张来平，张涵信，高树椿. 矩形/非结构混合网格技术及在二维/三维复杂无黏流场模拟中的应用. 空气动力学学报, 1998, 16(1): 77-88.

[18] Deister F, Hirschel E H. Self-organizing hybrid Cartesian grid/solution system with multigrid. AIAA paper, 2002-0112, 2002.

[19] Ward S, Kallinderis Y. Hybrid prismatic/tetrahedral grid generation for complex 3-D geometries. AIAA paper, 93-0669, 1993.

[20] Karman S L. Unstructured Cartesian/prismatic grid generation for complex geometries. Surface Modeling, Grid Generation, and Related Issues in Computational Fluid Dynamic (CFD) Solutions, NASA CP-3291, 1995: 251-270.

[21] Karman S L. SPLITFLOW: A 3D unstructured Cartesian/prismatic grid CFD code for complex geometries. AIAA paper, 95-0343, 1995.

[22] Wang Z J. A quadtree-based adaptive Cartesian/quad grid flow solver for Navier-Stokes equations. Computers & Fluids, 1998, 27(4): 529-549.

[23] Wang Z J, Chen R F, Hariharan N, et al. A 2^N tree-based automated viscous Cartesian grid methodology for feature capturing. AIAA paper, 99-3300, 1999.

[24] Wang Z J, Chen R F. Anisotropic Cartesian grid method for viscous turbulent flow. AIAA paper, 2000-0395, 2000.

[25] 张来平，张涵信，等. 混合网格技术在三维黏性绕流计算中的应用. 第三届海峡两岸 CFD 研讨会论文集，2001.

[26] 张来平，呙超，杨永健，等. 一种求解黏性绕流的三棱柱/非结构/直角坐标混合网格技术. 第十届高超声速气动力 (热) 学术交流会，1999.

[27] Grove D V, Wang Z J.Computational fluid dynamics study of turbulance modeling for an ogive using cobalt flow solver and a 2^N tree-based Cartesian grid generator. AIAA paper, 2005-1042, 2005.

[28] Voorhies D. Triangle-cube Intersection in Graphics Gems III. Academic Press, 1992.

[29] 肖涵山. 自适应笛卡儿网格在三维复杂外形流场及机弹分离数值模拟中的应用. 绵阳：中国空气动力研究与发展中心，2003.

[30] Peskin C S. Flow patterns around heart valves: A digital computer method for solving the equations ofmotion. Albert Einstein Coll. Med., Univ. Microfilms, 1972, 378: 72-30.

[31] Roma A M, Peskin C S, Berger M J. An adaptive version of the immersed boundary method. Journal of Computational Physics, 1999, 153: 509-534.

[32] Aftosmis M J, Berger M J, Melton J E. Adaptive Cartesian mesh generation//Thompson J F, Soni B K, Weatherill N P. Handbook of Grid Generation. Boca Raton: CPC Press, 1998.

[33] Lohner R, Luo H, Baum J D. Selective edge removal for unstructured grids with Cartesian cores. Journal of Computational Physics, 2005, 206: 208-226.

第 10 章　混合网格生成方法

10.1　引　　言

正如前述，各种网格技术均有各自的优势。结构网格拓扑简单，计算效率高，但是对于复杂外形，人工操作费时费力，在外形极端复杂的情况下，会出现网格扭曲的现象。非结构网格具有优越的几何灵活性，且容易实现网格自适应，但是对于复杂外形的黏性流模拟，在物面附近需要采用各向异性的四面体网格，其计算精度有限，计算效率亦有待提高。因此，综合二者的优势，发展结构/非结构混合网格技术是一种自然的选择，其代表了网格技术的发展趋势[1]。

理论上讲，在计算方法能够适应的前提下任意类型的多边形 (二维)/多面体 (三维) 均可作为计算网格。但是，一般而言，我们通常采用基本单元构成混合网格，即二维的三角形和四边形，以及三维的四面体、三棱柱、金字塔和六面体等。根据所模拟问题的不同，可以采用各种混合网格策略。

对于无黏流的计算，可以采用 Cartesian/四面体混合网格[2,3]。根据外形特点，亦可以采用贴体的结构网格和局部的非结构网格的混合策略[4]，如某些导弹，头部一般采用球锥柱外形，仅在控制舵附近相对复杂，则可以在控制舵附近采用四面体网格。再如，对于多段翼外形，则可以采用分部件的贴体结构网格，在块与块之间采用非结构网格过渡，即所谓的“拉链”(zipper) 网格[5] 或“龙”(DRAGON) 网格[6]。

对于黏性流的计算，可以采用三棱柱/四面体/Cartesian 混合网格[7−10]，或者直接用三棱柱/四面体混合网格[11−13]。在使用三棱柱/四面体/Cartesian 混合网格时，有时为了网格过渡的光滑，亦可在局部采用金字塔单元。当然，前述的 zipper 网格和 DRAGON 网格亦是可选的方案。另外一种可行的方案是从表面网格开始即采用三角形/四边形混合网格，然后层推进生成空间网格，并与外场的四面体网格混合；或者直接采用非结构化的四边形 (二维) 和六面体 (三维) 网格[14−16]。总之，混合网格的目的是充分发挥各种类型网格的优势，只要网格的正交性和光滑性能够满足计算要求，混合策略可以任意选择。

10.2 混合网格生成方法概述

本节以 Cartesian/四面体混合网格生成方法为例，介绍混合网格的生成过程。Cartesian 网格由八叉树方法生成；而非结构四面体网格由阵面推进法生成。具体的网格生成过程如下：

(1) 复杂外形的定义与描述 (详见第 16 章)。

(2) 建立矩形结构背景网格 (详见 7.2 节)。

(3) 表面三角形网格自动生成 (详见第 16 章)。

(4) 按全场最大的网格步长，用矩形网格覆盖全流场，并建立树状层次数据结构。

(5) 按背景网格步长控制参数的要求不断细分各矩形网格，直到网格分布达到所需要的步长分布。

(6) 删除物面附近的矩形网格 (一般两三层即可)，构成包含物体的“洞”，并将洞边界 (由矩形组成) 划分为三角形，由洞边界和物面网格组成封闭的初始“阵面”。

(7) 阵面推进自动生成“洞”内的非结构网格，随即进行非结构网格的优化。

(8) 非结构网格与 Cartesian 网格的融合，构成 Cartesian/四面体混合网格。

与非结构网格的生成过程相比较，可以看出，混合网格的生成过程仅在非结构网格生成的基础上增加了 Cartesian 网格生成部分 (第 (4)~(6) 步)。

对于复杂外形的黏性绕流，为了较好地模拟黏性边界层，需要在物面的法线方向分布足够密的网格。如果仍采用四面体网格，在网格数量受计算机条件限制的情况下，势必要求物面附近的四面体具有较大的拉伸比。高拉伸比的四面体网格畸变对计算的精度有较大的影响。为此，可在边界层内采用有一定压缩比的三棱柱网格，即所谓的“半结构”网格。这样一方面可以发挥三角形网格的优点，模拟真实的复杂几何外形；另一方面又可以满足黏性计算的要求。

黏性混合网格的生成过程大体与无黏混合网格的生成过程相同，只是在无黏混合网格生成的第 (3) 步和第 (4) 步之间插入三棱柱网格生成步。三棱柱网格一般由“层推进”方法 (advancing-layers method)[11,12] 生成，也可以用求解双曲型方程[17−19] 的方法生成。对于任意复杂外形，要得到合适的三棱柱网格，“层推进”必须满足以下要求：①确定适当的推进步长以保证黏性网格层的光滑度，并能做到与外部的四面体网格光滑过渡；②确定适当的推进方向以保证“层推进”过程中网格不相交；③各网格层内的网格分布应尽可能光滑。

10.3　层推进方法

10.3.1　几何层推进

层推进法主要是由 Pizadeh[11] 和 Kallinderis 等[12] 在 20 世纪 90 年代中期发展出来的一种网格生成方法，在最近一二十年得到了极大发展。层推进法的基本思路是：在确定了物面网格后，通过递归的“层”的思想，在每一网格层的网格顶点上确定推进方向和推进距离，向计算域内推进生成网格。该方法主要包括几个方面：推进方向的确定、推进距离的确定以及提高算法鲁棒性的光滑措施。

在层推进开始前，需要构造一个初始阵面，并用链表来存储阵面信息 (详见 6.3.1 节)。这里的链表指的是一种由头指针 (链表的首地址)、数据节点和前后指针 (指向节点的前后存储地址) 构成的数据结构。首先建立一个空的链表 (只有头指针)，然后依次将物面单元、其他边界单元压入到链表中构成初始阵面。在以后的阵面推进过程中，将依次从链表里取出单元以推进，并在推进过程中随时删除上一层的单元，并将新生成的单元压入链表中。

1) 确定推进方向

层推进法中，一个关键技术是确定推进的方向。以二维情况为例，在物面离散之后，将物面视为第 0 层，阵面上每个点的推进方向取为相邻面法向的平均值。如图 10.1 所示为二维时某一阵面上网格的面法向示意图，连接两个网格顶点的面法向可以直接求出。在确定好了面法向后，可以通过平均网格点周围的面法向得到每个网格点的推进方向：

$$\boldsymbol{n}_p = \frac{1}{N_f}\sum_{i=1}^{N_f}\boldsymbol{n}_i \tag{10.1}$$

式中，$\boldsymbol{n}_p$ 表示的是网格点的推进方向，N_f 为点 p 相邻的面总数，$\boldsymbol{n}_i$ 表示第 i 个面的法向。

如图 10.2 所示，通过上述方法得到每个网格点的推进方向。这种方法对于一般外形可以满足需求，但是对有“凹”角的外形，在“凹”角处容易导致网格相交，如图 10.3 所示。为了解决网格相交问题，可以采用 Laplacian 光滑法对推进方向进行一定次数的迭代光滑：

$$\boldsymbol{n}_p^{t+1} = (1-\omega)\boldsymbol{n}_p^t + \omega\frac{1}{N_p}\sum_{i=1}^{N_p}\boldsymbol{n}_i \tag{10.2}$$

式中，t 表示第 t 次迭代 (光滑)；ω 表示加权系数；N_p 表示点 p 相邻的网格点总数，在二维时等于 2，三维时一般大于 2。这里，ω 一般取值为 [0,1]，取值为 0 代表不光滑，取值为 1 表示完全光滑。图 10.4 表示的是在经过几次光滑后的推进方向，与光滑之前的推进方向相比，很明显在平缓处的网格推进方向受到了变化剧烈处的网格变化压力，产生一定的方向改变。

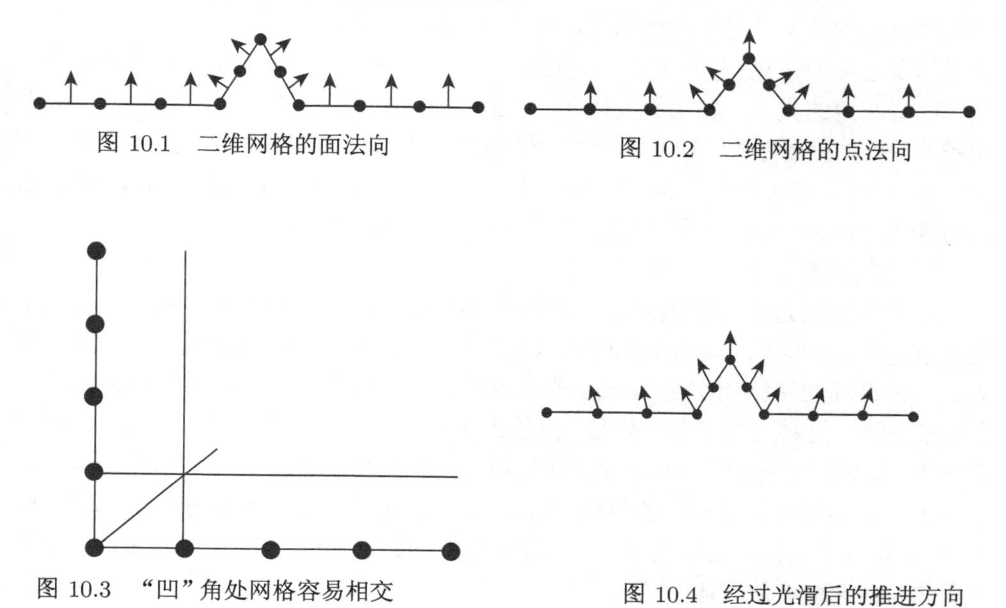

图 10.1 二维网格的面法向

图 10.2 二维网格的点法向

图 10.3 "凹"角处网格容易相交

图 10.4 经过光滑后的推进方向

2) 确定推进距离

层推进法的原理是通过在已知阵面的基础上在空间中插入网格点，因此在确定了推进方向后，需要确定在每个网格点上推进的距离。推进距离的确定最常用的方法是通过指数增长的方式：

$$\delta_l = \delta_0(1+\beta)^{l-1} \tag{10.3}$$

式中，δ_0 和 δ_l 分别表示第 0 层和第 l 层的推进距离，β 表示空间的网格步长增长率。

在当前层的推进方向和推进距离都确定以后，即可在空间中插入新点。对于每个新插入的网格点有

$$\boldsymbol{r}^{l+1} = \boldsymbol{r}^l + \boldsymbol{n}^p\delta^{l+1} \tag{10.4}$$

式中，$\boldsymbol{r}^l$ 和 $\boldsymbol{r}^{l+1}$ 分别是当前层 (第 l 层) 和下一层 (第 $l+1$ 层) 的坐标，$\boldsymbol{n}^p$ 和 δ^{l+1} 分别表示当前层上点 p 处的推进方向和推进距离。由此可以通过在链表中取出第 l 层上的网格点，通过 (10.4) 式得到下一层的网格点坐标。在新一层的网格点得到之后，在链表中删除第 l 层的阵面，并将第 $l+1$ 层压入到链表中。

递归上述过程，可以完成黏性层网格的生成工作。这个过程对于一般外形而言没有困难，但是对于三维复杂外形，在几何曲率变化剧烈处 (尤其是凹角处) 可能导致网格相交。为了避免网格相交，需要引入高效的网格相交判断，并需要光滑措施以尽量避免网格相交。一种可行的改进方法是在凹角处 (图 10.3)，令推进距离放大，根据凹角的大小，确定放大因子，一般取在 90° 凹角时的放大因子为 $\sqrt{2}$，凹角越小，放大因子越大。而在凸角处，缩小推进距离，一般取在 90° 凸角处的缩放因子为 $1/\sqrt{2}$。这个过程类似于“吹气球”，在层推进过程中不断减缓曲率的突变，尽可能光滑网格分布。关于推进步长的优化，请参见 12.4.4 节。

3) 网格相交判断

在网格生成过程中需要基于已有的网格层在空间插入新的网格点，在插入新网格点之前，需要判断即将生成的新网格和已存在的旧网格是否相交，即相交性判断。一种直观的网格相交性判断方式是将新生成的网格和已存在的旧网格逐个进行相交判断。这种方式直观、简易，但是由于搜索需要耗费很大的工作量，因此效率低下，如果用这种相交判断方式，往往要耗费掉网格生成中 10%～ 30%的时间。

为了提高网格相交判断的效率，Pizadeh 等发展了一种高效的判断方式，即“弹簧法”，具体方法参考文献 [11]。关于相交判断，读者还可以参见 7.4 节和 7.5 节的有关内容，这里不再赘述。

10.3.2 求解双曲型方程方法

生成黏性层网格的另一个方法是通过数值方法，即通过求解偏微分方程组的形式生成网格。其基本思想是：将网格的几何特征，如正交性、单元体积等用偏导数的方式表示出来，而这些偏导数根据一定的几何含义可以构造出一组偏微分方程组，将计算域内的网格点看成偏微分方程的解，计算域的边界即是微分方程组的边界条件，通过求解偏微分方程组的形式求解出网格点在空间中的坐标，从而达到生成网格的目的。

在利用数值方法生成网格中，根据对几何特征的描述不同可以构造出三类控制方程：椭圆型方程、抛物型方程和双曲型方程。椭圆型方程和抛物型方程适用于已知所有或部分边界条件的情况下生成计算域网格，而求解双曲型方程生成网格是在已知物面边界条件的基础上生成网格。黏性层网格的生成是由物面出发逐层生成网格，这和双型线方程生成网格的特性相符合，因此可用求解双曲型方程的方法来生成黏性层的网格。下面将从双曲控制方程的构造、离散和求解的方面予以介绍。

1980 年，在 Steger 和 Chaussee[17] 的文章中首次提出了通过求解双曲型方程的方法生成网格的方法，并于其后在 Tai 等[18]、Chan[19]的推动下得到迅速发展，Matsuno 等随后将之推广到生成黏性层的三棱柱网格[20]。以下以二维问题为例推导网格生成的双曲型方程，并简要介绍离散求解方法。

根据网格的正交控制和网格单元的体积控制的要求，得到二维情况下的控制方程。考虑二维情况下从物理平面 (x,y) 到计算平面 (ξ,η) 的一一映射，ξ是贴体方向，η 是和ξ垂直的推进方向。由于双曲型方程只需要一个初始边界条件，首先在物体表面给定网格点分布以作为方程的边界条件 (即η=0 时的 x,y 值)，然后沿着η方向推进以生成网格。物理平面和计算平面的对应关系如图 10.5 所示。

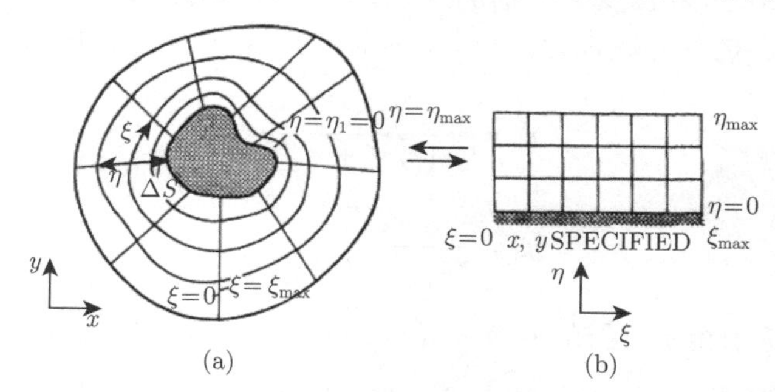

图 10.5　网格生成控制方程的物理域 (a)、计算域 (b) 对应关系

网格生成的双曲型控制方程是

$$\begin{aligned} x_\xi x_\eta + y_\xi y_\eta &= 0 \\ x_\xi y_\eta - y_\xi x_\eta &= 1/J = V \end{aligned} \tag{10.5}$$

其中，J 表示雅可比矩阵 $\partial(\xi,\eta)/\partial(x,y)$，$V$ 表示单元的面积 (二维) 或体积 (三维)。(10.5) 式的第一式是由网格的正交性控制得到，第二式是由网格的体积控制得到。

(10.5) 式在经过局部线化后得到

$$\boldsymbol{A}\boldsymbol{r}_\xi + \boldsymbol{B}\boldsymbol{r}_\eta = \boldsymbol{f} \tag{10.6}$$

其中，$\boldsymbol{r} = (x,y)^{\mathrm{T}}$ 代表坐标矢量，并且

$$\boldsymbol{A} = \begin{bmatrix} x_\eta^0 & y_\eta^0 \\ y_\eta^0 & -x_\eta^0 \end{bmatrix}, \quad \boldsymbol{B} = \begin{bmatrix} x_\xi^0 & y_\xi^0 \\ -y_\xi^0 & x_\xi^0 \end{bmatrix}, \quad \boldsymbol{f} = \begin{bmatrix} 0 \\ V + V^0 \end{bmatrix} \tag{10.7}$$

式中，上标“0”表示是由上一层得到的已知量。方程 (10.6) 两边同时乘以 $\boldsymbol{B}^{-1}$ 后得到

$$\boldsymbol{r}_\eta + \boldsymbol{C}\boldsymbol{r}_\xi = \boldsymbol{S} \tag{10.8}$$

其中，$\boldsymbol{C} = \boldsymbol{B}^{-1}\boldsymbol{A}, \boldsymbol{S} = \boldsymbol{B}^{-1}\boldsymbol{f}$。将 (10.7) 式写为守恒形式：

$$\boldsymbol{r}_\eta + \boldsymbol{F}_\xi = \boldsymbol{S} \tag{10.9}$$

通过上述变换，得到一组双曲型控制方程的守恒形式，每一层都满足该方程，其初值条件是上一层的网格坐标。接下来的工作就是通过求解 (10.9) 式求得下一层的网格点坐标。在ξ方向取中心差分得到

$$\boldsymbol{r}_\xi^0=\frac{\boldsymbol{r}_{j+1,k}-\boldsymbol{r}_{j-1,k}}{2\Delta\xi}=\frac{\boldsymbol{r}_{j+1,k}-\boldsymbol{r}_{j-1,k}}{2} \tag{10.10}$$

通过 (10.10) 式离散ξ方向，而η方向的空间离散通过求解方程组 (10.5) 得到，在方程组中将对ξ的偏导数视为已知量，而对η的偏导数视为未知量，有

$$\begin{aligned}x_\eta^0&=-\frac{y_\xi^0V^0}{(x_\xi^0)^2+(y_\xi^0)^2}\\y_\eta^0&=\frac{x_\xi^0V^0}{(x_\xi^0)^2+(y_\xi^0)^2}\end{aligned} \tag{10.11}$$

通过上述过程可求得上一层的所有偏导数，接下来用通量差分分裂格式离散双曲型方程 (10.9)：

$$\begin{aligned}\boldsymbol{F}(\boldsymbol{r}_1,\boldsymbol{r}_2)&=\frac{1}{2}[\boldsymbol{F}(\boldsymbol{r}_1)+\boldsymbol{F}(\boldsymbol{r}_2)]-\frac{1}{2}|\boldsymbol{C}|(\boldsymbol{r}_2-\boldsymbol{r}_1)\\\boldsymbol{F}_\xi&=\frac{1}{2}(\boldsymbol{C}\boldsymbol{r}_{i+1}+\boldsymbol{C}\boldsymbol{r}_i)-\frac{1}{2}|\boldsymbol{C}|_{i+1/2}(\boldsymbol{r}_{i+1}-\boldsymbol{r}_i)\\&\quad-\left[\frac{1}{2}(\boldsymbol{C}\boldsymbol{r}_{i-1}+\boldsymbol{C}\boldsymbol{r}_i)-\frac{1}{2}|\boldsymbol{C}|_{i-1/2}(\boldsymbol{r}_i-\boldsymbol{r}_{i-1})\right]\end{aligned} \tag{10.12}$$

式中，$|\boldsymbol{C}|=\lambda_i\boldsymbol{I}$，$\lambda_i$ 是矩阵 $\boldsymbol{C}$ 的正特征值。同时，在推进方向η采用后差离散：

$$\boldsymbol{r}_\eta=\boldsymbol{r}_i-\boldsymbol{r}_{i-1} \tag{10.13}$$

将 (10.12) 式、(10.13) 式代入 (10.9) 式得到最后的离散形式：

$$-\frac{1}{2}\boldsymbol{C}\boldsymbol{r}_{i-1}^{n+1}+\boldsymbol{r}_i^{n+1}+\frac{1}{2}\boldsymbol{C}\boldsymbol{r}_{i+1}^{n+1}=\boldsymbol{S}_i^{n+1}+\boldsymbol{r}_i^n+\frac{\lambda_i}{2}[\boldsymbol{r}_{i-1}^n-2\boldsymbol{r}_i^n+\boldsymbol{r}_{i+1}^n] \tag{10.14}$$

方程 (10.14) 是一个块三对角矩阵，可以用追赶法求解。通过在每一层上用上一层的网格点坐标作为初始条件求解方程 (10.14)，逐层求出每一层的网格点坐标，上述方法是一个由物面开始逐渐向计算域推进的过程，和几何层推进法有类似之处。

以下给出利用数值方法生成的一些典型二维外形的网格，图 10.6 所示是为了体现数值方法的鲁棒性而特意构造的一些有较多凸凹角的外形。和层推进法生成的黏性层网格相比，数值方法对复杂几何的适应性更强，生成的网格质量高，即使在几何变化剧烈的地方，生成出来的网格正交性也很好。

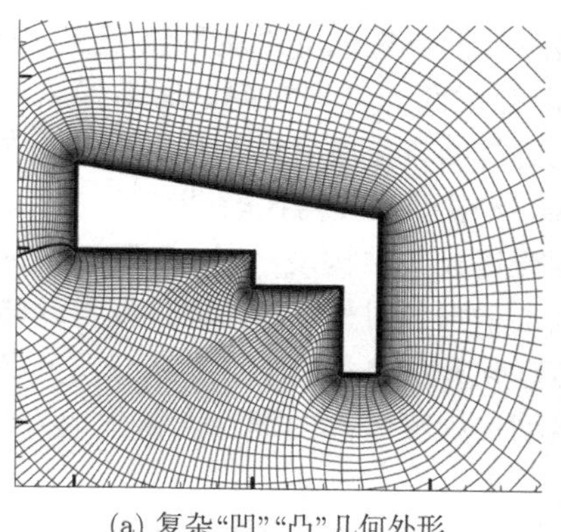

(a) 复杂"凹""凸"几何外形

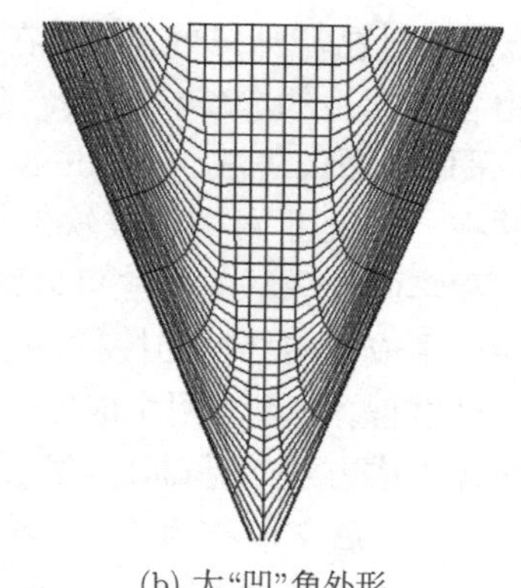

(b) 大"凹"角外形

图 10.6 数值方法生成二维复杂几何外形网格

然而，令人遗憾的是，该方法仍受到双曲类偏微分方程固有特性的限制：对于双曲型方程，初始边界上的信息会沿着特征线向计算域传播。将物面网格视为初始条件，将空间网格点视为计算域，则在物面外形有棱角、凹凸等间断信息时，网格生成过程中这些间断信息将传播到整个网格计算域，常常导致失稳而使网格生成失败。尽管可以通过增大黏性耗散等手段尽量克服这一问题，实际中仍然需要很多人工经验的干预，不利于网格生成的自动化。

值得庆幸的是，我们完全可以结合数值方法和几何层推进法各自的优缺点来生成网格：求解双曲型方程的数值方法的鲁棒性不如层推进法，但是在物面附近生成的网格质量较好，并且在外形变化剧烈的物面附近不容易相交；几何层推进法生成的网格质量不如层推进法，但是鲁棒性较好。如果将二者结合，即在物面附近首先用数值方法生成若干层网格，之后用层推进法生成，则可以既提高方法的鲁棒性又提高网格质量。

10.4 基于各向异性四面体网格聚合的三棱柱网格生成方法

对于实际的复杂外形 (如带弹战斗机和大型运输机)，要生成结构网格是非常困难的，即使对于有着丰富经验的网格生成技术人员，也需要花费较长的时间。混合网格因为只需要在边界层内保持结构/半结构性质，而在外场用非结构网格填充，相比结构网格而言，大大降低了难度。但是，生成复杂外形的混合网格也绝非易事，往往需要人为地在空间中添加很多辅助线/面，在生成过程中还可能遇到网格相交的情况，这些困难极大地降低了生成混合网格的自动化程度。

众所周知，生成"纯"非结构网格自动化程度相对较高，对复杂外形适应性强。最初的非结构网格是各向同性的四面体网格，主要用于无黏流计算。随着 CFD 的发展，为满足黏流计算的需要，在黏性层内用各向异性的非结构网格填充，而在外场采用各向同性的非结构网格。在生成各向异性四面体网格时，通常采用层推进法，而采用阵面推进法、Delaunay 方法及二者的结合生成各向同性四面体网格。这些方法在一些商业网格生成软件 (如 Gridgen) 中已发展得比较成熟。通过观察层推进法和阵面推进法的算法可以发现，二者在生成非结构网格时，实际上是尽量在黏性层内生成各向异性的棱柱，在棱柱生成不下去的时候，层推进过程自动转换为阵面推进过程。作者利用生成非结构网格自动化程度高的特点，在充分研究各向异性四面体生成方法的基础上，发展了一种自动化程度较高的混合网格生成方法。为了叙述方便，后文简称为“聚合法”[13]。

聚合法的基本思想是：在整个计算域填充了各向异性四面体网格和各向同性的四面体网格后，将黏性层内的各向异性四面体网格聚合为三棱柱网格，而外场的各向同性四面体网格保持不变。聚合法生成混合网格主要包括三个方面：聚合四面体单元、聚合面以及边界条件处理。

10.4.1 聚合四面体单元

聚合四面体单元是整个算法的核心部分，其原理是充分利用层推进法生成各向异性四面体算法的特点，将三个各向异性四面体单元聚合为一个三棱柱。聚合方法直接影响到聚合后的网格质量，具体包括几个步骤：

首先，提取单元的面几何特征。对初始四面体网格，计算每个四面体的所有表面 (三角形) 的面积，并找出每个单元的面积最大面、次大面和最小面。

然后，根据四面体单元面的几何特征判断是否聚合，具体算法如下：

(1) 根据单元的最小面和最大面面积之比 (单元特征系数) 确定单元性质。

$$\alpha = \frac{S_{\min}}{S_{\max}} \tag{10.15}$$

若 $\alpha < \alpha_{\text{cr}}$，则该单元为各向异性，否则为各向同性。这里，$S_{\min}$ 和 $S_{\max}$ 分别表示最小面面积和最大面面积。α_{cr} 是一经验参数，实践表明，α_{cr} 一般取值小于 0.4，α_{cr} 取值越大则三棱柱层数越多，反之则边界层网格和无黏区域网格过渡越光滑。

(2) 第一次聚合。遍历初始网格的所有面，设面 Face 两侧的单元分别为 $C1$ 和 $C2$，若 Face 是 $C1$ 或者 $C2$ 的最大面，并且 $C1$ 或者 $C2$ 是各向异性网格，则将这两个网格聚合为一个粗网格 CC。定义每个粗网格里含有的子单元为粗网格聚合率，则 CC 的聚合率为 2。

(3) 第二次聚合。遍历初始网格的所有面，找出其两侧单元，若面 Face 两侧单元中有一个 $C1$ 已被聚合而另一个 $C2$ 尚未聚合，其中 $C1$ 所在粗网格为 CC，Face 是 $C1$ 或 $C2$ 的最大面，$C1$ 或 $C2$ 是各向异性单元，并且 CC 的聚合率小于 3，则将 $C2$ 聚合到 CC，CC 聚合率加 1。

(4) 第三次聚合。遍历每个尚未聚合的各向异性单元 $C1$，找出其最大面以及最大面另一侧单元 $C2$，和 $C2$ 所对应的粗网格为 CC。若 CC 的聚合率小于等于 3，则将 $C1$ 聚合到 CC。

(5) 遍历所有初始四面体单元 Cell，若 Cell 尚未被聚合，则将之单独聚合为一个粗网格。

聚合过程如图 10.7 所示。第一次聚合和第二次聚合的主要目的是将三个四面体单元聚合为一个三棱柱单元。但是对于外形变化剧烈的局部区域，网格几何特征可能不明显，有可能使其不能被聚合而成为孤立单元。如果放任之，则该单元和周围单元的体积比约为 $1:3$，网格过渡不光滑。为了避免单元间不光滑过渡，第三次聚合将孤立单元聚合到周围的粗网格，使之和周围单元体积比约为 $4:3$，从而使得网格光滑过渡。

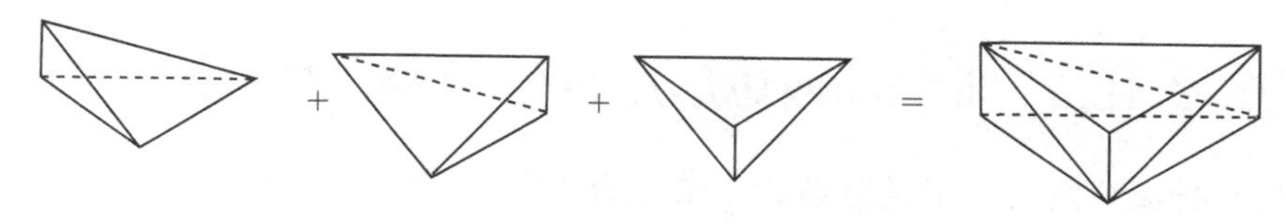

图 10.7　四面体单元聚合过程

10.4.2　聚合面

初始网格在经过聚合后形成的“三棱柱”侧面还是两个三角形。为了减少存储开销和计算量，需要将每个侧面的两个三角形合并为一个四边形，如图 10.8 所示。聚合面的关键在于判断哪些面需要聚合为一个面。可以通过以下准则来判断：

(1) 两个面的左、右单元编号分别相等或交叉相等。

(2) 两个面的外法线 $\boldsymbol{n}_1$，$\boldsymbol{n}_2$ 满足下列条件：

$$\left|1.0-\frac{\boldsymbol{n}_1\cdot\boldsymbol{n}_2}{|\boldsymbol{n}_1||\boldsymbol{n}_2|}\right|<\beta \tag{10.16}$$

式中，β 是一个角度容忍度，一般取为 0.001。当上述两个条件同时满足时，两个面可以合并。值得注意的是，在合并边界面时，只有边界类型相同的两个面才能合并，如对称面，否则会破坏几何外形和边界条件。

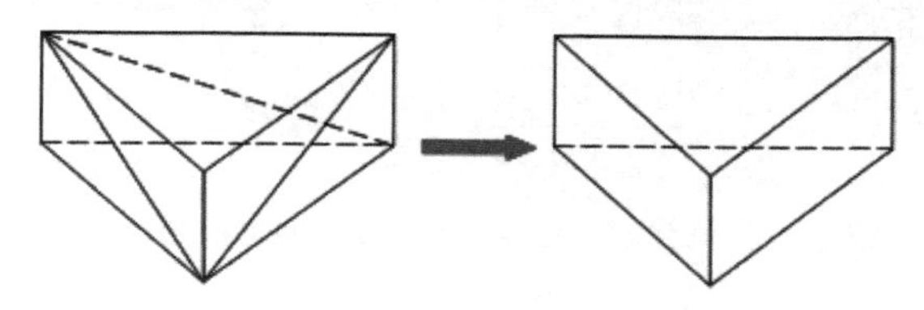

图 10.8　三棱柱的侧面聚合过程

在边界面聚合时，要同时处理边界条件的设置。边界条件的处理比较简单，将初始网格的边界条件类型直接赋予聚合后的粗网格即可。在处理好边界条件后就可以直接输出网格并进行计算。

聚合法生成混合网格具有以下特点：

(1) 自动化程度高。空间网格可以实现全自动化生成，无需人为干预。

(2) 边界层网格质量好。传统的方法生成三棱柱网格时，为了避免网格相交，通常需要在生成棱柱网格时进行推进方向的优化，导致推进方向和物面法向产生偏离。而聚合法生成网格时，可以保证边界层内的绝大部分三棱柱网格的侧面和物面垂直，从而尽可能适应物理特征的需求。

(3) 网格过渡光滑。通过控制参数 α_{cr}，使得在三棱柱网格和各向同性四面体网格之间填充各向异性四面体，从而光滑过渡。

10.5　非结构四边形/六面体网格生成方法

另一种混合网格技术是所谓的非结构四边形/六面体混合网格方法[14−16]。其基本思想与分块对接结构网格方法一致，只不过其可以将“块”的含义拓展至“单元”(图 10.9)，其每一个单元可以视为一个独立的“块”，由此提高了结构化网格的灵活性。图 10.10 给出了耦合自适应技术生成的翼型和机翼的四边形/六面体网格。

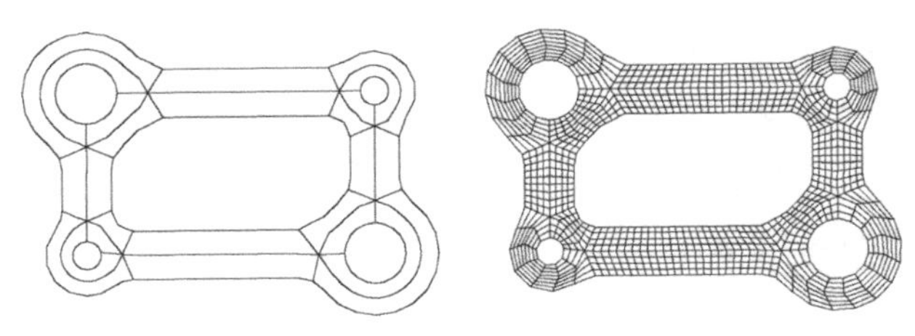

图 10.9　非结构四边形网格示意图

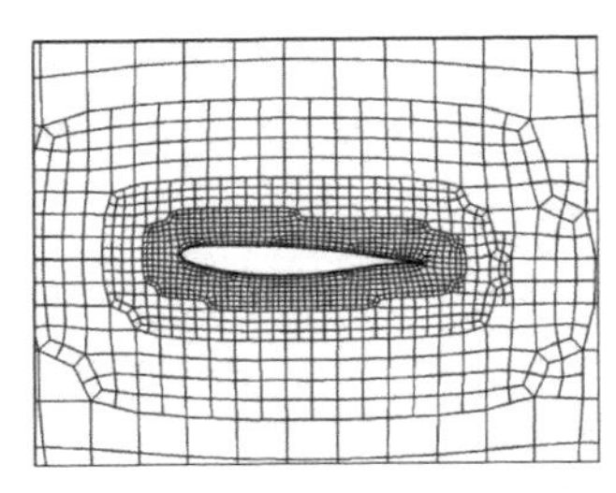

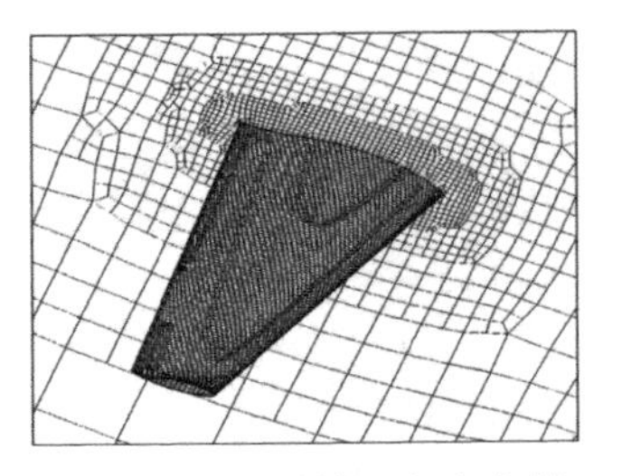

图 10.10　绕翼型和机翼的非结构四边形/六面体网格 (取自文献 [15])

10.6 混合网格生成实例

为了说明混合网格对复杂外形的适应能力，本节给出了多种二维/三维构型的无黏流/黏性流混合网格生成实例。

10.6.1 二维混合网格生成实例

对于二维外形，首先生成了绕 NACA0012 翼型的四边形/三角形混合网格。图 10.11 显示了网格生成的结果，其中图 10.11(b) 和图 10.11(c) 分别显示了其前缘和尾缘的局部放大网格，可见无论在平滑区还是在尖缘区，四边形网格的正交性和法向与切向网格的光滑性都比较令人满意，四边形网格与三角形网格的过渡也相当光滑，这无疑对数值计算是非常有利的。图 10.12 显示了绕建筑物群的二维网格，此外形具有许多凹凸拐角，但上述方法仍然生成了较高质量的混合网格。图 10.13 显示了在一弯管内带两个圆柱形障碍物的多体组合外形的混合网格。对于这种多连通的多体复杂组合问题，非结构网格和混合网格具有良好的适应性。图 10.14 给出了绕某三段翼型的混合网格，其中图 10.14(b) 和图 10.14(c) 显示了局部放大的网格；图 10.15 进一步给出了绕某战斗机带外挂物的二维混合网格。对于此类组合体，上述方法均能生成高质量的混合网格。

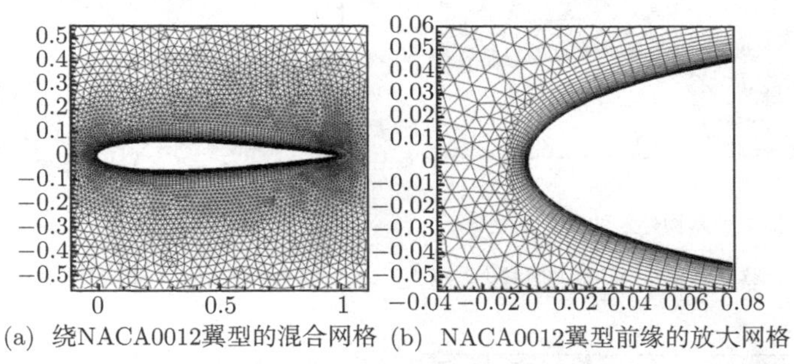

(a) 绕NACA0012翼型的混合网格 (b) NACA0012翼型前缘的放大网格

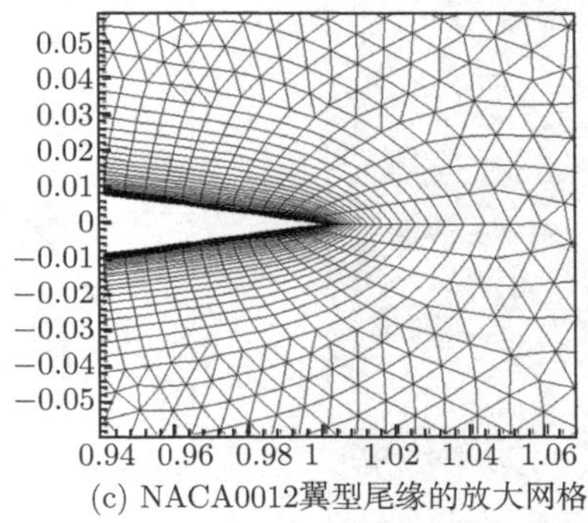

(c) NACA0012翼型尾缘的放大网格

图 10.11 绕 NACA0012 翼型的四边形/三角形混合网格及局部放大图

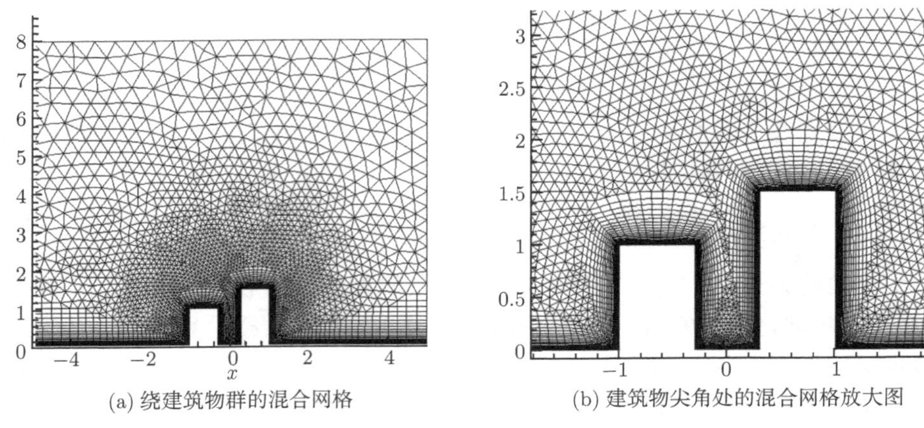

(a) 绕建筑物群的混合网格　　(b) 建筑物尖角处的混合网格放大图

图 10.12　绕建筑物群的四边形/三角形混合网格及局部放大图

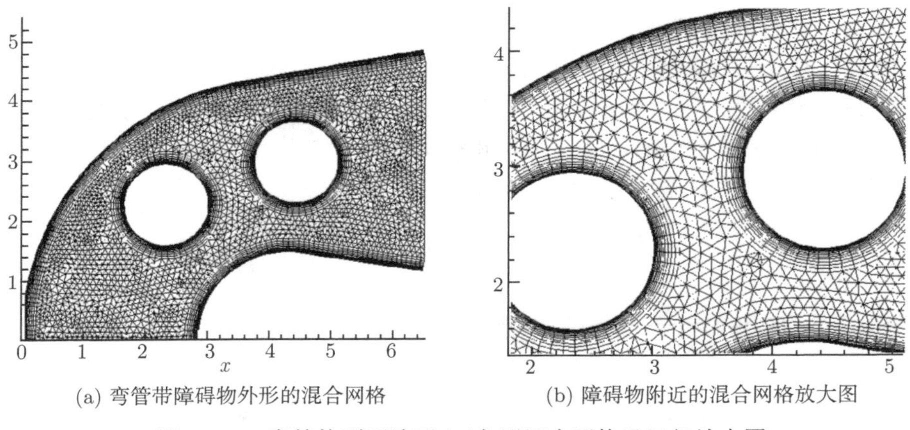

(a) 弯管带障碍物外形的混合网格　　(b) 障碍物附近的混合网格放大图

图 10.13　弯管构型四边形/三角形混合网格及局部放大图

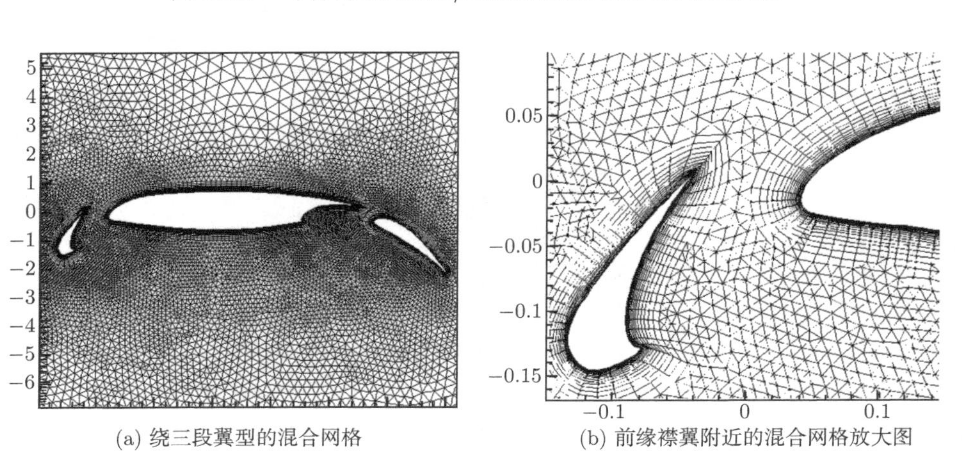

(a) 绕三段翼型的混合网格　　(b) 前缘襟翼附近的混合网格放大图

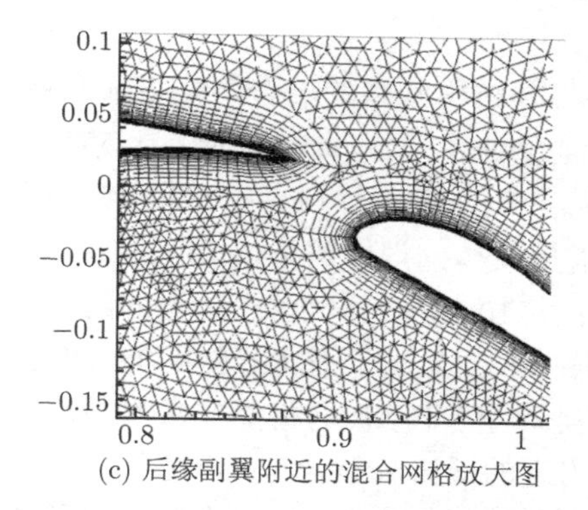

(c) 后缘副翼附近的混合网格放大图

图 10.14 绕三段翼型的四边形/三角形混合网格及局部放大图

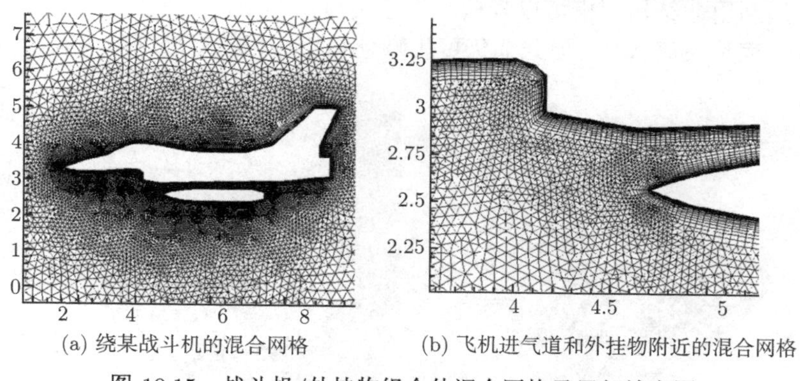

(a) 绕某战斗机的混合网格 (b) 飞机进气道和外挂物附近的混合网格

图 10.15 战斗机/外挂物组合体混合网格及局部放大图

10.6.2 三维无黏流计算混合网格生成实例

作为三维混合网格生成的实例，这里生成了绕翼身组合体、航天飞机的无黏流计算混合网格。图 10.16 为翼身组合体的无黏绕流混合网格。矩形网格由物面附近逐渐向外场稀疏，而在物面附近则由非结构网格来描述和离散复杂外形。图 10.17 为航天飞机的无黏绕流混合网格，采用了同样的网格拓扑结构。

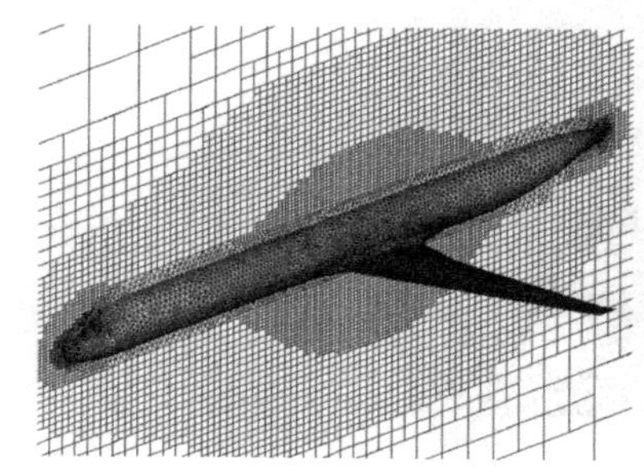

图 10.16 翼身组合体的无黏绕流混合网格

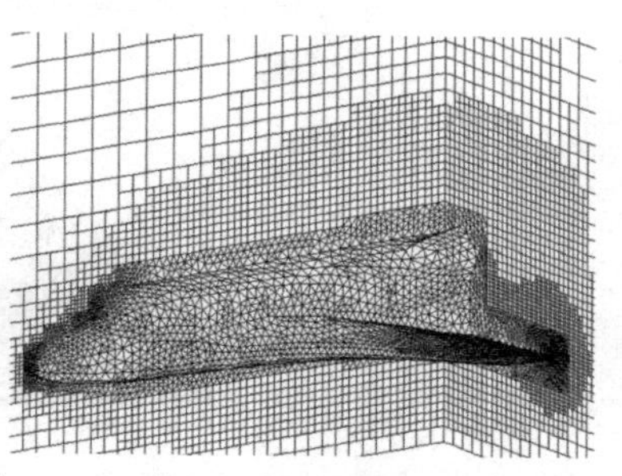

图 10.17 航天飞机的无黏绕流混合网格

作为贴体结构网格与非结构网格的混合网格生成实例，我们生成了某带舵旋成体和某型战术导弹的混合网格。对于此类外形，显然在绝大部分区域采用贴体结构网格是非常合适的，而在气动舵、子弹舱等局部区域采用非结构网格更为灵活方便。图 10.18 显示了带舵旋成体的混合网格，其中图 10.18(a) 为整体网格，可以清楚地看到网格拓扑结构；图 10.18(b) 为气动舵附近的网格，由此可见非结构网格描述复杂外形的优越性。图 10.19 显示了战术导弹的混合网格。该弹在气动舵前还有一个外形相对复杂的整流罩，但非结构网格能非常容易地描述其真实外形，而且在大舵偏的情况下，舵面附近的网格分布合理，避免了结构网格的扭曲。图 10.20 显示了某型子母弹简化构型的网格。在子弹舱中内置四枚子弹，导致弹舱内的外形非常复杂，但利用非结构网格可以轻松地生成高质量的网格；而在外场，尽管在抛壳的过程中，壳片飞离母弹，但我们仍可用贴体结构网格较好地离散外流场。

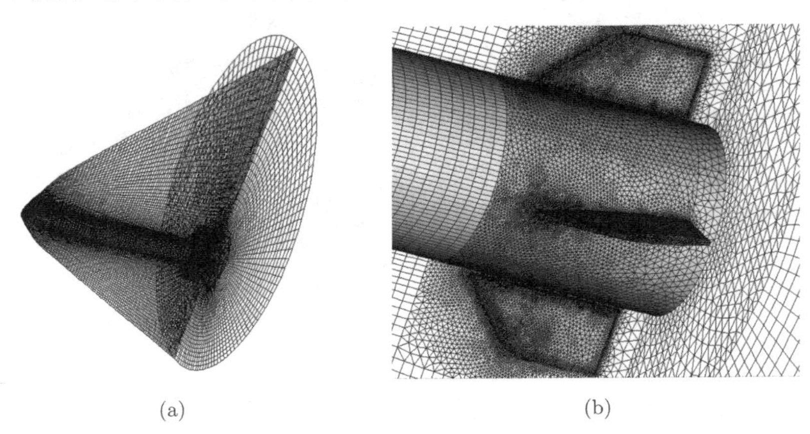

(a) (b)

图 10.18 某型子弹的混合网格 (a) 及局部放大图 (b)

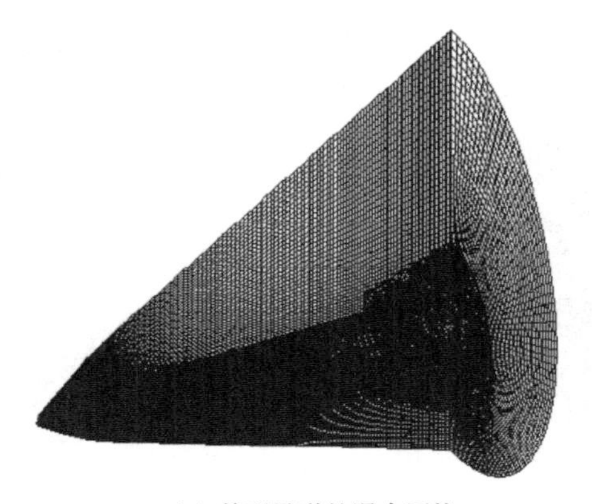

(a) 某型导弹的混合网格

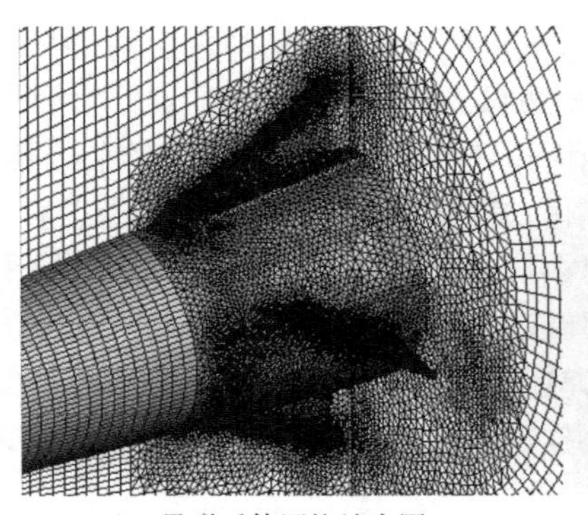

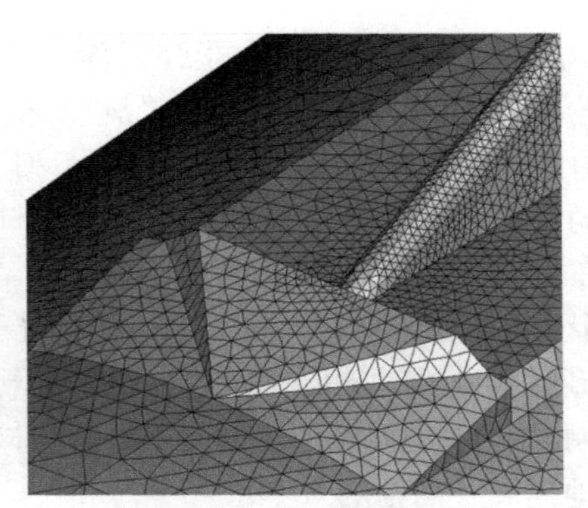

(b) 导弹后体网格放大图　　(c) 导弹整流罩附近的网格放大图

图 10.19　某型导弹的混合网格

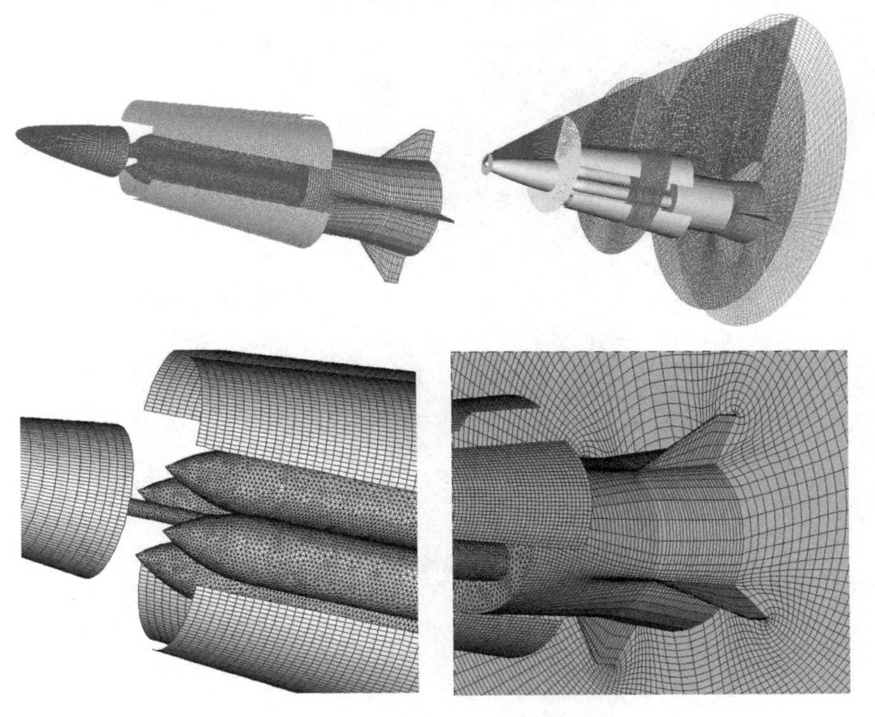

图 10.20　某型子母弹的混合网格 (后附彩图)

子母弹在抛掉壳片后进行子弹发射。发射前，子弹必须从弹舱中弹出，并与母弹安全分离。对于这一问题，也可用混合网格进行网格离散。首先用分块的方法，分别生成母弹外体和弹舱内的贴体结构网格。在母弹的弹舱外缘处，外场的网格与弹舱网格对接。然后利用三角形网格离散多枚子弹的外形，并将子弹置于弹舱内。

通过判断，删除子弹内部和子弹外部一定范围内的网格 (取子弹表面网格平均步长的 2 倍)，由此构成一个封闭的“洞”。将洞边界的网格 (四边形) 划分为两个三角形，由此构成四面体网格的初始阵面，利用阵面推进法生成“洞”内的非结构网格，并进行适当的优化。在子弹分离过程中，由弹道积分得到新的位置和姿态后，利用同样的方法，在子弹周围删除局部的结构网格，并用非结构网格来填充。以下给出几个状态的网格生成实例。图 10.21 为子弹在弹舱内时的网格；图 10.22 为子弹在运动到弹舱外沿时的网格；图 10.23 为子弹在飞出弹舱以后的网格。可以看到，整体的网格质量令人满意，而且局部采用非结构网格，不仅能模拟复杂的外形，而且极大地提高了网格的效率。

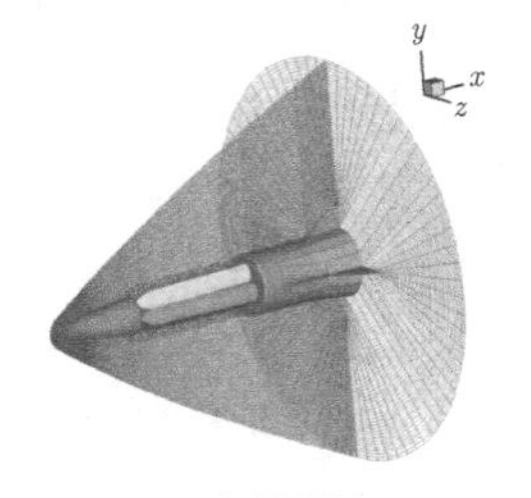

(a) 全局网格

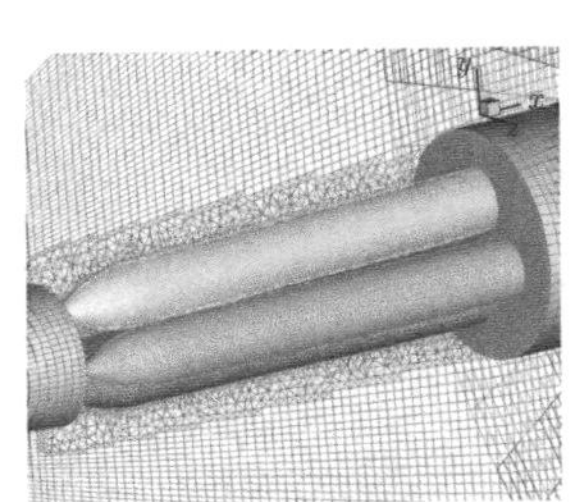

(b) 局部放大网格

图 10.21　子弹在弹舱内时的网格 (后附彩图)

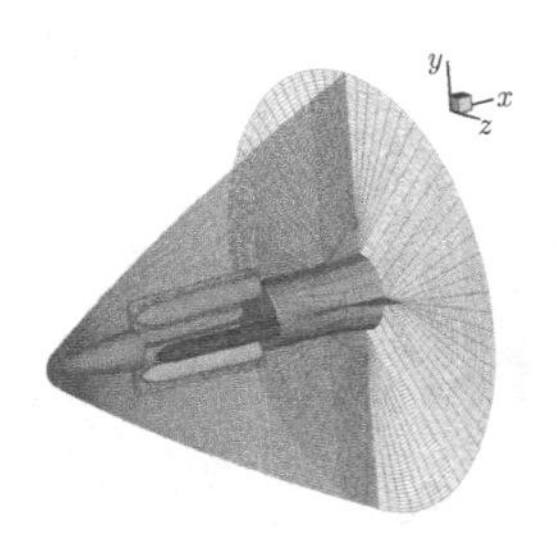

(a) 全局网格

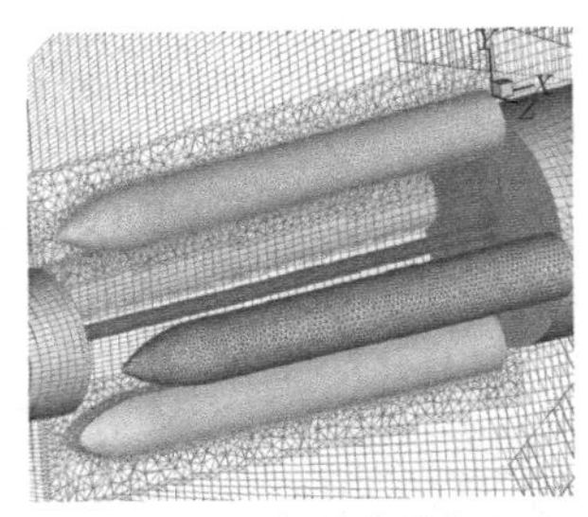

(b) 局部放大网格

图 10.22　子弹在运动到弹舱外沿时的网格 (后附彩图)

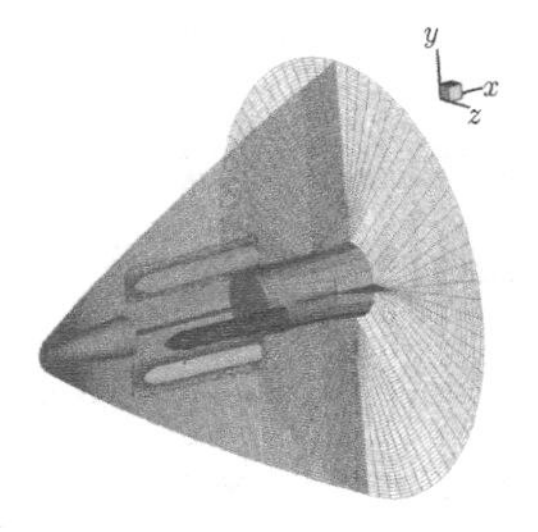

(a) 全局网格

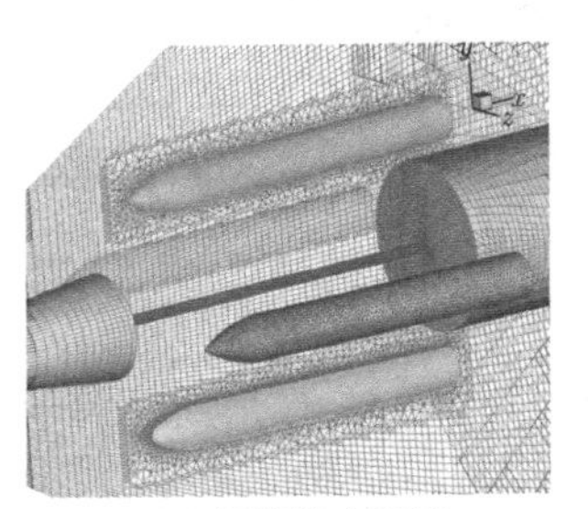

(b) 局部放大网格

图 10.23　子弹在飞出弹舱以后的网格 (后附彩图)

10.6.3 三维简化外形黏性流计算混合网格

本小节给出两个三维简化外形的黏性流计算网格生成实例，其主要目的是展示混合网格的拓扑结构。图 10.24 显示了单个圆球低速绕流模拟的混合网格，在球面附近用三棱柱离散，可以看到网格的法向正交性好，有利于边界层的模拟；而外场用多层次的 Cartesian 网格，可以很方便地在需要加密的区域布置合适的网格；而在 Cartesian 网格和三棱柱网格之间用四面体网格填充。这样可以光滑连接内场和外场的网格，保证全场网格的光滑性。图 10.25 给出了双圆球组合体的混合网格，拓扑结构类似，在尾迹区进行了适当的网格加密，这可以由背景网格参数控制；对于多体问题，混合网格生成与单体没有本质差别，实现相对容易。

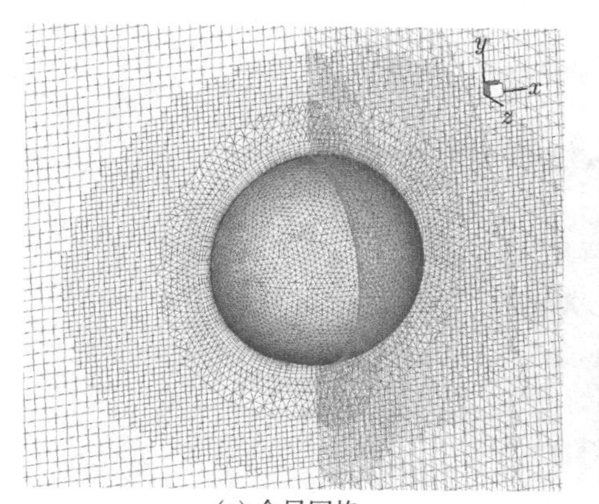

(a) 全局网格

(b) 局部放大网格

图 10.24 圆球黏性绕流混合网格 (后附彩图)

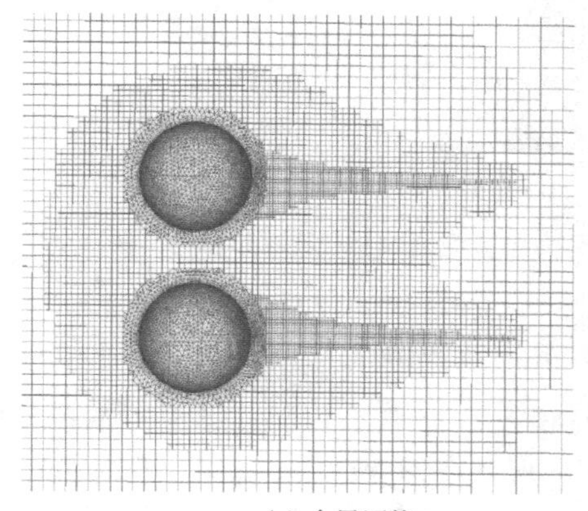

(a) 全局网格

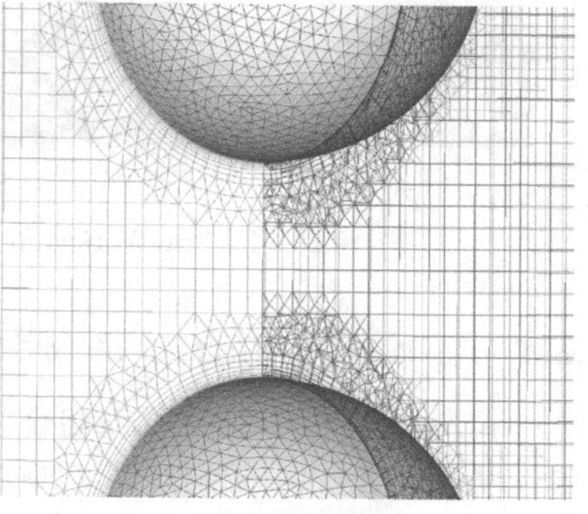

(b) 局部放大网格

图 10.25 双圆球组合体黏性绕流混合网格 (后附彩图)

10.6.4 高升力装置高 *Re* 数湍流模拟混合网格

本小节给出了 AIAA 高升力装置研讨会 (Hi-Lift Workshop) 给出的全展长构型混合网格 (图 10.26)。为了保证高 *Re* 数湍流模拟的网格质量，同时也为了控制整体网格量，我们在表面网格离散时即在一些曲率变化平缓区域采用了四边形网格 (图 10.26(a))，尤其是在机翼前后缘 (图 10.26(b))，采用各向异性的四边形网格可以更好地模拟几何构型。在边界层内，对物面四边形网格采用层推进法生成空间六面体网格；而对于物面三角形网格，利用前述的“聚合法”生成三棱柱网格。在外场，逐步由各向异性四面体网格过渡到各向同性四面体网格。可以看到整体的网格过渡均匀，在边界层内的网格正交性较好，贴体网格与外场网格之间亦光滑过渡。

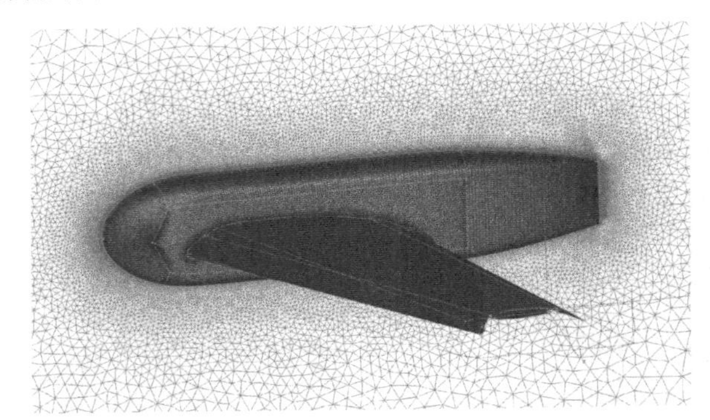

(a) 整体网格分布

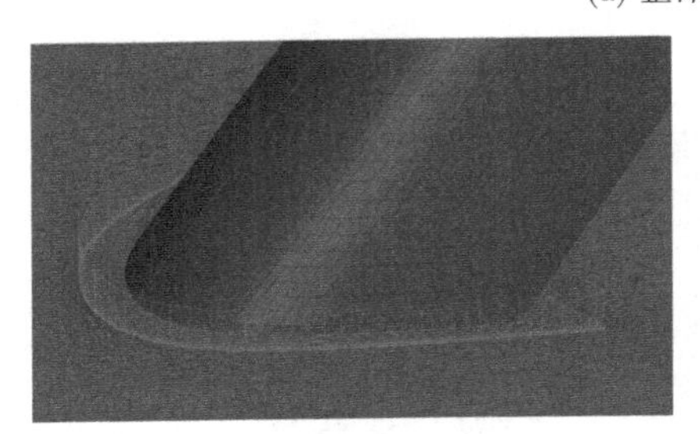

(b) 机翼前缘附近的网格分布放大图

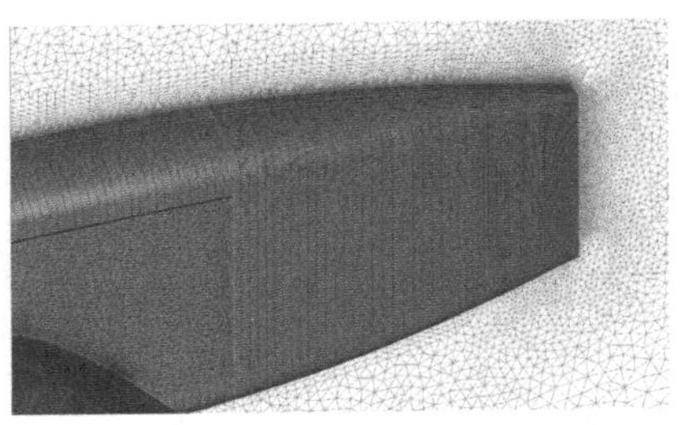

(c) 尾部表面网格和对称面网格分布图

图 10.26 Hi-Lift Workshop 高升力装置混合网格 (后附彩图)

10.6.5 F6-WB 翼身组合体构型黏性流计算混合网格

本小节生成了 DLR-F6 翼身组合体 (F6-WB) 的混合网格，该外形数模如图 10.27(a) 所示，主要由机身和机翼组成。该外形复杂程度适中，如果用整体外推的方式生成黏性层的棱柱网格，只能推出一二十层，若要满足高雷诺数计算的需求，必须人为地在空间添加辅助面，以分块的方式推出黏性层网格。利用前述的聚合法可以很方便地、自动地生成混合网格。

图 10.27(b) 是该外形的表面网格，半场共 99787 个三角形。图 10.28 和图 10.29 显示了表面网格的分布情况。在生成表面网格时，为了更好地捕捉流场细节，在外形曲率变化剧烈的地方加密了网格，如头部、机翼前缘等。为了在生成高质量的贴体网格的同时减少网格量，在机翼前、后缘展向分布了各向异性的三角形网格，另外，为了提高网格分辨率和对流场的精细捕捉，在机翼后缘分布了 7 个网格单元。为了生成混合网格，首先生成该外形的空间非结构网格，包括边界层内的各向异性四面体网格和边界层以外的各向同性四面体网格。在生成各向异性四面体网格时，第一层网格高度为 1.0×10^{-6}，法向步长增长率为 1.2。初始的四面体网格总共为 1402 万。在初始四面体的基础上进行网格聚合以生成混合网格，聚合面时，单元特征系数α取为 0.4，β取为 0.001，共生成了 40 余层三棱柱网格。聚合后生成的混合网格共有 624 万，比初始网格减少约一半。图 10.30 和图 10.31 所示为聚合后的空间网格在 x 截面的视图。从图中可以看到，通过参数控制单元的聚合，空间网格从物面附近光滑过渡到远场 (三棱柱和各向同性四面体网格之间用各向异性四面体过渡)，黏性层棱柱网格正交性较好。黏性层的三棱柱网格推出了四十多层，能很好地满足边界层模拟的需要。

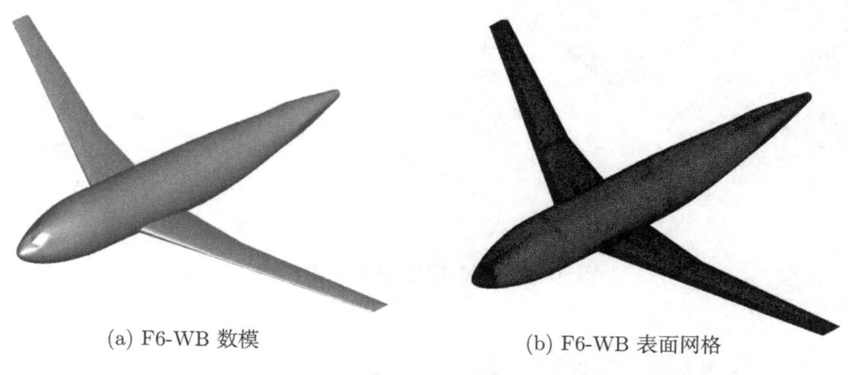

(a) F6-WB 数模　　(b) F6-WB 表面网格

图 10.27　F6-WB 数模以及表面网格 (后附彩图)

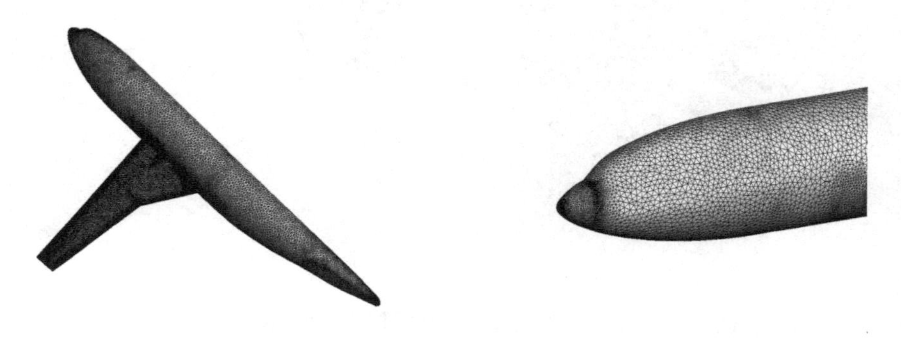

图 10.28　F6-WB 表面局部网格

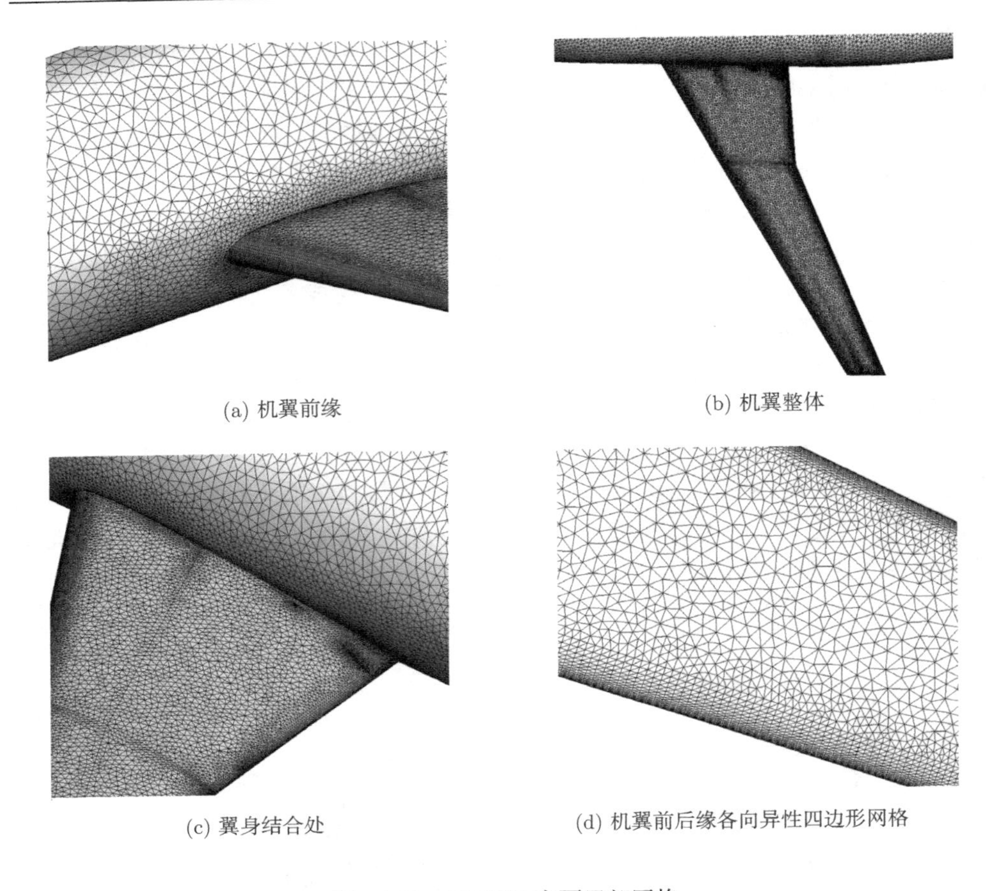

(a) 机翼前缘

(b) 机翼整体

(c) 翼身结合处

(d) 机翼前后缘各向异性四边形网格

图 10.29　F6-WB 表面局部网格

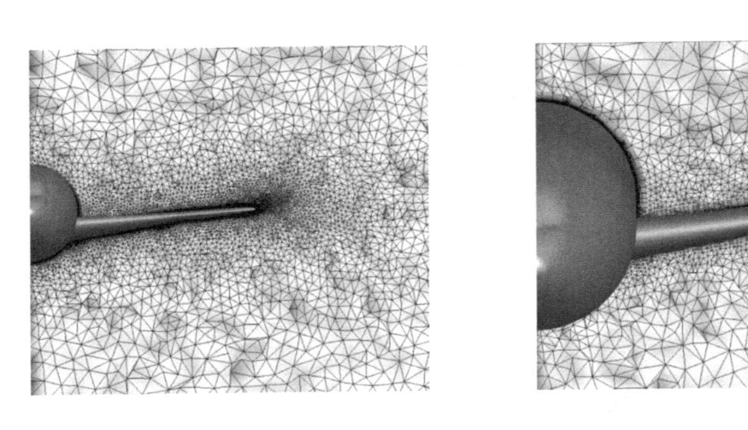

图 10.30　F6-WB 混合网格空间整体分布 (后附彩图)

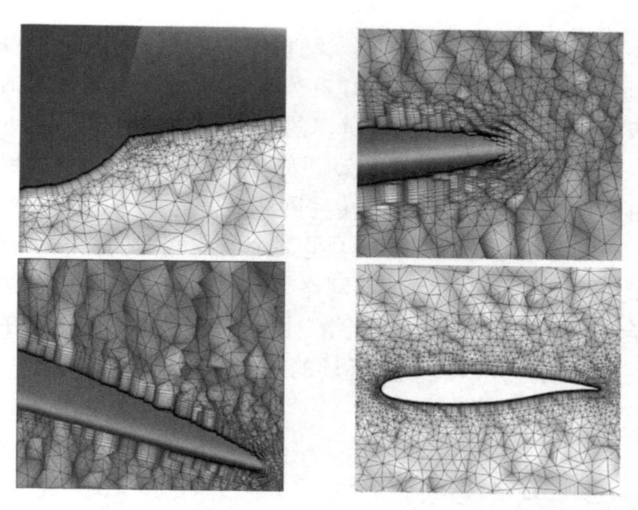

图 10.31 F6-WB 混合网格空间及典型截面分布 (后附彩图)

10.6.6 F6-WBNP 构型混合网格

如图 10.32 所示是 F6-WBNP 的数模，主要由机翼、机身、发动机短舱以及连接短舱和机翼的翼吊组成。和 F6-WB 不同的是，需要在机翼下方额外生成发动机短舱和翼吊的表面网格。该外形的表面网格共约 12 万三角形，和 F6-WB 的表面网格相比，增加的网格量主要来自于发动机短舱和翼吊，增加了大约 1/3。和 F6-WB 一样，初始的四面体网格由各向异性四面体单元和各向同性四面体单元组成。各向异性四面体单元第一层高度为 1.0×10^{-6}，法向空间步长增长率为 1.2。初始的四面体网格共有 1749 万。聚合法生成的混合网格总共为 880 万，减少大约一半。

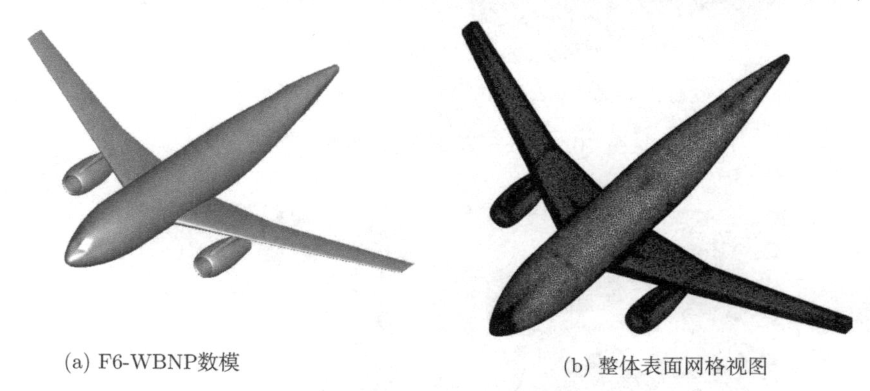

(a) F6-WBNP数模 (b) 整体表面网格视图

图 10.32 F6-WBNP 模型和表面网格

该外形的网格是在 F6-WB 的基础上生成的，因此空间网格分布在大部分机身上与 F6-WB 外形一致，这里着重观察发动机短舱附近的网格。图 10.33 所示是该外形的局部表面网格，同机翼前缘一样，在发动机的前后曲率变化剧烈处填充了各向异性的三角形网格，在提高网格分辨率的同时减少网格量。该外形在发动机短舱/翼吊处的外形非常复杂，尤其是发动机短舱/翼吊、翼吊/机翼结合处，如果用现有商业软件的整体外推方式生成三棱柱网格几乎是不可能的。然而聚合法却能很“轻松”地生成混合网格，如图 10.34 是某个展向截面的空间网格视图。这里主要显示的是发动机短舱/翼吊处的局部网格，虽然该处外形比较复杂，但是聚合法生成的空间混合网格分布均匀，过渡光滑。图 10.35 是某个横截面的空间网格。可以看到，贴体三棱柱网格光滑过渡到远场的四面体网格。

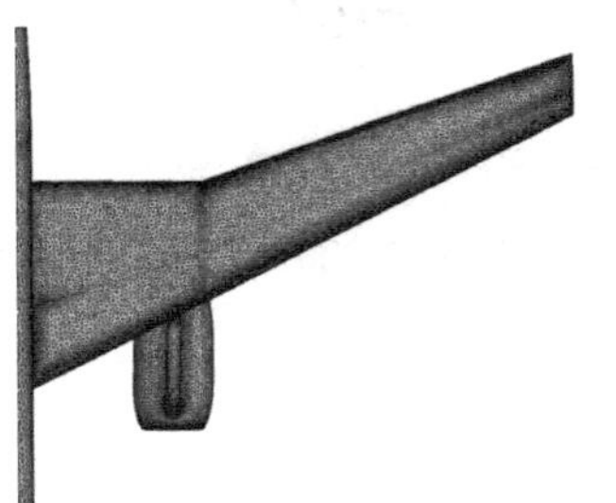

(a) 机翼表面网格

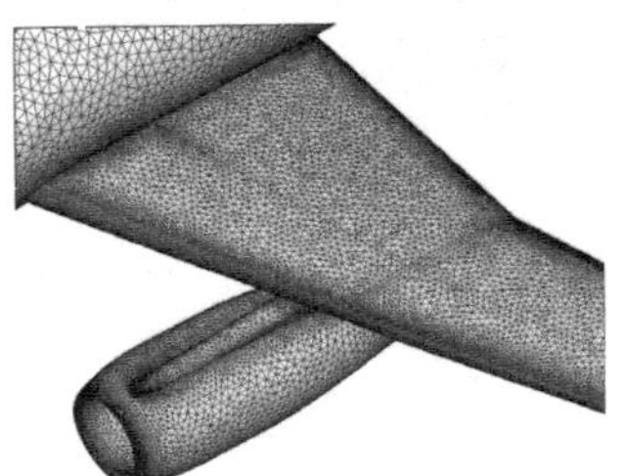

(b) 发动机/翼吊表面网格

(c) 发动机/机翼底部表面网格

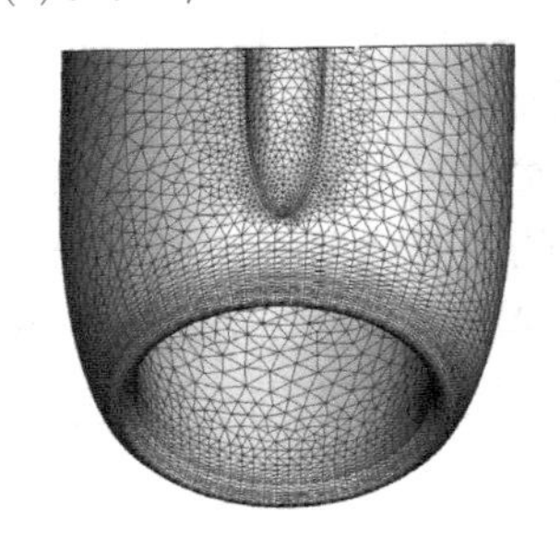

(d) 发动机前缘表面网格

图 10.33　F6-WBNP 局部表面网格

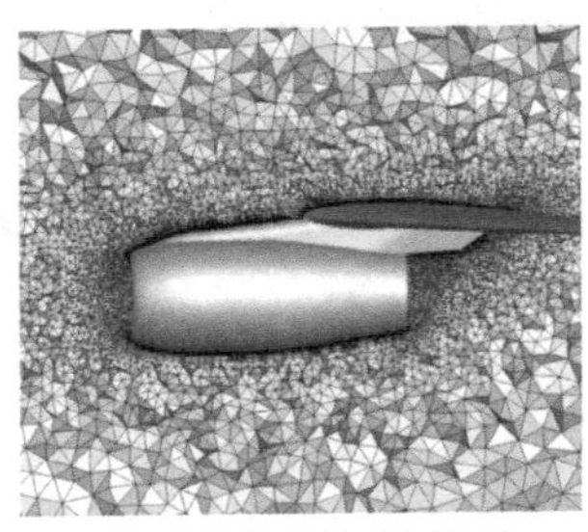

(a) 发动机截面处空间网格

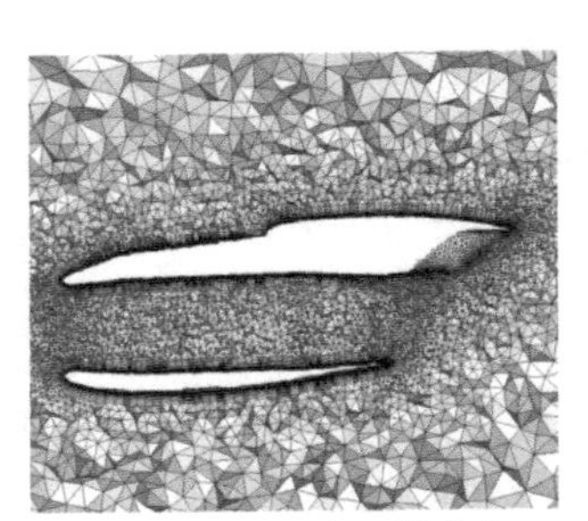

(b) z截面处空间网格分布

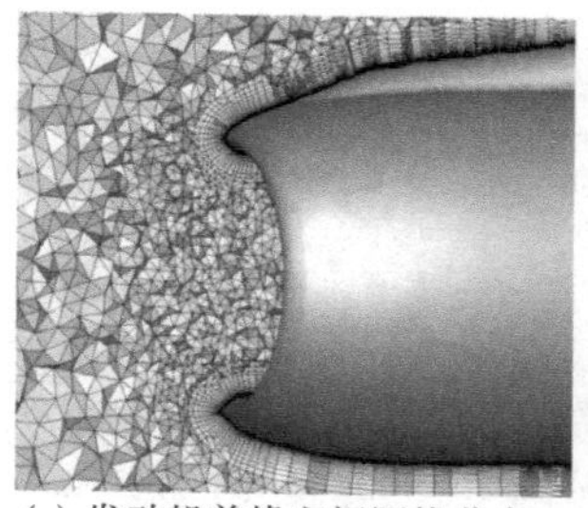

(c) 发动机前缘空间网格分布

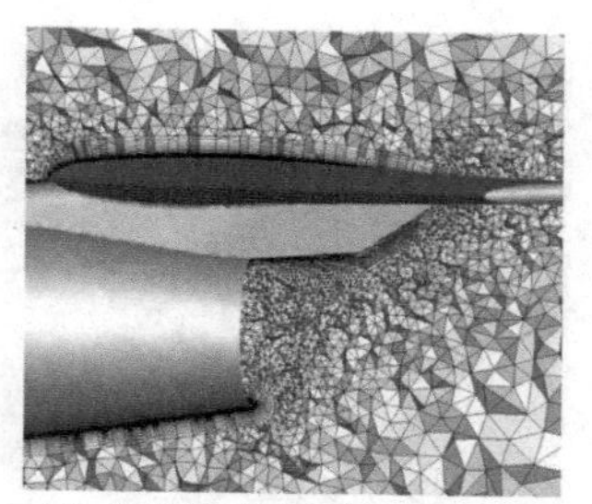

(d) 发动机后缘/翼吊空间网格

图 10.34 F6-WBNP 的 z 截面发动机/翼吊局部空间网格

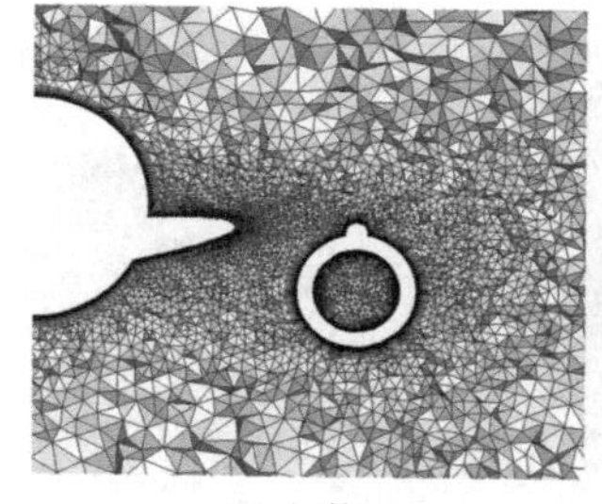

(a) 整体

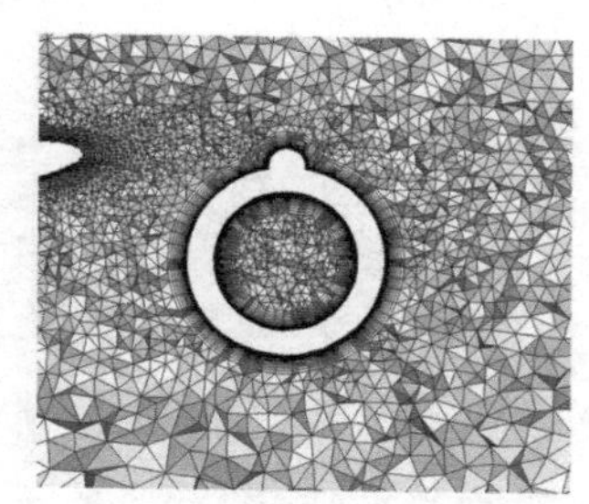

(b) 局部

图 10.35 F6-WBNP 的 x 截面局部网格图 (后附彩图)

10.6.7 战斗机外形混合网格

本小节首先生成了一个类 F16 战斗机的混合网格。该外形接近于实际战斗机构型，包括机身、机翼、平尾、立尾、腹鳍等部件，模型如图 10.36(a) 所示。表面网格 (图 10.36(b)) 共 6.7 万。初始的半场空间四面体网格约 260 万，聚合后半场的混合网格共 125 万。图 10.37 和图 10.38 所示是在典型截面的空间网格分布。可以看到，对于此类复杂外形，聚合法能很快地生成高质量的计算网格。

(a) 类F16战斗机数模

(b) 类F16战斗机表面网格

图 10.36 类 F16 战斗机数模和表面网格

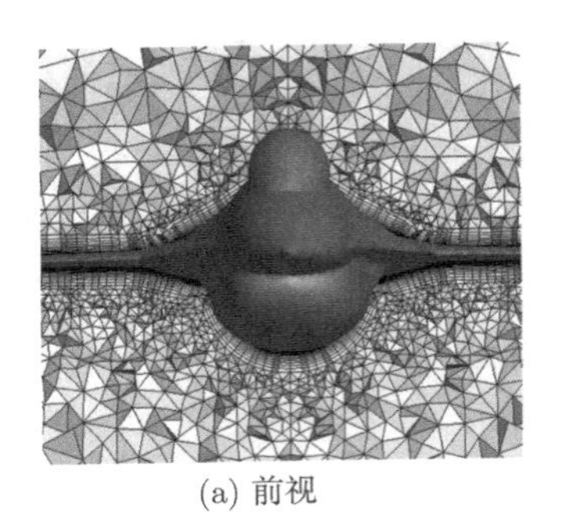

(a) 前视

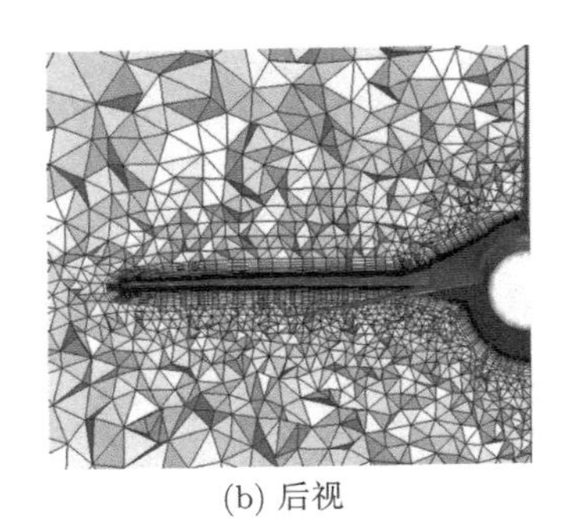

(b) 后视

图 10.37　类 F16 战斗机翼身 x 截面空间网格 (后附彩图)

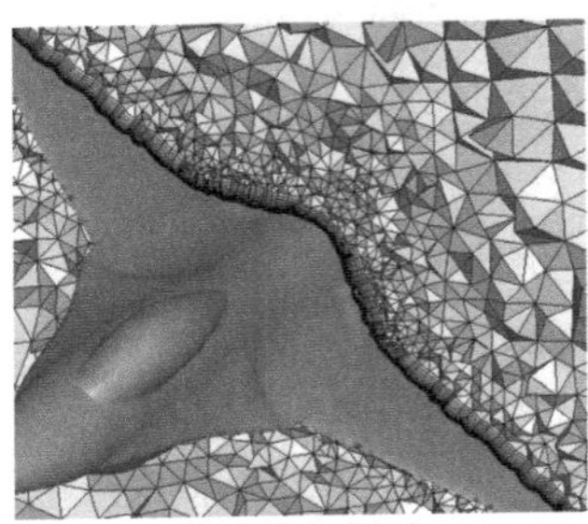

(a) 战斗机上表面

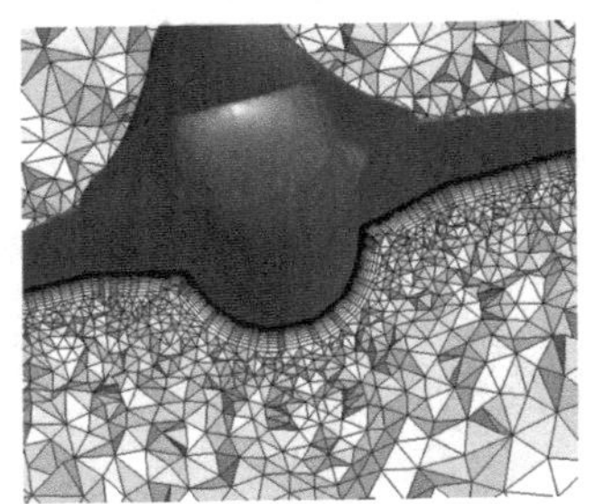

(b) 机腹

图 10.38　类 F16 战斗机翼身 x 截面空间网格 (后附彩图)

其次生成了某翼尖带弹战斗机的混合网格。该外形亦非常复杂，尤其是在翼尖处外挂了空空导弹，局部网格尺度变化很大，利用非结构网格可以较好地处理这类问题。图 10.39 给出了该外形的整体和局部网格，其中图 10.39(b) 为翼尖导弹局部网格，图 10.39(c) 为机翼表面和截面网格，在机翼后缘，采用了各向异性网格，边界层网格由“聚合法”生成，整体的正交性和光滑性较好。图 10.39(d) 为尾部的网格，该区域构型复杂，利用混合网格技术能较好地处理。

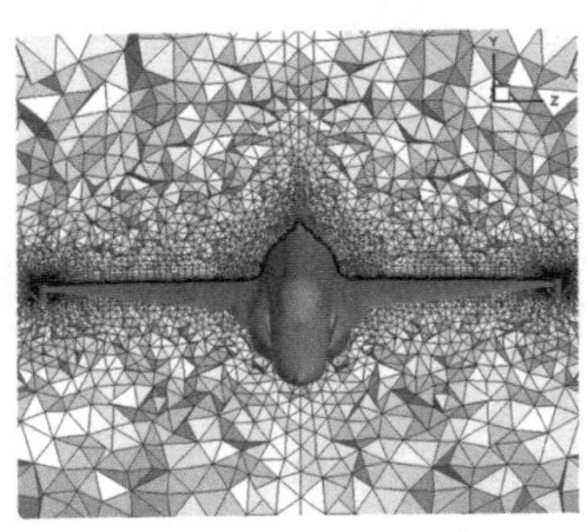

(a) 机身某截面上的网格

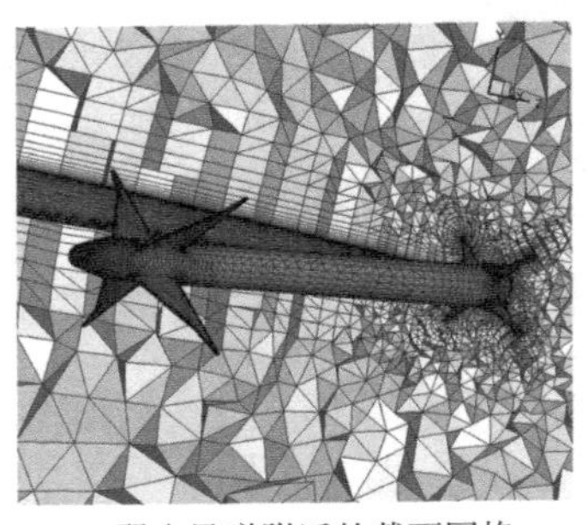

(b) 翼尖导弹附近的截面网格

(c) 机翼表面和空间截面网格

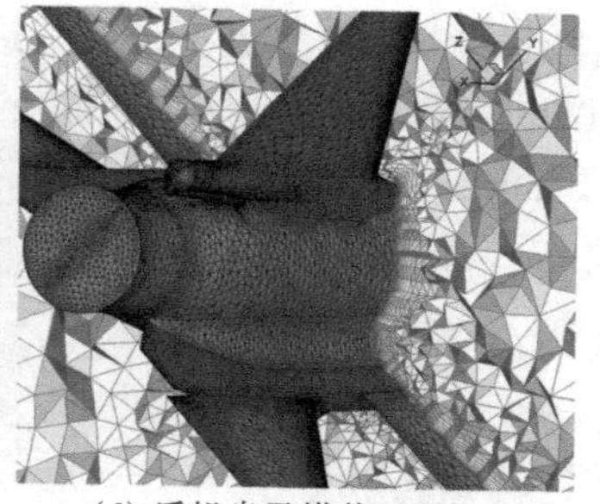

(d) 后机身及横截面网格

图 10.39 某带弹战斗机混合网格 (后附彩图)

最后给出了带背负式助推器的类航天飞机外形的黏性流模拟混合网格(图 10.40)。与前面的战斗机外形混合网格类似，在边界层内利用“聚合法”生成三棱柱网格，在外场用四面体网格。从图中可以看出，网格的正交性和光滑性均比较令人满意。

图 10.40 类航天飞机与助推器组合构型的混合网格 (后附彩图)

10.6.8 人体混合网格生成

本小节生成了三维人体外形的混合网格，其主要目的是进一步考核混合网格技术的适应性。事实上，在人体心血管、心脏流动模拟中，非结构/混合网格技术已大量使用。图 10.41 为人体的表面网格。为了更加真实地描述人体外形，在人体表面曲率变化较大的地方进行了网格加密，如头部五官、四肢和躯干结合处 (图 10.42)。图 10.43 和图 10.44 显示了人体的躯干、头部和手臂处的局部混合网格。其中，共推出了 30 层三棱柱网格，并采用各向异性四面体将三棱柱网格和各向同性四面体网格很好地衔接起来。

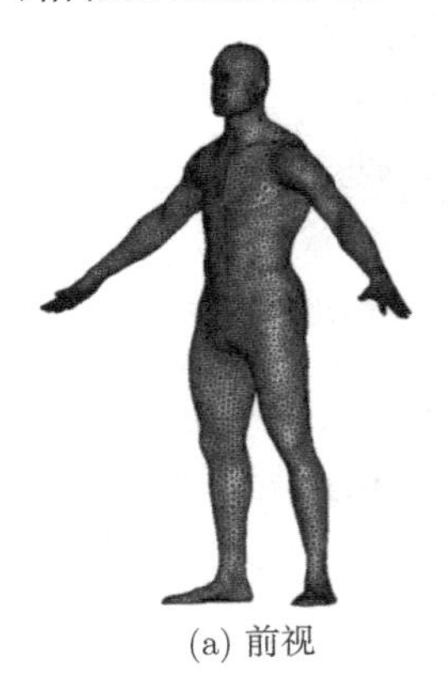

(a) 前视

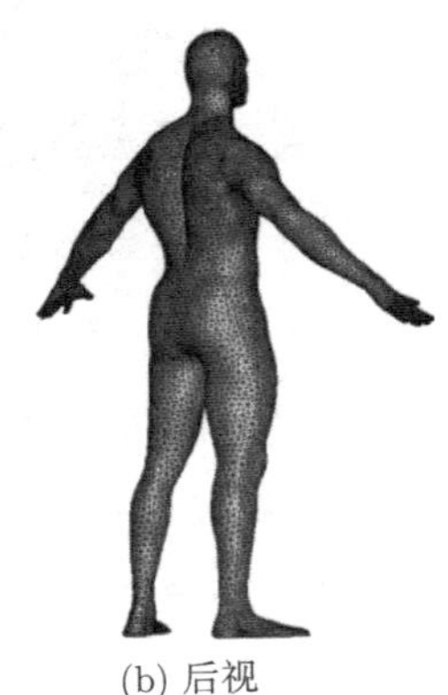

(b) 后视

图 10.41　人体表面网格

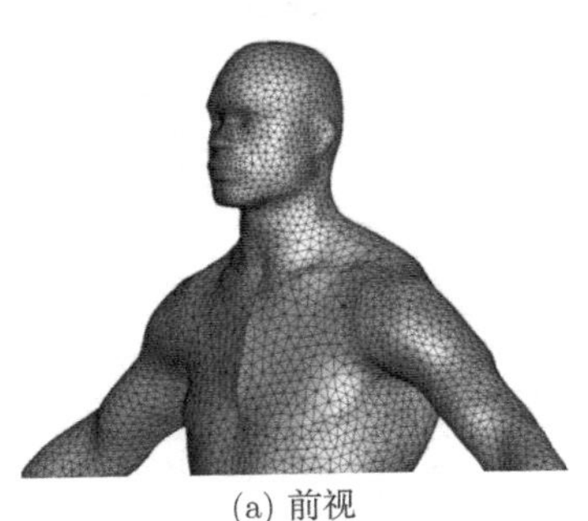

(a) 前视

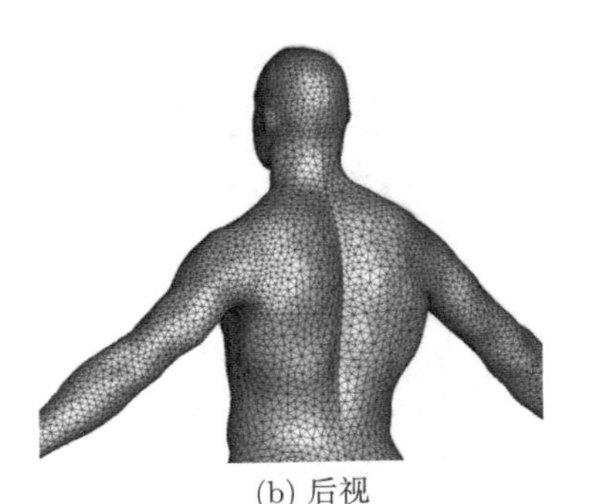

(b) 后视

图 10.42　人体局部表面网格

图 10.43　人体躯干、头部局部混合网格

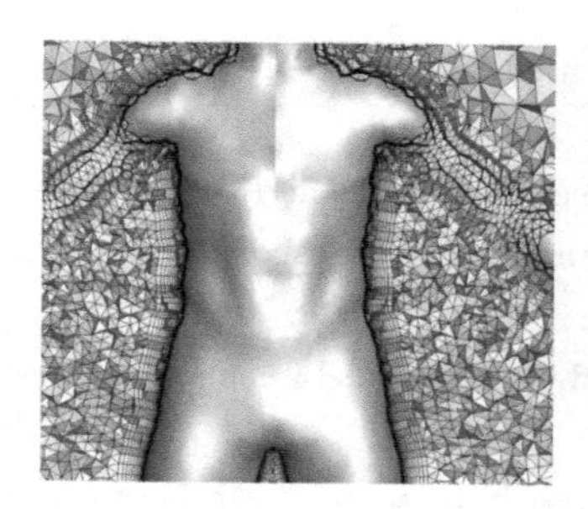
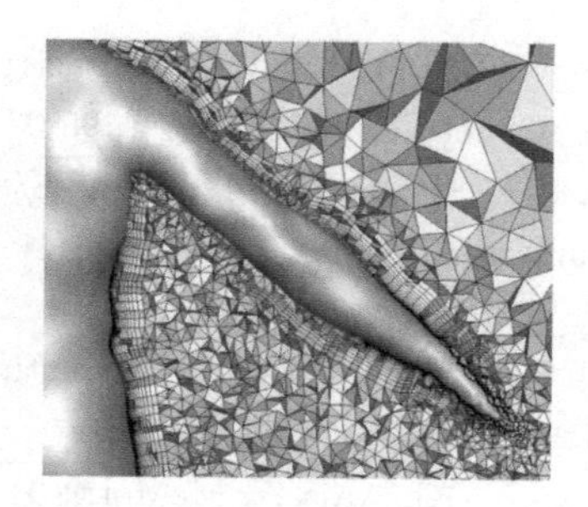

图 10.44 人体躯干、手臂局部混合网格

10.7 小　　结

本章详细介绍了混合网格生成技术。首先介绍了各种混合网格生成策略，其次详细介绍了几何层推进方法、求解双曲型方程的三棱柱网格生成方法、基于各向异性四面体网格聚合的三棱柱网格生成方法，同时简要介绍了非结构的四边形和六面体网格生成方法，最后给出了多种复杂构型的混合网格生成实例。可以看出，混合网格技术具有良好的几何适应性，特别适合复杂外形的黏性流数值模拟。

参 考 文 献

[1] Baker T J. Mesh generation: Art or science. Progress in Aerospace Science, 2005, 41: 29-63.

[2] Gaffney R, Hassan H, Salas M. Euler calculations for wings using Cartesian grids. AIAA paper, 87-0356, 1987.

[3] Pember R B, Bell J B, Colella P, et al. Adaptive Cartesian grid methods for representing geometry in inviscid compressible flow. AIAA paper, 93-3385, 1993.

[4] 张来平，张涵信，高树椿, 等. 用混合网格数值模拟机动弹复杂流场. 第十届全国计算流体力学会议论文集，四川绵阳, 2000.

[5] Chan W M, Buning P G. Zipper grids for force and moment computation on overset grids. AIAA 95-1681, 1995.

[6] Kao K H, Liou M S. Advance in overset grid schemes: From Chimera to DRAGON grids. AIAA Journal, 1995, 33(10): 1809-1815.

[7] Zhang L P, Zhang H X,Gao S C. A Cartesian/ unstructured hybrid grid solver and its applications to 2D/3D complex inviscid flow fields. The 7th International Symposium on CFD, Beijing, China, 1997, 9: 347-352.

[8] Ward S,Kallinderis Y. Hybrid prismatic/tetrahedral grid generation for complex 3-D geometries. AIAA paper, 93-0669, 1993.

[9] Karman S L. SPLITFLOW: A 3D unstructured Cartesian/prismatic grid CFD code for complex geometries. AIAA paper, 95-0343, 1995.

[10] Karman S L. Unstructured Cartesian/prismatic grid generation for complex geometries. Surface Modeling, Grid Generation, and Related Issues in Computational Fluid Dynamic (CFD) Solutions, NASA CP-3291, 1995: 251-270.

[11] Pirzadeh S. Three-dimensional unstructured viscous grids by the advancing-layers method. AIAA Journal, 1996, 34(1): 43-49.

[12] Kallinderis Y, Khawaja A, McMorris H. Hybrid prismatic/tetrahedral grid generation for complex geometries.AIAA Journal, 1996, 34: 291-298.

[13] Zhang L P, Zhao Z, Chang X H, et al. A 3D hybrid grid generation technique and multigrid/parallel algorithm based on anisotropic agglomeration approach. Chinese Journal of Aeronautics, 2013, 26(1): 47-62.

[14] Schneiders R. Quadrilateral and hexahedral element meshes//Thompson J F, Soni B K, Weatherill N P.Handbook of Grid Generation. Boca Raton: CPC Press, 1998.

[15] Hirsch C H, Wolkov A, Leonard B. Discontinuous Galerkin method on unstructured-hexahedral grids.AIAA paper, 2009-177, 2009.

[16] Wey T. Unstructured hexahedral meshgeneration using the analogy of theparticle traces—Dual use of overset gridgeneration techniques.AIAA paper, 2001-1097, 2001.

[17] Steger O L, Chaussee D S. Generation of body-fitter coordinates using hyperbolic partial differential equations. SIAM J. Sci. Stat.Comput, 1980, 1(4): 431-437.

[18] Tai C H, Yin S L, Soong C Y. A novel hyperbolic grid generation procedure with inherent adaptive dissipation. Journal of Computational Physics, 1995, 116: 173-179.

[19] Chan W M. Enhancements of a three-dimensional hyperbolic grid generation scheme. Applied Mathematics and Computation, 1992, 51: 181-205.

[20] Matsuno K.Hyperbolic upwind method for prismatic grid generation. AIAA paper, 2000-1003, 2000.

第 11 章　网格自适应方法

11.1　引　　言

正如前述，计算网格是各种数值计算方法的基础，其单元数量、分布和形状等因素对数值模拟的可信度都可能产生重要影响。然而随着 CFD 不断深入地应用于各种实际工程问题中，面对的飞行器外形越来越复杂和真实，流场结构往往难以预知，同时还可能存在非定常现象，要想在初始网格生成时合理分布单元密度是很难做到的。另一方面，若采用非常密的均匀网格又会造成计算资源的巨大浪费，因为流场通常仅在某些局部区域会产生较大的梯度，只需要增加当地的网格分布便可大幅提升全局流动结构的分辨率。为了将所求问题的物理特性、数值计算方法、网格密度三者有机结合在一起，达到既保证数值解的分辨率，又尽可能地减少工作量、提高求解效率等目的，网格自适应技术 (AMR) 应运而生[1−8]。

大约从 20 世纪 70 年代开始，网格自适应技术的相关研究工作逐渐兴起。其主要实现途径可分为三种：

(1) p–type，即根据局部流场特性自适应选取适当的数值求解方法，如局部提高变量插值阶数[9](increasing polynomial order)，而计算网格依然保持不变，从而具有较高的效率，但该方法对于激波等不连续问题缺乏计算稳定性，同时仅通过提高计算格式精度来提升解的精度其作用空间有限。这类方法多用于高阶精度格式的计算，即在某些区域或者流动特性变化不大的区域用低阶的计算格式，而在所关心的区域采用高阶精度格式。

(2) r–type，即重新分配网格节点坐标 (redistributing existing nodes)，又称移动网格法。它保持单元类型和节点总数不变，通过调整节点的坐标，改变网格密度的分布，使其更符合物理问题对网格分辨率的需求，该方法最初用于二维结构网格[10]，而后又推广至非结构网格[11]。由于网格节点总数不变，在需加密的地方多分配节点，则别处节点就会减少，从而可能引起这些区域网格过于拉伸、扭曲或稀疏，最终导致数值解振荡或收敛性变差。

(3) h–type，即加密与稀疏网格单元，通过对网格单元的剖分或聚合来改变网格的疏密。其原理简单，且分级的单元数据结构可自然用于进一步发展多重网格算法[2,12]，因此是目前广泛采用的网格自适应方式。然而其数据结构相对复杂，需要存储的信息量也更多，程序设计难度相对更大，同时还存在网格相容性问题 (尤其是存在悬空节点时)。如果处理不当，则可能会带来通量守恒、加密单元传播影响区域大等相关复杂问题。此外，基于局部网格重构的自适应方法可视为 h-type 的一个变种，文献中也称为 m-type[13] 以示区别。它不存在单元分级等数据结构限制，生成方法更灵活、网格光滑性更好，但网格生成效率与 h-type 相比较低[14]。

以上方式各有优缺点，针对不同问题采用不同方法或者混合使用，可以更好地发挥其作用。对于结构网格而言，一般采用 r-type 自适应方法，根据流场特性移动网格节点分布。但是这种方法在三维复杂外形情况下的应用受限。从工程实用性来看，非结构和混合网格的 h-type 方法相对较优。因此，本章重点介绍非结构/混合网格的 h-type 自适应方法，主要包括网格自适应的基本流程、自适应判据、网格加密和稀疏方法、自适应网格优化等，并给出了一些典型的自适应实例，最后就动态网格自适应进行了简要介绍。

事实上，网格自适应方法还有很多，如近来成为研究热点的基于伴随方程的自适应方法[15,16]、各向异性网格自适应方法[17,18]、自适应网格的曲边界修正[19,20]等。由于作者研究深度有限，因此仅进行简要的介绍，有兴趣的读者可以参阅相关的参考文献。

11.2　非结构/混合网格 h-type 自适应方法

11.2.1　网格自适应的基本流程

h-type 网格自适应涉及局部和整体网格数量的增减，局部网格的加密与稀疏则会导致“悬空”节点的产生，进而形成多面体单元，由此需要灵活且规范的数据结构，兼容各种类型的网格单元。CGNS(CFD general notation system) 库[21] 正是针对这一需求而设计的一种 CFD 通用数据结构，因此我们以该库为基础来进行各种网格的自适应加密和稀疏。

网格自适应显然需要与流场解算器结合，在已有初始流场的基础上，根据流场特性进行网格自适应。在流场计算之前，还涉及数据结构的重构、并行计算的网格重分区、新旧网格间的物理量插值等诸多过程。从整体来看，网格自适应的基本流程大致如下：

(1) 生成 CGNS 格式的单块初始网格 (当然可以采用其他的数据格式或数据结构)。

(2) 对单块网格进行分区，建立并行分区网格，并初始化各种网格关联信息。

(3) 初始网格上的初始流场计算。

(4) 执行网格自适应判据，标识需要加密或稀疏的网格单元。

(5) (若需要自适应则执行，否则结束程序) 加密或稀疏标识单元，同时更新网格关联信息。

(6) 自适应网格优化，以保证新网格的相邻体单元之间层级差不超过两级。

(7) 生成出新的计算网格，重构单元关联信息，重新进行并行分区，插值获得新网格上的物理量初场。

(8) 继续进行流场计算，获取自适应网格上的流场和特征物理量。

(9) 收敛性判断或自适应次数判断，如果未达到要求，返回第 (4) 步，继续进行下一次网格自适应；如果达到要求，自适应过程结束。

上述步骤可描述为如图 11.1 所示的原理框图。

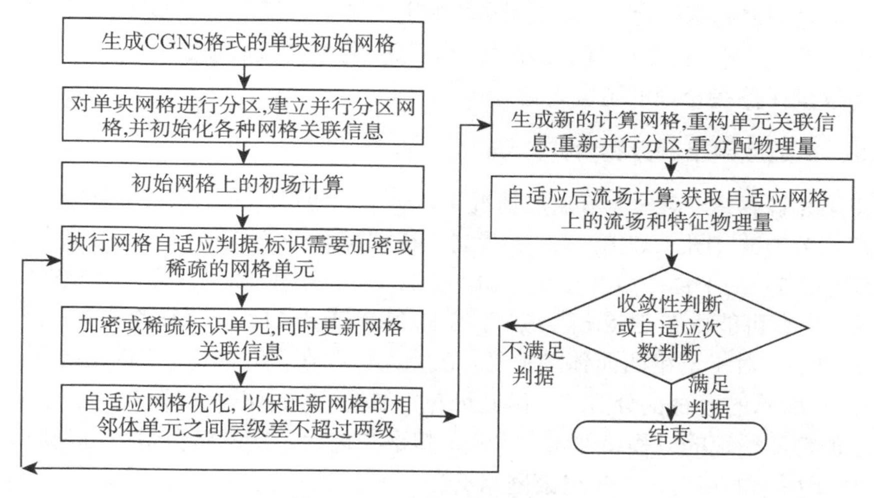

图 11.1 自适应过程示意图

11.2.2 自适应判据

为了有效地进行网格自适应，需要确定适当的自适应判据，即判断哪些网格单元需要加密、哪些网格单元需要稀疏。正如前述，网格自适应的目的主要有：①捕捉精细的流场结构，因而在流动结构变化剧烈的区域需要适当加密网格；②获得网格无关解 (至少对于 Euler 或 RANS 方程)，即要求在网格加密的过程中，无论是流场结构，还是整体的气动力或局部分布量均达到收敛解。当然，上述要求是非常高的，在现有的计算资源条件下，往往还无法完全达到上述要求，只能尽可能地满足。

为了捕捉精细的流动结构，一般选取流场中的特征物理量的梯度作为自适应的指标。如针对激波问题，可以选取压力或密度等物理量的梯度；对于旋涡流动或分离流动，可以选取描述旋涡特性的物理量 Q 或 λ_2 或涡量等的分布；对于一些复杂的问题，可以根据需要利用多种判据的组合来进行综合判断。因此，网格自适应判据是与问题密切相关的。

以下给出针对激波问题的自适应判据：在具体操作过程中，我们一般以单元的压力或密度梯度模与网格单元体积的某一幂次方的乘积 ($\varPhi=|\nabla\rho|\cdot V^{\alpha}$) 作为自适应判据，其中 α 为一调节参数 (如取 0.8)。

(1) 如果某一单元的 $\varPhi_e > \beta\varPhi_v$($\varPhi_v$ 为全场 $\varPhi$ 值的平均，β 为某一开关值)，则该单元要进行自适应加密；

(2) 如果 $\varPhi_e < \gamma\varPhi_v$($\gamma$ 为另一开关值)，则该单元需与周围的单元进行合并稀疏。

在上述判据的基础上，一般在具体实施过程中，还需要限制最小网格尺度和最大网格尺度；另外，根据计算资源的限制，可以适当调节前述的系数 β，γ，使整体的网格数量保持在合理的范围之内。

11.2.3 自适应网格剖分和合并方法

在不允许存在“悬空”节点的情况下，一个三角形 (图 11.2(a)) 可能有如下几种加密剖分方式 (图 11.2(b)~(d))。反之，在稀疏合并的过程中，也可能有多种方式，如由图 11.2(b) 合并为 3 个 (图 11.2(c))、2 个 (图 11.2(d)) 或 1 个 (图 11.2(a)) 三角形；也有可能由图 11.2(c) 合并为图 11.2(d) 或图 11.2(a)，或者图 11.2(d) 合并为图 11.2(a)。对于三维四面体的加密，在不允许存在“悬空”节点的情况下，将有如图 11.3 所示的五种剖分方式。由此可见，如果流场中不允许存在“悬空”节点，自适应加密和稀疏的过程将非常复杂。尤其是在进行多次网格自适应时，则会出现如图 11.4 所示的情况，由此局部网格会出现长细比很大的单元，这样往往会对计算结果的精度造成较大的影响。在 Cartesian 网格与其他网格的混合网格中，计算域中往往本身含有“悬空”节点。因此，允许“悬空”节点的存在将简化自适应过程，于是有如图 11.5(二维) 和图 11.6(三维) 所示的各种基本单元的加密和稀疏方式。在二维情况下，采用各向同性的划分方式，三角形或四边形网格可以细分为四个子单元 (图 11.5)；同样地，在三维情况下，四面体、六面体和三棱柱可以划分为八个拓扑结构相同的子单元，而金字塔形单元则剖分为六个小金字塔和四个小四面体。

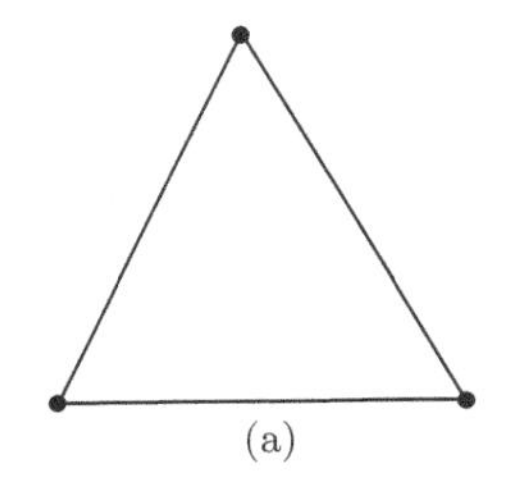
(a)

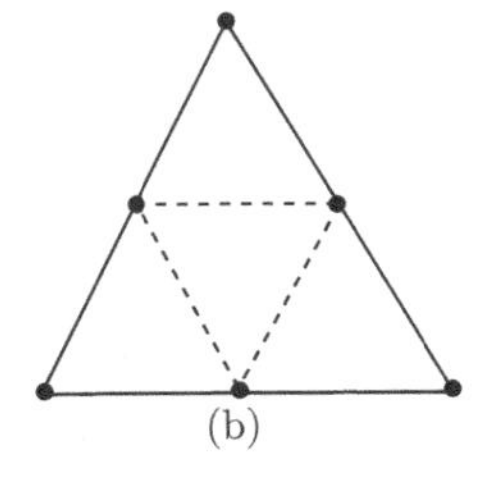
(b)

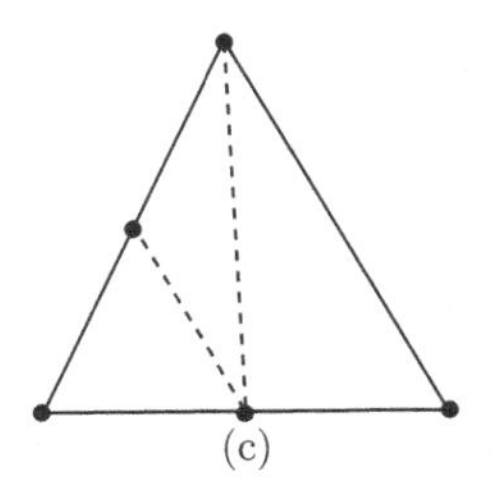
(c)

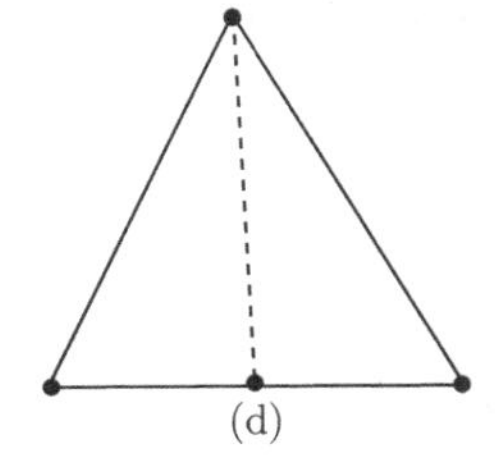
(d)

图 11.2 三角形网格的自适应剖分

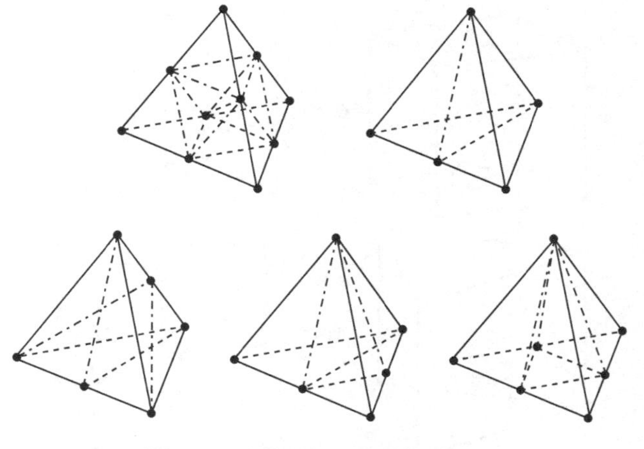

图 11.3 四面体网格的剖分方式

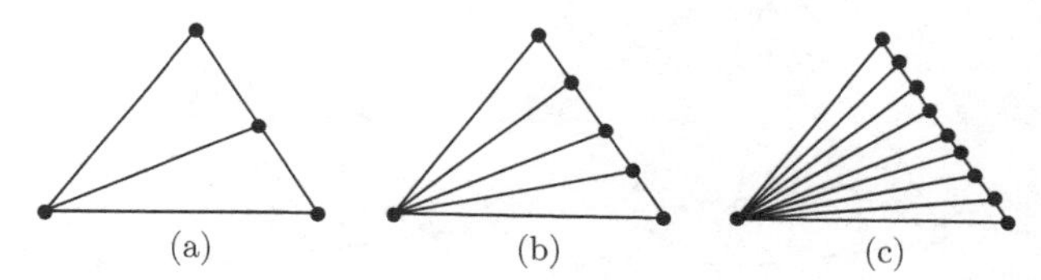

图 11.4 三角形网格消除“悬空”节点的剖分方式

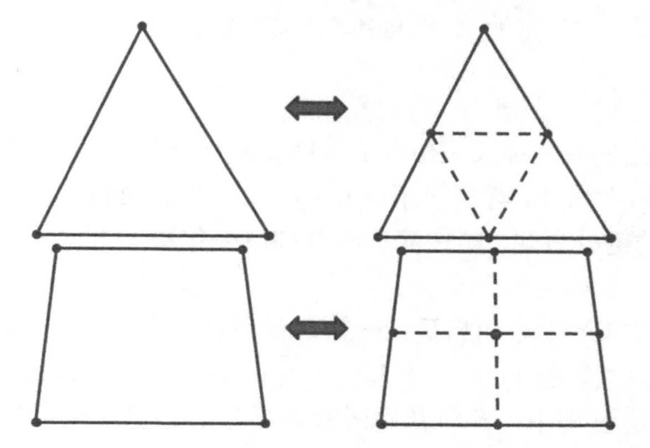

图 11.5 二维基本单元的细分与合并

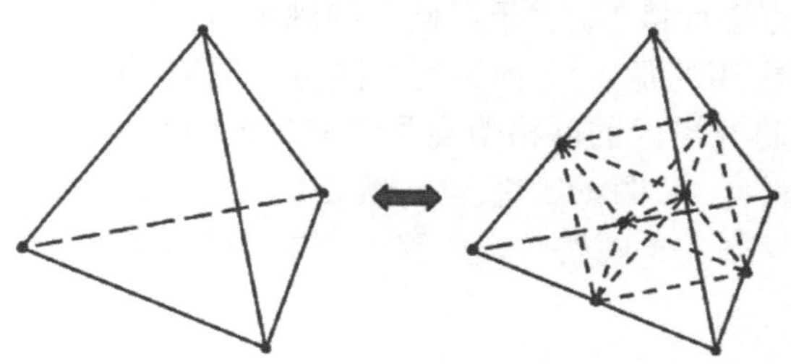

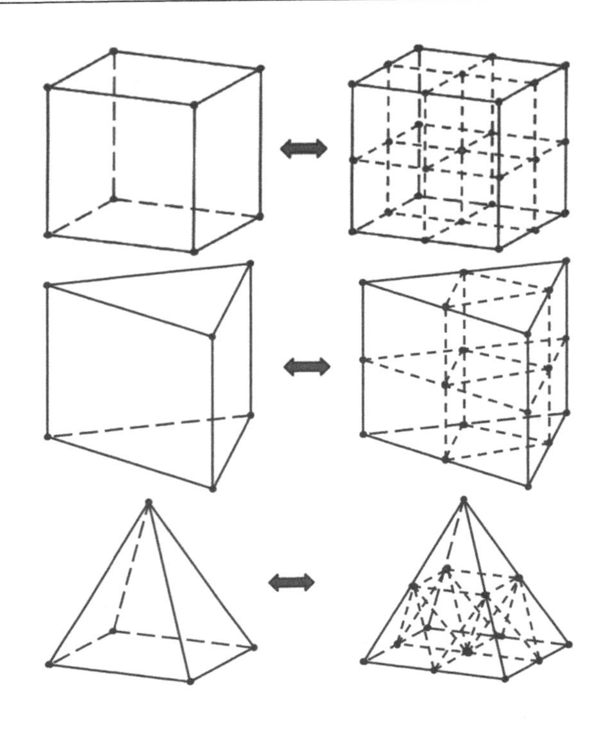

图 11.6　三维基本单元的细分与合并

需要特别指出的是，在 Cartesian 网格、贴体结构/半结构网格 (如二维四面体、三维三棱柱和六面体) 等情况下，为了减少整体的网格数量，也有学者提出采用 “各向异性” 的剖分方式，即在流场变量梯度变化最大方向的法向剖分。以二维四边形网格为例，各向异性剖分方式如图 11.7 所示，其中图 11.7(a) 为初始网格，图 11.7(b) 为左侧单元 y 方向自适应一次后的网格，图 11.7(c) 为左侧单元 y 方向自适应两次后的网格，图 11.7(d) 为左侧单元 y 方向第三次自适应后的网格。在实际三维问题的应用过程中，各向异性网格自适应的数据结构更加复杂，尤其是在流场中，物理量的梯度变化方向有可能与初始网格斜交，此时需要结合 r-type 方法，对局部网格节点进行移动。关于各向异性网格自适应技术仍处于发展之中，这里不再详述。需要说明的是，“各向异性” 网格自适应[18] 更多地采用移动网格节点的方式进行，即将光滑区的网格节点尽可能地向流场变化剧烈区域移动，如图 11.8 所示 (取自文献 [22])。图 11.9(取自文献 [23]) 为 NACA0012 翼型超声速绕流自适应网格和计算结果。关于网格节点的移动方法，可以参见第 13 章的动网格生成技术。

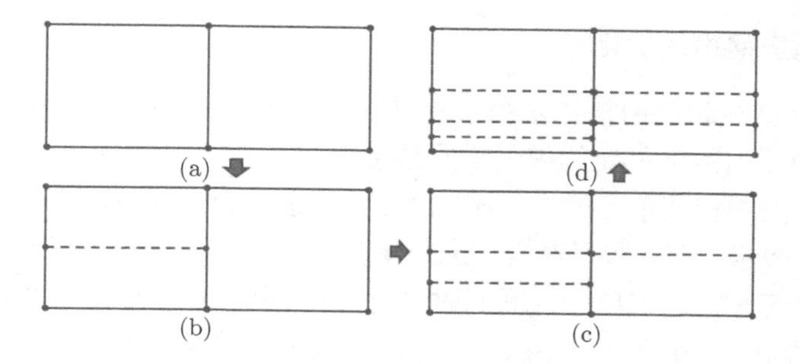

图 11.7 各向异性网格自适应示意图 (仅 y 方向加密)

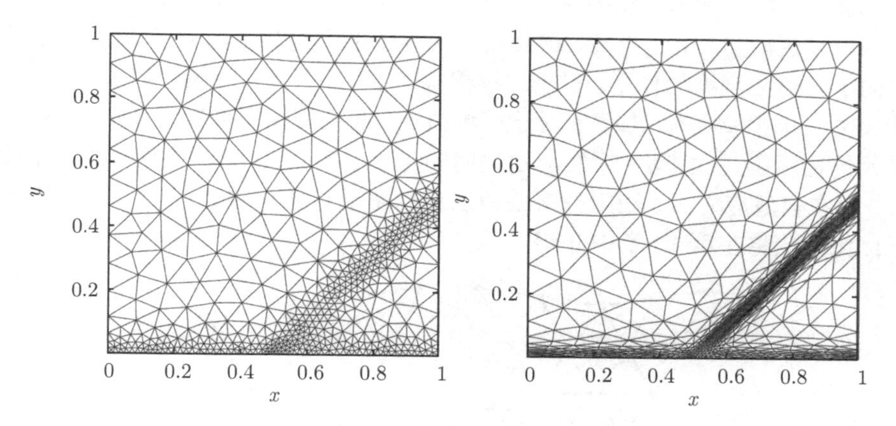

图 11.8 各向异性自适应网格示意图 (取自文献 [22])

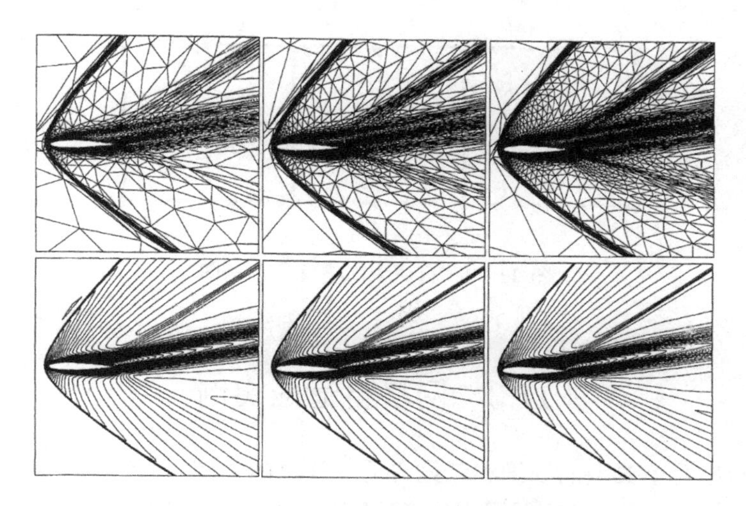

图 11.9 各向异性自适应网格应用实例 (取自文献 [23])

11.2.4 自适应网格的优化

自适应判据标识的网格指示信息往往可能是不连续的分布，因此根据这些初始信息自适应后的网格单元体积大小的过渡往往不光滑，容易引起计算不稳定。事实上，前述的限制相邻单元的层级不能大于 2，也是为了保持网格分布光滑性。因此，为了改善网格质量，需要对自适应指示信息进行一些调整，若一个单元的多个邻居单元被加密时，对本单元也需同时进行加密。图 11.10 给出了几种典型的需要加密的二维情形，其中图 11.10(a) 中，中心单元的三个邻居单元均已加密，所以中心单元需要加密；图 11.10(b) 中，中心单元的两个邻居单元已被加密，为保证光滑性，该单元也同时加密；在图 11.10(c) 中，中间四面体单元两侧的单元均已加密，所以该单元也同步加密。当然，这会在一定程度上引起加密向周围单元传播，同时也削弱了自适应判据的作用。对于二维情况，计算量不大，有两个以上邻居网格单元被加密，可以将此单元加密；对于三维情况，需要视情况而定，否则容易引起加密单元传播范围过大 [24]。需要特别说明的是，在不允许“悬空”节点存在的情况下，一般在自适应之后，利用弹簧松弛法对网格节点的位置进行若干次迭代光滑，关于优化方法将在第 12 章中介绍。

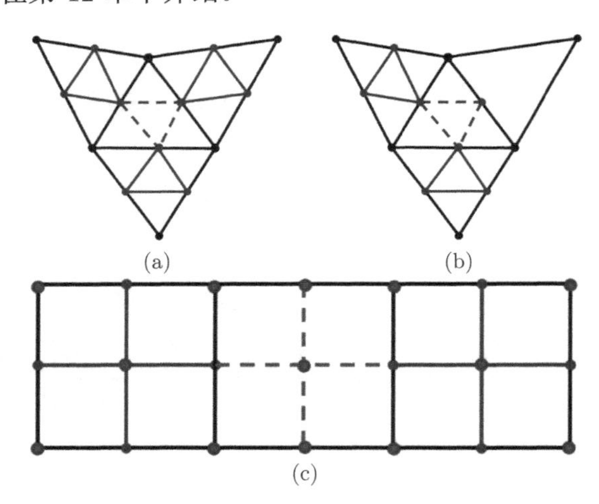

图 11.10 自适应网格优化示意图

11.3 网格自适应实例

以下给出几个典型的二维和三维自适应计算的算例。初始网格采用前述各章节中的方法生成，流场解算器采用作者研究团队自主发展的结构/非结构混合通用 CFD 软件平台——HyperFLOW[25−27]。

11.3.1 低速圆柱绕流网格自适应

首先给出 Re=40 的低速圆柱绕流算例。图 11.11 为自适应前后网格及其相应计算流场的对比。初始二维网格节点总数为 1374，混合单元 (三角形和四边形) 总数为 2338。经三次自适应加密后，网格节点总数为 26663，混合单元总数为 33808。加密判据采用速度梯度，由于其大小的空间分布较分散且变化不太剧烈，依靠单一的加密阈值判断，难以在需要加密的流动分离区对网格分布实施很好的控制，因此直接将参与自适应的区域限制在圆柱附近。表 11.1 给出了相应计算的阻力系数和回流区长度，并与试验以及其他数值计算进行了比较。采用初始网格计算，阻力系数偏大、回流区偏小，与试验值 [28,29] 差异较大。经三次网格自适应后，计算流场改善明显，阻力系数降低、回流区变长，与相应试验值更接近。同时，对比 Gautier 等采用伪谱方法 (网格点数 200×1024) 的计算值 [30]，网格自适应的数值表现还是比较令人满意的。

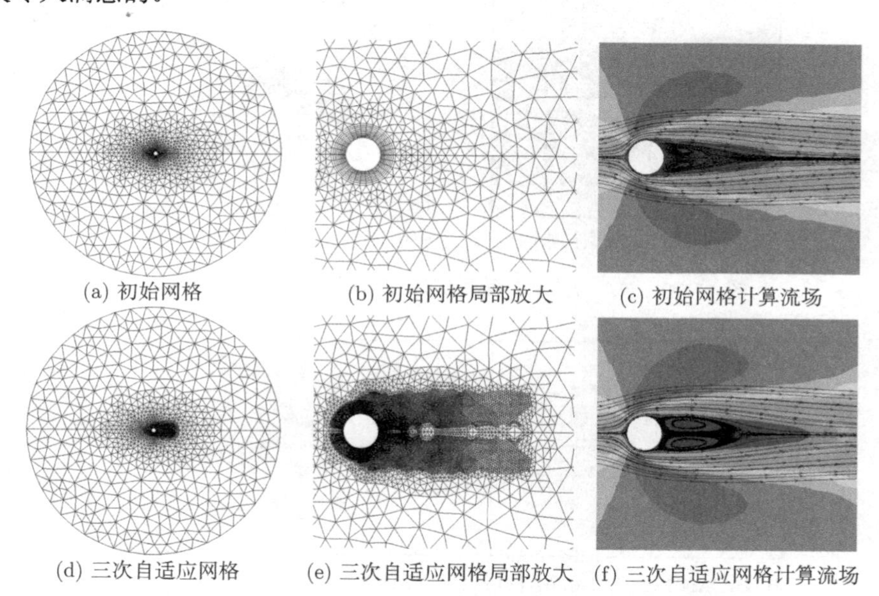

图 11.11 Re= 40 圆柱绕流自适应前后对比 (后附彩图)

表 11.1 阻力系数以及回流区长度对比

	C_{D}	L_{W}/D
Tritton[28]	1.48	—
Coutanceau和Bouard[29]	—	2.13
Gautier等[30]	1.49	2.24
初始网格计算	1.60	1.33
三次自适应网格计算	1.54	2.15

11.3.2 NACA0012 翼型高速无黏流动网格自适应

对于高速流动，流场中会出现激波，网格自适应正好能发挥有效作用。图 11.12(a) 显示了绕 NACA0012 翼型的初始三角形网格。在 M_∞=1.2、α=7° 时会在头部和尾缘产生激波。采用压力梯度作为加密判据，经过两次自适应，我们得到图 11.12(b) 所示的自适应网格，自适应网格本身已经清晰地给出了激波的位置。对于混合网格的情况，图 11.13(a) 给出了绕 NACA0012 翼型的非常稀疏的初始矩形/三角形混合网格。在 M_∞=0.85、α=1.0° 时，翼型上下均会出现较强的激波，图 11.13(b) 给出了经过 5 次自适应以后的计算网格；在此网格上，计算给出如图 11.13(c) 所示的 Mach 数等值线，可以看到，无论是上下翼面的激波还是尾缘的剪切流都模拟得非常清晰。M_∞=0.80、α=1.25° 时，经过 5 次自适应得到图 11.13(d) 所示的自适应网格，可以看到同样的效果。

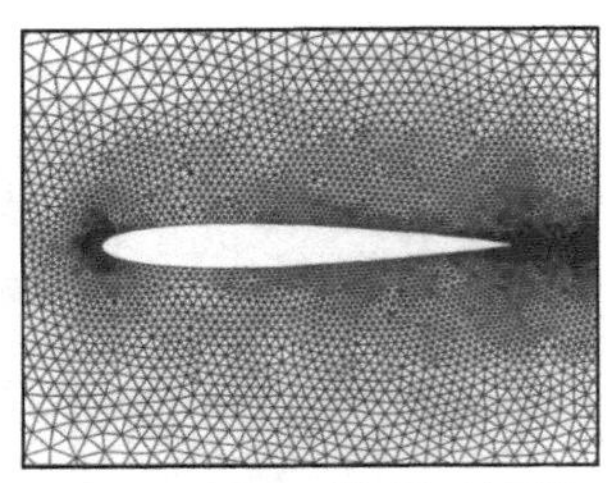

(a) NACA0012翼型初始网格

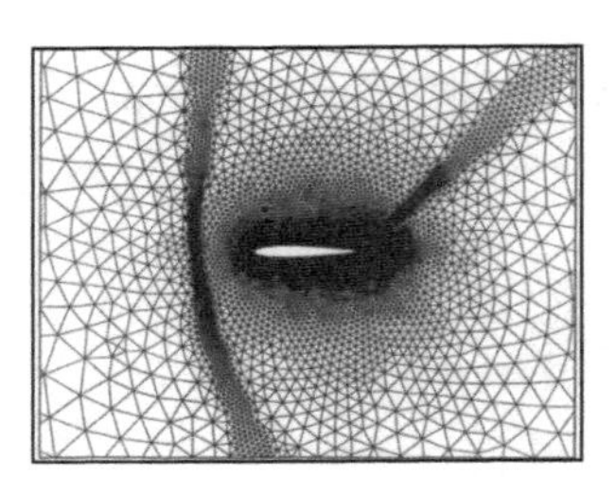

(b) 经两次自适应以后的网格

图 11.12　NACA0012 翼型初始三角形网格及自适应网格

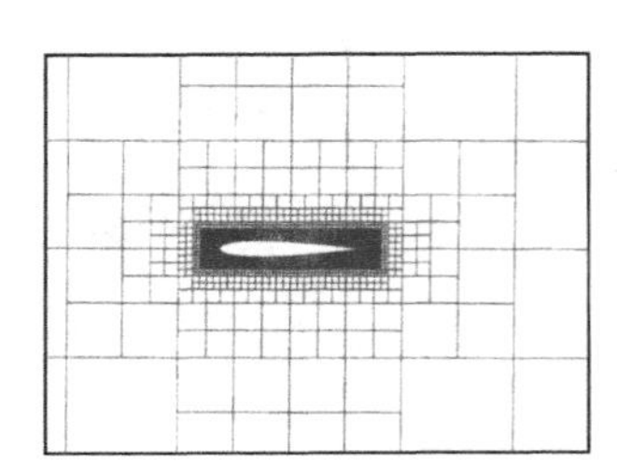

(a) NACA0012翼型初始混合网格

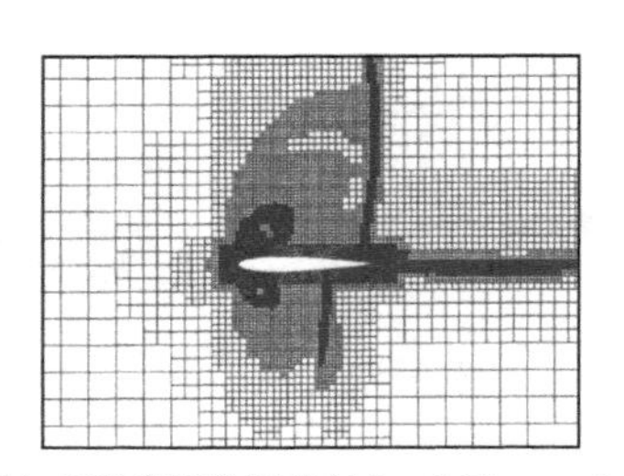

(b) 自适应后的网格(M_∞=0.85、α=1.0°)

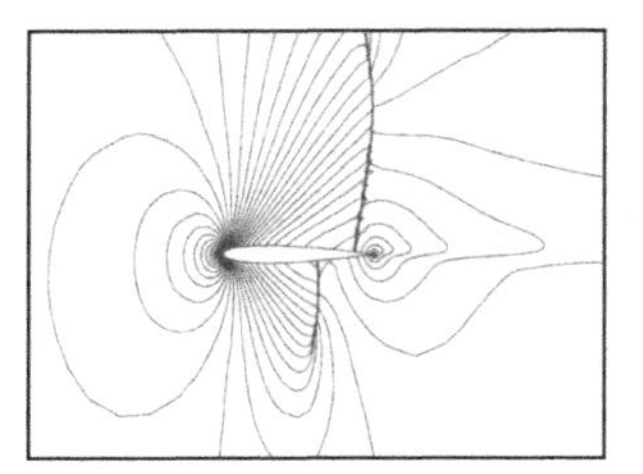

(c) Mach数等值线

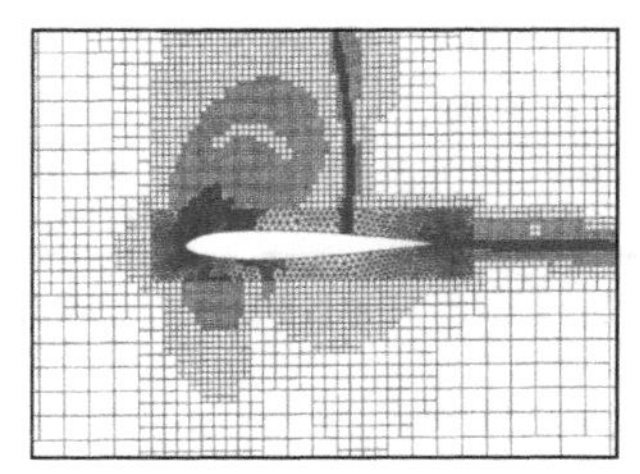

(d) 自适应后的网格(M_∞=0.8、α=1.25°)

图 11.13　NACA0012 翼型笛卡尔/三角形混合网格及自适应网格

11.3.3 三维超声速圆柱绕流网格自适应

对于三维情形，这里首先给出超声速圆柱绕流算例。计算条件为 M_{∞}=5.73, $Re = 2.05 \times 10^3$, T_{∞} =210.2K。图 11.14 为自适应前后网格及其相应计算流场的对比。初始网格采用纯六面体，单元总数为 2100，相应计算流场的激波区域较宽。经三次自适应加密后，单元总数为 8820。加密判据采用压力梯度，由于激波区域的压力梯度明显相对较大，可以较容易地实现此区域的集中加密。由图 11.14(d) 可见，自适应后相应计算流场的激波区域变窄、分辨更为清晰。对比圆柱前端中心线上的压力 (图 11.14(e)) 和 Mach 数 (图 11.14(f)) 分布，在激波附近自适应后相应流场的物理量变化明显更加陡峭。

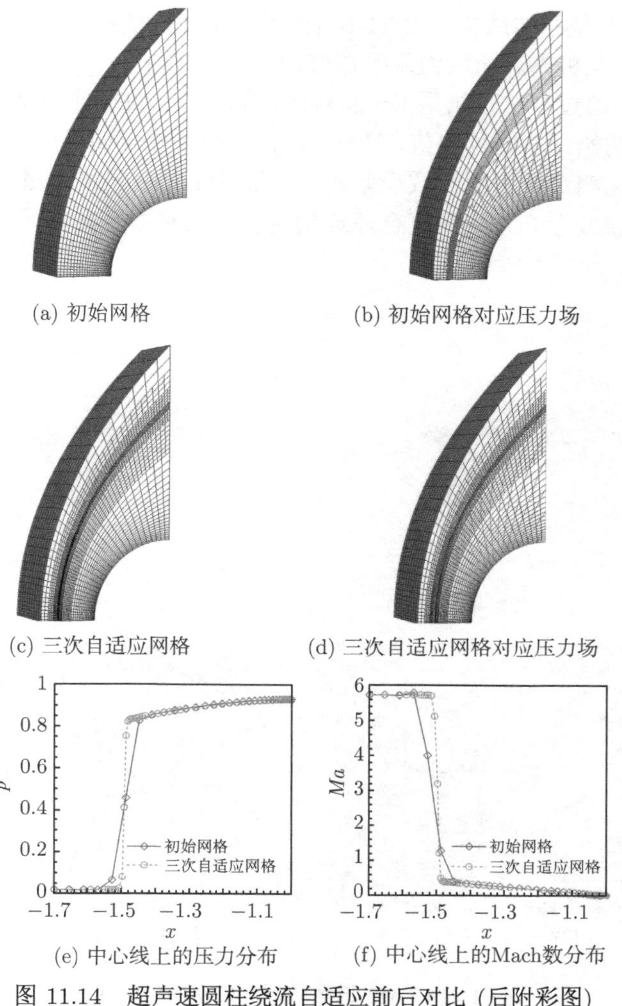

图 11.14 超声速圆柱绕流自适应前后对比 (后附彩图)

11.3.4 ONERA-M6 机翼跨声速绕流网格自适应

作为跨声速算例，这里给出了 ONERA-M6 机翼的自适应计算结果。计算状态为 $\alpha = 3.06°$，$M_\infty=0.8395$，基于机翼平均气动弦长的 $Re=1.172\times10^7$，$T_\infty=255.56\text{K}$。图 11.15 为自适应前后网格的对比。初始混合网格的单元总数约 157 万，其中物面附近为六面体，剩余空间主要为四面体，两种单元之间用金字塔过渡。经三次自适应加密后，单元总数约 791 万。此算例的激波不是太强，激波前后的压力变化与边界层内压力沿壁面法向的变化在同一量级，若采用压力梯度判据，难以对两者进行区分，从而会导致边界层内大部分网格被加密。为了避免这种情况，这里将加密判据调整为压力沿流向的导数。由自适应后的网格可见，根据此判据可较清晰地捕捉到机翼表面 "λ" 型激波结构。图 11.16 给出了自适应前后机翼表面的压力分布等值线；图 11.17 是机翼表面压力系数在展向站位 20%、44%、65%、80%、90%和 96%处的分布。通过与试验结果 [31] 的对比可以看出，自适应网格对应的激波位置和强度均优于初始网格的预测值。当然，此处只是采用了简单的特征判据，定性地认为物理量变化相对较大的区域误差较大，与实际误差分布存在一定差异。然而，要定量地分析误差分布，从而更合理地指定加密网格单元，却是一个很复杂的问题，有待于进一步深入研究。

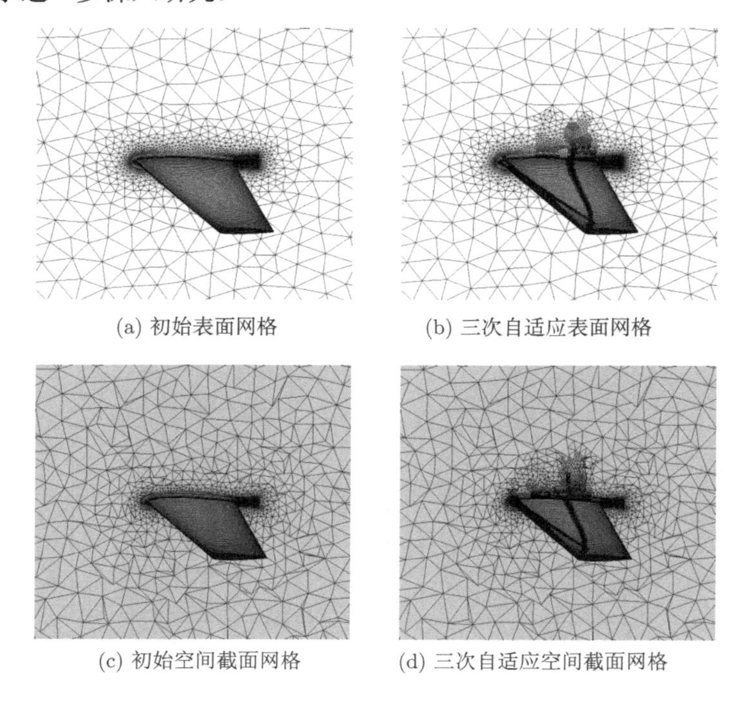

(a) 初始表面网格　(b) 三次自适应表面网格

(c) 初始空间截面网格　(d) 三次自适应空间截面网格

图 11.15 M6 机翼自适应前后网格对比

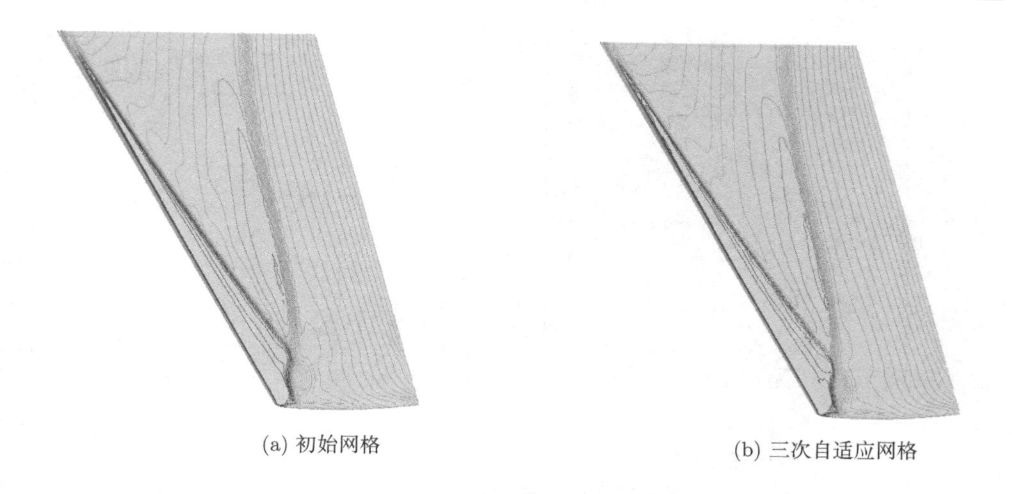

(a) 初始网格

(b) 三次自适应网格

图 11.16 M6 机翼自适应前后壁面压力云图对比 (后附彩图)

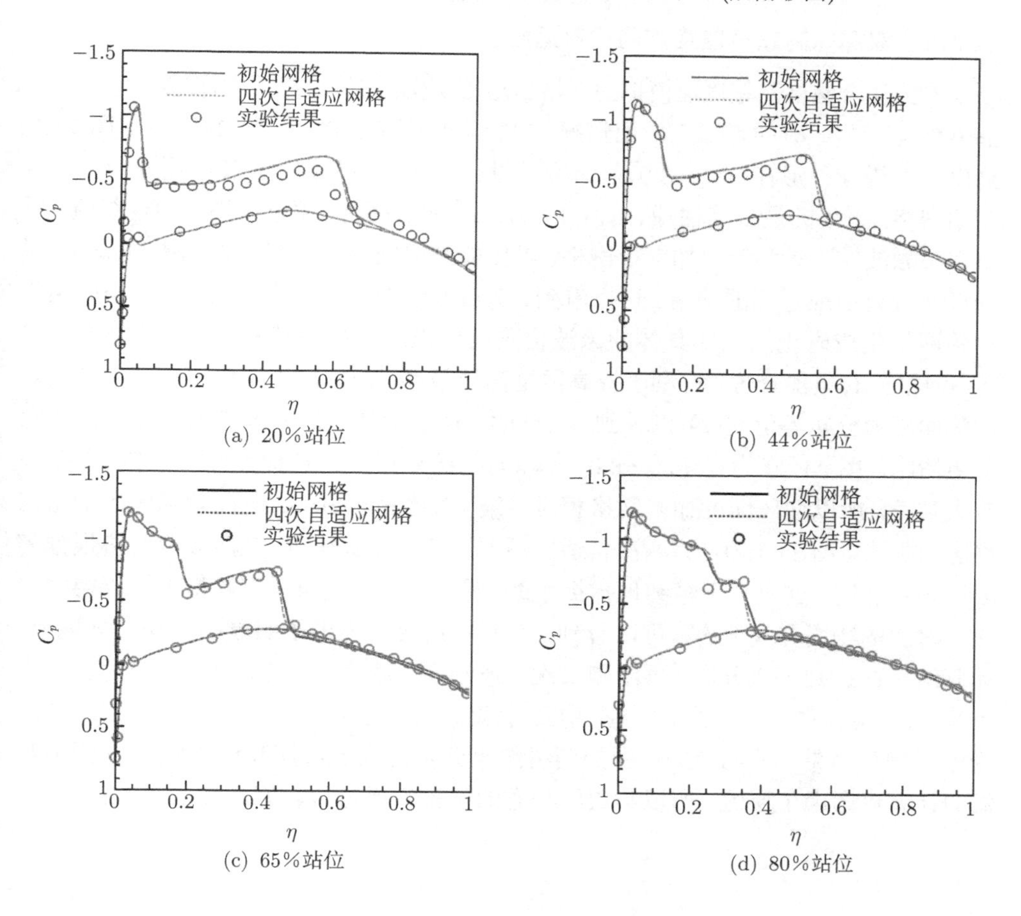

(a) 20%站位

(b) 44%站位

(c) 65%站位

(d) 80%站位

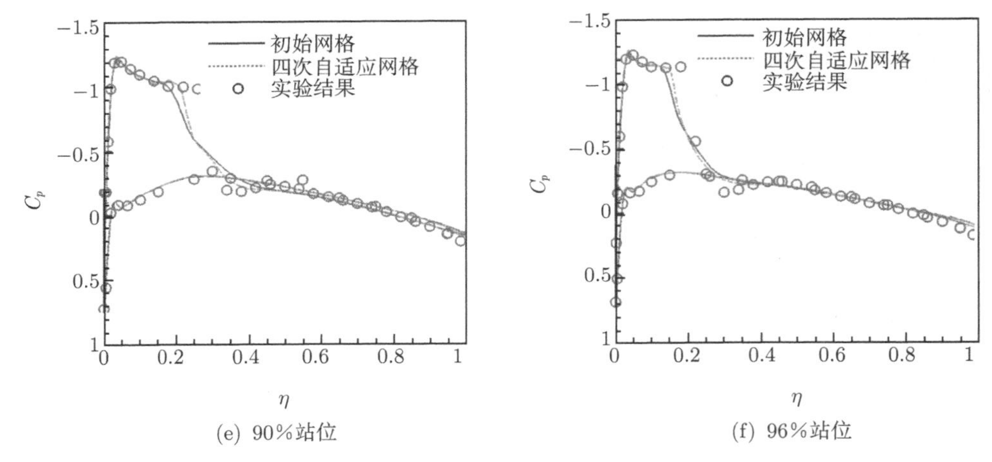

(e) 90%站位 (f) 96%站位

图 11.17 M6 机翼自适应前后壁面各站位压力系数对比 (后附彩图)

11.3.5 双椭球高超声速绕流网格自适应

作为混合网格高超声速模拟的网格自适应实例，这里给出了双椭球在 M_∞=8.0、α=0.0° 和 20.0° 时的自适应应用情况。以特征长度定义的 Re 为 2.6×10^6。图 11.18 给出了双椭球外形在 M_∞=8.0、α =0.0° 时自适应前后的网格，其中图 11.18(a) 为初始网格，采用的是三棱柱/四面体/Cartesian 混合网格，由于是高超声速绕流，所以在头激波锥附近和锥内加密了网格，以便能捕捉到流动分离现象。图 11.18(b) 是经过两次自适应之后的网格。可以看到，在激波区网格得到合理的加密，同时由于初始网格生成时无法预知具体的激波位置而预设的激波前较密网格得到适当的稀疏，网格分布更加合理，有利于提高网格离散效率。图 11.19 为自适应前后物面和对称面压力分布等值线，可以看到，在自适应网格上得到的激波结构明显较自适应前更清晰。图 11.20 为在 M_∞=8.0、α=20.0° 状态时自适应前后的网格，由于存在较大攻角，所以迎风面的加密网格相对压缩 (对比图 11.18(a))，而背风区的加密网格区域加大。图 11.18(b) 为两次自适应后的网格，可以看到，在激波区网格根据需要进一步加密，这有利于精细地捕捉激波。图 11.21 为在自适应网格上计算得到的两个状态的物面分离流态，可以看到，在双锥结合部出现了明显的流动分离现象，计算结果捕捉到一次分离、再附和二次分离形态。最后，我们给出了在自适应网格上获得的 M_∞=8.0、α=20.0° 状态物面对称线上的热流分布 (图 11.22)，图中同时给出了试验结果 (图 11.22(b) 中的两组结果分别对应于层流和湍流状态)，因为我们的计算仅考虑了层流，所以与层流状态的试验结果符合较好。

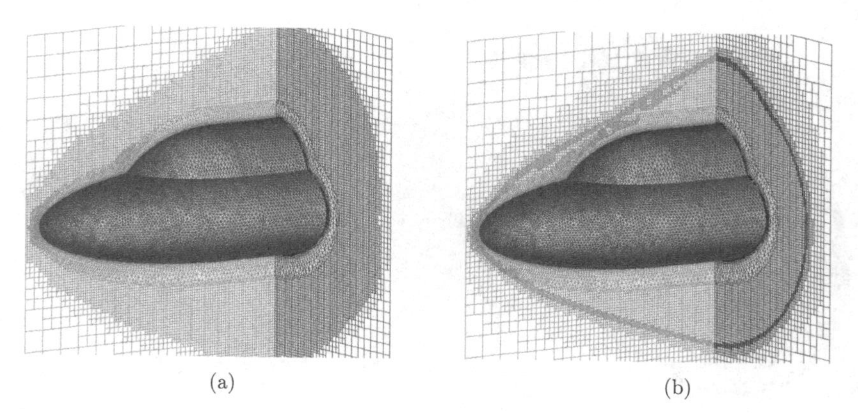
(a) (b)

图 11.18 双椭球外形自适应前 (a)、后 (b) 混合网格 (M_∞=8.0、α=0.0°)(后附彩图)

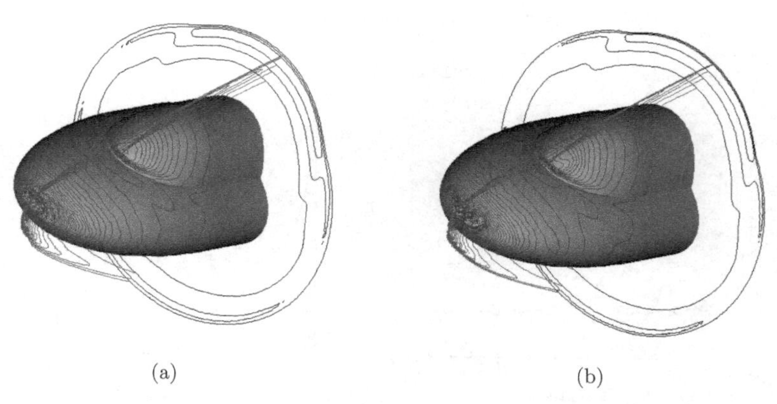
(a) (b)

图 11.19 双椭球自适应前 (a)、后 (b) 物面和对称面压力分布等值线 (M_∞=8.0、α=0.0°)(后附彩图)

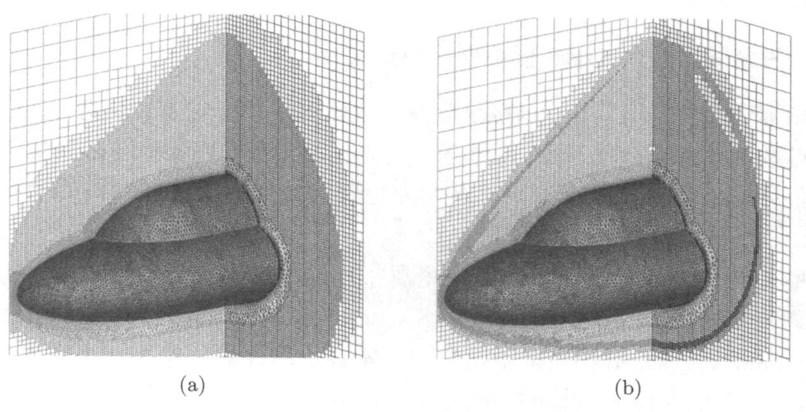
(a) (b)

图 11.20 双椭球自适应前 (a)、后 (b) 混合网格 (M_∞=8.0、α=20.0°)(后附彩图)

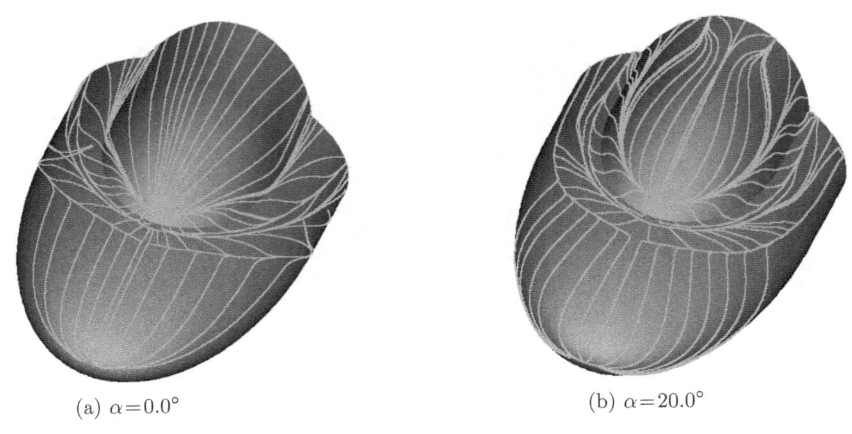

(a) $\alpha=0.0°$　　(b) $\alpha=20.0°$

图 11.21　在自适应网格上计算得到的表面分离流态 (后附彩图)

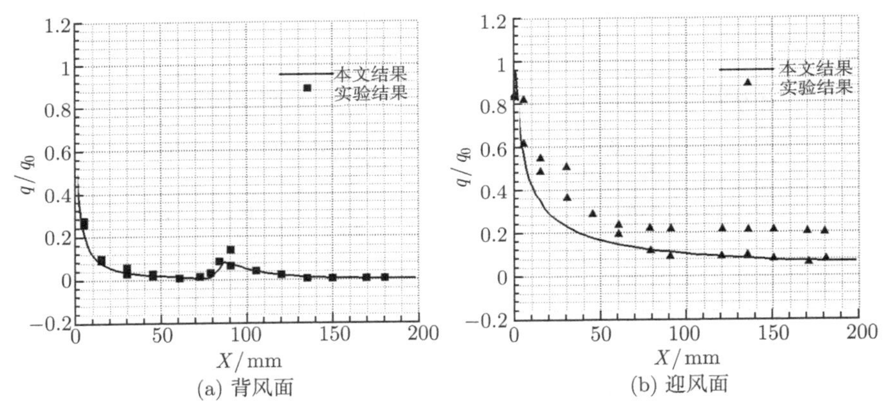

(a) 背风面　　(b) 迎风面

图 11.22　在自适应网格上计算得到的物面对称线上的热流分布

11.3.6　三角翼大攻角 DES 模拟网格自适应

三角翼大攻角绕流问题，一直是流体力学研究中的一项重要内容，其中的涡破裂演化过程极其复杂。对于 CFD 而言，湍流模型、格式耗散和网格质量等因素都会对数值模拟结果产生显著影响，迄今为止要对此类流动进行准确的预测是非常困难的。

这里我们对 65° 后掠、尖前缘三角翼 (图 11.23) 进行自适应计算，模型详细情况可参考文献 [32]。1996 年，在 NASA Langley NTF 跨声速风洞中开展了此外形的 Reynolds、Mach 数影响试验研究[32]。本算例的计算状态为来流攻角 α=23°、Ma=0.4、基于平均气动弦长的 Re=6×10^6，此状态下存在旋涡分离和涡破裂等特征流动现象。计算采用作者发展的基于非结构/混合网格的 DES 模拟方法[33−35]，计算所用时间步长为 $0.001c_r/U_\infty$(c_r 为气动根弦长，U_∞ 为来流速度)。初始网格如图 11.24 所示，单元总数约 527 万，单元类型包括四面体、金字塔、六面体。物面附近为结构网格，因为要进行 DES 模拟，所以背风区 (相对于迎风面) 采用了较密的非结构网格 (图 11.24(b))。

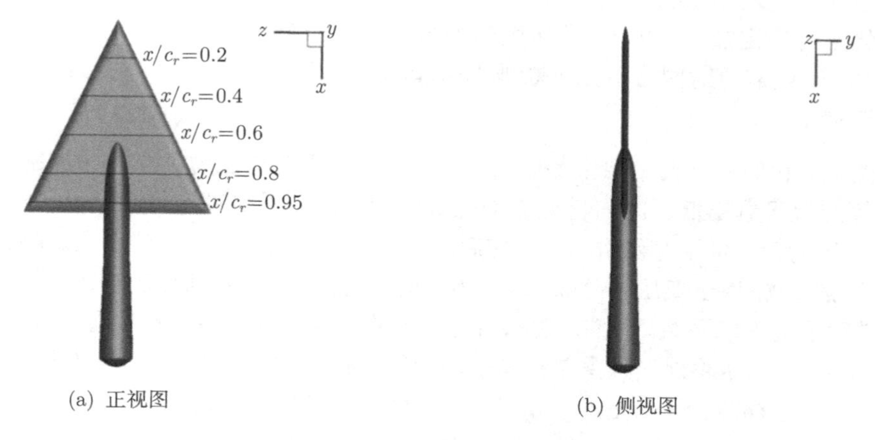

(a) 正视图　　(b) 侧视图

图 11.23　65° 后掠三角翼构型

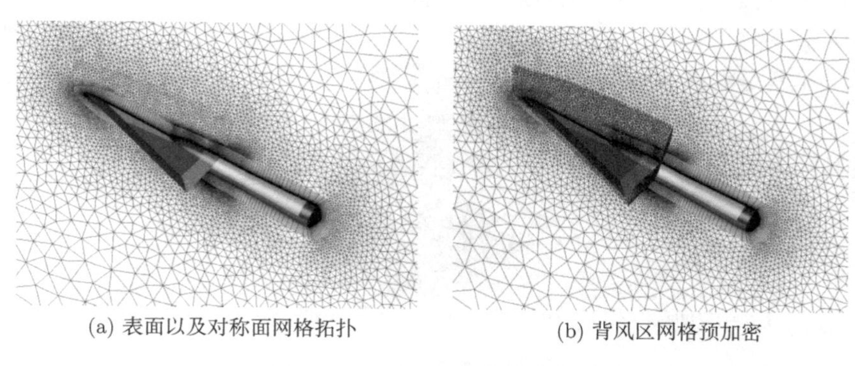

(a) 表面以及对称面网格拓扑　　(b) 背风区网格预加密

图 11.24　65° 后掠三角翼网格

通过与其他计算方式 (URANS、原始的基于 Roe 格式[36] 的 DES[37]) 的比较来看，在初始网格计算中，DES 方法与耗散自适应调节混合格式[33−35] 的联合使用，对提高此类复杂湍流问题的数值模拟能力已经起到了良好的作用。因为在流动最为复杂的背风区，DES 主要表现为 LES 模式，湍流小尺度脉动解析能力优于 RANS 方法，同时混合格式能够避免过多的数值耗散对 LES 计算的不利影响。然而这里采用的混合格式精度为二阶，其色散和耗散特性仍然逊于高阶精度格式，空间分辨率相对较低。因此我们期望结合前面建立的网格自适应方法，通过适当增加局部网格量，来迅速提高背风区的空间分辨率，从而以较小的成本，达到进一步增强小尺度涡系结构解析的目的。

在对初始网格进行加密之前，采用何种加密判据却是一件比较困难的事。首先，前述超声速流动中常用的梯度类判据显然不是最佳选择，因为此算例是完全的亚声速流动，受关注的涡核区的梯度与边界层中的梯度值域较为重叠，难以对期待的区域进行指定加密。其次，背风区的涡核运动是一个非定常变化的过程，若仅对涡核加密，则需要对网格单元不断地加密和稀疏，而频繁的自适应，反而会导致计算量迅速增加。

为此，我们依据初始网格各截面压力云图，选择时均压力大小作为加密判据。从计算结果可看出低压区与特征流动区域较为一致。采用时均值则是为了消除因 DES 计算的瞬时量不对称引起自适应后的网格不对称对计算造成的不利影响。在三角翼上游区域，由于低压区已深入边界层，为了避免因边界层加密带来的网格量猛增，进行了最小壁面距离限制，将边界层排除在加密区域之外。同时选取较大的空间加密区域，基本将涡核区覆盖在其中，而没有随涡核的非定常运动实时调整网格加密单元，这样减少了自适应的次数，但网格量的增长相对较快，因此只作了两次网格自适应，单元总数约 2618 万。图 11.25～ 图 11.29 给出了 x/c_r=0.2、0.4、0.6、0.8 和 0.95 各纵向截面上的自适应前后的网格，以及截面上的压力分布，可以看到，对于我们特别关注的涡核区，计算网格得到了有效加密，这有利于捕捉更加精细的旋涡结构，尤其是涡破裂现象。

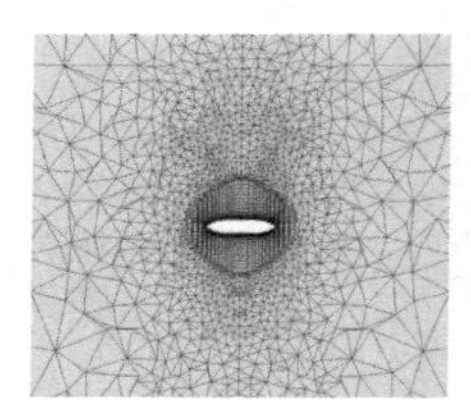

(a) 初始空间截面网格

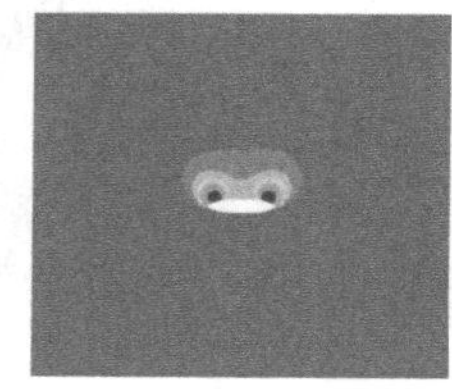

(b) 空间截面压力云图

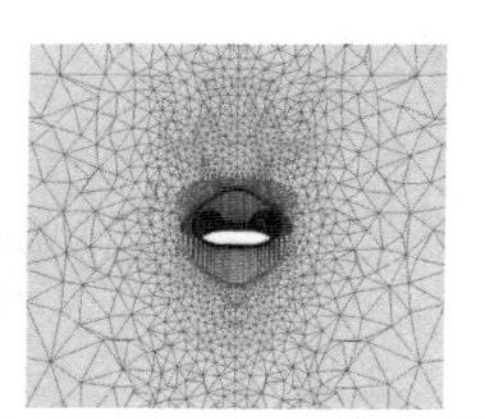

(c) 两次自适应空间截面网格

图 11.25　65° 后掠三角翼自适应前后对比 (x/c_r= 0.2)(后附彩图)

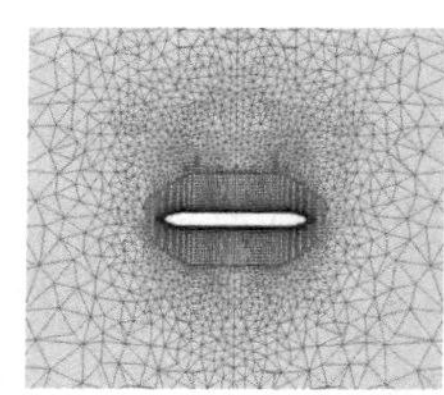

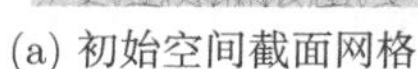

(a) 初始空间截面网格

(b) 空间截面压力云图

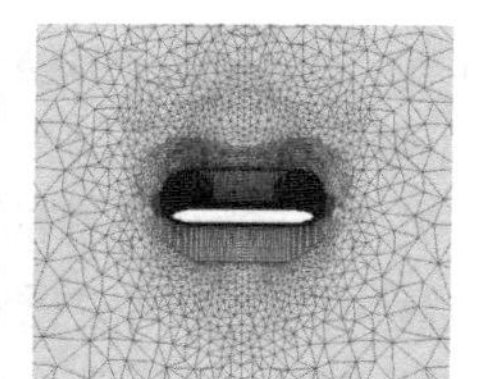

(c) 两次自适应空间截面网格

图 11.26　65° 后掠三角翼自适应前后对比 (x/c_r= 0.4)(后附彩图)

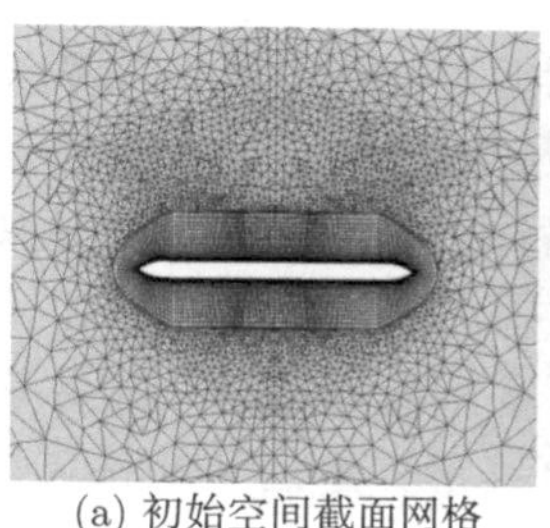
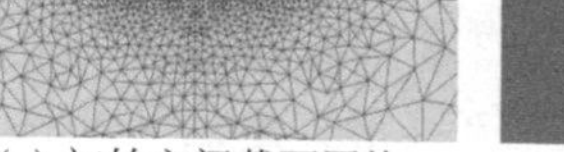

(a) 初始空间截面网格

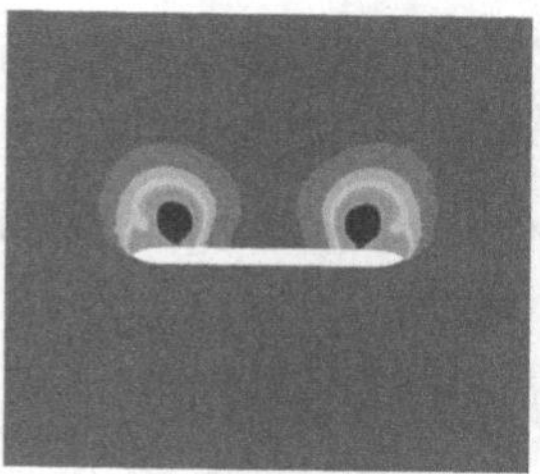

(b) 空间截面压力云图

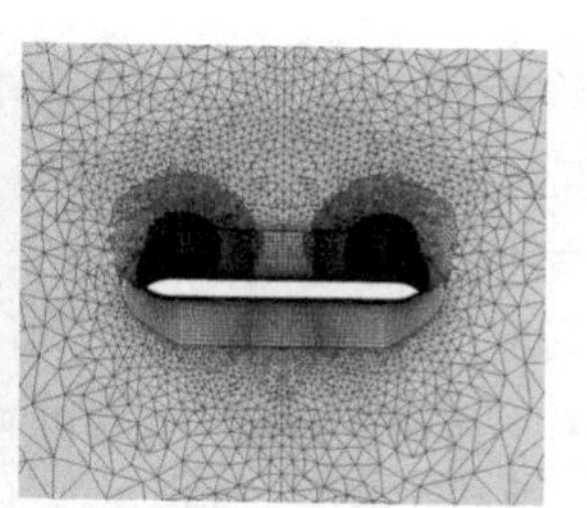

(c) 两次自适应空间截面网格

图 11.27 65° 后掠三角翼自适应前后对比 ($x/c_r = 0.6$)(后附彩图)

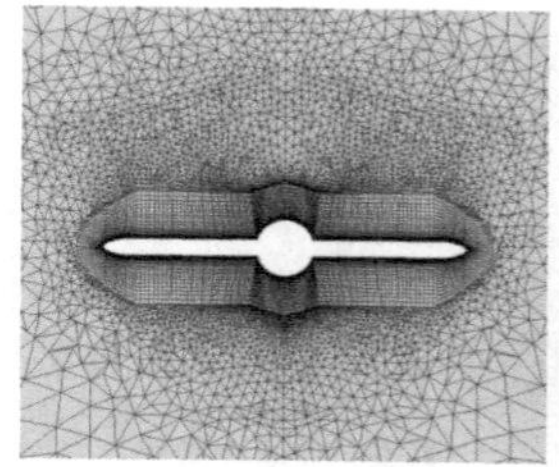

(a) 初始空间截面网格

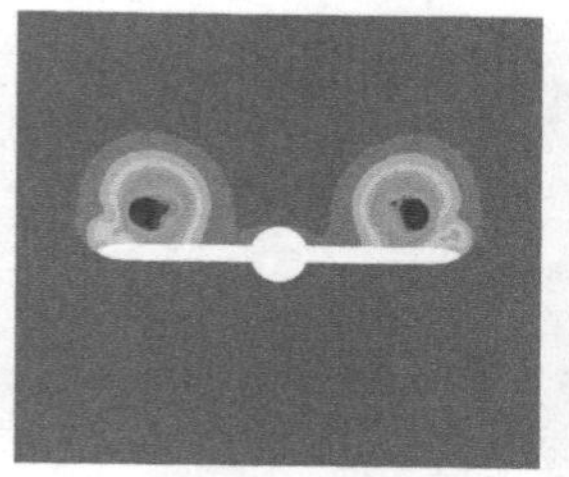

(b) 空间截面压力云图

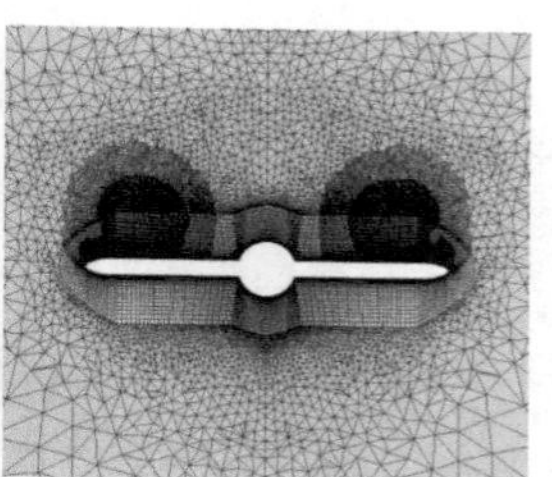

(c) 两次自适应空间截面网格

图 11.28 65° 后掠三角翼自适应前后对比 ($x/c_r = 0.8$)(后附彩图)

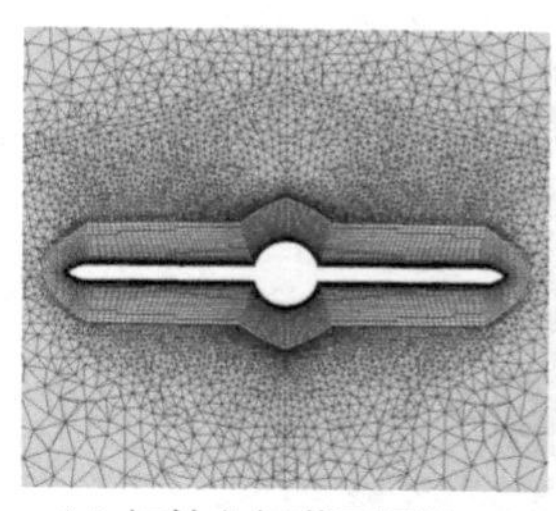

(a) 初始空间截面网格

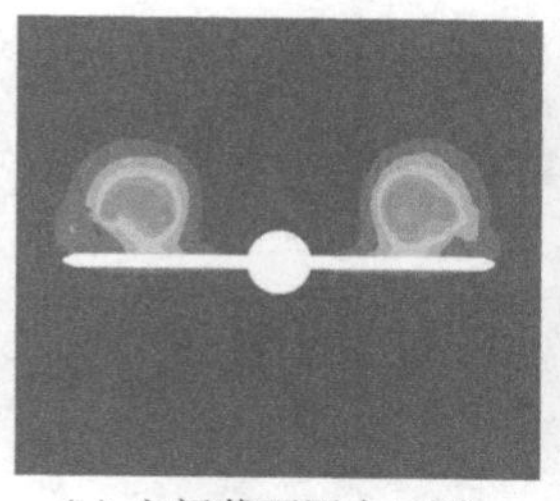

(b) 空间截面压力云图

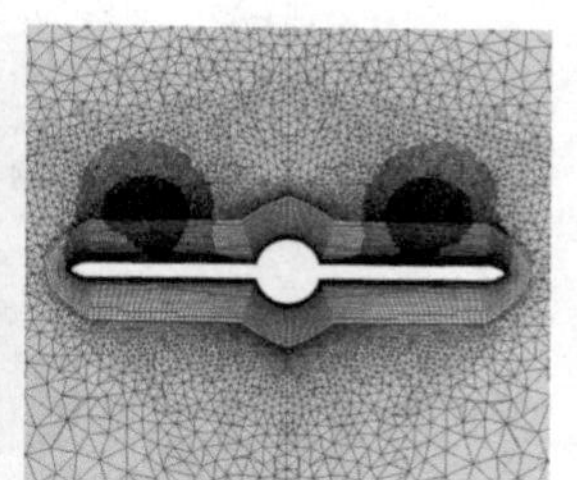

(c) 两次自适应空间截面网格

图 11.29 65° 后掠三角翼自适应前后对比 ($x/c_r = 0.95$)(后附彩图)

图 11.30 为自适应前后的瞬时 Q 涡量等值面。对于初始网格计算流场，主涡核破裂之前呈类似柱体形状，破裂后仍存在较大尺度的涡系结构。对于自适应网格计算流场，主涡核破裂之前已经开始拉伸、扭曲 (这种变形源自涡核自诱导)，破裂后变成许多小尺度涡，并与剪切层失稳形成的小尺度三维结构掺混在一起。当然，仅凭 Q 涡量等值面不能完全显示流场的涡系结构差异，为此图 11.31 给出了相应截面的涡量云图对比。在 $x/c_r=0.2$ 站位，自适应网格计算相应主涡核的内核区涡量更高，自由剪切层的缠绕更紧密，主涡核横截面积更小。在 $x/c_r=0.4$ 站位，自适应网格计算相应的主涡核区开始出现拉伸变形，这与从瞬时 Q 涡量等值面观察到的涡核扭曲是一致的，自由剪切层虽然受到了这种拉伸影响，但还没有表现出很强

的三维特性。在 x/c_r=0.6 站位，自适应网格计算得到的剪切层在卷起过程中受涡核的非轴对称弯扭扰动影响，逐渐发展为三维结构，从相应瞬时 Q 涡量等值面来看，一些小尺度涡系结构被卷入了主涡核，而初始网格计算相应的剪切层依然比较稳定。从 x/c_r=0.8 站位开始，两种计算情况对应的主涡核都已逐渐破裂，自适应网格计算得到的破裂区域的涡系结构尺度更小，并可观察到其剪切层中存在小集中涡 (或称亚结构 (sub-structure))。图 11.32 以相应流线形式给出了几种典型破裂形态，包括泡状、螺旋状和双螺旋状 (也可以看作泡状与螺旋状之间相互转换的中间态)。

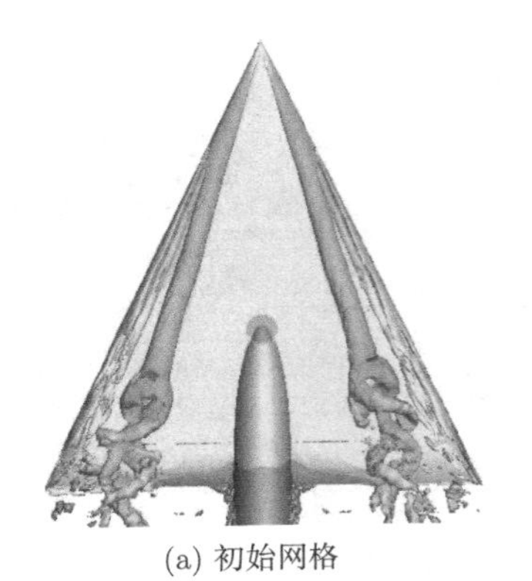

(a) 初始网格

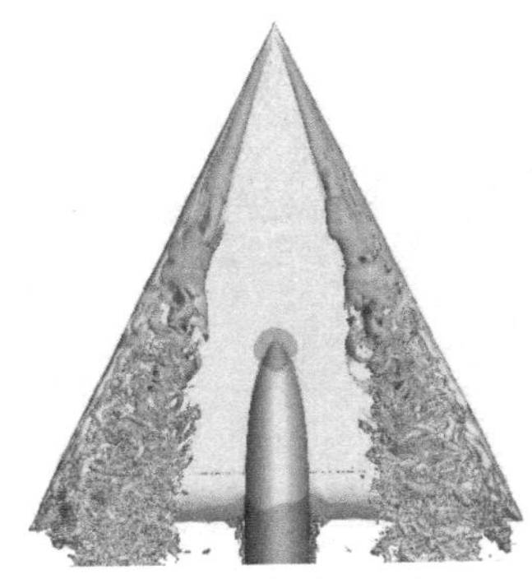

(b) 两次自适应网格

图 11.30　65° 后掠三角翼自适应前后涡量等值面对比 (Q=300)(后附彩图)

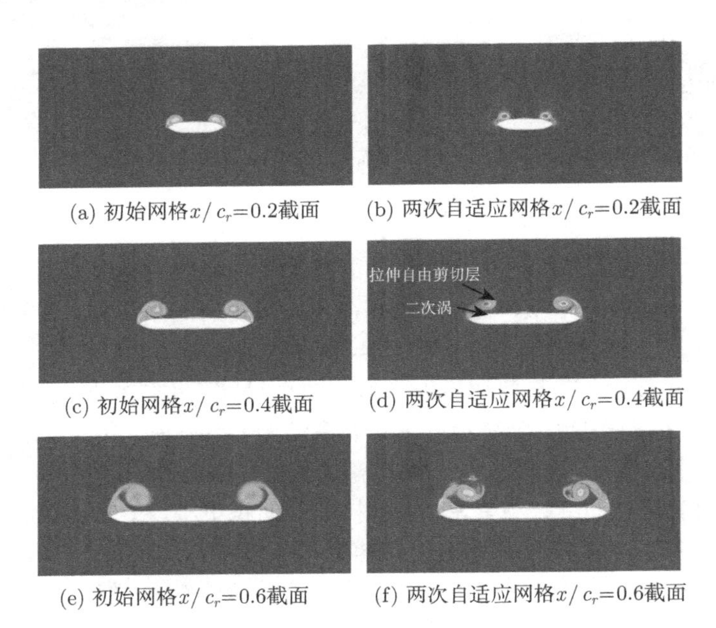

(a) 初始网格x/c_r=0.2截面　(b) 两次自适应网格x/c_r=0.2截面

(c) 初始网格x/c_r=0.4截面　(d) 两次自适应网格x/c_r=0.4截面

(e) 初始网格x/c_r=0.6截面　(f) 两次自适应网格x/c_r=0.6截面

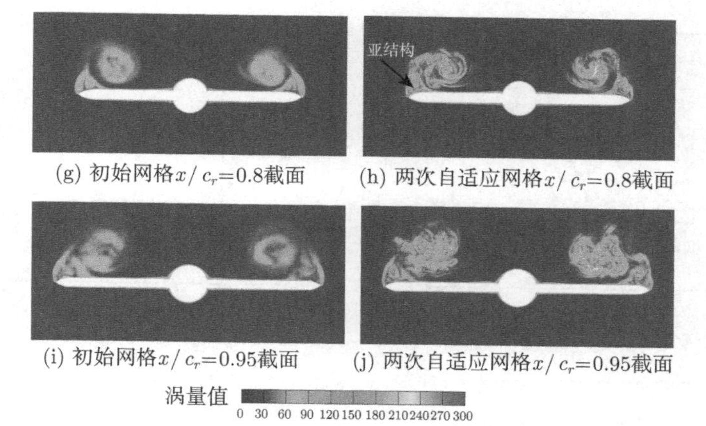

图 11.31 65° 后掠三角翼自适应前后各截面涡量对比 (后附彩图)

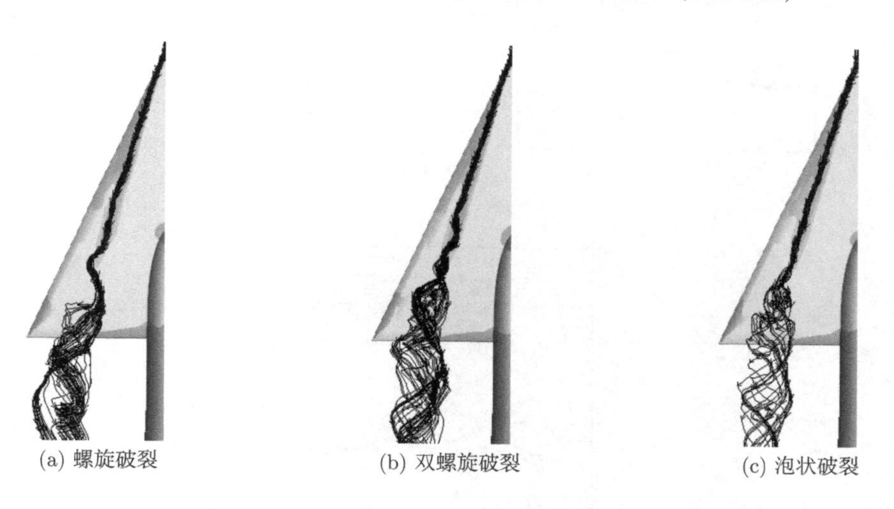

图 11.32 穿越主涡核区流线对应的几种典型流动结构 (后附彩图)

为了详细比较自适应前后的差异，图 11.33 给出了以上五个截面相应的物面时均压力系数分布与试验值 [32] 的对比。在 x/c_r=0.2 站位，自适应后主涡对应的吸力峰更加陡峭，并出现了与二次涡对应的吸力峰，而初始网格计算出的二次涡吸力峰则出现稍晚。在 x/c_r=0.4 站位开始出现二次涡吸力峰，但强度低于自适应网格，不过对于试验测量值没有发现明显二次涡吸力峰，比较意外。在 x/c_r=0.6，二次涡吸力峰消失。在 x/c_r=0.8 站位，自适应计算的吸力峰却略小，也许是由于网格加密区抬高使涡核区抬高了。在 x/c_r=0.95 站位，压力有些偏离，这也许也是由加密区域引起的。因此，关于旋涡结构的精细捕捉仍需要深入研究。

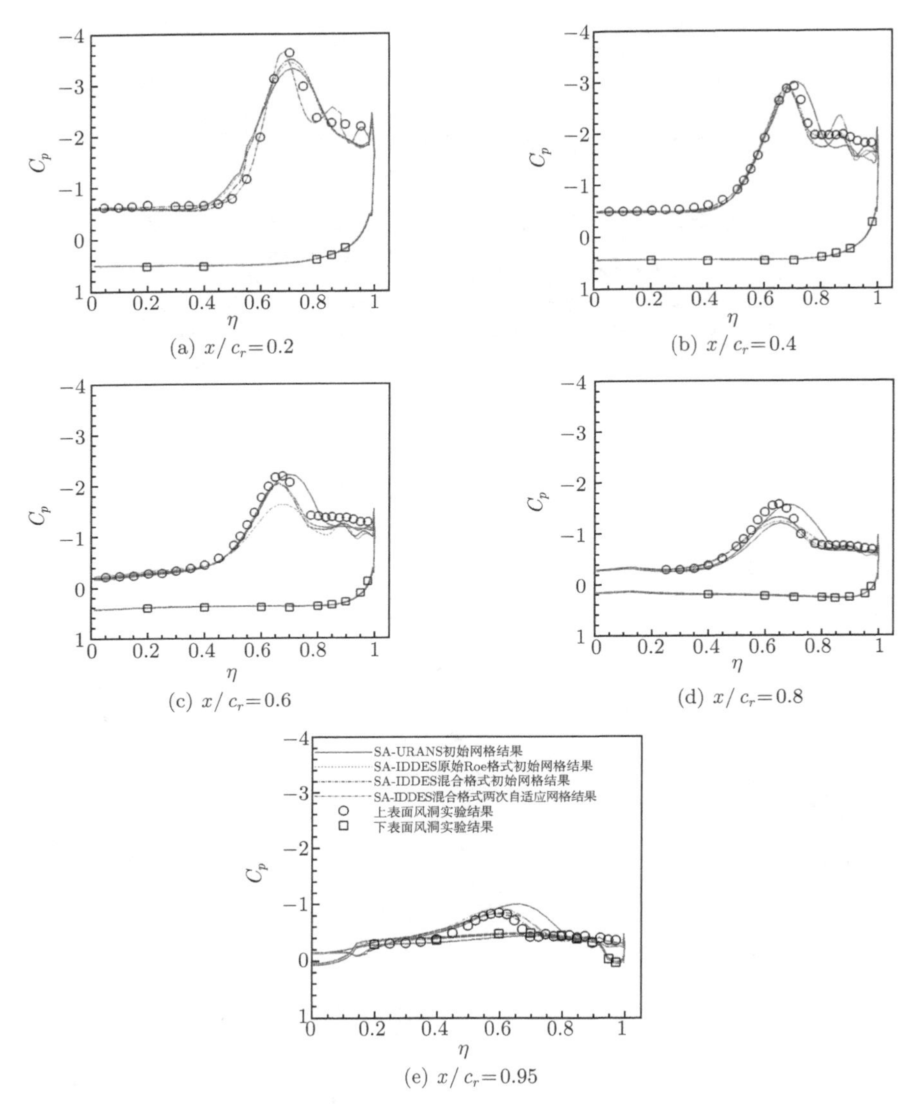

(a) $x/c_r=0.2$

(b) $x/c_r=0.4$

(c) $x/c_r=0.6$

(d) $x/c_r=0.8$

(e) $x/c_r=0.95$

图 11.33 表面压力分布与试验对比 (后附彩图)

11.4 动态网格自适应

自适应过程不单是在局部区域的加密，它同时也可以进行稀疏。这样可以更好地提高计算效率。特别是对于非定常流动，流场中的激波、剪切层等随着时间的推进处于不断变化的过程之中，为此网格需随之同步自适应。图 11.34 给出了运动激波的双 Mach 反射的运动过程。在均匀初始网格上，随着激波向前运动，局部网格也随之加密，而波后的网格在激波扫过之后自动稀疏，恢复原状。从图 11.34(a)~(d) 可以看出，网格的自适应清晰地描绘了激波的运动过程和反射形态。

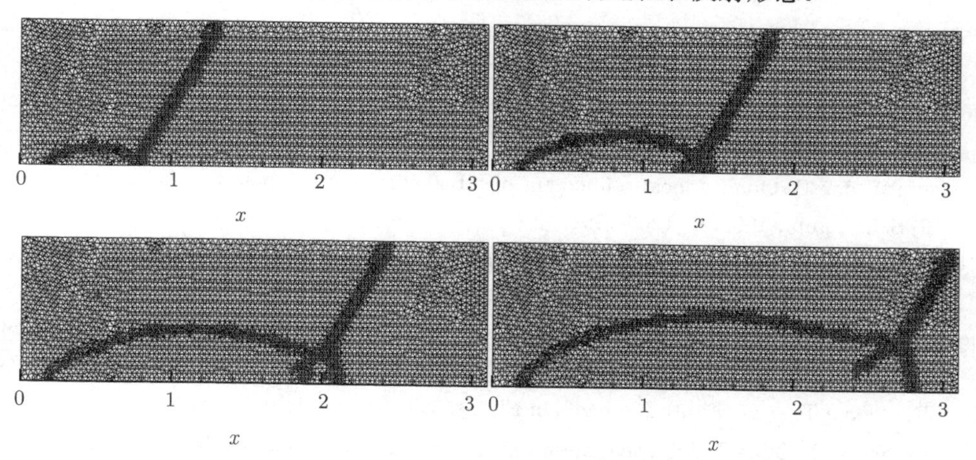

图 11.34 双 Mach 反射动态自适应过程

11.5 小 结

本章重点介绍了非结构/混合网格的自适应方法，主要包括自适应的基本流程、自适应判据、网格单元的剖分方法及优化、悬空点的处理、动态自适应等，并给出了一些典型的应用实例。从给出的应用实例可以看出，网格自适应方法能大幅提高流场结构的分辨率，而且具有良好的计算效率。

经过几十年的发展，网格自适应技术已经在实际工程问题中得到良好的应用。但是，随着实际应用复杂度的急剧增大，网格自适应技术仍需持续发展。文献调研结果显示，基于伴随方程的网格自适应、各向异性网格自适应、高精度网格的自适应、自动化的曲边界修正等将是未来的研究重点。

参考文献

[1] Jiang B N, Carey G F. Adaptive refinement for least-squares finite elements with element-by-element conjugate gradient solution. International Journal for Numerical Methods in Engineering, 1987, 24: 569-580.

[2] Mavriplis D J. Three dimensional unstructured multigrid for the Euler equations.AIAA Journal, 1992, 30(7): 1753-1761.

[3] Barad M, Colella P. A fourth-order accurate local refinement method for Poisson equation. Journal of Computational Physics, 2005, 209(1): 1-18.

[4] Zhang Z J,Groth C P T.Parallel high-order anisotropic block-based adaptive mesh refinement finite-volume scheme. AIAA paper, 2011-3695, 2011.

[5] SenguttuvanV, Chalasani S, Luke E A,et al.Adaptive mesh refinement using general elements. AIAA paper, 2005-0927, 2005.

[6] Kallinderis Y, Vijayan P. Adaptive refinement-coarsening scheme for three-dimensional unstructured meshes. AIAA Journal, 1993, 31: 1440-1447.

[7] Liu A, Joe B. Quality local refinement of tetrahedral meshes based on bisection. SIAM J. Sci. Comp., 1995, 6: 1269-1291.

[8] Nicolas G, Fouquet T. Adaptive mesh refinement for conformal hexahedral meshes. Finite Elements in Analysis and Design, 2013, 67: 1-12.

[9] Demkowicz L, Oden J T, Strouboulis T, et al. An adaptive p-version finite element method for transient flow problems with moving boundaries//Gallagher R H, Carey G F, Oden J T, et al. Finite Elements in Fluids. Chichester: John Wiley&Sons Ltd., 1985.

[10] Berger M J, OligerJ. Adaptive mesh refinement for hyperbolic partial differential equations. Journal of Computational Physics, 1984, 53(3): 484-512.

[11] Dwyer H A. Grid adaptation for problems in fluid dynamics. AIAA Journal, 1984, 22: 1705-1712.

[12] Mavriplis D. Unstructured mesh generation and adaptivity. NASA Contractor Report 195069, ICASE Report 1\TO. 95-26. X995.

[13] Lohner R. Adaptive h-refinement on 3D unstructured grids for transient problems. International Journal for Numerical Methods in Fluids, 1992, 14: 1407-1419.

[14] Connell S D,Holmes D G. Three-dimensional unstructured adaptive multigrid scheme for the Euler equations. AIAA Journal, 1994, 32: 1626-1632.

[15] Nemec M, Aftosmis M J, Wintzer M. Adjoint-based adaptive mesh refinement for complex geometries. AIAA paper, 2008-0725, 2008.

[16] Wissink A, Potsdam M, Sankaran V, et al. A coupled unstructured-adaptive Cartesian CFD approach for hover prediction. Paper presented at the American Helicopter Society(AHS) Forum, Phoenix AZ, May 2010.

[17] Fidkowski K J,Darmofal D L. Review of output-based error estimation and mesh adaptation in computational fluid dynamics. AIAA Journal, 2011, 49(4): 673-694.

[18] Venditti D A, Darmofal D L. Anisotropic grid adaptation for functional outputs: Application to two-dimensional viscous flows. Journal of Computational Physics, 2003, 187(1): 22-46.

[19] Geuzaine C, Johnen A, Lambrechts J, et al. The generation of valid curvilinear meshes// Kroll N,Hirsch C,Bassi F, et al. IDIHOM: A Top-down Appraoch, Notes on Numerical Fluid Mechanics and Multidisciplinary Design.Berlin:Spinger International Publishing, 2015, 128: 15-39.

[20] Persson P O,Peraire J. Curved mesh generation and mesh refinement using Lagrangian solid mechanics. AIAA paper, 2009-0949, 2009.

[21] Rumsey C, Wedan B, Hauser T,et al.Recent updates to the CFD general notation system(CGNS). AIAA paper, 2012-1264, 2012.

[22] Huang W Z. Mathematical principles of anisotropic mesh adaption. Communications in Computational Physics, 2006, 1(2): 276-310.

[23] Habashi W G, Dompierre J, Bourgault Y, et al.Certifiable computational fluid dynamics through mesh optimization. AIAA Journal, 1998, 36(5): 703-711.

[24] Mavriplis D J. Adaptive meshing techniques for viscous flow calculationson mixed element unstructured meshes.International Journal for Numerical Methods in Fluids, 2000, 34: 93-111.

[25] He X, He X Y, He L, et al.HyperFLOW: A structured/unstructured hybrid integrated computational environment for multi-purpose fluid simulation.Procedia Engineering, 2015, 126: 645-649.

[26] 赵钟，赫新，张来平，等. HyperFLOW 软件数值模拟 TrapWing 高升力外形. 空气动力学学报，2015，33(5): 594-602.

[27] He X, Zhang L P, Zhao Z, et al.Research and development of structured/unstructured hybrid CFD software.Transactions of Nanjing University of Aeronautics & Astronautics, 2013, 30(S): 116-120.

[28] Tritton D J. Experiments on the flow past a circular cylinder at low Reynolds numbers. J. Fluid Mech, 1959, 6: 547-567.

[29] Coutanceau M, Bouard R. Experimental determination of the main features of the viscous flow in the wake of a circular cylinder in uniform translation. Part1. Steady flow. J. Fluid Mech, 1977, 79: 231-256.

[30] Gautier R, Biau D, Lamballais E. A reference solution of the flow over a circular cylinder at Re=40. Computers & Fluids, 2013, 75: 103-111.

[31] Schmitt V, Charpin F. Pressure distributions on the ONERA-M6 wing at transonic mach numbers, experimental data base for computer program assessment. AGARD AR138, 1979.

[32] Chu J, Luckring J M. Experimental surface pressure data obtained on 65° delta wing across Reynolds number and Mach number ranges. NASA TM–4645, February 1996.

[33] Zhang Y, Zhang L P, He X, et al.Detached-eddy simulation of subsonic flow past a delta wing.Procedia Engineering, 2015, 126: 584-587.

[34] Zhang Y, Zhang L P, He X, et al. An improved second-order finite-volume algorithm for detached-eddy simulation based on hybrid grids.Communication in Computational Physics, 2016, 20(2): 459-485.

[35] 张扬，张来平，赫新，等. 基于非结构/混合网格的 DES 算法研究. 航空学报，2015, 36(9): 2900-2910.

[36] Roe P L. Error estimates for cell-vertex solutions of thecompressible Euler equations. ICASE Report No. 87-6, 1987.

[37] Spalart P R, Jou W H, Strelets M, et al. Comments on the feasibility of LES for wings and on a hybrid RANS/LES approach//Proceedings of 1st AFOSR International Conference on DNS/LES. Columbus: Greyden Press, 1997: 137-147.

第 12 章　网格优化技术

12.1　引　　言

长期的 CFD 实践表明，网格质量对计算结果的精度至关重要。对于复杂外形，较差的网格质量还有可能导致计算过程的发散，进而导致计算的失败。因此，在生成初始网格之后，一般需要对初始网格进行优化。事实上，第 11 章中介绍的网格自适应方法就是一种优化方法，只不过其是根据初始网格上计算得到的流场特性，对初始网格进行自适应加密或稀疏。

正如 1.3 节中所述，CFD 对计算网格的基本要求是光滑性、正交性及合理的网格分布。对于结构网格而言，文献中已有比较一致的定义[1]；然而，对于非结构和混合网格，如何定量地定义光滑性和正交性、如何确定合理的网格分布，这些问题在 CFD 界并没有形成一致的规范。

本章将根据作者在 CFD 应用中的经验，总结出一些基本的网格生成建议规范；对于结构网格，简要介绍网格生成商业软件中的质量检测方法[2−4]，并介绍中国空气动力研究与发展中心闵耀兵博士提出的一种基于几何守恒律的质量检测方法[5]；对于非结构网格，给出几种常用的质量判据[6,7]；据此给出几种非结构、混合网格的优化方法，主要包括弹簧松弛法、边界层网格的多方向推进技术及局部推进步长优化技术等。关于结构网格的优化，网格生成软件中一般采用求解椭圆型方程的方法进行，读者可以参见相关的文献，这里不再赘述。

12.2　网格生成基本规范建议

众所周知，网格质量对 CFD 结果的可信度有很大影响。网格生成过程的质量控制以往大多依赖于 CFD 工作者的经验，这就有必要制定相应的规范，使得网格生成工作更加规范化。然而，CFD 工作者在实际应用过程中，遇到的实际几何外形和流动状态千差万别，因此，很难给出统一的规范。鉴于此，比较实际的途径是针对某一类外形 (如大型客机、战斗机等) 的一定范围的流动状态 (如巡航状态或起飞着陆状态等)，根据大量的 CFD 实践，在 CFD 验证与确认的基础上，逐步总结出相关的应用规范或指南。以下以大型客机或运输机构型为例，给出网格质量和网格分布的基本要求。

1) 网格正交性

(1) 所有单元不出现负体积或负扭，最好能保持“凸”的几何特性，尽可能避免出现“凹”的情况。对于结构网格而言，单元体积可以表征为网格变换的雅可比矩阵行列式的值。对于非结构网格，可以将多面体单元剖分为多个四面体单元，利用四面体单元的体积求和。一种有效的方法是将多面体单元的每个面划分为三角形，在单元内部选取一点 (一般为几何中心点) 与面上的三角形构成四面体。严格意义上，要求所有子四面体的体积为正。

(2) 所有单元的每个面的面积不出现负面积或负扭，由四个点以上构成的单元面应尽可能在一个平面内。

(3) 对于六面体、三棱柱等类型的单元，侧面应尽可能与底面垂直；侧面与底面的夹角应大于给定值 (如 10°)。

2) 翼面/舵面网格分布

(1) 前缘、弦向网格点的间距取当地弦长的 0.1%。

(2) 后缘一般是一个极小厚度的台阶，在厚度方向上至少有 5~8 个网格单元。

(3) 翼根上网格点展向间距不大于 0.1%的半展长。

(4) 翼梢上网格点展向间距不大于 0.1%的半展长。

(5) 最大网格间距不大于 3%当地弦长，相邻网格间距比不大于 1.25，平滑过渡。

3) 机身表面网格分布

(1) 头部表面网格间距为 2%的平均气动弦长。

(2) 尾部表面网格间距为 2%的平均气动弦长。

(3) 在翼身结合处，网格疏密由翼根表面网格间距决定。

(4) 相邻网格间距比不大于 1.25，保持平滑过渡。

4) 多段翼的表面网格分布

参考 2) 对翼面的要求。

5) 垂尾和平尾的表面网格分布

参考 2) 对机翼的要求。

6) 其他部件物面的表面网格分布

(1) 最大网格单元的设置参考相邻部件的最大网格单元。

(2) 表面曲率越大，网格越密。

(3) 流动越复杂的区域，网格越密。

(4) 相邻网格间距比不大于 1.35，保持平滑过渡。

7) 边界层网格分布

(1) 边界层网格厚度不小于 2%气动参考长度，边界层内至少要分布 10 个以上的网格单元。

(2) 湍流计算，边界层第一层网格厚度要求达到 $y^+=1$ 左右；如果采用考虑壁面函数的湍流模型，则要求 $y^+=30$ 左右。y^+ 定义为 $y^+=u^*y/\nu$，其中 y 为第一层网格的法向尺寸，u^* 为摩擦速度，ν 为运动学黏性系数。$u^*=\sqrt{(\tau_w/\rho)}$，$\tau_w=\mu(\partial u/\partial y)_{y=0}$，$\mu$ 为动力学黏性系数，ρ 为流体密度。

(3) 层流气动力计算，对于黎曼近似解方法，二阶精度格式，一般要求网格 $Re(Re_n=\rho V_\infty y/\mu_\infty$，$V_\infty$ 为来流速度) 在 10 以内。

(4) 边界层网格的层增比率不大于 1.25，尤其是紧贴物面的数层，在湍流计算时层增比率应不大于 1.15。

8) 空间网格分布

(1) 对于亚跨声速计算，计算域半径取参考长度的 20 倍以上 (最好达 100 倍)。

(2) 远场的网格单元是最大的，其网格点间距一般不大于 10 倍参考长度。

(3) 多段机翼各缝道间的网格加密处理，与边界层网格保持平滑过渡。

(4) 尾流区的网格需要适当加密并平滑过渡。

(5) 预判出现大梯度或流动发生较大变化的区域 (如激波、大剪切区等) 和流动分离区，进行加密处理。

(6) 要求空间网格具有良好的正交性。

以上是大型飞机亚跨声速湍流模拟对网格分布的一般要求。对于高超声速飞行器，对热流等物理量的模拟精度有特殊的要求，因此在网格生成时还有一些特殊的要求：

(1) 对于超声速流动状态，由于 Mach 锥的影响域在下游，因此飞行器前方计算区域在头激波位置前 0.1 倍参考长度即可，但是一般要求计算域能包含主激波，即要求激波不穿越入流边界。计算域入流边界的形状与激波形状平行为最佳。

(2) 由于热流计算涉及温度梯度的计算，因此对边界层网格的法向正交性要求较高，应尽可能与物面垂直。对于层流气动热计算，如基于黎曼近似解方法和二阶精度格式，一般要求网格 Re 在 2 以内；对于湍流气动热计算，网格尺度要求更小，而且法向层间的拉伸比也一般要求不超过 1.1。

12.3 网格质量判据

12.3.1 结构网格质量判据

现有的结构网格质量检测方法中，以工程实用的网格生成软件 (将在附录中介绍) 中自带的网格质量检测功能为主，其中以应用较为广泛的 ICEM-CFD[4] 和 Gridgen(Pointwise)[2,3] 为代表，现将其网格检测方法分别简述如下。

1) ICEM-CFD 软件的网格检测方法[4,5]

ICEM-CFD 软件中对结构网格的检测基础在于网格单元顶点体积的计算，下面简要介绍其具体计算方法。

对于如图 12.1 所示的六面体网格单元，依据每个顶点的三条棱均可计算出一个体积 $V_i(i=1,\cdots,8)$。如果六面体单元为平行六面体，则该体积应等同于六面体的体积；如果六面体单元不是平行六面体，则该体积与六面体的体积一般不相等。换言之，依据每个顶点的三条棱计算的体积在一定程度上能够代表六面体的体积，一般称之为六面体的顶点体积，其定义为 (12.1) 式：

$$V_1 = (\boldsymbol{L}_{12} \times \boldsymbol{L}_{14}) \cdot \boldsymbol{L}_{15} \tag{12.1}$$

意即顶点体积 V_1 为四面体 V_{1245} 体积的三倍。正常情况下，V_1 应大于零；但是在出现 “凹” 的情况时 (点 1 内陷到面 245 之内)，网格有可能扭曲，这时 V_1 可能小于零。据此可以定义所有顶点体积的最小值 $V_{\min}$ 和最大值 $V_{\max}$：

$$\begin{aligned} V_{\min} &= \min\left(V_i, i=1,\cdots,8\right) \\ V_{\max} &= \max\left(V_i, i=1,\cdots,8\right) \end{aligned} \tag{12.2}$$

ICEM-CFD 软件中网格质量检测的指标 Q_{ICEM} 定义为

$$Q_{\mathrm{ICEM}} = \frac{V_{\min}}{V_{\max}} \tag{12.3}$$

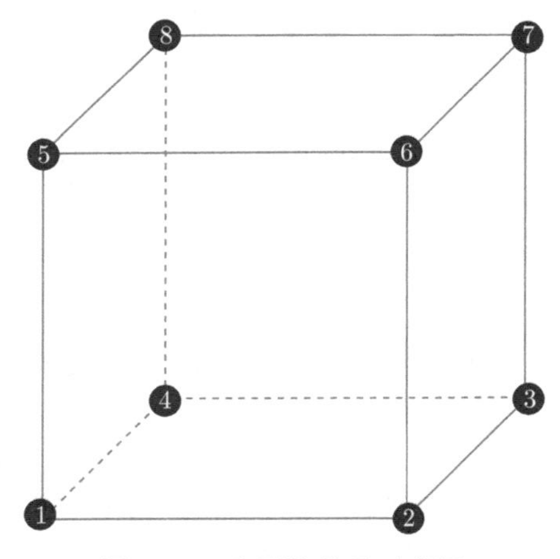

图 12.1　六面体单元示意图

由上述分析容易看出：ICEM-CFD 软件中的网格质量检测指标 Q_{ICEM} 实际上检测的是六面体网格单元与平行六面体单元的差异。网格检测指标 Q_{ICEM} 取值越接近于 1，则六面体单元越接近于平行六面体单元；Q_{ICEM} 值接近于 0，则六面体中存在某个顶点退化的情况 (如奇性轴)。ICEM-CFD 软件中还给出了其他网格质量检测指标，其大体与前述的指标类似，这里不再详述。

2) Gridgen(Pointwise) 软件的网格检测方法 [2,3,5]

Gridgen 软件中对结构网格的质量检测也会涉及网格单元顶点体积的计算，与 ICEM-CFD 软件中网格检测方法不同的是：Gridgen 软件在采用 (12.1) 式计算出六面体的顶点体积后，再依据其顶点体积计算出六面体网格单元的体积 (雅可比)：

$$V_{\text{cell}} = \frac{1}{8}\left(\sum_{i=1}^{8} V_i\right) \tag{12.4}$$

据此，Gridgen 软件中对三维结构网格的检测分类如表 12.1 所示。

表 12.1 Gridgen 软件对网格雅可比的分类

网格单元分类		雅可比取值范围		
雅可比分类菜单	简称	V_{cell}	$V_{\min}$	$V_{\max}$
Positive	pos	$V_{\text{cell}} > 0$	$V_{\min} > 0$	$V_{\max} > 0$
Positive Skew	pos sku	$V_{\text{cell}} > 0$	$V_{\min} < 0$	$V_{\max} > 0$
Zero	zero	$V_{\text{cell}} = 0$	$V_{\min} \leqslant 0$	$V_{\max} \geqslant 0$
Negative Skew	neg sku	$V_{\text{cell}} < 0$	$V_{\min} < 0$	$V_{\max} > 0$
Negative	neg	$V_{\text{cell}} < 0$	$V_{\min} < 0$	$V_{\max} < 0$

3) 基于几何守恒律的网格质量检测方法[5]

由上述的介绍分析容易看出，ICEM-CFD 软件和 Gridgen 软件中的网格检测方法针对的都是六面体网格单元与平行六面体之间的差异。只不过，ICEM-CFD 软件中给出的网格检测指标 Q_{ICEM} 能够较好地量化网格单元与平行六面体之间的差异；相比之下，Gridgen 软件中的网格质量检测方法则只能定性地给出顶点体积出现负值的网格单元。如果六面体网格单元的八个顶点都是凸的，但六面体已经不再是平行六面体了，甚至其偏离程度还较大，在这种情况下 Gridgen 软件中提供的雅可比分类检测方法并不能准确地给出任何有意义的关于网格质量的检测结果。

事实上，几何守恒律[8−19] 的研究表明，网格变换导数的计算方法必须要与计算格式的空间离散方法一致[13,17,19]。因此，网格质量的检测应与计算格式相匹配，在同样的网格上不同的计算格式表现不同，如果完全采用几何定义计算检测指标，则不能体现计算格式对网格的要求。为了更好地检测单元的质量，闵耀兵博士[5] 从几何守恒律的几何意义出发，提出了一种与计算格式相关的质量检测指标。其基本思想是：在相同计算网格下采用相同离散格式，坐标变换导数的数学定义式与其对称守恒计算形式[5] 在离散后的相对差别恰好能够反映计算网格单元与规则网格(平行四边形和六面体) 的相对差异。

以二阶中心格式为例，首先利用 (12.5) 式和 (12.6) 式分别计算体积 V_1 和 V_3(对应的几何意义如图 12.2 所示)，即

$$V_1 = \frac{3}{4}\left(V_{\mathrm{HGFE}}^{O_{\mathrm{L}}} + V_{\mathrm{HEFG}}^{O_{\mathrm{R}}}\right) \tag{12.5}$$

$$V_3 = \frac{1}{8}\left(V_{A_{\mathrm{L}}A_{\mathrm{R}}B_{\mathrm{L}}B_{\mathrm{R}}C_{\mathrm{L}}C_{\mathrm{R}}D_{\mathrm{L}}D_{\mathrm{R}}}\right) \tag{12.6}$$

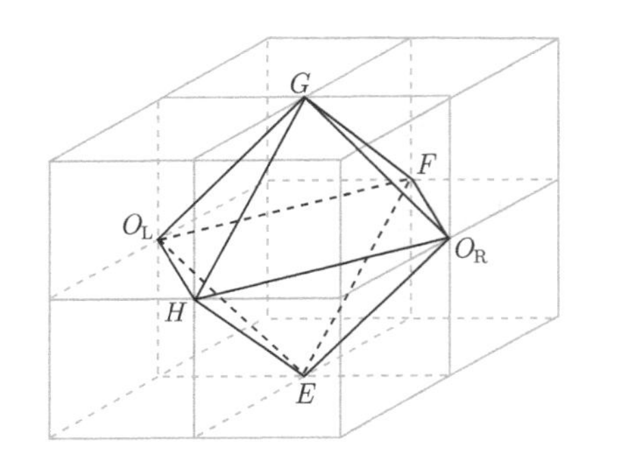

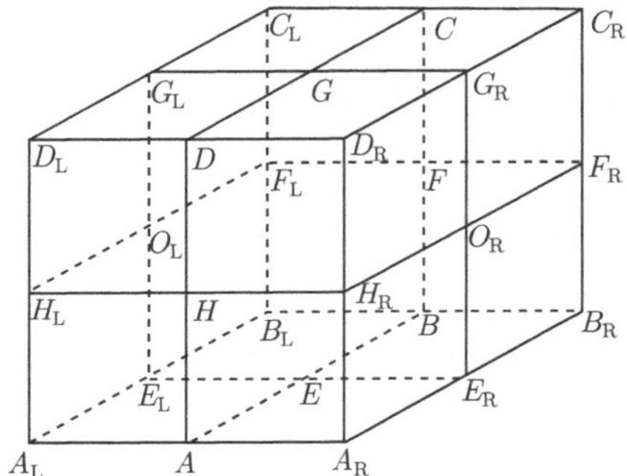

图 12.2 (12.5) 式和 (12.6) 式所示体积示意图

由此，得到基于几何守恒律的质量检测指标 Q_{SCMM}：

$$Q_{\mathrm{SCMM}} = \left|\frac{V_1 - V_3}{V_3}\right| \tag{12.7}$$

由 (12.7) 式容易看出：网格质量检测指标 Q_{SCMM} 的取值范围为 $Q_{\mathrm{SCMM}} \geqslant 0$，$Q_{\mathrm{SCMM}}$ 值越接近于零，表明网格单元越接近于平行六面体，反之则越偏离平行六面体。与 ICEM-CFD 软件中的网格检测指标 Q_{ICEM} 一样，Q_{SCMM} 也能够量化网格单元与平行六面体之间的差异。但是不同的是，在 Q_{SCMM} 计算中，引入了计算格式的影响。采用不同的计算格式，则 V_1 和 V_3 的计算方式不同。如果 V_1 和 V_3 采用高阶精度格式计算，则该指标可以直接推广应用于高阶精度计算的网格质量检测[5]。详细的分析请参考闵耀兵博士的学位论文。

12.3.2 非结构网格质量判据

对四面体网格而言，文献中[6,7] 提出了若干判据，以下列出几种。很显然，越接近最佳值，四面体的形状越接近正四面体。对于其他形状的单元，如六面体、三棱柱、金字塔等也以规整形状为最佳值。

判据 1：四面体内切球半径 ×3/外接球半径，最佳值为 1.0；
判据 2：四面体最大边长/内切球半径，最佳值为 4.899；
判据 3：四面体外接球半径/最大边长，最佳值为 0.6125；
判据 4：四面体最大边长/最小边长，最佳值为 1.0；
判据 5：(四面体平均长度)^3/四面体体积，最佳值为 8.4797。

12.4 非结构/混合网格优化技术

12.4.1 弹簧松弛法

通常采用的网格优化技术是基于弹簧原理的节点松弛法。其基本思想是将节点与节点的连接视为等强度的弹簧，弹簧系统的平衡态即构成光滑网格，数学表述为

$$X_p = \sum_{i=1}^{N} X_i/N, \quad Y_p = \sum_{i=1}^{N} Y_i/N, \quad Z_p = \sum_{i=1}^{N} Z_i/N \tag{12.8}$$

其中，(x_i, y_i, z_i) 为节点 i 的坐标，N 为与点 (x_p, y_p, z_p) 相关联的节点总数。

上述方法逻辑简单，但对于非凸域，特别是在三维情况，平衡态可能破坏边界，即节点移动导致出现体积为负的单元。为此我们采用了文献中提出的附加“关联质量”约束优化的思想[20,21]。关联质量系数的定义为

$$Q_j = 1 \bigg/ \left(\frac{1}{N} \sum_{i=1}^{N} \frac{1}{Q_i} \right) \tag{12.9}$$

式中，Q_i 为网格质量系数，我们一般取 12.3.2 节中介绍的判据 1，即四面体内切球半径的三倍除以其外接球的半径。显然 $0< Q_i \leqslant 1$，$0< Q_j \leqslant 1$，而且 Q_j 对质量差的单元 (如 $Q_i \leqslant 0.01$) 非常敏感。要想得到高质量的网格，必须尽可能使 Q_j 最大。为了达到上述目的，在将每个旧点 $(x_{\rm o}, y_{\rm o}, z_{\rm o})$ 移动到多面体中心 (新点)(x_n, y_n, z_n) 时作如下判断：

(1) 新点是否位于多面体内 (新点与多面体表面构成的四面体的体积大于 0)，这一判断的目的是保证不出现负体积单元；

(2) 如果旧点移动到新点，该点的关联质量系数是否提高。

如果上述两条件均满足，则将旧点移动至新点；如果不满足，则取 $x_n = (x_o + x_n)/2$, $y_n = (y_o + y_n)/2$, $z_n = (z_o + z_n)/2$，然后循环执行上述操作。

通过在节点松弛过程中施加关联质量系数整体及局部不降低和局部最小单元的面积或体积不减小等约束条件，可以较好地克服前述的破坏边界的问题，同时提高整体的平均网格质量系数和关联质量系数。

12.4.2 Delaunay 变换技术

在第 8 章的 Delaunay 非结构网格生成[22,23] 中，我们已经介绍了 Delaunay 准则[24]，即每个三角形或四面体的外接圆 (球) 中不包含其他网格节点。事实上，Delaunay 准则是一个很好的判断非结构网格质量的判据。而基于 Delaunay 准则的 Delaunay 变换技术[25−29] 则可以对非结构网格进行优化。

以二维三角形网格为例 (图 12.3)，Delaunay 变换的基本思想是对不满足 Delaunay 准则的相邻三角形网格的对角线进行交换，从而保证目标三角形的外接圆中没有其他网格节点。在三维情况下，情况比较复杂，可能有多种情况，如文献 [28] 中给出了两个四面体和三个四面体相互变换的情形，以及四个四面体相互变换的情形 (图 12.4)。需要特别指出的是，在 Delaunay 变换过程中，一定要保证物理边界信息的完整性，即不能破坏原始的物理边界，详见第 8 章中的有关内容。在某些情况下，还可以对一些距离很小的棱边进行合并，如图 12.5 所示，将图中的 P 和 Q 点合并，形成右侧的高质量网格。

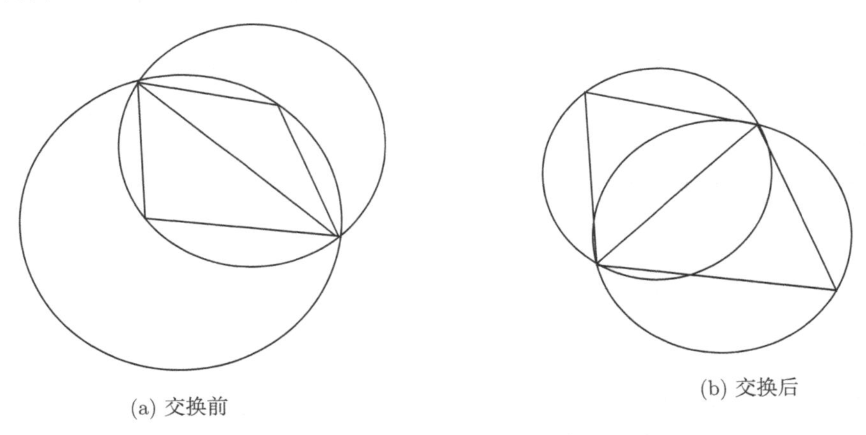

图 12.3 对角线交换优化三角形

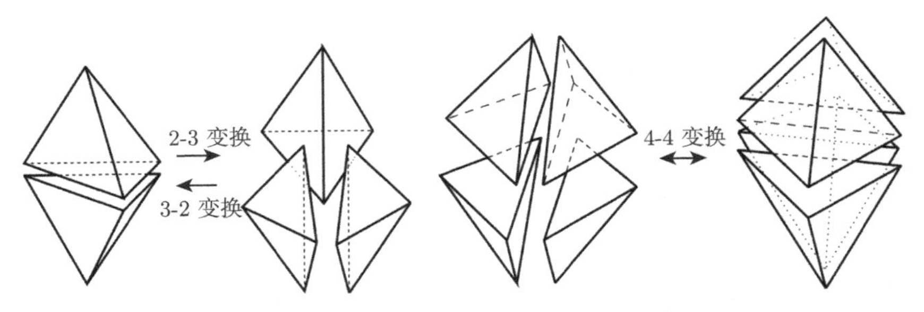

图 12.4 三维四面体 Delaunay 变换示意图

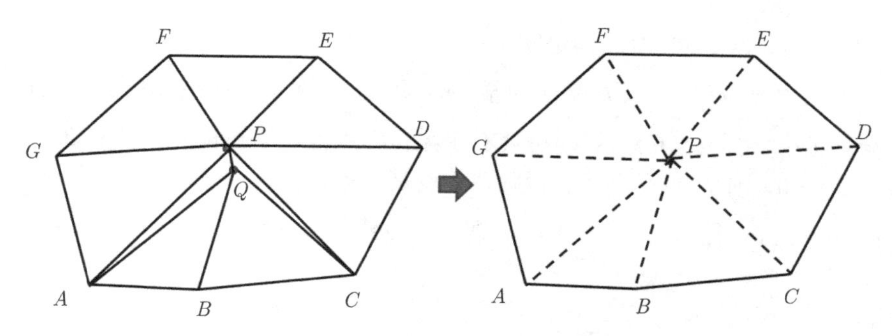

图 12.5 删除极小短棱示意图

12.4.3 多方向推进技术

在层推进生成边界层内的贴体四边形或三棱柱网格过程中，在几何外形有“凸”角处的网格质量可能扭曲得比较厉害，如图 12.6(a) 所示为二维翼型的后缘处网格，可见该处网格在物面附近的几层网格扭曲厉害、质量较差。近年来发展的“多方向推进技术”有效地解决了这一问题。图 12.6(b) 是经过多方向推进处理后翼型后缘网格的效果图，可见网格的正交性得到较大提高。

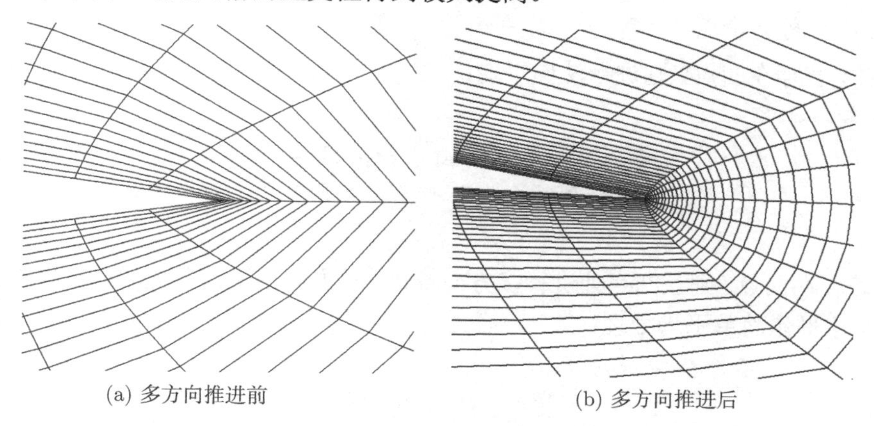

(a) 多方向推进前 (b) 多方向推进后

图 12.6 多方向推进技术

多方向推进的原理是，首先根据几何外形探测出具有“凸”性的局部，然后在第一层推进开始时在每个具有“凸”性的局部分出若干个推进方向，最后按照常规方式向计算空间推进。这里以二维情形为例，介绍多方向推进的具体步骤。

(1) 输入外形。

(2) 确定数据结构方向，这里以逆时针方向的顺序表为例。

(3) 探测输入的外形每个点处的特征，Plable[i]= 1，凹点；Plable[i]=−1，凸点；Plable[i]=0，其他的正常情况点。凹凸的判断是由用户自定义角度，这里以 90°

为界判定凸点，以 270° 为界判定凹点：

如图 12.7 所示，设 $\boldsymbol{a}$、$\boldsymbol{b}$ 是两向量，$\boldsymbol{n}_1$ 和$\boldsymbol{n}_2$ 分别是其法线，θ 是其夹角。

若 $\sin(\theta) \geqslant 0$，$\boldsymbol{a} \times \boldsymbol{b} > 0$，则符合右手系，$P$ 点肯定不可能是凹点；进一步，若 $\cos(\boldsymbol{n}_1,\boldsymbol{n}_2) < 0$，则 P 点是凸点；否则，P 点是一般点。

若 $\sin\theta < 0$，且 $\cos(\boldsymbol{n}_1, \boldsymbol{n}_2) < 0$，则 P 点是凹点；否则，P 点是一般点。

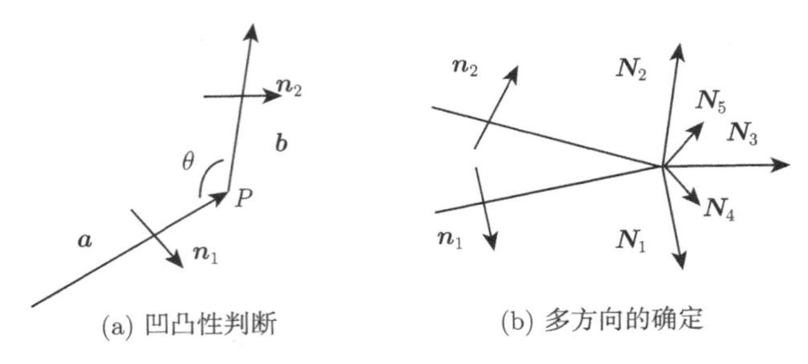

(a) 凹凸性判断　　(b) 多方向的确定

图 12.7　凹凸性判断和推进方向确定

(4) 对第 1 层推进，首先确定推进方向$\boldsymbol{N}_p$：

(a) 对每一个点 P，$\boldsymbol{N}_p = (\boldsymbol{n}_1 + \boldsymbol{n}_2)/2$。

(b) 若存在凹点，则进行法向平均：

$$\begin{aligned} \boldsymbol{N}_p^* &= (\boldsymbol{N}_{p+1} + \boldsymbol{N}_{p-1})/2 \\ \boldsymbol{N}_p &= \omega \boldsymbol{N}_p + (1-\omega)\boldsymbol{N}_p^* \end{aligned} \tag{12.10}$$

若存在凸点，则在凸点处进行多方向推进。多方向推进前首先要确定每个推进方向，这里作简单平均处理：

$$\begin{aligned} &\boldsymbol{N}_3 = (\boldsymbol{n}_1 + \boldsymbol{n}_2)/2 \\ &\boldsymbol{N}_2 = \boldsymbol{n}_1, \quad \boldsymbol{N}_1 = \boldsymbol{n}_2 \\ &\boldsymbol{N}_5 = (\boldsymbol{N}_2 + \boldsymbol{N}_3)/2 \\ &\boldsymbol{N}_4 = (\boldsymbol{N}_1 + \boldsymbol{N}_3)/2 \end{aligned} \tag{12.11}$$

通过 (12.11) 式确定了凸点处的每个推进方向后，即可按照常规步骤进行推进。图 12.8 给出了利用该方法生成的三段翼型的混合网格，其中在翼型尖锐后缘处采用了多方向推进技术。图 12.9 为多方向推进前后的局部网格对比，可以看到，采用多方向推进后，尖锐处的网格分布更加合理，网格质量更高。

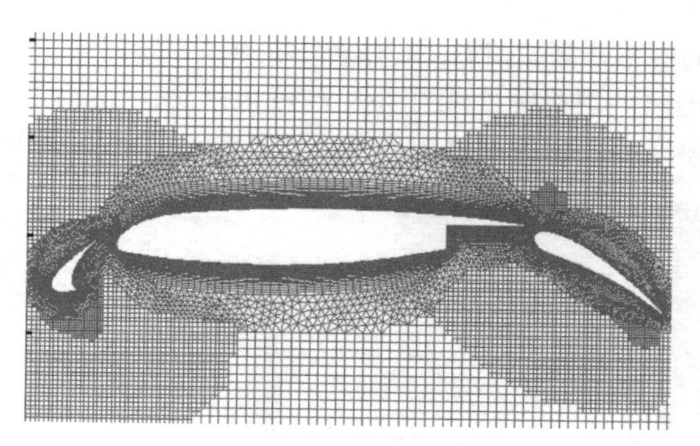

图 12.8 三段翼型混合网格

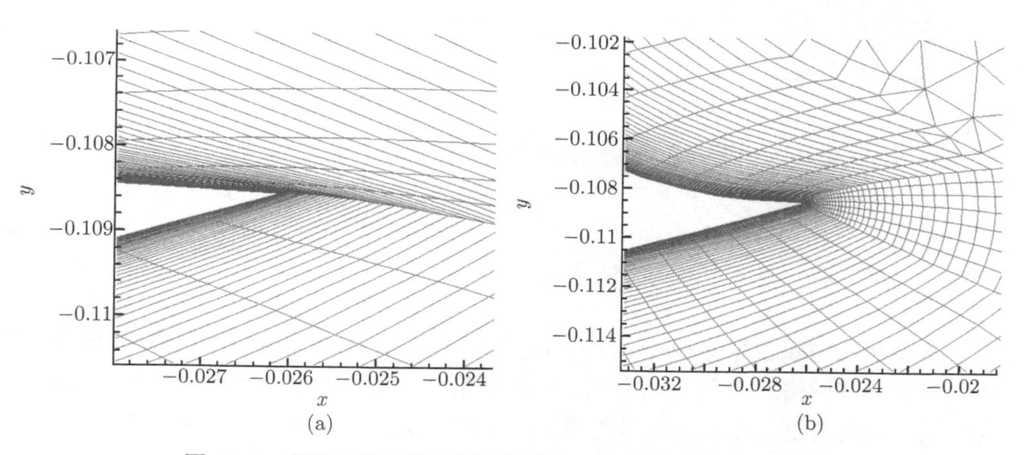

图 12.9 翼型尖锐后缘处原始网格 (a) 和多方向推进网格 (b)

12.4.4 局部推进步长光滑

在复杂外形边界层网格生成过程中，通常在同一个外形中会同时存在凹角和凸角情况，采用层推进法生成黏性层网格时，容易出现在凹角处网格相交、在凸角处网格质量较差的问题。通过观察发现，如果在凹角处的推进步长增加，则可以延迟网格相交情形的出现，如果在凸角处减少推进步长，则有助于提高网格质量。为此，我们借鉴了一种自动探测推进过程中的曲率变化而光滑推进步长的方法：

$$\delta_l' = \delta_l \left(1 - \text{sign}(\theta)\frac{|\theta|}{\pi}\right) \tag{12.12}$$

其中，δ_l 和 δ_l' 分别是光滑前和光滑后的推进步长；θ 是如图 12.7 所示的相邻阵面法向的夹角，将凸角的夹角定义为正，凹角的夹角定义为负。

通过 (12.12) 式的控制，在凸角处夹角为正，则推进步长在原来的基础上减小；凹角处夹角为负，则推进步长在原来的基础上增大。通过步长的控制，可以有效提高凹角和凸角处的网格质量。如图 12.10 所示是步长优化前后的网格质量对比，优化前，“凹” 角处推出的网格很快相交并局部停止推进；优化后，“凹” 角处的网格可以一直向计算域推进直到达到规定层数，并且局部的网格正交性很好。

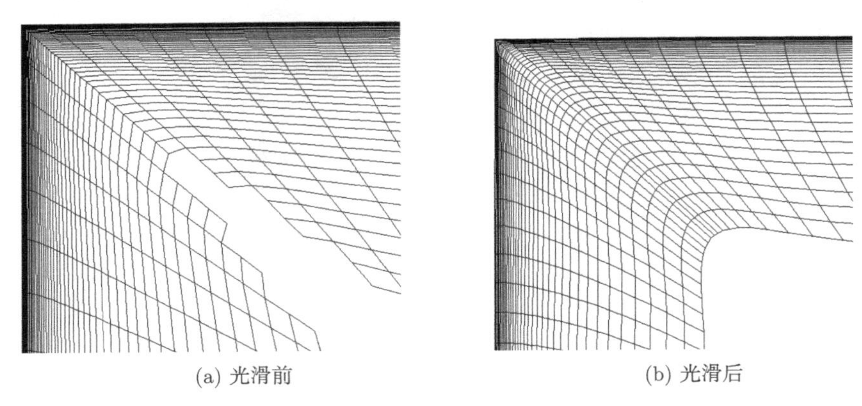

(a) 光滑前　　(b) 光滑后

图 12.10　局部推进步长光滑技术

12.5　小　　结

本章我们讨论了复杂外形网格生成的基本规范，分别就结构网格和非结构网格给出了一些网格质量的检测方法。以此为基础，我们重点介绍了非结构/混合网格生成的优化方法，其目的是提高网格的质量，以便得到更好的计算结果。

关于网格质量的检测，目前仍是学术界比较关注的问题之一，并没有得到很好的解决。而关于网格质量的优化，无论是结构网格还是非结构网格，文献中也提出了很多种方法。部分方法已集成到网格生成商业软件之中。一些国际学术机构还推出了部分通用的网格生成模块库，如 Unstructured Grid Consortium (UGC)[30,31] 和 Terascale Simulation Tools and Technologies(TSTT)[32]。这些模块库的推出，对于网格生成技术的发展具有重要意义。

参 考 文 献

[1] Jacquotte O P. Grid optimization metheds for quality improvement and adaptation// Thompson J F, Soni B K,Weatherill N P.Handbook of Grid Generation. Boca Raton: CRC Press, 1998.

[2] Pointwise. Gridgen User Manual. Version 15. 2011.

[3] Pointwise.Pointwise(Reliable CFD Meshing) User Manual. 2011.

[4] Documentation for ANSYS ICEM CFD 14.5, Help Manual. 2012.

[5] 闵耀兵. 高阶精度有限差分方法几何守恒律研究. 绵阳: 中国空气动力研究与发展中心, 2015.

[6] Blazek J. Computational Fluid Dynamics: Principles and Applications.Amsterdam: Elsevier, 2001.

[7] Frey P J, George P L. Mesh Generation—Application to Finite Elements. 2nd ed. John Wiley& Sons Inc., 2008.

[8] Thomas P D, Lombard C K. The Geometric conservation law-a link betweenfinite difference and finite volume methods of flow computation on moving grids. AIAA paper, 78-1208, 1978.

[9] Thomas P D, Lombard C K. Geometric conservation law and its application to flow computations on moving grids.AIAA Journal, 1979, 17(10): 1030-1037.

[10] Pulliam T H, Steger J L. Implicit finite-difference simulation of threedimensional compressible flow.AIAA Journal, 1980, 18(2): 159-167.

[11] Farhat C, Geuzaine P, Grandmont C. The discrete geometric conservation law and the nonlinear stability of ALE schemes for the solution of flow problems on moving grids. Journal of Computational Physics, 2001, 174: 669-694.

[12] Nonomura T, Iizuka N, Fujii K. Free-stream and vortex preservation properties of high-order WENO and WCNS on curvilinear grids. Computers &Fluids, 2010, 39: 197-214.

[13] Deng X G, Mao M L, Tu G H, et al. Geometric conservation law and applications to high-order finite difference schemes with stationary grids. Journal of Computational Physics,2011, 230: 1100-1115.

[14] Jiang Y, Mao M L, Deng X G, et al. Effect of surface conservation law on large eddy simulation based on seventh-order dissipative compactscheme. Applied Mechanics and Materials,2013, 419: 30-37.

[15] Jiang Y, Shu C W, Zhang M P. Free-stream preserving finite difference schemes on curvilinear meshes. Brown University, Scientific Computing Group Report 2013-10, 2013.

[16] Abe Y, Iizuka N, Nonomura T, et al. Conservative metric evaluation for high-order finite difference schemes with the GCL identities on moving and deforming grids. Journal of Computational Physics, 2013, 232: 14-21.

[17] Deng X G, Min Y B, Mao M L, et al. Further studies on Geometric conservation law and applications to high-order finite difference schemes with stationary grids. Journal of Computational Physics, 2013, 239: 90-111.

[18] Nonomura T, Terakado D, Abe Y, et al. A new technique for freestream preservation of finite-difference WENO on curvilinear grid. Computers& Fluids, 2015, 107: 242-255.

[19] Mao M L, Zhu H J, Deng X G, et al. Effect of geometric conservation law on improving spatial accuracy for finite difference schemes on two-dimensional nonsmooth grids. Communications in Computational Physics, 2015, 18(3): 673-706.

[20] Cabello J, Lohner R, Jacquotte O P. A variational method for the optimization of two and three-dimensional unstructured meshes. AIAA paper, 92-0450, 1992.

[21] Chen C L, Szema K Y,Chakravarthy S. Optimization of unstructured grid. AIAA paper, 95-0217, 1995.

[22] Bowyer A. Computing Dirichlet tessellation. The Computer J., 1981, 24(2): 162-166.

[23] Waston D F. Computing the N-dimensional tessellation with application to Voronoi polytopes. The Computer J., 1981, 24(2): 167-171.

[24] Delaunay B. Sur la sphere vide. Bulletin of Academic Science URSS, Class. Science National, 1934: 793-800.

[25] Muller J D. Quality estimates and stretched meshes based on Delaunay triangulations.AIAA Journal, 1994, 32(12): 2372-2379.

[26] Golias N A,Tsiboukis T D. An approach to refining three-dimensional tetrahedral meshes based on Delaunay transformations. Int. J. Num. Meth. Eng., 1994, 37: 793-812.

[27] Ollivier-Gooch C. A mesh-database-independent edge- and face-swapping tool. AIAA paper, 2006-0533, 2006.

[28] Gosselin S, Ollivier-Gooch C. Tetrahedral mesh generation using Delaunay refinement with non-standard quality measures. Int. J. Numer. Meth. Engng., 2011, 87: 795-820.

[29] Yano M, Darmofal D L. An optimization framework for anisotropic simplex mesh adaptation: Application to aerodynamic flows. AIAA paper, 2012-0079, 2012.

[30] Unstructured Grid Consortium Standards Document. http://www.aiaa.org/tc/mvce /ugc/ugcstandv1.pdf [2002].

[31] The Unstructured Grid Consortium. http://www.aiaa.org/tc/mvce/ugc/[2005].

[32] The Terascale Simulation Tools and Technology (TSTT) Center. http://www.tstt-scidac.org [2003].

第 13 章　动态网格技术

13.1　引　　言

对速度、机动性与敏捷性的追求，一直主导着军事飞行器的发展。无论是未来的战略、战术导弹，还是新一代的战斗机，都需要具备良好的机动性和敏捷性，尤其要求在快速机动时，能够针对流动特征对飞行器实施高效的主动控制。为了实现飞行器的可控快速机动，首先必须弄清飞行器的动态气动特性，以及与这些动态特性相对应的非定常流动机理。

从飞行器的运动方式和流动特征来看，非定常流动问题可以分为以下三类：①物体静止而流动本身为非定常的流动问题，如大攻角飞行的细长体背风区分离流动等；②单个物体做刚性运动的非定常流动问题，如飞行器的俯仰、摇滚及其耦合运动等；③多体做相对运动或变形运动的非定常问题，如子母弹分离、飞机外挂物投放、机翼的气动弹性振动、鱼类的摆动、昆虫和鸟类的扑动等。

根据非定常运动方式的不同，可以采用不同的网格技术 [1−8]。对于前述的第一类非定常问题，即物体静止而流动本身为非定常的流动问题，静止的刚性网格即可满足要求。对于第二类非定常问题，仍然可以采用刚性网格。根据坐标系选取方式的不同，可以采用惯性系和非惯性系两种方法进行非定常计算。对于第三类非定常问题，涉及物体的相对运动或物面变形，因此必须在每个时间步更新网格，由此动网格生成技术成为非定常计算的关键技术之一。

本章详细介绍了当前国内外的动态网格技术发展现状和趋势。根据网格拓扑结构的不同，将动态网格技术分为两大类，即动态结构网格和动态非结构/混合网格技术。同时，介绍作者发展的综合了多种动网格技术优势的动态混合网格生成技术。

13.2　动态结构网格生成技术

对于结构网格，刚性运动网格技术[9,10]、超限插值动网格生成技术[11−14]、重叠结构动网格技术[15−18]、滑移结构动网格技术[19,20] 是几种常用的方法。

13.2.1　刚性运动网格技术

刚性运动网格技术的基本思想是令计算网格随物体一起做刚体运动。这一方法的优点是：在整个非定常运动过程中，计算网格无需重新生成，可以根据运动方式直接给出，因此其计算量小，并可保持初始网格的质量。但是，这种方法仅适用于单个刚性物体的非定常运动，对于变形体或者多体的相对运动等复杂问题，这种方法已经不再适用。另一方面，网格随体运动，使远场边界的位移和速度很大，导致运动远场边界的处理难度加大，有可能引入不必要的误差。因此这种方法在简单外形的非定常运动数值模拟中采用得较多 [9,10]。

13.2.2　超限插值动网格生成技术

超限插值动网格生成方法的基本思想是令外边界保持静止，物面边界由物体运动规律或运动方程得到，内场网格由超限插值的方法代数生成，其计算量也较小，能够生成相对复杂的动态网格，但不易保证网格品质，尤其是不能保证物面网格的正交性。为此，文献 [14] 提出了一种加权技术将刚性运动网格技术和超限插值动网格技术结合起来，实现了飞船等外形的动态结构网格生成。

加权超限插值动网格生成方法的基本思路是：首先，由初始网格 $\boldsymbol{X}^n$ 生成刚性运动网格 $\boldsymbol{X}^{\text{ref1}}$，再由 n 时刻的远场开边界和 $n+1$ 时刻的物面边界代数插值得到 $n+1$ 时刻的网格 $\boldsymbol{X}^{\text{ref2}}$，最后由两者加权得到新时刻的动网格:

$$\boldsymbol{X}^{n+1} = (1-\omega)\,\boldsymbol{X}^{\text{ref1}} + \omega\boldsymbol{X}^{\text{ref2}}, \quad 0 \leqslant \omega \leqslant 1 \tag{13.1}$$

只要适当选择加权因子 ω，就既可保证物面附近网格质量，又可使外边界保持静止而易于进行边界处理。文献 [14] 构造了如下的加权因子，网格生成实例表明效果较好。令 j 为法向网格指标，则有

$$\chi = \left(\frac{j-1}{j_{\max}-1}\right)^{\gamma} \tag{13.2}$$

$$\omega = \omega(j) = 3\chi^2 - 2\chi^3 \tag{13.3}$$

式中，γ 为一个控制加权因子的经验常数 (一般取 γ=2)。文献 [14] 利用该方法生成了 OREX 飞船返回舱外形俯仰振荡的结构动网格 (图 13.1)。图 13.2 给出了某方形截面模型弹舵面偏转过程的动态结构网格。

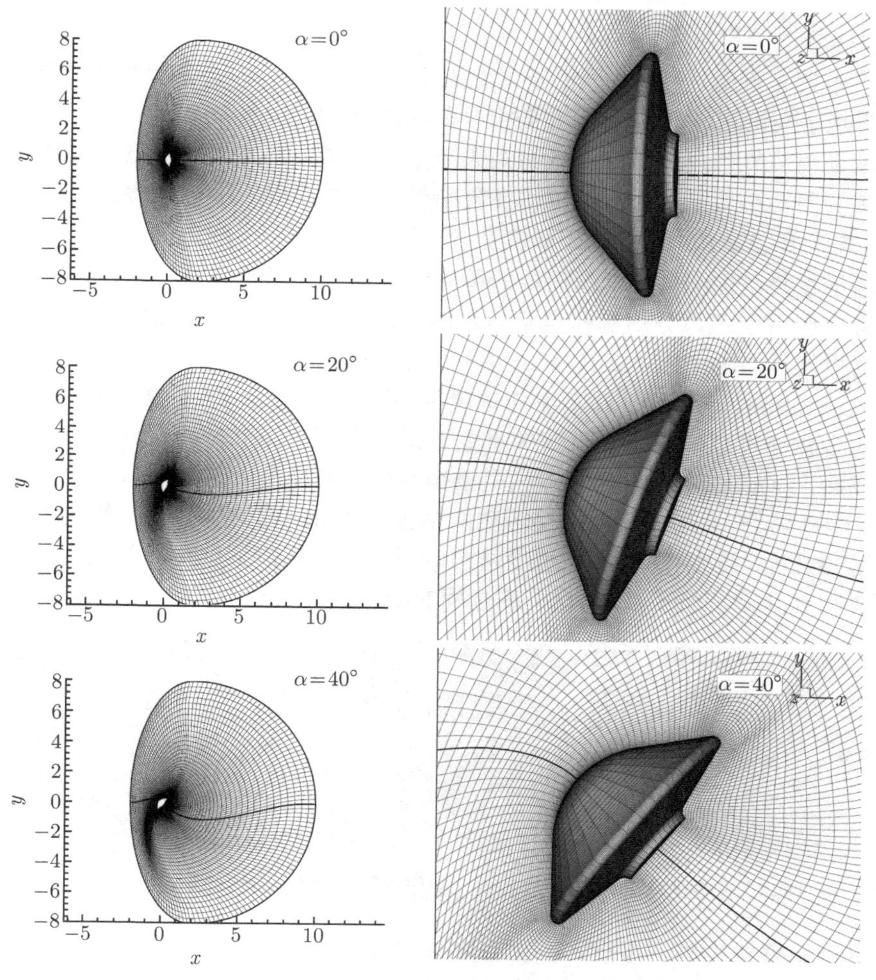

图 13.1　加权超限插值法生成的 OREX 飞船返回舱外形俯仰振荡动网格 (取自文献 [14])

图 13.2　加权超限插值动网格技术生成的舵面偏转动网格 (由作者同事陈琦博士提供)
(后附彩图)

13.2.3　重叠结构动网格技术

正如第 3 章所述，重叠网格技术始见于 1982 年 Steger 等的开创性工作[7]。其基本思想是在计算域的各个子域采用区域 (重叠部分) 共享的方法来实现信息交换，而不是采用边界共享的方法，从而大大减小了子域网格生成的难度，而且能够保证子域的网格品质。重叠网格技术在复杂外形的数值模拟中已经得到了广泛的应用[8]。关于静态重叠网格技术，可参见 5.3 节。

由于重叠结构网格在处理简单的单体组合构型方面的优势，其被许多 CFD 工作者推广应用于多体分离等非定常问题的数值模拟。例如，在美国国防部资助的外挂物投放 ACFD CHANLLENG Ⅰ～Ⅵ (applied computational fluid dynamics for store separation) 项目中，许多参与该项目的研究人员采用了重叠网格技术[15,16]。在其他多体分离模拟中也有很好的重叠网格应用[17,18]。在国内，这方面的应用也比较成熟，如张玉东、纪楚群[21] 利用重叠结构动网格技术数值模拟了子母弹分离过程；李亭鹤[22] 利用多块重叠结构动网格技术和准定常计算方法，数值模拟了子母弹抛壳过程；杨明智[23] 利用重叠结构动网格数值模拟了直升机外挂物投放的过程。图 13.3 显示了机翼/外挂物分离过程的动态重叠结构网格。

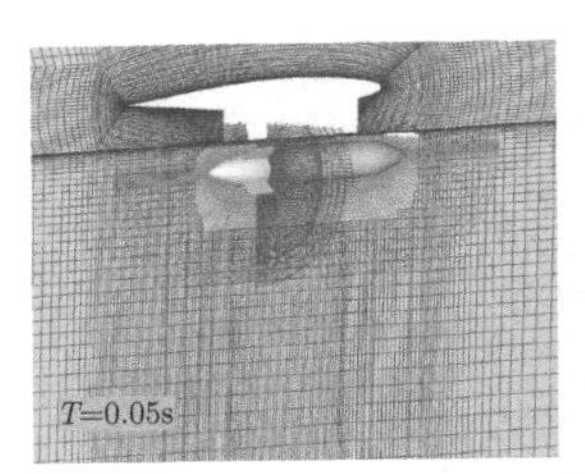

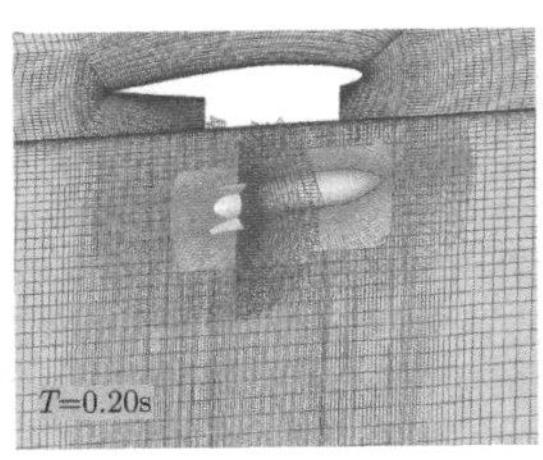

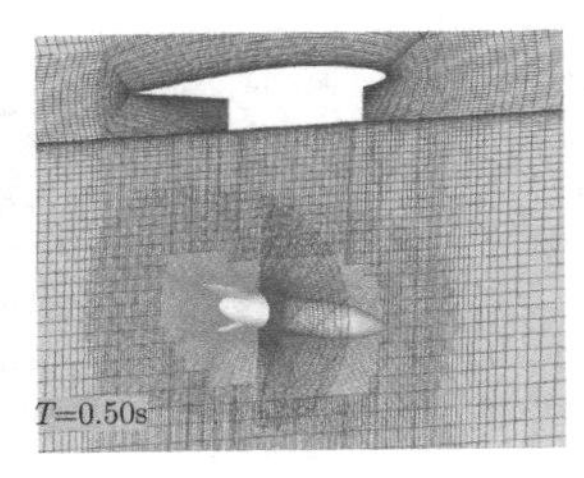

图 13.3　重叠结构动网格生成实例 (由作者同事肖中云博士提供)(后附彩图)

尽管重叠结构动网格技术在工程实际中得到了广泛应用，也取得了巨大的成功，但是在非定常运动的每一新的时间层上，重叠网格不仅需要更新各子域的网格，而且还需要对子域的重叠区网格进行插值和更新，从而导致计算量增大。对于流场中存在强间断的问题，如果强间断穿越重叠区，则会导致子域边界间的插值误差，由此影响到非定常问题的计算精度。这种插值误差的长时间积累将导致非定常计算误差的进一步放大。

13.2.4　滑移结构动网格技术

由于重叠网格需要在每个时间层内的子迭代中进行重叠区插值，而且在每个时间层之间，需要重新搜寻插值关系，一方面会带来插值误差，另一方面由于搜寻插值关系，也会降低计算效率。为此，CFD 工作者基于拼接结构网格技术，发展了拼接结构动网格技术，即所谓滑移结构动网格技术，目前在一些大型 CFD 软件中集成了这种网格技术[19,20]。

滑移结构动网格技术的基本思想是在运动部件的运动轨迹周围预先划分出一个滑移子域。在滑移子域和以外的区域分别生成多块结构网格；在滑移子域与其他区域的交界面处，利用拼接边界条件与其他区域对接，从而实现整体流场的计算。滑移网格技术在旋转部件 (如航空发动机的多级压缩叶轮、直升机悬翼、螺旋桨等)、列车交会、列车过隧道等问题中应用广泛。图 13.4 显示了从文献 [19] 中摘录的滑移结构动网格实例。

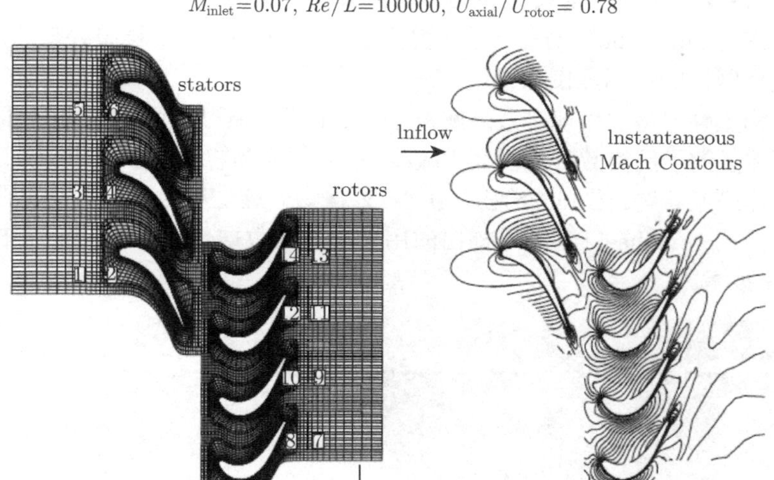

图 13.4 滑移结构动网格实例 (取自文献 [19])

13.3 动态非结构/混合网格生成方法

非结构网格由于其优越的几何灵活性和数据结构的随机性，使得我们生成复杂外形的网格成为可能，因此受到广泛的关注。近来，结合结构网格和非结构网格优势的混合网格技术得到蓬勃发展，CFD 工作者相继发展了三棱柱/四面体混合网格[24]、四面体/三棱柱/金字塔/六面体混合网格[25]、自适应矩形网格[26,27] 以及矩形/四面体混合网格[28] 和矩形/四面体/三棱柱混合网格[29] 等各种混合网格生成方法 (详见第 10 章)。这些网格技术在复杂外形的定常流数值模拟中取得了较大的成功。定常流计算取得的成功自然促使 CFD 工作者将上述混合网格技术推广应用于非定常流动的数值模拟。

与结构动网格类似，将非结构网格和混合网格推广应用于运动物体非定常运动的方法主要有重叠非结构动网格技术[30,31]，重构非结构动网格技术[32,33]，变形非结构动网格技术[34−40]，以及变形/重构混合网格生成技术[41−43] 等。当然，如果利用非惯性系下的方程，计算网格可以采用刚性网格，其与结构网格类似，这里不再赘述。

13.3.1　重叠非结构动网格技术

正如前述，重叠网格方法最先在结构网格中得到应用。然而这种方法在网格间信息传递方面的欠缺并没有得到有效解决。首先 Chimera-hole 需要在每一个网格区域进行切割，不可避免地要破坏物面边界或者外围不需要切割的网格；其次插值需要建立在 Chimera-hole 的每一个边界点上。这些 “挖洞” 过程中存在的问题影响了结构重叠网格的适用范围。

非结构重叠网格的出现有效地解决了上述问题。通过使用非结构网格，覆盖流动区域所需要的子网格数目可以大大减少，而且很容易将该方法推广到处理有相对运动的多体绕流问题。图 13.5 给出了机翼/外挂物分离过程的动态重叠非结构网格。以下简要介绍 Nakahashi 等 [30] 提出的用于重叠区数据传递的 Intergrid-Boundary Definition 技术。

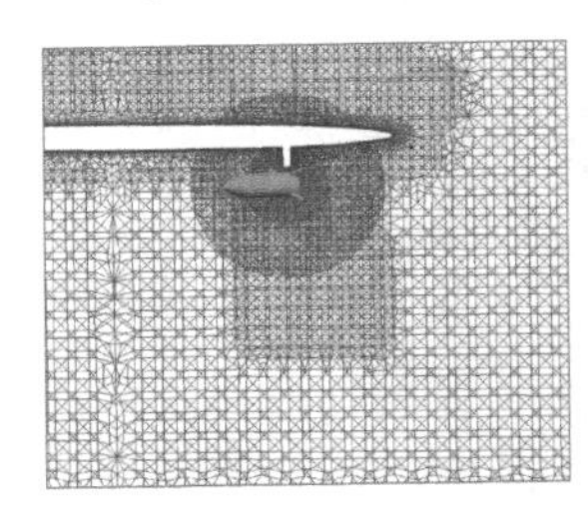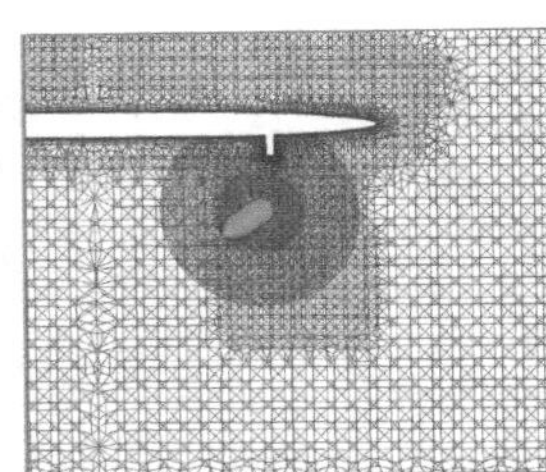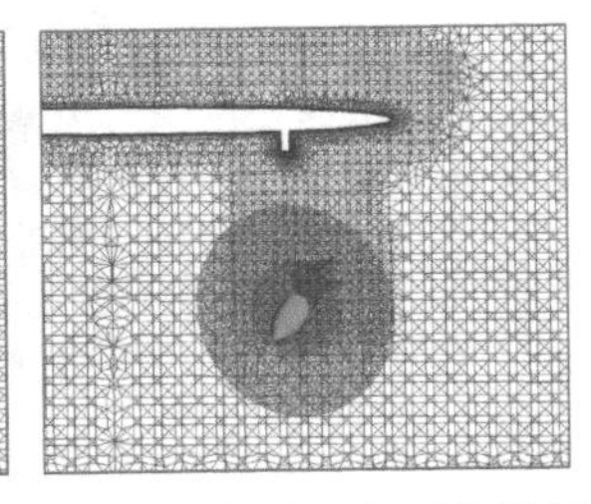

图 13.5　机翼/外挂物分离过程的动态重叠非结构网格 (由作者同事周乃春研究员提供) (后附彩图)

该方法中子网格间的数值传递主要包括以下两个步骤:

(1) 网格 “挖洞”。该步骤首先将每个子网格中的所有节点分为两类: 活动 (active) 节点和非活动 (inactive) 节点，主网格 (背景网格) 的重叠区内边界则由最靠近非活动节点的活动节点构成。所谓 “活动” 是指在非定常计算中需要计算的网格节点，而 “非活动” 是指与另外的网格域重叠而无需计算的网格节点，这部分节点可以被 “挖” 去。而用来区分是否被挖去的判据，则是 “距壁面的最小距离”，具体方法是: 首先计算包含某部件的子网格域内的网格点到该部件表面的距离 $d1$ 和该节点到背景网格中部件表面的距离 $d2$，比较二者的大小，将更靠近子网格部件表面的网格点作为活动节点 ($d1 < d2$)。如图 13.6 所示，虚线表示包含 A 部件的子网格域，其中 i 点距 A 表面的距离较 B 近，因此 i 节点为活动节点参与计算；而

j 节点则相反，属于非活动节点。图 13.6(a)~(d) 则是根据这一判据所得到的网格。由于分离物体在很短的时间步内只运动很小的距离，每一个网格可能只运动到邻近的三四层网格位置，因此在建立起每一时间步内关于节点的八叉树数据结构后，可以使用 N-T-N (neighbor-to-neighbor) 数据结构及搜索技术快速确立网格之间的联系[31,32]。

(2) 数据插值。在第 1 步中确定了运动子网格域的边界点与背景网格域的联系后，通过背景网格重叠区域的活动网格得到子网格 "外" 边界上的物理值，反之亦然。

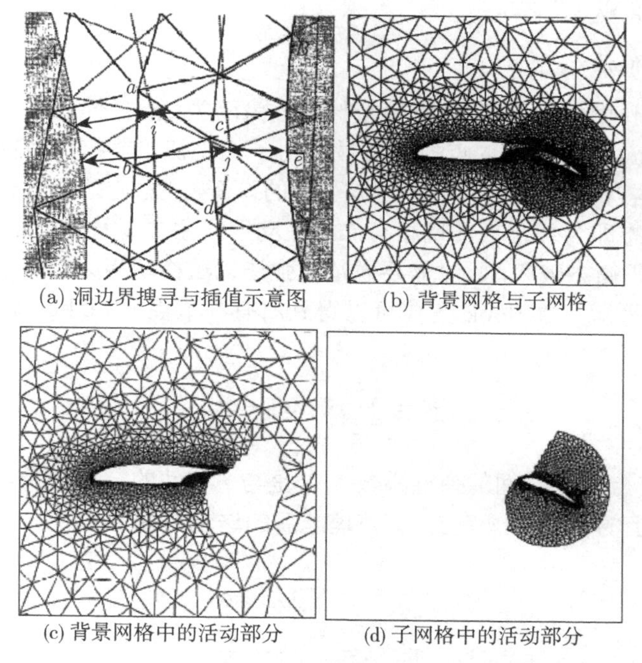

(a) 洞边界搜寻与插值示意图 (b) 背景网格与子网格

(c) 背景网格中的活动部分 (d) 子网格中的活动部分

图 13.6 非结构重叠网格洞边界寻点示意图

虽然重叠非结构动网格具有比重叠结构网格更好的适应性，但是其仍然需要在每一个时间步进行数据插值，因此不可避免地会带来误差，这对长时间的非定常计算同样是不利的。

13.3.2 重构非结构动网格技术

"重构"(regridding) 非结构动网格生成技术，即在每个时间步重新生成一次网格。这需要有鲁棒的静态非结构网格生成方法作为支撑。其优点是：①概念简单；②容易处理大变形或大位移问题。其缺点是：①每一步都需要插值，与动态重叠网格技术一样，不可避免地会引入插值误差；②每个时间层之间的插值关系需要重新获得，由此增大了计算量。这种方法被 Grübe 和 Carstens[32] 用于涡轮发动机叶片的强迫振动问题。Schulze[33] 采用这种办法进行了机翼气动弹性问题的数值模拟。

13.3.3　变形非结构动网格技术

“变形”(moving-grid or deforming-grid) 非结构动网格生成技术的基本思想是：在保持网格拓扑结构不变的情况下，重新分布网格节点。其优点是能够保持网格关联信息不变，避免了每一步的插值。缺点是：在大尺度运动后网格质量会变得很差，甚至有可能相交，即出现负体积单元，导致非定常计算的失败。非结构网格的变形技术主要有以下几种。

1. 弹簧拉伸法

在文献 [34] 中，Frederic 将弹簧拉伸法分为两类：点拉伸法 (vertex spring) 和片拉伸法 (segment spring)。点拉伸法最先用于优化初始非结构网格的生成，其基本思想是将网格节点之间的联系视为等强度的弹簧，在给定边界约束的前提下，弹簧系统的平衡态即为优化后的网格分布。在动网格生成过程中，由于物体运动导致弹簧系统的平衡态破坏，此时需要通过松弛迭代法移动相关的网格节点，保持弹簧系统的动态平衡。由 Hook 定律可以得到所有与节点 i 相连的节点 j 对其所施的力：

$$\boldsymbol{F}=\sum_{j=1}^{N_i}\alpha_{ij}(\boldsymbol{x}_j-\boldsymbol{x}_i) \tag{13.4}$$

式中，α_{ij} 是节点 i、j 之间的弹性系数，N_i 是与 i 相邻的节点数目。为了使系统平衡，每个节点上的合力必须等于 0，整理之后的迭代方程为

$$\boldsymbol{x}_i^{k+1}=\frac{\sum\limits_{j=1}^{N_i}\alpha_{ij}\boldsymbol{x}_j^k}{\sum\limits_{j=1}^{N_i}\alpha_{ij}} \tag{13.5}$$

方程 (13.4) 作用于网格内的每一个节点，每迭代一次都使节点进一步趋于平衡。在实际应用过程中，并不要求整个系统达到真正的平衡，因为弹簧拉伸只是一种优化网格质量的方法，因此迭代的次数可以不必太多，过多的迭代步数会影响计算效率。在每一次的迭代中，新的节点位置 $\boldsymbol{x}_i$ 实际上是周围节点坐标的加权平均，权重是弹性系数 α_{ij}。一般取 $\alpha_{ij}=1$，$\forall i,j$，即假设所有弹簧等强度；有时根据需要，可以适当调整弹性系数 α_{ij}。

点拉伸法对于小变形或小位移问题具有良好的计算效率；但是对于变形或位移较大的问题，将无法得到高质量的计算网格。为此，Batina[35] 提出了片拉伸法，

其与点拉伸法的不同之处在于拉伸时的平衡长度 (equilibrium length of spring) 不同 (点拉伸法的平衡长度设为 0)。此方法中，弹簧的平衡长度定义为初始时刻的节点间距，而将 Hook 定律作用于节点的位移量，即

$$\boldsymbol{F}_i = \sum_{j=1}^{N_i} \alpha_{ij}(\boldsymbol{\delta}_j - \boldsymbol{\delta}_i) \tag{13.6}$$

式中，$\boldsymbol{\delta}_j$ 是节点 i 的位移。迭代方程即为

$$\boldsymbol{\delta}_i^{k+1} = \frac{\displaystyle\sum_{j=1}^{N_i} \alpha_{ij}\boldsymbol{\delta}_j^k}{\displaystyle\sum_{j=1}^{N_i} \alpha_{ij}} \bigcup_{i=1}^{n} \boldsymbol{x}_i \tag{13.7}$$

这里，Dirichlet 边界条件被设定为已知的动边界位移，而弹簧的弹性系数取为节点间距的倒数：

$$\alpha_{ij} = \frac{1}{\sqrt{(x_i - x_j)^2 + (y_i - y_j)^2 + (z_i - z_j)^2}} \tag{13.8}$$

经过方程 (13.6) 的迭代，i 点的坐标最终成为

$$\boldsymbol{x}_i^{\text{new}} = \boldsymbol{x}_i^{\text{old}} + \boldsymbol{\delta}_i^{k.\text{final}} \tag{13.9}$$

Batina[35] 首先将该方法用于生成机翼颤振的动态非结构网格。后来很多学者都采用该方法来处理动边界问题：如 Slikkeveer 等[36] 用它来处理自由表面问题；Hassan 等[37] 用它来处理外挂物分离问题；Blom 和 Leyland[38] 用它来处理强迫振动和流场结构干扰问题；Farhat 等[39] 和 Piperno[40] 用它来处理气动弹性的计算问题。值得注意的是，弹簧拉伸法不仅适用于非结构网格，也适用于结构网格，例如，Nakahashi 和 Deiwert[41] 用其处理网格自适应问题。在国内，杨国伟等[42] 利用该方法进行了飞机气动弹性的数值模拟。

2. 基于 Delaunay 背景网格的网格变形方法

Liu 等发展了基于 Delaunay 背景网格的插值方法[43]，较好地解决了非结构网格的动态变形问题。它首先按照 Delaunay 准则生成一套非常稀疏的背景网格，然后建立计算网格节点与 Delaunay 背景网格单元的映射关系。这种映射关系一旦建立，在运动变形过程中便不会更改。这样在 Delaunay 背景网格变形运动以后，计算网格的节点坐标就可以依照先前建立的映射关系很快回插计算出新的坐标。与目前普遍使用的弹簧拉伸法相比，该方法的最大优势在于不用迭代计算，效率得到较大提高，而且对于较大尺度变形问题，该方法亦能得到较好的动态网格。

Delaunay 背景网格插值方法可以分为四个步骤：①背景网格的生成；②映射，即建立计算网格节点与背景网格单元的映射关系；③背景网格的运动和变形；④回插，即依照新的背景网格和在第②步中得到的映射关系作逆运算得到节点新坐标。Delaunay 网格生成方法的最大缺陷是不能保证物形边界的完整性，因此往往需要通过各种方法删除物体内部的网格，并通过边界修正保证边界的完整性。然而，在这里却不必严格保持物形边界，因为 Delaunay 背景网格只是用于记录计算网格的相对位置。它只需保证能够进行正确的回插，其自身的边界完整性与计算网格没有任何关系。图 13.7 显示了通过 Delaunay 背景网格插值方法得到的鱼体巡游的动态混合网格。

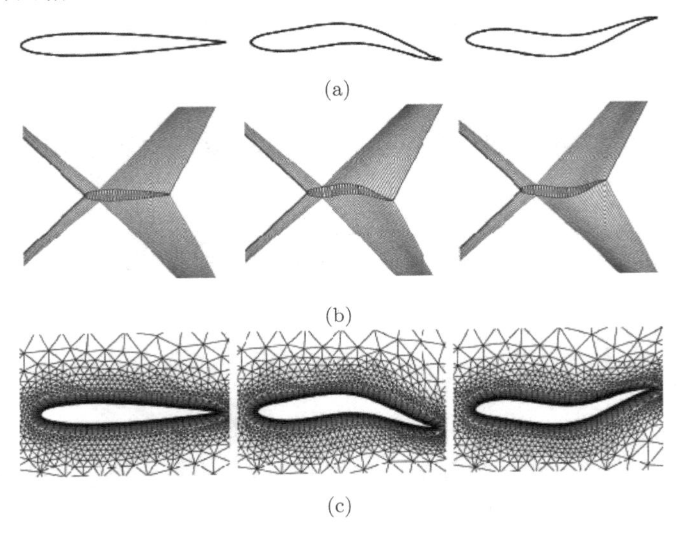

图 13.7　通过 Delaunay 背景网格插值方法得到的鱼体巡游的动态混合网格 (取自文献 [43])

3. 基于径向基函数的变形网格生成方法

径向基函数 (radial basis function，RBF) 是一类关于距离的函数，常用于数据插值。采用 RBF 生成动网格的思路是将网格点的位移场表示为到参考点距离的函数，因此根据参考点的位移可以唯一确定出空间每一点的位移。最近若干年基于 RBF 的动态网格技术 [44,45] 发展迅速，和传统的弹簧松弛法、求解 PDE 的方法相比，其具有如下主要优势：

(1) 具有优越的网格变形能力，在相同的物面变形及位移条件下，通过 RBF 方法得到的网格质量优于传统的动网格技术；

(2) 网格的变形不依赖网格点的连接关系，因此极大地简化了数据结构，并有助于采用并行计算技术实现动态网格的生成；

(3) 只需要在计算开始之前进行一次矩阵求逆操作，通过选择合适规模的物面参考点，该动网格技术具有非常高的生成效率。

网格点位移场的函数表示为

$$f(\boldsymbol{r})=\sum_{i=1}^{N}\alpha_i\phi\left(||\boldsymbol{r}-\boldsymbol{r}_i||\right) \tag{13.10}$$

其中，$\boldsymbol{r}$ 为网格点的位置，$\boldsymbol{r}_i$ 为参考点的位置，α_i 为加权系数，ϕ 表示基函数。以 x 方向为例，加权系数通过物面参考点的已知位移求解：

$$\begin{pmatrix}\Delta x_{s_1}\\ \vdots\\ \Delta x_{s_N}\end{pmatrix}=\begin{pmatrix}\phi_{s_1s_1} & \cdots & \phi_{s_1s_N}\\ \vdots & & \vdots\\ \phi_{s_Ns_1} & \cdots & \phi_{s_Ns_N}\end{pmatrix}\begin{pmatrix}\alpha_{s_1}\\ \vdots\\ \alpha_{s_N}\end{pmatrix} \tag{13.11}$$

其中，s_i 表示边界点集，s_n 为边界点数量。加权系数确定之后，内点的位移则可以表示为

$$\begin{pmatrix}\Delta x_{v_1}\\ \vdots\\ \Delta x_{v_N}\end{pmatrix}=\begin{pmatrix}\phi_{v_1s_1} & \cdots & \phi_{v_1s_N}\\ \vdots & & \vdots\\ \phi_{v_Ns_1} & \cdots & \phi_{v_Ns_N}\end{pmatrix}\begin{pmatrix}\alpha_{s_1}\\ \vdots\\ \alpha_{s_N}\end{pmatrix} \tag{13.12}$$

其中，v_i 表示内点，v_n 为内点数量。

常见的径向基函数一般分为全域型和紧支型两大类：全域型在对每个待求点进行插值时都需要用到所有的已知点，因此精度较高，但在计算中所涉及的系数矩阵均是满秩，不利于大规模计算；紧支型只需要用到待求点附近的局部信息，相当于截断了距离较远的已知点所造成的高阶项，只要选择合适的紧支半径对结果就不会有太大的影响，其形成的系数矩阵是稀疏的且主要集中在对角线附近，也非常利于采用各种快速方法求解。表 13.1 和表 13.2 分别列举了一些常用的全域和紧支径向基函数。表 13.2 中 ζ 为距离与紧支半径 r_0 之比，当 $\zeta>1$ 时 $\phi=0$。

表 13.1 常用全域型径向基函数

函数名称	表达式
volume spline(VS)	$\phi(x)=x$
thin plate spline(TPS)	$\phi(x)=x^2\log x$
multi-quadric(MQ)	$\phi(x)=\sqrt{(c^2+x^2)}, c=10^{-5}\sim10^{-3}$
inverse multi-quadric(IMQ)	$\phi(x)=1/\sqrt{(c^2+x^2)}, c=10^{-5}\sim10^{-3}$
inverse quadric(IQ)	$\phi(x)=1/\left(1+x^2\right)$

表 13.2　常用紧支型径向基函数

函数名称	表达式
Wendland's C^0	$\phi(\zeta)=(1-\zeta)^2$
Wendland's C^2	$\phi(\zeta)=(1-\zeta)^4(4\zeta+1)$
Wendland's C^4	$\phi(\zeta)=(1-\zeta)^6(35\zeta^2+18\zeta+3)$
Wendland's C^6	$\phi(\zeta)=(1-\zeta)^8(32\zeta^3+25\zeta^2+8\zeta+1)$
Compact TPS C^0	$\phi(\zeta)=(1-\zeta)^5$
Compact TPS C^1	$\phi(\zeta)=3+80\zeta^2-120\zeta^3+45\zeta^4-8\zeta^5+60\zeta^2\log\zeta$
Compact TPS C^2(a)	$\phi(\zeta)=1-30\zeta^2-10\zeta^3+45\zeta^4-6\zeta^5-60\zeta^3\log\zeta$
Compact TPS C^2(b)	$\phi(\zeta)=1-20\zeta^2+80\zeta^3-45\zeta^4-16\zeta^5+60\zeta^4\log\zeta$

对于动态网格生成问题，空间点的分布只需尽可能保持光滑，其具体坐标并不需要非常精确，因此研究者普遍倾向于选取紧支型 RBF[44−47]。文献调研显示，Wen dland's C^2 表现较好，因此这里也选取这种径向基函数。

仅采用前述方法对复杂外形进行动网格生成的计算量仍然很大，实际应用中往往将其与其他方法相结合或对其作出改进。根据 RBF 插值的特点，我们只需要很少一部分物面节点作为参考 (即参考点)，建立一个满足精度要求的低维径向基函数空间，就能完成整个空间网格的生成，而参考点的选取将直接影响到网格生成效果。Rendall 等[44,45] 采用贪婪算法，根据最大插值误差位置逐步添加参考点，以实现基函数序列的精简，其基本过程如下：

(1) 根据物体运动规律找到最大变形状态，并将此时的所有物面节点位置全部记录下来，作为校验条件；

(2) 开始时参考点集为空集，可任意选择某物面点作为初始参考点；

(3) 根据参考点的基函数序列，采用前述方法生成最大变形状态下的物面网格；

(4) 由于基函数序列维度过低，最大变形状态下的物面点位置除参考点外均与校验条件存在一定误差，找出误差最大的节点；

(5) 若最大误差节点不为参考点，则作为新参考点加入到基函数序列中，否则任选一非参考点的物面点将其加入到基函数序列中；

(6) 重复步骤 (3)~(5)，直到参考点数目达到期望值，或物面点已全为参考点。

对于上述过程中的第 (5) 步，若最大误差节点已为参考点，则不能将其加入基函数序列，否则将会导致系数矩阵奇异；但若不对基函数序列进行更新，则下一次找到的最大误差节点仍是此点，筛选过程将进入死循环。此时不妨引入一个新的非参考物面点来更新基函数序列，因为我们只是需要一个低维的径向基函数空间来代替所有物面点形成的高维空间，所以这种随机引入机制对所生成网格的质量不会造成影响，第 (2) 步中任意选择初始参考点的原理也是如此。另外需要指出的是，采用基函数序列精简算法会导致物面上的非参考点节点位置出现一定误差，也就是说变形后的物体不能完全保形。但选取合适的参考点集能够使该误差降到很小。

为了展示径向基函数法生成变形网格的能力，这里给出了一个典型的 NACA0012 翼型大振幅俯仰运动的动态网格 (图 13.8)。从图中可以看出，翼型的俯仰角度达到 90°。对于这类问题，传统的网格变形技术往往难以满足需求，需要引入复杂的重构过程，我们以这种极端情况来考核 RBF 动网格方法的表现。由于物面点较少，这里没有进行基函数序列精简，能够保证物体在运动后仍能保持精确的形状；径向基函数选择紧支型的 Wendland's C^2，紧支半径为 20 倍机翼弦长。可以看到，RBF 动网格方法在物体转动 90° 这种极端情况仍能维持较好的网格质量。图 13.9 为翼型的剧烈柔性变形过程，可见该方法也适用于柔性变形过程的网格生成。对于复杂外形，物面变形点的筛选对提高变形网格生成效率至关重要，这里我们针对鸽子外形进行测试 (图 13.10)，物面网格点数为 4 万，经过筛选最终确定的参考点数目仅为 500 个，因此可以极大地提升动态网格的生成效率。

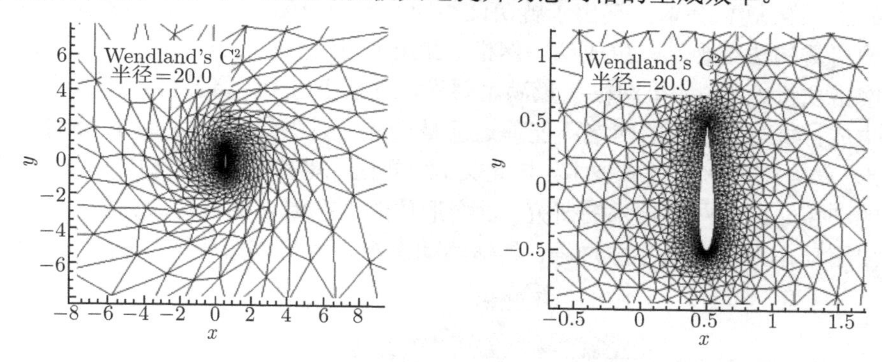

图 13.8 RBF 方法生成的 NACA0012 翼型大振幅俯仰运动动态网格

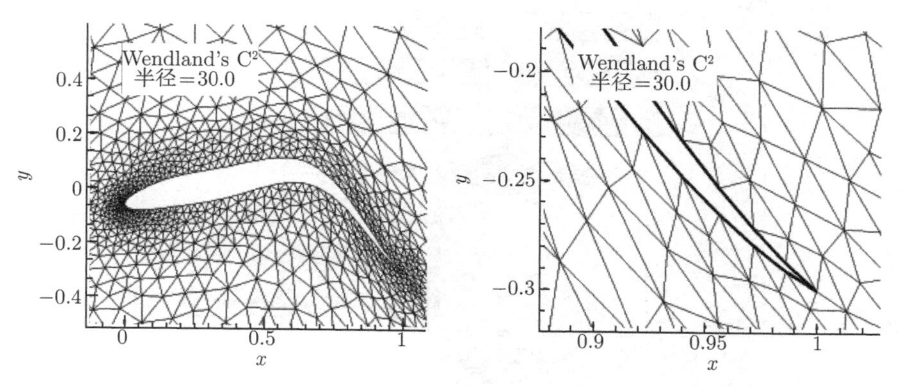

图 13.9 RBF 方法生成的 NACA0012 翼型大幅度柔性变形动态网格

图 13.10　通过贪婪算法选择的物面参考点 (后附彩图)

13.3.4　变形/重构混合网格生成技术

无论是弹簧拉伸法，还是基于 Delaunay 背景网格的插值法，亦或是 RBF 方法，它们在处理更大变形的非定常问题时 (如长距离多体分离)，均存在较大的困难，因为大变形将导致网格单元的质量急剧下降，有时甚至导致网格的相交，进而影响非定常计算的精度，甚至导致计算失败。为此，作者在前述定态混合网格技术的基础上 (详见第 10 章)，提出了解决此类问题的新策略[48−50]，即将弹簧拉伸法与局部网格重构法结合起来生成动态网格。首先采用弹簧拉伸法移动网格节点，然后进行网格质量检测，如果网格质量满足要求，则继续利用弹簧拉伸法进行下一步的网格生成；如果变形后的网格不能通过质量检测，则在局部进行重构。这便是所谓的变形/重构混合网格生成技术。与此类似，郭正、刘君[51] 利用该技术进行了多体分离的动态非结构网格技术的研究。以变形体的动态混合网格生成为例，这里简要地给出了动态混合网格生成过程。具体的动态混合网格的流程图如图 13.11 所示。

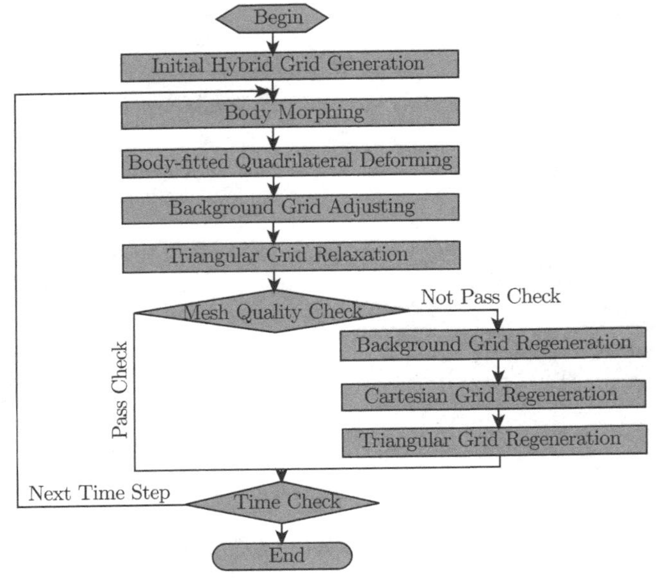

图 13.11　动态混合网格生成流场示意图 (弹簧拉伸法和局部网格重构法耦合)

要对一个运动的物体生成动态网格，首先要生成初始时刻的静态网格，然后当物体运动时对网格进行相应的调整。为了适应复杂外形，最好的方法当然是混合网格 (详见第 10 章)。在静态混合网格生成之后，则按如图 13.11 所示的方法生成动态混合网格。首先，物体周围贴体的结构或半结构网格随物体变形而变形。以二维问题为例，具体过程如下：

(1) 在初始网格生成中记录每一层的节点数目、四边形数目，并记录法向推进方向的点与点之间的联系，以及点与点之间的线段长度。

(2) 当外形变化时，第一层的网格点 (即物面网格点) 坐标随着外形的变形而更新。

(3) 求第一层节点的新推进方向并进行法线光滑。

(4) 按照保存的初始网格信息 (推进距离、节点关联信息等)，利用新的推进方向，更新第二层点的新坐标。

(5) 以此类推，直到最后一层四边形网格点的坐标更新完毕。推进的步长和初始网格生成中步长一致，无需重新求解。

当贴体四边形网格更新完成后，外部的矩形网格或远场的三角形网格保持静止不变，中间的三角形网格利用弹簧拉伸法进行节点松弛。当三角形的质量过差 (如外接圆和三角形面积比大于一定的值) 时，局部三角形网格重新生成。图 13.12 和图 13.13 为利用该方法生成的动态混合网格实例，其中图 13.12 为一个周期内双鱼对摆的动态混合网格，图 13.13 是战斗机/外挂物分离 (二维) 的动态混合网格。

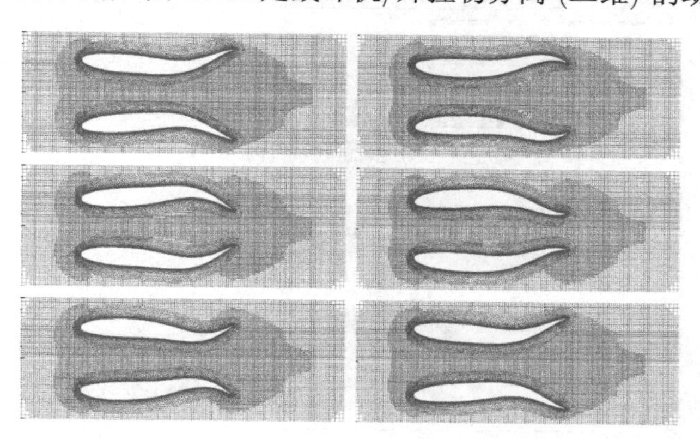

图 13.12 一周期内双鱼对摆的动态混合网格

由于 Delaunay 背景网格插值法在中小变形情况下能快速生成高质量的动态网格，为此我们进一步发展了基于 Delaunay 背景网格插值法和局部网格重构法相结合的动态混合网格生成方法[52−56]，当然亦可以进一步耦合 RBF 方法。其网格生成流程如图 13.14 所示。其基本思想与前述耦合方法相似，只是在变形网格生成过程中采用了 Delaunay 背景网格插值法，而 Delaunay 背景网格本身的变形则通过弹簧拉伸法实施，如果弹簧拉伸法无法得到合适的 Delaunay 背景网格，背景网格本身也可以重构。

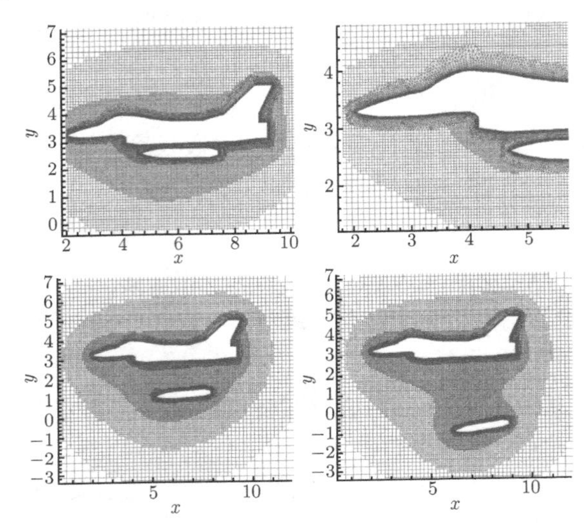

图 13.13　战斗机/外挂物分离的动态混合网格

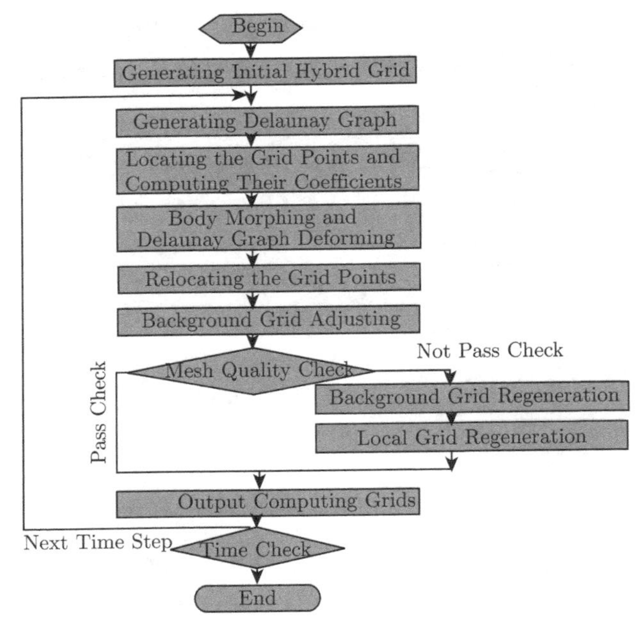

图 13.14　动态混合网格生成流场示意图

(Delaunay 背景网格插值法和局部网格重构法耦合)

以下给出了利用该方法生成的二维和三维动态混合网格实例。图 13.15 为三段翼型的副翼折转运动的动态混合网格。后缘副翼从初始状态折起，变形位移很大，但是利用 Delaunay 网格插值方法仍能在不改变网格拓扑结构的情况下，生成全过程的动态混合网格 (图 13.15(b)~(d))。这里 Delaunay 背景网格仅覆盖副翼附近的区域，其外边界点当副翼折转时适当旋转。从图 13.15 中可以看到，在整个运动过程中，外场的网格保持静止，局部网格变形，变形网格的质量保持良好。对于三维问题，图 13.16 显示了单个鱼体模型巡游时的动态混合网格，图 13.17 给出了前后串列两鱼摆动过程中的动态混合网格，图 13.18 为三个鱼体巡游时的动态混合网格。由于 Delaunay 背景网格插值法对中等变形问题具有较好的适应性，加之在流场中的适当位置布置了背景网格点，因此单个鱼体和多个鱼体巡游的动态混合网格均未进行局部重构。图 13.19 显示了变形飞机模型的动态非结构网格 (表面网格和空间网格)，由于折叠幅度较大，因此在折叠过程中进行了若干次局部网格重构，通过局部重构，可以保持整体的网格质量。图 13.20 给出了鸟类扑翼运动的动态混合网格。图 13.21 同样给出了机翼/外挂物分离过程的动态混合网格，图 13.22 显示了在分离过程中某一时刻，局部重构前后的计算网格，可以看到，利用局部网格重构之后，网格质量大为改进。由于混合方法综合了 Delaunay 背景网格插值法、弹簧松弛法和局部网格重构法等方法的优势，因此能够生成复杂外形的高质量动态网格。

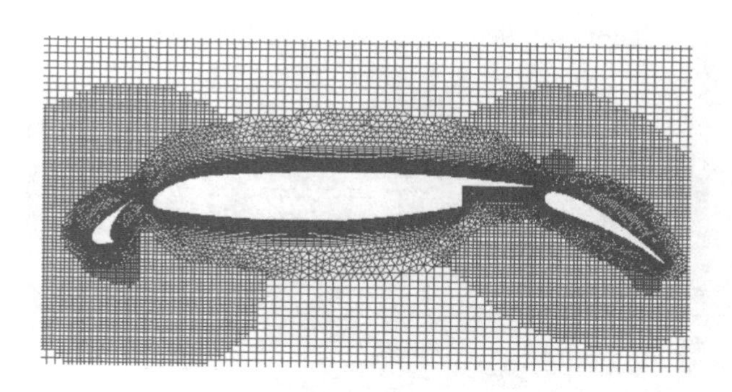

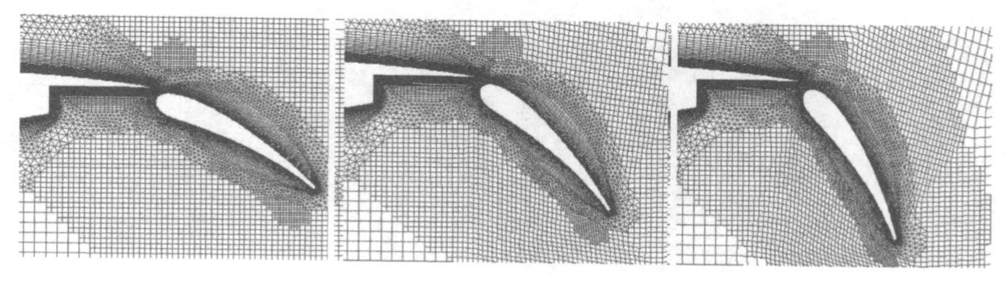

图 13.15 多段翼型的副翼折转过程的动态混合网格

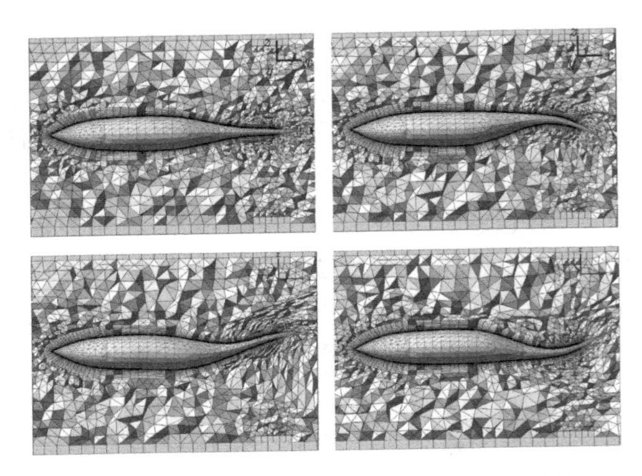

图 13.16　单个鱼体巡游的动态混合网格 (后附彩图)

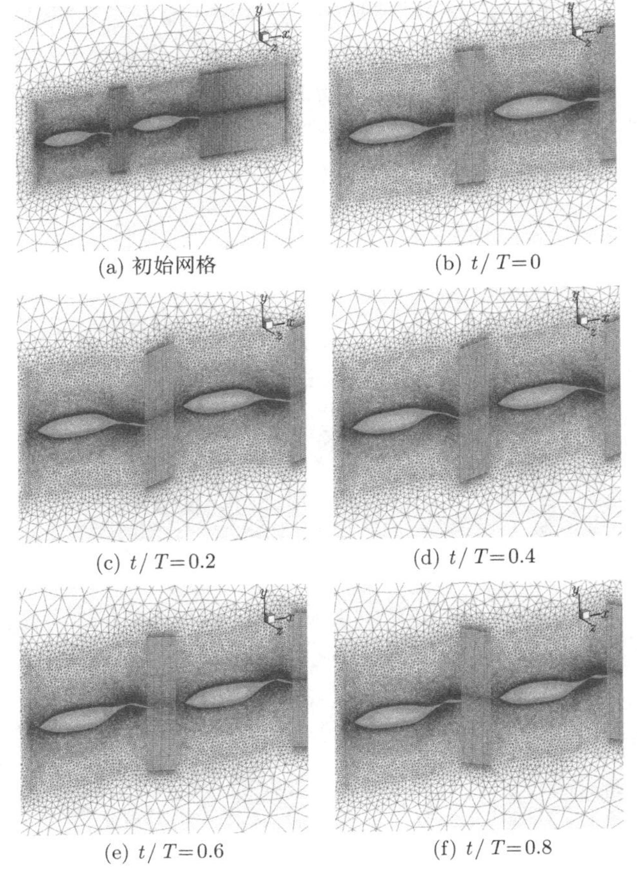

(a) 初始网格　(b) $t/T=0$

(c) $t/T=0.2$　(d) $t/T=0.4$

(e) $t/T=0.6$　(f) $t/T=0.8$

图 13.17　前后串列两鱼摆动过程的动态混合网格 (后附彩图)

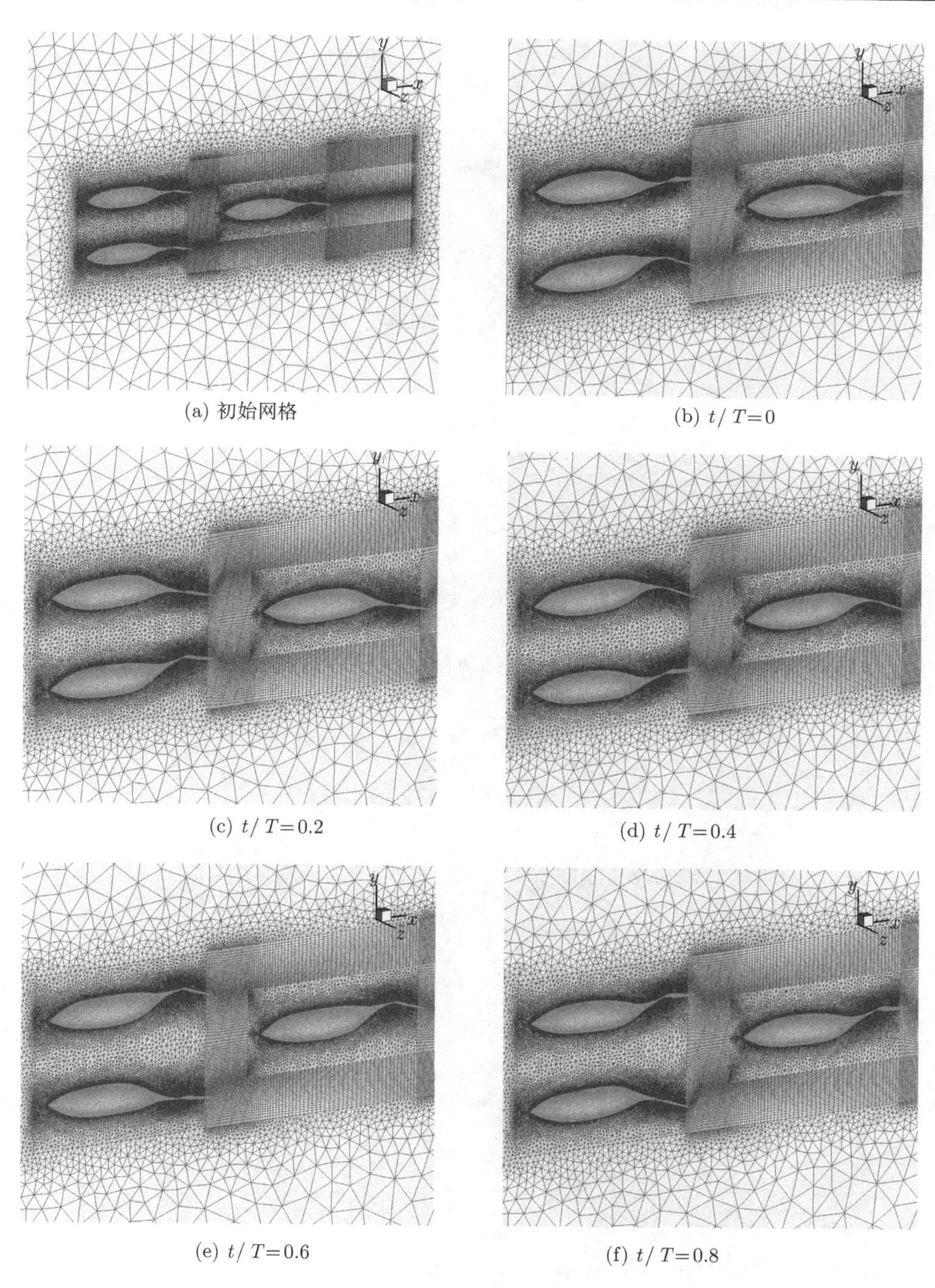

(a) 初始网格

(b) $t/T=0$

(c) $t/T=0.2$

(d) $t/T=0.4$

(e) $t/T=0.6$

(f) $t/T=0.8$

图 13.18 三个鱼体巡游的动态混合网格 (后附彩图)

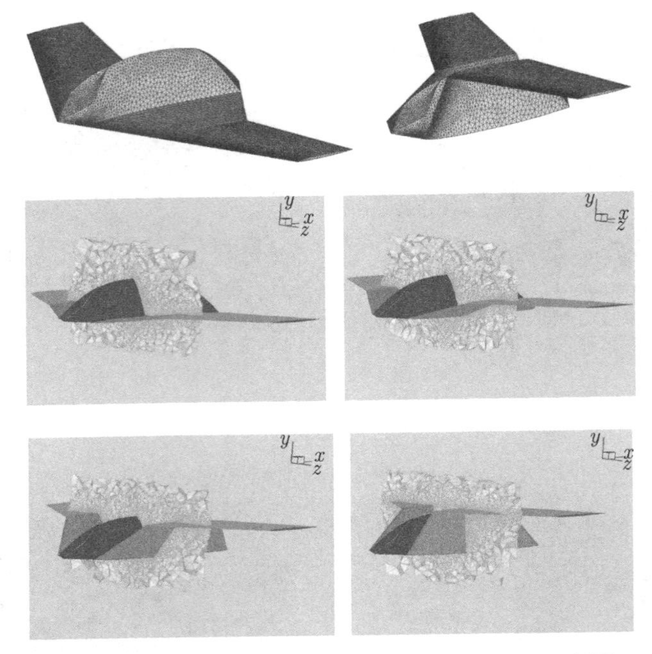

图 13.19　变形飞机的三维动态非结构网格 (后附彩图)

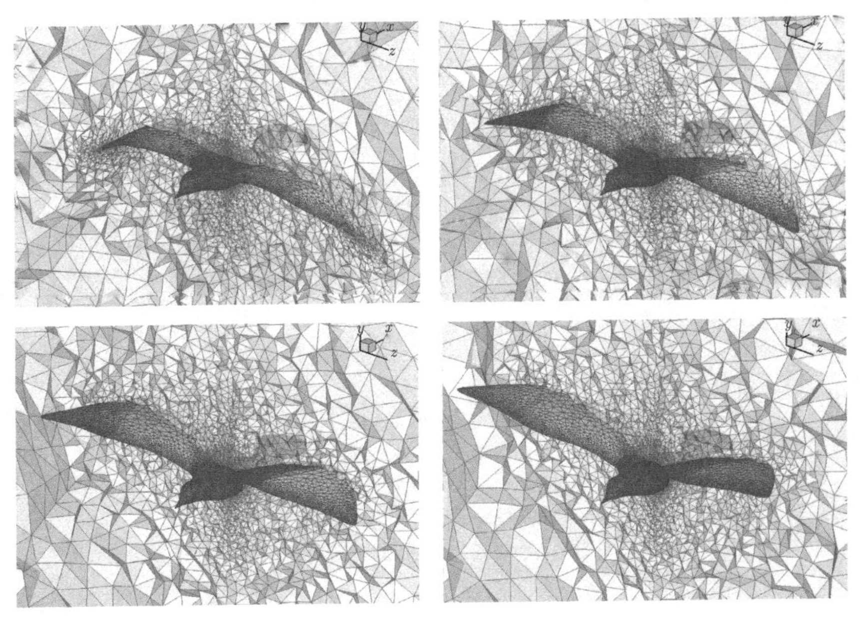

图 13.20　鸟类扑翼运动动态混合网格 (后附彩图)

图 13.21 机翼/外挂物分离动态混合网格 (后附彩图)

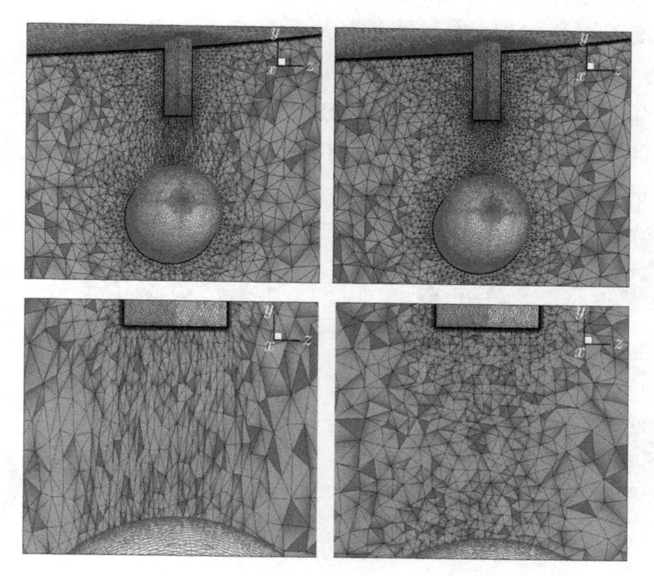

图 13.22 重构前后网格对比 (后附彩图)

13.4 动态混合网格非定常计算应用实例

在上述动态混合网格生成技术的基础上，作者发展了基于动态混合网格的非定常计算方法[49,50,52,54−57] 和数值模拟软件平台 HyperFLOW[58−62]。由于本书的重点是介绍网格生成技术，因此关于具体的计算方法这里不作介绍，感兴趣的读者可以参阅给出的文献。以下我们给出一些利用前述的动态混合网格技术和非定常计算方法开展的应用实例，以展示动态混合网格的实用性。

13.4.1　鱼体巡游数值模拟

针对金枪鱼外形，我们对四种不同尾部模型的推进效率以及巡游效率进行了数值研究。金枪鱼及四种尾部模型如图 13.23 所示，其中模型 1 为原始的月牙尾外形，模型 2 的尾缘改为了直线，模型 3 改成了圆弧，模型 4 则在模型 1 的基础上通过减少尾鳍面积得到。计算网格如图 13.16 所示 (模型 1，其他模型的网格类似)。在固定 0.7m/s 的来流条件下，通过对不同的摆动频率下的流场进行数值模拟，确定出其巡游时的摆动频率、能耗和推进效率如表 13.3 所示。从计算结果可以看出，原始的月牙尾外形具有最低的巡游能耗，而模型 3、模型 4 的巡游效率较差。图 13.24 所示为不同模型在典型时刻的瞬时流场结构，摆动频率 $f=1$。由于摆动频率相同，尾涡结构的流向尺度相当，但是涡环的大小差异明显。图 13.25 和图 13.26 则给出了双鱼和三鱼巡游时的旋涡结构。当然，这里的数值模拟是将鱼体固定于某一空间位置的定速巡游模拟，而真实的情形是鱼体的自主游动，这需要耦合柔性体的运动学/动力学方程进行一体化的耦合计算。作者正在发展相关的计算方法，以便能真实模拟鱼体的自主游动问题。这里给出的应用实例仅为了说明作者发展的动态混合网格技术对于这类柔性变形体非定常模拟具有良好的适应性。

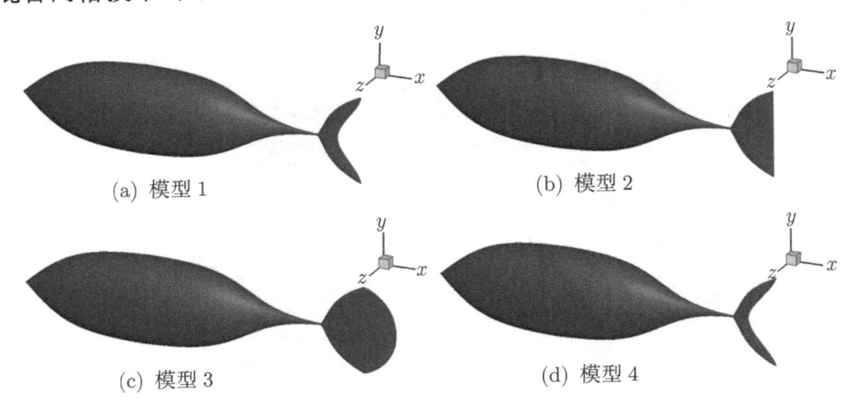

(a) 模型 1　(b) 模型 2　(c) 模型 3　(d) 模型 4

图 13.23　金枪鱼外形及本节采用的鱼尾模型

表 13.3　四种模型以 0.7m/s 巡游时的游动频率及计算结果

模型	摆动频率	施特鲁哈尔数	推进效率	能耗系数
模型 1	0.87	0.20	61.3%	5.88×10^{-3}
模型 2	0.73	0.17	62.7%	6.10×10^{-3}
模型 3	0.60	0.15	50.2%	7.79×10^{-3}
模型 4	1.00	0.23	40.5%	7.12×10^{-3}

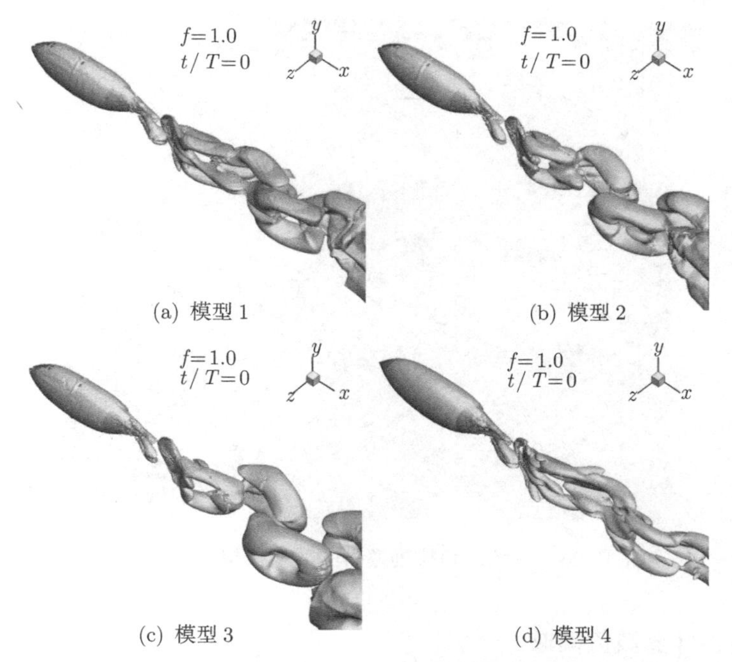

图 13.24 摆动周期内典型时刻流场的旋涡结构 (后附彩图)

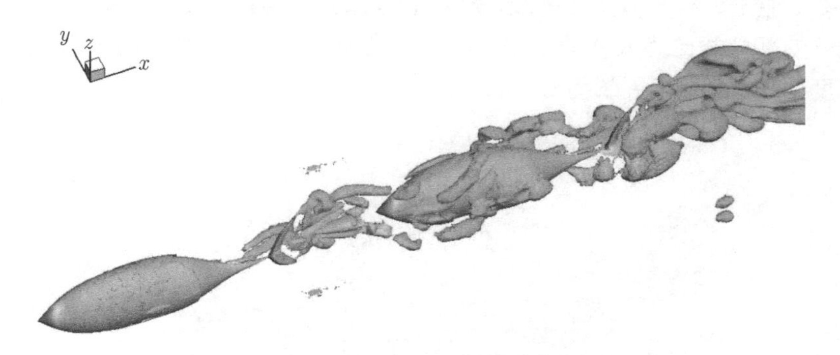

图 13.25 双鱼串列巡游的数值模拟结果 (后附彩图)

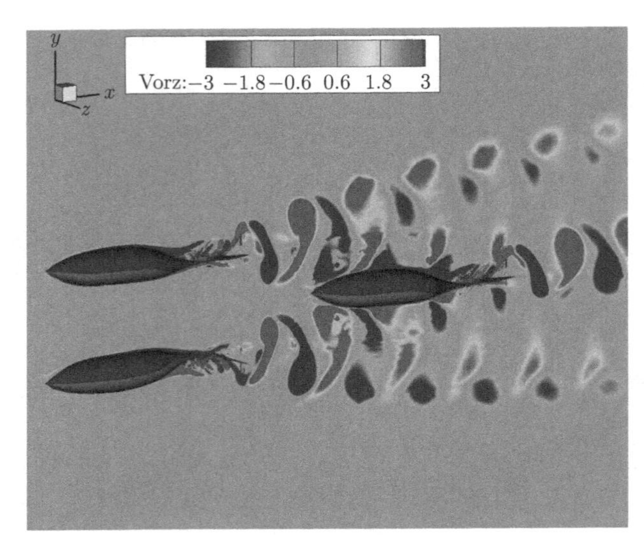

图 13.26　三鱼三角排列巡游的数值模拟 (后附彩图)

13.4.2　鸟类扑翼数值模拟

文献中，将鸟类骨骼按照生理结构分成了几个部分。本小节以鸽子为原型，部分参考了文献中的分解方式，设计了一种鸟类外形，如图 13.27 所示。该外形由头部 (含喙)、躯干、尾部和扑翼组成，暂时不考虑羽毛结构。其中，鸟翼由两段组成，紧邻躯干的部分类比为人体的 “上臂”，另一部分类比为 “小臂”(图 13.27(b))。外形流向长度为 0.34m，半展长为 0.4m。

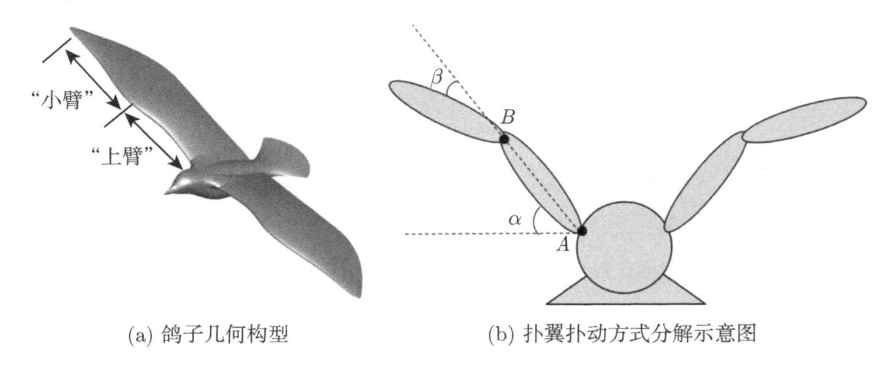

(a) 鸽子几何构型　　(b) 扑翼扑动方式分解示意图

图 13.27　鸽子外形及扑翼运动分解示意图

真实鸟翼在扑动过程中伴随着翅膀的上下扑动、前后扭转以及翼尖的 “8” 字形拍动，其运动规律非常复杂，很难用数学模型真实地描述。对于扑翼鸟类来说，鸟翼的上下扑动和高升力直接相关，而前后扭转和推力直接相关。一直以来，扑翼方式对高升力的产生都是研究的重点，为此这里仅考虑鸟翼的上下扑动。

将鸟翼按照图 13.27(b) 的方式分为两段，定义“大臂”与水平面的夹角为 α,“小臂”与“大臂”间的夹角为 β，二者分别绕 A，B 点按如下的扑动规律上下拍动：

$$\alpha=\alpha_{\max}\sin\left(2\pi\frac{t}{T}\right)+\alpha_0 \tag{13.13}$$

$$\beta=\beta_{\max}\sin\left(2\pi\frac{t}{T}+\varphi\right)+\beta_0 \tag{13.14}$$

其中，T 是一周期内的计算步数，t=1,$\cdots$，T;α_0 和 β_0 分别是初始预置的平衡位置角度; φ 是两段鸟翼之间的拍动相位差。(13.13) 式和 (13.14) 式中的参数分别为 $\alpha_{\max}=\beta_{\max}=10°$，$\alpha_0=\beta_0=0°$，$\varphi=-0.75\pi$。

计算网格如图 13.20 所示。图 13.28 是在平衡位置附近某时刻的压力等值云图，该时刻鸟翼以最大角速度下拍。可见，此时鸟翼上翼面是一个低压区，而下翼面压强较大，有利于高升力的产生。图 13.29 是地球坐标系下鸟翼前后缘处的流线。可以明显地看到鸟翼下部的流线分别经过前后缘绕至鸟翼上翼面，作者将在以后的扑动建模中进一步研究合适的扑动振幅。图 13.30 给出了典型位置的 Q 等值面分布图，由于网格量有限，等值面图不够光滑，但是仍可以看出大致的旋涡结构。当然，需要说明的是，这里仅对扑翼上下扑动过程进行了简化模型的数值模拟，与实际的扑翼运动仍有较大的差异，因此这里给出的计算结果与真实飞行状态仍有一定的差异。不过，只要能通过观测获得真实的扑动模型，利用上述的动态混合网格技术和非定常计算方法，就可以得到接近真实状态的流动结构。这对于分析非定常流动机理无疑是非常有利的。

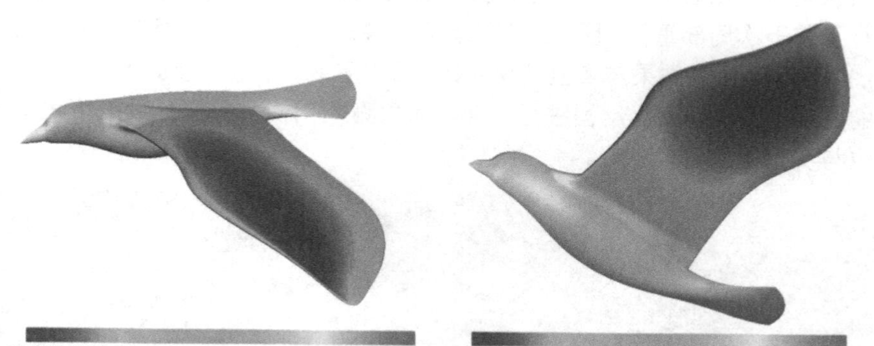

图 13.28 平衡位置附近翼面上下压力分布云图 (后附彩图)

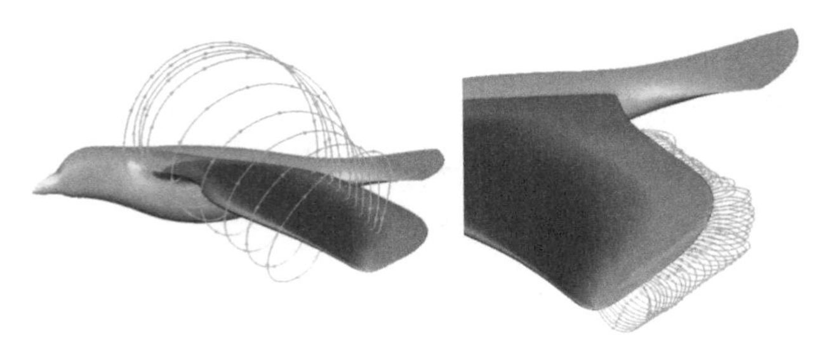

图 13.29 平衡位置附近翼面上下压强及地球坐标系中的空间流线分布 (后附彩图)

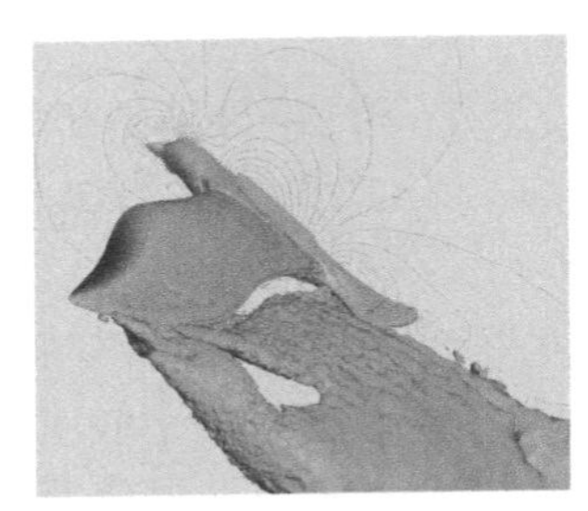

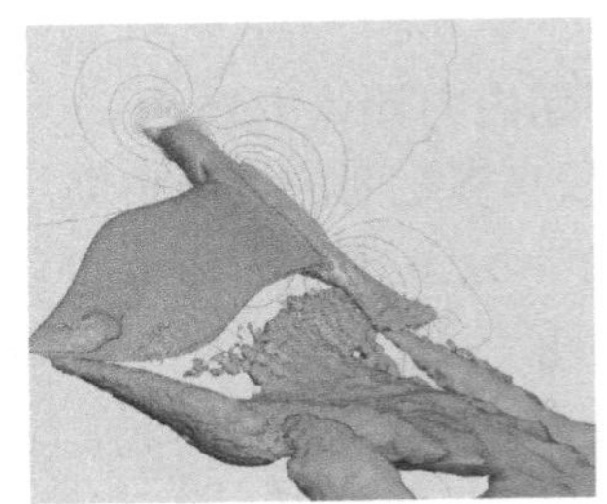

图 13.30 扑翼不同时刻的 Q 等值面 (后附彩图)

13.4.3 机翼/外挂物分离数值模拟

本节采用动力学方程/N-S 方程耦合求解算法，对典型的机翼/外挂物投放算例进行了数值模拟。机翼、弹体外形与计算条件请参见文献 [63]。分离过程中的计算网格如图 13.21 和图 13.22 所示，物体边界层内采用了半结构的三棱柱网格，并在前后缘附近采用各向异性的非结构单元进行加密，分离过程中在两体之间的区域进行了若干次局部重构。图 13.31 所示为分离过程中物面及对称面的压力云图，图 13.32 所示为计算结果与实验结果对比，可以看到，本节的数值模拟对气动力和力矩的量值以及时间变化历程进行了准确的预测，弹体运动速度、姿态角等运动学参数也与实验结果符合良好。

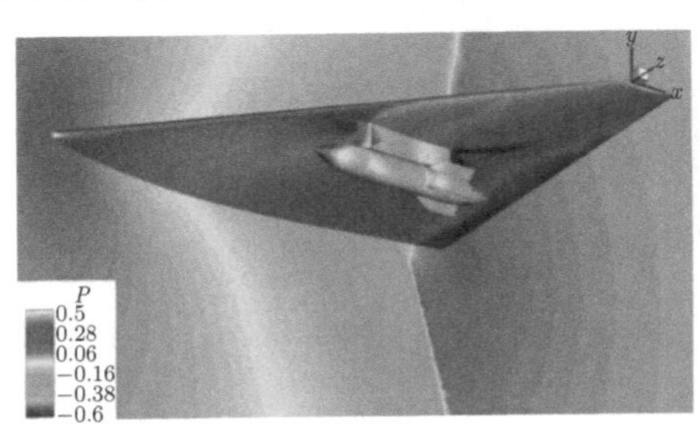

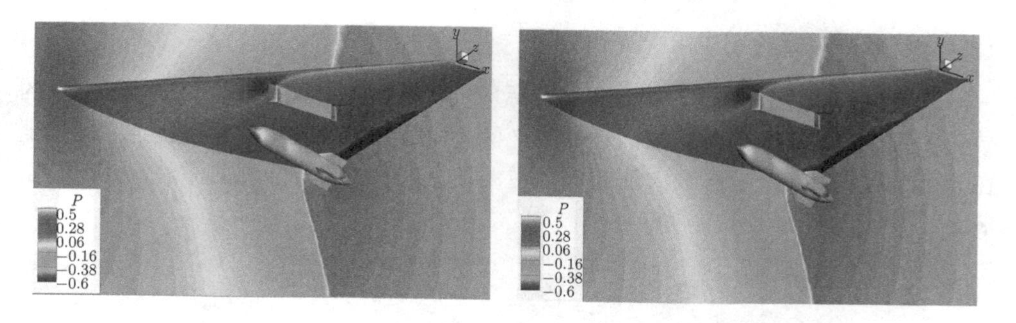

图 13.31 分离过程中典型时刻的压力云图 (后附彩图)

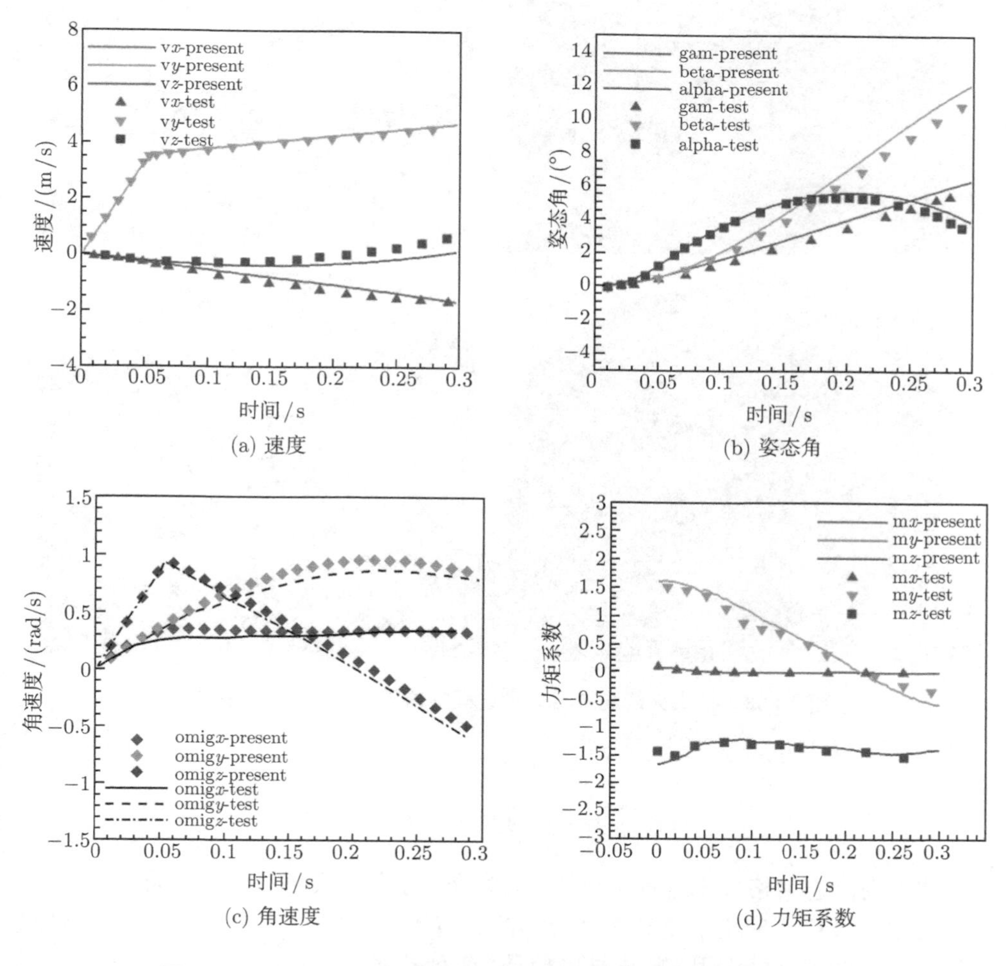

图 13.32 机翼/外挂物分离计算结果与实验结果对比 (后附彩图)

13.4.4　复杂多体分离应用

本节我们给出了复杂多体分离的实际应用。图 13.33 为捆绑火箭助推器分离的数值模拟结果。在助推器燃油消耗完成之际，利用分离装置将其解锁抛离。助推器在分离过程中，将穿越芯级火箭的头部主激波，并形成比较强烈的激波/激波干扰。非定常数值模拟给出了清晰的流场结构。

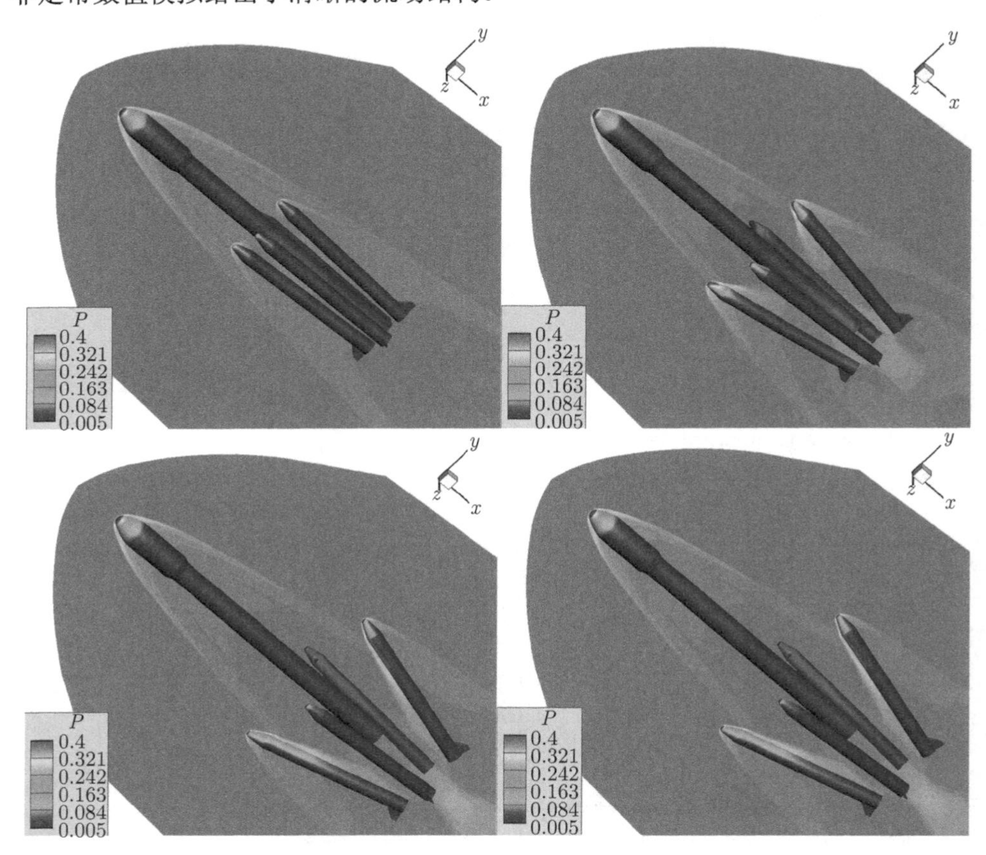

图 13.33　捆绑火箭助推器分离过程中的压力云图 (后附彩图)

13.5　小　　结

本章对动态网格技术进行了介绍，同时介绍了作者发展的动态混合网格技术。这些方法已被广泛应用于复杂多体分离的数值模拟，并在一些复杂非定常流动机理研究中发挥了良好作用。应该指出的是，各种动网格技术均有自己的优缺点。因此，自然的优选方案是将这些方法耦合起来使用，以发挥各自的优势。事实上，前述的变形/重构耦合方法就是一种耦合方式。针对不同的应用问题，我们还可以耦合其他的方法。为了有效集成各种方法于一体，一种较好的选择是采取几何区域和运动方式分解的策略。将运动方式分解为随体变形运动 (如鱼体摆动、鸟翼扑动和舵面偏转等) 和空间质心运动 (如鱼体自主游动、鸟类自主飞行和飞机机动飞行等)，这样可以简化运动方式。而采用几何区域分解的策略，则可以根据运动和变形方式的不同，选取最合适的动态网格生成技术。作者正在开展这方面的研究，期待在不久的将来，能将各种动态混合网格方法有机集成，构建一个通用的动态混合网格生成集成平台。

参 考 文 献

[1] Thompson J F, Soni B K, Weatherill N P. Handbook of Grid Generation Boca Raton: CRC Press, 1998.

[2] Baker T J. Mesh generation: Art or science? Prog. Aero. Sci., 2005, 41: 29-63.

[3] Steinthorson E, Liou M S, Povinelli L A. Development of an explicit multiblock/multigrid flow solver for viscous flows in complex geometries. AIAA paper, 93-2380, 1993.

[4] Sheng C, Taylor L, Whitfield D. Multiblock multigrid solution of three dimensional incompressible turbulent flows about appended submarine configuration. AIAA paper, 95-0203, 1995.

[5] Flores J, Reznick S G, Holst T L, et al. Transonic Navier-Stokes solution for a fighter-like configuration. AIAA paper, 87-0032, 1987.

[6] Sorenson R L. Three-dimensional elliptic grid generation for an F-16//Steger J L, Thompson J F. Three-dimensional Grid Generation for Complex Configurations: Recent Progress. AGARD graph No.309, 1988.

[7] Steger J L, Dougherty F C, Benek J A. A chimera grid scheme. ASME Mini-Symposium on Adoances in Grid generation, Houston, T X, June, 1982.

[8] Pearce D G, Atanley S, Martin F, et al. Development of a large Chimera grid system for space shuttle. AIAA paper, 93-0533, 1993.

[9] 刘伟. 细长机翼摇滚机理的非线性动力学分析及数值模拟方法研究. 长沙：国防科学技术大学, 2004.

[10] 谢昱飞. 细长圆锥超声速绕流的非对称分离及其诱导之等速锥转运动的计算分析. 绵阳：中国空气动力研究与发展中心，2005.

[11] Nakamichi J. Calculations of unsteady Navier-Stokes equations around an oscillating 3D wing using moving grid system. AIAA paper, 87-1158, 1987.

[12] Rumsey C L, Anderson W K. Some numerical and physical aspects of unsteady Navier-Stokes computations over airfoils using dynamic meshes. AIAA paper, 88-0329, 1988.

[13] Morton S A, Melville R B, Visbal M R. Accuracy and coupling issues of aeroelastic

Navier-Stokes solution on deforming meshes. J. Aircraft, 1998, 35(5): 798-805.

[14] 袁先旭. 非定常流动数值模拟及飞行器动态特性分析研究. 绵阳：中国空气动力研究与发展中心，2004.

[15] Maple R C, Belk D M. Automated set up of blocked, patched, and embedded grids in the BEGGAR flow solver//Weatherill N P, et al. Numerical Grid Generation in Computational Fluid Dynamics and Related Fields. Pine Ridge Press, 1994: 305-314.

[16] Lijewski L E. Comparison of transonic store separation trajectory predictions using the Pegasus/DXEAGLE and BEGGER Codes. AIAA paper, 97-2202, 1997.

[17] Wang Z J, Parthasarathy V. A fully automated Chimera methodology for multiple moving body problems. Int. J. Numer. Meth. Fluids, 2000, 33: 919-938.

[18] Yen G W, Baysal O. Dynamic-overlapped-grid simulation of aerodynamically determined relative motion. AIAA paper, 93-3018, 1993.

[19] Krist S L. CFL3D user's Manual (Version 5.0). NASA/TM-1998-208444.

[20] Henshaw W D. Automatic grid generation. Acta Numerica, 1996, 5: 121-148.

[21] 张玉东，纪楚群. 子母弹分离过程的数值模拟方法. 空气动力学学报，2003，21(1): 36-41.

[22] 李亭鹤. 重叠网格自动生成方法研究. 北京：北京航空航天大学，2004.

[23] 杨明智. 外挂物投放的数值模拟研究. 绵阳：中国空气动力研究与发展中心，2006.

[24] Kallinderis Y, Khawaja A, McMorris H. Hybrid prismatic/tetrahedral grid generation for complex geometries. AIAA J., 1996; 34:291-298.

[25] Coirier W J, Jorgenson P C E. A mixed volume grid approach for the Euler and Navier-Stokes equations. AIAA paper, 96-0762, 1996.

[26] Karman S L. SPLITFLOW: A 3D unstructured Cartesian/prismatic grid CFD code for complete geometries. AIAA paper, 95-0343, 1995.

[27] Wang Z J. A quadtree-based adaptive Cartesian/quad grid flow solver for Navier-Stokes equations. Computers & Fluids, 1998, 27(4): 529–549.

[28] Zhang L P, Zhang H X, Gao S C. A Cartesian/unstructured hybrid grid solver and its applications to 2D/3D complex inviscid flow fields. Proceedings of the 7th International Symposium on CFD, Beijing, China, 1997: 347-352.

[29] Zhang L P, Yang Y J, Zhang H X. Numerical simulations of 3D inviscid/viscous flow fields on Cartesian/unstructured/prismatic hybrid grids. Proceedings of the 4th Asian CFD Conference, Mianyang, China, 2000: 93-101.

[30] Nakahashi K, Togashi F. An intergrid-boundary definition method for overset unstructured grid approach. AIAA paper, 99-3304, 1999.

[31] Lohner R, Sharoy D, Luo H, et al. Overlapping unstructured grids. AIAA paper, 01-0439, 2001.

[32] Grübe B, Carstens V. Computational of unsteady transonic flow in harmonically oscillating turbine cascades taking into account viscous effects. ASME J. Turbomachinery 1998, 120(1): 104-111.

[33] Schulze S. Transonic aeroelatic simulation of a flexible wing section. AGARD Structures and Materials Panel Workshop on Numerical Unsteady Aerodynamics and Aeroelastics Simulation. AGARD R-822,1997.

[34] Frederic J B. Consideration on the spring analogy. Int. J. Numer. Meth. Fluids, 2000, 32: 647-668.

[35] Batina J T. Unsteady Euler airfoil using unstructured dynamic meshes. AIAA Journal, 1990, 28(8): 1381-1388.

[36] Slikkeveer P J, van Loohuizen E P, O'Brien S B G. An implicit surface tension algorithm for Picard solvers of surface-tension-dominated free and moving boundary problems. Int. J. Numer. Meth. Fluids, 1996, 22: 851-865.

[37] Hassan O, Probert E J, Morgan K. Unstructured mesh procedures for the simulation of three-dimensional transient compressible inviscid flows with moving boundary components. Int. J. Numer. Meth. Fluids, 1998, 27: 41-55.

[38] Blom F J, Leyland P. Analysis of fluid-structure interaction on moving airfoils by means of an improved ALE method. AIAA paper, 97-1770, 1997.

[39] Farhat C, Lesoinne M, Maman N. Mixed explicit/implicit time integration of coupled aeroelastic problems: Free-field formulation, geometric conservation and distributed solution. Int. J. Numer. Meth. Fluids, 1995, 21: 807-835.

[40] Piperno S. Explicit/implicit fluid/structured staggered procedures with a structural prediction and fluid subcycling for 2D inviscid aeroelastic simulation. Int. J. Numer. Meth. Fluids, 1997, 25: 1207-1226.

[41] Nakahashi K, Deiwert G S. Three-dimensional adaptive grid. AIAA Journal, 1986, 24(6): 948-954.

[42] 杨国伟，钱卫. 飞行器跨声速气动弹性数值模拟. 力学学报，2005, 37(6): 769-776.

[43] Liu X Q, Qin N, Xia H. Fast dynamic grid deformation based on Delaunay graph mapping. Journal of Computational Physics, 2006, 211: 405-423.

[44] Rendall T C S, Allen C B. Efficient mesh motion using radial basis functions with data reduction algorithms. Journal of Computational Physics, 2009, 228: 6231-6249.

[45] Rendall T C S, Allen C B. Reduced surface point selection options for efficient mesh deformation using radial basis functions. Journal of Computational Physics, 2010, 229: 2810-2820.

[46] 王刚, 雷博琪, 叶正寅. 一种基于径向基函数的非结构混合网格变形技术. 西北工业大学学报, 2011, 29(5): 783-788.

[47] 孙岩，邓小刚，王光学. 基于径向基函数改进的 Delaunay 图映射动网格方法. 航空学报，2014, 35(3): 727-735.

[48] 张来平，王振亚，杨永健. 复杂外形的动态混合网格生成方法. 空气动力学学报，2004, 22(2): 231-236.

[49] 张来平，王志坚，张涵信. 动态混合网格生成及隐式非定常计算方法. 力学学报，2004, 36(6): 664-672.

[50] Zhang L P, Wang Z J. A block LU-SGS implicit dual time-stepping algorithm for hybrid dynamic meshes. Computers & Fluids, 2004 , 33: 891-916.

[51] 郭正，刘君. 非结构动网格在三维可动边界问题中的应用. 力学学报，2003，35(2): 141-146.

[52] 段旭鹏，常兴华，张来平. 基于动态混合网格的多体分离数值模拟方法. 空气动力学学报，2011, 29(4): 447-452.

[53] 张来平，段旭鹏，常兴华，等. 基于 Delaunay 背景网格插值方法和局部网格重构的动态混合网格生成技术. 空气动力学学报, 2009, 27(1): 26-32.

[54] Chang X H,Zhang L P, He X.Numerical study of the thunniform mode of fish swimming with different caudal fin shapes. Computers & Fluids, 2012, 68: 54-70.

[55] Zhang L P, Chang X H, Duan X P,et al. Applications of dynamic hybrid grid method for three-dimensional moving/deforming boundary problems. Computers & Fluids, 2012, 62: 45-63.

[56] Zhang L P, Chang X H, Duan X P, et al. A block LU-SGS implicit dual time-stepping algorithm on hybrid dynamic meshes for bio-fluid simulations. Computers & Fluids, 2009, 38: 290-308.

[57] 张来平，邓小刚，张涵信. 动网格生成技术及非定常计算方法进展综述. 力学进展，2010, 40(4): 424-447.

[58] He X, He X Y, He L, et al. HyperFLOW: A structured/unstructured hybrid integrated-computational environment for multi-purpose fluid simulation. Procedia Engineering, 2015, 126: 645-649.

[59] He X, Zhang L P, Zhao Z, et al. Research and development of structured/ unstructured hybrid CFD software. Transactions of Nanjing University of Aeronautics & Astronautics，2013, 30(S): 116-120.

[60] He X, Zhang L P, Zhao Z, et al. Validation of the structured-unstructured hybrid cfd software HyperFLOW. 空气动力学学报 (ICCFD8 专辑), 2016, 34(2): 267-275.

[61] 赵钟，赫新，张来平，等. HyperFLOW 软件数值模拟 TrapWing 高升力外形. 空气动力学学报，2015，33(5): 594-602.

[62] 赫新，张来平，赵钟，等. 大型通用 CFD 软件体系结构与数据结构研究. 空气动力学学报，2012，30(5): 557-565.

[63] Hall L H, Parthasarathy V. Validation of an automated Chimera/6-DOF methodology for multiple moving body problems. The 6th AIAA Aerospace Sciences Meeting and Exhibit, 1998.

第 14 章　并行计算网格分区及并行网格生成技术

14.1　引　　言

随着计算方法和计算机技术的飞速发展，计算流体力学在现代飞行器设计中发挥着越来越重要的作用。飞行器的精细设计需要考虑全机的综合性能，因此必须对全机进行数值模拟；同时对实际的飞行状态进行数值模拟，往往需要考虑湍流的影响，为此，对于全机的计算网格规模往往达到数千万量级甚至更多。如果采用 DNS 方法，则网格规模需达到 $Re^{9/4}$ 量级，如果飞行 Re 为 10^6 量级，则网格量需达到 10^{13} 量级。即便是采用计算量相对较少的 LES 方法，在黏性占主导的物面附近区域，网格密度也需要达到 DNS 的网格尺度要求。对于网格规模巨大的计算问题，目前的单机 (单 CPU) 计算面临内存严重不足的问题。另一方面，网格规模的增大，也极大地提高了计算量，特别是对于非定常问题，其计算量往往较定常计算要高 2 ～ 3 个数量级。为了能尽快得到计算结果，以便改进设计方案，则必须采用大规模的并行计算技术。

并行计算是针对多个进程，每个进程负责计算一个子区域来共同完成计算任务。计算时将子区域数据对应分配给不同的子进程 (图 14.1)，因此对于每一个进程的内存开销就是当前子区域的内存开销，而交界面数据处理通过传输协议来完成。由于计算机体系结构的不同，并行计算环境主要有基于共享内存的 OpenMP 并行机制 [1]、基于分布式内存的 MPI 并行机制 [2]、基于 GPU 并行的 CUDA 并行机制 [3] 等。随着“CPU+GPU”和众核(MIC)异构计算机(如截止到 2015 年年底排名第一的“天河二号”和排名第二的“Titan”)的成功应用，超大规模异构并行计算技术将成为未来的发展趋势。

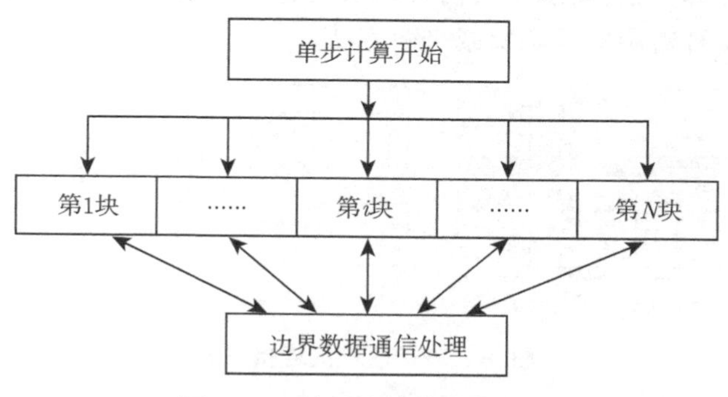

图 14.1　并行计算单步流程图

分区负载平衡和分区间交换信息最少化是提高并行计算效率的两个重要方面。本章将重点介绍各种网格分区方法，如贪婪 (greedy) 算法 [4,5]、多级分区算法 (multilevel)[6,7] 以及几何分区算法。对于网格生成本身，随着网格规模的增大，串行的网格生成亦面临单机内存不足的问题，因此并行网格生成技术也是当前网格生成技术的热门研究领域。本章将针对非结构网格的并行生成技术进行简要介绍。

14.2　多块结构网格并行计算

14.2.1　子区域间网格关联信息的数据结构

基于区域分解的并行计算方法需要对计算网格进行区域分割，分割完成后，将子区域分配给多个处理器进行并行计算，在计算过程中各处理器通过通信操作完成边界数据的交换。要完成处理器间信息的交换，首先必须建立子区域间网格的关联信息。图 14.2 给出了子区域的连接关系，其中图 14.2(a) 为对接网格，图 14.2(b) 为拼接网格。建立子区域间的连接关系，一般采用镜像技术。根据 CFD 数值方法所需要的网格节点模板，结合结构网格的特点，建立相应子区域间关联信息的数据结构，用于储存子区域计算所需的交换信息。如图 14.3 所示为二维情况下 9 节点模板在边界上镜像后的网格分布，其中周边方框内的网格为镜像网格节点，其对应于相邻网格子区域中的网格。图 14.4 给出了子区域间关联信息的数据结构。

14.2.2　负载平衡算法

在进行区域分解时，应尽可能使各处理器上的负载达到平衡，减少各处理器之间的通信量。负载平衡算法可分为静态负载平衡和动态负载平衡。静态负载平衡方法在程序运行前就根据某种区域分解方法来分配每一个处理器上的负载，在程序执行过程中不再改变负载的分配；动态负载平衡方法还可以在程序执行过程中改变负载的分配。动态负载平衡虽然可以及时调配负载，但编程较为困难，负载平衡过程也会增加计算开销。因此，目前普遍采用的是静态负载平衡方法。循环二分法和贪婪算法是两种常用的静态负载平衡方法。

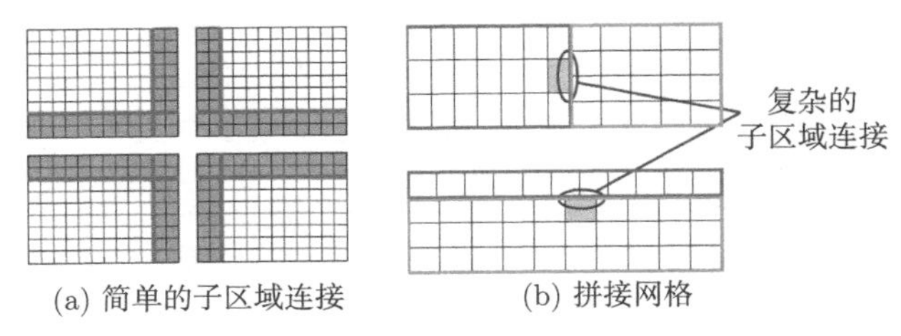

(a) 简单的子区域连接　　(b) 拼接网格

图 14.2　子区域的连接关系

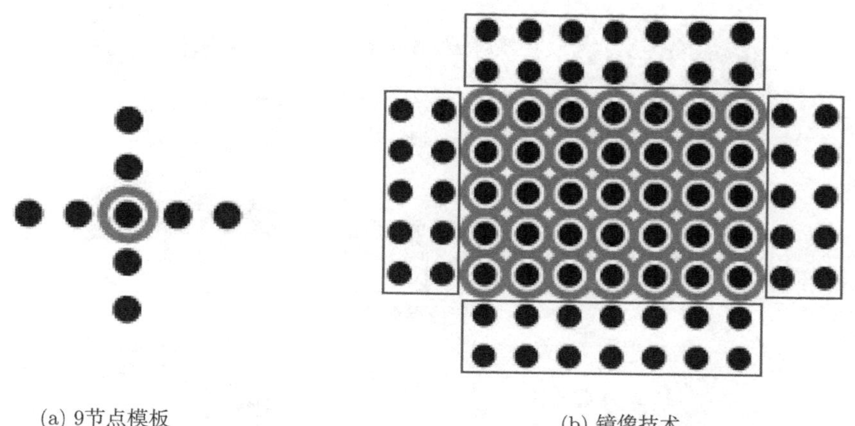

(a) 9节点模板

(b) 镜像技术

图 14.3 镜像技术

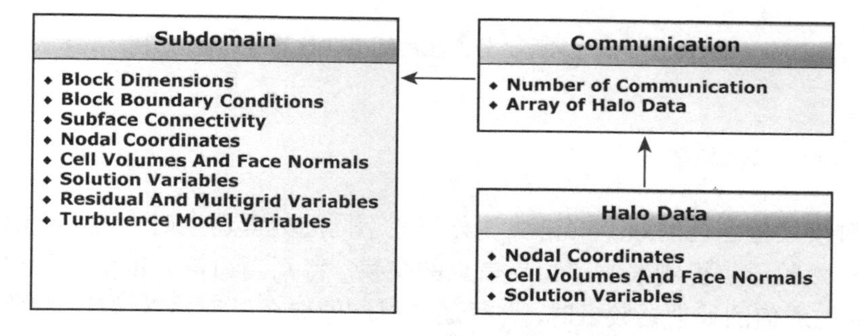

图 14.4 子区域间关联信息的数据结构

循环二分法的核心是每次分割都是按处理器数目比例一分为二。循环二分法简单易行，但仅适用于处理器数目较大，而网格块数较少的情况，否则不能获得较好的负载平衡效果。贪婪算法是目前广泛采用的负载平衡算法，它同时适用于同构和异构并行机，对网格块数小于和大于处理器数目的情况都能处理。该算法的主要缺点在于当处理器数目太大，网格块数较少时，会生成许多小块，导致算法失败或负载平衡效果急剧下降。因此，比较优化的方法是先将各网格块进行细分 (数目多于处理器个数)，然后将细分的子块聚合为与处理器个数相等的分区数，在聚合过程中，尽可能保证负载平衡。

通信时间和通信量的大小密切相关，而通信量的大小主要取决于负载平衡策略。为提高通信效率，设计负载平衡算法，不仅要均衡处理器间的负载，还应尽量减小通信的信息量。以上两种负载平衡方法，没有考虑通信的信息量问题。在大规模并行计算时，可采用立方体分块方法，来优化负载平衡时子区域间信息的通信量，缩短通信时间。图 14.5 给出了不同维数剖分方法的通信量比较。

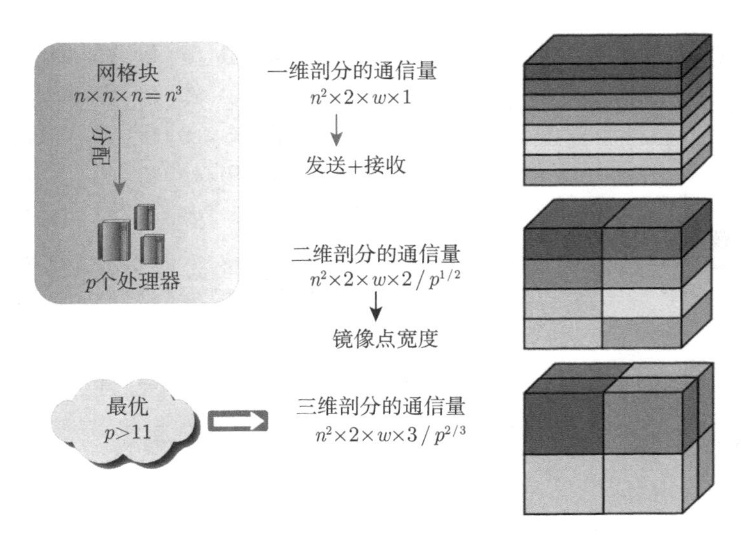

图 14.5　不同维数剖分方法的通信量比较 (后附彩图)

14.2.3　并行通信机制

由对接边界连接的两个网格块被分配在不同的处理器上时，块结构解算器需要通过有效的通信机制来实现边界信息的交换，特别当通信交换信息的边界数目较大，参与通信的处理器较多时，并行通信机制的选择显得非常重要，它将直接影响解算器的并行效率。

好的通信机制既能保证通信的正确性，又具有较高的通信效率。对于大规模并行计算，有一个很重要的原则就是设法加大计算时间相对于通信时间的比重，减少通信次数甚至以计算换通信，这是因为对于集群系统，一次通信的开销要远大于一次计算的开销，因此要尽可能降低通信的次数，或将两次通信合并为一次通信。图 14.6 给出了边界面和角点通信的合并案例。提高通信效率，常用的方法有两种：一是通信与通信操作相互重叠，如图 14.7 所示；另一个是计算与通信操作重叠，如图 14.8 所示。图 14.9 给出了 CFD 流场解算器中常用的并行计算模型。

随着计算技术的飞速发展，当前大多数高性能并行计算机系统采用 SMP/DSM 混合架构，如图 14.10 所示，尤其近几年众核处理器被大规模应用于并行计算机，使得同一节点上多个处理器或多个计算内核共享节点上所有内存。这样同一个节点上运行的多个进程可通过共享内存实现信息交换 (尽量将通信量大、通信次数多的进程分配到在同一节点上运行)，可减少不必要的通信操作，缩短整个计算任务的通信时间，因此可以采用 MPI ＋ OpenMP 等混合并行模式。

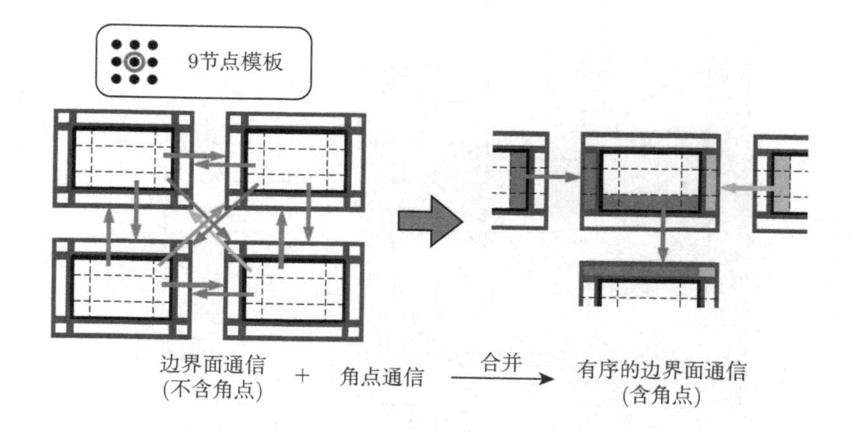

图 14.6 通信的合并 (后附彩图)

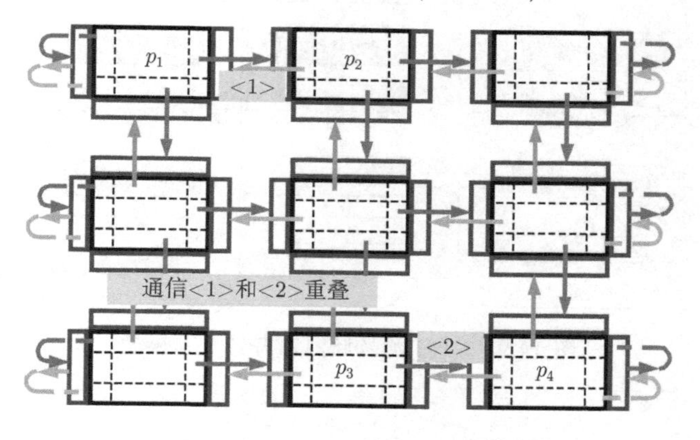

图 14.7 通信与通信重叠 (后附彩图)

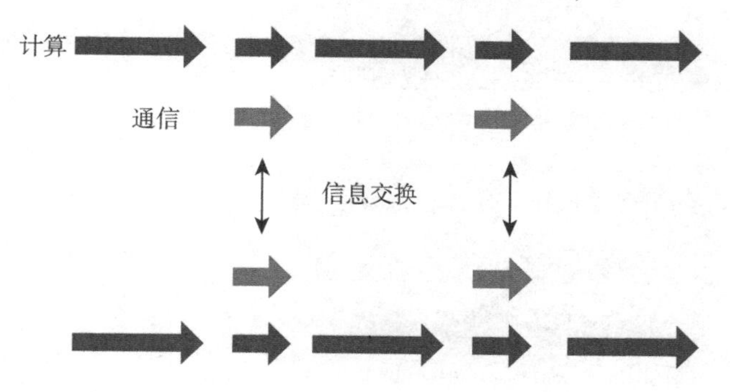

图 14.8 计算与通信重叠 (后附彩图)

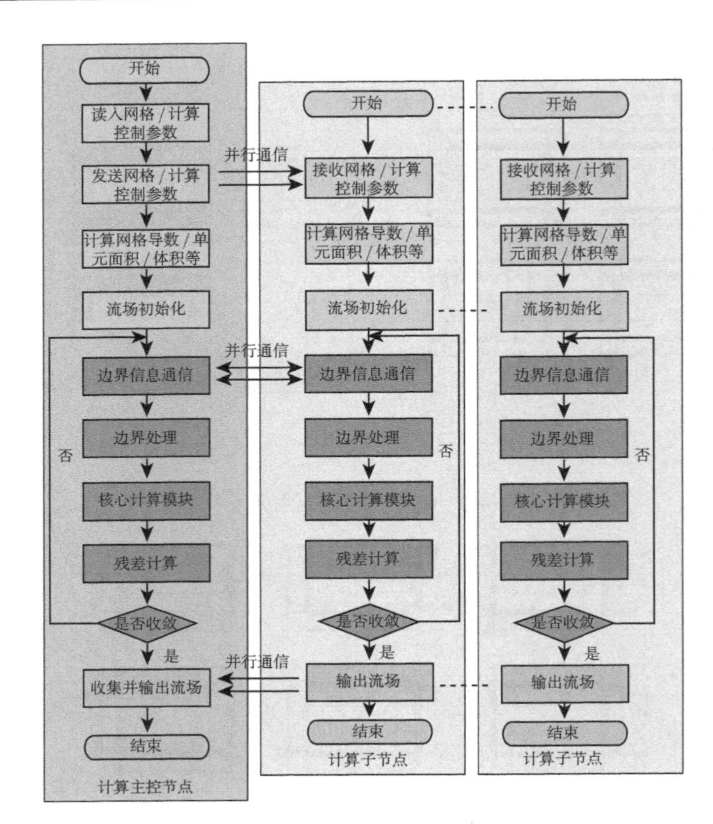

图 14.9　CFD 流场解算器并行计算模型

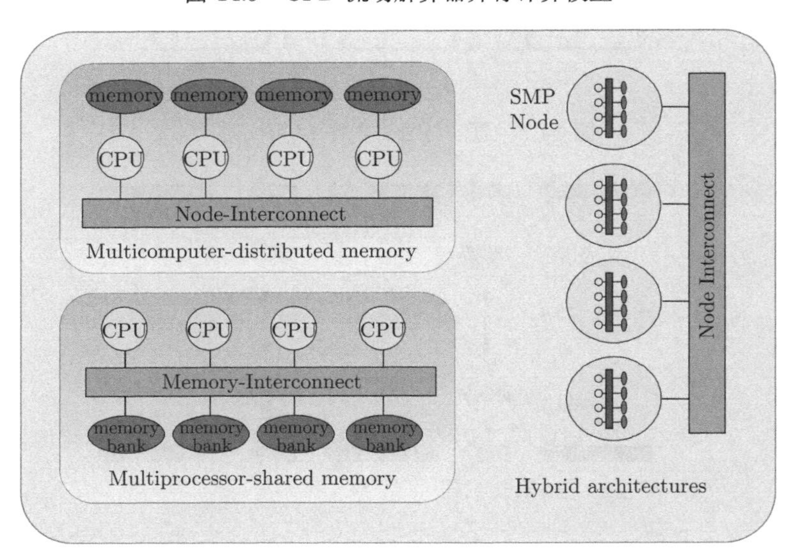

图 14.10　MPP+Cluster 混合架构的并行计算机系统 (后附彩图)

当前，以 GPU 加速的超级计算机得到蓬勃发展，每个 GPU 内一般有数十个处理器 (如图 14.11 所示，取自文献 [8])，其并行加速较 CPU 成倍增长，某些算例的计算结果表明，GPU 的并行加速比达到数百倍。但是 GPU 不能作为独立的处理器运行，必须借助 CPU 进行数据管理。因此，基于 CPU+GPU 异构体系结构的超大规模并行计算成为当前的研究热点，并逐步进入实用化。图 14.12 给出了 "CPU+GPU" 异构并行计算示意图 (取自文献 [8])。

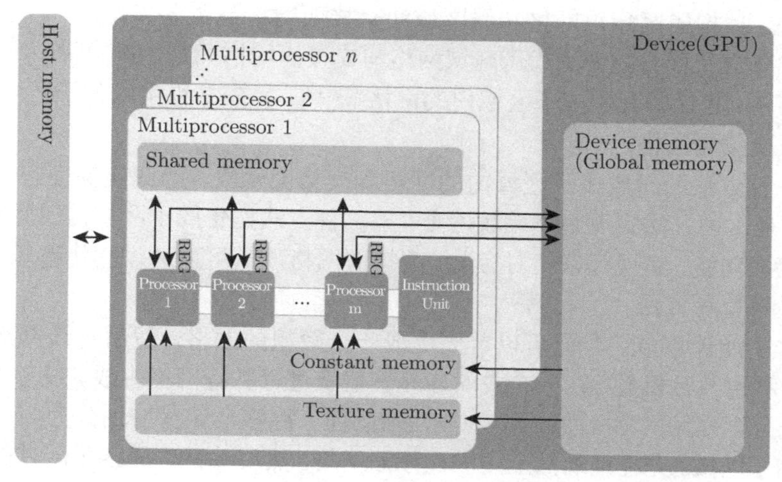

图 14.11 NVIDIA GPU 体系结构 (取自文献 [8])

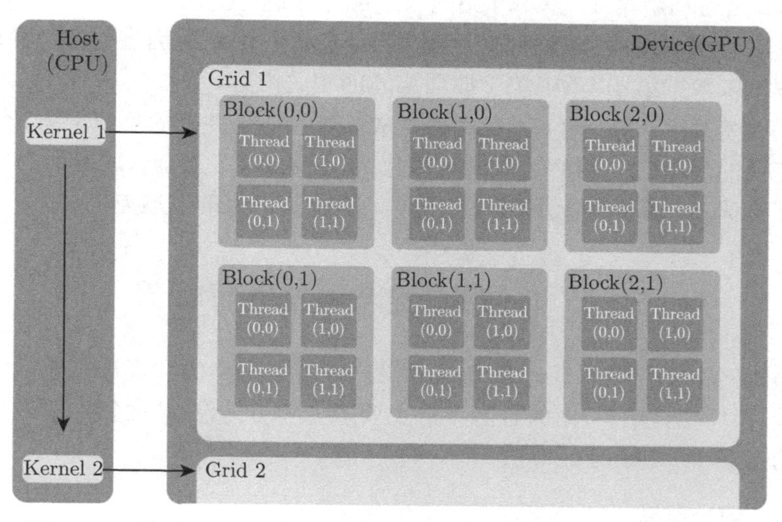

图 14.12 基于 CPU+GPU 的多线程并行计算示意图 (取自文献 [8])

14.3 非结构/混合网格并行生成

在网格量很大的情况下，单机串行生成效率较低，不能更快地生成网格，同时受计算机内存的限制，网格数据的存储也存在问题，因此需要发展并行网格生成技术。与前述的分区并行计算一样，对于非结构网格的并行生成，一般也采用区域分解的方法。根据子区域内网格和子区域间交接面网格是否同步生成，可以将并行网格生成分为三种方式 [9]：①子区域网格与交接面网格同时生成 [10,11]；②先生成交接面网格，然后并行生成子区域内的网格 [12,13]；③先并行生成各子区域的网格，然后生成交接面网格 [14]。

第一种方法同时生成子区域内的网格和交接面网格，因此能保证整体的网格质量，但是这种方法实现起来比较困难。第三种方法先生成子区域内的网格，然后生成交接面网格，实现起来相对容易，交接面网格质量可以通过优化改进。最容易实现的是第二种方法。

对于初始计算域，我们可以首先生成一个较粗的网格，然后对该网格进行分区。随后利用并行机制，在分布式的各处理器上进行并行网格生成。或者首先生成表面网格 (含外场网格)，然后引入一些辅助面，将整个计算域划分为与处理器个数相同的子区域。先在辅助面上生成交接面网格，然后并行生成各子区域的空间网格，最后统一进行优化。生成超大规模网格的另一途径是首先生成一个网格量较少的粗网格，然后利用第 11 章中介绍的自适应方法进行全局自适应。全局自适应将使网格量以 8 倍的速度急剧增长。当然，自适应过程中要适当进行曲边界修正。具体的方法可以参见第 16 章中关于曲面描述的相关内容。

与大规模并行计算一样，并行网格生成的难点在于并行的负载平衡、分区交接面信息交换的最小化和网格数量的规模化 (scalability)。当前，这方面的问题仍未得到很好的解决，需要进一步深入研究 [9]，这也是未来的发展方向。

14.4 非结构/混合网格并行计算

与结构网格的分区并行计算相同，非结构/混合网格的并行计算通常也主要采用分区并行计算方法，常用的分区方法主要有几何分区法、“贪婪” 算法 [4,5] 和基于图论的多级 METIS 分区方法 [6,7]。

14.4.1 几何分区法

当问题具有明显的几何特征时，我们可以根据区域的几何特征，按照一定的坐标尺寸进行分区。如图 14.13 中所示的简单飞机类外形，我们可以根据其几何尺寸，将其分成 4 个区域。几何分区算法仅从几何尺寸考虑，而没有考虑单元之间的连接关系，因此不能保证各区域的单连通性，也不易控制各区域之间的负载平衡以及各子区域之间的交界面数量，但其方法简单，很容易实现。

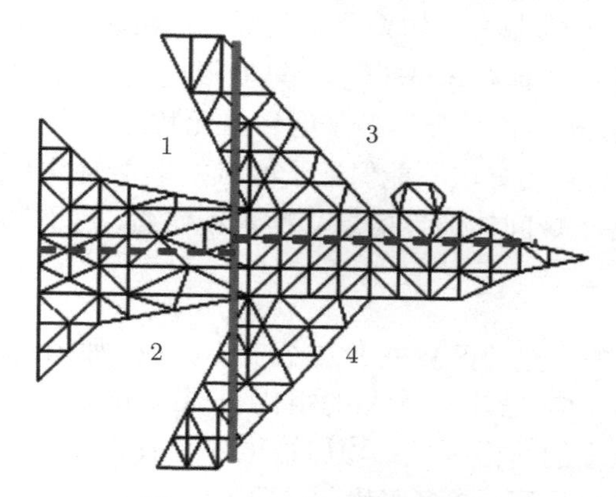

图 14.13 几何分区示意图

14.4.2 贪婪算法

贪婪算法是由 Farhat 等提出的 [4,5]，由于算法在子区域的生成过程中不断地“吞噬”周围未被分区单元，因此被形象地称为“贪婪”算法。假设在分区过程中待分区的子区域及其边界分别为 Ω_i 和 Γ_i，子区域边界上每一个点的权值为 w_i(可以设为该点周围未被分区的联系点总数)。

生成每一个子区域的具体过程如下 (参见图 14.14，其中的箭头即为种子单元“吞噬”周围单元的方向)：

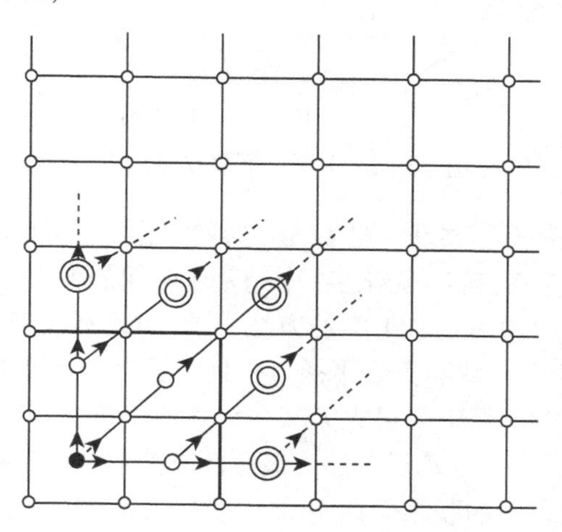

图 14.14 贪婪算法示意图

(1) 在待分区集合边界中选取一 “种子”(该点的权值最小)，初始化本子区域 Ω_i；

(2) 对 Ω_i 的每一个单元将与其相连的单元都加入当前子区域；

(3) 不断重复第 (2) 步操作，如果此子区域的点数超过平均的点数则停止。

此算法在生成过程中具有 “局部性”，只能根据当前点周围的情况来判断，不具有全局优化的能力，虽然可以使得各子区域单元数比较均衡，但是不能对子区域间的边界进行控制，而且此算法不能保证子区域的单连通性 (尤其是对最后一个区域)。由此可能导致各子域间的边界信息交换量不均衡，进而影响并行计算效率。

14.4.3　多级分区算法

基于图 (graph) 的多级分区算法 [6,7] 分三步完成 (如图 14.15 所示，从左至右为 $G_0 \to G_4, G_4, G_4 \to G_0$ 三步)：①图的粗化 (coarsening，$G_0 \to G_4$)，网格单元聚团，把区域分为大粒度的网格区域；②初始化分区 (initial，G_4)，对聚团后的大粒度网格区域进行初始化分区；③多级优化分区 ($G_4 \to G_0$)，对初始分区的结果逐级进行优化分区。

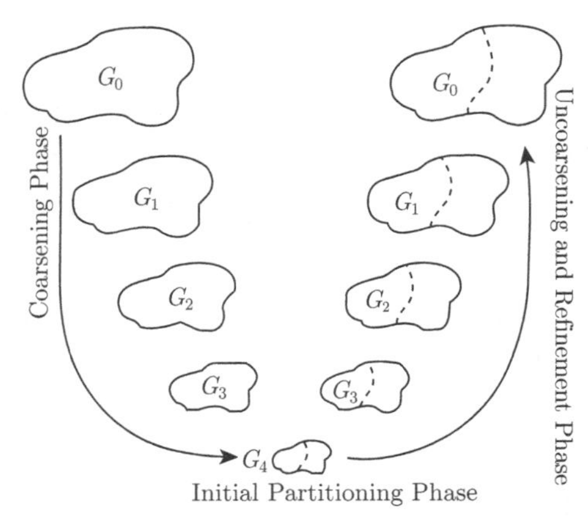

图 14.15　多级分区算法示意图

从多级分区算法的分区过程 (图 14.15) 容易看出，它可以很好地保证子区域的单连通性，同时由于在第三步 (优化步) 中是基于较粗的粒度，从全局来考虑，可以运用一些较好的算法 (如 KL/FM 类的方法 [7])，因此不仅能够做到任意分区，而且可以较好地做到各子区域的负载平衡，并且能够有效地减少子区域之间的边界单元，这些性能在并行计算中都可大大减少边界通信量而提高并行计算效率。

从网格数据生成 “图” 是基于图的多级分区算法方法的重要环节 (图 14.16(a))，其可以根据网格节点之间的联系关系而确定 (图 14.16(b))，也可以根据网格单元之间的联系关系而确定 (图 14.16(c))。

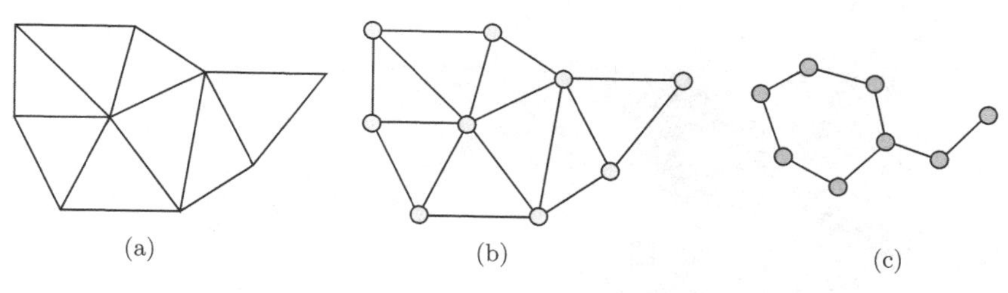

图 14.16 图的结点选择示意图

14.4.4 网格分区实例

利用上述几何分区算法和多级分区算法，我们对双椭球、Hermes 航天飞机外形、M6 机翼等三个三维外形的计算网格进行了分区，并对两种分区方法进行了比较分析。

由于外形的对称性，双椭球和 Hermes 外形的计算域只取了一半，计算网格为三棱柱、四面体、六面体等组成的混合网格，其由前述的混合网格生成技术生成。双椭球和 Hermes 外形的单元总数分别为 777927 和 1127143；M6 机翼的计算网格为三棱柱、四面体混合网格，单元总数为 226384。

图 14.17∼ 图 14.19 分别是对几个外形的计算域进行分区之后的网格分区图。为了清楚地显示网格分区拓扑，这里只给出了几个特征面 (对称面、计算域出口边界、物面) 上的网格。几何分区简单直观，按照 x，y，z 三个方向对计算域进行划分，各子域之间的交界面近似为一平面；多级分区方法是建立在网格不断粗化的基础上，因此子域之间的交界面为不规则的曲面。

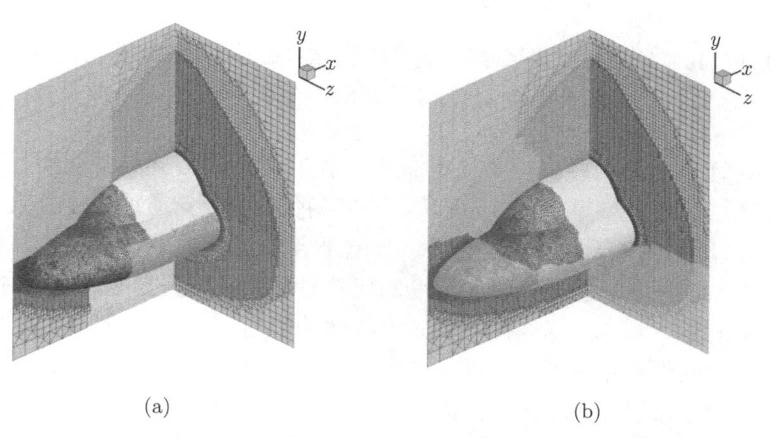

图 14.17 几何分区 (a)、多级分区 (b) 两种分区方法所得到的分区结果 (双椭球)(后附彩图)

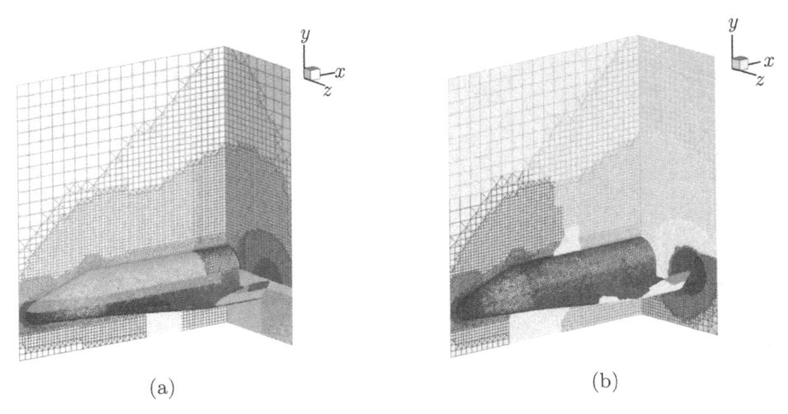

图 14.18　几何分区 (a)、多级分区 (b) 两种分区方法所得到的分区结果 (Hermes 外形)
(后附彩图)

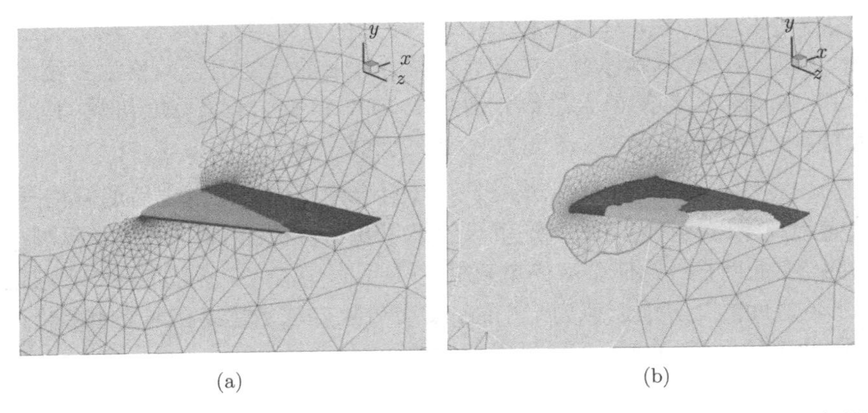

图 14.19　几何分区 (a)、多级分区 (b) 两种分区方法所得到的分区结果 (M6 机翼)
(后附彩图)

为了更好地衡量两种分区方法的优劣，我们对两种分区结果进行了对比，如表 14.1~ 表 14.3 所示。几何分区难以自动控制负载平衡，通过三个方向切割位置的调整，可以得到相对比较均匀的子域，但是各个子域之间边界面的总数相对较大。多级分区方法可以通过一些大粒度的优化计算，全局均衡地进行分区，因此各个子域单元的数目基本一致，各子域间边界面的数目相对几何分区也较少 (特别是当计算网格中四面体单元数目较多时，多级分区优势更为明显，如 M6 机翼的计算网格，从表 14.3 可以看到，交界面数量大约仅为几何分区的 1/3)。因此，与几何分区相比，多级分区方法不仅可以更好地平衡各子域间的负载，也减少了并行计算时边界面的通信量。图 14.20 给出了更加复杂的飞行器网格分区图。

表 14.1　两种分区结果的对比 (双椭球)

子区域		分区 1	分区 2	分区 3	分区 4	总和
几何分区	网格单元数	205861	193364	184317	194385	777927
	内部边界数	7026	7202	7024	8604	29856
Metis 分区	网格单元数	194481	194482	194482	194482	777927
	内部边界数	6671	5883	9777	7489	29820

表 14.2　两种分区结果的对比 (Hermes)

子区域		分区 1	分区 2	分区 3	分区 4	分区 5	分区 6	分区 7	分区 8	总和
几何分区	网格单元数	147674	145534	149815	136911	142474	146200	135565	122970	1127143
	内部边界数	6599	9784	11386	14393	25678	14803	10673	12480	105796
Metis 分区	网格单元数	140892	140893	140893	140893	140893	140893	140893	140893	1127143
	内部边界数	12106	11895	13235	8726	12022	7583	4980	6695	77242

表 14.3　两种分区结果的对比 (M6 机翼)

子区域		分区 1	分区 2	分区 3	分区 4	总和
几何分区	网格单元数	56596	56596	56596	56596	226384
	内部边界数	4005	4046	4124	3967	16142
Metis 分区	网格单元数	56596	56596	56596	56596	226384
	内部边界数	1444	1683	1558	1279	5964

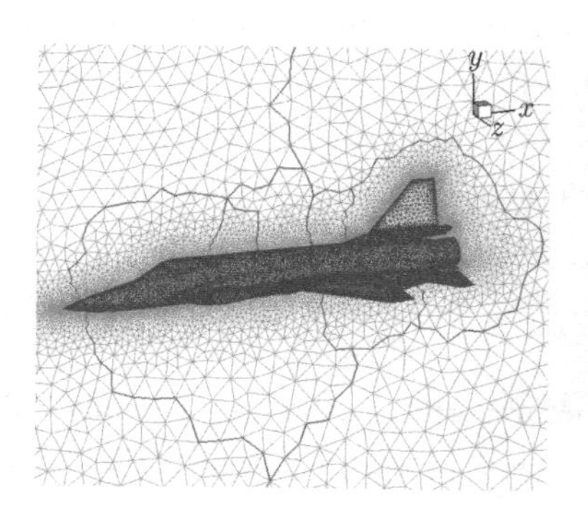

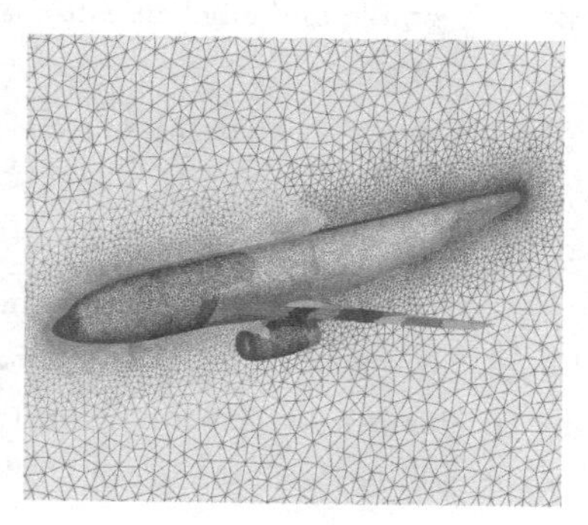

图 14.20　复杂外形并行计算的 Metis 分区实例 (后附彩图)

14.5 小　结

近年来，我国计算机技术发展迅速。据 2013 年 6 月世界超级计算机 Top500 排名，由国防科学技术大学研制的 “天河二号” 计算机实测速度达到 3.4 万万亿次/秒 (截止到 2015 年 12 月，“天河二号” 已连续荣获 Top500“六连冠”)，“天河 -1A” 运算速度达到 2570 万亿次/秒，由曙光信息产业股份有限公司研制的 “星云 6000” 计算机运算速度达到 1271 万亿次/秒。2016 年 6 月，由国家并行计算机工程技术研究中心研制的“神威 · 太湖之光”登顶 Top500 榜首，其峰值性能达到 12.5 万万亿次/秒。这些计算机在 CFD 领域已有良好应用。

在不久的将来，我们将迎来 E 级计算时代 [15−17]。E 级计算将为 CFD 带来前所未有的发展机遇，同时也将带来巨大的挑战 [18,19]，其中的挑战之一就是超大规模的网格并行生成及网格自动分区，这是当前网格生成技术的热点问题。我们期待该领域的技术突破为 CFD 的发展提供原动力。

参 考 文 献

[1] Jaja J. An Introduction to Parallel Algorithms. Addison-Wesley, 1992.

[2] Message passing interface forum MPI: A message-passing interface standard. International Journal of Supercomputer Applications and High-performance Computing, 1994, 8(3/4). Special issue on MPI.

[3] Harris M. Parallel prefix sum (scan) with CUDA. CUDA Scan Whitepaper.

[4] Farhat C, Lesoinne M. Automatic partitioning of unstructured meshes for the parallel solution of problems in computational mechanics. International Journal for Numerical Methods in Engineering, 1993, 36: 745-764.

[5] Farhat C. A simple and efficient automatic FEM domain decomposer. Comp. Struct., 1988, 28: 579-602.

[6] Karypis G, Kumar V. Metis Manual.http://www.cs.umn.edu/∼karypis.

[7] Karypis G. Graph partitioning for high performance scientific simulations. http://www.cs.umn.edu/∼karypis.

[8] Weigel M. Performance potential for simulating spin models on GPU.Journal of Computational Physics, 2012, 231: 3064-3082.

[9] Cougny H, Shepherd M S. Parallel unstructured grid generation//Thompson J F, Soni B K, Weatherill N P. Handbook of Grid Generation. Boca Raton: CRC Press, 1998.

[10] Chrisochoides N, Sukup F. Task parallel implementation of the Bowyer-Waston algorithm. 5th Int. Conf. on Numerical Grid Generation in Computational Field Simulations. Mississippi State University, 1996: 773-782.

[11] Okusanya T, Peraire J. Parallel unstructured mesh generation. 5th Int. Conf. on Numerical Grid Generation in Computational Field Simulations. Mississippi State University, 1996: 719-729.

[12] Gaither A, Marcum D, Reese D. A paradigm for parallel unstructured grid generation. 5th Int. Conf. on Numerical Grid Generation in Computational Field Simulations. Mississippi State University, 1996: 731-740.

[13] Wu P, Houstis E N. Parallel adaptive mesh generation and decomposition. Engineering

with Computers, 1996, 12: 155-167.

[14] Shostko A, Lohner R. Three-dimensional parallel unstructured grid generation. International Journal for Numerical Methods in Engineering, 1995, 38: 905-925.

[15] The ASCAC Subcommittee on Exascale Computing. The Opportunities and Challenges of Exascale Computing. http://science.energy.gov/~/media/ascr/ascac/pdf/reports/Exascale_subcommittee_report. pdf. 2010. (又见: 田荣, 黎雷生, 王迎瑞, 等译. 百亿亿级计算机遇与挑战. 信息技术快报，2012, 10(3): 1-49)

[16] 杨学军. E 级计算的挑战与思考. 2012 全国高性能计算大会 (HPC China 2012)，特邀报告. 湖南张家界, 2012.

[17] 陈皖苏, 李利. 欧洲 E 级计算概览. 高性能计算发展与应用, 2012, 2: 2-5.

[18] Slotnick J, Khodadoust A, Alonso J, et al. CFD Vision 2030 Study: A Path to Revolutionary Computational Aerosciences. NASA/CR–2014-218178, 2014.

[19] 张来平, 邓小刚, 何磊, 等. E 级计算给 CFD 带来的机遇与挑战. 空气动力学学报,2016, 34(4): 405-417.

第15章　多重网格方法

15.1　引　言

多重网格方法 (Multigrid) 是一种有效的数值计算加速收敛技术 [1,2]。多重网格法分为 p-Multigrid[3,4] 和 h-Multigrid 两种 [5−7]。p-Multigrid 方法指在多重计算过程中，采用不同精度的计算格式进行迭代计算，其一般在高精度计算方法 (格式精度 $\geqslant 3$) 中采用；而h-Multigrid方法指在不同疏密程度的计算网格上进行迭代计算。通常意义的多重网格方法特指h-Multigrid方法。由于h-Multigrid方法涉及粗细网格的生成，其也是网格生成技术的一个重要方面，因此我们在本章中予以介绍。

如果把数值计算中每一步迭代的计算解和真实解之间的差别定义为误差，那么在迭代计算的初期，误差主要体现为高频误差；而随着迭代的进行，误差主要表现为低频误差。不同频率的误差对应于不同尺度的网格，即不同尺度的网格消除的是不同频率 (波长) 的误差，因此计算初期的高频误差对应于尺度较小的初始计算网格，并且在初始网格上被迅速消除。而剩下的误差相对于原始网格来说则表现为低频误差，低频误差的波长相对较长，原始网格的尺度相对较小，不足以消除低频误差，因此表现出来的是随着迭代的进行，收敛速度会越来越慢。如果能利用不同尺度的网格进行交叉迭代计算，则可以较快地消除低频误差，这便是多重网格方法的基本原理：在细网格上消除误差的高频 (短波) 部分，而在粗网格上消除误差的低频 (长波) 部分，最终实现加速收敛的效果。

h-Multigrid 方法的发展由来已久，详细发展历史可以参考文献 [1] 和 [2]。早在 20 世纪 30 年代，多重网格的思想就已经被提出。1962 年，Fedorenko[8] 开始将多重网格法应用于计算的加速收敛。20 世纪 70 年代，Brandt 首次将多重网格法应用于椭圆型偏微分方程的求解 [9]，其后将其应用于求解可压缩流问题 [10] 和不可压缩流问题 [11]。此后，在 Lallemand 和 Mavriplis 等的推动下，多重网格法被成功应用于非结构网格的计算，并相继实现了 Euler 方程、N-S 方程的多重网格法加速求解 [5−7]。

h-Multigrid 方法的核心包括粗网格的生成、各级网格间的数值传递和循环方式三方面 [12]。各级粗网格的生成主要是通过不同的方式针对同一个外形生成不同尺度的网格，通过在不同尺度的网格上消除不同频率的误差实现加速。多重网格计算过程中，需要将流场变量、残差、流场变量修正量在各级网格间进行传递，主要包括粗网格到细网格的插值算子和细网格到粗网格的限制算子。多重网格法主要通过在不同级别的网格上循环计算，达到消除误差的目的，循环方式主要有 V 循环、W 循环和 FMG(full multi-grid) 循环等。

在多重网格的三个要素中，粗网格的生成是比较核心的环节，生成的粗网格质量直接影响到多重网格的加速收敛效果和健壮性。高质量的粗网格可以实现健壮、高效的收敛效率，相反，质量较差的粗网格很容易导致计算的失败。对于结构网格而言，生成粗网格比较容易。由于结构网格在三个方向都具有隐含的结构特点，只需要在每个方向上每隔若干个点提取一个点，即可形成粗网格。对于非结构网格而言，生成粗网格难度相对较大 [13]。非结构网格上粗网格的生成主要有三种方法：嵌套多重网格 (nested-mesh)[14]、重叠多重网格 (overset mesh)[5] 和聚合多重网格 (agglomeration method)[15]。嵌套多重网格首先生成最粗一级的粗网格，然后依次在粗网格上细分网格得到细一层的密网格，这种方法的特点是生成各级细网格相对简单。但是，为了实现加速效果，最初始的粗网格必须网格尺度很大，由此带来的问题是网格和物面边界的不相容，在加密过程中必须进行曲边界修正。重叠多重网格是就同一个计算外形分别生成多套不同尺度的网格，将不同尺度的网格作为不同层次的粗网格。重叠多重网格的特点是各级网格的质量较高，但是需要付出大量人工劳动以生成不同疏密程度的网格，粗细网格间的数值传递也不直接，并且和嵌套多重网格一样存在粗网格和物面边界不相容的问题。

目前，非结构多重网格法较为流行的方法是聚合多重网格法。聚合多重网格法首先生成最细一层的初始网格，然后将细网格聚合为粗网格，递归这种聚合过程生成各级粗网格。聚合多重网格法能解决物面边界相容性问题，粗、细网格间的相互包含关系使得各级网格间的数值传递方法直接、简单，其主要困难是在非结构/混合网格情况下如何聚合细网格得到粗网格。

对于求解 Euler 方程而言，通过聚合每个控制体和其周围的控制体为一个粗网格。二维情况下，粗细网格面积比大致为 4:1，三维时体积比大致为 8:1。然而，黏流计算尤其是高 Re 数计算时，为了提高边界层的流场分辨率，初始的边界层网格拉伸比通常较高 [16]，有时甚至达到 10000:1。拉伸网格带来了非常强的数值刚性，这是黏流计算或高 Re 数计算时收敛效率大为降低的主要原因。这里的数值刚性是指，边界层网格在物面法向方向的网格尺度相对其他方向非常小，通过不同尺度的网格消除不同频率误差的原理可知，法向的误差相对于其他方向的误差而言更加难以消除。

在这种情况下，如果再沿用无黏流计算时的网格聚合方法，将导致粗网格在边界层内依然存在很高的拉伸比，在粗网格上依然有很强的数值刚性。无黏流的网格聚合方法是聚合每个控制体和其周围的控制体，这是一种每个方向都机会均等的聚合方式，又称“各向同性”的聚合方法。为了改进各向同性聚合在黏流计算时带来的问题，Mavriplis 等发展了 “各向异性” 聚合方法 (semi-coarsening，或 “半粗化聚合方法”)[6]，在一定程度上降低了粗网格的拉伸比。“各向异性” 聚合的基本思路是，在聚合细网格时，优先聚合物面法线方向的网格。由此得到的粗网格在法向的尺度得到有效增加，从而能有效消除法向的误差。

这种各向异性的聚合方式在格点型的有限体积法中得到了广泛的应用和发展。然而，在基于混合网格的格心型有限体积计算中，通过这种方法在边界层内聚合的粗网格往往难以保证粗网格的 “凸” 性。为此，Sreenivas 等 [17] 和 Nishikawa 等 [18,19] 利用混合网格在边界层内棱柱法向具有结构性的特点，通过先聚合物面网格，再在法向每两个单元聚合为一个粗网格的方式，有效地保证了粗网格的 “凸” 性。这种先聚合物面网格、再在法向每两个单元聚合一次的方法，对三棱柱/四面体或三棱柱/金字塔/四面体混合网格比较有效。本章我们将介绍在这一方法基础上自主发展的 “各向异性” 粗网格聚合法，并简要介绍相关的多重网格计算方法。

15.2　多重网格计算方法简介

目前常用的多重网格格式包括 CS(correction storage) 格式和 FAS(full approximation storage) 格式 [5]，前者主要针对线性方程组，后者针对非线性方程组。以下就多重网格的 FAS 格式进行推导。

控制方程离散后得到一个代数方程组，该方程组在初始网格上可以写成算子形式：

$$L^h(Q) = f^h \tag{15.1}$$

其中，h 代表细网格，Q 表示流场变量。求解 N-S 方程的目的等价于求解上述方程，一般采用迭代方法求解 N-S 方程。在迭代过程中细网格上的近似解 $\bar{Q}^h$ 和真解 Q^h 之间存在误差 v^h：

$$v^h = Q^h - \bar{Q}^h \tag{15.2}$$

(15.2) 式中的误差 v^h 的模随着迭代的进行逐渐减小，直至收敛。如果将误差 v^h 看成 “波”，则 v^h 由不同频率的波组成，在迭代初期误差中的高频波 (短波，对应小尺度网格) 被迅速消除，而低频波 (长波，对应大尺度网格) 则衰减较慢。随着迭代的进行，高频波在原始网格上被快速消除，剩下的低频波在原始网格上不能有效消除，从而使得收敛变慢。

这里定义残差 Res^h 为 (15.1) 式右端项与近似解代入左端后之差：

$$\mathrm{Res}^h = f^h - L^h(\bar{Q}^h) \tag{15.3}$$

则在 (15.1) 式两边同时减去 $L^h(\bar{Q}^h)$:

$$L^h(Q^h) - L^h(\bar{Q}^h) = f^h - L^h(\bar{Q}^h) = \mathrm{Res}^h \tag{15.4}$$

将误差 (15.2) 式代入 (15.4) 式后得

$$L^h(\bar{Q}^h + v^h) - L^h(\bar{Q}^h) = \mathrm{Res}^h \tag{15.5}$$

上述方程是在细网格上的表达式，为了充分利用不同网格尺度消除不同频率误差的特点，将变量由细网格传递到粗网格 (限制) 后，(15.5) 式在粗网格上为

$$L^H(I_h^H\bar{Q}^h + v^H) - L^H(I_h^H\bar{Q}^h) = I_h^{'H}\mathrm{Res}^h \tag{15.6}$$

式中，“H ” 表示粗网格，I_h^H 和 $I_h^{'H}$ 分别是将流场变量 (如速度、密度、压力) 及残差 Res^h 由细网格传递到粗网格上的限制算子，这两种算子可以相同也可以不同，区别将在后文介绍。

方程 (15.6) 可以写为

$$L^H(I_h^H\bar{Q}^h + v^H) = I_h^{'H}\mathrm{Res}^h + L^H(I_h^H\bar{Q}^h) \tag{15.7}$$

在粗网格上求解 (15.7) 式，令 $Q^H = I_h^H\bar{Q}^h + v^H$ 代表粗网格上的待求变量，$\mathrm{Res}^H = I_h^{'H}\mathrm{Res}^h + L^H(I_h^H\bar{Q}^h)$ 代表粗网格上的残差，则残差由两部分组成，即 $I_h^{'H}\mathrm{Res}^h$(由细网格上的残差限制到粗网格) 和 $L^H(I_h^H\bar{Q}^h)$(称为 “缺陷残差”)。

通过在粗网格上求解 (15.7) 式得到 Q^H，则

$$v^H = Q^H - I_h^H\bar{Q}^h \tag{15.8}$$

通过 (15.8) 式求得在粗网格上的误差修正量 v^H，将之插值到细网格上，即可求得细网格上的误差:

$$v^h = R_H^h v^H \tag{15.9}$$

式中，R_H^h 表示将粗网格上的误差 (流场变量的修正量) 插值到细网格上的插值算子。通过 (15.9) 式求得细网格上的修正量后，将细网格上的流场变量修正为

$$Q^h = \bar{Q}^h + v^h = \bar{Q}^h + R_H^h v^H \tag{15.10}$$

如果求解 (15.7) 式得到真解，则通过 (15.10) 式可以得到原始方程在初始网格上的精确解。然而，在粗网格上求解 (15.7) 式也只能获得近似解，所以上述过程需要在每一个迭代步里重复迭代。在每一个迭代步内的基本过程如下:

(1) 在细网格 (h) 上求解 (15.1) 式得到近似解 $\bar{Q}^h$；

(2) 将细网格上的近似解 $\bar{Q}^h$ 和残差 Res^h 通过限制算子 I_h^H 和 $I_h'^H$ 传递到粗网格上；

(3) 在粗网格上求解 (15.7) 式得到变量修正量的近似解 Q^H，并由 (15.8) 式得到 v^H；

(4) 将 v^H 插值到细网格上，并用 (15.10) 式修正近似解。

上述过程表示了多重网格算法的基本思想，对于实际问题而言，在每一个迭代步里需要经过复杂的循环方式。

多重网格算法的关键算法包括粗网格生成、循环方式和数值传递方式三方面，下面将在传统的循环方式基础上，介绍几种数值传递方式和粗网格生成方法。

15.3 多重网格循环方式

在 15.2 节中推导了多重网格的计算格式，通过在每个迭代步内进行一个多重网格循环计算，达到消除低频误差的目的。15.2 节中只是介绍了一个比较简单的两重循环方式。实际应用中，通常使用的循环方式有 W 循环、V 循环和 FMG 循环。图 15.1 是三种循环方式示意图。

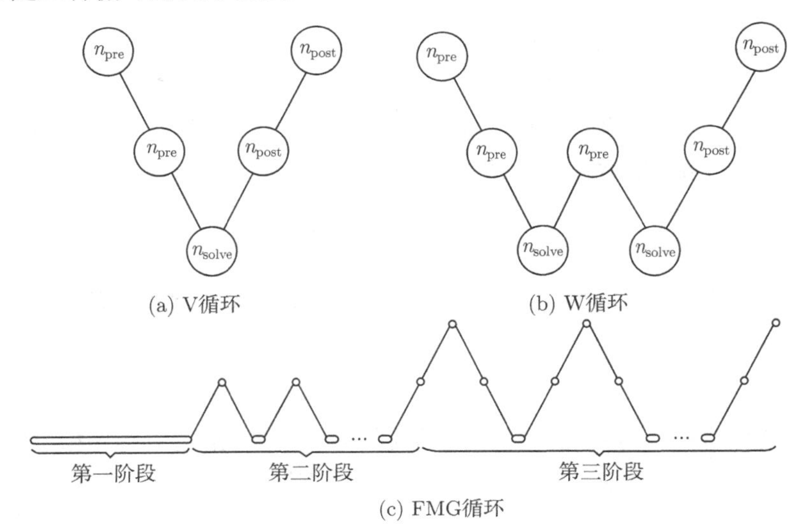

图 15.1　不同循环方式比较

V 循环首先在最细一层网格上迭代 n_{pre} 次，然后将变量和残差限制到粗网格上并迭代计算，重复这种 “限制-迭代” 过程直至到达最粗一层网格。在最粗一层网格上迭代 n_{solve} 次后，将流场变量的修正量插值到细一层的网格上，进行 n_{post} 次迭代，重复 “插值-迭代” 过程直至最细网格上，然后在最细层网格上修正流场变量。W 循环和 V 循环类似，相当于在每一层网格上分别进行一个子 V 循环。

FMG 循环比较复杂，它由三个阶段组成：第一阶段，利用粗网格上网格量小、计算速度快的特点，首先在最粗一层网格上迭代若干次得到一个流场的近似值；第二阶段将近似值插值到细网格作若干次迭代直到到达最细一层细网格；之后进入第三阶段，即普通的 V 循环。

不管是哪种循环方式，都需要在粗、细网格间进行数值传递，而数值传递的方式对多重网格的计算效率和鲁棒性有至关重要的作用。

15.4 数值传递方式

多重网格循环过程中，需要将细网格上的流场变量、残差限制到粗网格上，同时需要将粗网格上的流场变量的修正量 (误差) 插值到细网格上，二者构成了多重网格的数值传递方式，分别称为限制算子和插值算子，如图 15.2 所示。

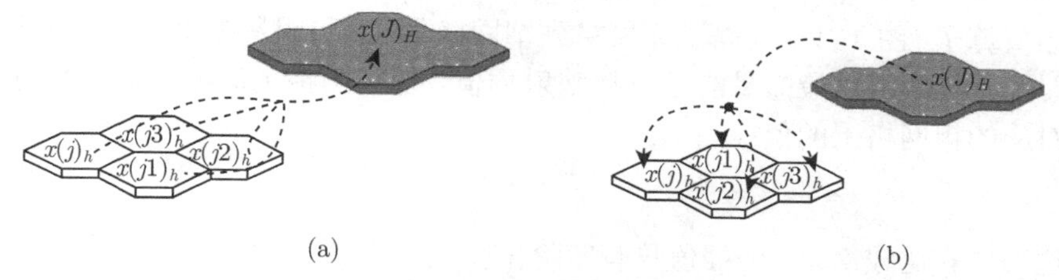

图 15.2 限制算子 (a) 和插值算子 (b)

15.4.1 限制算子

限制算子 (图 15.2(a)) 用于从细网格到粗网格阶段，将细网格上的变量 Q 传递到粗网格上，根据限制的对象不同分为流场变量的限制算子 I_h^H 和残差限制算子 $I_h^{'H}$。流场限制算子 I_h^H 一般采用体积加权：

$$Q^H = \frac{1}{\sum\limits_{i=1}^{N} V_i} \sum_{i=1}^{N} V_i Q^h \tag{15.11}$$

其中，Q^h 和 Q^H 分别代表细网格和粗网格上的流场变量，N 表示一个粗网格所含细网格个数，V_i 表示细网格的体积。

残差的限制方式主要有两种，即体积加权和直接映射：

$$\text{Res}^H = \frac{1}{\sum\limits_{i=1}^{N} V_i} \sum_{i=1}^{N} V_i \text{Res}^h \tag{15.12}$$

$$\mathrm{Res}^H = \sum_{i=1}^{N} \mathrm{Res}^h \tag{15.13}$$

(15.12) 式是一种和限制流场变量相同的体积加权方式，通过体积加权，体积较大的子网格对粗网格“贡献”较大，而体积小的网格“贡献”较小；(15.13) 式是一种直接求和的限制方式，在限制过程中，每个子网格对粗网格的贡献处于平均地位。实践证明，两种方式的差别较大，前者的鲁棒性更好，但是加速效率不如后者，后者加速效率更高，但是鲁棒性不如前者，在一般情况下采用 (15.13) 式，在网格质量较差时采用 (15.12) 式。

另外，在进行湍流计算时，我们采用目前流行的“湍流系数冻结法”，即只在最细一层网格上计算湍流，而粗网格上的湍流黏性系数由细网格限制得到，限制方式采用体积加权方式。

15.4.2 插值算子

插值算子 (图 15.2(b)) 是从粗网格到细网格阶段，将粗网格上的值传递到细网格上，目前最常用也最简易的是直接映射插值，即细网格上的流场修正量 $\bar{q}$ 直接取为对应的粗网格上的值：

$$\bar{q}^h = \bar{q}^H \tag{15.14}$$

这种方式比较简单，但插值只有零阶精度，为了提高精度，可以采用一阶精度的插值方式：

$$\bar{q}^h = \frac{1}{N_{cg}} \sum_{i=1}^{N_{cg}} \frac{1}{2}(\bar{q}^0 + \bar{q}^{H,i}) \tag{15.15}$$

其中，$\bar{q}^h$ 是细网格上的流场变量修正量，$\bar{q}^0$ 是细网格所在粗网格上的变量，$\bar{q}^{H,i}$ 是粗网格 $\bar{q}^0$ 周围的第 i 个粗网格上的变量，N_{cg} 是与 $\bar{q}^0$ 相邻的粗网格个数。

(15.14) 式中，细网格上的变量信息只来自当前所在的粗网格，模板较少，精度较低；(15.15) 式的插值方式不仅利用了当前所在的粗网格的信息，同时利用了与之相邻的粗网格信息，精度得到提高。实践证明，这种方式对收敛性以及鲁棒性均有很大提高。

15.5 多重网格生成方法

多重网格首先需要生成各级不同网格尺度的粗网格，目前常用的是聚合法。对于结构网格，聚合法生成多重网格比较简单，只需要在特定方向每隔若干个点提取一个粗网格点即可。一般而言，三维无黏流计算时，在三个方向每隔一个点提取一个粗网格点形成粗网格；而在黏流计算时，边界层内多只在法线方向提取粗网格点。虽然聚合法在结构网格上得到了广泛、成熟的应用，但在非结构/混合网格上却存在诸多问题，如网格聚合、数值传递方式等。鉴于此，我们发展了一种针对格心型有限体积法的各向异性多重网格聚合法。

15.5.1 聚合法基本思想

顾名思义，聚合法是将若干个初始的细网格通过聚合的方式，聚合为一个粗网格。传统的聚合法分为两种：基于格点型的和格心型的。二者的相同点都是通过聚合细网格的控制单元得到粗网格的控制体，只不过格点型的控制体是由连接单元面心和单元中心形成的多面体 (图 15.3(a))，而格心型的控制体就是网格本身 (图 15.3(b))；二者的不同点是，基于粗、细网格级别之间的单元个数比例考量，格点型一般聚合的是某个控制体周围的控制体，从而能保证粗、细网格之间的比例大约为 4:1(二维)、8:1(三维)。对于格心型有限体积，如果将某个单元和周围的单元聚合为一个粗网格，则往往难以保证粗、细网格间的比例关系。因而，格心型的网格聚合更难以控制。

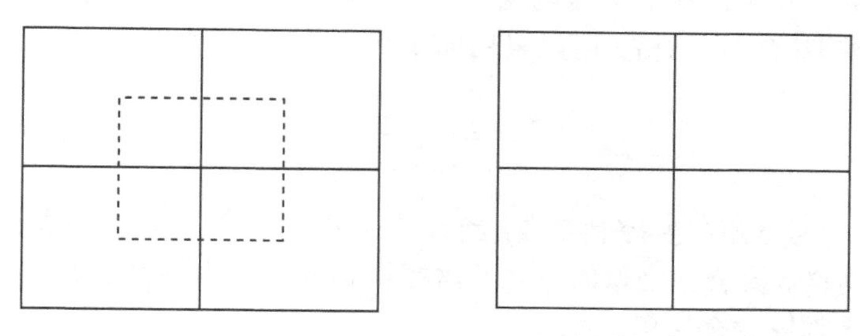

(a) 格点型控制体积 (b) 格心型控制体积

图 15.3 格心型和格点型控制体积区别

传统的格心型网格聚合是基于面的形式，聚合面两侧的单元。如图 15.4 所示，通过递归两三次聚合后得到粗网格，能保证粗、细网格间的比例为 4:1(二维)、8:1(三维)。然而，这种方法要求网格单元尽可能“正规”，同时带来的问题是，在黏流计算时将边界层内的高度拉伸网格当成无黏网格聚合，丧失了黏性层网格的半结构性质，又大大降低了无黏区域的粗网格质量，很可能导致粗网格的中心在网格之外。

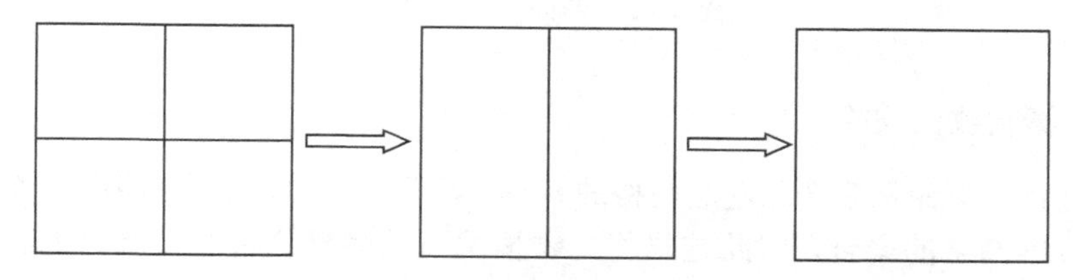

图 15.4 传统的网格聚合方式 (二维)

针对以上问题，我们发展了一种基于阵面推进的、各向异性的聚合方法。这里的“各向异性”指的是对黏性层网格和无黏网格区别对待，对于边界层内的黏性层网格尽量保持其半结构性质，而边界层外的网格尽量保证其凸性。“阵面推进”和非结构网格中的阵面推进法类似：从边界单元开始，首先聚合边界单元，新的粗网格由已经聚合的网格周围网格聚合出来，由此不断向计算域内推进。这里的“边界单元”定义为在边界面的计算域一侧的单元。

各向异性聚合的步骤是：首先，判断单元在黏性区域还是无黏区域；其次，以类似二维的形式聚合物面上的非结构单元；然后，以“阵面推进”的形式聚合黏性层网格；最后，聚合无黏区域网格。

15.5.2　单元性质判断

这里的单元性质意指单元是各向同性 (图 15.5(a)) 还是各向异性的 (图 15.5(b))，其判断方式和聚合法生成混合网格中的方式相同。对于三棱柱/四面体/Cartesian 网格等特殊类型网格组成的混合网格，可以根据单元的点线–面拓扑关系判断。对于没有特定类型的混合网格，可以采用面积比例关系判断：

$$a=\frac{S_{\min}}{S_{\max}}\tag{15.16}$$

式中，a 是一个网格扭曲度控制参数，当 a 小于 0.4 时，判定网格为黏性层网格，否则为无黏区网格。聚合粗网格时，并不需要精确地判断出黏性层网格和无黏网格，实践表明上述判据完全适用。

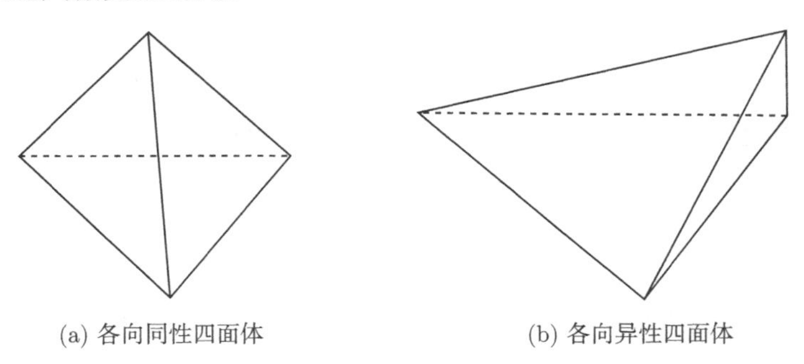

(a) 各向同性四面体　　(b) 各向异性四面体

图 15.5　四面体单元类型

15.5.3　聚合物面网格

聚合物面单元是聚合黏性层网格的基础。对于物面的非结构网格，其聚合过程等价于二维网格的聚合，因此这里将二维情况下的网格聚合和三维时的物面单元聚合统一介绍。

物面单元聚合的基本过程是，将单元分为已聚合和未聚合两种，遍历物面上的点，逐一聚合每个点周围的未聚合三角形单元为一个粗网格，在进行聚合时注意以下准则：

(1) 为了保证聚合后的物面粗网格光滑过渡，保证粗、细网格间的网格量比例关系，当物面点周围的未聚合单元个数大于等于 n 时，即可聚合这些细网格为一个物面粗网格。n 如果过大则粗网格过渡不光滑，过小又难以保证粗细网格间比例。图 15.6 显示了当 n 取不同值时的表面网格，当 n=6 时，粗网格 "凸" 性较好，但是过渡不够光滑；当 n=3 时，粗网格在光滑过渡与网格的 "凸" 性之间取得一个较好的平衡。实践表明 n=3 比较合适。

(2) 在外形有 "凸" 角或 "棱" 的局部区域 (如机翼后缘)，为了尽可能保证粗网格的几何 "凸" 性，以及保证粗网格形心不落入网格以外，棱两侧的三角形不能聚合。如图 15.7 所示，棱 MN 两侧的物面单元 ABC 和 $A'BC$ 不能聚合。

(3) 在物面网格聚合之后还存在少数孤立单元未被聚合，因此将这些孤立单元与周边单元聚合为一个粗网格。

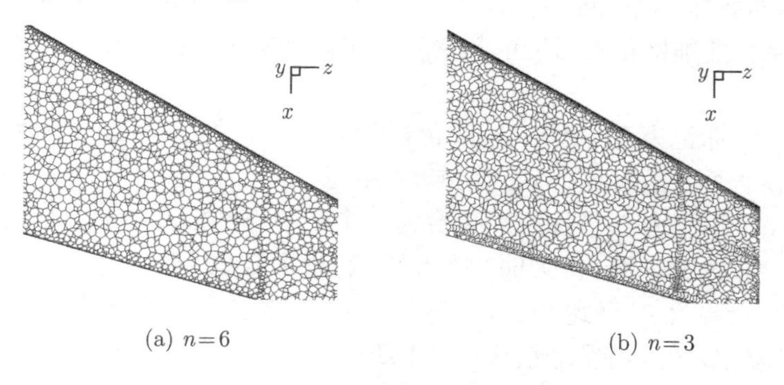

(a) n=6 (b) n=3

图 15.6 当 n 取不同值时的物面网格

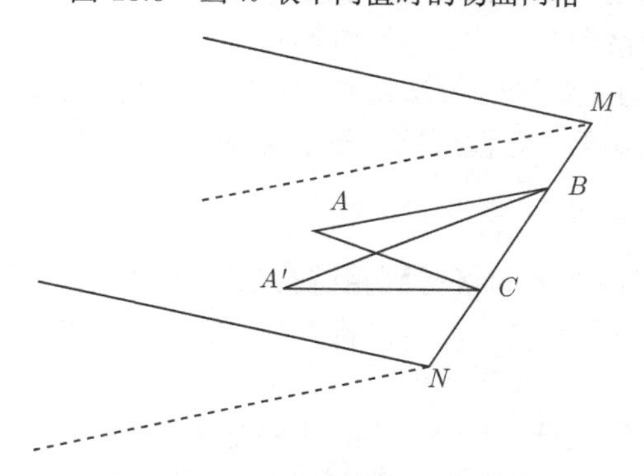

图 15.7 棱两侧的物面单元不能被聚合

15.5.4 "阵面推进" 聚合黏性层网格

在物面网格聚合之后开始聚合黏性层网格。聚合黏性层网格采用阵面推进法，基本思想是：以聚合后的物面粗网格为基础，从物面粗网格开始，沿物面法线方向推进，每两个细网格聚合为一个粗网格。

阵面推进具体过程如下：

(1) 构造一个空的 "特征面链表"，用于在聚合过程中将某些特征面压入到链表中，形成阵面推进的初始阵面。

(2) 遍历物面上的多边形粗网格 CCsurface，CCsurface 由 N 个三角形网格 C_i 构成 (N 是该粗网格所含细网格个数)，将 C_i 在计算域一侧的三棱柱网格聚合为一个粗网格，该粗网格编号为 CCsurface，将该粗网格 CCsurface 标记为 1，同时将该三棱柱网格的非物面上的 "最大面" 和 "次大面" 压入到 "特征面链表"，这里的 "最大面" 和 "次大面" 分别表示面积最大的面和面积第二大的面。

(3) 遍历完物面上的多边形粗网格后，从 "特征面链表" 中取出一个特征面 Face，Face 两侧的单元分别为 C_1 和 C_2。若 C_1 和 C_2 都已被聚合或 C_1 和 C_2 都是各向同性四面体，则跳过该特征面，并从链表中重新选择一个特征面；否则，设 C_1 是已被聚合的细网格且对应的粗网格为 C_{C}，C_2 是未被聚合的细网格，分两种情况讨论：

(a) 若 C_{C} 标记为 1，则将 C_2 聚合到 C_{C}，将 C_{C} 标记为 2，并且将 C_2 的 "最大面" 和 "次大面" 压入到 "特征面链表" 中；

(b) 若 C_{C} 标记为 2，则将 C_2 聚合为一个新的粗网格 C_{C}，将 C_{C} 标记为 1，并且将 C_2 的 "最大面" 和 "次大面" 压入到 "特征面链表" 中。

(4) 重复步骤 (3)，直到 "特征面链表" 为空，黏性层网格聚合过程结束。

上述过程中，在 "特征面链表" 中不断压入、取出阵面的过程就是一个由边界开始向计算域推进的过程；聚合过程中需要将粗网格标记为 "1" 或 "2"，目的是保证在法向每两个细网格聚合一次；通过对单元性质的判断，自动在黏性层和无黏区交界处停止推进。通过上述聚合方法得到的粗网格能尽可能地保持半结构性质，以适应高雷诺数计算的需要。黏性层网格聚合结束后自动转入无黏网格聚合阶段。

15.5.5 聚合无黏区域网格

通过聚合黏性层内的细网格得到粗网格后，开始聚合无黏区域的各向同性四面体网格。因为不需要考虑网格的半结构性质，聚合无黏区域的网格比聚合边界层网格相对简单。

对于无黏区网格的聚合，不管是格心式还是格点式，目前国内外大多数文献中提到的方法都是将细网格控制体和周围的控制体聚合得到一个粗网格。以二维三角形网格为例，对于格心式有限体积法，无黏区域网格聚合如图 15.8(a) 所示，虚线的三角形称为“种子单元”，将“种子单元”和与其共面的三个三角形聚合为一个粗网格 (粗线)。这种方法操作起来比较简单，但是有缺陷：要想达到粗细间网格比例为 4:1，则要求每个“种子单元”周围的三角形都是未被聚合的，在实际的动态聚合过程中这个要求几乎是不可能达到的，除非每个非结构网格周围都拥有同样多的相邻正三角形单元。同理，三维时要想达到粗细间网格比例在 8:1 左右，必须要求“种子单元”周围的四面体都是未被聚合的正四面体，而在实际中这几乎是不可能的。

通过观察发现，二维时每个顶点周围大约有六个三角形，如果将点周围的单元聚合为粗网格 (图 15.8(b))，则粗细网格间数量比例为 6:1，并且粗网格是严格的“凸”多边形。实际上，除非全部是正三角形，否则不可能聚合得到这种非常正规的多边形。不过，可以仿照物面单元的聚合方式，通过单元个数来加以控制，当某个点周围的未被聚合单元个数大于等于 n 时，则将这些未被聚合的细网格聚合为一个粗网格。实践证明，当 n 等于 3 时，在二维时通过聚合点周围的细网格为一个粗网格的方式，粗细网格间比例大约为 4:1，三维时大约为 8:1，正好满足多重网格计算的需要。

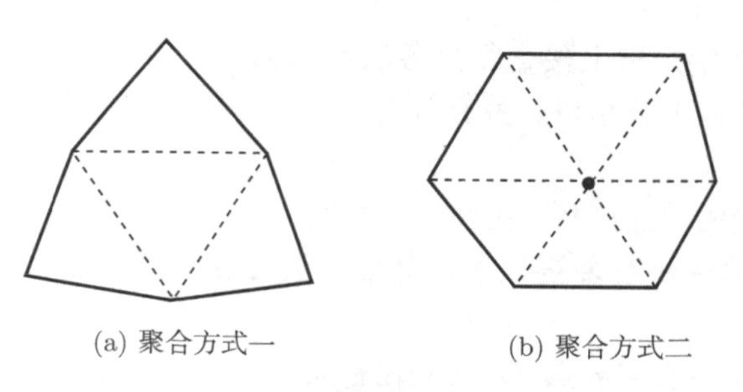

图 15.8 无黏区域网格聚合方法

按照上述方法聚合无黏区域网格时，必须排除“非法”的聚合方式。若将要被聚合的细网格中有任意两个细网格之间没有公共面 (只有公共点)，则定义为“非法”聚合。图 15.9 是“非法”聚合示意图，点 P 周围的单元之间没有公共面，如果将这些没有公共面的细网格聚合为粗网格，则粗网格形心将可能落到网格单元以外，形成负体积单元。在聚合点周围的单元时，一定要排除“非法”聚合方式，否则很容易导致计算失败。

在传统的方法中，包括 Mavriplis、Brandt 等在聚合无黏区域网格时，一般都采用类似阵面推进的方法来聚合，即每次聚合粗网格后，将其相邻的单元作为“种子单元”，再聚合“种子单元”周围的单元，以此向计算域推进。我们在聚合无黏区域网格时，没有采用这种阵面推进的过程，而是随机地遍历空间中的点并聚合其周围单元。实际上，经过数值实验后，发现这两种方式的多重网格计算效率差别并不明显，而这种随机的聚合方式反而降低了技术难度，同时又提高了鲁棒性。

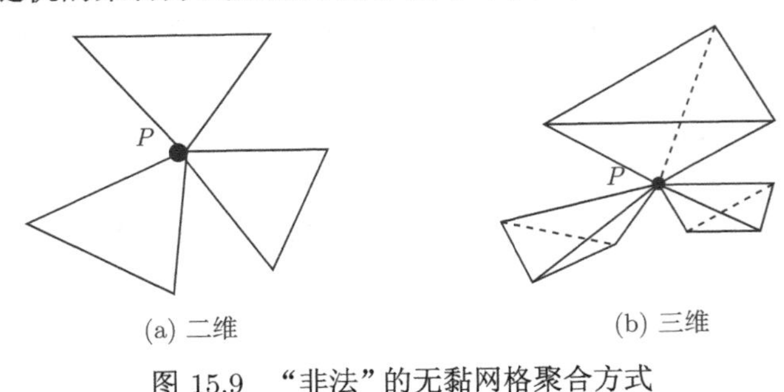

图 15.9　“非法”的无黏网格聚合方式

15.6　并行/多重网格耦合方法

目前的非结构/混合网格大规模计算受内存、计算周期的限制，一般采用并行计算。因此，有必要开展并行和多重网格的耦合计算方法研究。目前应用较多的耦合计算一般有两种方法：

方法一：在初始网格上聚合得到各层粗网格后，将初始网格和各层粗网格分别分区，在各层网格上分别进行并行计算。在数值传递时，需要在网格间进行信息通信。

方法二：初始网格分区后，在并行计算时，对每个网格块 (zone) 分别聚合，并在每个网格块上单独进行多重计算，无需在粗网格块间进行插值算子和限制算子的通信。

上述两种方法各有优缺点：方法一在初始网格聚合得到粗网格后再分区，能保证粗网格有良好的分区负载平衡，但是操作比较复杂，鲁棒性不如方法二，尤其是各层网格间进行数值传递时不如方法二直接。方法二鲁棒性较好，无需在粗网格间进行通信，但是难以保证粗网格上的分区负载平衡。

15.7　多重网格方法的应用实例

针对上述算法，我们从多方面对多重网格算法进行了考核：从二维到三维、从亚跨到超声速、从无黏流到湍流。流场计算采用作者课题组研发的 HyperFLOW 解算器 [20–24]。

1. NACA0012 翼型跨声速无黏绕流

计算域采用三角形网格进行剖分，细网格共有13213个点、39143个面、25930个单元，计算条件：Ma=0.85，攻角为 1.0°。采用多重网格法，首先对细网格进行网格聚合，得到多重粗网格。本算例没有粘性层网格，因此对于所有网格进行各向同性的聚合，即聚合点周围的控制体积成为一个粗网格。网格聚合结果如图 15.10 所示。

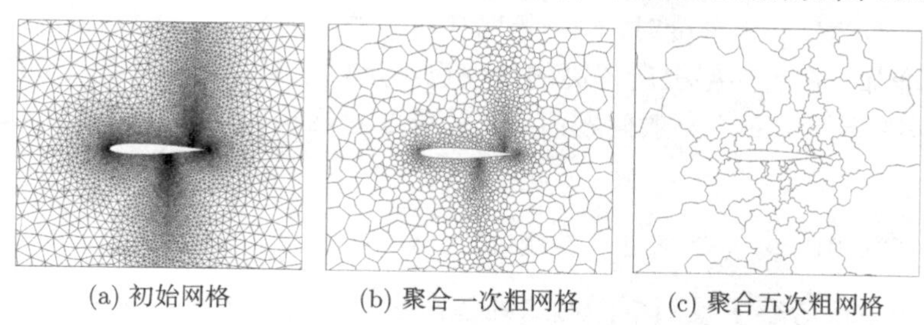

图 15.10 NACA0012 翼型初始网格及各级粗网格

进行了 7 重的多重网格计算，并对比了在多重网格上计算的结果和在细网格上计算的结果，结果显示二者符合得很好，如图 15.11 所示，可见多重网格技术并没有给计算结果带来额外误差。通过对比残差的收敛情况，可以看到在多重网格上计算效率明显提高，如图 15.12(a) 和 (b) 所示，效率可以提高 3 倍。

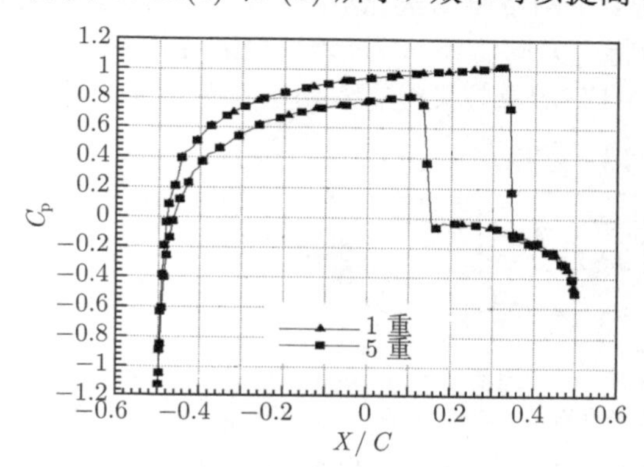

图 15.11 NACA0012 翼型无比较绕流 (Ma=0.85) 多重网格计算结果

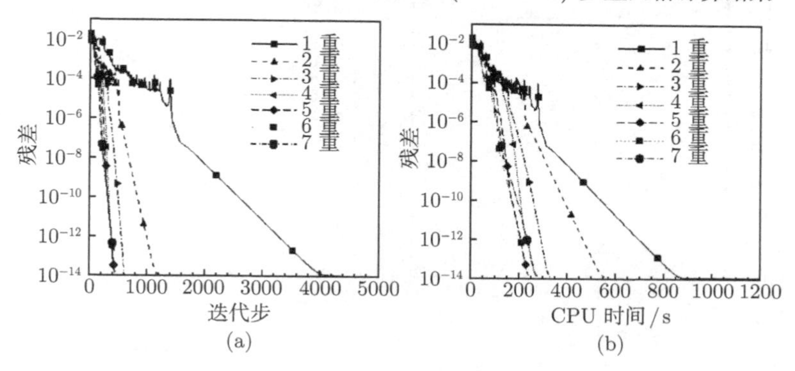

图 15.12 NACA0012 翼型无黏绕流 (Ma=0.85) 多重网格计算残差收敛曲线

通过计算结果可以看出，在进行无黏跨声速计算时，多重网格技术使得计算效率得到显著提高，5 重多重网格计算效率和 7 重多重网格计算效率几乎无差别，这是因为当重数达到一定程度时，一个粗网格所含的面的数目大大增加，粗网格的复杂度大为增加，在粗网格上所提高的效率已不足以抗衡由复杂度带来的效率的降低。数值实验表明，对于一般问题而言，采用 5 重网格即可，对于复杂问题，重数一般取为 3。

2. NACA0012 翼型超声速无黏绕流

本算例主要考察多重网格法对二维超声速问题的加速收敛效果。来流条件为 Ma=2.0，计算网格为各向同性三角形，细网格和粗网格如图 15.13 所示。残差收敛情况如图 15.14 所示，说明多重网格法对超声速无黏流计算的收敛效率和收敛程度也有显著提高。在初始收敛阶段，5 重的多重网格收敛效率比 3 重多重网格高；当收敛到一定程度之后，二者的迭代步对收敛的影响已无差别，这同样是由粗网格复杂度增加导致。对于亚跨声速情况，控制方程具有椭圆性质，误差在计算域内向任意方向传播，利用多重网格可以快速消除误差；对于超声速情况，控制方程具有双曲性质，误差只向特定方向传播。不过该算例的计算结果表明多重网格法对于超声速问题依然有效，只是加速效果没有应用于亚跨声速问题时明显。

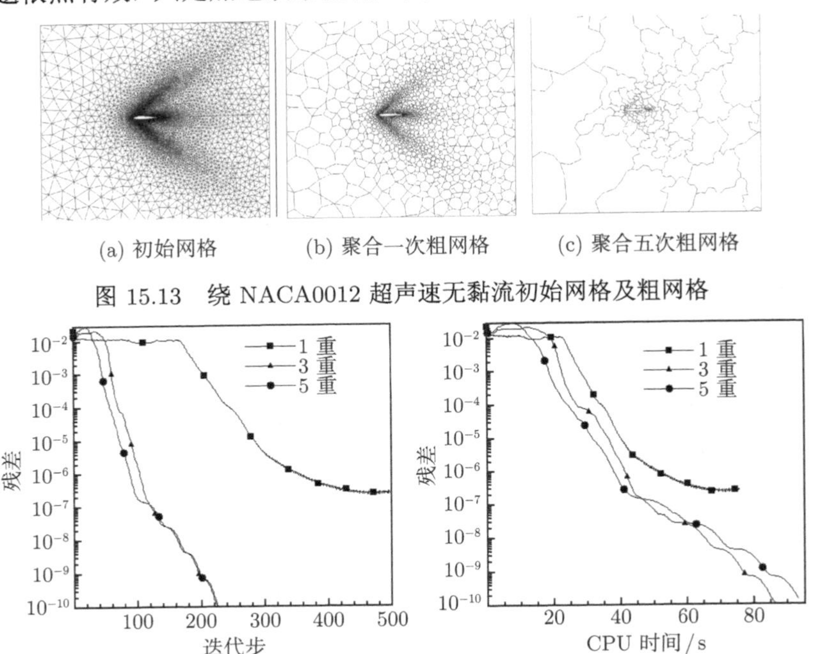

(a) 初始网格　(b) 聚合一次粗网格　(c) 聚合五次粗网格

图 15.13　绕 NACA0012 超声速无黏流初始网格及粗网格

(a)　(b)

图 15.14　绕 NACA0012 超声速无黏流残差收敛曲线

3. 30P30N 三段翼型湍流流动

为了验证多重网格法对二维复杂黏性流动的加速效果，对二维的 30P30N 三段翼型进行了湍流数值模拟。计算域采用四边形/三角形/Cartesian 混合网格填充计算域，共有 74289 个单元。为了满足黏流计算的需要，边界层内的四边形网格采用各向异性聚合，边界层以外的三角形/Cartesian 网格采用各向同性方式聚合，初始网格和聚合后的粗网格如图 15.15 所示。

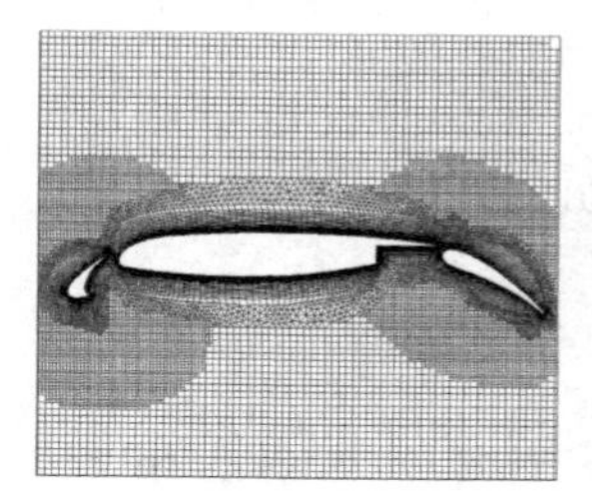

(a) 初始网格

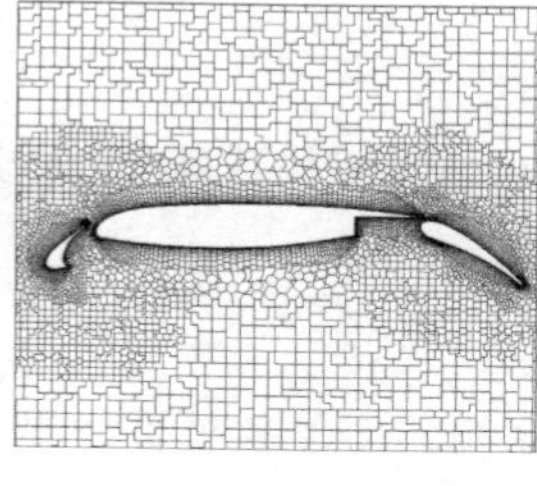

(b) 聚合一次粗网格

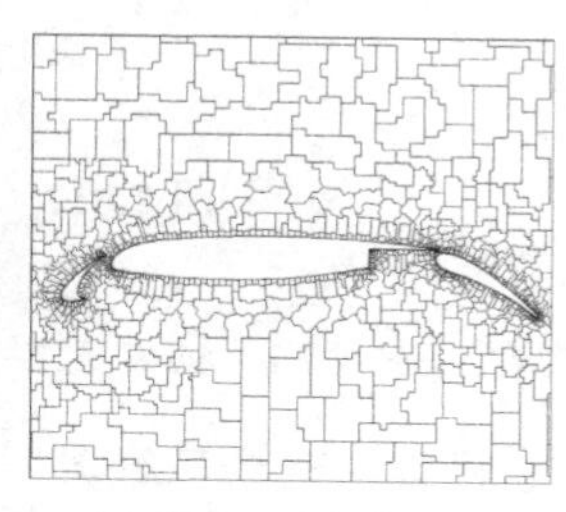

(c) 聚合五次粗网格

图 15.15 30P30N 三段翼型初始网格及各级粗网格

计算条件为：Ma=0.2，Re=9×10^6，攻角 =19.0°，采用 SA 湍流模型。多重网格与单重网格计算结果对比如图 15.16 所示，二者没有差异。残差收敛情况如图 15.17 所示。结果表明，使用多重网格法时，在计算初始阶段效果并不明显，当残差下降一两个量级后多重网格加速现象明显，并且很快收敛到机器零。网格重数大于 3 所耗的 CPU 计算时间并没有比 3 重多重网格显著减少。

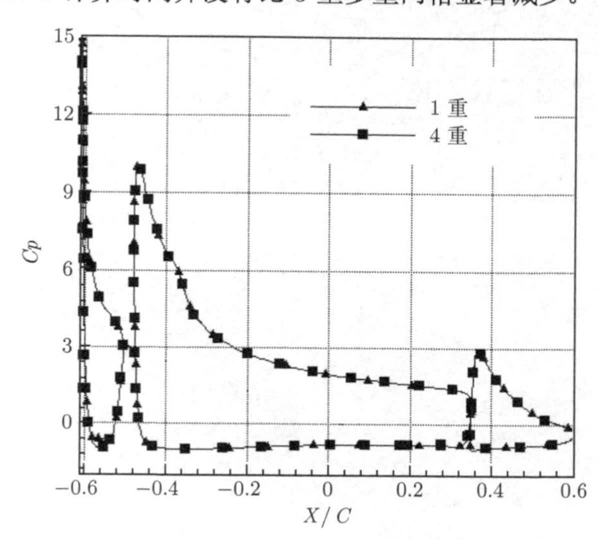

图 15.16 30P30N 三段翼型单重和多重网格计算压力系数分布对比

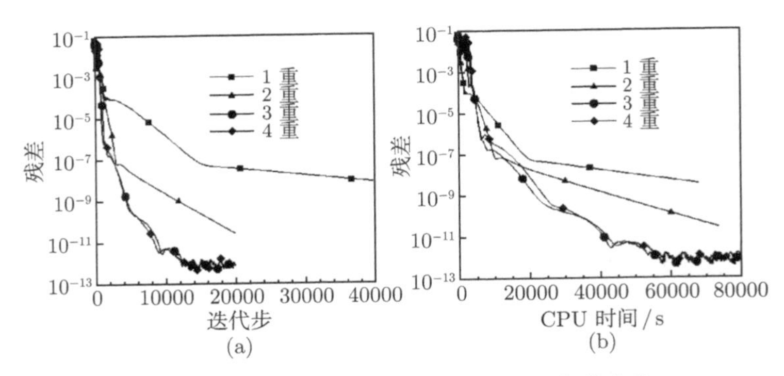

图 15.17　30P30N 多段翼型湍流模拟收敛曲线

4. ONERA-M6 机翼无黏流模拟

M6 机翼是一个三维典型算例，有众多实验结果和计算结果对比，我们采用该外形验证三维多重网格在串行计算时的加速情况。计算条件为：Ma=0.8395，攻角=3.06°，初始网格共有 55 万个单元。分别用单重网格和多重网格进行了对比计算。用多重网格计算该三维外形时，V 循环中的 $n_{\rm pre}$ 和 $n_{\rm post}$ 均取为 1。

由于该算例未考虑黏性，所以采用各向同性的聚合方式，并且在聚合点周围的单元时，只要某个点周围有尚未聚合的网格，则将这些尚未聚合的细网格与周边邻近单元聚合为粗网格。初始计算网格和第二、三层粗网格如图 15.18 所示。

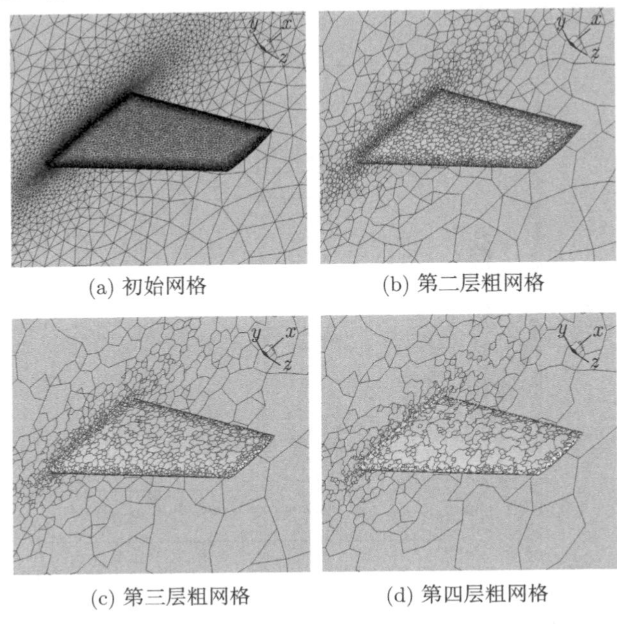

(a) 初始网格　(b) 第二层粗网格

(c) 第三层粗网格　(d) 第四层粗网格

图 15.18　ONERA-M6 机翼初始网格及粗网格

收敛曲线对比如图 15.19(a) 和 (b) 所示。结果显示，单重情况下需要计算 3000 步才能收敛到机器零，但是利用多重网格法迭代几百步就能收敛到机器零；残差随 CPU 时间变化曲线显示计算效率提高了 3 倍，收敛效果明显。和二维算例一样，三维时当多重网格达到一定重数后，计算效率不再提高。对于该算例，4 重和 5 重的收敛效果已经相差无几。

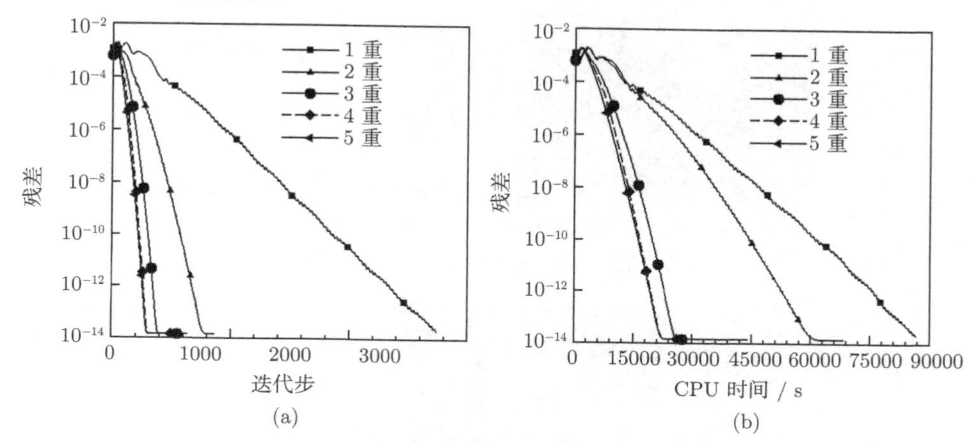

图 15.19　M6 机翼无黏流模拟残差收敛曲线 ($Ma = 0.8395, \alpha = 3.06°$)

5. ONERA-M6 机翼湍流流动模拟

为了考核多重网格法在三维黏流并行计算时的加速效果，对上述 M6 机翼进行了湍流计算。计算域分为五个区，计算状态为：Ma=0.8395，攻角 =3.06°，Re=1.172 $\times 10^7$。采用前述的方法进行粗网格聚合，即边界层内采用“各向异性”聚合方式。图 15.20 是初始网格以及第二、三层粗网格视图。可以看到机翼表面网格和空间的粗网格过渡非常光滑，粗网格“凸”性较好。图 15.21 是黏性区域各向异性聚合后的粗、细网格视图，其中实线代表粗网格，虚线代表上一层的细网格。可见粗网格在边界层内都保持了在法线方向的结构性质。图 15.22 是粗网格局部视图，在机翼后缘处有“棱”的地方，在聚合物面网格时，对“棱”两侧的单元聚合作了限制，使得一个粗网格不跨越“棱”，从而保证粗网格不出现负体积。图 15.23(a) 和 (b) 是

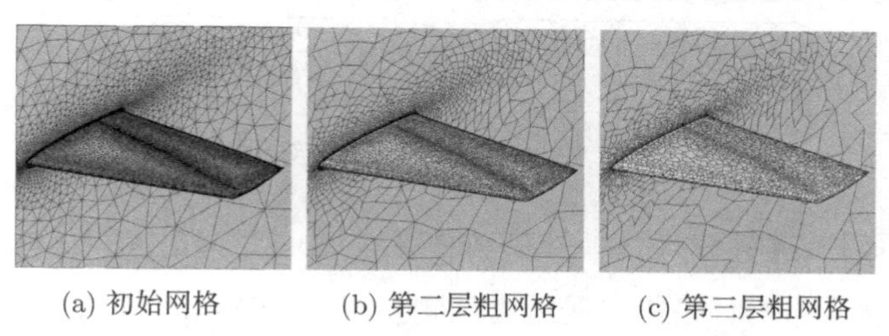

(a) 初始网格　(b) 第二层粗网格　(c) 第三层粗网格

图 15.20　ONERA-M6 机翼黏流计算的初始网格及粗网格

残差收敛曲线比较。从残差收敛曲线看出多重网格的 CPU 时间减少了三分之一，表明多重网格具有优良的加速效果，与此同时，多重计算的收敛程度比单重计算提高了大约 0.5 个量级。

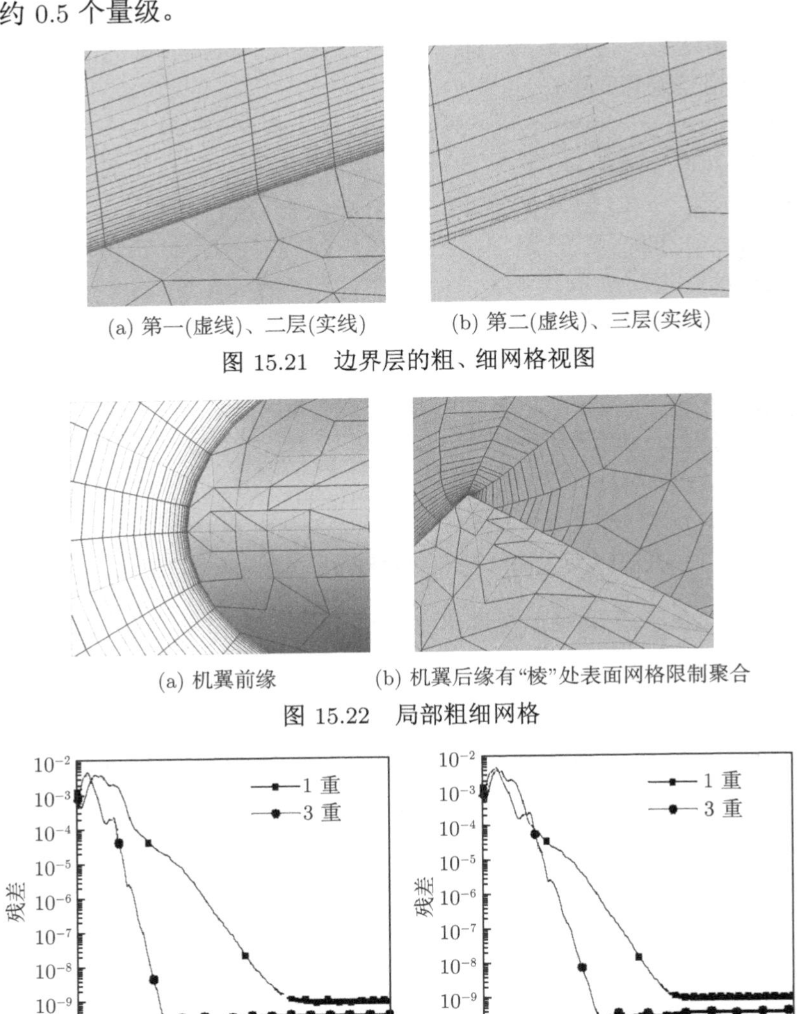

(a) 第一(虚线)、二层(实线)　(b) 第二(虚线)、三层(实线)

图 15.21　边界层的粗、细网格视图

(a) 机翼前缘　(b) 机翼后缘有“棱”处表面网格限制聚合

图 15.22　局部粗细网格

(a)　(b)

图 15.23　ONERA-M6 机翼湍流计算局部粗网格及收敛曲线

6. 绕 DLR-F6 翼身组合体黏性流动计算

DLR-F6 翼身组合体是第二届阻力预测会议 (DPW-Ⅱ) 提供的标准算例，其计算状态为：Ma=0.75，攻角 =1.0°，Re=3.0×10^6。

初始混合网格为半场 880 万个单元，并行计算时，分为 20 个区计算。图 15.24 是粗网格视图，可见，粗网格在黏性层内保持了法向的结构性质，具有较好的网格质量。图 15.25 是黏流计算的残差收敛曲线和气动力收敛曲线。由图可见，采用多重网格技术加速后，其计算效率提高了两倍多。图 15.26 是采用多重网格加速后 HyperFLOW 软件的计算结果。计算结果不仅和实验值符合较好，和国外知名软件 NSU3D、FUN3D 及 USM3D 的计算结果 [25−28] 也有一致趋势。DLR-F6 翼身组合体算例的数值计算说明上述多重网格和并行耦合计算方法能有效提高复杂外形大规模数值计算效率，同时计算结果也令人满意。

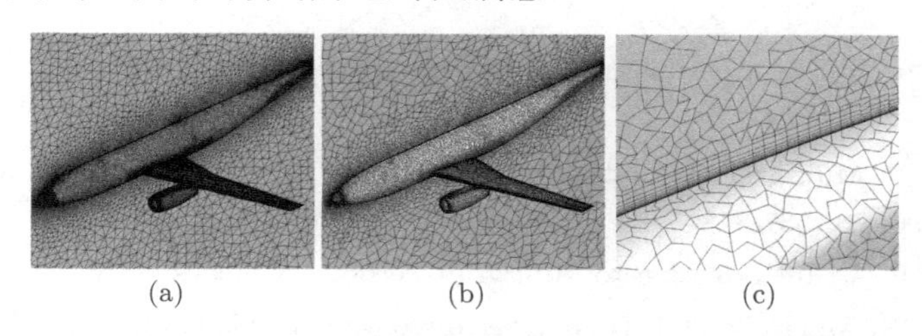

图 15.24 绕 F6 翼身组合体黏流计算的初始网格 (a)、粗网格 (b) 和粗网格局部 (c)

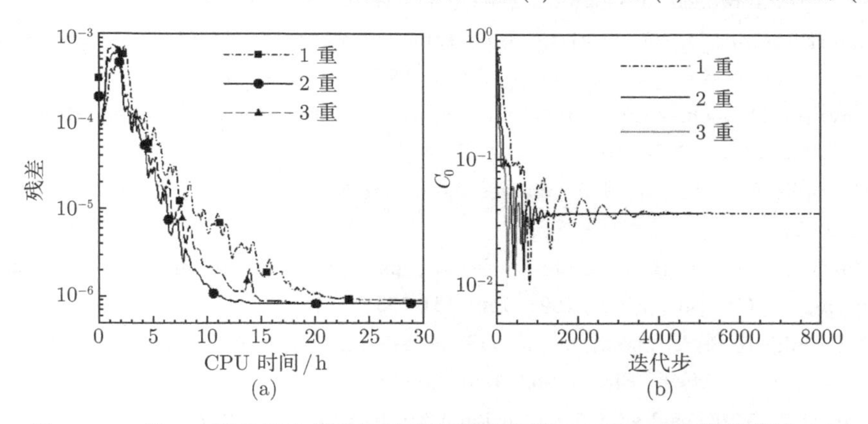

图 15.25 绕 F6 翼身组合体黏流计算的密度残差 (a) 和气动力收敛曲线 (b)

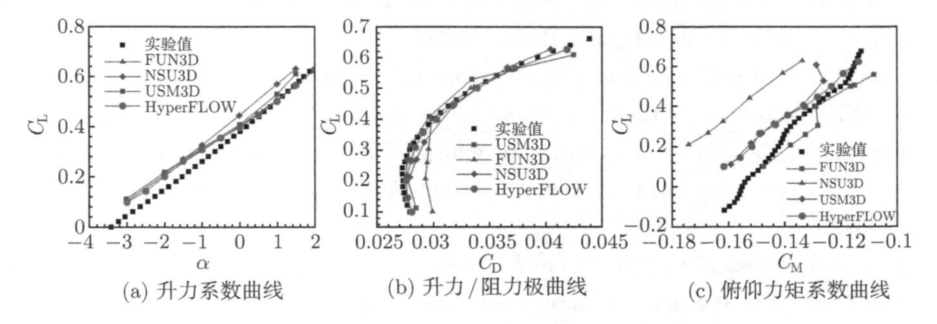

图 15.26 DLR-F6 翼身组合体气动力特性 (后附彩图)

15.8 小　　结

本章介绍了多重网格计算方法，其中重点介绍了基于非结构/混合网格的多重网格生成方法，并给出了一些典型的多重网格计算应用实例。从应用实例可以看出，采用各向异性的粗网格聚合方法，可以有效提高黏性流动模拟的加速收敛速度。多重网格方法与并行计算技术、网格自适应技术等密切配合，将进一步提高计算效率。

参考文献

[1] Wesseling P. Multigrid methods in computational fluid dynamics. Z. Angew. Math. Mech., 1990, 70: 337-348.

[2] Wesseling P. An Introduction to Multigrid Methods. Chichester: Wiley, 1992.

[3] Nastase C R, Mavriplis D J. High-order discontinuous Galerkin methods using an hp-multigrid approach. J. Comput. Phys., 2006, 213: 330-357.

[4] Luo H, Baum J D. A p-multigrid discontinuous Galerkin method for the Euler equations on unstructured grids. J. Comput. Phys., 2006, 211: 767-783.

[5] Mavriplis D J. Three dimensional unstructured multigrid for the Euler equations. AIAA J., 1992, 30(7): 1753-1761.

[6] Mavriplis D J. Multigrid techniques for unstructured meshes. ICASE Report, 1995, No.95-27.

[7] Mavriplis D J. Multigrid strategies for viscous flow solvers on anisotropic unstructured meshes. J. Comput. Phys., 1998, 145: 141-165.

[8] Fedorenko R P. A relaxation method for solving elliptic difference equations. USSR Comp. Math., Math. Phys. 1962, 1(4): 1092-1096.

[9] Brandt A. Multilevel adaptive solutions. Math. Comput., 1977.

[10] Brandt A. Application of a multi-level grid method to transonic flow calculations. NASA Langley Reserch Center, ICASE Report, 1976.

[11] Brandt A. Multigrid solutions to flow problems// Numerical Mehods for Partial Differential Equations. New York: Academic Press, 1979: 53-147.

[12] Drikakis D, Iliev O P. Acceleration of multigrid flow computations through dynamic adaptation of the smoothing procedure. Journal of Comutational Physics, 2000, 165: 566-591.

[13] Wesseling P, Osterlee C W. Geometric multigrid with applications to computational fluid dynamics. Journal of Computational and Applied Mathematics, 2011, 128: 311-334.

[14] Connel S D, Holmes D G. A 3D unstructured adaptive multigrid scheme for the Euler equations. AIAA Journal, 1994, 32(8): 1626-1632.

[15] Venkatakrishnan V, Mavriplis D J. Agglomeration multigrid for the three-dimensional Euler equations//ICASE REPORT 94-5. Hanpton, Virginia: NASA Langley Research Center, 1994.

[16] Mavriplis D J. Multigrid strategies for viscous flow solvers on anisotropic unstructured meshes. ICASE Report No. 98-6, NASA/CR-1998-206910, 1998.

[17] Daniel G, Sreenivas K. Parallel FAS multigrid for arbitrary Mach number, high Reynolds number unstructured flow solver. AIAA paper, 2006-2821, 2006.

[18] Nishikawa H, Diskin B.Critical study of agglomerated multigrid methods for diffusion. AIAA Journal, 48(4), 2010, 48(4): 82-93.

[19] James L, Nishikawa H. A critical study of agglomerated multigrid methods for diffusion on highly stretched grids. Computer & Fluids, 2011, 41: 82-93.

[20] He X, He X Y, He L, et al. HyperFLOW: A structured/unstructured hybrid integrated computational environment for multi-purpose fluid simulation. Procedia Engineering, 2015, 126: 645-649.

[21] He X, Zhang L P, Zhao Z, et al. Research and development of structured/ unstructured hybrid CFD software. Transactions of Nanjing University of Aeronautics & Astronautics，2013, 30(S): 116-120.

[22] He X, Zhang L P, Zhao Z, et al. Validation of the structured-unstructured hybrid cfd software HyperFLOW. 空气动力学学报 (ICCFD8 专辑), 2016, 34(2): 267-275.

[23] 赵钟, 赫新, 张来平, 等. HyperFLOW 软件数值模拟 TrapWing 高升力外形. 空气动力学学报, 2015，33(5): 594-602.

[24] 赫新, 张来平, 赵钟, 等. 大型通用 CFD 软件体系结构与数据结构研究. 空气动力学学报, 2012，30(5): 557-565.

[25] Mavriplis D J. Drag prediction of DLR-F6 using the turbulent Navier-Stokes calculations with multigrid. AIAA paper, 2004-397, 2004.

[26] Lee-Rausch E M, Mavriplis D J. Transonic drag prediction on a DLR-F6 transport configuration using unstructured solvers. AIAA paper, 2004-554, 2004.

[27] Sclafani A J, Dehaan M A. OVERFLOW drag prediction for the DLR-F6 transport configuration: A DPW-Ⅱ case study. AIAA paper, 2004-393, 2004.

[28] Laflin K R, Brodersen O. Summary of data from the second AIAA CFD drag prediction workshop. AIAA paper, 2004-0555, 2004.

第16章　外形定义与物面网格生成

16.1　引　　言

网格生成的第一步是要对几何构型进行外形定义。得益于 CAD 软件的发展，目前几何外形的描述普遍采用 CAD 软件进行定义。常用的 CAD 软件有 AutoCAD、Pro/E、UG、Catia 等。这些软件均具有强大的几何建模和几何操作功能，并由此产生了各自的几何定义标准和数据格式，如 IGES[1,2] 等。几何定义的内核一般是各种样条、曲线、曲面，如三次样条、Bezier 曲线和曲面等，并逐步发展为非均匀有理 B 样条 (NURBS)[3,4]。

在几何定义完成之后，则开始进行物面网格生成。物面网格分布需要根据外形的几何特征及求解的流动状态而定，一般性的规范已在 12.2 节中介绍。物面网格的划分直接与空间网格的拓扑结构、网格质量甚至空间网格的生成成败相关，所以在网格生成过程中对物面网格的生成尤为关注，很多人工操作时间都耗费在其中。

关于 CAD 几何建模，在很多的教科书中已有详尽的介绍 [3,5,6]，作者并未开展相关的研究，所以这里无意详细介绍计算几何的相关内容，仅简要介绍典型曲线、曲面的离散方法，以及物面网格的生成方法。

16.2　物面网格生成基本流程

物面网格生成的方法有多种：一种方法是将曲面片变换到平面上，利用前述的二维方法生成平面内的结构或非结构网格，然后反变换为空间曲面上的实际物面网格 [7]；另一种是基于 CAD 数模，直接在空间曲面上生成物面网格 [8−10]。当然后者对于几何构型的描述更为准确，但是实现起来相对困难。这里，我们选用前一种方法。物面网格生成的基本流程大体如下：

(1) 按由点到线到面的层次结构定义外形。

(2) 建立矩形背景网格及分布网格尺度控制参数 (详见 7.2 节)。

(3) 按网格尺度分布划分曲线成线阵元。

(4) 按网格尺度分布生成各曲面片内的三角形网格。

(4.1) 将曲面片变换成平面；

(4.2) 由线阵元组成该曲面片的初始阵面；

(4.3) 阵面推进生成变换平面内的三角形网格；

(4.4) 曲面片内的网格优化；

(4.5) 反变换成三角化曲面。

(5) 整体表面网格优化。

上述步骤中的 (2)、(3) 及 (4.2)～(4.4) 均已在第 7 章中作过详细介绍，亦可参考作者的博士学位论文 [11]，此处不再赘述。这里仅简要介绍复杂外形的定义及曲面片到平面的保形变换 [12]。

16.3 物面曲面片的定义

前面已经提到，复杂几何构型的描述属于 CAD 领域的研究内容，读者可以参阅相关的教科书 [3,5,6]。为了本书的完整性，这里我们简要介绍几种典型的曲线和曲面描述方式。

为了减少人工参数输入量，这里采用由点构成线、再由线构成面的层次数据结构。线的类型主要有如下几种：

(1) 由两点组成的直线；

(2) 由三点组成的抛物线；

(3) 由三个以上的点构成的参数三次样条曲线；

(4) 由上述三种线构成的组合线。

考虑到参数三次样条曲线不能准确描述圆 (圆弧) 等解析曲线，我们可以对由 (2)、(3) 或 (4) 描述的圆 (圆弧) 进行解析修正。(4) 类线的引入对减少描述表面的曲面片数是非常有益的。例如，对于翼身组合体，在翼的前缘曲率变化较大，一般要单独分片，而在机身上此处曲率变化并不大，没有必要单独分片，采用 (4) 类线可以较好地解决这一问题，并保证曲面片间的网格相容性。

曲面片的类型共有如下几种：

(1) 由任意条线组成的平面；

(2) 由三条抛物线组成的三角形等参抛物面 [13]；

(3) 由四条抛物线组成的四边形等参 Serendipity 曲面片 [13]；

(4) 由任意三条曲线组成的三角形 Barnhill-Gregory-Nielson 曲面片 [7]；

(5) 由任意四条曲线组成的四边形双线性 Coon's 曲面片 [3]。

上述曲面片不能准确描述某些解析曲面，而在航空航天应用领域经常遇到球头及旋成体等情况，为此我们可以对由上述曲面片描述的球面和旋成体表面进行相应的解析修正。很显然，线和面的类型并不局限于上述几种。更为通用的方法是非均匀有理 B 样条 (NURBS)。

16.4　曲面片变换

16.4.1　平面变换

假设平面片位于由向量 $\boldsymbol{a}$ 和 $\boldsymbol{b}$ 组成的平面内，定义 $\boldsymbol{n}=\boldsymbol{a}\times\boldsymbol{b}$(平面法向量) 和 $\boldsymbol{c}=\boldsymbol{n}\times\boldsymbol{a}$(图 16.1)，则可以得到 (x,y,z) 与 (ξ'',η'') 间的变换关系：

$$\boldsymbol{X}=\boldsymbol{X}_0+\xi''\boldsymbol{X}_1+\eta''\boldsymbol{X}_2 \tag{16.1}$$

且

$$\begin{aligned}\xi''&=\boldsymbol{X}_1\cdot(\boldsymbol{X}-\boldsymbol{X}_0)\\ \eta''&=\boldsymbol{X}_2\cdot(\boldsymbol{X}-\boldsymbol{X}_0)\end{aligned} \tag{16.2}$$

其中，$\boldsymbol{X}_0$ 为平面内一点，$\boldsymbol{X}_1=\boldsymbol{a}/|\boldsymbol{a}|$,$\boldsymbol{X}_2=\boldsymbol{c}/|\boldsymbol{c}|$。

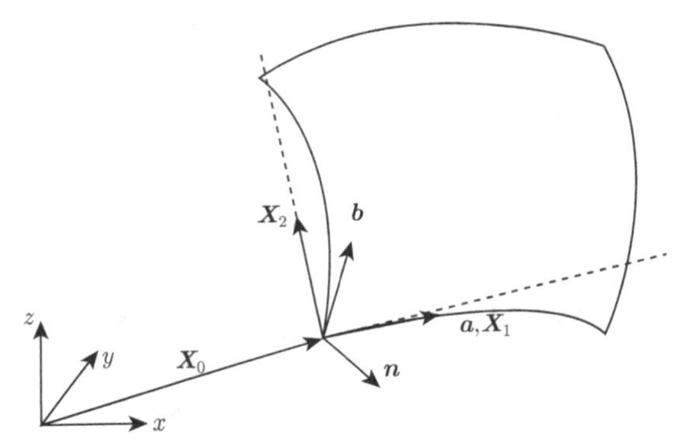

图 16.1　平面变换示意图

16.4.2　三角形等参抛物面

三角形等参抛物面由六点定义(图 16.2)，则该曲面片上任意点的坐标可表述为

$$\boldsymbol{X}=\sum_{i=1}^{6}N^i\boldsymbol{X}_i \tag{16.3}$$

其中，N^i 为形函数：

$$\begin{aligned}&N^1=(1-\xi-\eta)(1-2\xi-2\eta), && N^2=4\xi(1-\xi-\eta)\\ &N^3=\xi(2\xi-1), && N^4=4\xi\eta\\ &N^5=\eta(2\eta-1), && N^6=4\eta(1-\xi-\eta)\end{aligned} \tag{16.4}$$

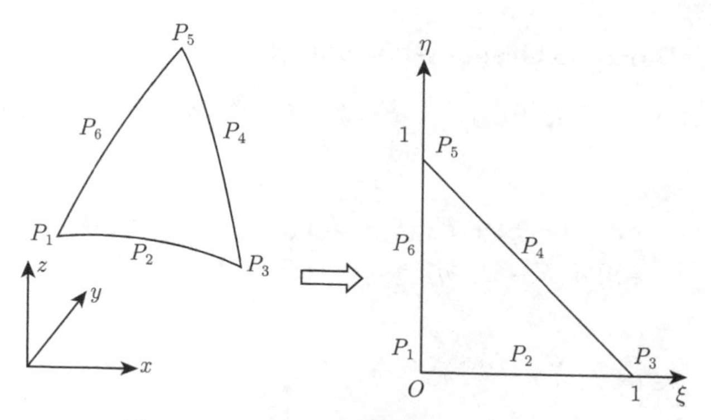

图 16.2 三角形等参抛物面变换示意图

16.4.3 四边形等参 Serendipity 曲面片

该曲面片可由八个点来定义 (图 16.3)，曲面上的点可以表述为

$$\boldsymbol{X}=\sum_{i=1}^{8} N^{i} \boldsymbol{X}_{i} \tag{16.5}$$

其中，形函数 N^i 的具体形式为

$$\begin{array}{ll}
N^{1}=(1-\xi)(1-\eta)(1-2\xi-2\eta), & N^{2}=4\xi(1-\xi)(1-\eta) \\
N^{3}=-\xi(1-\eta)(1-2\xi+2\eta), & N^{4}=4\xi\eta(1-\eta) \\
N^{5}=-\xi\eta(3-2\xi-2\eta), & N^{6}=4\xi\eta(1-\xi) \\
N^{7}=-\eta(1-\xi)(1+2\xi-2\eta), & N^{8}=4\eta(1-\xi)(1-\eta)
\end{array} \tag{16.6}$$

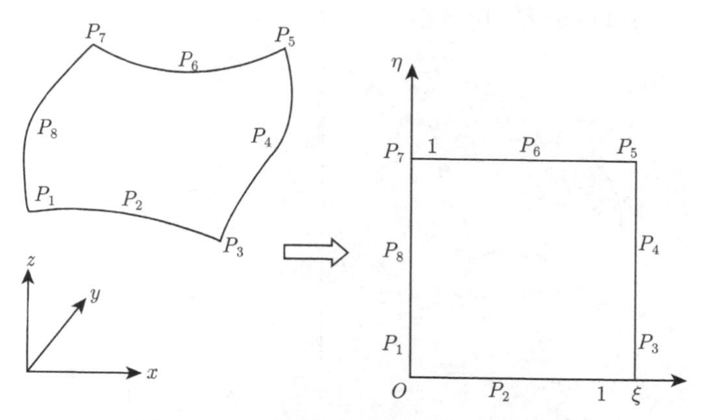

图 16.3 四边形等参 Serendipity 曲面片

16.4.4　三角形 Barnhill-Gregory-Nielson 曲面片 [7]

如图 16.4 所示，三条任意曲线 $\boldsymbol{F}_1, \boldsymbol{F}_2, \boldsymbol{F}_3$ 构成此曲面片，曲面上的点可表述为

$$\begin{aligned}\boldsymbol{X} = & \xi \boldsymbol{F}_2(\eta) + \eta \boldsymbol{F}_2(1-\xi) + \boldsymbol{F}_1(\xi) + \boldsymbol{F}_3(1-\eta) - \eta[\boldsymbol{F}_1(\xi) + \boldsymbol{F}_3(\xi)] \\ & -\xi[\boldsymbol{F}_1(1-\eta) + \boldsymbol{F}_3(1-\eta)] - (1-\xi-\eta)\boldsymbol{F}_1(0)\end{aligned} \tag{16.7}$$

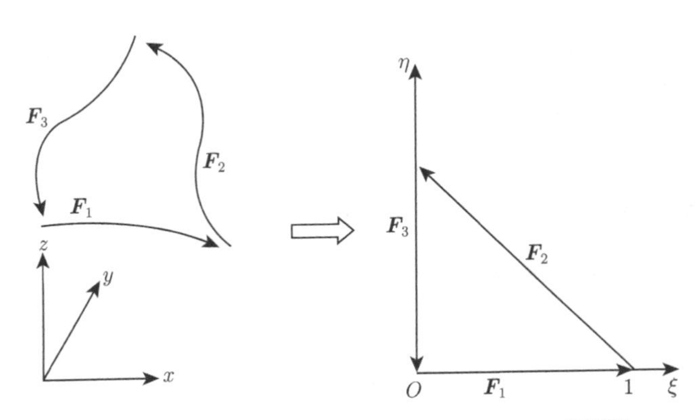

图 16.4　三角形 Barnhill-Gregory-Nielson 曲面片

16.4.5　四边形双线性 Coon's 曲面片 [3]

如图 16.5 所示，四条任意曲线 $\boldsymbol{F}_1, \boldsymbol{F}_2, \boldsymbol{F}_3, \boldsymbol{F}_4$ 构成此曲面片，曲面上的点可表述为

$$\begin{aligned}\boldsymbol{X} = & (1-\eta)\boldsymbol{F}_1(\xi) + \xi \boldsymbol{F}_2(\eta) + \eta \boldsymbol{F}_3(\xi) + (1-\xi)\boldsymbol{F}_4(\eta) \\ & -[(1-\xi)(1-\eta)\boldsymbol{F}_1(0) + \xi(1-\eta)\boldsymbol{F}_2(0) + \xi\eta \boldsymbol{F}_2(1) + (1-\xi)\eta \boldsymbol{F}_3(0)]\end{aligned} \tag{16.8}$$

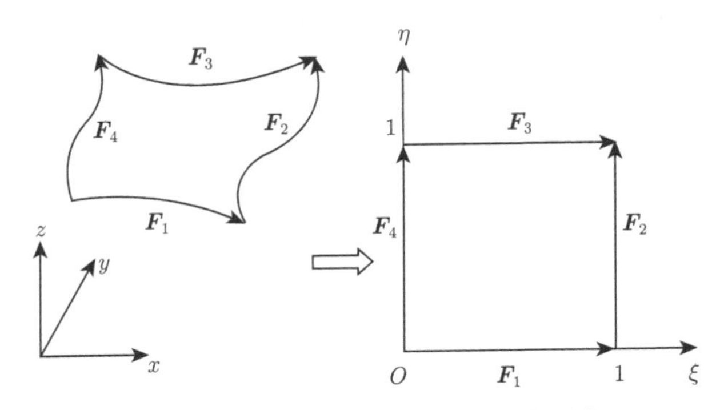

图 16.5　四边形双线性 Coon's 曲面片

16.4.6　单位平面的保形变换

为了确保按三维空间网格尺度分布生成表面网格，须将变换后的单位平面 (ξ,η) 进行适当的拉伸与剪切来近似三维空间曲面片。这里采用了文献 [7] 中介绍的方法：

$$\begin{aligned}\xi'' &= x_B\xi + x_D\eta + (-x_B + x_C - x_D)\,\xi\eta \\ \eta'' &= y_D\eta\end{aligned} \tag{16.9}$$

或

$$\begin{aligned}\eta &= \eta''/y_D \\ \xi &= (\xi'' - x_D\eta)/[x_B + (-x_B + x_C - x_D)\,\eta]\end{aligned} \tag{16.10}$$

当曲面片为三角形时，令 $x_C = x_B + x_D$，各坐标点的定义如图 16.6 所示。

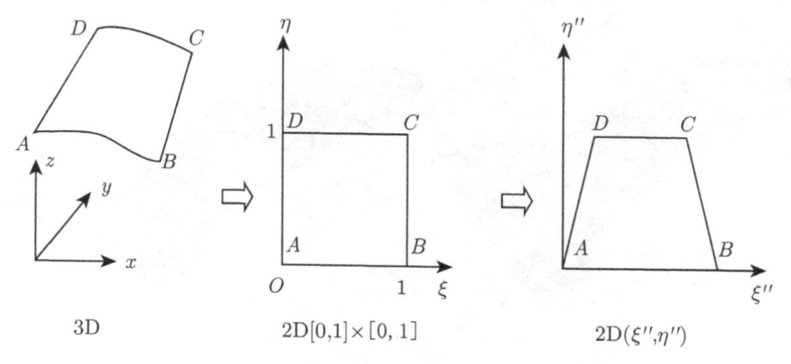

图 16.6　单位平面的保形变换 $(\xi,\eta) \Rightarrow (\xi'',\eta'')$

16.5　物面非结构网格生成实例

按上述方法我们生成了多种外形的物面三角形网格。图 16.7 为类“联盟”号飞船返回舱的物面网格。该外形在旋成体舱身上安装有发动机罩、稳定翼及分离插座等。从图中可以看出，通过适当构造背景网格上的控制源项，可以给出合理的网格分布，逼真地描述复杂外形的表面。图 16.8 给出了航天飞机简化外形的物面网格，网格在头部和翼的前缘作了适当的加密，并光滑过渡到机身。图 16.9 给出了某民航飞机的表面网格，该机由机身、主翼、垂直和水平尾翼、发动机挂架以及安装短舱组成。图 16.10 为某带弹战斗机构型的表面网格。对于如此复杂的组合体，本方法均能生成高质量的表面网格。

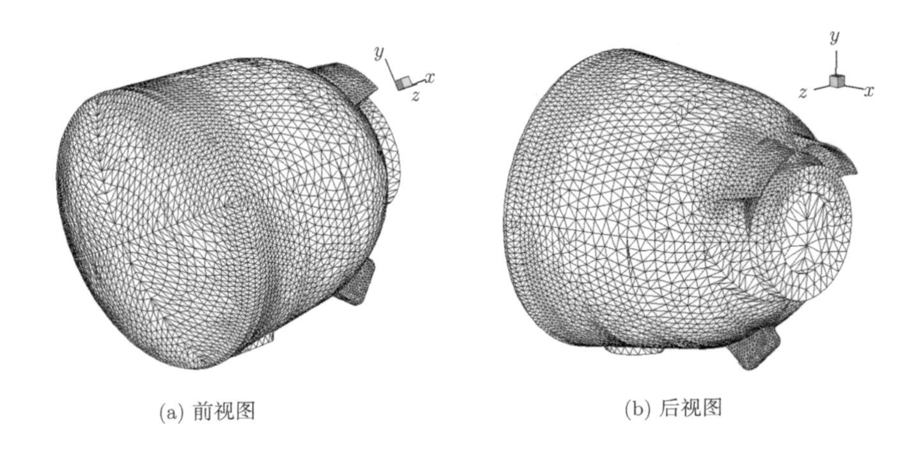

(a) 前视图　　(b) 后视图

图 16.7　飞船返回舱的表面网格

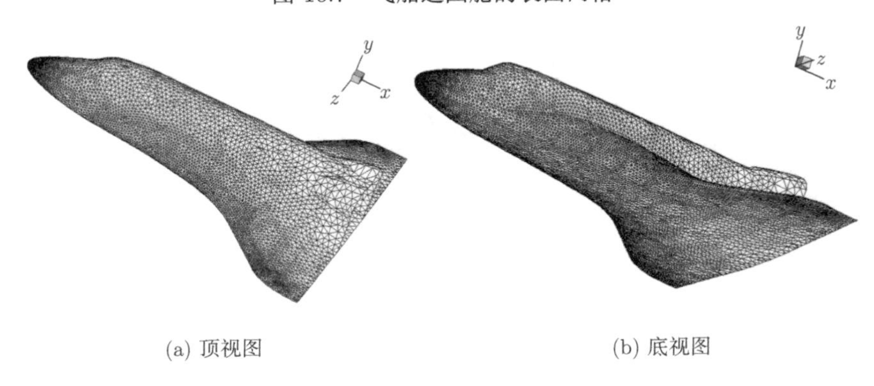

(a) 顶视图　　(b) 底视图

图 16.8　航天飞机的表面网格

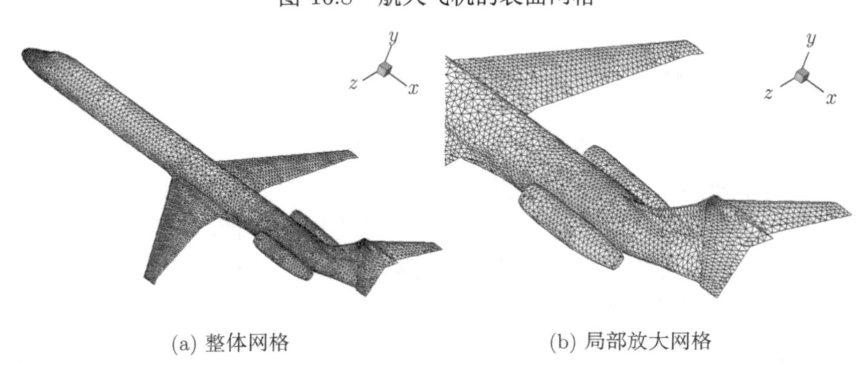

(a) 整体网格　　(b) 局部放大网格

图 16.9　某民航飞机的表面网格

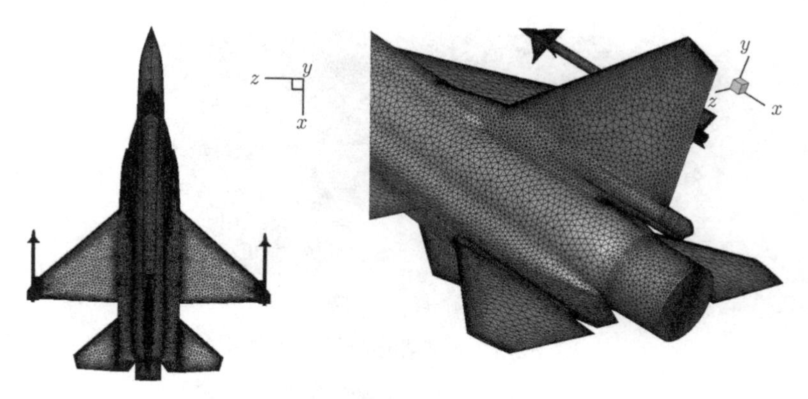

图 16.10 某带弹战斗机表面三角形网格

16.6 各向异性三角形和三角形/四边形混合物面网格生成

随着 CAD 和计算机软件技术的发展，以交互式图形界面 (GUI) 为主要特征的网格生成软件 (如 Gridgen、GridPro、ICEM-CFD 等，将在附录中介绍) 逐步发展成熟，物面网格的生成变得更加方便、快捷。由此，CFD 工作者在应用过程中发展了多种针对复杂外形的更高效的物面网格技术，如局部区域的各向异性三角形网格 [14]、三角形/四边形混合网格 [15,16] 等。其主要目的是针对几何构型各向异性的区域 (如机翼前后缘、翼身结合部等)，采用各向异性的非结构网格，能够更好地离散几何构型，同时具有良好的离散效率。以下给出一些应用实例。

图 16.11(a) 和 (b) 分别给出了翼身组合体和高升力装置的物面三角形网格。可以看到，为了更好地离散机翼前后缘，在局部采用了各向异性的三角形网格。如果采用各向同性网格，要精确描述几何构型，势必在前后缘采用很密的网格，这无疑会影响计算效率。图 16.12 为取自文献 [14] 中的机翼/外挂物组合体的物面网格，其采用的方式与前述一致。

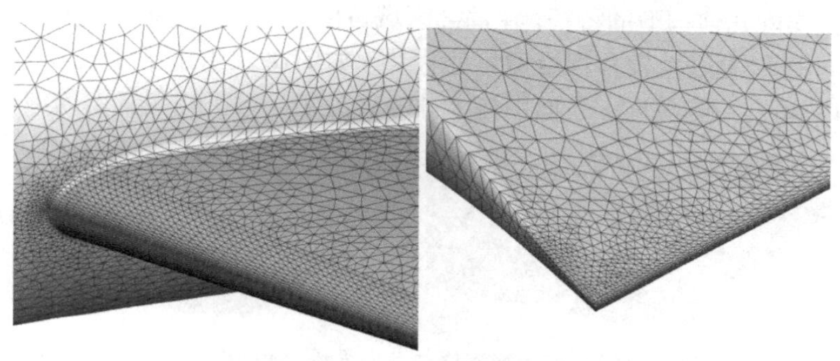

(a) 翼身组合体物面网格 (机翼前后缘采用各向异性三角形)

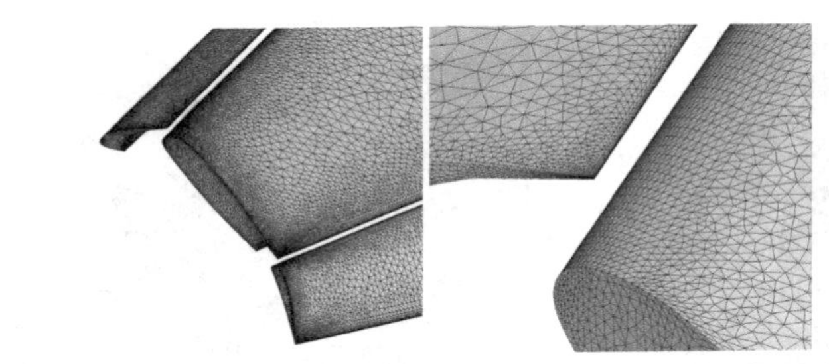

(b) 高升力装置物面网格(机翼前后缘、多段翼结合部采用各向异性三角形)

图 16.11　局部各向异性表面网格

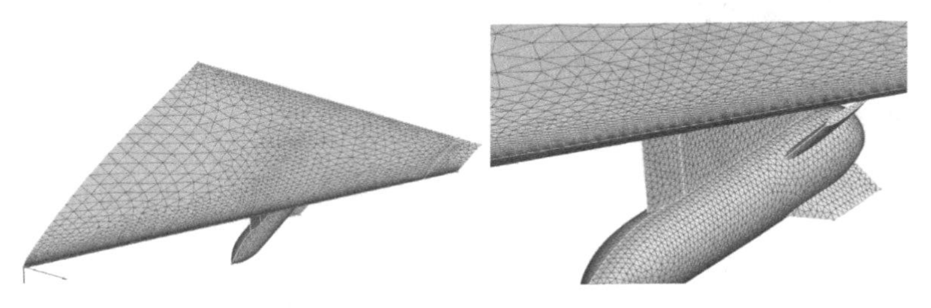

图 16.12　机翼/外挂物组合体构型物面网格 (取自文献 [14])

更进一步，我们直接可以采用三角形/四边形混合网格来离散几何构型，这样可以充分发挥这种类型网格的优势。图 16.13 给出了机翼前缘三角形/四边形网格，并与各向异性三角形网格进行了对比，利用四边形网格，较好地发挥了其各向异性特性，较各向异性三角形网格的离散效率更高。图 16.14 显示了某高超声速飞行器底部 RCS 喷管附近的表面三角形/四边形混合网格，在一些曲率变化不大的区域采用了四边形网格，在局部过渡区采用几何灵活性更好的三角形网格。图16.15为取自文献[15]的翼身组合体的三角形/四边形混合网格(左)，其中同时给出了局部各向异性三角形网格的对比(右)。从图中可以看出，利用混合网格计算的结果在局部区域的分辨率稍好。事实上，表面网格的生成可以如第10章中介绍的混合网格生成一样，根据实际几何构型的特征，在局部区域自由地选取三角形或四边形网格进行离散，这样可以更好地发挥混合网格的优势，如图16.16给出了某全机构型在翼身结合部和发动机短舱附近的表面网格，图16.17为某运输机构型表面的混合网格。

图 16.13　机翼前缘三角形/四边形网格与各向异性三角形网格的对比 (后附彩图)

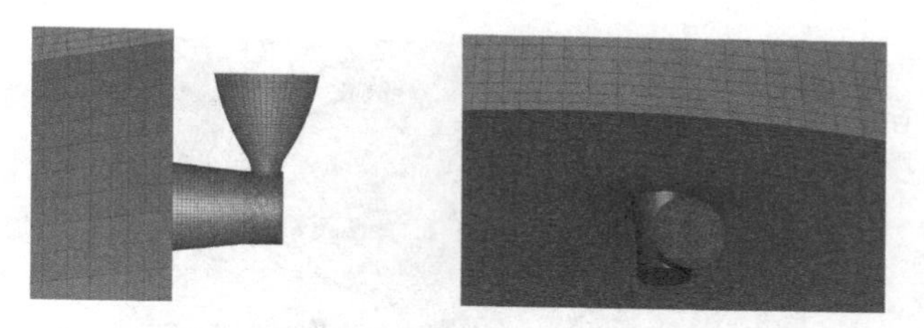

图 16.14 某高超声速飞行器底部 RCS 喷管附近的表面三角形/四边形混合网格 (后附彩图)

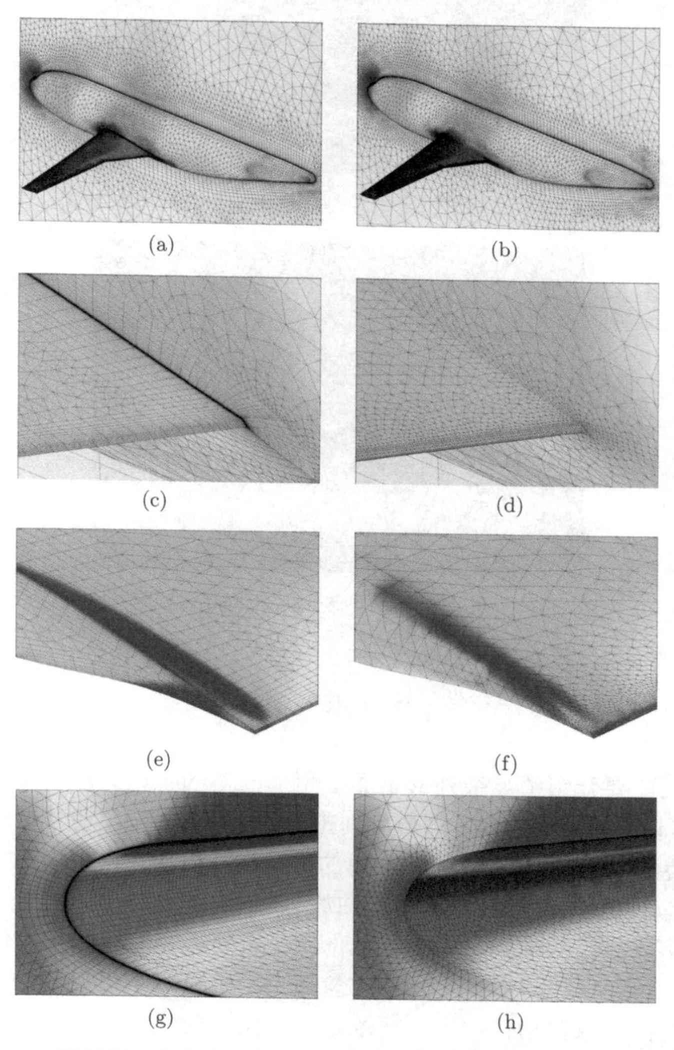

图 16.15 翼身组合体表面三角形/四边形混合网格及各向异性三角形网格 (取自文献 [15])(后附彩图)

图 16.16　民航飞机全机构型表面混合网格 (后附彩图)

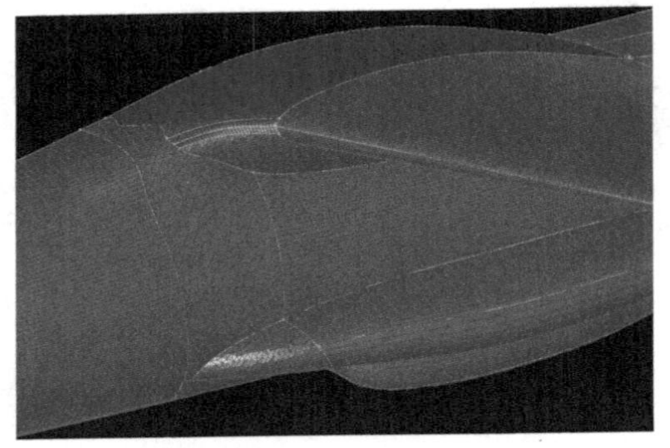

图 16.17　某运输机构型表面混合网格 (后附彩图)

16.7　小　　结

本章我们简要介绍了复杂外形物面三角形网格的生成方法。关于物面结构网格的生成，可以采用类似方法。需要特别指出的是，目前网格生成软件大多采用交互式的图形界面 (GUI) 来进行几何数模的构建和几何操作，在交互式的几何操作的基础上，基于 CAD 数模生成节点、曲线、曲面，再离散为曲线段，进而生成物面的结构网格或非结构网格。GUI 界面的实现，使得几何建模和物面网格生成效率大幅提升。不过，即便如此，仍需要大量的人工操作，仍无法实现完全的自动化。这也是制约网格生成自动化的主要瓶颈之一。我们期待计算机人工智能领域的突破，将人工智能、深度学习等方面的成果引入到网格生成之中，或许能够有效地改善目前的状态，使 CFD 工作者从繁重的网格生成“体力”劳动中解放出来。

参 考 文 献

[1] Initial Graphics Exchange Specification (IGES), Version 5.3. distributed by National Computer Graphics Association, Administrator, IGES/PDES Organization, 2722 Merrilee Drive, Suite 200, Fairfax, VA, 1995.

[2] RP1338. NASA Geometry Data Exchange Specification for Computational Fluid Dynamics (NASA-IGES). Washington, D. C.: National Aeronautics and Space Administration, 1994.

[3] 施法中. 计算机辅助几何设计与非均匀有理 B 样条. 北京: 北京航空航天大学出版社, 1994.

[4] Piegl L. On NURBS: A survey. IEEE Computer Graphics and Applications, 1991, 11(1): 55-71.

[5] Piegl L, Tiller W. The NURBS Book. Berlin: Springer Verlag, 1995.

[6] Farin G. Curves and Surfaces for Computer Aided Geometric Design, A Practical Guide. 3rd ed. Academic Press, 1993.

[7] Parikh P, Pirzadeh S, Lohner R. A package for 3D unstructured grid generation, finite element flow solution and flow field visualization. NACA CR2182090, 1990.

[8] Samereh-Abolhassani J, Stewart J E. Surface grid generation in parameter space. J. Comp. Phys., 1994, 113: 112-121.

[9] Ito Y, Nakahashi K. Direct surface triangulation using stereolithography data. AIAA J., 2002, 40(3): 490-496.

[10] Ito Y, Nakahashi K. Surface triangulation for polygonal models based on CAD data. International Journal for Numerical Methods in Fluids, 2002, 39(1): 75-96.

[11] 张来平. 非结构网格、矩形/非结构混合网格复杂无黏流场的数值摸拟. 绵阳: 中国空气动力研究与发展中心, 1996.

[12] 张来平，呙超，杨永健. 三维复杂几何外形的表面三角形网格自动生成. 空气动力学学报，1999, 17(4): 371-377.

[13] Zienkiwiczo C, Morgan K. Finite Elements and Approximation. J. Wiley & Sons, 1983.

[14] Aubry R, Karamete K, Mestreau E, et al. Ensuring a smooth transition from semi-structured surface boundary layer mesh to fully unstructured anisotropic surface mesh. AIAA 2015-1507, 2015.

[15] Ito Y, Murayama M, Yamamoto K, et al. Efficient hybrid surface and volume mesh generation for viscous flow simulations. AIAA 2011-3539, 2011.

[16] Ito Y, Murayama M, Yamamoto K, et al. Efficient hybrid surface/volume mesh generation using suppressed marching-direction method. AIAA Journal, 2013, 51(6): 1450-1461.

第 17 章　总结与展望

17.1　网格生成技术未来发展趋势

进入 21 世纪以来，计算流体力学 (CFD) 的研究和应用得到持续发展，其在飞行器设计过程中的作用越来越强。网格生成作为数值模拟的第一步，在 CFD 应用中的作用日显突出。尽管经过 CFD 及相关领域专家近 30 年的努力，网格生成技术取得了长足进展，但是其仍是制约 CFD 走向实际工程应用的“瓶颈”问题之一。

随着 CFD 应用对数值模拟精准度和模拟效率要求越来越高，对网格生成技术的要求也越来越高。一方面，不断发展的新方法大都对网格密度或网格质量提出越来越高的要求，例如，近年来迅速发展的 LES、DES 等方法对网格量要求越来越大，各种高精度格式对网格正交性、扭曲度等提出严苛的要求，而以 DG 为代表的高精度算法，对物面附近曲边界网格的高精度描述必不可少。另一方面，对几何外形保真度的要求越来越高，模型局部细节越来越精细的描述使得网格规模和网格生成难度越来越大，当前一般飞行器外形的计算网格规模已经达到上亿量级。更为重要的是，尽管网格生成软件大幅提高了复杂外形的网格生成能力，但是自动化程度较低，其往往需要大量的人工工作量，生成一个实际外形飞行器的高质量结构网格有时甚至需要数周的时间，虽然非结构网格和混合网格技术可以部分降低人工工作量，但是生成高质量的边界层网格也并非易事。

当前 CFD 计算方法得到了迅猛发展，各种新方法、新格式方兴未艾，然而，令人沮丧的是，作为 CFD 重要支柱的网格生成新方法却发展缓慢，网格生成技术的突破基本处于停滞状态，其中一个重要表现是近年来在各类期刊上与网格生成技术相关的文章数量远不如 CFD 方法，现今广泛使用的网格生成技术与十年前的技术在本质上几乎一样！对此，非结构网格生成技术的先驱 Löhner 分析原因，是网格生成技术已经日趋流水线生产化，即使人们在网格生成上耗费的精力越来越多，也 “懒得” 再有所创新。

综合分析未来 CFD 应用的需求，我们认为网格生成技术呈现以下发展趋势：①自动化，包括自动化的几何数模检测和修补、自动化的表面和空间网格生成与优化等；②并行化，主要是超大规模计算网格的生成及网格并行分区等；③自适应，根据计算过程中流动变化和流场分辨率要求自动加密或稀疏网格；④高精度，随着高精度格式，尤其是基于非结构网格的高精度格式的发展，对高质量、高精度的曲边界网格提出了现实需求；⑤与 CFD 解算器的紧密耦合，在动边界问题，尤其是未来“数值虚拟飞行”和“数值优化设计”中必须将动网格技术与 CFD 解算器甚至其他学科的解算器紧密耦合。

17.2 网格生成技术中的关键问题

虽然本书就网格生成技术进行了比较全面的介绍，而且经过近 30 年的努力，网格生成技术已得到长足的发展，并在实际工程问题的数值模拟及其他相关的计算科学领域中发挥了重要的作用。但是，我们仍应清醒地认识到，现有的网格技术仍有许多从基础算法到工程应用的问题尚未得到彻底解决。

17.2.1 网格生成新方法

近年来，网格生成技术一直没有重大突破的其中一个重要原因是，相对于流场求解器，网格生成是一个系统性工程，涉及 CAD 几何描述、软件设计、可视化等多个交叉领域，一种新方法要工程实用化将面临很大的困难，因此当前常用的商业网格生成软件所用的技术几乎仍是一二十年前的方法。另一方面，相对 CFD 计算方法而言，网格生成技术缺乏理论依据，更加依赖于经验，非一朝一夕能解决，因此发展缓慢。尽管如此，研究人员还是在一些新方法上尝试突破。在结构网格生成方面的新方法主要有：采用无网格的有限点方法求解微分方程生成法、基于拓扑变换的投影法、结构网格的自适应加密等。在非结构网格上的新方法有：基于网格自适应原理的网格生成法、特征区域网格均匀过渡方法研究、凹凸区域自动折叠/展开的混合网格生成方法、基于符号距离函数的三棱柱网格生成方法、针对高精度格式需求的高精度曲边界网格生成等。但是这些方法仍离实际应用需求有较大的差距，仍需持续深入地开展新技术研究。

17.2.2 自动化网格生成技术

长期以来，网格生成耗费了大量的人工精力，而在人工成本越来越昂贵的今天，网格生成的自动化依然是一个难以逾越的障碍。非结构网格的发展在很大程度上缓解了结构网格生成过程中出现的问题，大幅提高了自动化程度，目前绝大部分商业 CFD 软件都是基于非结构网格 (包括混合网格)，国外实际工程应用中采用非结构网格的比例也越来越大。以多届 AIAA 阻力预测会议 (DPW) 和高升力预测 WorkShop(High-Lift) 为例，活动参与者中采用非结构网格的比例逐届增加，最近一次的 High-Lift 和 DPW 会议中，非结构网格比例分别达到 56%和 68%。由此可见，由于非结构网格比结构网格具有更好的灵活性，在工程应用中备受青睐。然而，尽管非结构网格在很大程度上提高了网格生成的自动化，但是为了提高大梯度、大剪切区域的分辨率，往往在关键区域 (如边界层、剪切层) 使用三棱柱、六面体或各向异性四面体等高度拉伸的各向异性网格，而生成这类网格往往需要较多的人工操作，这在一定程度上牺牲了非结构网格的自动化特性。更重要的是，目前采用的非结构网格技术基本上都需要在生成体网格前生成好物面网格，在生成物面网格时需要在特征部位加密或稀疏，由此耗费大量时间和精力。这成为非结构网格迈向完全自动化的一大障碍。尽管 Cartesian 投影网格法能自动化生成物面网格，但是由于生成的物面网格需要人工调整，而这一过程又相当繁琐和难以控制，因此无法从根本上解决这一关键问题。从近年来国内外发表的论文看，很少涉及网格自动化生成问题，研究进展缓慢，尤其是针对黏性流数值模拟的高质量网格难以自动生成。针对 CFD 应用的需求，未来应结合 CAD 数模自动检测与修补、基于外形特征的自动辨识技术、物面和空间网格的自动化生成与优化等技术，发展自动化、智能化的网格生成技术。

17.2.3　并行化网格生成技术

据统计分析，高性能计算机的计算速度每十年将提高三个量级，超级计算机已进入 P 级时代 (10^{15}Flops)，正在向 E 级 (10^{18}Flops) 迈进，P 级计算机的计算核心数已达百万量级。大型并行计算机的广泛发展，加上对物理细节模拟要求的提高，使得计算域中的网格点和单元数不断地增加，流场求解器 (solver) 的并行计算能力也随着计算机的发展而发展。目前实际应用中，就飞行器常规状态的 CFD 数值模拟来看，西方发达国家的计算网格规模已达数千万，部分达到数亿量级 (主要用于 RANS 模拟)，少量达到百亿量级以上 (如在第八届国际计算流体力学会议上，日本学者 Kato 教授介绍了他们采用 320 亿网格在“京”超级计算机上进行汽车 LES 的应用实例)；在运算处理器 (processing unit 或 computing core) 规模方面，一般为数百至数千核，少量达到数万甚至数十万以上。在基础研究领域，关于湍流的直接数值模拟 (DNS)，其计算网格规模已达数十亿，甚至上千亿，如美国于 2013 年在激波与各向同性湍流相互干扰的数值模拟中采用了 4.1T 网格、利用了 197 万个核进行超大规模的并行计算。

与解算器大规模并行计算迅速发展形成强烈对比的是，网格生成技术目前仍大多沿用串行模式。采用现有的网格生成技术生成大规模网格已经开始显得捉襟见肘：在当前的计算机上采用推进法串行生成 10 亿网格需要约 2000 分钟 (1.5 天)，而如果在 2000 个进程上并行生成，理论上仅需要 1 分钟。即使采用效率更高的 Delaunay 方法，也需要数小时，而这仅仅是理想情况。实际工作中，在生成大规模网格时往往还会遇到生成失败或者网格质量不理想的问题，需要反复调试参数，会耗费更多的时间。串行化网格生成的另外一个问题是，当生成超大规模网格时 (上百亿)，并非耗时多少能够解决，而可能是无法实现。

多年来，国外在非结构网格并行生成方面一直在持续地发展，目前大致可以分为两类：一类是基于背景网格的子区域划分方法，即首先生成稀疏的网格作为背景网格，然后基于背景网格实现网格分区，再在各个子区域各自生成计算网格，从而实现网格生成并行化。该类并行化方法将子区域看作单独的网格生成域，理论上可以适合于任何网格生成器。另外一类方法是基于算法和数据层面上的并行生成，即在每个进程上单独生成网格，生成过程中在算法层面进行数据通信，与前一种方法相比，此类方法更"像"现代并行计算方法，拥有更高的并行效率，但是这种并行化方法仅针对特定的网格生成方法可行 (如 Delaunay 网格生成方法)，此类方法经过十多年的持续发展，基本实现了实用化。

此外，超大规模网格的前处理及快速分区也对并行化提出了要求。在实践中发现，对上亿量级的网格进行前置转换处理、网格分区时，由于需要进行大量的几何连接关系的查找搜索，往往需要耗费数小时，而且随着网格规模的增加，时间呈指数增加。如果能并行化生成网格，在各自进程上进行前置处理和分区，将大大缩短前处理时间。

17.2.4 网格技术与计算流体力学解算器的耦合

网格技术除了体现在生成计算网格外，还体现在求解过程中与求解器的耦合过程，主要包括网格自适应、动网格与并行求解器的耦合等。一方面，数值模拟精度的提高，除了依赖于 CFD 方法之外，在很大程度上依赖于计算网格的分布，网格自适应技术能在给定初始网格的条件下，通过对流场误差估计，实现局部网格的稀疏或加密，从而提高分辨率。另一方面，真实飞行世界中绝大部分流动是非定常问题，往往伴随着物体的变形 (如气动弹性变形、主动气动外形变形、控制舵面的偏转、旋翼的挥舞等)、多个物体的分离 (如外挂物投放、火箭级间分离等)，因此动网格技术是模拟此类问题的关键技术。在实际问题中，往往同时伴随着复杂的流动变化，需要结合实际情况，综合运用各种方法协同解决，如综合运用并行化的网格自适应、动网格技术与先进的计算方法，将会更加接近真实情况，大幅提高数据质量。

相对于近年来静态网格生成技术的裹足不前，此类与求解器相耦合的网格技术却发展较快，其中主要有各向异性自适应网格技术、基于伴随办法的网格自适应技术、基于网格自适应的高精度格式 (如 DG、WENO)、网格自适应与 LES 等新方法的结合、网格自适应与动网格的结合、并行化动态网格生成技术等。从国外发展情况看，将网格自适应、动网格技术、并行分区等网格技术，与 LES/DES 等模拟方法、高精度格式、激波捕捉、燃烧等流场模拟方法相结合，不仅是未来的发展趋势，也是当前急需发展的技术。

17.3　网格生成技术未来展望

尽管网格生成技术仍存在诸多重大挑战性问题，但是可喜的是，CFD 界已经认识到网格生成技术的重要性，对网格生成技术的研究和相应的软件系统开发越来越重视。通过 CFD 界和相关领域专家的持续努力，在未来 10~15 年内，网格生成技术有望取得实质性的突破。我们预期在 2030 年前后，可以实现从 CAD 数模到超大规模计算网格的自动化、并行化生成，能与流场解算器和后置处理软件有机集成，具备高效高质量动态网格生成能力，具有一定智能化的网格自适应控制能力，能够满足实际飞行器静动态气动特性模拟及未来“数值虚拟飞行”模拟的需求。网格生成技术的突破，将带来 CFD 及相关计算科学领域革命性的发展，其具体体现如下：

(1) 作为“数值风洞”软件系统的重要组成部分，网格生成技术及软件子系统的自动化、并行化、自适应将全面提升“数值风洞”的实用性，大幅节省人力资源，真正实现“数值风洞”快速批量气动数据生产，提升飞行器设计需要的气动数据库生成能力。

(2) 高效高质量的大规模并行动态网格技术和自适应技术的实现，将使机动飞行过程中的舵面运动、气动弹性结构变形、主动气动结构变形等动边界问题数值模拟网格生成难题迎刃而解，将极大地促进未来“数值虚拟飞行”模拟技术的发展。

(3) 高效高质量的大规模并行动态网格技术和自适应技术将促进“数值优化设计”技术的发展，使得基于 CFD 的多学科多目标优化设计更加自动化，将带来飞行器设计模式的革命性变化。

(4) 通过网格生成技术的研究，将带动计算数学、计算几何、计算机科学等众多学科的交叉融合，推动这些学科的发展；网格生成技术与软件还可以作为一个独立的子系统或软件产品，推广应用于其他众多的计算科学领域。

附录　网格生成软件简介

A.1 引　　言

在网格生成技术的基础上，一些 CFD 专家与相关领域的专家合作，自 20 世纪 90 年代以来，逐步开发了各具特色的网格生成专用软件，一些软件逐步演变为商业软件，而另一些则成为一些研究机构的 In-House 软件。当然也有许多网格生成技术研究的工作者将自己的软件或源码共享在网络上，供感兴趣者下载使用。关于网格生成软件的总体情况，读者可以参阅网格生成专业网站：

(1) http://www.cfd-online.com/Links/meshing.html；

(2) http://www.robertschneiders.de/meshgeneration/software.html。

目前，在 CFD 工程应用中常用的网格生成商业软件主要有：Pointwise 公司出品的 Pointwise 软件 (其前身为 Gridgen 软件)，Fluent 公司出品的 Gambit 软件，Ansys 公司出品的 ICEM-CFD 软件，Program Development Company 公司出品的 Gridpro 软件，CentaurSoft 公司出品的 Centaur 软件等。

美国和欧洲的一些 CFD 专业研究机构除了广泛使用商业软件之外，也自主开发了系列 In-House 网格生成软件。事实上，前述的部分网格生成商业软件也是在一些 In-House 软件的基础上发展起来的。在 In-House 软件中比较著名的有 NASA 兰利 (Langley) 中心的非结构网格生成软件 VGRID 和结构网格生成软件 CSCMDO 等，其同时还配套有 CAD 几何处理软件系统 (GEOLAB) 和 GUI 系统 GridTool 等辅助系统。

而开源的网格生成软件主要有以下几种：

(1) Gmsh: http://www.geuz.org/gmsh/；

(2) enGrid: http://engits.eu/en/engrid；

(3) Netgen: http://sourceforge.net/apps/mediawiki/netgen-mesher/。

本附录将简要介绍几款常用的网格生成商业软件，主要介绍这些软件的历史、功能和特色，希望能对读者有所帮助。

A.2 Pointwise

Pointwise 软件是由美国 Pointwise 公司 (http://www.pointwise.com/) 推出的一款图形交互式结构、非结构及混合网格生成软件，其前身为 Gridgen 软件。Gridgen 软件的开发可以追溯到 1984 年。1987~1994 年，Gridgen 软件得到了美国空军、NASA 兰利中心和阿莫斯 (Ames) 中心的支持。1994 年，Pointwise 公司成立，至 2007 年，Pointwise 公司先后发布了 15 个版本的 Gridgen 软件。2008 年年底，Gridgen 软件正式升级为 Pointwise。至 2014 年年底，Pointwise 已发布 V17 版本。

Pointwise 软件提供了多种常用 CAD 数模输入接口，同时可以进行简单的 CAD 建模，并提供了比较方便的数模操作功能。Pointwise 软件首先通过在实体数模 (DB) 上生成 “点”(node)，然后由点构成 “线”(line，直线和曲线)，并根据网格分布的要求，将线离散为给定数量的 “线段”，随后由离散后的 “线” 构成 “面”(face)，最后由面封闭构成 “体”(block)，在 “体” 内生成空间网格。Pointwise 软件可以生成多块结构网格、全四面体非结构网格、三棱柱半结构网格，以及由此组合而成的混合网格。图 A.1 为自公司网站上下载的 Pointwise 软件的主操作界面。图 A.2~ 图 A.5 为该软件生成的相关几何构型的网格及相关的计算结果 (下载自 Pointwise 公司网站)。由以上实例可以看出，Pointwise 软件对于复杂几何构型的网格生成具有良好的适应性。

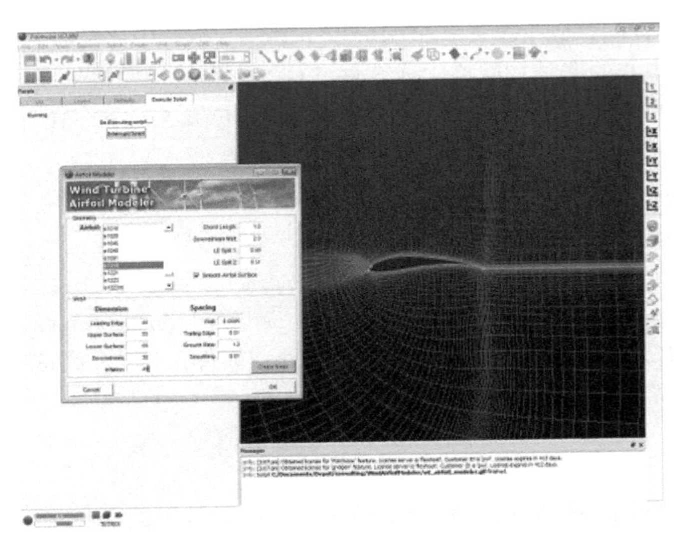

图 A.1　Pointwise 软件界面 (下载自 Pointwise 公司网站)(后附彩图)

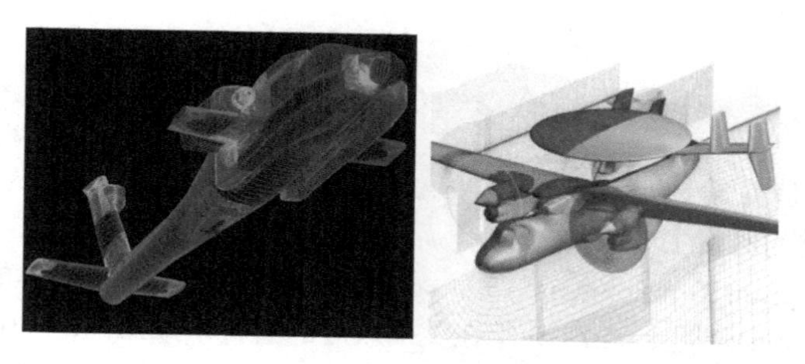

图 A.2 直升机和预警机多块结构网格实例 (下载自 Pointwise 公司网站)(后附彩图)

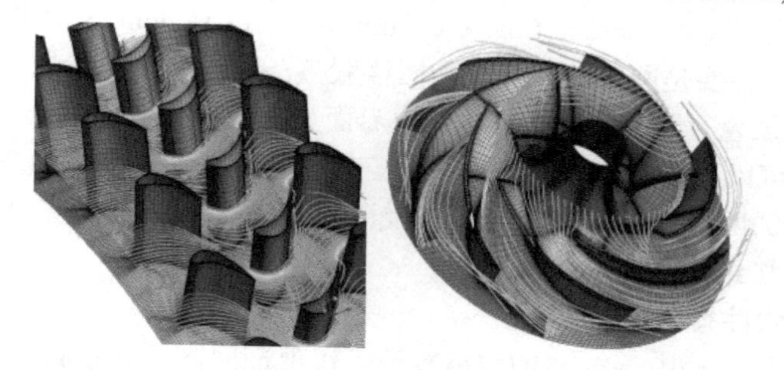

图 A.3 发动机叶轮多块结构网格实例 (下载自 Pointwise 公司网站)(后附彩图)

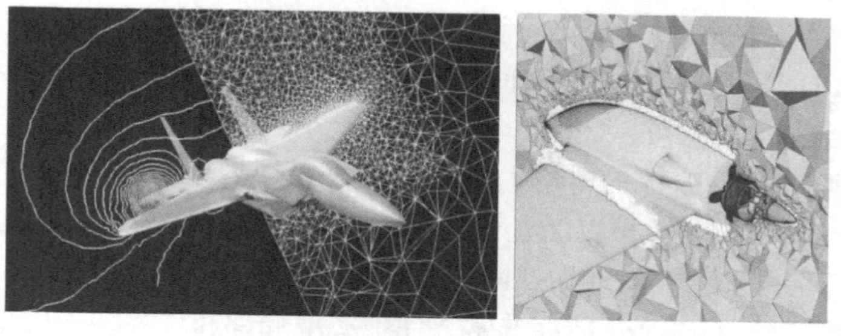

图 A.4 战斗机和无人机非结构网格及混合网格实例 (下载自 Pointwise 公司网站)(后附彩图)

图 A.5 F1 赛车混合网格实例 (下载自 Pointwise 公司网站)(后附彩图)

A.3　GridPro

GridPro 是美国 PDC 公司为 NASA 开发的高质量结构网格生成软件，是目前世界上最先进的网格生成软件之一。

PDC(Program Development Company) 公司是由哥伦比亚大学的应用物理学教授 Peter Eiseman 博士于 1989 年在美国政府的支持下成立的。Peter Eiseman 教授是网格生成领域的著名专家，是 International Society of Grid Generation 的创建者之一，同时也是 U.S. Association of Computationtal Mechanics 的创建者之一。目前 PDC 的业务主要是网格软件开发和网格服务。公司的目标是为流体计算和结构分析提供最高质量、最通用网格以及用户界面最友好的网格生成软件。

GridPro 可以为航天、航空、汽车、医药、化工、能源、油气勘探等领域的 CFD 分析提供较好的网格处理解决方案。它能够快速而精确地分析复杂几何形体，并生成高质量的多块结构网格。

GridPro 软件具有以下特点：

(1) 高质量。GridPro 先进的网格算法可以保证网格具有较高的正交性与光顺性，网格质量优于传统的网格生成系统，有利于提高 CFD 数值模拟结果的精度。

(2) 高效率。GridPro 自动化的网格生成过程使用户能够大大减少交互时间，通常这也是 CFD 仿真过程中最花时间的部分。原来需要花数月完成的网格，现在只需要几天甚至几小时就可以完成。

(3) 便捷性。GridPro 的自动生成模板功能，使用户只需要简单的鼠标操作就可以创建一个新的网格，可以在几何构型修改后实现网格的重用。模块化参数设计，使得用户能够非常容易地切换网格并改变几何构型。

(4) 局部加密。GridPro 能够非常方便地实现局部和边界层的网格加密，实现只在用户指定分区加密，并自动协调周边分区的网格密度，既提高了局部的网格精度，又不影响其他区域网格的数量和计算速度。

(5) 动态边界协调技术 (DBC)。GridPro 软件集成了强大的动态边界适应技术，只需点击一下鼠标，就可以自动把拓扑线框映射到对应的表面上。该技术的核心是独特的拓扑变换。用户在给定的 CAD 几何体周围通过交互式地布置一些稀疏的点就可以创建一个拓扑线框。和其他网格生成系统框架不同的是，定义的点不需要准确定位，在网格生成过程中可根据实际情况自动调整。这个过程由软件的算法驱动，从而保证在用户定义的约束条件之下能生成尽可能高质量的网格。利用这项技术，用户不必再生成表面上的网格或建立边、点的分布等，就可以自动地同时得到面和体网格。

图 A.6 为 GridPro 软件的工作界面，图 A.7～ 图 A.11 为 GridPro 软件生成的

典型外形的多块结构网格。以上资料和应用实例由该软件的国内代理商北京荣泰创想科技有限公司的管志勇和乔岳提供。

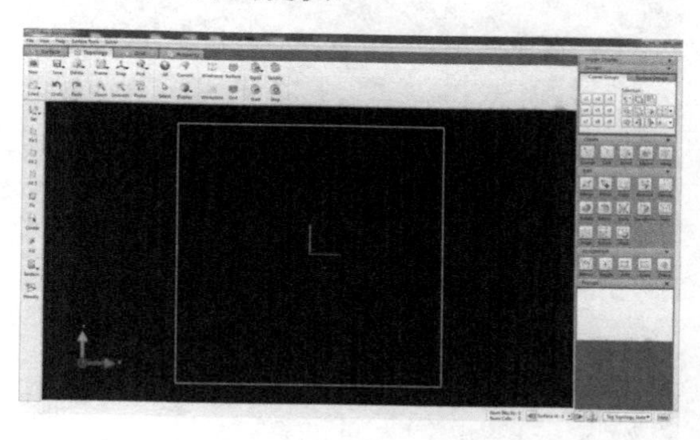

图 A.6 GridPro 软件工作界面

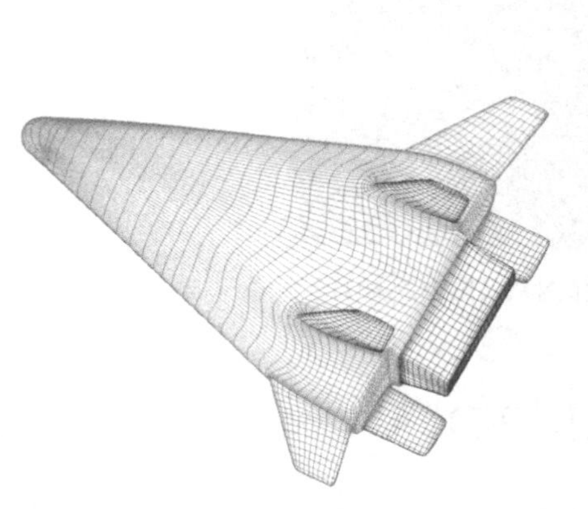

图 A.7 高超飞行器表面网格 (后附彩图)

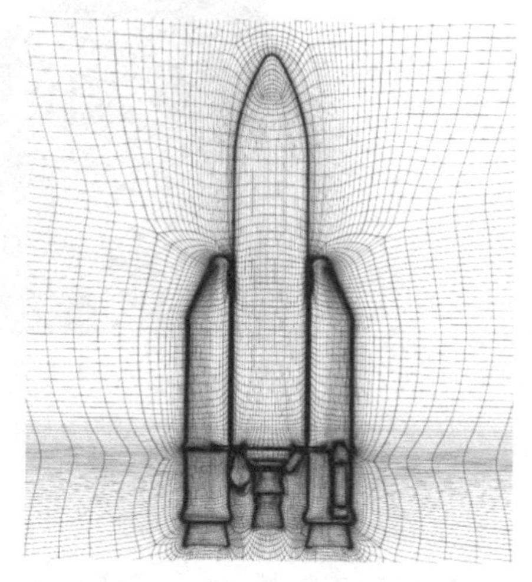

图 A.8 捆绑火箭表面和空间网格

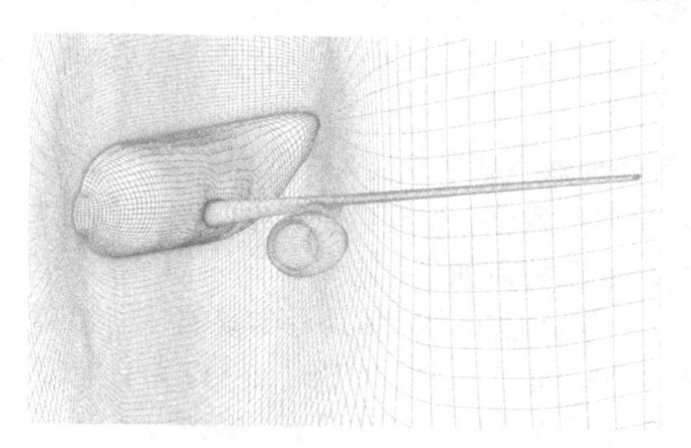

图 A.9 翼身组合体构型表面和空间网格 (后附彩图)

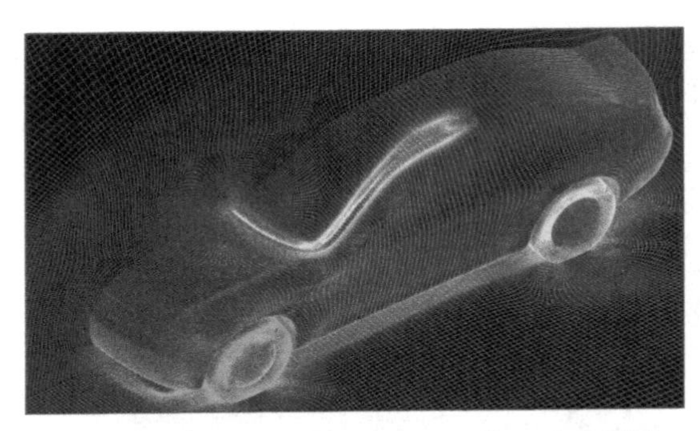

图 A.10　汽车构型表面和空间网格 (后附彩图)

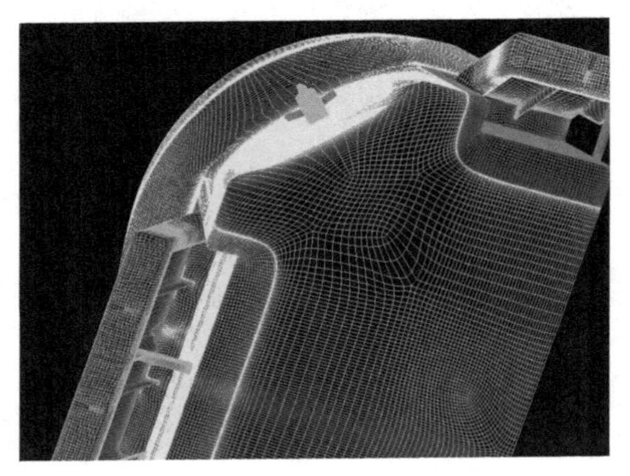

图 A.11　复杂部件的表面网格 (后附彩图)

A.4　ICEM-CFD

ICEM-CFD 是 integrated computational engineering and manufacturing CFD 的简称，是一款能够生成非结构、结构网格的 CFD 前置处理软件。ICEM-CFD Engineering 公司成立于 1990 年，2000 年被 ANSYS 公司收购，目前软件全称为 ANSYS ICEM-CFD。

ICEM-CFD 前置处理器主要包括 CAD 数模处理、网格生成、网格优化、网格输出四大模块。其具有系统性强、建模方便、界面友好、网格生成思路清晰、运算速度快等优点，主要功能及特点如下：

(1) 强大的 CAD 数模处理能力。其具有丰富的几何接口，能够支持目前流行的大多数 CAD 数据类型，如 STEP、IGES、DWG 等，能够方便地对数模进行局部修改，例如，检测修补导入几何模型中存在的缝隙、孔等缺陷，并能够自动忽略模型中的缺陷以及多余细小特征，以满足网格生成的需要。

(2) 优秀的非结构网格生成能力。可以根据 CAD 数模自动划分表面网格及空间网格，支持四面体、金字塔、六面体、三棱柱等非结构网格单元，并且支持 Cartesian 网格的生成。

(3) 强大的多块结构网格生成能力。根据 CAD 数模可以快速创建复杂的拓扑结构，可以采用自顶向下的建立方式，和 Pointwise 相比具有更优越的结构网格生成效率。

(4) 丰富的前置处理接口，支持上百种流场解算器的网格数据格式。

和其他的商业软件相比，ICEM-CFD 强大的 CAD 数模处理能力更为突出，网格生成能力 (尤其是结构网格生成能力) 更为强大，目前在国内 CFD 领域应用非常广泛。图 A.12 为 ICEM-CFD 的软件界面，图 A.13 和图 A.14 所示为一些 ICEM-CFD 的网格生成实例 (以上图片取自该软件的宣传资料)。

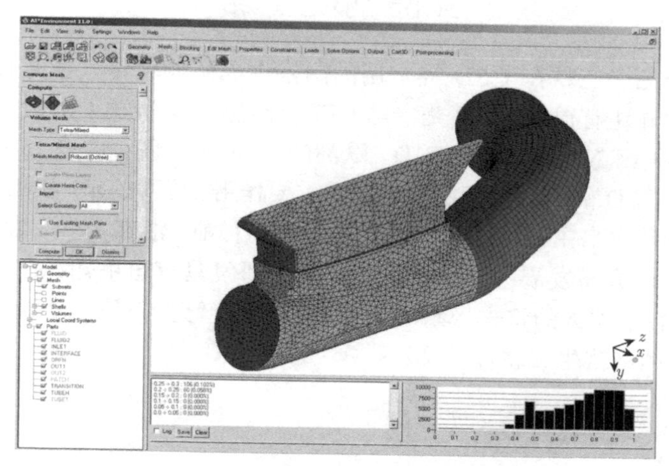

图 A.12 ICEM-CFD 软件界面 (后附彩图)

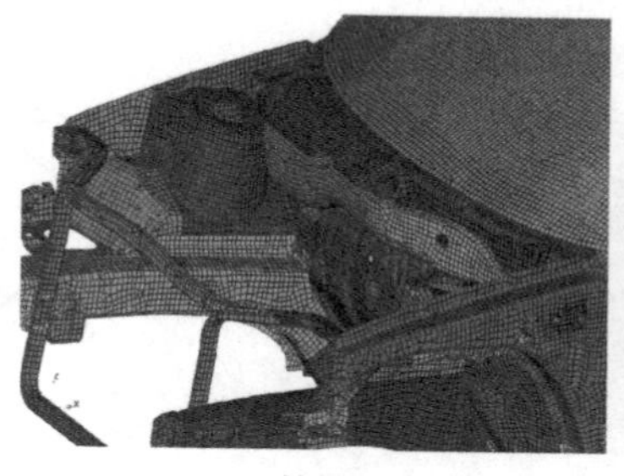

(a) 结构网格

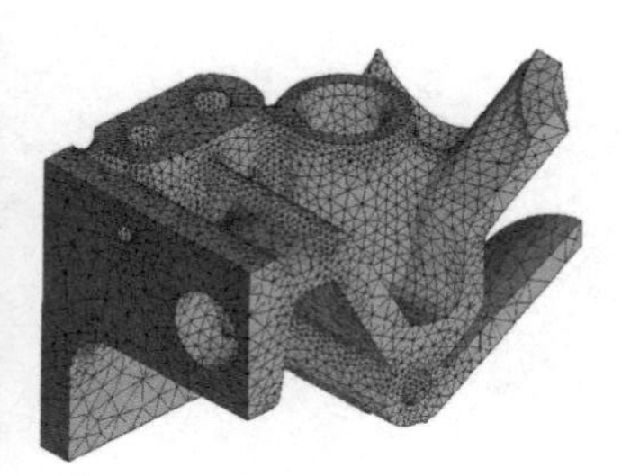

(b) 非结构网格

图 A.13 ICEM-CFD 网格生成实例 (后附彩图)

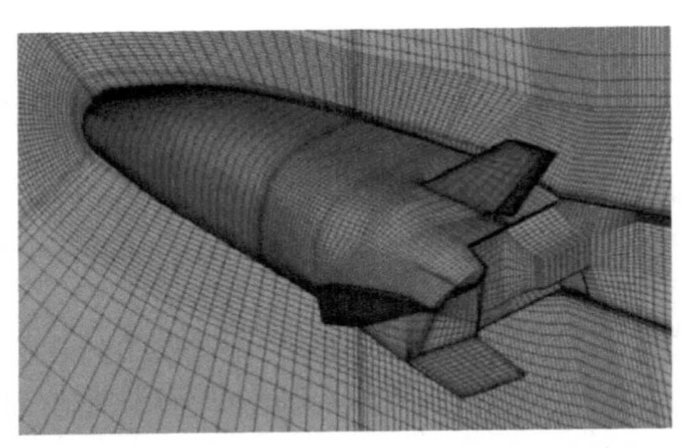

图 A.14　ICEM-CFD 网格生成实例 (某高超声速飞行器)(后附彩图)

A.5　小　　结

以上仅介绍了三款在 CFD 界常用的网格生成商业软件。事实上，关于 CFD 的网格生成软件还有很多。尤其是一些 CFD 研究机构，研发了系列 In-House 网格生成软件 (如美国 NASA 的 VGRID、欧洲的 Centour 等)。这些 In-House 软件的功能强大，在 CFD 的研究与应用中已发挥重要作用。可喜的是，我国 CFD 工作者也逐渐认识到研发自主网格生成软件的重要性。目前，浙江大学、大连理工大学、中国空气动力研究与发展中心等单位均在着手研发具有自主知识产权的网格生成软件。我们期待在不久的将来，国产网格生成软件能够打破外国商业软件的垄断地位，树立自己的网格生成软件品牌。

彩　　图

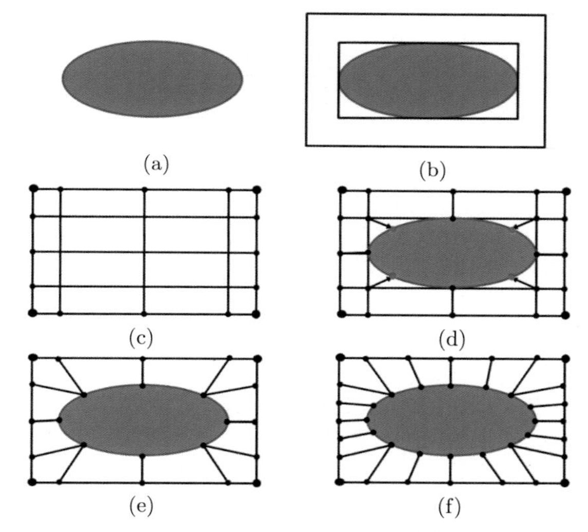

图 5.5　HyperCube++ 网格生成过程示意图

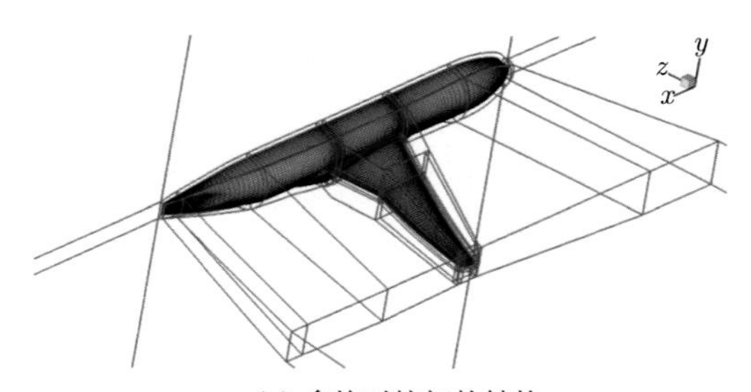

(a) 多块对接拓扑结构

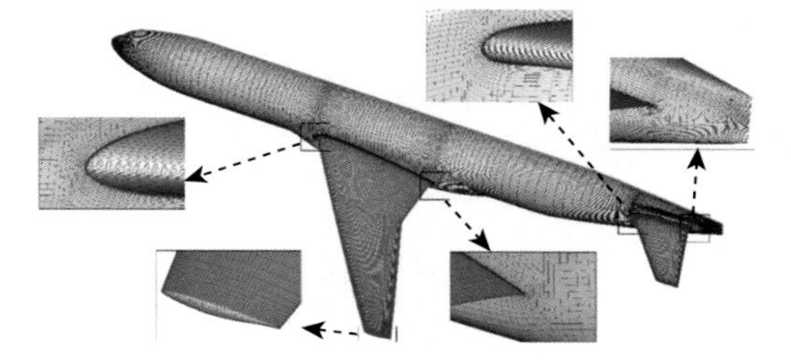

(b) 整体和局部结构网格

图 5.9　DPW-Ⅳ中 CRM 构型的多块对接网格

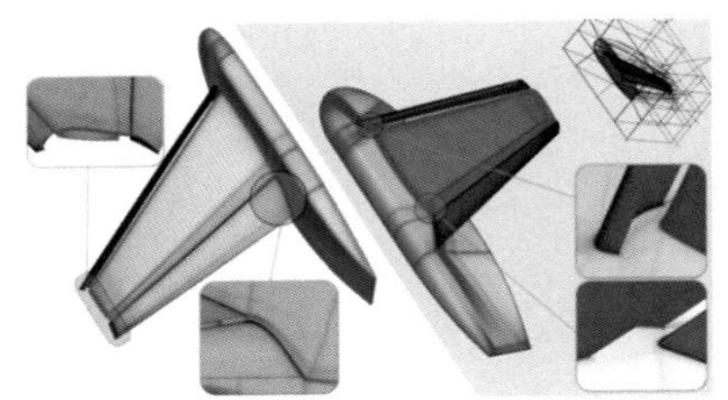

(a) 拓扑结构和表面网格　(b) 机翼某截面上的多块结构网格

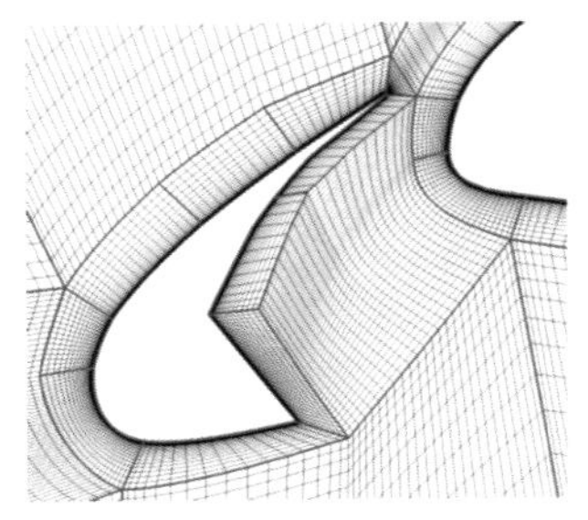

(c) 前缘襟翼附近的网格

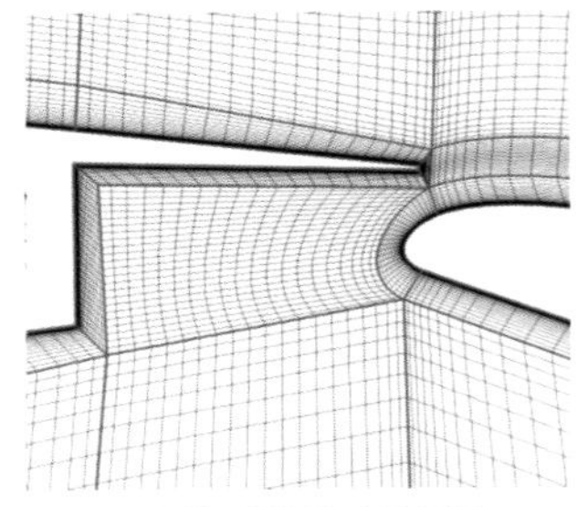

(d) 后缘副翼附近的网格

图 5.10　高升力装置多块结构网格

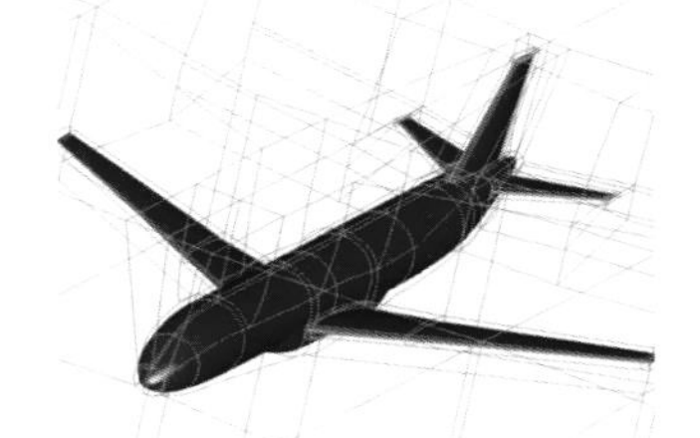

(a) 多块对接拓扑结构

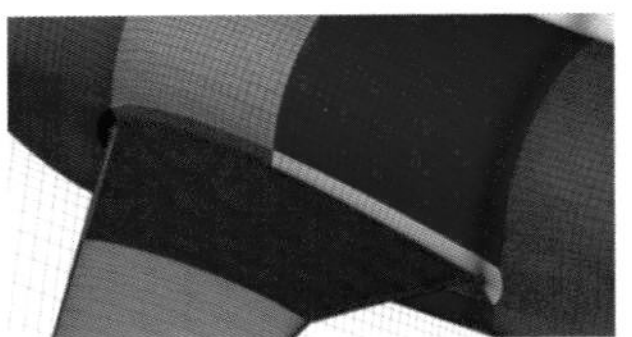

(b) 表面和空间网格(局部放大)

图 5.11　大型客机多块对接网格 (无发动机短舱)

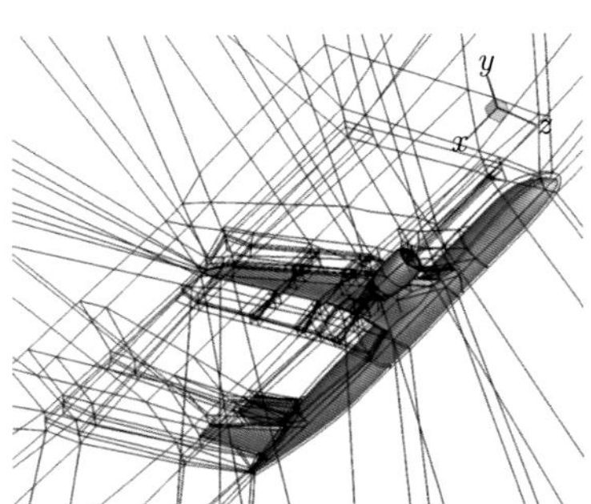

(a) 多块对接拓扑结构

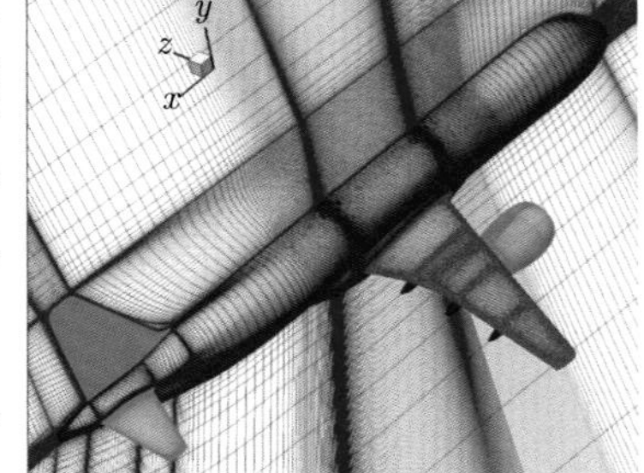

(b) 表面和空间网格

图 5.12　大型客机全机巡航构型多块对接结构网格

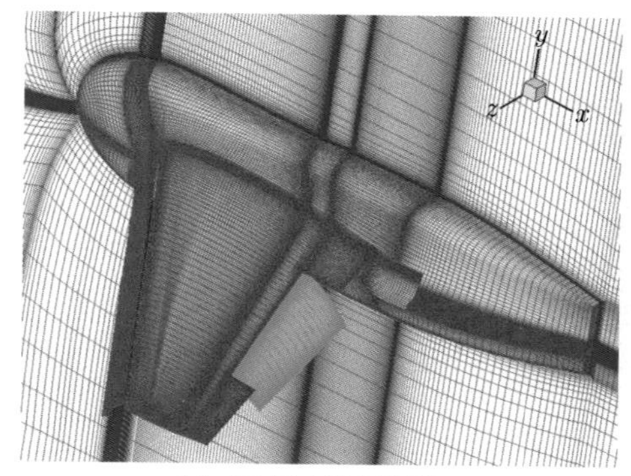

(a) 表面和对称面网格

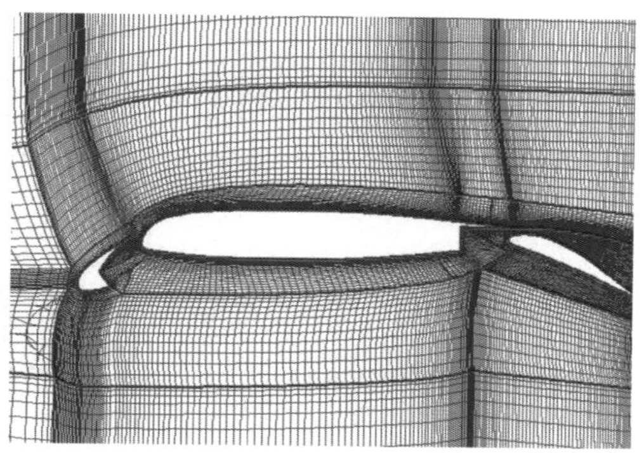

(b) “剪刀缝”处的结构网格

图 5.13　半展长高升力装置的多块拼接结构网格

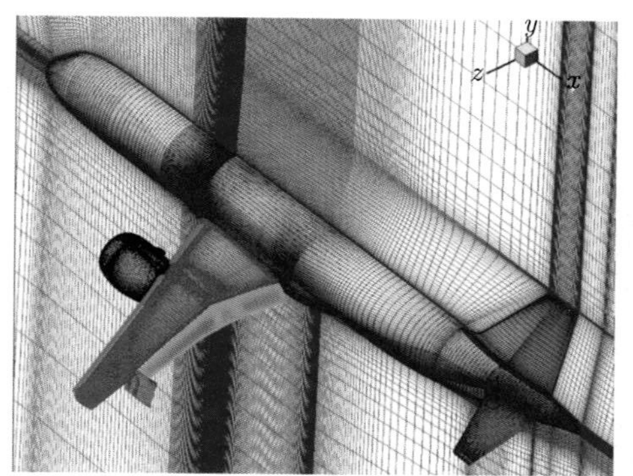

(a) 表面和对称面结构网格

(b) “剪刀缝”处两侧的网格分布

图 5.14　大型客机起飞/着陆状态的多块拼接网格

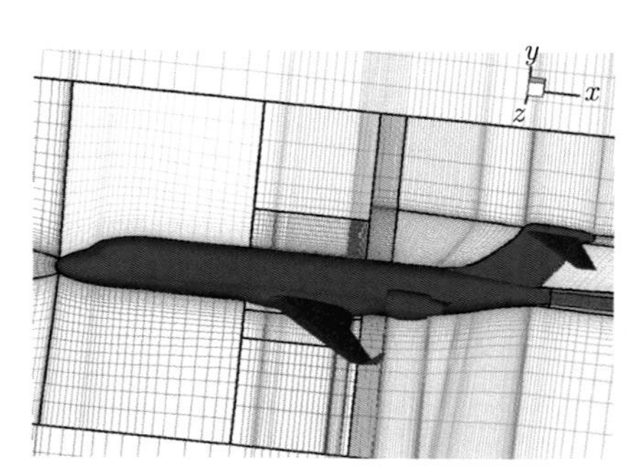

图 5.15　全机构型的多块拼接结构网格

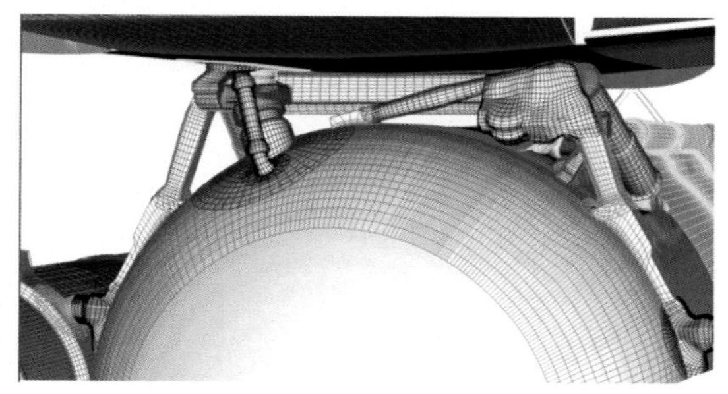

图 5.22　航天飞机/助推器组合体真实构型重叠结构网格

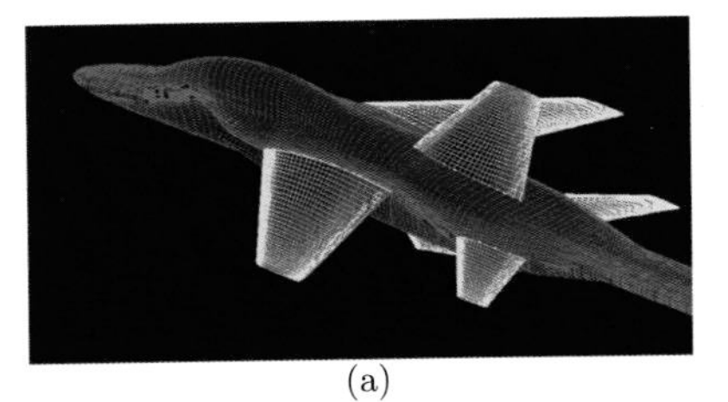

(a)

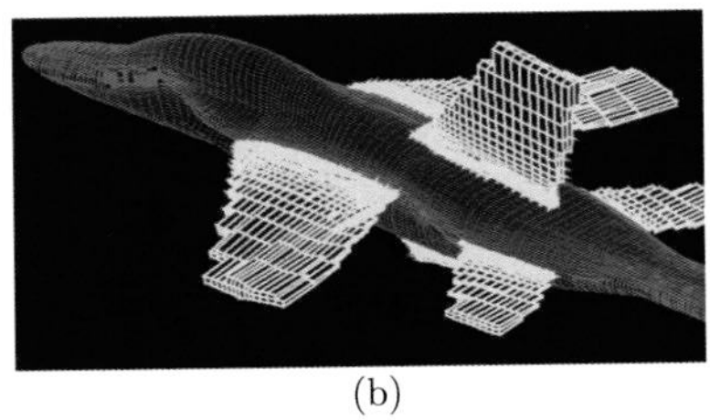

(b)

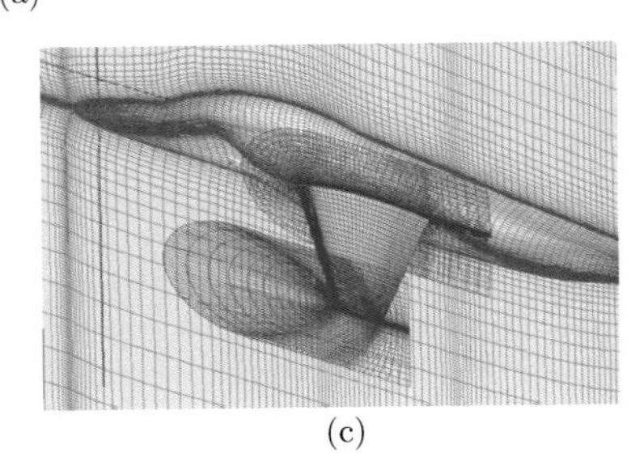

(c)

图 5.23　某战斗机风洞试验模型的重叠结构网格

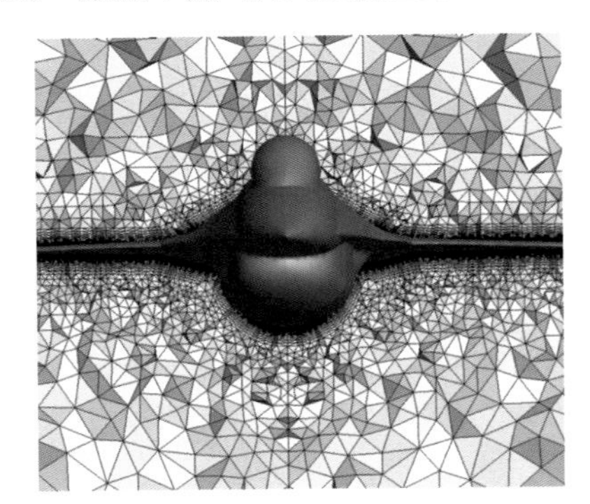

图 7.16　YF-16 战斗机黏性流计算网格

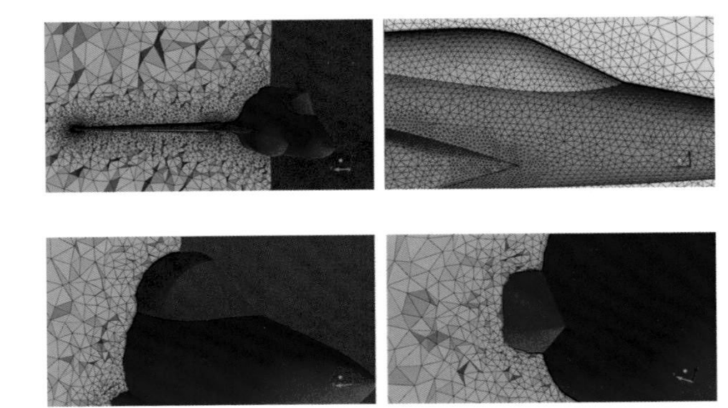

图 7.17　战斗机模型 1 全机构型无黏流计算网格

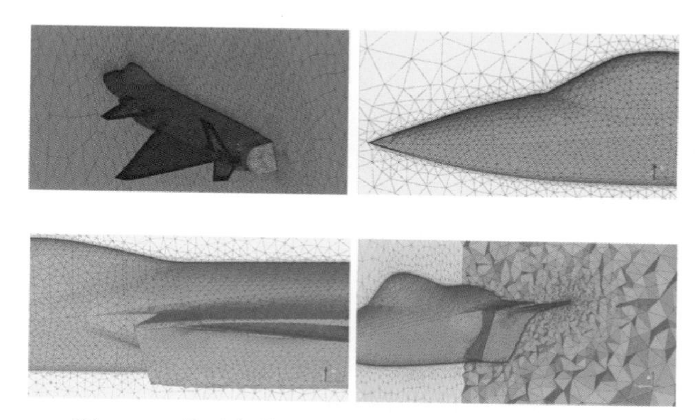

图 7.18　战斗机模型 2 全机构型无黏流计算网格

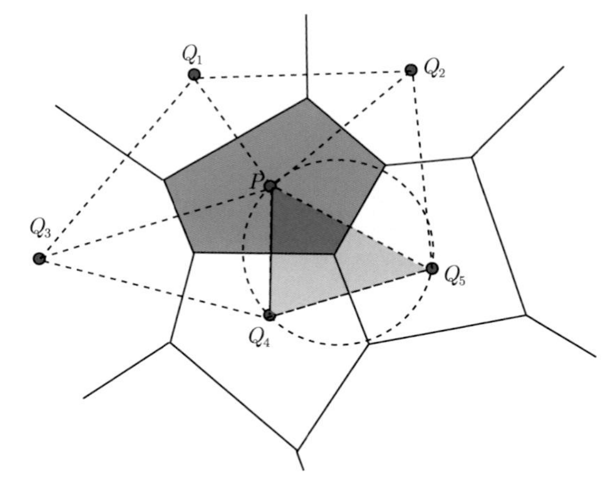

图 8.1　Voronoi 图示意图

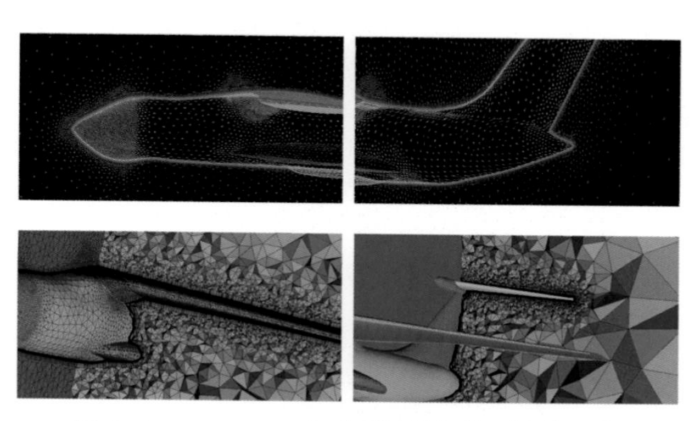

图 8.12　Delaunay 生成的运输机构型计算网格

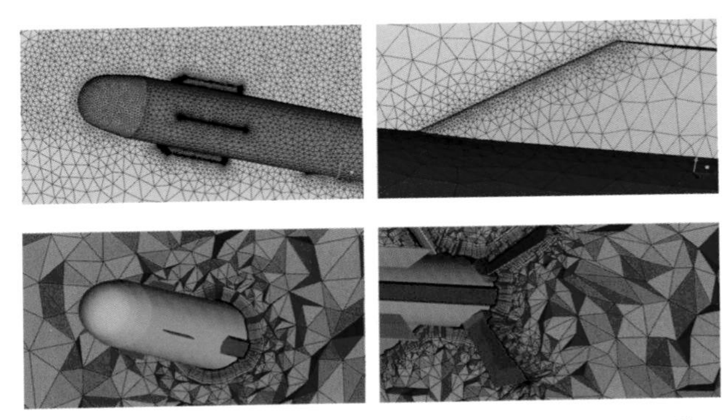

图 8.13 Delaunay 生成方法的机动导弹构型计算网格

图 8.15 绕战斗机风洞试验构型的非结构网格

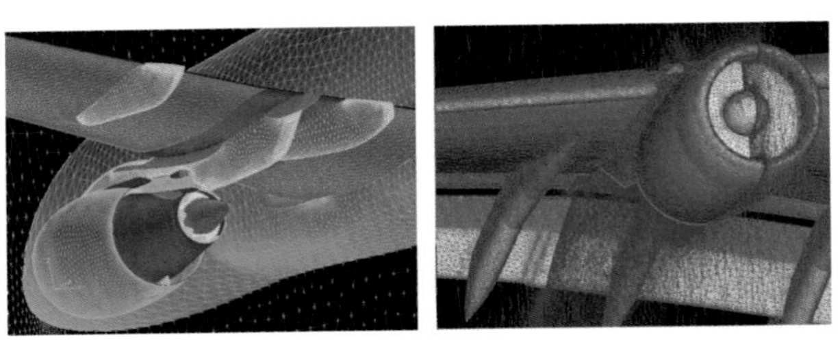

图 8.16 绕大型客机的表面和空间非结构网格

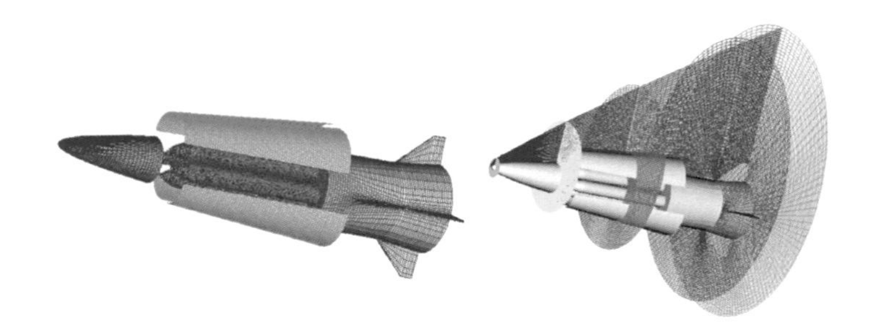

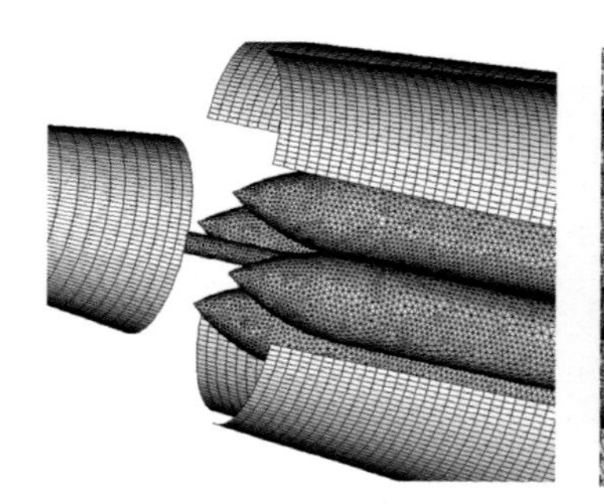
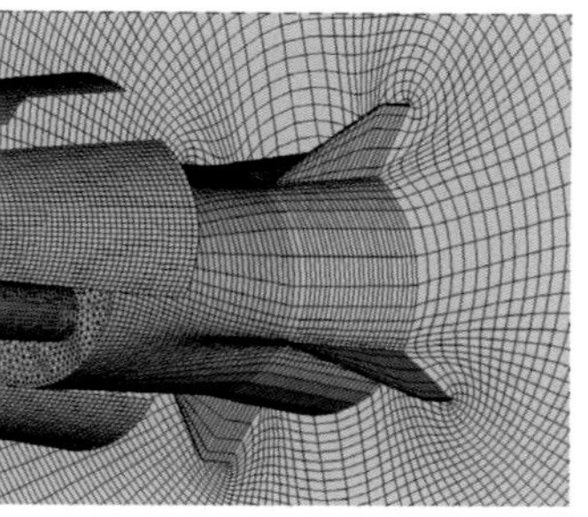

图 10.20　某型子母弹的混合网格

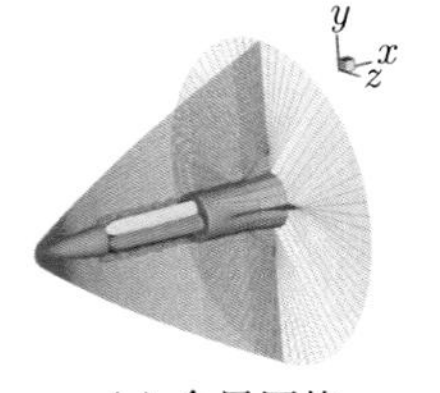

(a) 全局网格

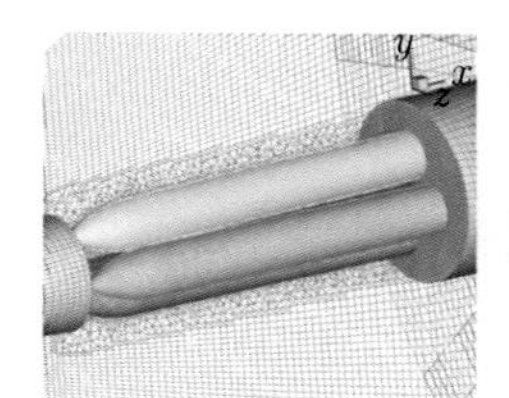

(b) 局部放大网格

图 10.21　子弹在弹舱内时的网格

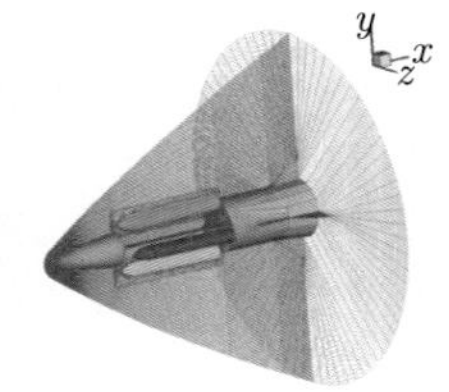

(a) 全局网格

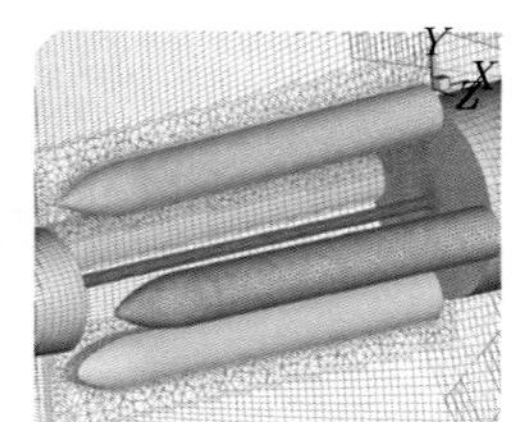

(b) 局部放大网格

图 10.22　子弹在运动到弹舱外沿时的网格

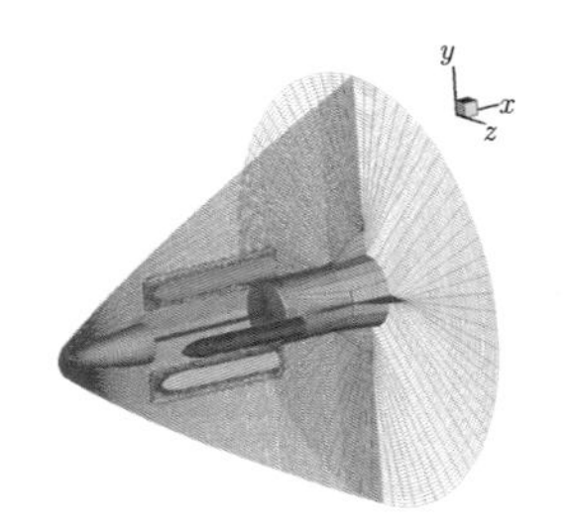

(a) 全局网格

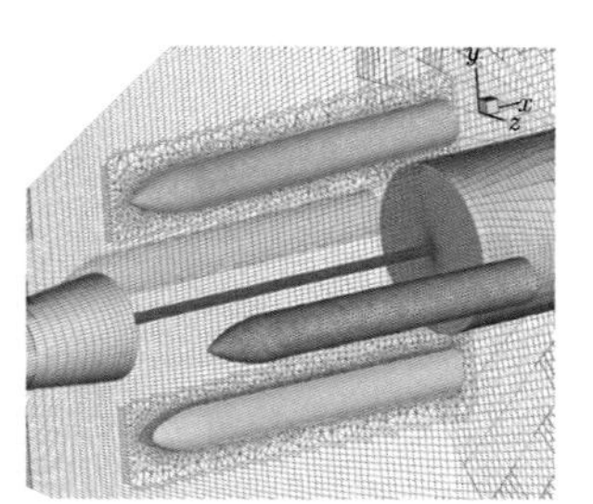

(b) 局部放大网格

图 10.23　子弹在飞出弹舱以后的网格

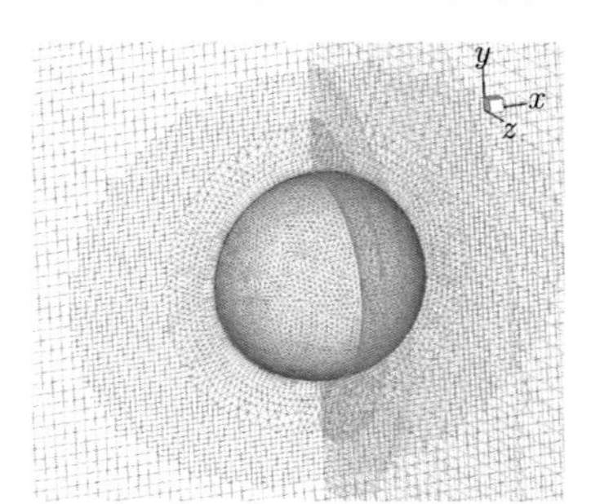

(a) 全局网格

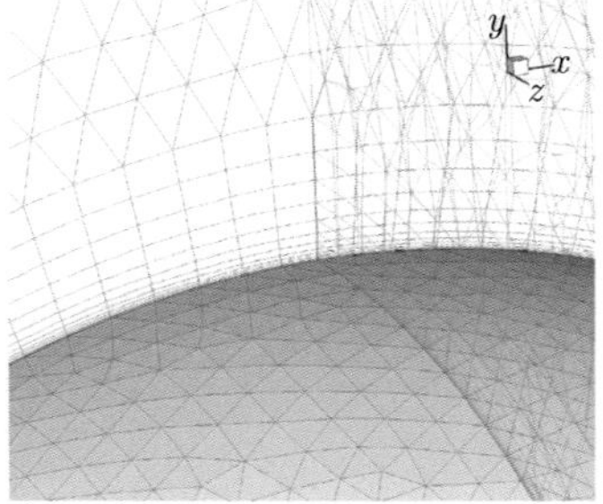

(b) 局部放大网格

图 10.24　圆球黏性绕流混合网格

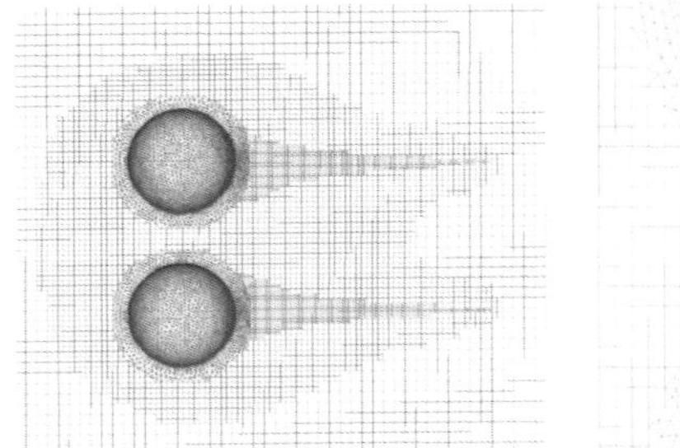

(a) 全局网格　　(b) 局部放大网格

图 10.25　双圆球组合体黏性绕流混合网格

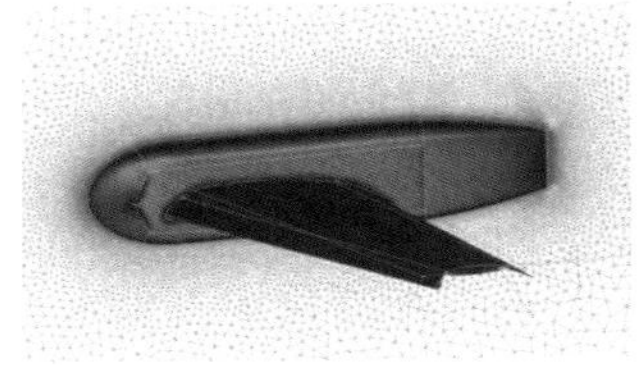

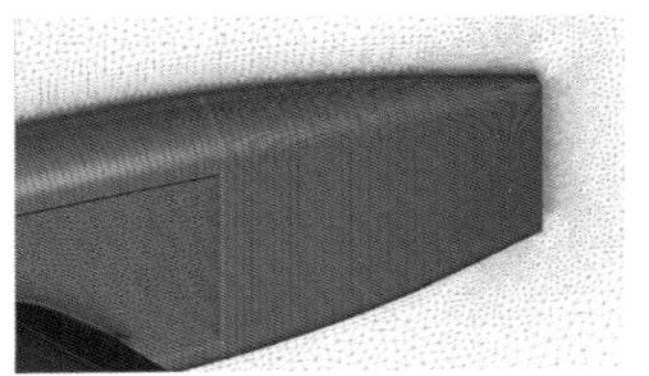

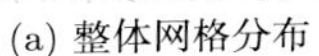

(a) 整体网格分布　(b) 机翼前缘附近的网格分布放大图　(c) 尾部表面网格和对称面网格分布图

图 10.26　Hi-Lift Workshop 高升力装置混合网格

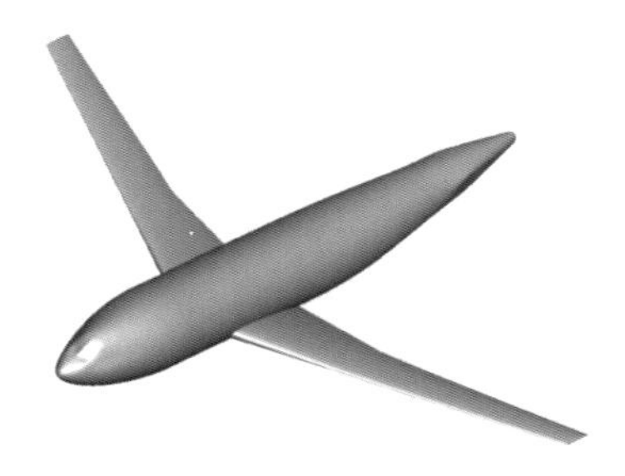

(a) F6-WB 数模　　(b) F6-WB 表面网格

图 10.27　F6-WB 数模以及表面网格

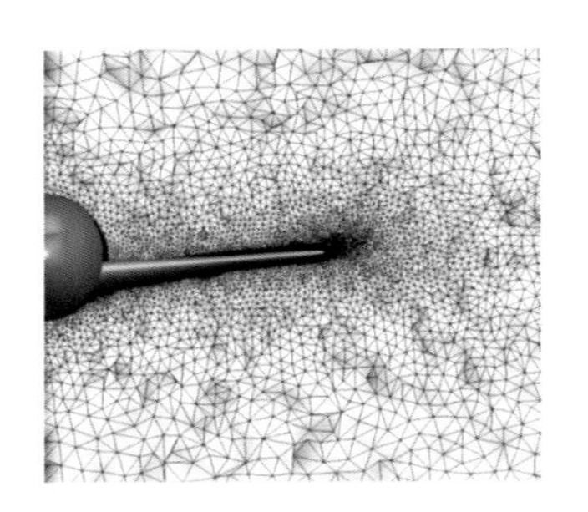

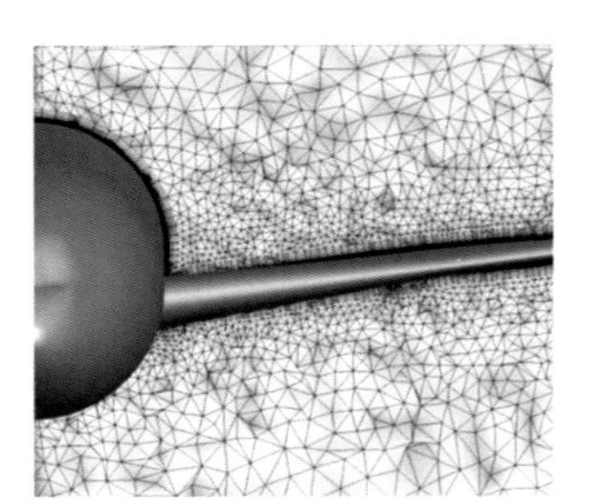

图 10.30　F6-WB 混合网格空间整体分布

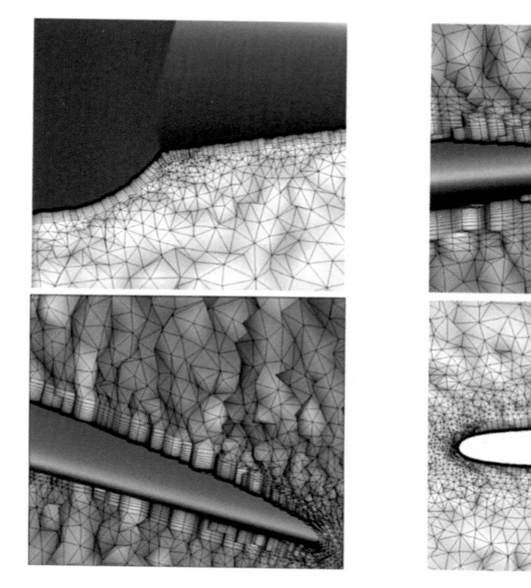

图 10.31　F6-WB 混合网格空间及典型截面分布

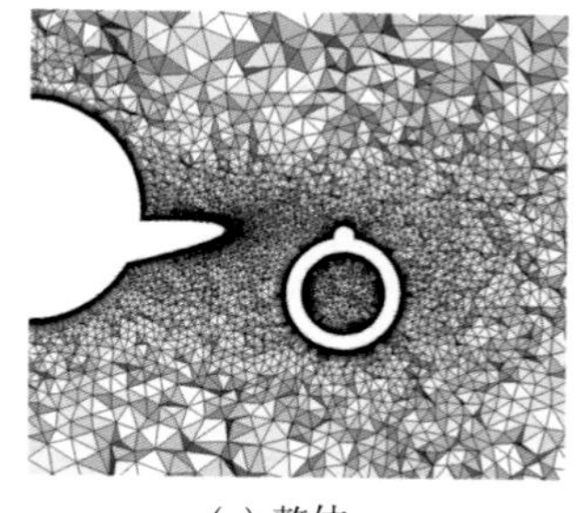

(a) 整体

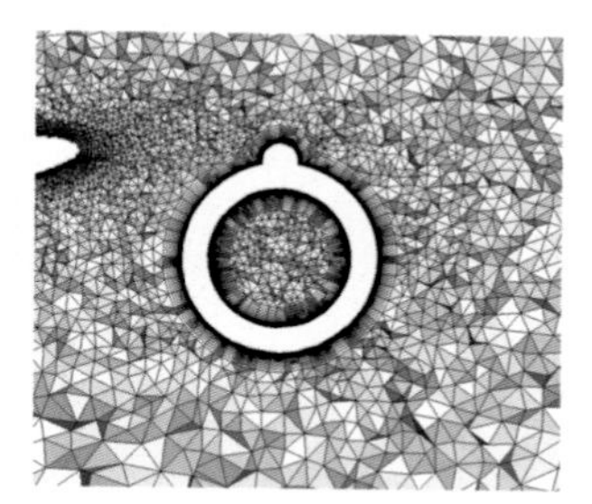

(b) 局部

图 10.35　F6-WBNP 的 x 截面局部网格图

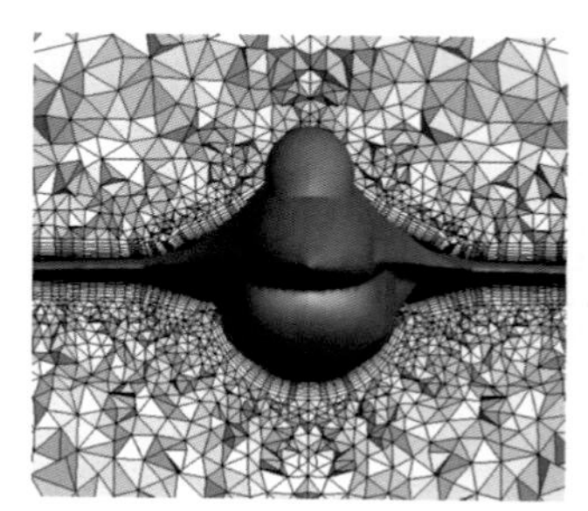

(a) 前视

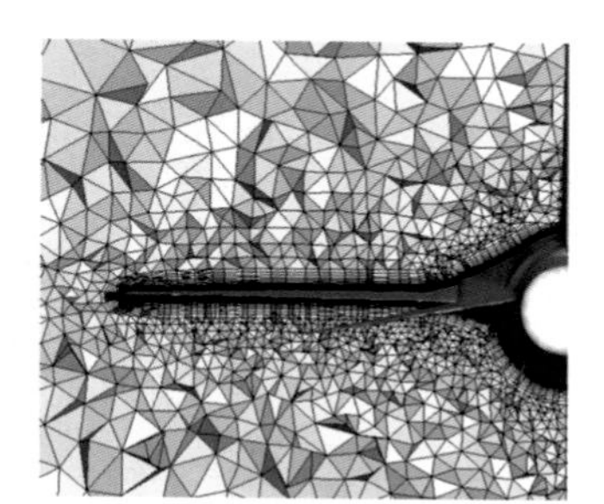

(b) 后视

图 10.37　类 F16 战斗机翼身 x 截面空间网格

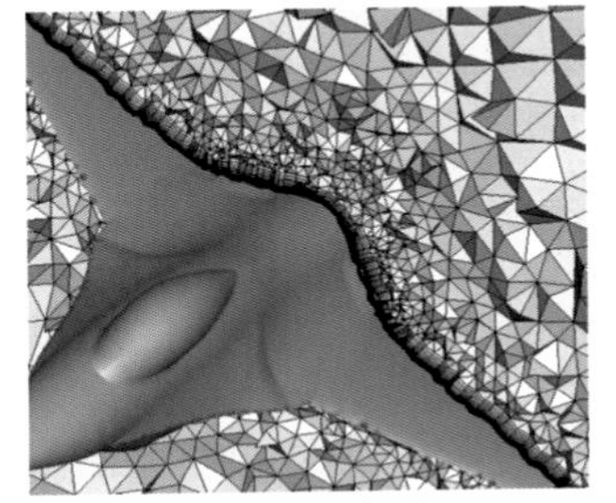

(a) 战斗机上表面

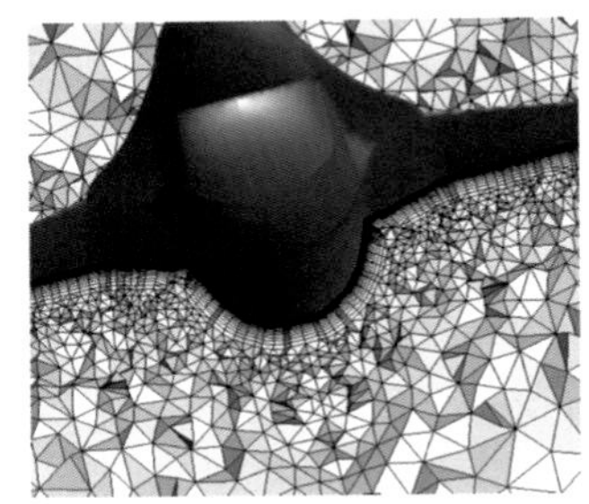

(b) 机腹

图 10.38　类 F16 战斗机翼身 x 截面空间网格

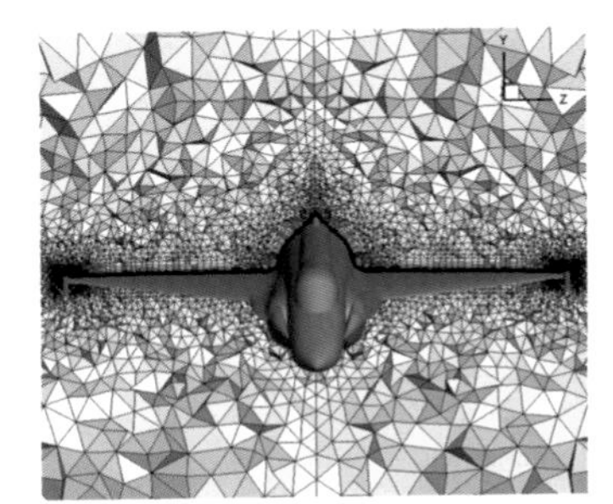

(a) 机身某截面上的网格

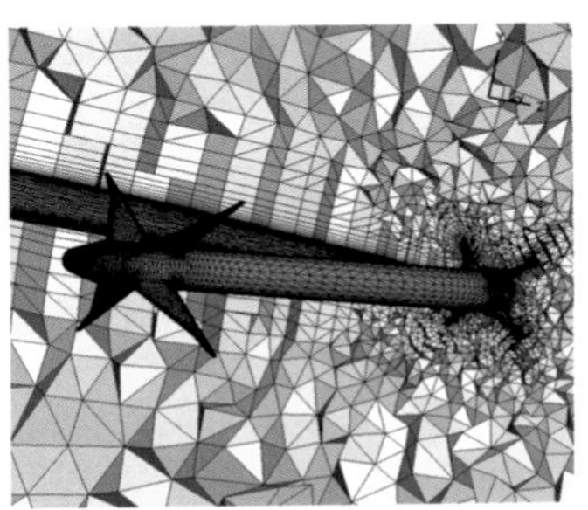

(b) 翼尖导弹附近的截面网格

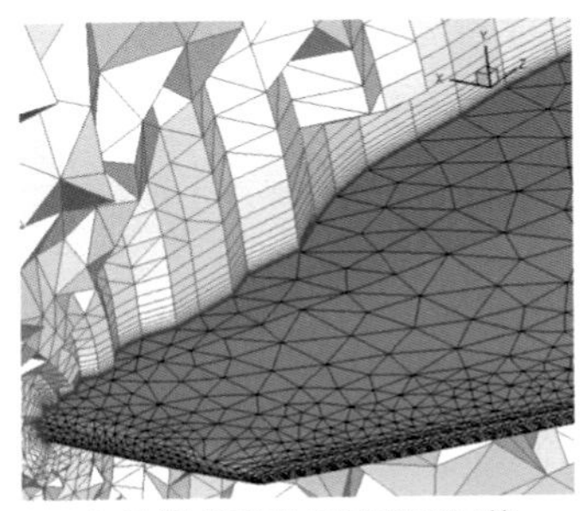

(c) 机翼表面和空间截面网格

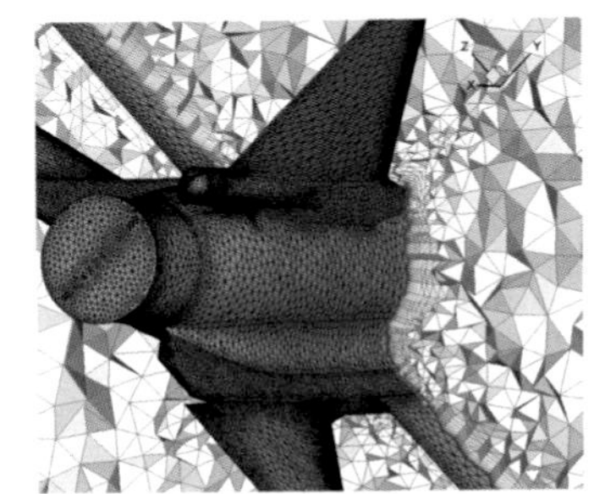

(d) 后机身及横截面网格

图 10.39　某带弹战斗机混合网格

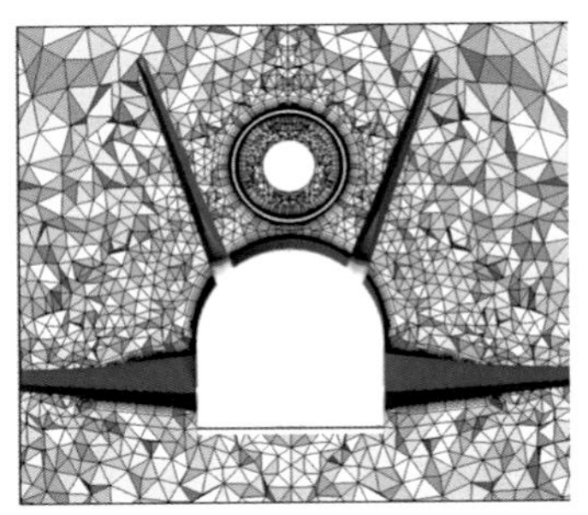

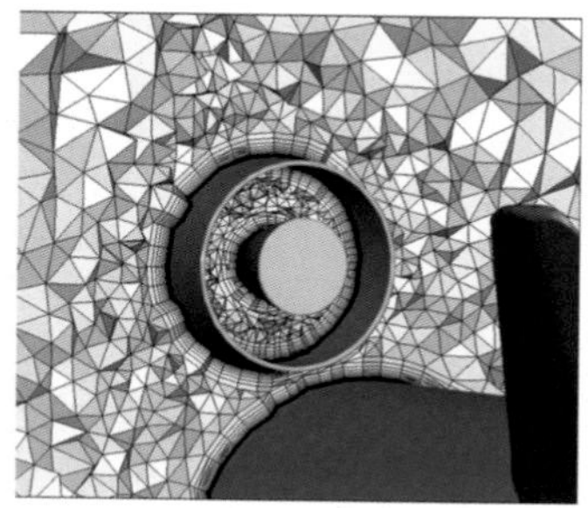

图 10.40 类航天飞机与助推器组合构型的混合网格

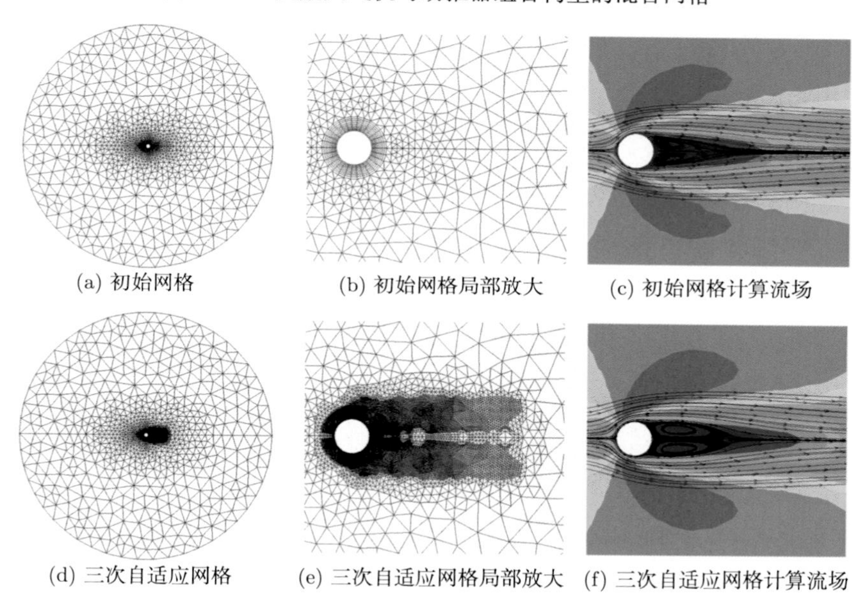

(a) 初始网格 (b) 初始网格局部放大 (c) 初始网格计算流场

(d) 三次自适应网格 (e) 三次自适应网格局部放大 (f) 三次自适应网格计算流场

图 11.11 $Re=40$ 圆柱绕流自适应前后对比

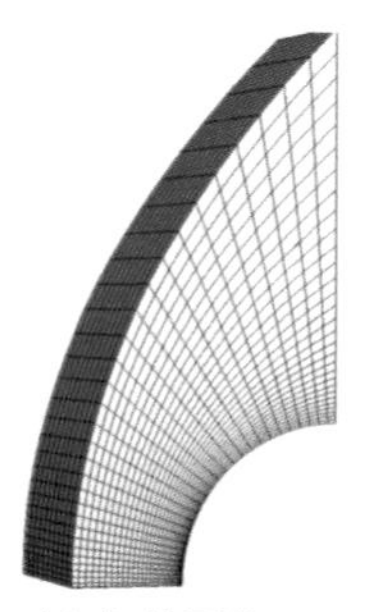

(a) 初始网格

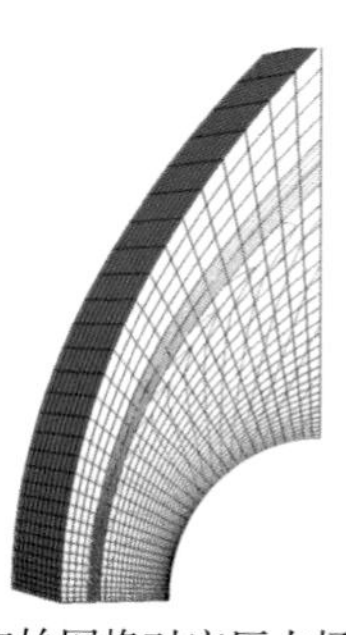

(b) 初始网格对应压力场

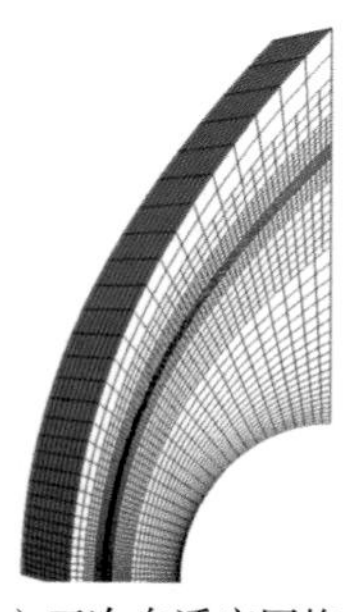

(c) 三次自适应网格

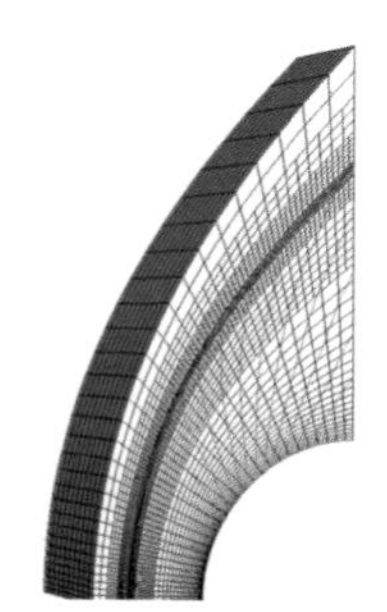

(d) 三次自适应网格对应压力场

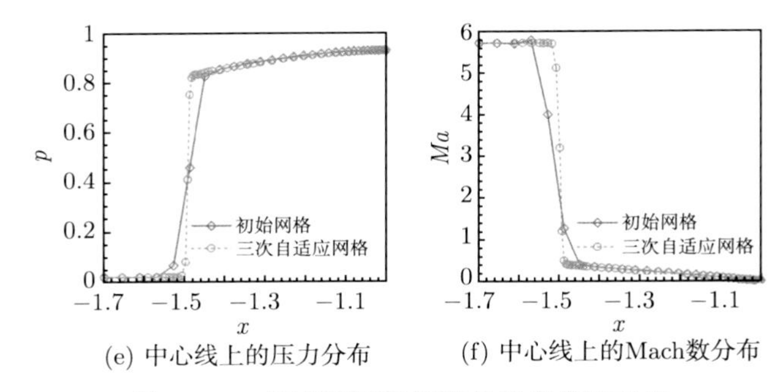

(e) 中心线上的压力分布　　(f) 中心线上的Mach数分布

图 11.14　超声速圆柱绕流自适应前后对比

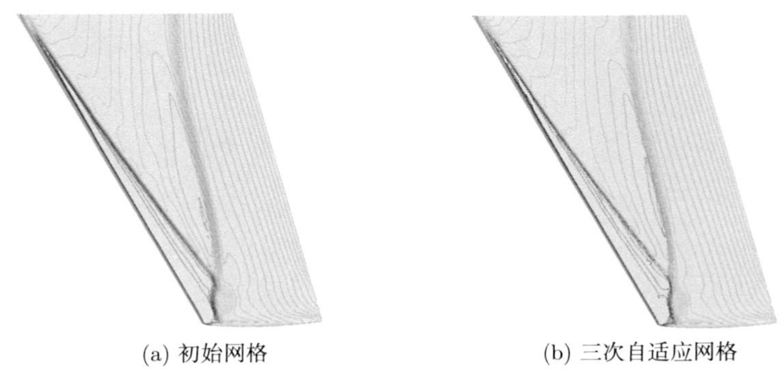

(a) 初始网格　　(b) 三次自适应网格

图 11.16　M6 机翼自适应前后壁面压力云图对比

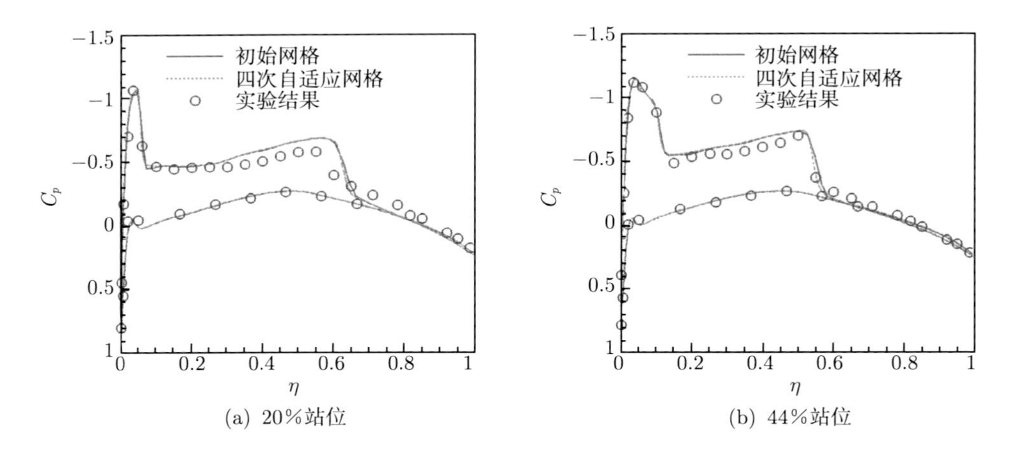

(a) 20%站位　　(b) 44%站位

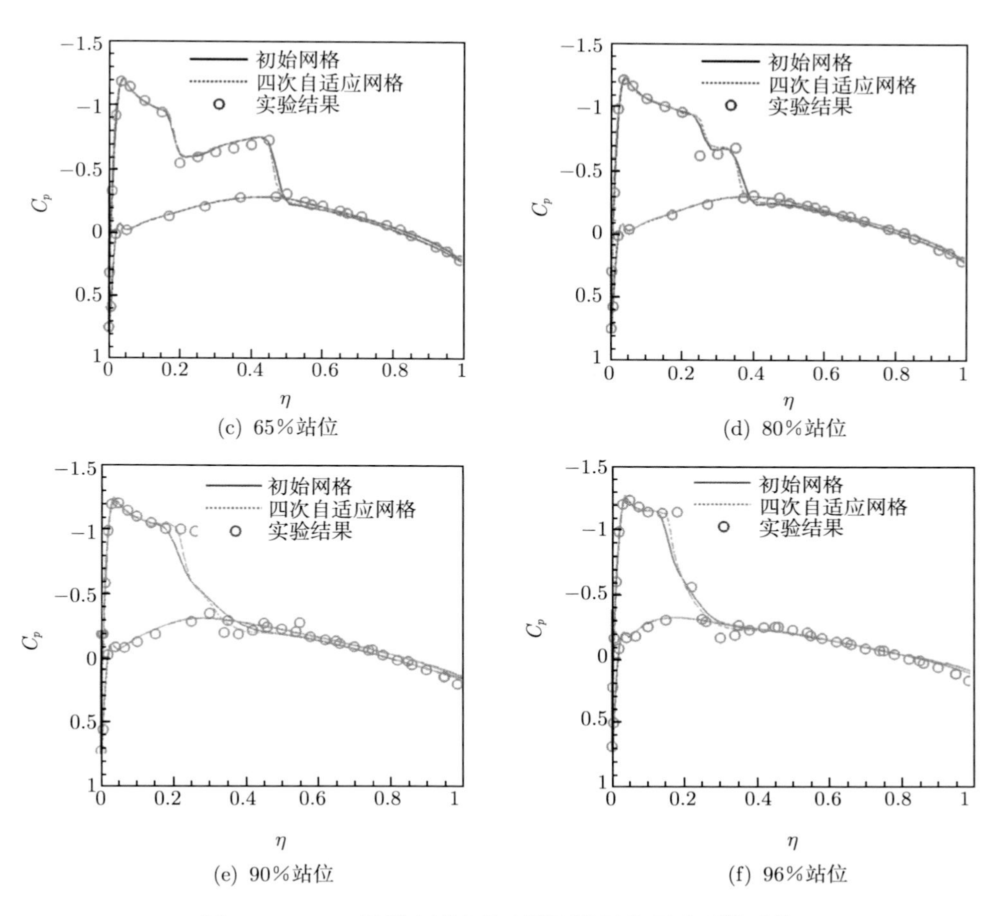

(c) 65%站位　(d) 80%站位

(e) 90%站位　(f) 96%站位

图 11.17　M6 机翼自适应前后壁面各站位压力系数对比

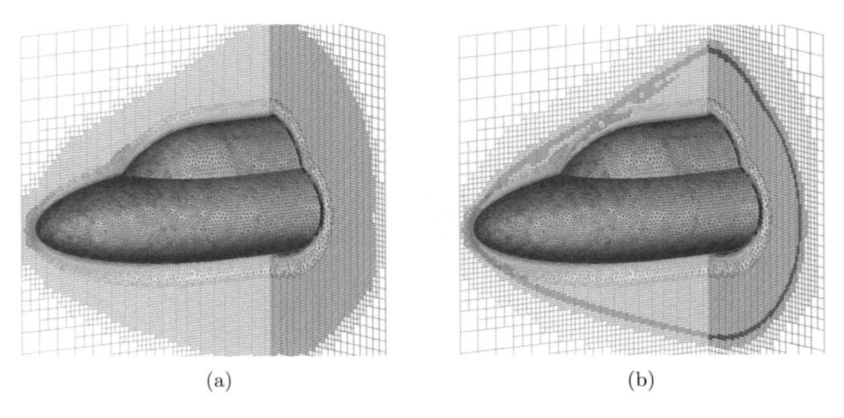

(a)　(b)

图 11.18　双椭球外形自适应前 (a)、后 (b) 混合网格 (M_∞=8.0、α=0.0°)

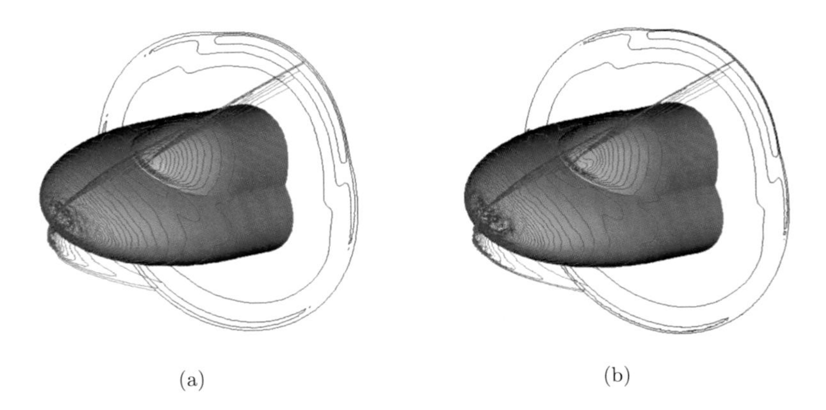

图 11.19　双椭球自适应前 (a)、后 (b) 物面和对称面压力分布等值线 (M_∞=8.0、α=0.0°)

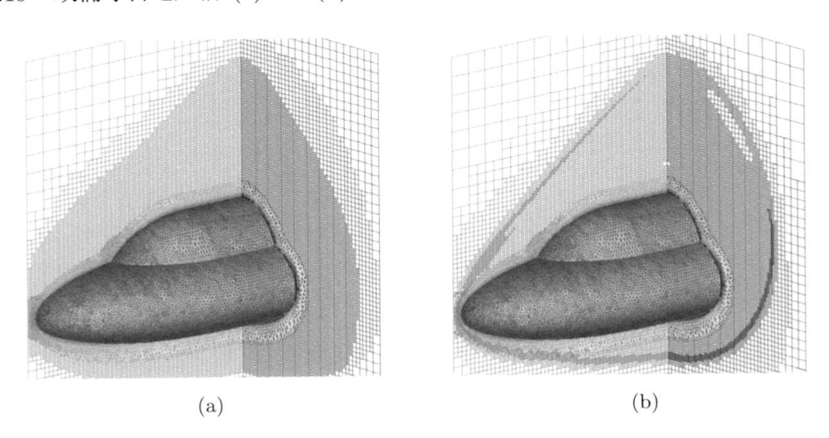

图 11.20　双椭球自适应前 (a)、后 (b) 混合网格 (M_∞=8.0、α=20.0°)

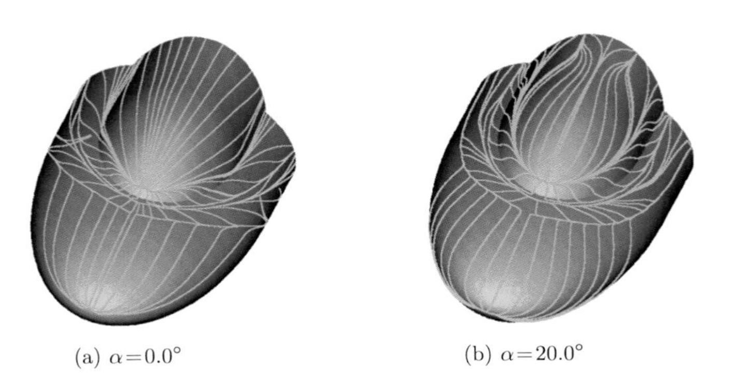

图 11.21　在自适应网格上计算得到的表面分离流态

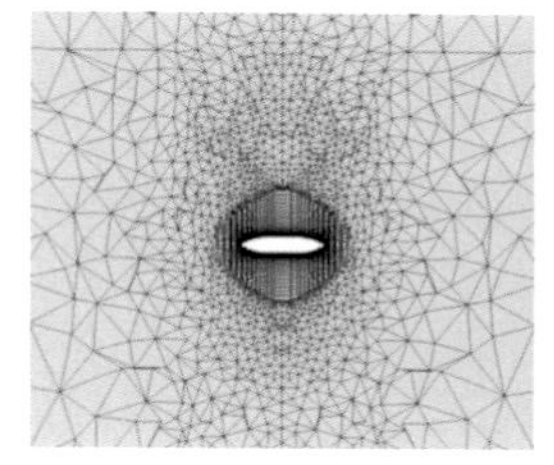

(a) 初始空间截面网格

(b) 空间截面压力云图

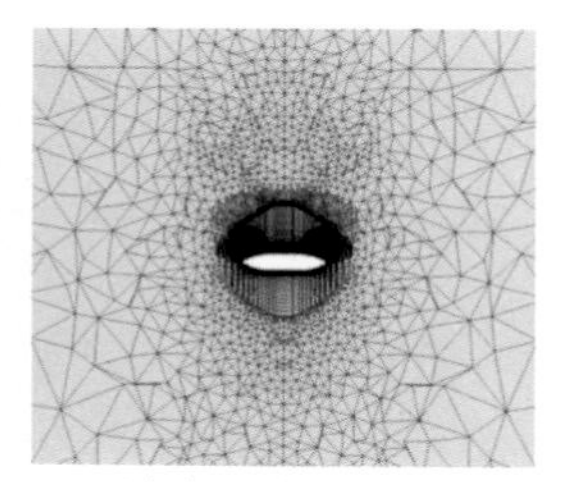

(c) 两次自适应空间截面网格

图 11.25　65° 后掠三角翼自适应前后对比 ($x/c_r = 0.2$)

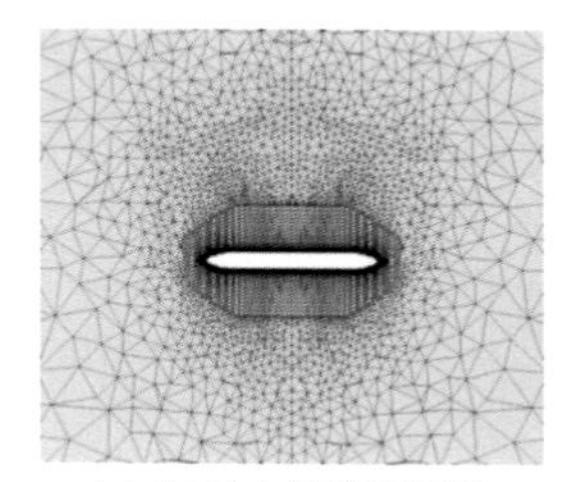

(a) 初始空间截面网格

(b) 空间截面压力云图

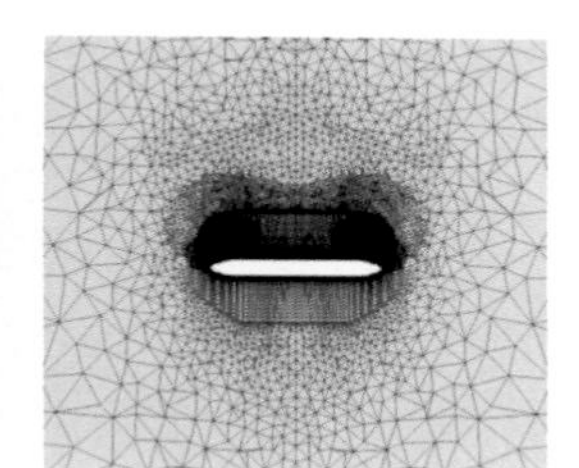

(c) 两次自适应空间截面网格

图 11.26　65° 后掠三角翼自适应前后对比 ($x/c_r = 0.4$)

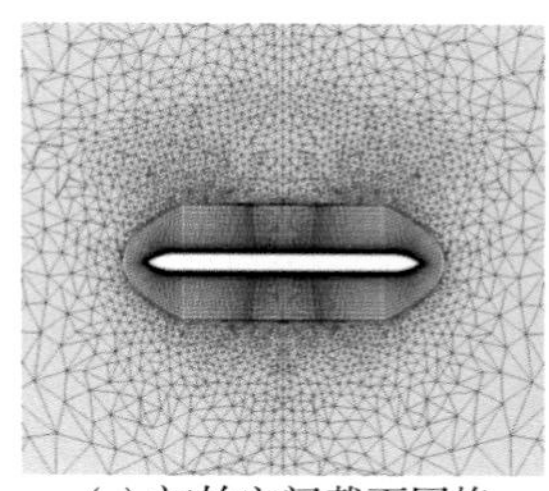

(a) 初始空间截面网格

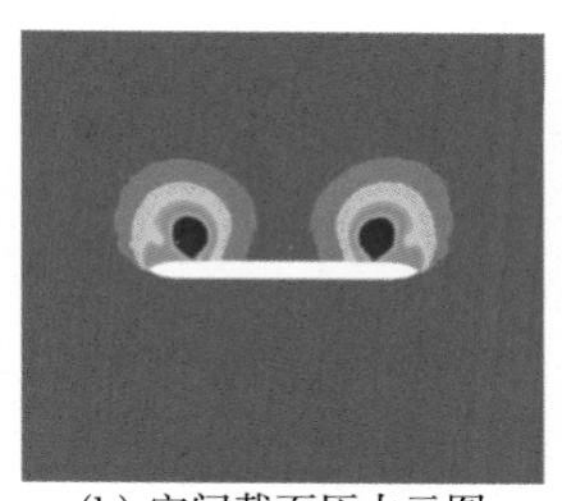

(b) 空间截面压力云图

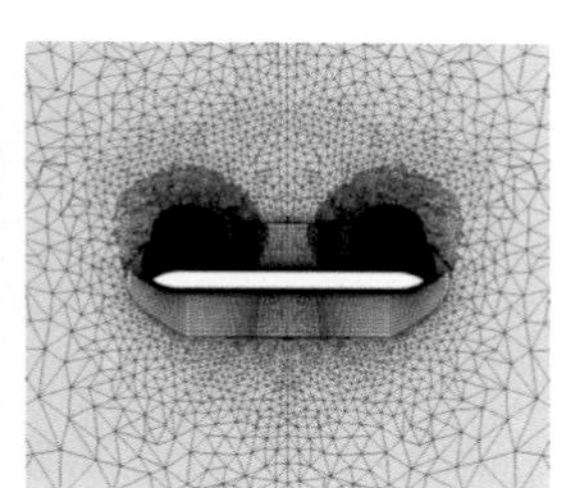

(c) 两次自适应空间截面网格

图 11.27　65° 后掠三角翼自适应前后对比 ($x/c_r = 0.6$)

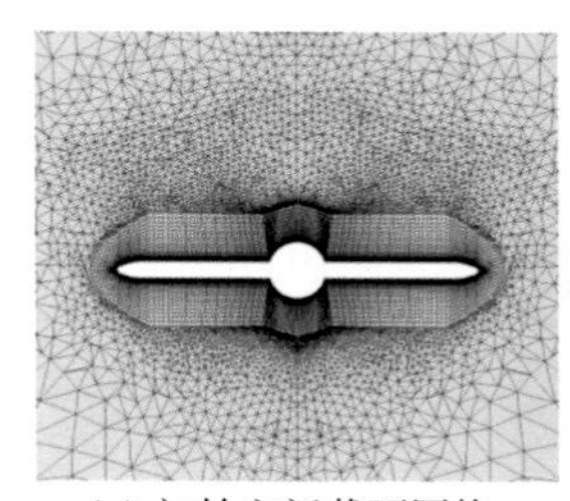

(a) 初始空间截面网格

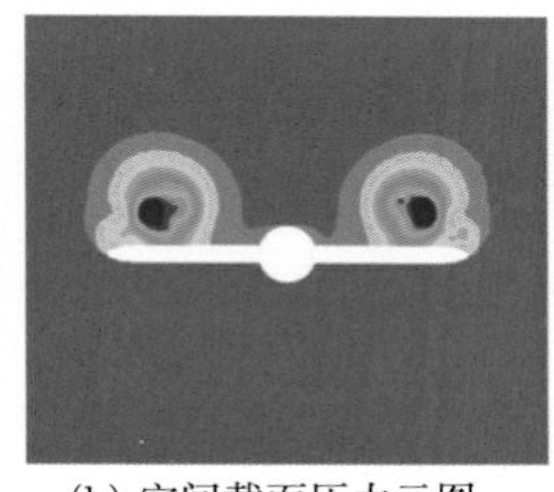

(b) 空间截面压力云图

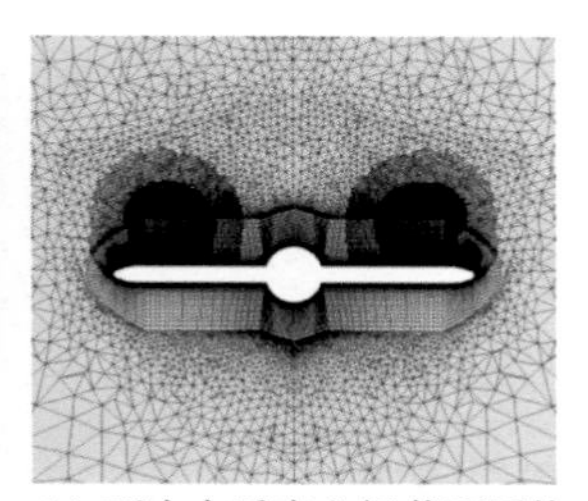

(c) 两次自适应空间截面网格

图 11.28　65° 后掠三角翼自适应前后对比 ($x/c_r = 0.8$)

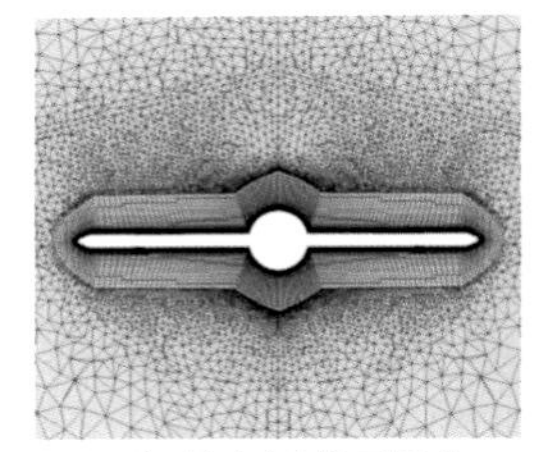

(a) 初始空间截面网格

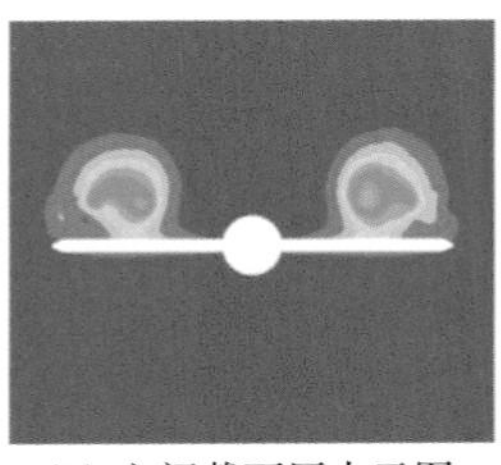

(b) 空间截面压力云图

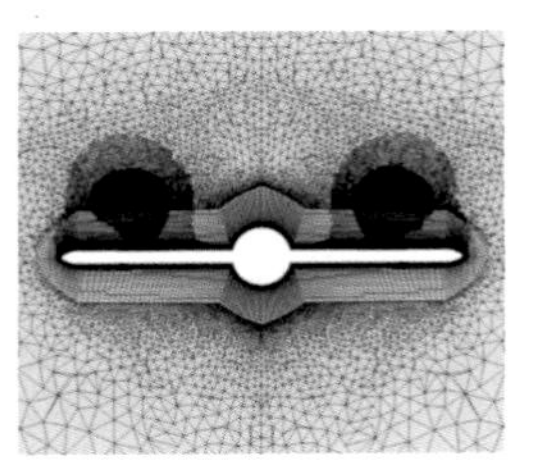

(c) 两次自适应空间截面网格

图 11.29　65° 后掠三角翼自适应前后对比 ($x/c_r= 0.95$)

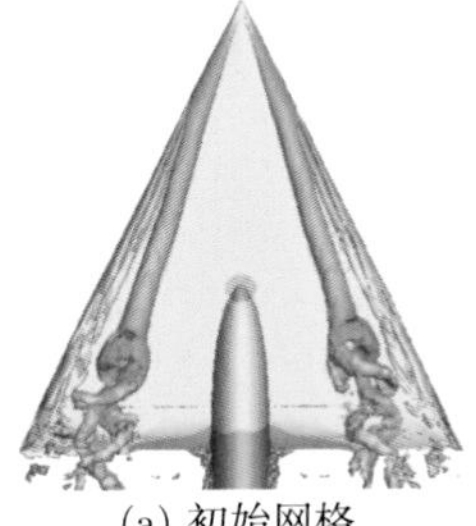

(a) 初始网格

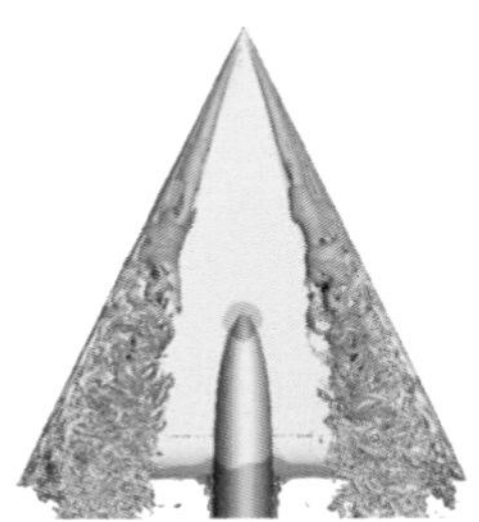

(b) 两次自适应网格

图 11.30　65° 后掠三角翼自适应前后涡量等值面对比 (Q=300)

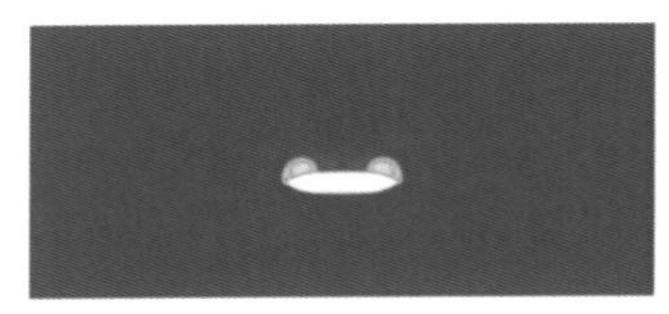

(a) 初始网格x/c_r=0.2截面

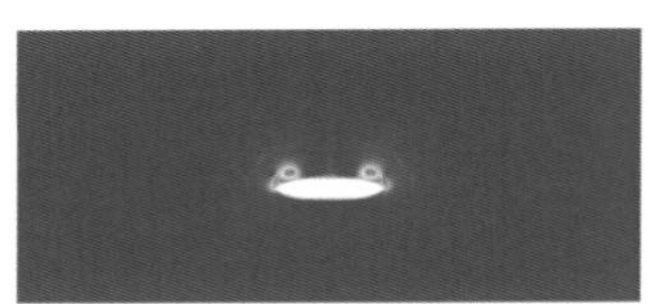

(b) 两次自适应网格x/c_r=0.2截面

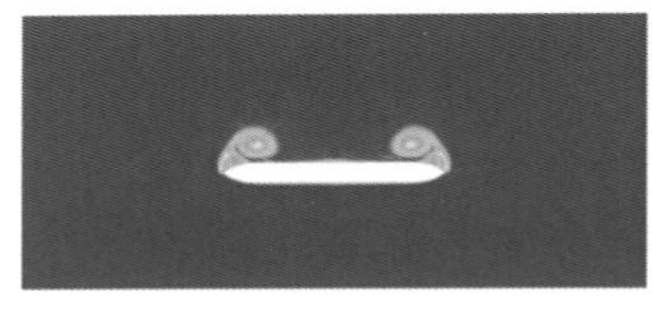

(c) 初始网格x/c_r=0.4截面

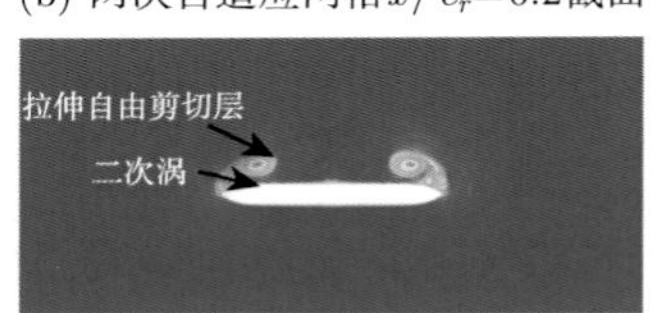

(d) 两次自适应网格x/c_r=0.4截面

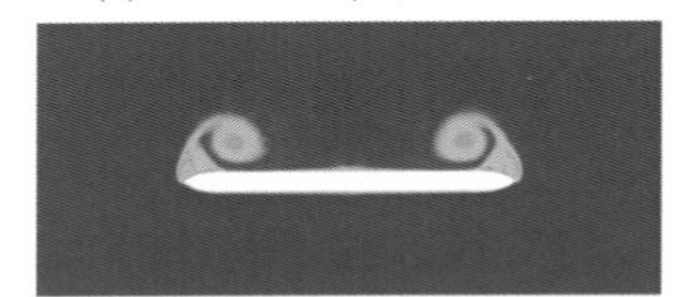

(e) 初始网格x/c_r=0.6截面

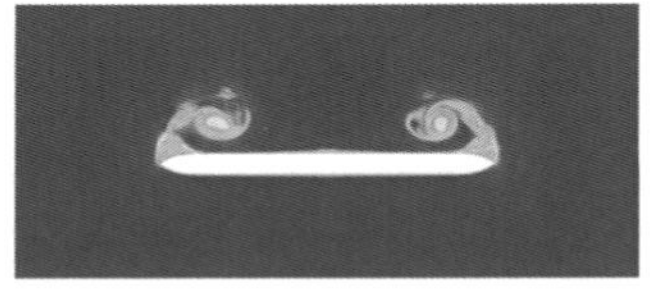

(f) 两次自适应网格x/c_r=0.6截面

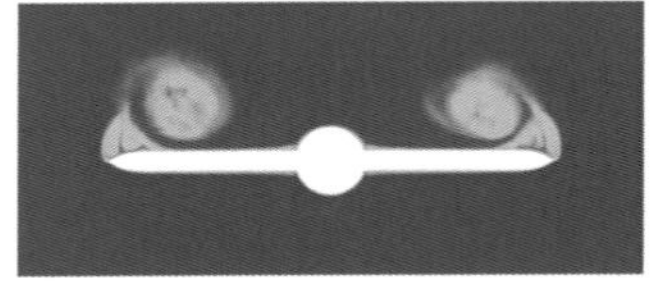

(g) 初始网格x/c_r=0.8截面

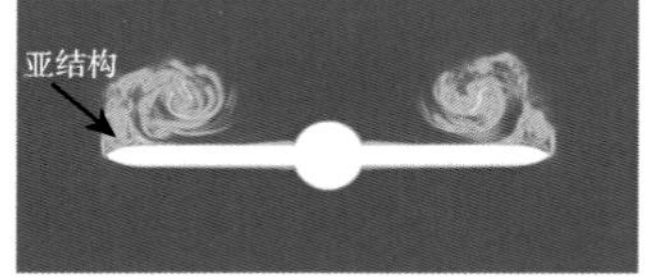

(h) 两次自适应网格x/c_r=0.8截面

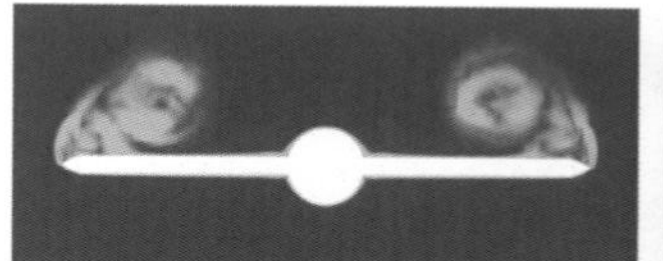

(i) 初始网格$x/c_r=0.95$截面

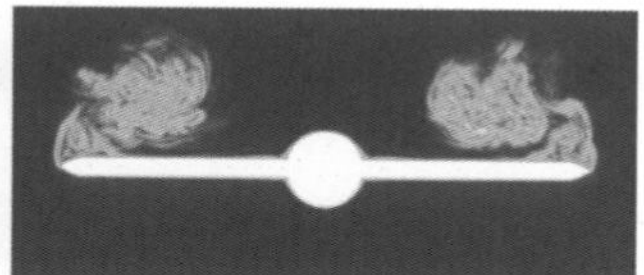

(j) 两次自适应网格$x/c_r=0.95$截面

涡量值 0 30 60 90 120 150 180 210 240 270 300

图 11.31　65° 后掠三角翼自适应前后各截面涡量对比

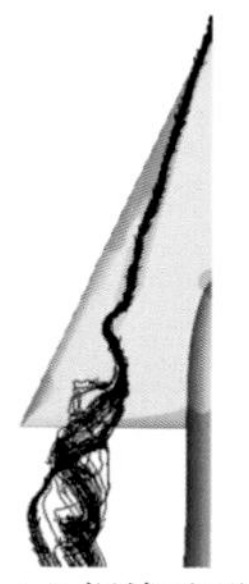

(a) 螺旋破裂

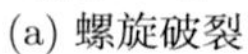

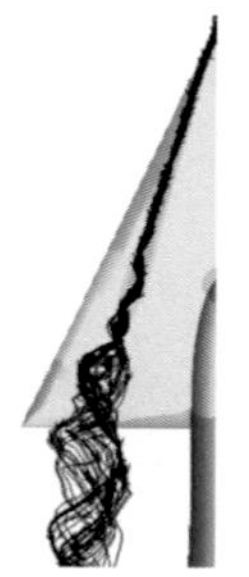

(b) 双螺旋破裂

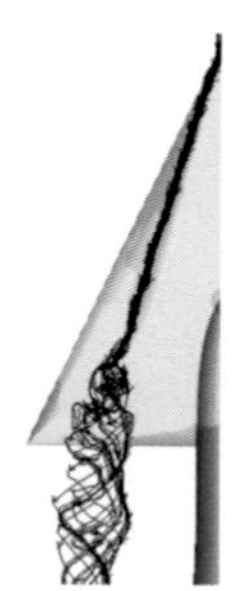

(c) 泡状破裂

图 11.32　穿越主涡核区流线对应的几种典型流动结构

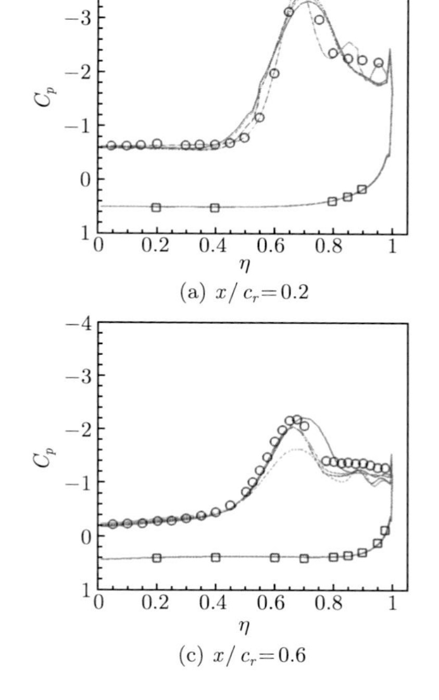

(a) $x/c_r=0.2$

(c) $x/c_r=0.6$

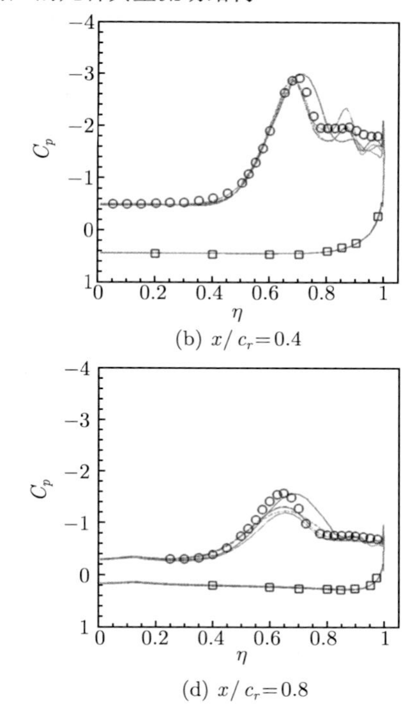

(b) $x/c_r=0.4$

(d) $x/c_r=0.8$

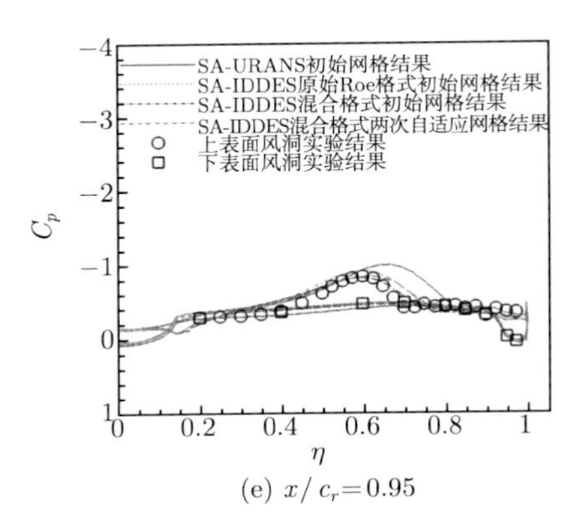

(e) $x/c_r=0.95$

图 11.33　表面压力分布与试验对比

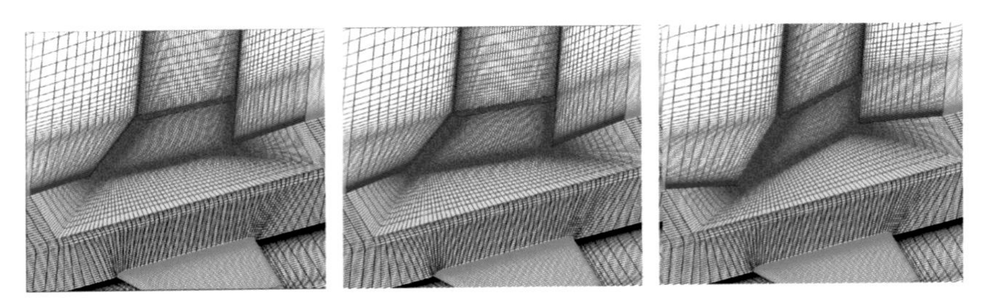

图 13.2　加权超限插值动网格技术生成的舵面偏转动网格 (由作者同事陈琦博士提供)

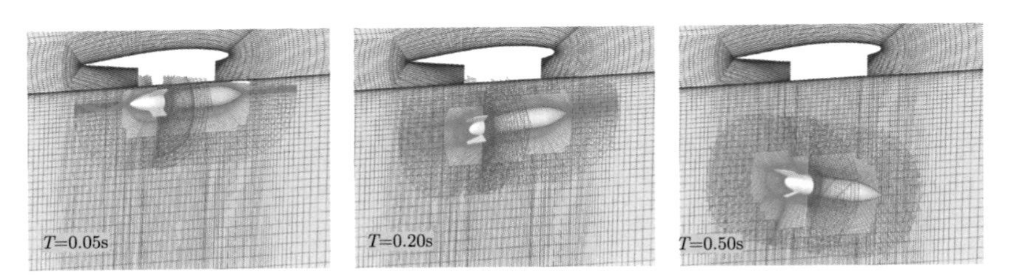

图 13.3　重叠结构动网格生成实例 (由作者同事肖中云博士提供)

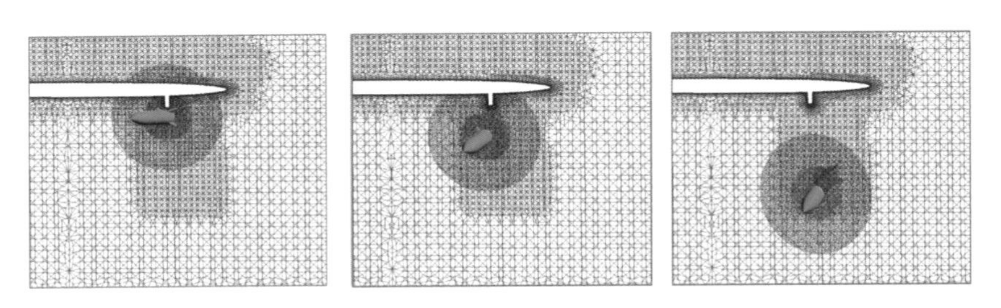

图 13.5　机翼/外挂物分离过程的动态重叠非结构网格 (由作者同事周乃春研究员提供)

图 13.10　通过贪婪算法选择的物面参考点

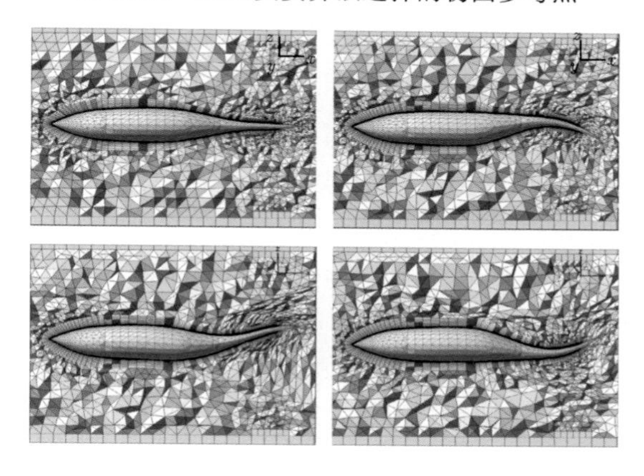

图 13.16　单个鱼体巡游的动态混合网格

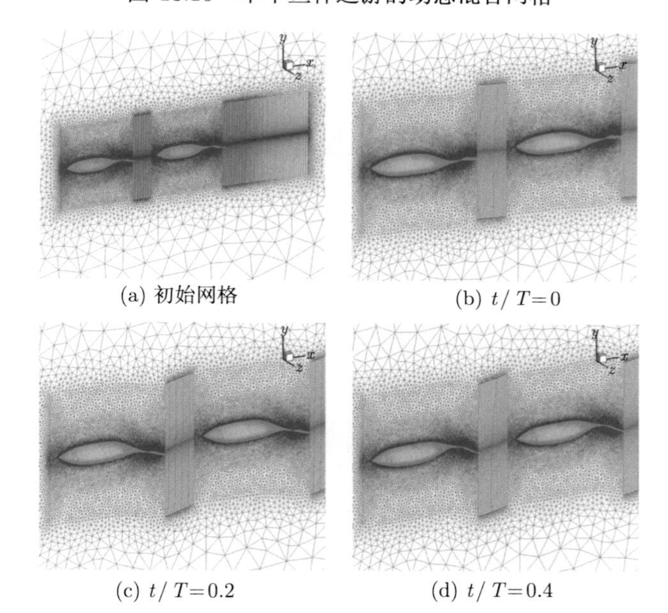

(a) 初始网格　　(b) $t/T=0$

(c) $t/T=0.2$　　(d) $t/T=0.4$

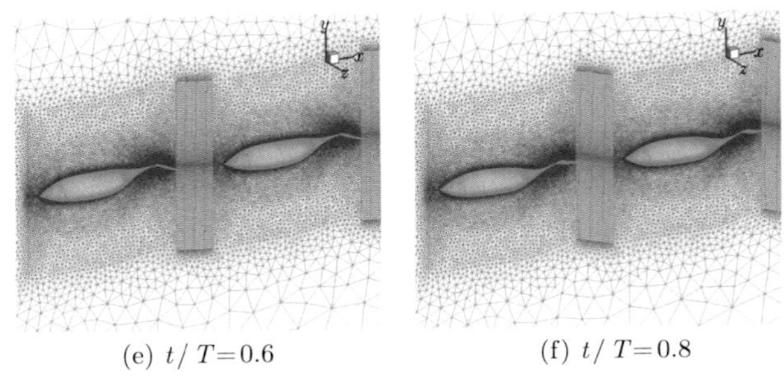

(e) $t/T=0.6$　　(f) $t/T=0.8$

图 13.17　前后串列两鱼摆动过程的动态混合网格

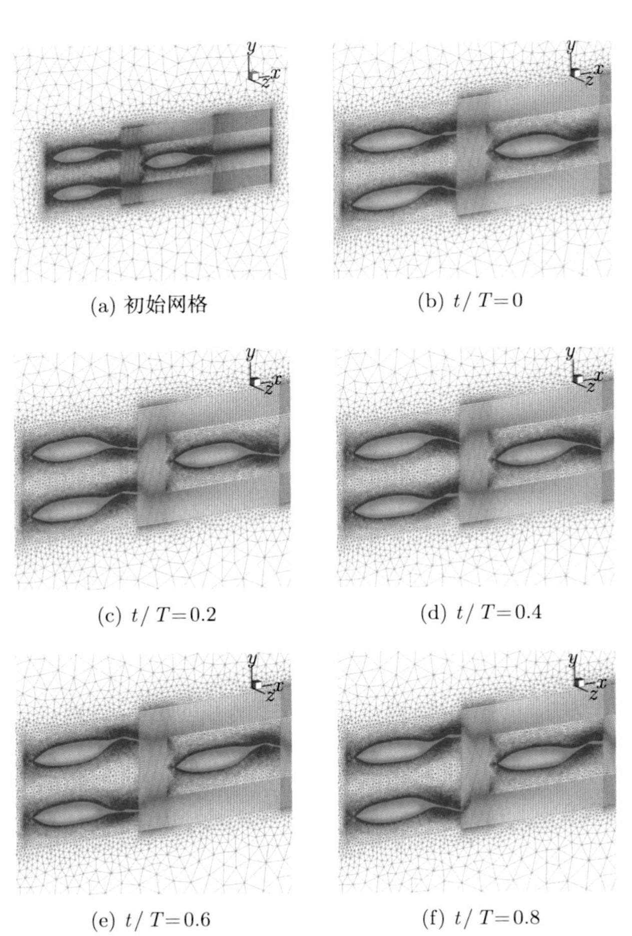

(a) 初始网格　　(b) $t/T=0$

(c) $t/T=0.2$　　(d) $t/T=0.4$

(e) $t/T=0.6$　　(f) $t/T=0.8$

图 13.18　三个鱼体巡游的动态混合网格

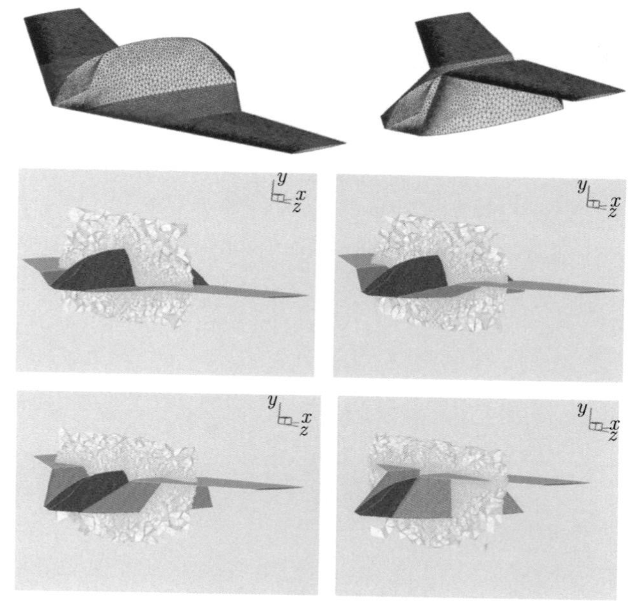

图 13.19　变形飞机的三维动态非结构网格

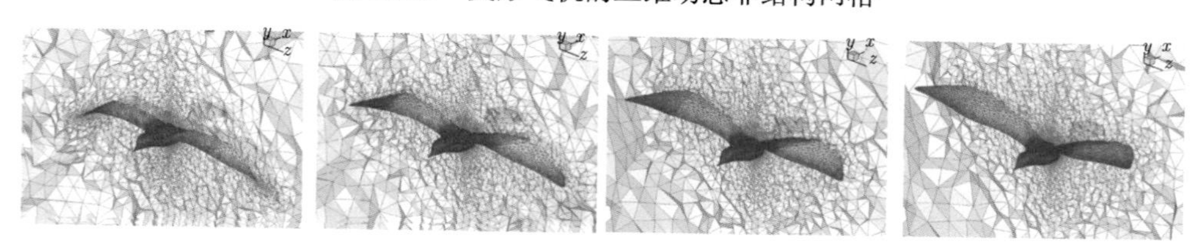

图 13.20　鸟类扑翼运动动态混合网格

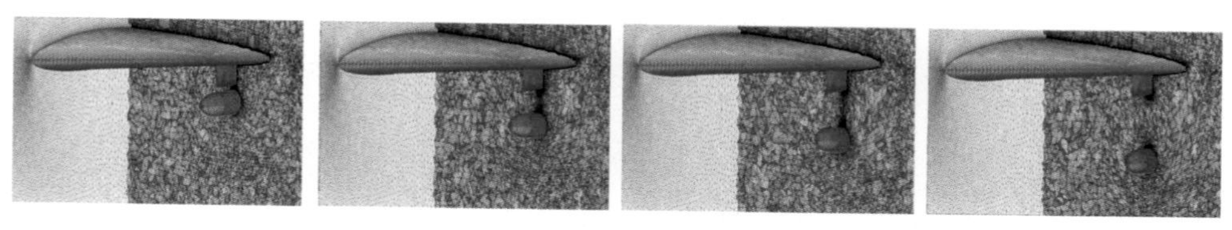

图 13.21　机翼/外挂物分离动态混合网格

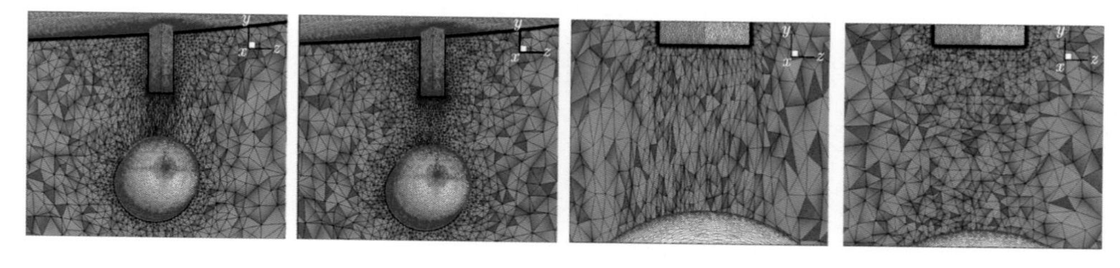

图 13.22　重构前后网格对比

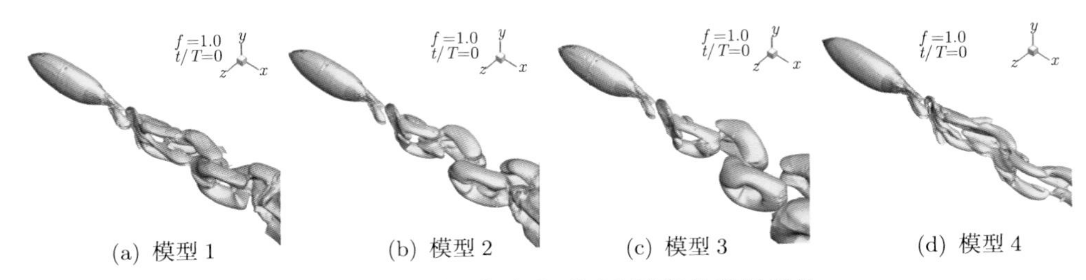

图 13.24　摆动周期内典型时刻流场的旋涡结构

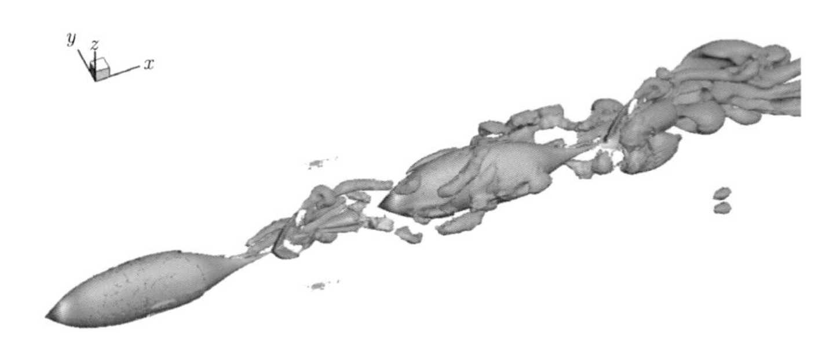

图 13.25　双鱼串列巡游的数值模拟结果

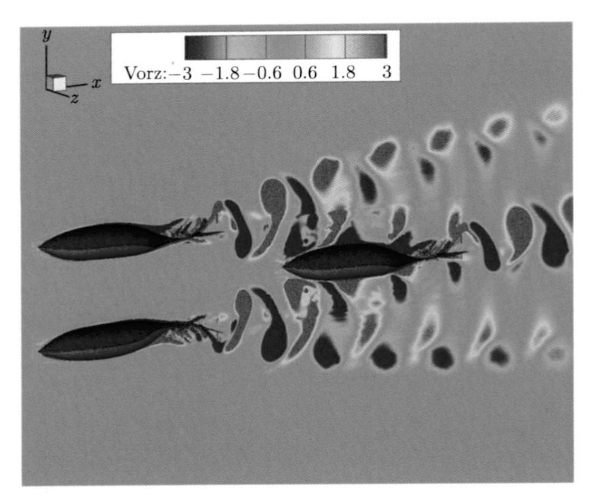

图 13.26　三鱼三角排列巡游的数值模拟

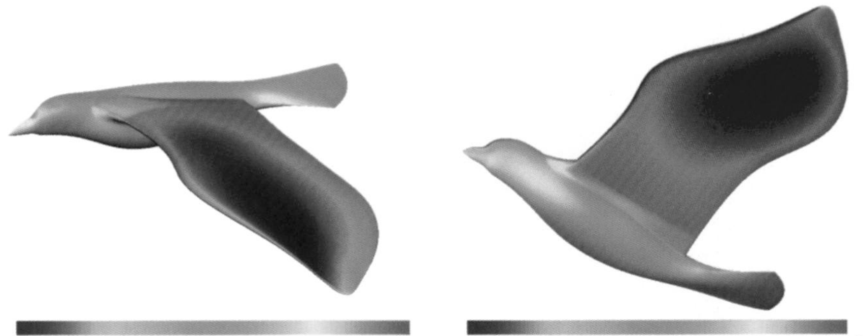

图 13.28 平衡位置附近翼面上下压力分布云图

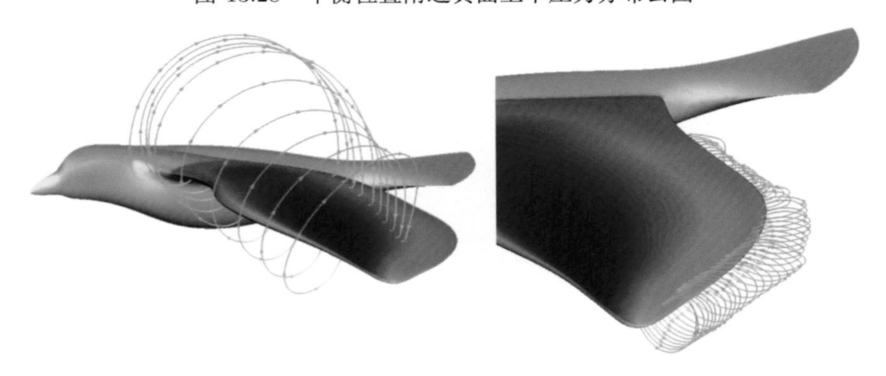

图 13.29 平衡位置附近翼面上下压强及地球坐标系中的空间流线分布

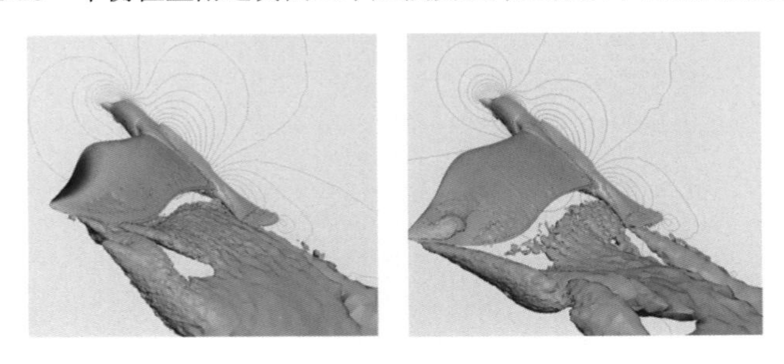

图 13.30 扑翼不同时刻的 Q 等值面

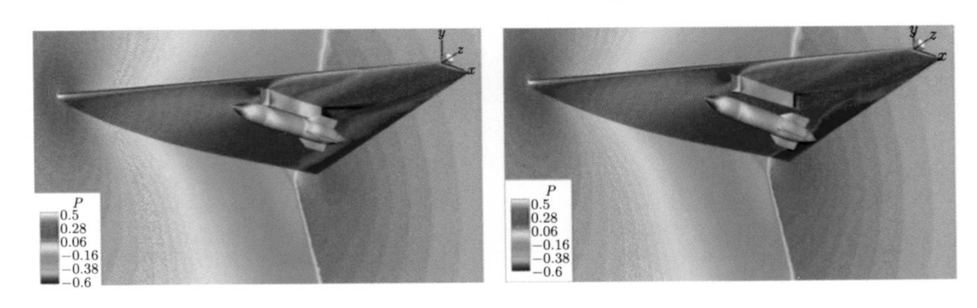

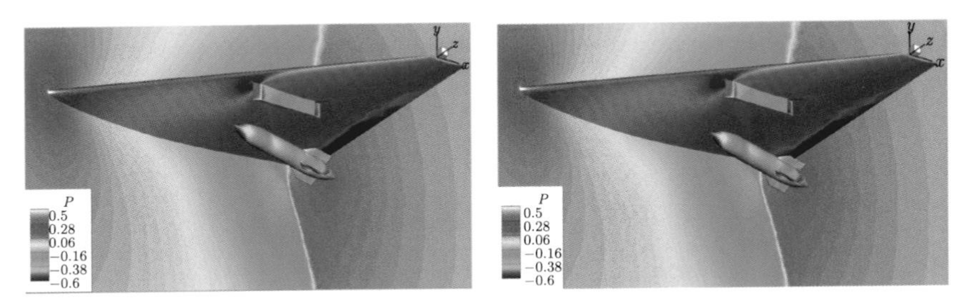

图 13.31　分离过程中典型时刻的压力云图

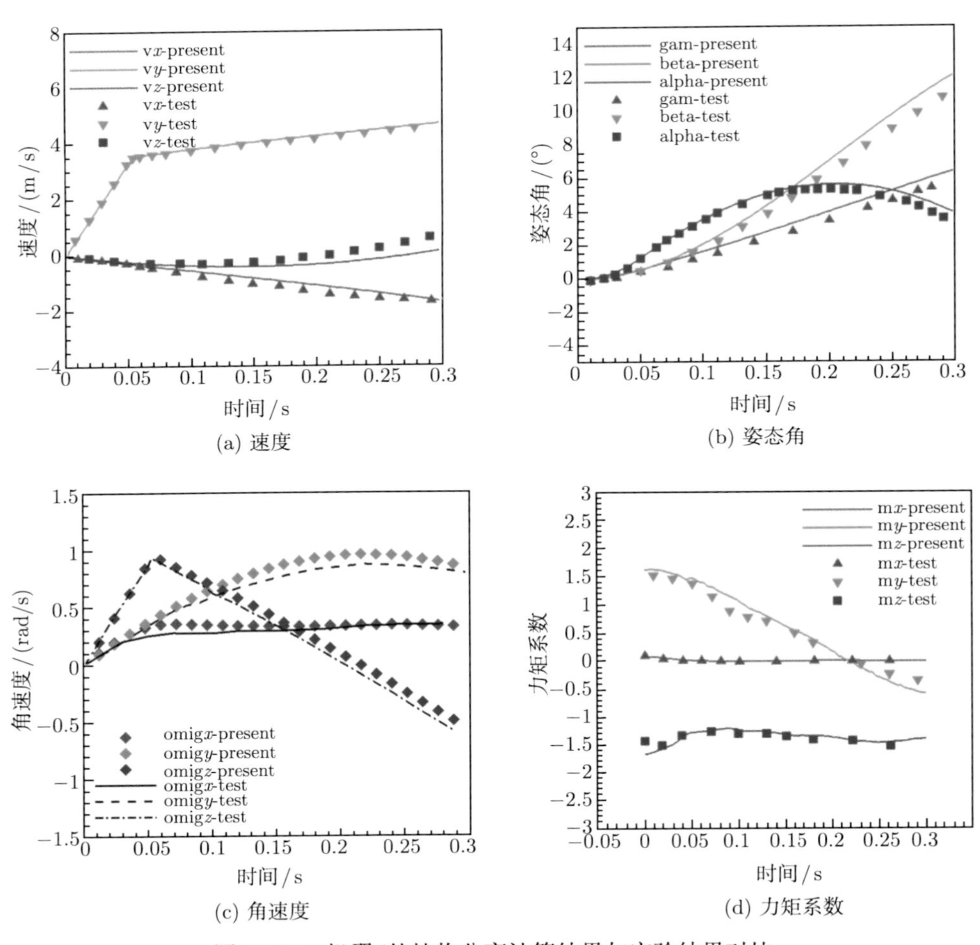

图 13.32　机翼/外挂物分离计算结果与实验结果对比

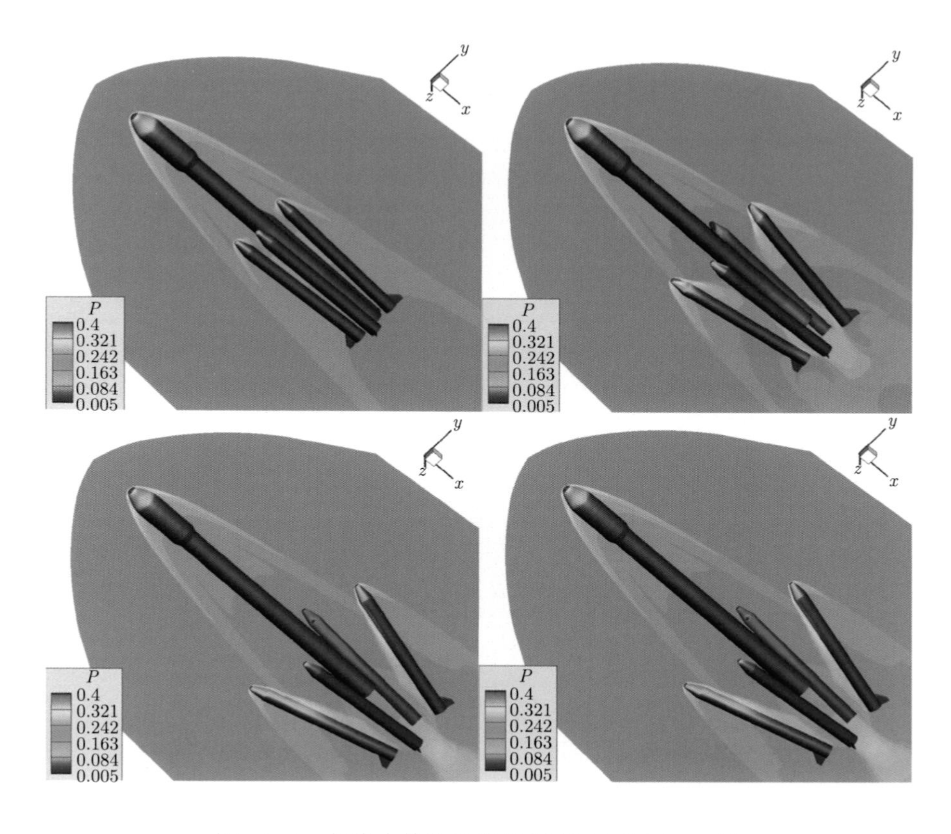

图 13.33　捆绑火箭助推器分离过程中的压力云图

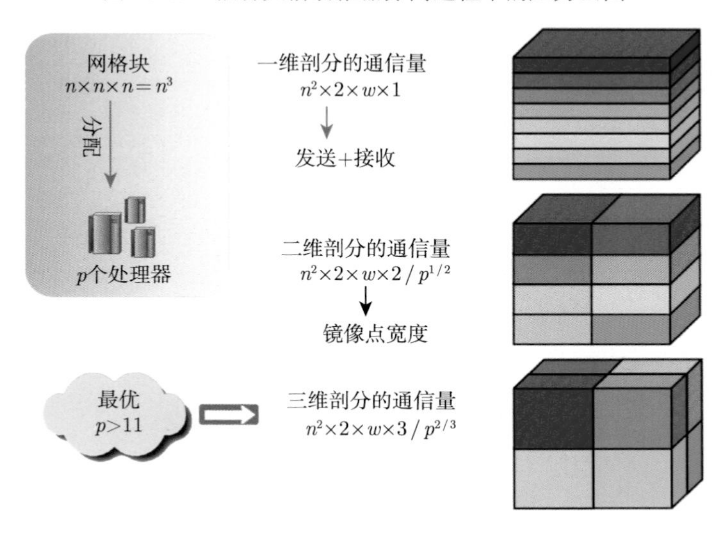

图 14.5　不同维数剖分方法的通信量比较

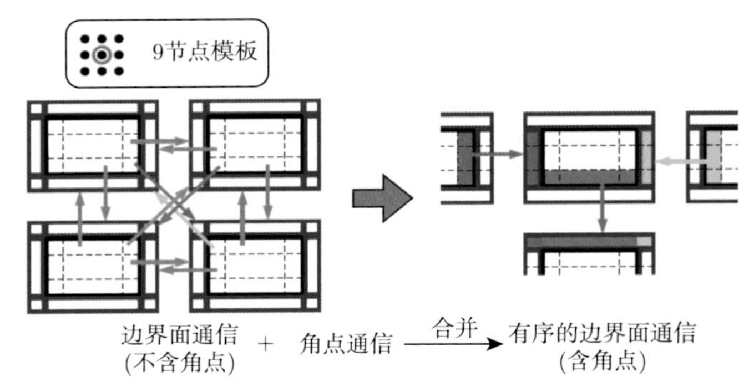

图 14.6　通信的合并

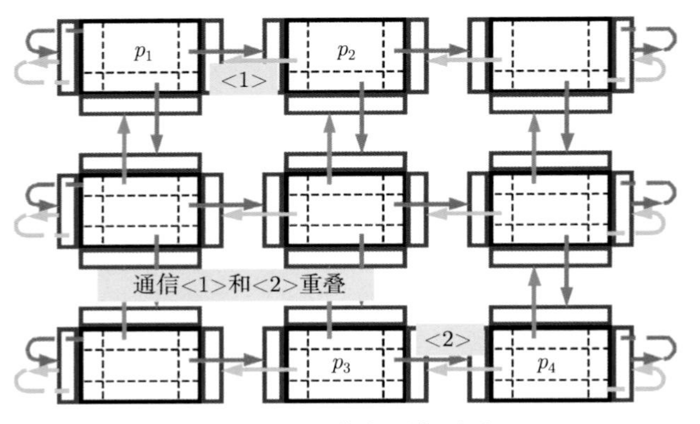

图 14.7　通信与通信重叠

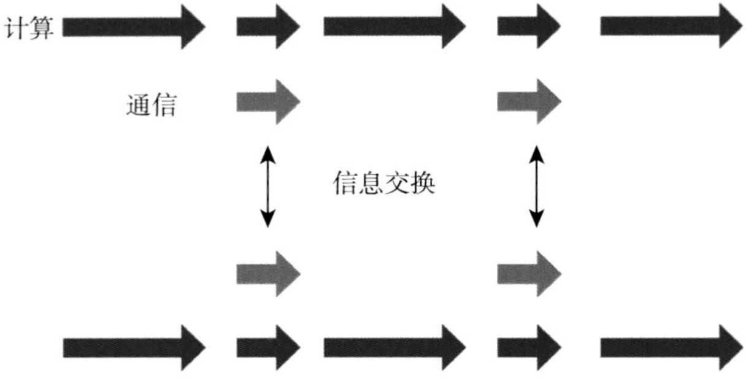

图 14.8　计算与通信重叠

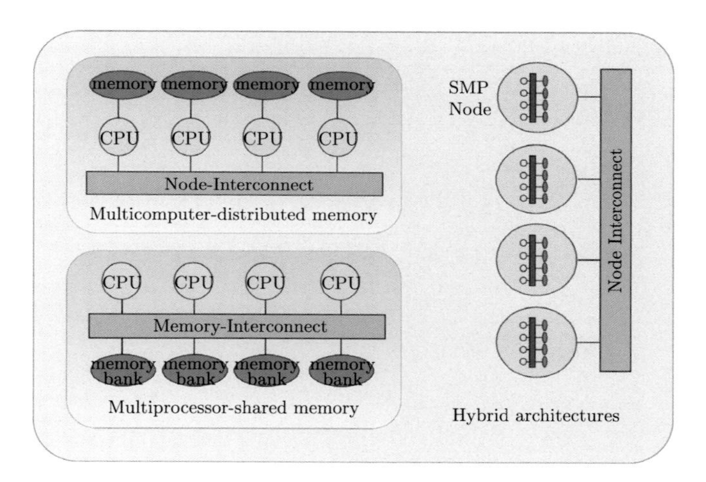

图 14.10　MPP+Cluster 混合架构的并行计算机系统

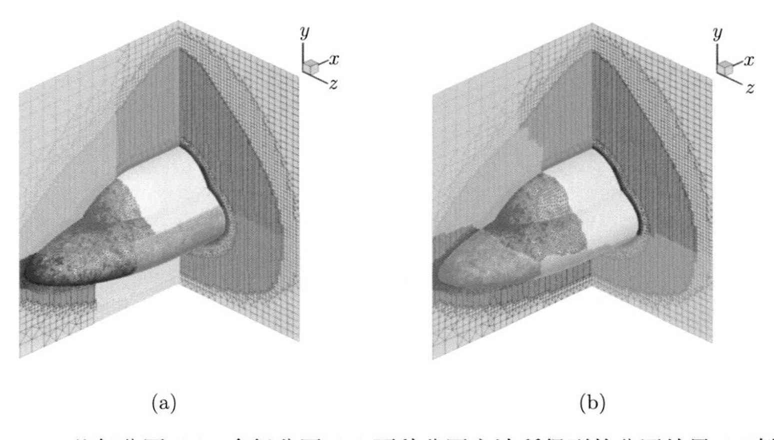

(a)　　(b)

图 14.17　几何分区 (a)、多级分区 (b) 两种分区方法所得到的分区结果 (双椭球)

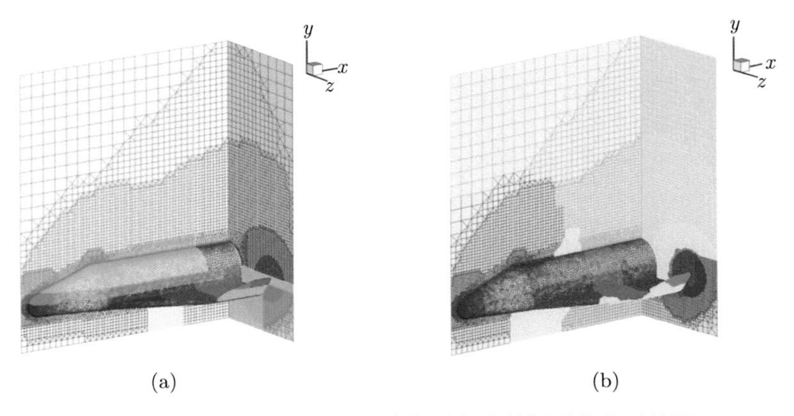

(a)　　(b)

图 14.18　几何分区 (a)、多级分区 (b) 两种分区方法所得到的分区结果 (Hermes 外形)

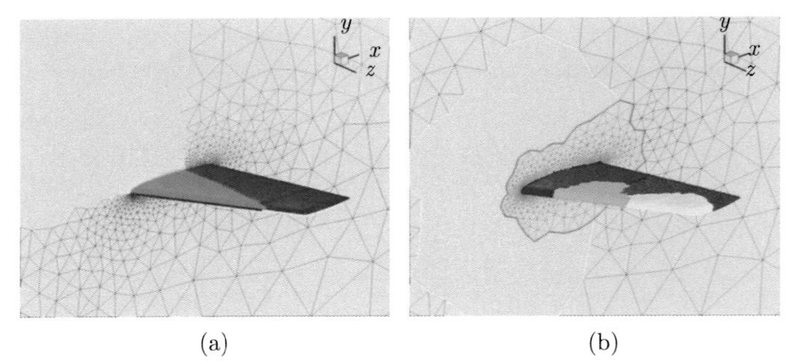

图 14.19　几何分区 (a)、多级分区 (b) 两种分区方法所得到的分区结果 (M6 机翼)

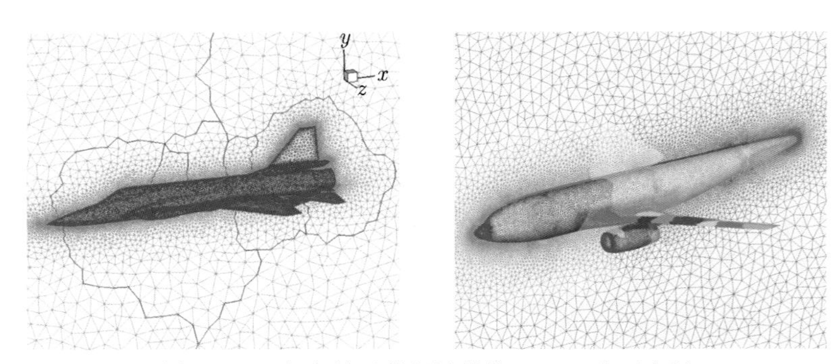

图 14.20　复杂外形并行计算的 Metis 分区实例

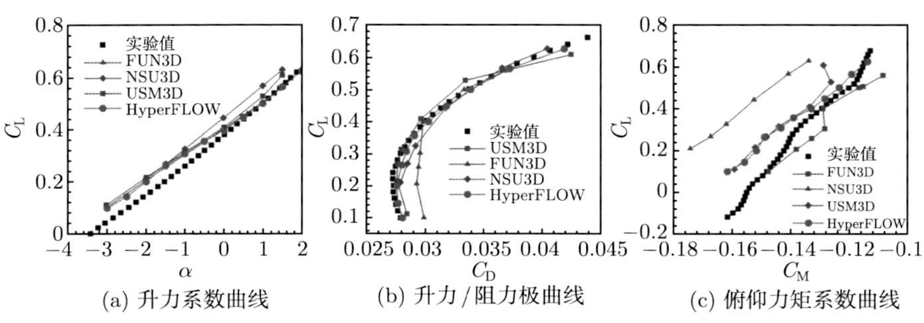

图 15.26　DLR-F6 翼身组合体气动力特性

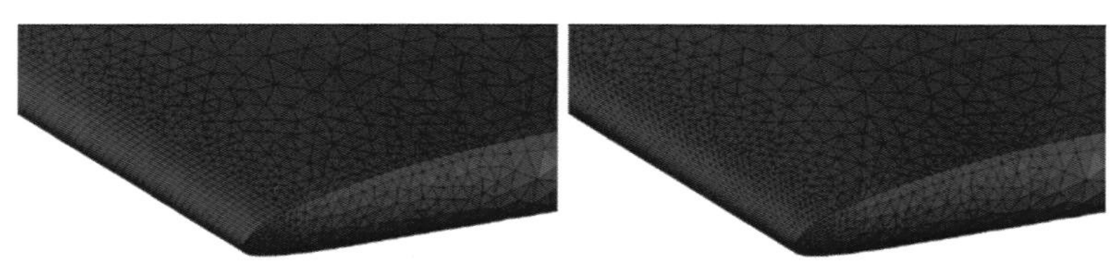

图 16.13　机翼前缘三角形/四边形网格与各向异性三角形网格的对比

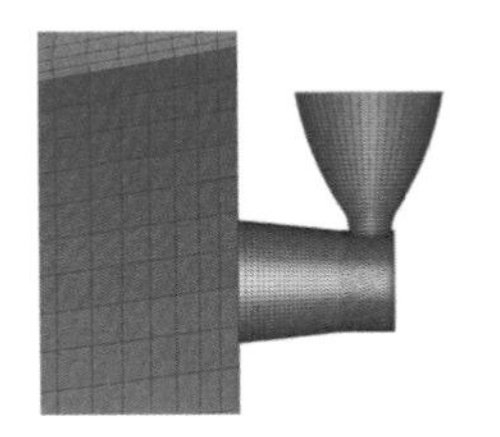 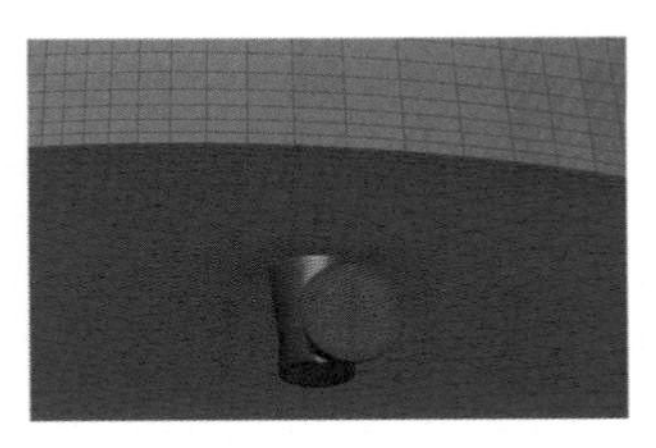

图 16.14　某高超声速飞行器底部 RCS 喷管附近的表面三角形/四边形混合网格

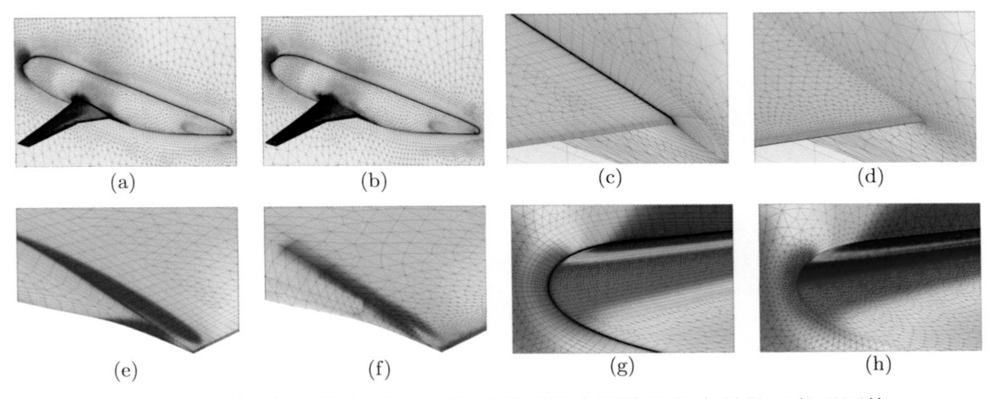

图 16.15　翼身组合体表面三角形/四边形混合网格及各向异性三角形网格

图 16.16　民航飞机全机构型表面混合网格

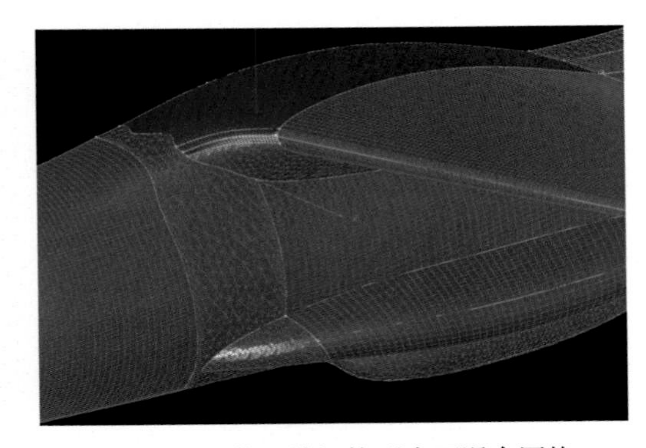

图 16.17　某运输机构型表面混合网格

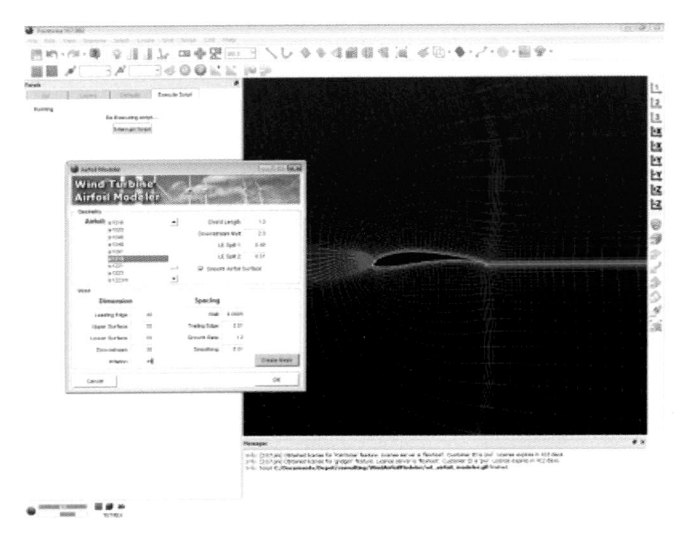

图 A.1 Pointwise 软件界面 (下载自 Pointwise 公司网站)

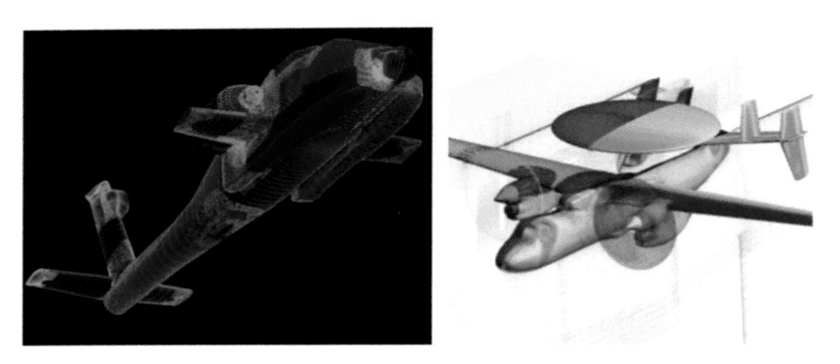

图 A.2 直升机和预警机多块结构网格实例 (下载自 Pointwise 公司网站)

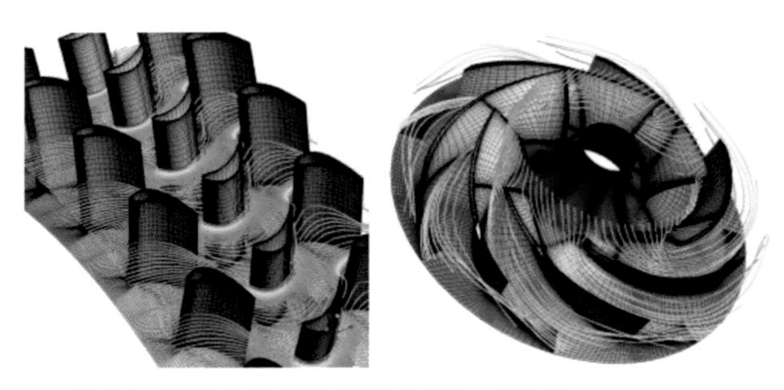

图 A.3 发动机叶轮多块结构网格实例 (下载自 Pointwise 公司网站)

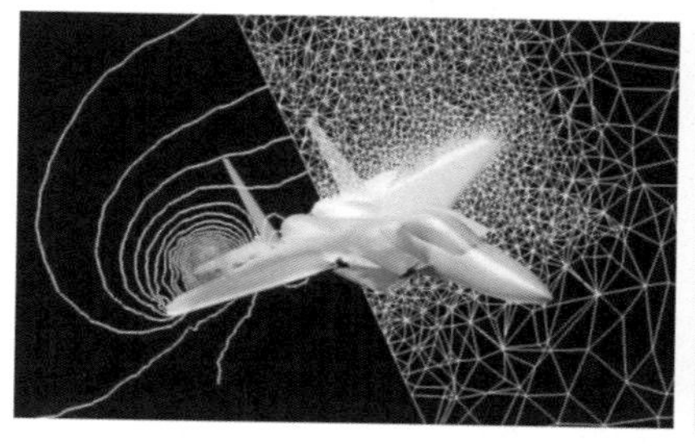
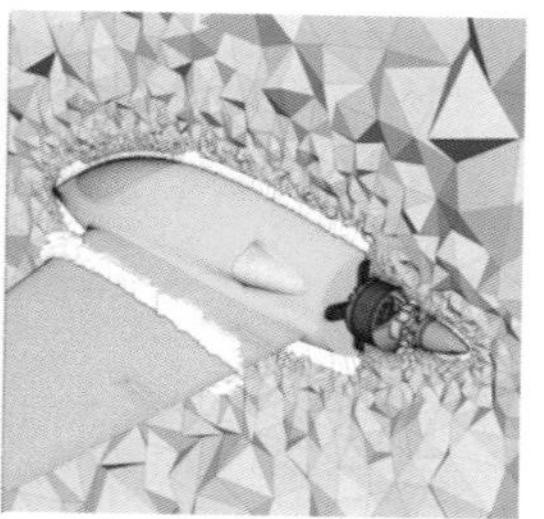

图 A.4　战斗机和无人机非结构网格及混合网格实例 (下载自 Pointwise 公司网站)

图 A.5　F1 赛车混合网格实例 (下载自 Pointwise 公司网站)

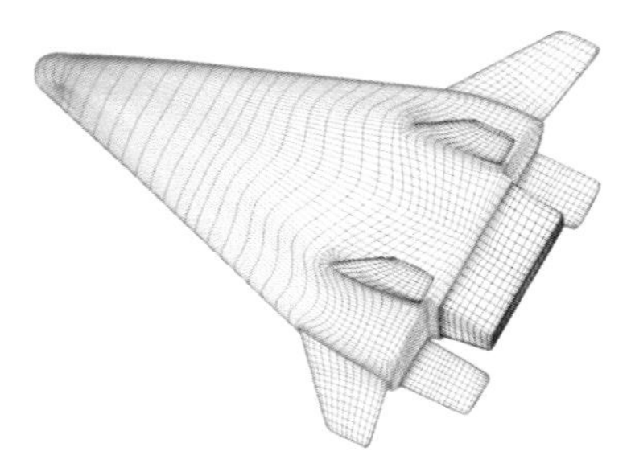

图 A.7　高超飞行器表面网格

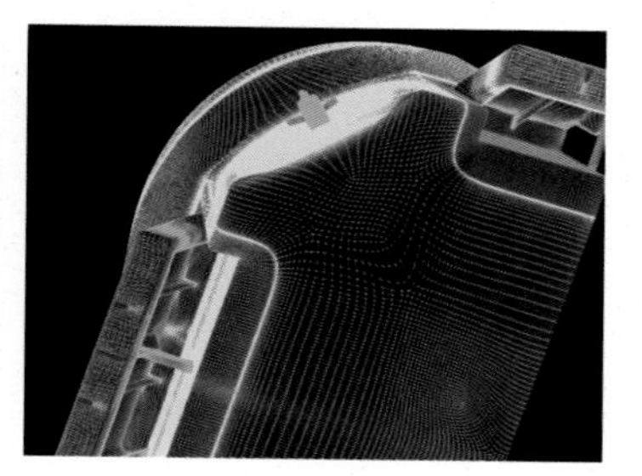

图 A.9　翼身组合体构型表面和空间网格

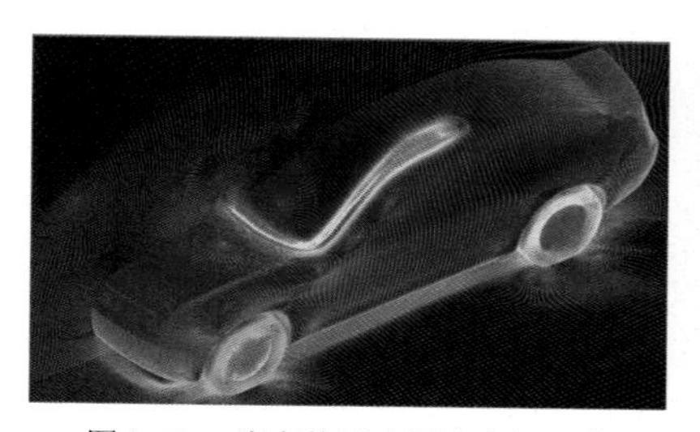

图A.10　汽车构型表面和空间网格

图A.11　复杂部件的表面网格

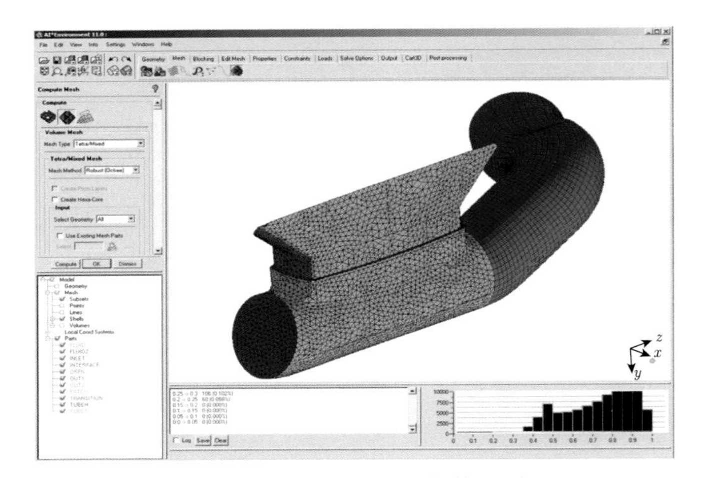

图 A.12　ICEM-CFD 软件界面

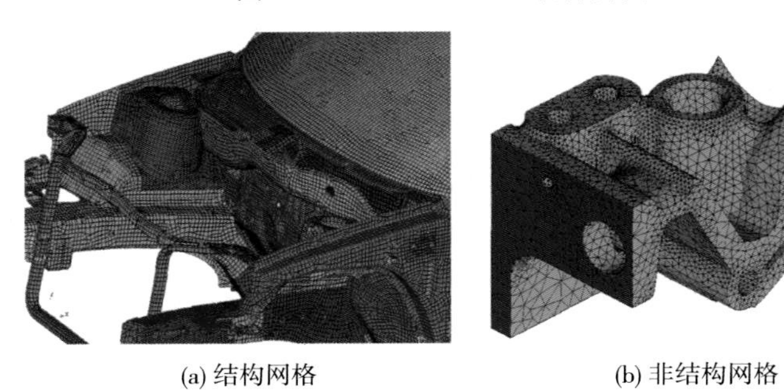

(a) 结构网格　　(b) 非结构网格

图 A.13　ICEM-CFD 网格生成实例

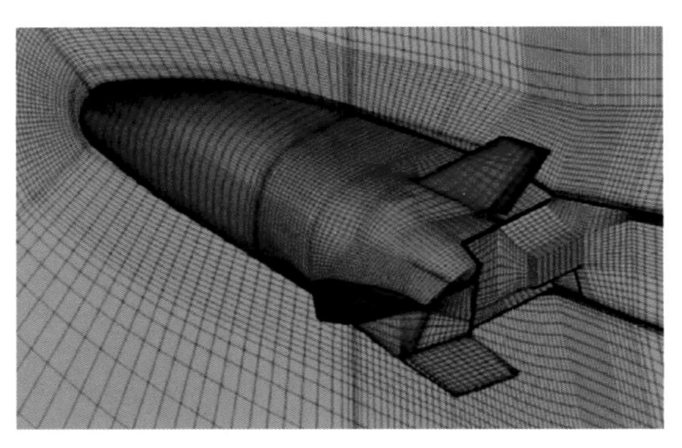

图 A.14　ICEM-CFD 网格生成实例 (某高超声速飞行器)